HUANYANG
GUHUAJI
JI TIANJIAJI

# 环氧固化剂及添加剂

胡玉明　编著

北京

本书分为上下两篇，上篇为固化剂，下篇为添加剂。作者从应用角度出发，较全面、系统地介绍了各种固化剂的制备、性能和应用及固化剂对固化物性能的影响；下篇介绍了用于环氧树脂的各种添加剂（稀释剂、增韧剂、填充剂、阻燃添加剂、偶联剂、增强基材、发泡剂及流变剂等）品种、性能及对环氧树脂固化物性能的影响。

　　本书注重基础资料和数据的收集，并反映当前环氧树脂相关添加剂的发展趋向，对于从事环氧树脂应用领域的技术人员有很好的参考价值。

**图书在版编目（CIP）数据**

环氧固化剂及添加剂/胡玉明编著．—北京：化学工业出版社，2011.7（2025.1重印）
ISBN 978-7-122-11027-5

Ⅰ．环⋯　Ⅱ．胡⋯　Ⅲ．①环氧树脂-交联剂②环氧树脂-助剂　Ⅳ．①TQ330.38②TQ047.1

中国版本图书馆CIP数据核字（2011）第067127号

责任编辑：仇志刚　　　　　　　　　　装帧设计：杨　北
责任校对：王素芹

出版发行：化学工业出版社（北京市东城区青年湖南街13号　邮政编码100011）
印　　装：北京科印技术咨询服务有限公司数码印刷分部
710mm×1000mm　1/16　印张25　字数528千字　2025年1月北京第1版第13次印刷

购书咨询：010-64518888　　　　　　　售后服务：010-64518899
网　　址：http://www.cip.com.cn
凡购买本书，如有缺损质量问题，本社销售中心负责调换。

定　价：68.00元　　　　　　　　　　　　　　　版权所有　违者必究

# 前　言

环氧树脂自1947年工业化生产以来，已过一个甲子之年有余。

我国1958年开始工业化生产环氧树脂，特别是改革开放以来，取得了长足的发展，目前已成为生产和消费环氧树脂的大国。

环氧树脂问世之初应用始于胶黏剂，因粘接性能之优，而被冠以"万能胶"之称。随其各种优异性能的不断被发现、开拓，应用领域不断扩大，至今在涂料、电绝缘材料、纤维复合材料、胶黏剂等领域取得了广泛应用；已从日常民用渗透至国民经济各个领域的相关部门，乃至电子信息、航空航天等高新尖端技术，因而又有"高性能树脂"之称。

环氧树脂的快速发展，一方面得益于它本身优良的性能，另一方面也得益于它特有的工艺多样性（涂、浸、灌、喷、注射、模塑等）和产品多样性（多功能性）。

环氧树脂应用靠的是复配技术，除了设备、工艺之外，重要的是配方的设计，完美配方设计的实现，需要对环氧树脂、固化剂及其与之相关添加剂进行选择和组合。

本书介绍的内容就是与环氧树脂配伍的固化剂及添加剂（对添加剂也有称之为改性剂或助剂的）。

全书分上、下两篇。上篇为固化剂，以原《固化剂》一书为基础，保持原书结构，做适当微调，并增加"透明固化物用促进剂"一节。下篇为添加剂，分5章分别介绍稀释剂、增韧剂、填充剂、阻燃添加剂及其他添加剂。

全书内容取材于国内外公开出版物，内容编排兼顾基础资料和开发的新产品及发展趋向。力求文字叙述准确，数据、图表翔实。

希望本书对读者能有所裨益，并向书中文献的所有作者致以谢意。由于作者水平的局限，不足之处在所难免，敬请读者批评指正。

作者
2011年2月于天津

# 目　　录

## 上篇　固化剂

**第1章　概论** 1
- 1.1 固化剂定义及分类 1
  - 1.1.1 定义 1
  - 1.1.2 固化剂的分类 3
- 1.2 固化剂化学 3
  - 1.2.1 伯胺与环氧基的反应 3
  - 1.2.2 叔胺与环氧基的反应 4
  - 1.2.3 咪唑化合物与环氧基的反应 5
  - 1.2.4 三氟化硼-胺络合物与环氧基反应 5
  - 1.2.5 巯基（—SH）与环氧基的反应 6
  - 1.2.6 酚羟基与环氧基的反应 6
  - 1.2.7 酸酐和环氧基的反应 7
- 1.3 固化剂的选择基准及用量计算 9
  - 1.3.1 固化剂的选择基准 9
  - 1.3.2 固化剂用量计算 10
- 1.4 固化剂的变性方法 14
  - 1.4.1 胺固化剂的变性方法 14
  - 1.4.2 酸酐固化剂的变性方法 17
  - 1.4.3 高熔点固化剂的悬浮化 17
- 1.5 固化剂的毒性及其安全使用技术 18
  - 1.5.1 胺固化剂的毒性 19
  - 1.5.2 酸酐固化剂的毒性 21
- 参考文献 22

**第2章　脂肪族胺** 23
- 2.1 脂肪族多元胺 23
  - 2.1.1 二亚乙基三胺（DETA） 26
  - 2.1.2 二亚乙基三胺的变性物 27
  - 2.1.3 三亚乙基四胺和四亚乙基五胺及其变性物 36
- 2.2 聚亚甲基二胺 37

- 2.2.1 乙二胺……39
- 2.2.2 己二胺……43
- 2.2.3 二乙氨基丙胺……47
- 2.3 高碳数脂肪族二胺……48
  - 2.3.1 以 $C_5$ 馏分制成的脂肪二胺……48
  - 2.3.2 不饱和脂肪族二胺……48
- 2.4 脂肪族酰胺多胺……49
- 2.5 含芳香环脂肪胺……51
  - 2.5.1 间二甲苯二胺……51
  - 2.5.2 间二甲苯二胺的改性物……52
  - 2.5.3 其他含芳环脂肪胺……54
  - 2.5.4 间二甲苯二胺曼尼期碱……54
  - 2.5.5 间二甲苯二胺曼尼期碱的氰乙基化……55
- 参考文献……55

## 第3章 芳香族胺、脂环胺及杂环胺……58

- 3.1 芳香胺……58
  - 3.1.1 间苯二胺（MPD）……58
  - 3.1.2 二氨基二苯基甲烷（DDM）……60
  - 3.1.3 二氨基二苯砜（DDS）……65
  - 3.1.4 芳胺的改性……67
  - 3.1.5 特殊结构芳香胺……71
  - 3.1.6 芳醚二胺和聚芳醚二胺……71
- 3.2 脂环族胺……73
  - 3.2.1 蓋烷二胺（MDA）……74
  - 3.2.2 N-氨乙基哌嗪（N-AEP）……74
  - 3.2.3 异佛尔酮二胺（IPD）……75
  - 3.2.4 1,3-双(氨甲基)环己烷（1,3-BAC）……76
  - 3.2.5 4,4′-二氨基二环己基甲烷及其衍生物……76
- 3.3 含酰亚胺结构的固化剂……78
  - 3.3.1 双羧基邻苯二甲酰亚胺（BCPI$_S$）……78
  - 3.3.2 （双）马来酰亚胺……79
- 3.4 杂环胺……80
  - 3.4.1 具有海因环结构的二胺……80
  - 3.4.2 氨基环三聚磷腈……81
  - 3.4.3 二氮杂萘酮（DHPZ）……81
- 参考文献……82

## 第4章 有机酸酐……84

4.1 芳香族酸酐 ·················································································· 85
　4.1.1 邻苯二甲酸酐及其胺加成物 ········································· 85
　4.1.2 偏苯三甲酸酐及其加成物 ············································ 87
　4.1.3 均苯四甲酸二酐及其加成物 ········································ 90
　4.1.4 3,3′,4,4′-苯酮四羧酸二酐及其加成物 ························ 93
　4.1.5 二苯基砜-3,3′,4,4′-四羧酸二酐（DSDA） ················· 94
4.2 脂环族酸酐 ·················································································· 95
　4.2.1 顺丁烯二酸酐及其加成物 ············································ 97
　4.2.2 桐油酸酐（TOA） ························································ 98
　4.2.3 烯烃基丁二酸酐 ···························································· 99
　4.2.4 四氢苯二甲酸酐（THPA）和甲基四氢苯二甲酸酐
　　　　（MeTHPA） ································································· 102
　4.2.5 六氢苯二甲酸酐（HHPA） ······································· 108
　4.2.6 甲基六氢苯二甲酸酐（MeHHPA） ·························· 109
　4.2.7 纳迪克酸酐（NA） ···················································· 111
　4.2.8 甲基纳迪克酸酐（MNA） ········································ 113
　4.2.9 戊二酸酐 ······································································ 115
　4.2.10 萜烯系酸酐 ································································· 116
　4.2.11 氢化甲基纳迪克酸酐（H-MNA） ···························· 117
　4.2.12 甲基环己烯四羧酸二酐（MCTC） ·························· 118
4.3 脂肪族酸酐 ················································································ 118
　4.3.1 直链脂肪族酸酐 ·························································· 119
　4.3.2 带侧基的长链脂肪族二元酸聚酸酐 ························· 122
4.4 含卤素酸酐 ················································································ 123
　4.4.1 1,4,5,6-四溴苯二甲酸酐 ············································· 123
　4.4.2 六氯内次甲基四氢苯二甲酸酐（CA） ···················· 123
　4.4.3 六氯环戊二烯与四氢苯二甲酸酐及其衍生物的加成物 ··· 125
4.5 低共熔点酸酐 ············································································ 125
参考文献 ······························································································· 127

# 第5章 固化反应促进剂 ································································ 129

5.1 叔胺及其盐 ················································································ 131
　5.1.1 2,4,6-三(二甲氨基甲基)苯酚（TAP） ····················· 132
　5.1.2 2,4,6-三(二甲氨基甲基)苯酚的三(2-乙基己酸)盐 ··· 133
　5.1.3 2,4,6-三(二甲氨基甲基)苯酚的三油酸盐 ················ 135
　5.1.4 苄基二甲胺（BDMA） ·············································· 136
　5.1.5 其他叔胺 ······································································ 136
5.2 乙酰丙酮金属盐 [$M(AA)_n$] ··················································· 136

5.3 三苯基膦及其鏻盐 ······ 140
　5.3.1 三苯基膦(TPP) ······ 140
　5.3.2 季鏻化合物 ······ 140
5.4 芳基异氰酸酯的加成物 ······ 142
　5.4.1 取代脲 ······ 142
　5.4.2 芳基异氰酸酯与咪唑类化合物的加成物 ······ 143
5.5 有机羧酸盐及其络合物 ······ 145
　5.5.1 活性三(2-乙基己酸)铬 ······ 145
　5.5.2 有机酸盐-胺络合物 ······ 146
5.6 其他促进剂 ······ 146
　5.6.1 1,8-二氮杂-双环(5,4,0)-7-十一碳烯（DBU）······ 146
　5.6.2 2-硫醇基苯并噻唑（促进剂 M）······ 147
　5.6.3 过氧化物 ······ 147
　5.6.4 硫脲及其衍生物 ······ 148
　5.6.5 环烷基咪唑啉 ······ 149
　5.6.6 2-苯基咪唑啉 ······ 149
　5.6.7 含环氧基的芳香叔胺 ······ 150
　5.6.8 钛酸酯促进剂 ······ 151
　5.6.9 二茂铁基促进剂 ······ 152
　5.6.10 卤化铬-酸酐络合物 ······ 152
5.7 透明固化物用促进剂 ······ 153
　5.7.1 卤化季铵盐 ······ 153
　5.7.2 DBU 有机盐 ······ 153
参考文献 ······ 154

## 第6章 咪唑类固化剂 ······ 156

6.1 咪唑类化合物 ······ 160
　6.1.1 咪唑 ······ 160
　6.1.2 2-甲基咪唑 ······ 160
　6.1.3 1-苄基-2-乙基咪唑 ······ 161
　6.1.4 1-氨基乙基-2-甲基咪唑（AMZ）······ 161
　6.1.5 2-乙基-4-甲基咪唑 ······ 162
　6.1.6 1-氰乙基取代咪唑 ······ 165
　6.1.7 各咪唑化合物的固化性能 ······ 167
6.2 咪唑加成物 ······ 167
　6.2.1 咪唑与环氧树脂（或环氧化合物）的加成物 ······ 167
　6.2.2 咪唑与异氰酸酯的加成物 ······ 171
　6.2.3 咪唑化合物与有机酸的反应生成物 ······ 172

6.2.4 咪唑化合物与脲的反应产物 ……………………………………… 173
6.2.5 咪唑金属盐络合物 ………………………………………………… 175
6.2.6 其他咪唑反应加成物 ……………………………………………… 178
参考文献 …………………………………………………………………………… 178

# 第7章 线型合成树脂低聚物 …………………………………………………… 180
7.1 低相对分子质量聚酰胺树脂 ………………………………………………… 180
7.1.1 低相对分子质量聚酰胺的物理特性 ……………………………… 181
7.1.2 低相对分子质量聚酰胺的化学特性 ……………………………… 183
7.1.3 低相对分子质量聚酰胺的固化性能 ……………………………… 184
7.1.4 聚酰胺树脂的毒性 ………………………………………………… 188
7.1.5 不饱和长链二元酸制备的聚酰胺 ………………………………… 188
7.1.6 聚酰胺的改性 ……………………………………………………… 190
7.2 线型酚醛树脂及聚酚树脂 …………………………………………………… 191
7.2.1 高相对分子质量线型酚醛树脂 …………………………………… 194
7.2.2 苯酚芳烷基树脂 …………………………………………………… 196
7.2.3 硼酚醛树脂 ………………………………………………………… 197
7.2.4 双酚A线型酚醛树脂 ……………………………………………… 199
7.2.5 双酚A基酚醛树脂 ………………………………………………… 199
7.2.6 苯酚（或取代酚）与其他醛制备的酚醛树脂 …………………… 200
7.2.7 聚对乙烯基酚及其他聚酚树脂 …………………………………… 201
7.3 芳胺甲醛树脂 ………………………………………………………………… 205
7.3.1 苯胺甲醛树脂 ……………………………………………………… 205
7.3.2 N-烷基苯胺甲醛树脂 ……………………………………………… 206
7.3.3 间苯二胺甲醛树脂 ………………………………………………… 206
7.4 聚酯树脂 ……………………………………………………………………… 206
7.5 其他合成树脂 ………………………………………………………………… 207
7.5.1 多功能的SP树脂 …………………………………………………… 207
7.5.2 聚酰胺酸 …………………………………………………………… 207
7.5.3 苯乙烯-马来酸酐共聚树脂（SMA）……………………………… 208
7.5.4 核-壳粒子 …………………………………………………………… 208
参考文献 …………………………………………………………………………… 209

# 第8章 潜伏性固化剂 …………………………………………………………… 211
8.1 分散型固化剂 ………………………………………………………………… 211
8.1.1 双氰胺（Dicy）及其衍生物 ……………………………………… 212
8.1.2 有机酸酰肼 ………………………………………………………… 216
8.1.3 三氟化硼-胺络合物 ………………………………………………… 221
8.1.4 二氨基马来腈（DAMN）及其衍生物 …………………………… 227

        8.1.5 多胺盐和芳香胺与无机盐的络合物 ·················· 228
        8.1.6 胺化酰亚胺（AI）和超配位硅酸盐（ECSS）········· 229
        8.1.7 分子筛封闭型固化剂 ····························· 230
        8.1.8 微胶囊化固化剂 ······························· 231
    8.2 光、紫外线分解型固化剂 ······························ 231
        8.2.1 光固化剂的种类及特性 ····························· 232
        8.2.2 影响环氧树脂光聚合的因素 ························· 234
        8.2.3 光阳离子聚合应用举例 ····························· 235
        8.2.4 可见光固化剂 ································· 235
    8.3 潮湿条件下的固化剂 ································· 236
        8.3.1 酮亚胺 ······································ 236
        8.3.2 席夫碱 ······································ 239
    8.4 其他潜伏性固化剂 ··································· 240
        8.4.1 环氧加成物的复合物 ····························· 240
        8.4.2 双（邻苯二甲酰）乙二胺及其衍生物 ················· 241
    参考文献 ·············································· 242
第9章 特种固化剂 ········································ 243
    9.1 柔性固化剂 ········································ 243
        9.1.1 螺环二胺（ATU）及其加成物 ······················ 243
        9.1.2 端氨基聚醚 ··································· 245
        9.1.3 含氨基甲酸酯的二元胺 ····························· 246
        9.1.4 芳醚酯二芳胺 ································· 248
        9.1.5 热致性液晶固化剂 ······························· 249
        9.1.6 其他柔性固化剂 ································ 250
    9.2 低温固化剂 ········································ 250
        9.2.1 聚硫醇 ······································ 250
        9.2.2 多胺和硫脲的加成物 ····························· 252
        9.2.3 多元异氰酸酯 ································· 252
    9.3 水基环氧涂料用固化剂 ································ 253
    9.4 活性酯固化剂 ······································ 256
    9.5 耐湿热固化剂 ······································ 259
        9.5.1 2,3,5-三甲酚醛树脂（TMP novolac） ················ 259
        9.5.2 2-磺基对苯二甲酸酰亚胺和酸酐 ···················· 260
    参考文献 ·············································· 260
第10章 固化剂对固化物性能的影响 ··························· 262
    10.1 固化剂对耐水性的影响 ······························· 262
    10.2 固化剂对耐化学品（腐蚀介质）性能的影响 ·············· 265

    10.2.1 胺类固化剂的耐药品性 266
    10.2.2 酸酐固化剂的耐药品性 271
    10.2.3 线型合成树脂低聚物的耐药品性 273
  10.3 固化剂对耐热性的影响 275
    10.3.1 胺类固化剂对耐热性的影响 277
    10.3.2 酸酐固化剂对耐热性的影响 280
  10.4 固化剂对耐γ射线辐照的影响 284
  参考文献 287

# 下篇　添加剂

**第11章　稀释剂** 289
  11.1 稀释剂的分类及产品特性 289
    11.1.1 稀释剂分类 289
    11.1.2 稀释剂产品特性 290
  11.2 稀释剂的稀释作用 292
    11.2.1 稀释剂的稀释效果 292
    11.2.2 稀释剂对凝胶、固化过程的影响 293
  11.3 稀释剂对固化物各种性能的影响 294
    11.3.1 稀释剂对粘接性能的影响 294
    11.3.2 稀释剂对其他性能的影响 295
  11.4 活性（反应性）稀释剂的毒性 296
  11.5 活性稀释剂新技术 298
    11.5.1 环状碳酸酯的特性及稀释效果 298
    11.5.2 碳酸酯对固化物性能的影响 299
  参考文献 300

**第12章　增韧剂** 301
  12.1 环氧系增韧剂 302
    12.1.1 单环氧化合物 302
    12.1.2 双环氧化合物 303
  12.2 聚硫化合物 305
  12.3 增韧性的聚醇 307
  12.4 聚合物弹性体 308
    12.4.1 端羧基丁腈橡胶（CTBN） 309
    12.4.2 丙烯酸橡胶 311
    12.4.3 有机硅橡胶 312
  12.5 聚氨酯弹性体 313
    12.5.1 氨基甲酸酯预聚物 314

    12.5.2 末端具有官能基的氨基甲酸酯预聚物 ……………………………… 315
    12.5.3 接枝的 IPN 聚合体 ……………………………………………… 316
    12.5.4 封闭化氨基甲酸酯预聚物 ………………………………………… 316
  12.6 热塑性树脂 …………………………………………………………… 317
  12.7 热致性液晶聚合物（TLCP）………………………………………… 318
    12.7.1 热致性液晶化合物 ………………………………………………… 318
    12.7.2 热致性液晶环氧（PHBHQ）…………………………………… 319
  12.8 倍半硅氧烷和纳米 $SiO_2$ …………………………………………… 320
  12.9 超支化聚合物 ………………………………………………………… 321
    12.9.1 羟端基脂肪族超支化聚酯（HBP）……………………………… 321
    12.9.2 超支化环氧树脂 …………………………………………………… 322
  参考文献 …………………………………………………………………… 323
第 13 章 填充剂 ……………………………………………………………… 324
  13.1 填充剂的使用目的和选择 …………………………………………… 324
  13.2 填料的种类和特性 …………………………………………………… 325
  13.3 填料对树脂固化物性能的影响 ……………………………………… 326
    13.3.1 填料对力学性能的影响 …………………………………………… 326
    13.3.2 填料对热冲击、收缩、膨胀系数的影响 ………………………… 328
    13.3.3 填料对热传导性的影响 …………………………………………… 329
    13.3.4 填料对耐燃性的影响 ……………………………………………… 330
    13.3.5 填料对电气性能的影响 …………………………………………… 331
    13.3.6 填料对耐药品性的影响 …………………………………………… 333
    13.3.7 填料对作业性的影响 ……………………………………………… 333
  13.4 填料的表面处理 ……………………………………………………… 334
    13.4.1 纳米碳酸钙的表面处理 …………………………………………… 334
    13.4.2 玻璃微珠的表面处理 ……………………………………………… 335
    13.4.3 纳米二氧化硅的表面处理 ………………………………………… 336
    13.4.4 二氧化硅表面处理 ………………………………………………… 337
    13.4.5 炭黑的表面处理 …………………………………………………… 337
  参考文献 …………………………………………………………………… 337
第 14 章 阻燃添加剂 ………………………………………………………… 338
  14.1 环氧树脂的可燃性 …………………………………………………… 338
  14.2 阻燃添加剂 …………………………………………………………… 339
    14.2.1 阻燃剂和阻燃助剂 ………………………………………………… 339
    14.2.2 耐燃环氧树脂 ……………………………………………………… 343
    14.2.3 阻燃固化剂 ………………………………………………………… 349
    14.2.4 阻燃性填充剂 ……………………………………………………… 357

14.2.5　复合使用阻燃添加剂举例 ……………………………………………… 360
14.3　新阻燃技术 ……………………………………………………………………… 360
14.3.1　一种新型阻燃剂 …………………………………………………………… 360
14.3.2　纳米技术的应用 …………………………………………………………… 361
14.3.3　新型的阻燃环氧组成物 …………………………………………………… 362
参考文献 …………………………………………………………………………………… 362

# 第15章　其他添加剂 …………………………………………………………………… 364

15.1　偶联剂 …………………………………………………………………………… 364
15.1.1　偶联剂的使用目的和方法 ………………………………………………… 364
15.1.2　硅烷偶联剂的结构和产品特性 …………………………………………… 364
15.1.3　硅烷偶联剂对复合材料体系性能的影响 ………………………………… 366
15.1.4　钛酸酯系偶联剂 …………………………………………………………… 368
15.2　增强基材（纤维）………………………………………………………………… 371
15.2.1　增强基材的特性 …………………………………………………………… 371
15.2.2　增强基材各述 ……………………………………………………………… 372
15.3　发泡剂 …………………………………………………………………………… 378
15.3.1　发泡剂种类及产品特性 …………………………………………………… 378
15.3.2　环氧发泡体的组成 ………………………………………………………… 379
15.3.3　环氧泡沫塑料的应用 ……………………………………………………… 379
15.4　流变剂 …………………………………………………………………………… 380
15.4.1　定义及作用 ………………………………………………………………… 380
15.4.2　流变剂分类 ………………………………………………………………… 380
15.4.3　流变剂特性各述 …………………………………………………………… 381
参考文献 …………………………………………………………………………………… 382

附录一　典型的环氧树脂固化剂 ………………………………………………………… 383
附录二　环氧树脂固化剂缩写名称对照 ………………………………………………… 385
附录三　欧美各公司生产的环氧树脂规格 ……………………………………………… 386

# 上篇 固化剂

## 第 1 章

## 概 论

环氧树脂本身为热塑性的线型结构，受热后固态树脂可以软化、熔融，变成黏稠态或液态；液态树脂受热黏度降低。只有加入固化剂后，环氧树脂才能得到实用。如图1-1所示，一个完整概念的环氧树脂组成物应该由四个方面的成分组成[1]。但在实际应用时，不一定四个方面的成分都要具备，但树脂成分中的固化剂必不可少，可见固化剂的重要。

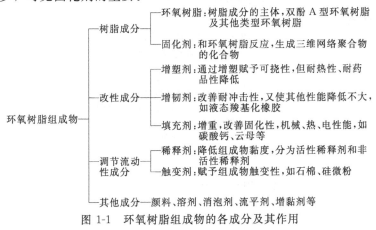

图 1-1 环氧树脂组成物的各成分及其作用

环氧树脂所以能取得广泛应用，就是因为这些成分多变配合的结果。尤其是固化剂，一旦环氧树脂确定之后，固化剂对环氧树脂组成物的工艺性和固化产物（产品）的最终性能起决定性作用。

## 1.1 固化剂定义及分类

### 1.1.1 定义

环氧树脂本身是热塑性的线型结构，不能直接拿来就应用，必须在向树脂中加入第二组分，在一定温度（或湿度）等条件下，与环氧树脂的环氧基进行加成聚合反应，或催化聚合反应，生成三维网络结构（体型网状结构）的固化物后才能使用。这个充当第二组分的化合物或树脂称作固化剂，分为加成型固化剂和触媒型固化剂。

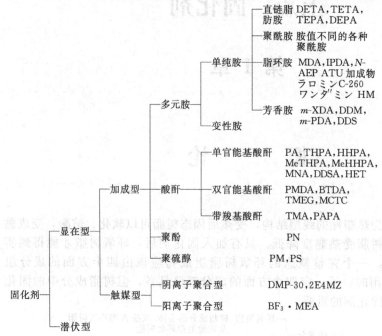

图 1-2　固化剂体系分类
（按反应性和化学结构）

图 1-3　按固化温度分类固化剂

## 1.1.2 固化剂的分类[2,3]

固化剂的种类很多。本文按固化剂的反应性和化学结构、固化温度及用途进行分类，分别如图 1-2、图 1-3 和图 1-4 所示。在图 1-2 中潜伏型固化剂，由于内容丰富，在这里省却，将在第 8 章中叙述。

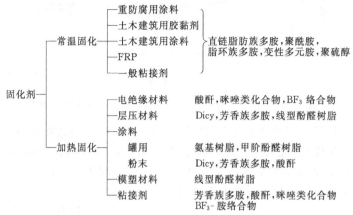

图 1-4  按不同用途分类固化剂

# 1.2 固化剂化学

## 1.2.1 伯胺与环氧基的反应

当用伯胺固化环氧树脂时，在第一阶段伯胺和环氧基反应生成仲胺；在第二阶段，生成的仲胺和环氧基反应生成叔胺，并且生成的羟基亦能和环氧基反应、具有加速反应进行的倾向。

$$RNH_2 + CH_2{-}CH{-} \longrightarrow RNHCH_2{-}CH{-}$$
$$\phantom{RNH_2 + CH_2{-}CH{-} \longrightarrow RNHCH_2{-}CH{-}}\quad OH$$

$$RNHCH_2{-}CH{-} + CH_2{-}CH{-} \longrightarrow RN(CH_2{-}CH{-})_2$$
$$\phantom{xxxxxx}OH\phantom{xxxxxxxxxxxxxxxxxxxxxxx}OH$$

$$-CH- + CH_2-CH- \longrightarrow -CH-$$
$$\phantom{xx}OH\phantom{xxxxxxxxxxxx}OCH_2{-}CH{-}$$
$$\phantom{xxxxxxxxxxxxxxxxxxxxxxxx}OH$$

胺的化学结构不同，它们与环氧基的反应速度也不相同。图 1-5 表示几种胺在室温下与环氧基的反应速度[4]。在初期反应速度比较快，环氧基消耗的较多，到达一定时间后环氧基的消耗不像开始那么多。环氧基的反应程度在 3 周的期间内非常低，聚酰胺只有 40%，二亚乙基三胺也只不过 65%，要进一步提高环氧基的反应程度，有必要在高温下进行固化反应。

当多胺固化环氧树脂时，醇或酚的存在会促进反应加快，但不能改变最后的反应程度。如下式所示，酚、醇的羟基和环氧基的氧原子形成氢键而促进开环，酚羟

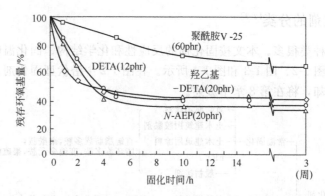

图 1-5　各种多胺对双酚 A 环氧树脂的固化速度的影响

基容易形成这种键，因此显示更大的促进作用。除了酚、醇之外有机酸、硫酰胺等对反应亦有促进作用。但有些基团具有抑制作用。表 1-1 列出了各种添加化合物取代基对胺与环氧基反应的影响[5]。但邻苯二甲酸、顺丁烯二酸等没有促进作用，这是由于它们和胺反应生成了酰亚胺之故。

表 1-1　各种添加化合物取代基对胺与环氧基反应的影响

| 具有促进作用的取代基 | 具有抑制作用的取代基 | 具有促进作用的取代基 | 具有抑制作用的取代基 |
| --- | --- | --- | --- |
| —OH | —OR(R≠H) | —SO$_2$NH$_2$ | \>CO |
| —COOH | —COOR | —SO$_2$NHR | —CN |
| —SO$_3$H | —SO$_3$R |  | —NO$_2$ |
| —CONH$_2$ | —CONR$_2$(R≠H) |  |  |
| —CONHR | —SO$_2$NR$_2$ |  |  |

## 1.2.2　叔胺与环氧基的反应[6]

叔胺是强碱性化合物。叔胺固化环氧树脂按阴离子聚合机理进行。阴离子聚合固化剂首先作用环氧基、使其开环，生成氧阴离子；氧阴离子攻击环氧基、开环加成。这种开环加成像连锁反应进行下去固化环氧树脂。

$$R_3N + CH_2-CH- \longrightarrow R_3N^{\oplus}-CH_2-CH-$$
$$\phantom{R_3N+CH_2}\underset{O}{\underset{|}{\phantom{X}}}\phantom{\longrightarrow R_3N^{\oplus}-CH_2-CH}\underset{O^{\ominus}}{\underset{|}{\phantom{X}}}$$

$$R_3N^{\oplus}-CH_2-CH- + CH_2-CH- \longrightarrow R_3N^{\oplus}-CH_2-CH-$$
$$\phantom{xxxxxxxxxxxxxxxxxxxxxxxxxxxxxxx}\underset{O-CH_2-CH-}{\underset{|}{\phantom{X}}}$$
$$\phantom{xxxxxxxxxxxxxxxxxxxxxxxxxxxxxxxxxxxxxx}\underset{O^{\ominus}}{\underset{|}{\phantom{X}}}$$

## 1.2.3 咪唑化合物与环氧基的反应[7]

咪唑化合物结构式如下，（结构图）为五元杂环化合物。结构式中含有两个氮原子，一个氮原子处于仲胺；另一个为叔胺。首先仲胺基的活泼氢和环氧基反应生成加成物；该加成物再和别的环氧基反应生成在分子内兼具⊕和⊖离子的离子络合物；生成的离子络合物的⊖和环氧基反应，以连锁反应的方式开环聚合固化环氧树脂。咪唑的阴离子聚合受加成物生成的制约，因此聚合速度比叔胺慢。

## 1.2.4 三氟化硼-胺络合物与环氧基反应[8]

BF$_3$是环氧树脂的阳离子型催化剂，由于反应剧烈无法应用，以与路易斯碱（胺类、醚类等）形成络合物的形式使用。BF$_3$-胺络合物是应用最早的潜伏固化剂之一。它以阳离子聚合反应历程引发环氧基开环均聚。在和环氧基反应时，环氧基拉引BF$_3$-胺络合物的氢原子生成氧鎓阳离子；这种阳离子作为引发剂，以阳离子反应历程，链锁式地进行开环均聚，固化环氧树脂。

$$F_3B - \overset{\delta-}{N} - H \cdots \overset{\delta+}{O} \begin{array}{c} CH_2 \\ | \\ CHR' \end{array} \xrightarrow{H_2C - CH - R'} $$

$$\left[ F_3B - \overset{R}{\underset{H}{N}} \right]^{\ominus} HOCHR'CH_2 - \overset{\oplus}{O} \begin{array}{c} CH_2 \\ | \\ CHR' \end{array}$$

## 1.2.5 巯基（—SH）与环氧基的反应[9]

聚硫醇化合物末端为硫醇基（—SH），单独使用时活性很差，如图 1-6 所示。在室温下反应极其缓慢，几乎不能进行，可是在适当的促进剂存在下可以形成硫醇离子。固化反应以数倍多元胺的速率进行，这个特点在低温固化时更能显示出来。

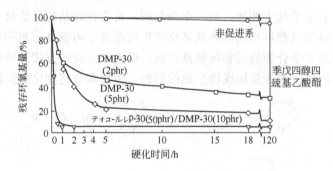

图 1-6 促进剂对聚硫醇固化反应的影响（25℃）

当有叔胺存在时，巯醇基首先和叔胺反应生成硫醇离子，该离子和环氧基反应。

$$R_3N + HS-\boxed{\phantom{xx}}\text{\textasciitilde} \rightleftharpoons S^- -\boxed{\phantom{xx}}\text{\textasciitilde} + R_3\overset{+}{N}H$$

$$\text{\textasciitilde}-S^- + CH_2 - CH - CH_2 - O - \boxed{\phantom{xx}}\text{\textasciitilde}$$
$$\underset{O}{\diagdown\diagup}$$

$$\xrightarrow{R_3\overset{+}{N}H} \text{\textasciitilde}\boxed{\phantom{xx}}- S - CH_2 - \underset{OH}{CH} - CH_2 - O - \boxed{\phantom{xx}}\text{\textasciitilde} + R_3N$$

另外，叔胺和环氧基反应形成环氧阴离子，该阴离子和巯基进行亲核反应。

$$R_3N + CH_2 - CH - CH_2 - O - \boxed{\phantom{xx}}\text{\textasciitilde} \longrightarrow R_3\overset{+}{N} - CH_2 - CH - CH_2 - O - \boxed{\phantom{xx}}\text{\textasciitilde}$$
$$\underset{O}{\diagdown\diagup} \qquad\qquad\qquad\qquad\qquad\qquad \underset{O^-}{|}$$

$$\xrightarrow{HS-\boxed{\phantom{xx}}\text{\textasciitilde}} \text{\textasciitilde}\boxed{\phantom{xx}} - S - CH_2 - \underset{OH}{CH} - CH_2 - O - \boxed{\phantom{xx}}\text{\textasciitilde} + R_3N$$

## 1.2.6 酚羟基与环氧基的反应[10]

聚酚，例如线型酚醛树脂常用来固化环氧树脂，提高环氧树脂耐水性和耐热性，用于成型材料（特别是 IC 封装材料）。

酚羟基和环氧基反应，及由此反应生成的醇性羟基和环氧基反应，哪个优先反应，因是否有碱性促进剂存在而异。无促进剂存在时，酚作为触媒起作用，环氧基和醇性羟基的反应优先；如果有 KOH 及叔胺等碱性促进剂存在下，环氧基和酚羟基的反应优先。

## 1.2.7 酸酐和环氧基的反应[11]

酸酐和双酚 A 型环氧树脂的反应，在无促进剂情况下，首先是树脂中的羟基或是酸酐中游离的羧基按下式开始反应。

$$HC-OH + \underset{R}{O=C-O-C=O} \rightleftharpoons HC-O-\underset{R}{C-C}-OH$$

$$-COOH + CH_2-CH- \longrightarrow -COOCH_2-CH-$$
$$\phantom{-COOH + CH_2-CH} \overset{O}{\diagup} \phantom{\longrightarrow -COOCH_2-CH}\underset{OH}{|}$$

生成的单酯或羟基继续与环氧基反应，最后生成立体的网状结构。

$$HC-O-\underset{R}{C-C}-OH + CH_2-CH- \longrightarrow$$

$$HC-O-\underset{R}{C-C}-O-CH_2-CH-$$
$$\phantom{HC-O-C-C-O-CH_2-CH}\underset{OH}{|}$$

$$HC-OH + CH_2-CH- \longrightarrow HC-O-CH_2-CH-$$
$$\phantom{HC-OH + CH_2-CH} \overset{O}{\diagup} \phantom{\longrightarrow HC-O-CH_2-CH}\underset{OH}{|}$$

当有叔胺促进剂存在下，叔胺攻击酸酐，生成碳鎓阴离子［式(1-1)］，生成的碳鎓阴离子和环氧基反应生成烷氧阴离子［式(1-2)］，烷氧阴离子和酸酐反应再生成碳鎓阴离子［式(1-3)］。反应依次进行下去，最后固化环氧树脂。

$$O=C-O-C=O + NR'_3 \longrightarrow R\underset{C-O^-}{\overset{C-NR'^+_3}{|}} \tag{1-1}$$

$$R\underset{C-O^-}{\overset{C-NR'^+_3}{|}} + CH_2-CH-R'' \longrightarrow R\underset{C-O-CH_2-CH-R''}{\overset{C-NR'^+_3}{|}} \tag{1-2}$$

$$R\underset{C-O-CH_2-CH-R''}{\overset{C-NR'^+_3}{|}} + O=C-O-C=O \longrightarrow R\underset{C-O-CH_2-CH-R''}{\overset{C-NR'^+_3}{|}} \tag{1-3}$$

当在这个酸酐-叔胺固化体系里加入含活泼氢化合物，还可以促进反应进行，其机理如下。

叔胺和活泼氢化合物通过氢键形成络合物［式(1-4)］，生成的络合物和酸酐反应形成新的络合物［式(1-5)］，新生络合物和环氧基反应［式(1-6)］。

$$R'_3N + HA \rightleftharpoons [R'_3N\cdots HA] \rightleftharpoons R'_3NH^+ + A^- \quad (1-4)$$
活泼氢化物

$$[R'_3N\cdots HA] + \underset{R}{\overset{O}{\underset{\|}{C}}}\overset{O}{\underset{\|}{\overset{\|}{C}}}O \rightleftharpoons [R'_3N^+ - \overset{O}{\underset{\|}{C}} - R - \overset{O}{\underset{\|}{C}} - O^-] \cdot HA \quad (1-5)$$

$$[R'_3N^+ - \overset{O}{\underset{\|}{C}} - R - \overset{O}{\underset{\|}{C}} - O^-] \cdot HA + CH_2-CH-R'' \longrightarrow$$

$$[R'_3N^+ - \overset{O}{\underset{\|}{C}} - R - \overset{O}{\underset{\|}{C}} - O - CH_2 - \underset{R''}{CH} - O^-] \cdot HA \quad (1-6)$$

当醇存在于环氧树脂酸酐体系里时，醇、酸酐、环氧基通过形成三分子络合体进行反应，最后固化环氧树脂。

$$R'OH + \underset{R}{\overset{O}{\underset{\|}{C}}}\overset{O}{\underset{\|}{C}}O + CH_2-CH-R'' \rightleftharpoons \left[\begin{array}{c}\text{三分子络合体}\end{array}\right]$$

$$\longrightarrow R'O-\overset{O}{\underset{\|}{C}} - R - \overset{O}{\underset{\|}{C}} - O - CH_2 - \underset{OH}{CH} - R''$$

不同的酸酐在相同促进剂存在下，固化速率也不同，因酸酐结构不同而异。图1-7所示[9]为添加1%苄基二甲胺（BDMA）的各种酸酐的固化速率（以反应率表

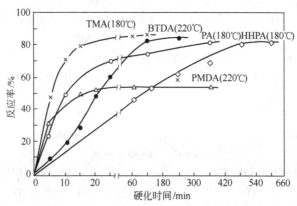

图 1-7　各种酸酐固化双酚 A 环氧树脂的反应率
(1% BDMA)

8

示)。同在180℃固化的不同酸酐固化环氧树脂的速率顺序为：偏苯三甲酸酐＞苯二甲酸酐＞六氢苯二甲酸酐。这是因为偏苯三甲酸酐（TMA）比苯二甲酸酐（PA）多一个游离羧基，增加了酸酐的反应性；经过加氢，苯二甲酸酐变成六氢苯二甲酸酐（HHPA）（脂环化）降低了它的反应速率。同样是双官能基的均苯四甲酸二酐（PMDA）和苯酮四羧酸二酐（BTDA），前者初期固化速率快于BTDA，但反应率低。

上述为端环氧基（例如双酚A型环氧树脂）与酸酐基的反应。内环氧基（例如脂环族环氧化合物）与酸酐的反应按下式反应进行[12]。

$$\text{环氧化合物} + \text{酸酐} \longrightarrow \text{几乎不反应} \tag{1-7}$$

$$\text{酸酐} + ROH \longrightarrow ROCCH_2CH_2COH \tag{1-8}$$

$$ROCCH_2CH_2COH + \text{环氧} \longrightarrow \text{羟基二酯} \tag{1-9}$$

$$\text{羟基二酯} + \text{酸酐} \longrightarrow \text{三酯} \tag{1-10}$$

$$\text{羟基二酯} + \text{环氧} \longrightarrow \text{醚键产物} \tag{1-11}$$

脂环族环氧树脂和酸酐不能直接反应（1-7）。必须在含羟基化合物（例如醇）的存在下，醇先和酸酐反应生成酸性酯（1-8），酸性酯的羧基活泼氢和环氧基反应，生成带羟基的脂环族二酯（1-9），该双酯的羟基再进一步与酸酐反应（1-10）和与环氧基反应（1-11），交联固化环氧树脂。

# 1.3 固化剂的选择基准及用量计算

## 1.3.1 固化剂的选择基准

当应用环氧树脂时，在环氧树脂品种确定下来之后，首先碰到的是如何选择固化剂。因为当环氧树脂选定之后固化剂起着关键的作用，操作工艺的保证和最终设计产品性能的实现，都有赖于固化剂的选择。20世纪60年代日本的大石直四郎为选择固化剂提出如下30条基准[13]：

①价格与包装；②取得难易；③固化剂用量；④固化剂化学组成；⑤储存与运输的稳定性；⑥产品特性及其稳定性；⑦适应性；⑧能否形成B阶段；⑨与固化剂相关的使用特许；⑩环氧树脂的种类与配合；⑪固化条件；⑫固化剂的反应性；⑬使用寿命；⑭放热性；⑮与环氧树脂相容性；⑯性状、黏度和密度；⑰固态固化剂的熔点和溶解性；⑱挥发性；⑲pH值及腐蚀性；⑳收缩与热膨胀性；㉑毒性；㉒作业性；㉓机械性能；㉔热性能；㉕电性能；㉖耐药品性；㉗外观；㉘颜色及其保色性；㉙耐候性；㉚其他性能如耐放射线，阻燃性等。

在1.1节将固化剂按固化温度和应用领域的分类亦可以作为对固化剂的粗线条的范围选择。再进一步选择，可根据图1-8和图1-9所示的多胺固化剂化学结构与其物理特性的关系以及与双酚A环氧树脂固化物性能的相关规律来确定[14]。

[色相]（优）脂环族——脂肪族——聚酰胺——芳香胺（劣）

[黏度]（低）脂环族——脂肪族——芳香族——聚酰胺（高）

[可使时间]（长）芳香族——聚酰胺——脂环族——脂肪族（短）

[固化性]（速）脂肪族——脂环族——聚酰胺——芳香族（迟）

[刺激性]（强）脂肪族——芳香族——脂环族——聚酰胺（弱）

图1-8　多元胺固化剂化学结构与物理特性的关系

[光泽]（优）芳香族——脂环族——聚酰胺——脂肪族（劣）

[柔软性]（软）聚酰胺——脂肪族——脂环族——芳香族（刚）

[耐热性]（高）芳香族——脂环族——脂肪族——聚酰胺（低）

[粘接性]（优）聚酰胺——脂环族——脂肪族——芳香族（良）

[耐酸性]（优）芳香族——脂环族——脂肪族——聚酰胺（劣）

[耐水性]（优）聚酰胺——脂环族——脂肪族——芳香族（良）

图1-9　多元胺固化剂化学结构与双酚A环氧树脂固化物性能

在酸酐类固化剂94%为液态，在满足固化产品性能的前提下仍以选择液体酸酐固化剂为佳。

有时单独使用一种固化剂不能满足工艺和固化产品性能的要求，可以将同类的固化剂进行复配，比如脂肪胺和聚酰胺、聚酰胺和芳香胺、不同结构的酸酐之间配比等。

### 1.3.2　固化剂用量计算

固化剂的用量需要尽量准确，这不但影响到使用成本，亦影响到设计产品最终性能的实现。有些固化剂厂家有产品使用说明书，给出使用量的范围供用户参考。在没有依据参考的情况下可以通过实验求得最佳用量，能计算的也可以计算求得。

#### 1.3.2.1　胺类固化剂的用量计算[15]

$$w(100\text{质量份数树脂所需胺固化剂质量份数})/\%$$

$$=\frac{\text{胺当量}}{\text{环氧当量}}\times 100\text{质量份数树脂}$$

$$= \frac{胺的分子质量 \times 100 \text{ 质量份数树脂}}{胺分子中活泼氢原子数 \times 环氧当量}$$

$$= \frac{胺的分子质量}{胺分子中活泼氢原子数} \times 环氧值$$

$$= \frac{胺的分子质量}{胺分子中活泼氢原子数} \times \frac{环氧基质量百分数}{环氧基分子质量}$$

[**举例**] 已知环氧树脂的环氧当量为 180，用二亚乙基三胺固化，求二亚乙基三胺的用量。

**解**：二亚乙基三胺分子质量 103.2，有 5 个活泼氢原子，按上式计算如下

$$w(二亚乙基三胺)\% = \frac{103.2 \times 100}{5 \times 180} = 11.5$$

即每 100g 环氧树脂要用 11.5g 二亚乙基三胺

除了用上式计算伯胺、仲胺的固化剂用量外，使用图 1-10 环氧树脂-胺固化剂计算图亦相当便利[15]。用法：在环氧当量刻度线上找到 180 这一点，在胺当量刻度线上找到 20.6（103.2÷5 所得）这一点，将该两点连一直线，直线和添加量刻度线交点的读数 11.5 即为所求固化剂用量。

有时在上述计算公式中乘以系数 $A$，用以修正固化剂的用量。一般场合取 $A=0.8\sim1.0$；当环氧树脂里混用非反应性聚合物时取 $A=1.0\sim1.1$；含有高相对分子量环氧树脂时取 $A=0.6\sim0.7$。

#### 1.3.2.2 低相对分子量聚酰胺用量计算

低相对分子量聚酰胺产品指标说明书常用"胺值"这一指标衡量氨基的多少。陈声锐[16]认为，这不能正确反映活泼氢原子的数目，因此不能简单地将胺值作为计算聚酰胺用量的依据。胺值是用来检定酰胺化程度的。对于典型的聚酰胺，可以通过胺值以下述公式求出理论用量。

$$w(聚酰胺)\% = \frac{56100}{胺值 \times f_n} \times 环氧值$$

式中　56100——KOH（$\times 10^{-3}$ mol）；

$f_n$——系数，$f_n = \dfrac{n+2}{n+1}$，$n$ 为多亚乙基多胺中—$CH_2CH_2$—的重复数减去 1。

比如，乙二胺 $n=1-1=0$，$f_n=2$，二亚乙基三胺 $n=1$，$f_n=1.5$；

三亚乙基四胺 $n=2$，$f_n=1.34$；四亚乙基亚胺 $n=3$，$f_n=1.25$；

以二亚乙基三胺二聚亚油酸型聚酰胺为例，测得胺值为 307.4；

树脂为 E-44，环氧值为 0.44mol/100g，则环氧树脂固化剂用量：

$$w(聚酰胺)\% = \frac{56100}{307.4 \times 1.5} \times 0.44 = 53.53$$

#### 1.3.2.3 酮亚胺用量计算[17]

$$w(酮亚胺)\% = \frac{固化剂当量}{环氧当量} \times 100$$

该计算公式从形式上看与胺固化剂用量计算公式没有区别，但在这里"当量"

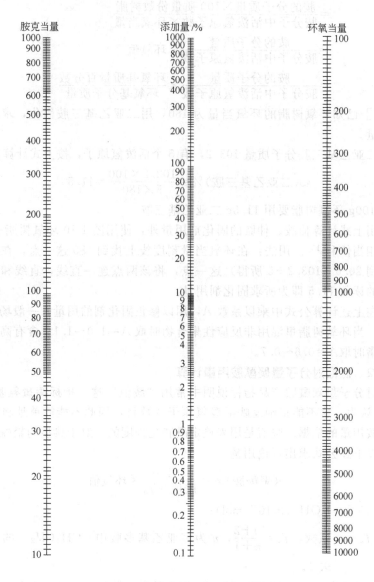

图 1-10 环氧树脂-胺固化剂计算图

系指酮亚胺和水完全反应时相当 1mol 氨基氢的固化剂（克）。有时在厂家产品规格说明书上除了给出"当量"外，还会给出"有效胺含量"的相应数据。"有效胺含量"系指酮亚胺和水完全反应时游离出来的反应性多胺（以体积或质量的分数表示）。

#### 1.3.2.4 曼尼期碱用量计算[18]

酚、醛和胺缩合反应制得的产物称为曼尼期碱。经典的曼尼期碱是由苯酚、甲醛及乙二胺反应制得，应用亦较普遍。其用量可以按下式计算。值得提出的是，计算求出的固化剂用量与按最大粘接强度决定的用量彼此很吻合。

$$q=(1.3\sim1.4)K$$

式中，$K$ 为环氧树脂中环氧基的质量分数，%。

### 1.3.2.5 酸酐固化剂用量计算[19]

当使用一种酸酐固化剂时按下式计算

$$w(\text{酸酐})\% = c \times \frac{\text{酸酐当量}}{\text{环氧当量}} \times 100$$

式中　酸酐当量 = $\frac{\text{酸酐的分子质量}}{\text{酸酐基的个数}}$；

$c$ 为修正系数，场合不同时采用不同的数值；

$c=0.85$，一般的酸酐；

0.6，使用含氯酸酐，或使用辛酸锡等有机金属盐；

1.0，使用叔胺作促进剂；

0.8，使用叔胺和 $M(BF_4)_n$ 盐时。

[举例] 用甲基四氢苯二甲酸酐（MeTHPA）固化环氧树脂（Epikote 828，环氧当量 195），求其百分用量。

已知：甲基四氢苯二甲酸酐，相对分子质量 166，含一个酸酐基，甲基四氢苯二甲酸酐当量 = $\frac{166}{1}$ = 166，以叔胺为促进剂 $c=1$。

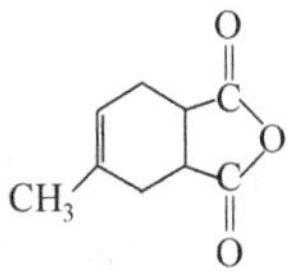

所以，$w(\text{MeTHPA})\% = 1 \times \frac{166}{195} \times 100 = 85$，

即，100g 上述环氧树脂需要 85g 甲基四氢苯二甲酸酐。

当使用两种酸酐混合物固化环氧树脂时，每种酸酐用量的计算方法以下面的实例说明。

已知：双酚 A 型环氧树脂的环氧当量 190，用六氯内亚甲基四氢苯二甲酸酐与六氢苯二甲酸酐的混合酸酐（质量比 60/40）作固化剂，添加 0.1% 的促进剂。

求：100g 环氧树脂对每种酸酐的用量。

**解：**

第一步，将环氧当量换算成环氧值

$$\text{环氧值} = \frac{100}{\text{环氧当量}} = \frac{100}{190} = 0.526$$

第二步，按混合比求出混合酸酐中每种酸酐的当量

60g 六氯内亚甲基四氢苯二甲酸酐的当量 = $\frac{60}{\text{酸酐分子量}} = \frac{60}{370} = 0.1621$

40g 六氢苯二甲酸酐的当量 = $\frac{40}{\text{酸酐分子量}} = \frac{40}{154} = 0.2597$

第三步，求 100g 混合酸酐的当量

100g 混合酸酐的当量＝上述两种酸酐按百分比求出的当量之和＝0.1621＋0.2597＝0.4218

第四步，求出 100g 环氧树脂所用酸酐量

六氯内亚甲基四氢苯二甲酸酐用量＝酸酐在混合酸酐中的百分比×$\frac{环氧值}{混合酸酐当量}$＝60×$\frac{0.526}{0.421}$＝75（g）

同法计算，六氢苯二甲酸酐用量＝40×$\frac{0.526}{0.421}$＝50（g）

所以混合酸酐的用量＝75＋50＝125（g）

促进剂用量＝(树脂 100g＋混合酸酐 125g)×0.1%
＝225g×0.1%＝0.225g

## 1.4　固化剂的变性方法

### 1.4.1　胺固化剂的变性方法

胺类固化剂在环氧树脂中应用得非常普遍。除了未经变性的单一化合物外（例如乙二胺、二亚乙基三胺等脂肪胺；间苯二胺等芳香胺），实际上在很多场合下使用变性的多胺固化剂。这是因为多胺经过化学变性后改变了原来的一些特性，比如：可使固化时间延长，固化变快或变慢，改善固化剂和树脂的相容性，将固态固化剂液体化，难与空气中的 $CO_2$ 气反应，降低固化剂的挥发性和毒性，减少皮肤斑疹，增加固化剂对树脂的添加量以减少固化剂在称量时的误差；改善固化剂和环氧树脂配合后的使用工艺性；改善和提高环氧树脂固化后的力学、热、电等性能以满足使用要求。

胺类固化剂的变性途径如下[20,21]。

#### 1.4.1.1　多元胺与环氧树脂或单环氧化合物的加成物

环氧树脂和过量的多元胺反应（例如二亚乙基三胺等）环氧基全部被反应掉，得到含有残留氨基活泼氢的胺加成物。由液态环氧树脂制成的加成物为液体，由固态环氧树脂制成的加成物为固态。

由于加成物的分子量大，减少了低挥发性和胺臭味，毒性降低，放热减少，对环氧树脂的配合量增加，不需要精确称量。环氧树脂和胺反应生成羟基，加快固化反应，消除"发乌"倾向；然而固化剂黏度增高，适用期变短。

以环氧树脂和胺的加成物固化的树脂固化物性能近似以原料胺固化的树脂固化物的性能。该类固化剂常用于常温固化涂料，用作溶剂型、焦油-环氧涂料的固化剂。

多元胺与单环氧化合物［例如，环氧乙烷（EO）环氧丙烷（PO）］的加成物。二亚乙基三胺、三亚乙基四胺等脂肪族多胺在水的存在下很容易与环氧乙烷和环氧

丙烷进行加成反应制得加成物。基于原料多元胺的种类繁多及环氧乙烷和环氧丙烷加成量的不同，可以制备许多加成物。

这类加成物含有的羟基多，可促进反应加速树脂固化。改善了固化剂对树脂的溶解性、挥发性和刺激性均变小。常温固化的树脂固化物的力学、电气性能及耐药品性略逊原料胺（例如二亚乙基三胺、三亚乙基四胺）的树脂固化物性能。当将这类固化剂用于涂料（薄膜）时，湿度高会影响固化，此时将双酚A作为促进剂配合使用效果会更好。由于吸湿性高，该类产品在密封容器里保存。

芳香族二胺和脂肪族多元胺一样，也可以和环氧乙烷、环氧丙烷、苯乙烯氧化物、苯基缩水甘油醚（PGE）等单环氧化合物加成反应。这类加成物在常温下固化环氧树脂，与脂肪胺加成物相比，适用期长、固化慢、热变形温度高。而与原料芳香二胺相比，固化物的诸性能恶化。

#### 1.4.1.2 多元胺与丙烯腈的加成物

多元胺与丙烯腈的反应，称为氰乙基化反应，亦称迈克尔反应（Michael reaction）。

$$H_2N-R-NH_2 + CH_2=CHCN \longrightarrow H_2N-R-NHCH_2CH_2CN$$

丙烯腈用量不同，多元胺的氰乙基化程度亦不同，给固化剂的反应性和树脂固化物的性能也带来相应地变化。多元胺经氰乙基化后，固化变慢、温和，适用期增长，湿度影响变难。随着氰乙基化增加，最高放热温度降低，为了得到优良的性能有必要进行后固化。固化物的力学性能、电气性能要低于多元胺及其加成物。

树脂固化物的耐药品性变化不大，可是耐溶剂性变好，耐无机酸性有些下降，非常耐含氯溶剂。

#### 1.4.1.3 多元胺与有机酸的反应

胺与有机酸的反应，称为酰胺化反应（amidated reaction）。多元胺与一元脂肪酸反应制备酰氨基胺（amidoamine）

$$H_2N+CH_2CH_2NH\underset{3}{)}CH_2CH_2NH_2 \xrightarrow[-H_2O]{RCO_2H}$$

$$H_2N+CH_2CH_2NH\underset{3}{)}CH_2CH_2NHCR\atop\|\atop O$$

酰氨基胺

$$\overset{\triangle}{\underset{-H_2O}{\rightleftharpoons}}$$

$$H_2N+CH_2CH_2NH\underset{3}{)}CH_2CH_2-\underset{R}{\overset{N}{\diagup}}\!\!\diagdown\!\!{N}$$

咪唑啉

多元胺与二元脂肪酸反应制备聚酰胺（polyamides）。例如，二聚酸与脂肪族多元胺按下式反应制备低分子量聚酰胺。

[反应式：二聚酸的生成及与多元胺反应]

二聚酸
$-H_2O \mid H_2N(CH_2CH_2NH)_xCH_2CH_2NH_2$

### 1.4.1.4 多元胺与酮类的缩合反应

胺与酮进行缩合反应生成酮亚胺。实质上是酮封闭多胺，作为无公害涂料用固化剂颇受注意。例如，二亚乙基三胺和酮反应生成酮亚胺，其分子中的仲氨基可与单缩水甘油醚（例如苯基缩水甘油醚）继续反应

$$H_2NCH_2CH_2NHCH_2CH_2NH_2 + 2RCR' \xrightarrow{-2H_2O}$$

[反应式：生成酮亚胺及其与苯基缩水甘油醚（phOCH$_2$—环氧基）反应的产物结构]

### 1.4.1.5 多元胺与醛、酚的缩合反应

胺与醛、酚的反应早在1942年就有报道，称之为曼尼期反应（Mannich reaction），其缩合物称作曼尼期碱（Mannich bases）。由于原料和其配比的不同，按下式反应，可以制备化学结构不同的曼尼期碱。

[反应式：苯酚 + $H_2N$—R—$NH_2$ + $CH_2O$ $\xrightarrow{-H_2O}$ 邻位取代曼尼期碱]

该类固化剂具有优良的低温固化性，对湿表面有良好的粘接性，耐各种化学药品，因此广泛用于土木工程、涂料、胶黏剂及层合材料。

### 1.4.1.6 多元胺与硫脲加成反应

脂肪族多元胺在常温下固化环氧树脂，与硫脲加成之后可以大幅度地改变多胺化合物的低温固化性，使冬季现场施工成为可能。

$$RNH_2 + H_2N-\overset{S}{\underset{\|}{C}}-NH_2 \longrightarrow RNH-\overset{S}{\underset{\|}{C}}-NH_2 + NH_3$$

## 1.4.2 酸酐固化剂的变性方法

### 1.4.2.1 酸酐与脂肪族多元醇、三乙酯的反应

多数酸酐固化剂为高熔点结晶物，比如偏苯三酸酐熔点168℃。为了降低这些酸酐的熔点，改善与环氧树脂的溶解性，将其与脂肪族多元醇或三乙酯反应。例如

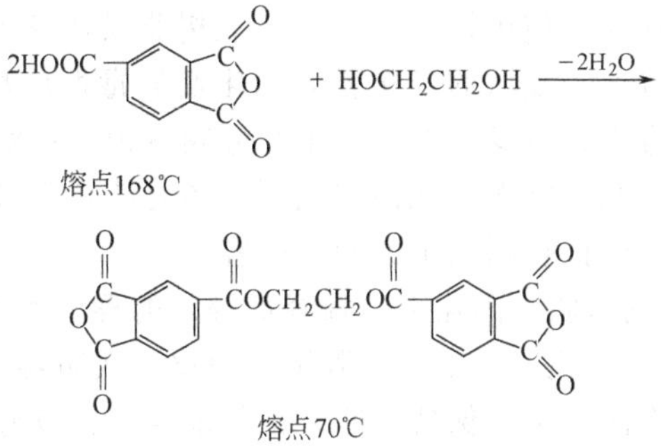

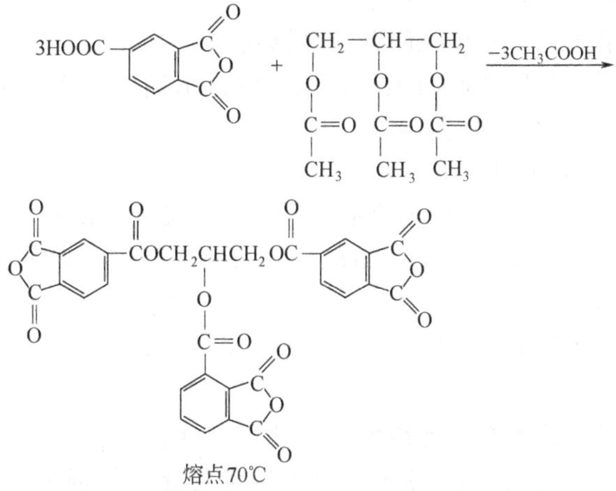

熔点168℃

熔点70℃

熔点70℃

### 1.4.2.2 含双键酸酐的结构异构化

在分子结构里含有单一双键的酸酐。比如四氢苯酐（熔点108℃），甲基四氢苯酐（熔点63~64℃），经异构化处理后，得到各种异构体的混合物，在室温下呈液体状态，大大改善了与环氧树脂的溶解性和环氧组成物的工艺性。

## 1.4.3 高熔点固化剂的悬浮化[22]

一些高熔点固化剂不但与环氧树脂溶解性不好，多数溶剂都不能溶，将这种固态化合物混合到环氧树脂里，为了防止沉降，需要添加触变剂和填充剂。将这类高熔点化合物经特殊的化学处理制成呈悬浮态所必要的粒子尺寸，添加到液态环氧树脂中混合均匀，呈悬浮态的高熔点固化剂不会沉降到底部，这样就不需要添加触变剂，更没有必要添加大量的填充剂。属于这类悬浮体的固化剂有MT-45DEY、BG-30DEY及M-15ML等。

固化剂经各种方法改性后增加了新的固化剂品种，这样既满足了在使用环氧树

脂过程中对工艺和固化物（产品）性能的要求，又进一步推动了环氧树脂在各个领域的应用。

## 1.5 固化剂的毒性及其安全使用技术

固化剂的毒性及其安全使用技术，也是环氧树脂及固化剂工作者关心的课题。这一节的目的是使从事这一领域的工作者对固化剂的毒性应尽量有所认识和了解，要有生态和环境保护意识、自身的安全卫生和健康意识。这实际上也是环氧树脂的安全使用技术问题，因此不能孤立地谈固化剂，还要涉及环氧树脂、稀释剂等。完整的安全使用技术至少应该包括四个方面的内容。

① 对各组分（环氧树脂、固化剂、稀释剂等）的毒性作用应该有所了解；

② 要有相应的防护措施，比如防护眼镜、面罩（或防毒面具）、防护手套、工作服、工作裤，设备密闭，工具保持洁净，工作地点保持良好的自然通风或强制通风，在工地现场操作时选择上风向地点等；

③ 要有急救措施，一旦出现问题及时抢救；

④ 毒性较大，又是经常性的工作环境，应该定期对工作人员进行体检，采取保健措施，或工作人员定期轮换制。

这一节只对①项做叙述。

化学物质的毒性大小经常用动物的毒性实验结果进行评价，由如下四种指标说明[23]。但是作为使用或制造固化剂和环氧树脂的实际工作者来说，只考虑动物实验的结果还远远不够，还应该注意到这些化学物质的挥发性、对皮肤和黏膜的刺激性，这对实际工作者的危害性来得更大，更要注意相关化学物质的临床表现，因为这是更真实的。

① 半数致死量（或半数致死浓度）——$LD_{50}$（或 $LC_{50}$）

这表示对动物一次给药后，引起半数实验动物死亡的剂量（或浓度）。$LD_{50}$ 数值越大，毒性越小，反之则毒性越大。知道某化学物质的 $LD_{50}$ 以后，即可参照毒性分级表（见表1-2），判断其毒性大小。

表1-2　化学物质的急性毒性分级

| 毒性度 | 毒性程度 | 大鼠一次口服 $LD_{50}$/(mg/kg) | 6只大鼠吸入4h 死亡2~4只的 浓度/$\times 10^{-6}$ | 兔涂皮时 $LD_{50}$/ (mg/kg) | 人的可能 致死剂量/ g |
|---|---|---|---|---|---|
| 1 | 剧毒 | 1或<1 | <10 | 5或<5 | 0.06 |
| 2 | 高毒 | 1~50 | 10~100 | 5~43 | 4 |
| 3 | 中等毒 | 50~500 | 100~1000 | 44~340 | 30 |
| 4 | 低毒 | 500~5000 | 1000~10000 | 350~2810 | 250 |
| 5 | 实际无毒 | 5000~15000 | 10000~100000 | 2820~2259 | 1200 |
| 6 | 基本无毒 | 15000及以上 | >100000 | 22600及以上 | >1200 |

② 最大耐受剂量（或浓度）——$LD_0$（或 $LC_0$）

这表示一组受试动物中不引起死亡的最大剂量（或浓度）。

③ 最小致死剂量（或浓度）——MLD（或 MLC）

这表示一组受试动物中，仅引起个别动物死亡的剂量（或浓度）。

④ 绝对致死剂量（或浓度）——$LD_{100}$（$LC_{100}$）

这表示引起全组受试动物死亡的最小剂量（或浓度）。

在这四个指标中常用的是半数致死量 $LD_{50}$，通常用的单位是 mg/kg。

## 1.5.1 胺固化剂的毒性

胺类固化剂属于碱性，溶解水和脂肪，由于其腐蚀性和对皮肤的渗透性很容易使皮肤受到损害[24]。如下式所示，胺和有机组织的蛋白质氨基酸端酯基进行反应[25]，造成皮肤损伤。

$$\underset{\text{有机组织}}{-CH_2-\overset{O}{\underset{\|}{C}}-OCH_3} + \underset{\text{胺}}{H_2NR} \longrightarrow -CH_2-\overset{O}{\underset{\|}{C}}-NHR + CH_3OH$$

液态胺短时间作用在皮肤上可引起皮炎，随着接触时间的增长，胺碱性的增大，最初的接触性皮炎转为更重的病变，亦即出现点状红斑，形成小水泡，进而引发毛囊炎，接触程度大时可产生剥落性皮炎，乃至坏死。

液态胺，多具挥发性，产生蒸气。如图 1-11 所示，温度对液态胺固化剂的蒸气压影响很大，温度高蒸气压升高，对人体产生的毒害作用亦大。从劳动卫生安全角度出发，需要在工作环境空间规定允许的胺浓度，如乙二胺 0.002mg/L，二乙胺 0.03mg/L，三乙胺 0.01mg/L，己二胺蒸气 0.001mg/L 等。胺在空气中浓度过高，会和氨一样对呼吸器官、眼产生刺激作用，长期作用的结果会导致动物的呼吸道炎症、肺炎、肺水肿等。

胺类固化剂由于分子结构、物态的不同对动物表现出不同的刺激性。通常伯胺、仲胺的刺激性大于叔胺；脂肪胺大于芳香胺[26]。二亚乙基三胺（DTA）对大鼠（口服）$LD_{50}$ 为 2330mg/kg，对家兔涂皮 $LD_{50}$ 为 1.09mL/kg，对皮肤及眼的第一次毒性反应很强。使用 15% 的 DTA 水溶液会引起眼角膜的严重损伤，与此相反，使用 5% 的溶液也不会引起轻微伤害。2-乙基环己胺对大鼠（口服）$LD_{50}$ 为 450mg/kg。对家兔的涂皮 $LD_{50}$：丁二胺为 0.43mL/kg，单异丙胺为 1.64mL/kg。它们对皮肤及眼的第一次局部毒性反应都比较强。$n$-(羟乙基)-DTA 对大鼠（口服）$LD_{50}$ 为 2.5mL/kg，对皮肤的局部试验没有引起任何反应。

聚酰胺固化剂的毒性比脂肪胺要低许多，以 Versamid 125 为例，对大鼠（口服）$LD_{50}$ 为 8g/kg 以上，可以说基本无毒，只有少许局部反应。

在固化剂之中芳香胺类的毒性较大。吡啶和哌啶对肝脏和肾脏有损害作用，具有较大的全身毒性。一些芳胺具有致癌性。可是间苯二胺和二氨基二苯砜可以说没有致癌性。

各种胺固化剂的毒性和刺激性见表 1-3 所列[27]。由上述和表 1-3 所列数据可以发现，低相对分子质量的脂肪胺如 DTA 可引起较严重的皮炎，一旦变性成加成物刺激性大大降低，且相对分子质量变大刺激性相应地变小。

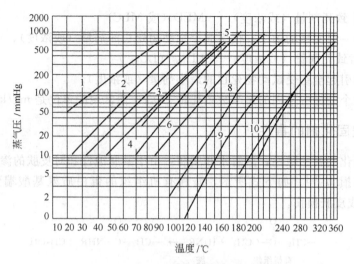

图 1-11 各种胺固化剂的蒸气压
曲线：1—三乙胺；2—丙二胺；3—二甲基乙醇胺；4—二丁胺；
5—二乙基乙醇胺；6—单乙醇胺；7—二亚乙基三胺；
8—甲基二乙醇胺；9—二乙醇胺；10—四亚乙基五胺
1mmHg＝133.322Pa

表 1-3 主要固化剂的 $LD_{50}$、SPI 分类及长时间接触时的皮炎程度

| 固 化 剂 | 时间 | 程度[①] 最高 | 平均 | SPI 分类[②] | $LD_{50}$ /(mg/kg) |
|---|---|---|---|---|---|
| DTA(二亚乙基三胺) | 1 | 8 | 8 | 4～5 | 2080 |
| N-(羟乙基)DTA＋1%DTA | 1 | 8 | 3.2 | — | — |
| N-(羟乙基)DTA＋2% DTA | 1 | 8 | 4 | — | — |
| N-(羟乙基)DTA＋4% DTA | 1 | 8 | 3.2 | — | — |
| N-(氰乙基)DTA | 1 | 6 | 5.1 | — | — |
| N-(羟乙基)DTA | 1 | 8 | 6.2 | 2 | 4800 |
| Epon828＋间苯二胺加成物 | 2 | 0 | — | — | — |
| Epon828＋DTA 加成物 | 4 | 0 | 0 | — | — |
| Epon828＋(游离的 DTA 多)加成物 | 1 | 7 | 5.6 | — | 2500 |
|  | 7 | 8 | 8 | — | — |
| Epon828＋DTA＋酚(游离的 DTA 多)加成物 | 1 | 7 | 6.4 | — | — |
|  | 7 | 8 | 8 | — | — |
| Epon834＋DTA＋AGE(游离的 DTA 多)加成物 | 1 | 6 | 2 | — | — |
|  | 7 | 8 | 8 | — | — |
| TTA(三亚乙基四胺) | — | — | — | 4～5 | 4340 |
| TEPA(四亚乙基五胺) | — | — | — | 4～5 | 2100～3900 |
| PEHA(五亚乙基六胺) | — | — | — | — | 1600 |
| 二乙氨基丙胺 | — | — | — | 4～5 | 1410 |
| 间苯二胺 | — | — | — | 2 | 130～300 |
| DDM(二氨基二苯基甲烷) | — | — | — | — | 126～830 |
| 亚二甲苯二胺 | — | — | — | 4～5 | 625～1750 |
| ATV(エポメート) |  |  |  |  |  |
| ＋PGE 加成物 | — | — | — | 2 | 1900～2000 |
| ＋丙烯腈 | — | — | — | 2 | — |
| ＋环氧树脂加成物 | — | — | — | 2 | 2400 |
| 聚酰胺 | — | — | — | 2 | 800 |
| $BF_3$-乙胺络合物(游离胺多) | 1 | 8 | 7.4 | — | — |

续表

| 固化剂 | 时间 | 程度① | | SPI 分类② | LD$_{50}$ /(mg/kg) |
|---|---|---|---|---|---|
| | | 最高 | 平均 | | |
| $p,p'$-二氨基二环己基甲烷 | 1 | 5 | 4.3 | — | — |
| 1,3-二氨基环己烷 | 1 | 5 | 5 | — | — |
| 1,3-双(氨基乙基胺基)丙醇 | 1 | 7 | 5.7 | — | — |
| HHPA(六氢苯二甲酸酐) | 1 | 5 | 3.7 | 2 | 1200 |
| DDSA(十二烯基琥珀酸酐) | 1 | 5 | 4.1 | 3 | 3200 |

① 8表示皮炎程度最高。
② 1—实际上没有刺激性;2—刺激性弱;3—中等程度的刺激性;4—强敏感;5—强烈的刺激性;6—对动物有致癌可能性。

### 1.5.2 酸酐固化剂的毒性

和胺类固化剂,特别是脂肪族胺类相比,酸酐类固化剂的刺激性要小许多,但有一些酸酐具有升华性,如顺丁烯二酸酐和邻苯二甲酸酐,对眼和皮肤也有刺激作用而引起结膜炎和皮炎。表1-4和图1-12分别列出了几种酸酐的挥发性和蒸气压[28]。酸酐类固化剂口服毒性较小,见表1-5[29]。

表 1-4 四种酸酐熔点及挥发性①的比较

| 项 目 | 顺丁烯二酸酐 | 邻苯二甲酸酐 | 甲基四氢苯二甲酸酐 | 四氢苯二甲酸酐 |
|---|---|---|---|---|
| 熔点/℃ | 57 | 130.8 | 64 | 103 |
| 挥发性/% | 65 | 7 | 6 | 5 |

① 挥发性:相同的酸酐试样在160℃放置1h后的质量减少数。

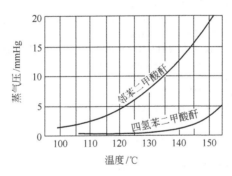

图 1-12 四氢苯二甲酸酐与邻苯二甲酸酐的蒸气压比较

表 1-5 一些酸酐固化剂的毒性和刺激性

| 酸酐 | LD$_{50}$/(mg·kg$^{-1}$) | SPI 分类 |
|---|---|---|
| DDSA | 3200 | 3 |
| THPA | 1200 | 2 |
| HHPA | 3300 | 2 |
| MNA | — | 2 |
| PA | 4020~6000 | — |
| BTDA | 12800 | — |
| MCTC | 16000 | — |

固化剂的毒性除用动物实验的相关数据如 $LD_{50}$ 等评价外,最重要的是观察接触这些固化剂的工作人员的临床表现,注意避免职业病的发生。为了预防固化剂对人体健康带来的危害,应该用有害性低($LD_{50}$ 值高、挥发性小)的固化剂比如酸酐、改性脂肪胺等代替有害性高($LD_{50}$ 值小、挥发性和刺激性大)的固化剂。改善工艺条件,设备要密闭,严重的环节要以自动化操作代替手工操作;混合工程、注入工程、涂布工程、粘接工程及加热工程等能产生固化剂蒸气的发散源要设置控制风速 0.5m/s 以上的局部排风装置。将生活区和工作区分开,工作服受污染应及时清除等。

# 参 考 文 献

[1] 室井宗一,石村秀一. 高分子加工,1986,35(11):24.
[2] 室井宗一,石村秀一. 高分子加工,1987,36(4):172—175.
[3] 室井宗一,石村秀一. 高分子加工,1986,35(11):27—28.
[4] 室井宗一,石村秀一. 高分子加工,1987,36(9):20.
[5] 天津市合成材料工业研究所. 环氧树脂与环氧化物. 天津:天津人民出版社,1974. 13.
[6] 室井宗一,石村秀一. 高分子加工,1987,36(6):18.
[7] 室井宗一,石村秀一. 高分子加工,1987,36(6):20.
[8] Leonard J Calbo. Handbook of Coatings Additives. 1985. 296—297.
[9] 室井宗一,石村秀一. 高分子加工,1987,36(9):24.
[10] 室井宗一,石村秀一. 高分子加工,1987,36(5):24.
[11] 大塚惠子,長谷川喜一,福田明徳. 日本接着学会誌,1995,31(3):84—91.
[12] 清野繁夫. 高分子加工,1979,28(4):22.
[13] 大石直四郎. プラスチックス,1968,19(6):49-53.
[14] 室井宗一,石村秀一. 高分子加工,1987,36(4):18.
[15] 天津市合成材料工业研究所. 环氧树脂与环氧化物. 天津:天津人民出版社,1974. 15.
[16] 陈声锐. 环氧树脂应用技术,1993,10(4):1-6.
[17] 天津市合成材料工业研究所. 环氧树脂与环氧化物. 天津:天津人民出版社,1974. 133.
[18] Г. В. Мотовилин, ю. и Шальман. Пласт. массы. 1971,(3):27—28.
[19] 清野繁夫. 高分子加工,1979,28(4):23.
[20] 垣内弘. 新エポキシ樹脂. 昭晃堂,1985. 183—186.
[21] Leonard J Calbo. Handbook of Coatings Additives. 1985. 183—186.
[22] 清野繁夫. 高分子加工,1979. 28(2):7—8.
[23] 吴振球,王簃兰,任引津等. 高分子化合物的毒性和防护. 第二版. 北京:人民卫生出版社,1986. 12.
[24] 垣内弘. 新エポキシ樹脂. 昭晃堂,1985. 747.
[25] Д. А. Кардашов Эпоксидные смолы и Техника безопасности при работе с ними. 1964,92.
[26] 工业材料,1975. 23(5):15—21.
[27] 加門隆. 高分子加工,1977,26(4):21.
[28] М. З. Циркин. Р. В. Молотков. идр. Пласт. массы. 1963,(7),17.
[29] 高橋勝治,及川洋. 工業材料. 1980,28(6):28.

# 第 2 章

# 脂 肪 族 胺

脂肪族胺类固化剂在各种固化剂之中用量仅次于聚酰胺。这是因为它们绝大多数为液体，与环氧树脂有很好的混溶性；可以在常温下固化环氧树脂，工艺上来得方便；反应时放热，释放出的热量进一步促使环氧树脂与固化剂的反应。因为固化放热，所以每次配料使用的环氧树脂数量不能太多，根据固化剂的具体特性掌握适当的配合量。固化产物的耐热性不高，为了提高其耐热性可适当加热固化；或者室温凝胶（或部分固化后），再予以适当的温度加热固化。

脂肪族胺类固化剂常用于不能加热（例如大型部件）或不允许加热（热敏感部件）的胶黏剂、密封胶、小型浇铸、层压材料，室温固化涂料等。

脂肪族胺类固化剂有多种结构，比如脂肪族多元胺、聚亚甲基二胺，含芳香环的脂肪胺及其各种变性物等。

## 2.1 脂肪族多元胺

乙二胺是脂肪族胺类固化剂中最早使用的一个固化剂。工业上最初由UCC公司以1,2-二氯乙烷（EDC）和氨反应制备（如图2-1所示），称为EDC法。20世纪60年代初BASF公司以一乙醇胺（MEA）和氨反应生产乙二胺，1976年Berol kemi公司随其后也以MEA法生产乙二胺（如图2-2所示）[1]。

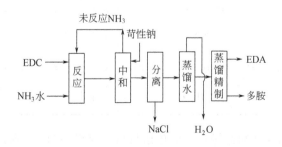

图 2-1 EDC 法工艺流程示意图

主反应：$\begin{array}{c}CH_2-Cl\\|\\CH_2-Cl\end{array} + 2NH_3 + 2NaOH \xrightarrow{NH_3\uparrow} \begin{array}{c}CH_2-NH_2\\|\\CH_2-NH_2\end{array} + 2NaCl + 2H_2O$

副反应：$n\begin{array}{c}CH_2-Cl\\|\\CH_2-Cl\end{array} + (n+1)NH_3 + NaOH \xrightarrow{NH_3\uparrow}$

多亚乙基多胺 $+(n+1)NaCl+(n+1)H_2O$ （$n=2\sim5$）

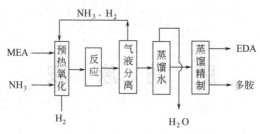

图 2-2 MEA 法工艺流程示意图

主反应：$\begin{array}{c}CH_2-OH\\|\\CH_2-NH_2\end{array} + NH_3 \longrightarrow \begin{array}{c}CH_2-NH_2\\|\\CH_2-NH_2\end{array} + H_2O$

副反应：$n\begin{array}{c}CH_2-OH\\|\\CH_2-NH_2\end{array} + NH_3 \longrightarrow \left(\begin{array}{c}DETA\\TETA\end{array}\right. + nH_2O$

$n\begin{array}{c}CH_2-OH\\|\\CH_2-NH_2\end{array} \longrightarrow \left\{\begin{array}{c}PIP\\HEP\\AEP\end{array}\right. + nH_2O$

（$n=2\sim3$）

由图 2-1 和图 2-2 的主副反应可以看出，生产主产品乙二胺的同时还有一系列副产品多亚乙基多胺等，这些副产品经分馏精制可以得到。它们的主要特性见表 2-1 和表 2-2 所列[2]。

表 2-1　乙二胺及其同系物的主要特性

| 固化剂 | 英文缩写 | 分子式 | 相对分子质量 | 物态 | 沸点/℃ | 凝固点/℃ | 黏度(20℃)/mPa·s | LD$_{50}$(鼠,口服)/(g/kg) |
|---|---|---|---|---|---|---|---|---|
| 乙二胺 | EDA | H$_2$N—C$_2$H$_4$—NH$_2$ | 60.1 | 液体 | 116.9 | 10.8 | 1.6 | 1.85 |
| 二亚乙基三胺 | DETA | H$_2$N$\pm$C$_2$H$_4$—NH$\frac{1}{2}$H | 103.2 | 液体 | 206.7 | −39 | 7.1 | 2.04 |
| 三亚乙基四胺 | TETA | H$_2$N$\pm$C$_2$H$_4$—NH$\frac{1}{3}$H | 146.2 | 液体 | 277.4 | <−40 | 26.7 | 4.34 |
| 四亚乙基五胺 | TEPA | H$_2$N$\pm$C$_2$H$_4$—NH$\frac{1}{4}$H | 189.2 | 液体 | 340 | <−40 | 96.2 | 3.99 |
| 五亚乙基六胺 | PEHA | H$_2$N$\pm$C$_2$H$_4$—NH$\frac{1}{5}$H | 232.3 | 液体 | >340 | <−26 | — | — |
| 哌嗪 | PIP | HN〈 〉NH | 86.1 | 固体 | 148.5 | 109.6 | — | 0.52 |
| N-氨乙基哌嗪 | AEP | HN〈 〉NC$_2$H$_4$—NH$_2$ | 129.2 | 液体 | 222 | −17.6 | 17.5 | 0.22 |
| N-羟乙基哌嗪 | HEP | HN〈 〉N—C$_2$H$_4$—OH | 130.4 | 液体 | 246 | — | — | 0.49 |

对工业生产乙二胺粗品进行气液色谱分析，获得如图 2-3 所示的多馏分多组成的色谱图。各馏分的组成见表 2-3 所列[3]。

**表 2-2　多亚乙基多胺的特性**

| 固化剂 | 活泼氢数 | $w$(固化剂)/% | 物态 | 蒸气压(20℃)/Pa | 密度(23℃)/(g/cm³) | 可使时间②/min | 放热量③/℃ |
|---|---|---|---|---|---|---|---|
| DETA | 5 | 11 | 液体 | 26.6 | 0.95 | 25 | 235 |
| TETA | 6 | 13 | 液体 | 1.33 | 0.98 | 26 | 233 |
| TEPA | 7 | 14 | 液体 | <1.33 | 0.99 | 27 | 228 |
| DEAPA① | 2 | 7 | 液体 | 159.9 | 0.82 | 120(453g) | 170(453g) |

① 二乙氨基丙胺。
② 50g 环氧树脂（双酚 A 型，环氧当量 185～192）。
③ 100g 环氧树脂（同 2）。

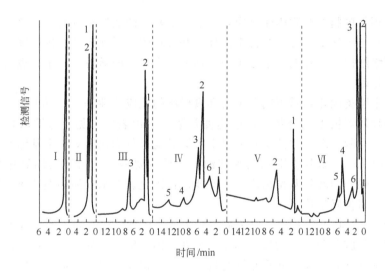

图 2-3　工业级乙二胺馏分色谱图

Ⅰ—单乙二胺；Ⅱ—二亚乙基三胺；1—二亚乙基三胺；2—三亚乙基四胺；Ⅲ—三亚乙基四胺：1—二亚乙基三胺；2—三亚乙基四胺；3—四亚乙基五胺；Ⅳ—四亚乙基五胺：1—三亚乙基四胺；2—四亚乙基五胺；3,4,5—环胺；6—哌嗪；Ⅴ—蒸馏残液的多亚乙基多胺：1—三亚乙基四胺；2—四亚乙基五胺；Ⅵ—生产多亚乙基多胺的釜残液：1—单乙二胺；2—二亚乙基三胺；3—三亚乙基四胺；4—四亚乙基五胺；5,6—环胺

**表 2-3　工业乙二胺各馏分的组成**

| 工业乙二胺的各馏分 | 工业乙二胺各馏分的组成/% | | | | |
|---|---|---|---|---|---|
| | 乙二胺 | 二亚乙基三胺 | 三亚乙基四胺 | 四亚乙基五胺 | 不可知馏分 |
| 乙二胺 | 100.0 | — | — | — | — |
| 二亚乙基三胺 | — | 55.0 | 34.0 | — | 11.0 |
| 三亚乙基四胺 | — | 22.8 | 20.8 | 16.0 | 41.0 |
| 四亚乙基五胺 | — | — | 5.7 | 28.8 | 65.5 |
| 高级多亚乙基多胺 | — | — | 44.4 | 33.6 | 22.0 |
| 釜残液 | — | 21.4 | 51.8 | 11.5 | 15.3 |

文献[4]指出，在多亚乙基多胺之中像三亚乙基四胺、四亚乙基五胺、五亚乙基六胺等分子量高的脂肪多胺化合物都会含有多个异构体。例如，市售的三亚乙基

四胺和四亚乙基五胺就含有以下异构体。

$$H_2N-C_2H_4-NH-C_2H_4-NH-C_2H_4-NH_2$$

$$H_2N-C_2H_4-N-C_2H_4-NH_2$$
$$\qquad\qquad\quad |$$
$$\qquad\qquad C_2H_4-NH_2$$

$$H_2N-C_2H_4-N\begin{matrix}CH_2-CH_2\\ \\CH_2-CH_2\end{matrix}N-C_2H_4-NH_2$$

$$H_2N-C_2H_4-NH-C_2H_4-N\begin{matrix}CH_2-CH_2\\ \\CH_2-CH_2\end{matrix}NH$$

胺与环氧树脂的交联固化反应，是通过氨基上的氢原子（有时称该氢原子为活泼氢原子）与环氧树脂分子结构中的环氧基进行的。因此将环氧树脂固化成为立体交联的网络结构，固化剂一个分子中必须有三个以上的活泼氢原子，也就是说有两个以上的氨基。

同一个胺类固化剂对不同种类的环氧树脂的反应活性是不一样的。表 2-4 为正己胺与各种环氧模型化合物的反应速度常数[5]。由表中可见，与缩水甘油醚型环氧（PGE——苯基缩水甘油醚）室温下可圆满地进行固化，对 $\beta$-甲基缩水甘油醚型环氧（MPGE——苯基-$\beta$-甲基缩水甘油醚）反应要慢些；与环己烯氧化物型及环氧化聚丁二烯等内环氧基型树脂几乎不能进行固化。缩水甘油酯型环氧树脂比缩水甘油醚型环氧树脂反应要快。

由表 2-4 同时可以发现，伯胺基和仲胺基与环氧树脂的固化速度亦不相同。对脂肪胺讲，伯胺基与环氧的反应速度约为仲胺的 2 倍。但环氧基和伯胺的反应与生成的仲胺基和环氧基反应几乎是同时进行的。值得注意的是，伯胺和空气中的二氧化碳（$CO_2$）反应生成白色固体碳酸铵盐，它不能和环氧基反应，一旦加热可释放出二氧化碳，再生出的胺继续进行反应。这种现象通过向固化剂里添加促进剂可以防止。在使用脂肪胺作固化剂时，为了加速固化，或在室温以下的温度固化，也可以使用促进剂。通常使用酚类，用量为树脂量的 5%~10%。

表 2-4　环氧模型化合物和正己胺在不同温度下的反应

| 反应速度常数① | 环氧模型化合物 | 40℃ | 50℃ | 60℃ | 50℃② | 活性能 /(J/mol) |
|---|---|---|---|---|---|---|
| $k_1$ | PMGE | $3.34\times10^{-4}$ | $6.67\times10^{-4}$ | $1.30\times10^{-4}$ | $4.88\times10^{-4}$ | 60.27 |
| | PGE | $4.25\times10^{-4}$ | $8.50\times10^{-4}$ | — | $6.00\times10^{-4}$ | 57.34 |
| $k_2$ | PMGE | $1.62\times10^{-4}$ | $3.34\times10^{-4}$ | $7.00\times10^{-4}$ | $2.34\times10^{-4}$ | 62.37 |
| | PGE | $1.87\times10^{-4}$ | $4.00\times10^{-4}$ | $8.17\times10^{-4}$ | $3.00\times10^{-4}$ | 61.11 |

① $k_1$，$k_2$——L/(mol·g)，$k_1$ 伯胺的反应速度常数，$k_2$ 生成仲胺的反应速度常数。
② 无溶剂；其他温度下的乙醇为溶剂。

## 2.1.1　二亚乙基三胺（DETA）

二亚乙基三胺是脂肪族多元胺中的代表物。表 2-1 和表 2-2 均列出了它的特性。无论是单独使用或作为变性物使用，都占有一席之地。室温下能够充分固化环氧树脂，即使树脂和固化剂混合物呈薄膜状也能进行固化。通常在25℃下24h内大体上就能充分固化，固化7d可以达到最高值；加热进行固化之后，其性能可以得到进一步改善。

二亚乙基三胺黏度非常低，与空气接触生成白烟。环氧当量185的双酚A型环氧树脂其化学计算用量为11%。典型的固化物性能见表2-5所列。在化学计算量的当量点附近有最大的交联密度（如图2-4所示）[6]。然而在实际使用时用化学计算量的75%亦可，因为这样可以减少树脂固化时的放热，使大型的浇铸变得可行。就热变形温度而言，当固化条件一定时，[比如(25℃/3h)+(200℃/1h)]，二亚乙基三胺用量对其热变形温度还是有较大影响的（见表2-6所列）[7]。由表2-6同样可以看出，不同固化条件对树脂固化物的热性能也有影响。常温凝胶化后进行后固化（例如，100℃/12h）热变形温度达122℃，比常温固化的74℃高达48℃。这说明加热固化比常温固化赋予树脂固化物的性能更好些。

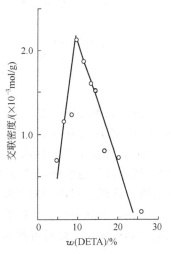

图2-4 二亚乙基三胺用量对固化物交联密度的影响

表2-5 二亚乙基三胺①环氧树脂固化物性能

| 性　　能 | 数　　据 | 性　　能 | 数　　据 |
|---|---|---|---|
| 热变形温度/℃ | 95～124 | $I_{zod}$冲击强度(缺口)/(kJ/m) | 0.022 |
| 弯曲强度/MPa | 100.0～120.0 | 硬度(洛氏M) | 99～108 |
| 弯曲模量/MPa | 3500～3800 | 介电常数(50Hz,23℃) | 4.1 |
| 压缩强度/MPa | 116 | 介电损耗角正切(50Hz,23℃) | 0.009 |
| 拉伸强度/MPa | 80 | 体积电阻率/Ω·cm | $2\times10^{16}$ |
| 断裂伸长率/% | 5.5 | | |

① $w$(二亚乙基三胺)：10%～11%。

以二亚乙基三胺固化的环氧树脂有较好的耐化学药品性。完全固化的树脂体系即使在80℃下也耐50% NaOH、25% $H_2SO_4$、25% HCl和25%铬酸。受浓乙酸、40% $HNO_3$腐蚀。可耐普通的有机溶剂，但不耐长期的浸泡及脂肪族溶剂。

表2-6 二亚乙基三胺用量对热变形温度的影响

| $w$(DETA)/% | 固化条件 | 热变形温度/℃ |
|---|---|---|
| 8 | (25℃/3h)+(200℃/1h) | 95 |
| 9 | (25℃/3h)+(200℃/1h) | 105 |
| 10 | (25℃/3h)+(200℃/1h) | 114 |
| 11 | (25℃/3h)+(200℃/1h) | 119 |
| 12 | (25℃/3h)+(200℃/1h) | 124 |
| | 常温7d | 74 |
| 13 | (25℃/3h)+(200℃/1h) | 117 |
| 14 | (25℃/3h)+(200℃/1h) | 112 |

## 2.1.2 二亚乙基三胺的变性物

(1) 二亚乙基三胺与环氧乙烷(EO)、环氧丙烷(PO)的加成物二亚乙基三胺在水的存在下很容易与环氧乙烷和环氧丙烷反应，生成加成物。

$$H_2NCH_2CH_2NHCH_2CH_2NH_2 \xrightarrow[2\ CH_2-CH_2]{CH_2-CH_2} \begin{array}{l} H_2NCH_2CH_2NHCH_2CH_2NHCH_2CH_2OH \\ \text{N-羟乙基二亚乙基三胺} \\ HOCH_2CH_2-NHCH_2CH_2NHCH_2CH_2NH-CH_2CH_2OH \\ N,N'\text{-二羟乙基二亚乙基三胺} \end{array}$$

1mol 二亚乙基三胺与 1mol 环氧乙烷反应生成 $N$-羟乙基二亚乙基三胺；与 2mol 环氧乙烷反应生成 $N,N'$-二羟乙基二亚乙基三胺。由于加成物中含有羟基（—OH），加速了环氧树脂的固化速度，适用期比二亚乙基三胺要短（表 2-7 所列），固化放热温度随羟乙基化程度的提高而降低。再有，改善了固化剂对树脂的溶解性，降低了固化剂的挥发性和毒性。但是，二亚乙基三胺经环氧乙烷变性后吸湿性变强，因此要在密闭的容器里保存。当与树脂以涂料等薄膜的形式使用时，湿度高会妨碍固化，此时可加入双酚 A 作为促进剂。

**表 2-7 二亚乙基三胺及其环氧乙烷加成物的适用期、放热温度**

| 项 目 | 二亚乙基三胺 | $N$-羟乙基二亚乙基三胺 | $N,N'$-二羟乙基二亚乙基三胺 |
|---|---|---|---|
| 适用期(25℃)/min | 30 | 25 | 20 |
| 放热温度①/℃ | 200 | 225 | 195 |

① 50g 环氧当量 185 的双酚 A 环氧树脂。

使用这些固化剂的环氧树脂固化物的力学性能、电性能及耐药品性稍逊于它们的原料二亚乙基三胺等（见表 2-8）[8]。

**表 2-8 以环氧乙烷、环氧丙烷加成变性的各种胺的树脂固化物性能**

| 固化剂 | 适用期/min | 热变形温度/℃ | 压缩强度/MPa | 压缩屈服强度/MPa | 弯曲强度/MPa | 弯曲模量/GPa |
|---|---|---|---|---|---|---|
| $N,N'$-二羟乙基二亚乙基三胺（Ⅰ） | 24 | 58 | 316 | 84 | 102 | 3.5 |
| $N,N'$-二羟丙基二亚乙基三胺（Ⅱ） | 29 | 68 | 291 | 95 | 116 | 3.7 |
| $N,N'$-二羟乙基三亚乙基四胺（Ⅲ） | 28 | 76 | 291 | 91 | 109 | 2.8 |
| $N$-羟乙基二亚乙基三胺（Ⅳ） | 19 | 96 | 288 | 105 | 98 | 2.9 |
| $m(Ⅳ):m(Ⅰ)=85:15$ | — | 92 | 302 | 105 | 109 | 3.0 |
| $m(Ⅳ):m(Ⅰ):m(双酚A)=85:15:15$ | — | 84 | 246 | 103 | 119 | 3.3 |
| $N$-羟丙基 DETA | 27 | 94 | 257 | 105 | 109 | 3.0 |

$$H_2NCH_2CH_2NHCH_2CH_2NH_2 \xrightarrow[2CH_2=CH-CN]{CH_2=CH-CN} \begin{array}{l} H_2NCH_2CH_2NHCH_2CH_2NH-CH_2CH_2CN \\ N\text{-氰乙基二亚乙基三胺} \\ NCCH_2CH_2-NHCH_2CH_2NHCH_2CH_2NH-CH_2CH_2CN \\ N,N'\text{-二氰乙基二亚乙基三胺} \end{array}$$

(2) 二亚乙基三胺与丙烯腈的加成物[9]

二亚乙基三胺与丙烯腈的加成反应称为氰乙基化反应。胺与丙烯腈加成后反应活性降低，适用期增长，受湿度的影响亦变难。随着氰乙化程度的增加，最高放热温度降低，树脂固化物的耐溶剂性得到改善，特别是耐氯化溶剂性能较强。但随着氰乙化程度的增加，固化物电性能有所下降。

二亚乙基三胺与丙烯腈的加成物适用于在大型浇铸件上使用，能提高固化物的韧性及耐冲击值。固化物的耐热性较差，为提高其耐热性有必要进行后固化。

表2-9和表2-10分别为氰乙化加成物与其他固化剂的特性比较，及固化条件对固化物物理力学性能的影响。表2-11表示氰乙基化程度对固化物性能的影响。

表2-9  $N,N'$-二氰乙基二亚乙基三胺与其他固化剂特性比较

| 项 目 | $N,N'$-二羟乙基二亚乙基三胺(A) | $N,N'$-二氰乙基二亚乙基三胺(B) | $m(A):m(B)=1:1$ | 二亚乙基三胺 |
|---|---|---|---|---|
| 适用期(25℃) | 20min | 4~5h | 1.5~2h | 30min |
| 放热温度(50g)/℃ | 195 | 几乎没有 | 42 | 200 |
| 热变形温度/℃ | 64 | 57 | 60 | 115 |

表2-10  $N,N'$-二氰乙基二亚乙基三胺树脂固化物性能

| 性 能 | 60℃/7h | 120℃/7h | 120℃/72h | 性 能 | 60℃/7h | 120℃/7h | 120℃/72h |
|---|---|---|---|---|---|---|---|
| 热变形温度/℃ | 52 | 56 | 58 | 屈服 | 98.0 | 86.1 | 88.9 |
| 拉伸强度/MPa | 46.2 | 63.0 | 76.3 | 极限 | 203.0 | 228.2 | 295.4 |
| 压缩强度/MPa | | | | | | | |

表2-11  氰乙基化程度对树脂固化物性能的影响

| 氰乙基化度 性能 | $n$(丙烯腈):$n$(二亚乙基三胺) 1.167:1 | 2:1 | 氰乙基化度 性能 | $n$(丙烯腈):$n$(二亚乙基三胺) 1.167:1 | 2:1 |
|---|---|---|---|---|---|
| $w$(固化剂)/% | 25 | 30~35 | 拉伸强度/MPa | 53~64 | 63~77 |
| 适用期/min | 150 | 240~300 | $I_{zod}$冲击强度(缺口)/(kJ/m) | 0.0125~0.0152 | 0.0152~0.0212 |
| 热变形温度/℃ | 72~76 | 50~58 | | | |
| 压缩强度/MPa | 84 | 86~95 | 硬度(洛氏M) | >100 | 78~96 |

（3）二亚乙基三胺与甲醛的加成物

脂肪族多胺与甲醛（$CH_2O$，例如福尔马林）或多聚甲醛$(CH_2O)_n$反应称作羟甲基化（—$CH_2OH$）反应。通过反应可制成一种低毒性固化剂。见表2-12所列，该类固化剂有较短的适用期，可适用于快速固化工艺的要求。

表2-12  二亚乙基三胺-甲醛加成物的适用期

| 固化剂 | 凝胶化时间/min | 固化剂 | 凝胶化时间/min |
|---|---|---|---|
| 二亚乙基三胺-甲醛加成物 | 17~19 | 乙二胺 | 25~30 |
| 二亚乙基三胺 | 30~40 | | |

有文献[10]指出，将103.2份二亚乙基三胺（热至20℃）与30份多聚甲醛反应60min，再于70℃反应140min，可制得胺值820mg KOH/g，黏度（20℃）0.8 Pa·s的液体固化剂。用24%该固化剂与相对分子质量400的双酚A型环氧树脂配合，20℃下适用期45min，90min后变硬。

（4）二亚乙基三胺与环氧树脂及单环氧化物的反应加成物[11]

环氧树脂和过量的二亚乙基三胺反应，生成具有羟基（—OH）和氨基（—NH—，—$NH_2$）的胺加成物。由于胺加成物的分子量较大，挥发性小，没有胺

臭味，毒性亦低；与树脂的配合量较多，称量不严格。生成的羟基具有促进其固化的作用。由于胺加成物黏度高，使适用期变短。

制备胺加成物的环氧树脂可以是固态（例如，环氧当量450～550），也可以是液态。

由固态环氧树脂制成的加成物为固态，依其制法可分为分馏加成物和内在加成物。

分馏加成物是将固态环氧树脂加入到过量的多元胺溶液里进行反应，减压下在约150℃的温度下除去过量的胺和溶剂。

内在加成物的制法和分馏加成物的制法一样，但不除去溶剂和过量的胺，需要正确计量用于加成反应的两个成分，即环氧基与胺的摩尔（mol）比为1∶1，反应结束后过量胺的残余量必须很少。这类加成物多用于一般的溶剂型涂料、高固体含量涂料、焦油环氧涂料等。

由液态双酚A环氧树脂和多元胺制成的加成物为液态，主要用于粘接剂、层压材料及无溶剂涂料，因而受人瞩目。将该加成物用于涂料时可以添加6%左右的促进剂，如苯酚、水杨酸及苄基二甲胺等。二亚乙基三胺加成物的树脂固化物性能，几乎近似于原料多胺的固化物性能。例如：添加量20%～30%，适用期20min，热变形温度80～105℃，压缩强度105.5MPa，拉伸强度49～58MPa，断裂伸长率2.4%，硬度（洛氏M）97～104。

文献[12]报道，二亚乙基三胺与环氧树脂XB-4122（环氧当量330～356，相对分子质量650～700）和苄醇（ph$CH_2$OH）反应获得的胺加成物与Epikote-807组成的涂料，20℃ 7天固化，涂膜厚250μm，耐酸、碱和盐水性能良好，耐冲击。二亚乙基三胺与环氧树脂（Epiclon-1050）、异氰酸三缩水甘油酯反应和甲苯、丁醇组成的52.2%固化剂溶液再与Epiclon-1050配合，适用期大于6h，涂料对钢有良好的黏着力、耐沸水、氢氧化钠水溶液、盐酸及盐水[13]。二亚乙基三胺与$N,N,N',N'$-四缩水甘油 $m$-二甲苯二胺、苯基缩水甘油醚反应加成物，添加甲苯和丁醇组成的70%固化剂溶液，与环氧树脂混合制得的涂料显示优良的耐甲醇和5%盐酸[14]。用二亚乙基三胺与正丁基缩水甘油醚反应制成液态固化剂，其特性见表2-13所列。国内同类产品的商品名为593固化剂。

表2-13　二亚乙基三胺与正丁基缩水甘油醚加成物特性

| 外　观 | 黏度(25℃)/mPa·s | 胺值 | $w$(固化剂)/% | 储存稳定性 |
|---|---|---|---|---|
| 无色至浅黄色透明液体 | 140 | 497 | 18～25 | 稳定，不形成白色沉淀 |

（5）二亚乙基三胺与酚、醛的反应加成物

胺与酚及醛的反应称为曼尼期反应，三元反应生成物称为曼尼期碱（Mannich base）。由于反应生成物的分子结构里含有酚羟基、氨基（—$NH_2$）、仲氨基（—NH—）使得该类固化剂有独到之处：固化速度快，可在低温、潮湿或水下固化。这里举两例说明它们的制法。

文献[15]报道，将103g二亚乙基三胺和107g苯酚在搅拌下混合，直到出现放热，然后加入33g多聚甲醛($CH_2O$)$_n$，将混合物加热至75℃，在真空下除去反应生成的水，得到树脂状固化剂。50g该固化剂与50g双酚A环氧树脂混合，涂在水下金属板上,树脂固化后不脱离金属板。

用液体甲醛代替多聚甲醛进行反应[16]。例如,将456g二亚乙基三胺与302g的36% $CH_2O$ 在40℃下混合45min,然后在55~60℃下10min内与347g苯酚混合,在60℃搅拌30min,120℃下浓缩,得到20℃下黏度2.5Pa·s,胺值750mg KOH/g的黏性液体固化剂。低分子量环氧树脂(环氧值0.51)与25%该固化剂混合,20℃下35min凝胶。

井上贤志[17]在用二亚乙基三胺、苯酚和甲醛合成曼尼期碱时,在得到变性胺缩合物(A)之后添加一定量的糠醇[$m$(变性胺缩合物):$m$(糠醇)=80:20]制得固化剂(B),将变性胺缩合物的黏度由1500mPa·s降至150mPa·s,并改善固化物的力学性能(见表2-14所列)。这类固化剂黏度低,毒性小,在低温高湿度条件下能短时间内进行固化反应,极大地改善了粘接作业性,固化物外观极好,力学强度大幅度地提高。适用涂料、浇铸、土木建筑用及层压材料等。

表2-14 二亚乙基三胺曼尼期碱固化物性能

| $m$(环氧树脂):<br>$m$(固化剂) | 固化时间<br>/min | 弯曲强度<br>/MPa | 压缩强度<br>/MPa | 拉伸强度<br>/MPa |
| --- | --- | --- | --- | --- |
| 100:20(A) | 12 | 80 | 110 | 38 |
| 100:25(B) | 10 | 110 | 125 | 625 |

FENG-PO TSENG等人[18]利用壬基酚与双环戊二烯的加成反应生成物与二亚乙基三胺和福尔马林反应制备曼尼期碱,其外观为黏性的橘黄色液体。与聚氧化丙烯二胺(D 400)和二亚乙基三胺相比,其树脂固化物的拉伸强度和断裂伸长率得到明显改善。其制备反应过程如下:

(6) 二亚乙基三胺与有机酸、有机酸酯的反应加成物

多胺与有机酸、有机酸酯及己内酰胺类化合物可按下式进行反应,生成酰胺基多胺,同样可以作为固化剂使用,并带来新的特性。

$$RNH_2 + R'COOH \longrightarrow R'CONHR + H_2O$$
$$RNH_2 + R'COOR'' \longrightarrow R'CONHR + R''OH$$
$$RNH_2 + R'CONH \longrightarrow R'CONR + NH_3$$

① 桐油改性二亚乙基三胺

桐油的主要成分为桐油酸甘油酯,同时含有少量油酸及亚油酸甘油酯。桐油与多胺发生胺解反应,生成带桐油酸长脂肪链的酰胺基多胺。李亮本等人[19]以桐油和二亚乙基三胺为主要原料,加入少量己内酰胺反应制备的固化剂(命名YTH-201)为棕红色液体,25℃下黏度2.5~5.0Pa·s,胺值310~330mg KOH/g,其用量为60%~80%。室温固化环氧树脂的各种性能见表2-15所列。国内外桐油改性二亚乙基三胺部分产品的特性见表2-16所列。

表2-15 桐油改性二亚乙基三胺树脂固化物性能

| 性能 | 数据 | 性能 | 数据 |
| --- | --- | --- | --- |
| 弯曲强度/MPa | 133.1 | 热变形温度/℃ | 46 |
| 拉伸强度/MPa | 17.17 | 表面电阻率/Ω | $1.86 \times 10^{11}$ |
| 冲击强度/(kJ/m$^2$) | >40 | 介电常数(常态) | 3.39 |
| 剪切强度(钢-钢)/MPa | 79.87 | 介电损耗角正切(常态) | 0.019 |

表2-16 部分桐油改性二亚乙基三胺产品的特性

| 产品名称 | 生产厂家 | 胺值/(mg KOH/g) | 黏度(40℃)/Pa·s |
| --- | --- | --- | --- |
| YTH-201 | 岳阳石化总厂研究院 | 310~330 | 2.0~5.0(25℃) |
| TY-300 | 天津市延安化工厂 | 315±5 | 2.0~10.0 |
| TY-650 | 天津市延安化工厂 | 200±20 | 1.0~10.0 |
| G-720 | 日本东都化成 | 300±20 | 8.0~12.0 |
| G-725 | 日本东都化成 | 270±20 | |

② 二亚乙基三胺与丙烯酸酯的加成物[20]

将103.2g二亚乙基三胺与184.3g的2-乙基己基丙烯酸酯在60℃反应1h,再在120℃反应2h得到的加成物胺值510mg KOH/g,20℃黏度40mPa·s。40份该固化剂与双酚A环氧树脂(环氧值0.51)混合,20℃下适用期4h,24h后固化物有良好的冲击强度和弹性。

③ 二亚乙基三胺与水杨酸甲酯的反应加成物[21]

将22.97g二亚乙基三胺逐滴添加到102.6g水杨酸甲酯里,混合物回流反应6h得到二酰胺,将其真空下160℃加热2.5h,得到如下式所示的双酚咪唑啉($n=2$或3):

该固化剂配合环氧树脂，室温下有良好的稳定性，高温下则快速交联。例如，双酚 A 型环氧树脂（环氧值 0.52）100 份，该咪唑啉 2 份，双氰胺 7.5 份及精细 $SiO_2$ 粉 5 份的混合物，放在管内室温储存 5 周以上稳定，160℃和 180℃下的凝胶时间分别为 5.07min 和 1.25min。

④ 二亚乙基三胺与癸二酸的反应加成物[22]

有机酸与脂肪族多胺可以按下式反应生成咪唑啉。

$$R-\underset{O}{\overset{\parallel}{C}}-OH + H_2NCH_2CH_2NH-R' \longrightarrow R-\underset{O}{\overset{\parallel}{C}}-NHCH_2CH_2NH-R'$$

酰胺基多胺

$$\xrightarrow{-H_2O} R-C\underset{\underset{CH_2}{|}}{\overset{N-R'}{\underset{N}{\diagup}}}CH_2$$

咪唑啉

咪唑啉化合物含有自由氨基，使用它们作为环氧树脂固化剂，能赋予固化体系优良的综合性能。但是，许多咪唑啉型化合物为结晶物，与环氧树脂的相容性不好。以二亚乙基三胺和癸二酸反应可以制得双咪唑啉，这是一稳定的液体固化剂（牌号 UP-0639），相对分子质量 390，滴定氮的质量分数 14.8%，动力黏度（40℃）为 3.90Pa·s，密度（25℃）1062kg/m³。

当以化学计量的该固化剂（UP-0639）固化 ED-20（双酚 A 型环氧树脂，相对分子质量 410，环氧基质量分数 21.4%）时，22℃ 168h 之内环氧基转化度 94%。该固化剂与其他固化剂的树脂固化物性能对比见表 2-17 所列。由表中可见，该固化剂有较好的综合性能，特别是耐热性和剪切强度更好。

**表 2-17　UP-0639（双咪唑啉）与其他固化剂的固化物性能对比**

| 固化剂 | 拉伸强度/MPa | 断裂伸长率/% | 拉伸弹性模量/MPa | 冲击强度/(kJ/m²) | 玻璃化温度/℃ | 剪切强度/MPa |
|---|---|---|---|---|---|---|
| UP-0639 | 56 | 6.2 | 1350 | 4.7 | 74 | 18.8 |
| PEPA | 63 | 4.3 | 1350 | 3.9 | 72 | 5.9 |
| UP-583 | 59 | 5.1 | 1420 | 4.0 | 68 | 14.0 |
| 二亚乙基三胺 | 61 | 5.8 | 1320 | 9.2 | 64 | 14.0 |
| PO-300 | 55 | 6.0 | 1200 | 4.5 | 60 | 19.5 |

注：PEPA—多亚乙基多胺；UP-583—二亚乙基三胺曼尼期碱，PO-300—低分子量聚酰胺。

⑤ 二亚乙基三胺与二元羧酸酯的反应加成物[23]

二亚乙基三胺与相应的二元羧酸酯按下式反应，可以制备多种二元羧酸的四氨基酰胺（TAADK）。它是 A 和 B 两种异构体的混合物。当 $m(ED\text{-}20):m(PEPA):m(TAADK)=10:1:(0.05\sim0.2)$ 之比组成的环氧树脂体系，可在 20℃/36h 或 110℃/4h 条件下固化。体系中添加 TAADK，在 110℃下固化可使拉伸强度和剪切强度提高 2～3 倍。这是因为 TAADK 分子结构中有强极性酰胺基团，增加环氧胶对被粘表面的黏着力。

$$2HN\begin{matrix}CH_2CH_2NH_2\\ \\CH_2CH_2NH_2\end{matrix} + ROCRCOR'$$
$$\phantom{xxxxxxxxxxxxxxxxxxxxx}\underset{O\phantom{xx}O}{\phantom{x}}$$

$$\rightarrow R(\underset{O}{C}NHCH_2CH_2NHCH_2CH_2NH_2)_2 \quad (2\text{-}1)$$

$$\rightarrow H_2NCH_2CH_2NHCH_2CH_2NHCRCN(CH_2CH_2NH_2)_2 \quad (2\text{-}2)$$
$$\phantom{xxxxxxxxxxxxxxxxxxxxxxxxxxxxxx}\underset{O\phantom{xx}O}{\phantom{x}}$$

式中，$R=(CH_2)_m$，$m=0\sim4$，7，8；顺-，反-$CH=CH$；$n\text{-}C_6H_4$；$O\text{-}C_6H_4$；$R'=Et(m=0\sim2,4,7,8$；顺-$CH=CH$—；$O\text{-}C_6H_4)$，$Me(R=n\text{-}C_6H_4)$。

含有不同二元酸结构的 TAADK 对树脂固化物的热分解温度有很大影响。含有癸二酸、马来酸和对苯二酸的 TAA，在室温下固化，其树脂固化物热分解温度比未改性的和其他改性的高 20～25℃。例如，癸二酸的热分解温度 344℃，而草酸的为 320℃。

⑥ 二亚乙基三胺和环氧油酸乙酯与环氧树脂的反应加成物[24]

曲荣君[24]等以如下 3 步反应制备的环氧油酸改性多胺-环氧预聚物作固化剂。它是淡黄色黏稠液体，室温下适用期较长（大于 24h），在 60～80℃温度下可快速固化。该固化剂吸湿性低于常用的多胺。当用量 35% 时，60℃/10h 或 80℃/6h 就可完全固化。

$$\text{油酸} + \text{乙醇} \xrightarrow{H_2SO_4} \text{油酸乙酯}$$

$$\text{油酸乙酯} \xrightarrow[H_2O_2]{CH_3\overset{O}{C}OH} \text{环氧油酸乙酯}$$

环氧油酸乙酯＋二亚乙基三胺＋环氧树脂（苯溶液）⟶ 固化剂

⑦ 二亚乙基三胺与二酮丙烯酰胺的反应加成物[25]

丙酮与丙烯腈反应制成的二酮丙烯酰胺

$$2\ CH_3\overset{O}{\underset{\phantom{x}}{C}}CH_3 + CH_2=CH-CN \xrightarrow{H_2SO_3}$$
$$\phantom{xx}\text{丙酮}\phantom{xxxxxxxxx}\text{丙烯腈}$$

$$CH_2=CH-\overset{O}{\underset{\phantom{x}}{C}}-NH-\underset{\underset{CH_3}{|}}{\overset{\overset{CH_3}{|}}{C}}-CH_2-\overset{O}{\underset{\phantom{x}}{C}}-CH_3$$

二酮丙烯酰胺

二酮丙烯酰胺与伯胺（如二亚乙基三胺）反应得到的胺基加成物（国外商品名 Lubrizol CA）作环氧树脂固化剂有许多特点：固化剂几乎无毒性，操作方便；与其他脂肪族聚酰胺及脂肪族多胺（如二亚乙基三胺、三亚乙基四胺）比较，得到的固化物亮度好，耐候性、耐水性及耐药品性好；固化时变形与收缩性都小，由于浇铸时开裂现象极少，有利于各种浇铸件的制造。

二酮丙烯酰胺与二亚乙基三胺可进行两个性质不同的反应：第一反应是，二亚乙基三胺的伯胺基与二酮丙烯酰胺的双键进行加成反应；第二个反应是，二亚乙基三胺的伯胺基与二酮丙烯酰胺的酮基缩合得到含酮亚氨基的缩合物。

$$RNH-CH_2-CH_2-\overset{O}{\overset{\|}{C}}-NH-\overset{CH_3}{\underset{CH_3}{\overset{|}{C}}}-CH_2-\overset{O}{\overset{\|}{C}}-CH_3$$

$$\uparrow$$

$$CH_2=CH-\overset{O}{\overset{\|}{C}}-NH-\overset{CH_3}{\underset{CH_3}{\overset{|}{C}}}-CH_2-\overset{O}{\overset{\|}{C}}-CH_3 + RNH_2$$

二亚乙基三胺

$$\updownarrow$$

$$CH_2=CH-\overset{O}{\overset{\|}{C}}-NH-\overset{CH_3}{\underset{CH_3}{\overset{|}{C}}}-CH_2-\overset{NR}{\overset{\|}{C}}-CH_3 + H_2O$$

这种固化剂主要用于涂料、胶黏剂及浇铸料等方面。二酮丙烯酰胺与二亚乙基三胺的加成物（CA-23）对环氧当量185～190的双酚A型环氧树脂的用量依两者的摩尔比不同而异：当摩尔比为1∶2时用量为10%～25%；摩尔比为1∶1时用量为25%～50%。摩尔比为1∶1的加成物用于涂料中，在高湿度或少许水分存在下也不会有白化现象出现。

CA-23与其他固化剂固化环氧当量185-192的双酚A型环氧树脂的性能比较列于表2-18～表2-20，表2-21为CA-23树脂固化物的电性能。

表2-18 各种固化剂浇铸料的凝胶时间、最高放热

| 固化剂 | w/% | 凝胶时间/min | 凝胶化温度/℃ | 最高放热 温度/℃ | 时间/min |
|---|---|---|---|---|---|
| CA-23 | 10 | 45 | 91 | 102 | 60 |
| CA-23 | 12 | 40 | 93 | 140 | 50 |
| CA-23 | 14 | 35 | 93 | 160 | 45 |
| CA-23 | 16 | 30 | 99 | 185 | 40 |
| CA-23 | 18 | 25 | 85 | 204 | 35 |
| CA-23 | 20 | 23 | 85 | 207 | 32 |
| CA-23 | 22 | 20 | 82 | 221 | 30 |
| 二亚乙基三胺 | 8 | 25 | 93 | >232 | 26 |
| 聚酰胺树脂(胺值345) | 25 | 160 | 63 | 63 | 160 |

注：试样为400g。

表 2-19 各种固化剂对浇铸料固化物收缩与变形的影响

| 固化剂 | $w$/% | 线性收缩率 | 变形 | 硬度(Barcol 934) | 7.6mm厚浇铸料常温固化7d后的硬度(Barcol 934) |
|---|---|---|---|---|---|
| CA-23 | 10 | $1\times10^{-5}$ | 无变形 | 20~25 | 5 |
| CA-23 | 12 | $1\times10^{-5}$ | 无变形 | 25~30 | 23 |
| CA-23 | 14 | $1\times10^{-5}$ | 无变形 | 30~35 | 31 |
| CA-23 | 16 | $1\times10^{-5}$ | 微变形 | 35~40 | 30 |
| CA-23 | 18 | 0.0002 | 微变形 | 35~40 | 29 |
| 二亚乙基三胺 | 8 | 0.0012 | 严重不均一变形 | 35~40 | 36 |
| 聚酰胺树脂(胺值345) | 25 | — | — | 0 | 18 |

注：1. 固化条件为常温48h。
2. 试样长×宽×厚=254mm×43.6mm×28.7mm。

表 2-20 各种固化剂对树脂固化物耐光性与耐水性的影响

| 固化剂 | $w$(CA-23)/% | 色度(Gardner) | | | 吸水性/% |
|---|---|---|---|---|---|
| | | 照射前 | 照射100h | 照射1000h | |
| CA-23 | 12 | 4~5 | 5~6 | 7~8 | 0.09 |
| CA-23 | 14 | 4~5 | 5~6 | 7~8 | 0.08 |
| CA-23 | 16 | 4~5 | 6~7 | 7~8 | 0.05 |
| CA-23 | 18 | 4~5 | 6~7 | 7~8 | 0.06 |
| 二亚乙基三胺 | 8 | 4~5 | 14~15 | 14~15 | 0.14 |
| 聚酰胺树脂(胺值345) | 25 | 12~13 | 16~17 | 16~17 | 0.13 |

注：固化条件同表2-19，耐水实验为7.6mm厚的浇铸料经常温固化7d后，在常温水中浸泡24h。

表 2-21 CA-23树脂固化物的电性能

| $w$(CA-23)/% | 体积电阻率/$\Omega\cdot cm$ | | 表面电阻率/$\Omega$ | |
|---|---|---|---|---|
| | 试样A | 试样B | 试样A | 试样B |
| 12 | $5\times10^{15}$ | $4\times10^{15}$ | $3\times10^{16}$ | $7\times10^{16}$ |
| 14 | $7\times10^{15}$ | $6\times10^{15}$ | $6\times10^{16}$ | $6\times10^{16}$ |
| 16 | $1\times10^{16}$ | $1\times10^{16}$ | $6\times10^{16}$ | $7\times10^{16}$ |
| 18 | $2\times10^{16}$ | $2\times10^{16}$ | $1\times10^{17}$ | $3\times10^{16}$ |

注：试样A—常温固化24h；试样B—试样A在常温水中浸泡24h之后；试样尺寸为直径×厚=69.8mm×7.6mm；测试条件为25℃，40%~50%湿度，ASTM D257—66。

## 2.1.3 三亚乙基四胺和四亚乙基五胺及其变性物[26]

这两个固化剂和二亚乙基三胺一样，也是广为应用的常温固化剂。蒸气压比二亚乙基三胺低，故毒性作用亦降低。表2-1和表2-2列出了它们的基本特性。表2-22列出了三亚乙基四胺固化物的基本性能。四亚乙基五胺及其固化物的各种性能近似于三亚乙基四胺，只是使用量不像三亚乙基四胺那么严格。在国外有的期刊上常把三亚乙基四胺称作多亚乙基多胺（PEPA），因为称作多亚乙基多胺的多元脂肪胺主要成分就是三亚乙基四胺。

表 2-22　三亚乙基四胺固化物的基本性能

| 性　能 | 数据 | 性　能 | 数据 |
|---|---|---|---|
| 热变形温度/℃ | 98～128 | IIO 冲击强度(缺口)/(kJ/m) | 0.022 |
| 弯曲强度/MPa | 98～125 | 硬度(洛氏 M) | 106 |
| 弯曲模量/MPa | 3100～3500 | 介电常数(50Hz,23℃) | 4.1 |
| 压缩强度/MPa | 115 | 介电损耗角正切(50Hz,23℃) | 0.014 |
| 拉伸强度/MPa | 80 | 体积电阻率/Ω·cm | $>2\times10^{16}$ |
| 断裂伸长率/% | 4.4 | | |

注：三亚乙基四胺的用量为树脂的 13%～14%。

使用三亚乙基四胺的环氧树脂固化物耐碱性好，但耐酸性和耐福尔马林性能较差。三亚乙基四胺的用量和固化条件对树脂固化物的热变形温度和电性能，例如介电常数有较大影响，如图 2-5 和图 2-6 所示。常温固化热变形温度只有 76℃，经后固化后热变形温度可提高至 123℃。在不同的频率下，介电常数不同，随着用量增加，变化趋势也不尽相同。

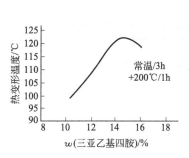

图 2-5　三亚乙基四胺用量对热变形温度的影响

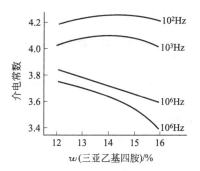

图 2-6　三亚乙基四胺用量对介电常数的影响
固化条件同图 2-5

三亚乙基四胺亦可用液态环氧树脂变性，制得液态固化剂[27]。用于配制低溶剂或无溶剂的环氧树脂涂料，在加热条件下固化。三亚乙基四胺与多异氰酸酯反应加成物用作环氧树脂固化剂可赋予树脂固化物韧性[28]。例如，该加成物 45 份，多胺交联剂（Epicure 872）30 份及双酚 A 环氧树脂（环氧当量 190）100 份的组成物，室温固化 7d 后肖式硬度 79，3.1mm 厚的浇铸件在 1 天之后拉伸强度 29.9MPa，断裂伸长率 25%，热变性温度 50℃。

四亚乙基五胺常与相对分子质量 950 的双酚 A 型环氧树脂配合，用于溶剂型涂料。与端羧基丁腈橡胶加成反应，可以制得黏度（25℃）50Pa·s，胺当量 135 的液体固化剂[29]。40 份该固化剂与 100 份 Epikote 828 混合，用于粘接不饱和聚酯树脂玻璃纤维板。100℃/1h 固化，在 25℃和 100℃下的剪切强度分别为 10.4MPa 和 7.3MPa。

## 2.2　聚亚甲基二胺

聚亚甲基二胺与脂肪族多胺不同，分子结构里不含仲氨基（—NH—），属 $\alpha$,

ω-脂肪二胺,可以通式 $H_2N\text{─}(CH_2)_n\text{─}NH_2$ 表示。当 $n$ 为不同数值时有如下各种胺

乙二胺(EDA,$n=2$) 　　　　　　　　　　　相对分子质量 60
四亚甲基二胺(TMDA,$n=4$) 　　　　　　　相对分子质量 88
六亚甲基二胺(HMDA,$n=6$) 　　　　　　　相对分子质量 116
十二亚甲基二胺(DMDA,$n=12$) 　　　　　相对分子质量 200

这些脂肪族二胺由于分子链长度不同,在固化环氧树脂(例如,邻苯二甲酸二缩水甘油酯:Denacol EX-721,摩尔质量=328;双酚 A 型环氧树脂:Epikote 828,摩尔质量=375)时所表现的动力学性能、化学组成及固化物的性能是完全不同的,分别见表 2-25 和表 2-26 所列[30]。表中所用树脂与固化剂的物质的量的比 $n$(树脂):$n$(固化剂)=1:1。使用水杨酸作促进剂,其用量 $w$(水杨酸)=10%。双酚 A 环氧树脂的固化条件为 80℃/2h。邻苯二甲酸二缩水甘油酯的固化条件依固化剂不同而异:乙二胺和四亚甲基二胺为(30℃/2h)+(130℃/8h);六亚甲基二胺为(40℃/2h)+(130℃/8h);十二亚甲基二胺为(80℃/2h)+(130℃/8h)。

表 2-23　聚亚甲基二胺固化环氧树脂的化学组成及动力学性能

| 项目 | | 邻苯二甲酸二缩水甘油酯 | | | | 双酚 A 二缩水甘油醚 | | | |
|---|---|---|---|---|---|---|---|---|---|
| | | EDA ($n=2$) | TMDA ($n=4$) | HMDA ($n=6$) | DMDA ($n=12$) | EDA ($n=2$) | TMDA ($n=4$) | HMDA ($n=6$) | DMDA ($n=12$) |
| $w$(凝胶)/% | | 96 | 97 | 98 | 98 | 99 | 99 | 99 | 99 |
| $w$(皂化树脂的凝胶)/% | | 0 | 0 | 0 | 0 | — | — | — | — |
| 化学转化率/% | 总数 | 99 | 98 | 98 | 98 | 91 | 90 | 90 | 87 |
| | 与伯胺 | 49 | 49 | 48 | 49 | 47 | 43 | 42 | 44 |
| | 与仲胺 | 49 | 49 | 49 | 49 | 38 | 42 | 42 | 38 |
| $w$(胺键)/% | | 98 | 98 | 97 | 98 | 85 | 85 | 84 | 82 |
| $w$(酯键)/% | | 1 | 0 | 1 | 0 | 6 | 5 | 6 | 5 |
| $T_g$/℃ | | 91 | 87 | 78 | 69 | 130 | 125 | 119 | 105 |
| 交联密度 $\gamma$/($\times 10^{-3}$ mol/cm³) | | 2.89 | 2.14 | 2.11 | 1.51 | 3.78 | 3.46 | 3.14 | 2.52 |
| 介电损耗角正切 $\tan\delta_{max}$ | | 0.75 | 0.88 | 0.86 | 1.00 | 0.73 | 0.74 | 0.81 | 0.89 |

表 2-24　聚亚甲基二胺固化不同类型环氧树脂的固化物性能

| 项目 | 邻苯二甲酸二缩水甘油酯 | | | | 双酚 A 二缩水甘油醚 | | | |
|---|---|---|---|---|---|---|---|---|
| | EDA ($n=2$) | TMDA ($n=4$) | HMDA ($n=6$) | DMDA ($n=12$) | EDA ($n=2$) | TMDA ($n=4$) | HMDA ($n=6$) | DMDA ($n=12$) |
| 疲劳强度/MPa | 1.18 | 1.43 | 1.62 | 2.00 | 1.18 | 1.40 | 1.63 | 1.83 |
| 冲击强度/(kJ/m²) | 65 | 83 | 95 | 121 | 72 | 84 | 93 | 100 |
| 拉伸强度/MPa | 77.7 | 68.3 | 61.4 | 52.0 | 81.2 | 73.4 | 68.6 | 51.6 |
| 断裂伸长率/% | 5.4 | 5.8 | 6.2 | 7.1 | 5.0 | 7.0 | 8.0 | 13.3 |
| 剪切强度/MPa | 18.2 | 16.5 | 14.4 | 13.3 | 13.6 | 12.5 | 12.3 | 9.3 |

由表中数据发现,随着固化剂分子结构中亚甲基(—CH$_2$—)数目的增加,交联密度、玻璃化温度、拉伸强度及剪切强度均随之下降;而粘接疲劳强度、冲击强度及断裂伸长率等随之增加。邻苯二甲酸二缩水甘油酯和双酚 A 二缩水甘油醚显示同样程度的粘接疲劳强度。

有文献[31]指出,当用乙二胺、六亚甲基二胺及九亚甲基二胺与双酚 A 环氧树脂 ED-20 ($\overline{M}_n=450$)配合,其涂膜在有无溶剂存在下环氧基的转化率是不同的(如图 2-7 所示),当有溶剂存在时环氧基转化率很高,无溶剂时转化率与之相比差很多,特别是乙二胺更低。这是因为溶剂的存在破坏了物理键形成的网络,降低了树脂固化剂体系的黏度,增大了分子的扩散能力,随时间的延长环氧基含量下降,60min 之后趋于平衡。

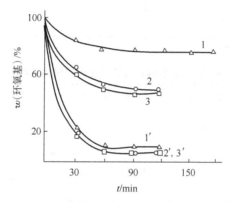

图 2-7 在固化过程中环氧基含量随时间的变化以及与溶剂存在的关系
1(1′)—乙二胺;2(2′)—六亚甲基二胺;3(3′)—九亚甲基二胺;1,2,3—无溶剂;
1′,2′,3′—有溶剂 溶剂:$v$(丙酮):$v$(二甲苯):$v$(乙基溶纤剂)=30:40:30

在聚亚甲基二胺之中乙二胺和六亚甲基二胺(1,6-己二胺)是两个非常有用的单体。通过将它们变性,可以制备出多种有用的环氧树脂固化剂。

## 2.2.1 乙二胺

乙二胺是黏度很低的液体(1.6mPa·s),其基本特性见表 2-1 所列。分子结构里含有四个活泼氢原子,每一个分子的乙二胺可与四个环氧基反应。使用的质量分数为 6%～8%。固化条件为室温下 4～7d,或 120℃/3h、150℃/2h。乙二胺和环氧树脂的反应放热,适用期短。和其他脂肪族多胺一样,为防止环氧树脂在瞬间很快固化,每次配量时树脂用量不宜太多,且在较低温度下混合物料为宜。其固化物的性能可参见表 2-25 和表 2-26。在环氧树脂发展初期,乙二胺是最基本的固化剂之一。由于乙二胺挥发性和刺激性大,现在主要是把它作为原料合成新的固化剂。

(1) 氨乙基乙醇胺(*N*-Aminoethyl ethanol amine)[32]

外观呈无色至浅黄色透明稍黏稠、吸湿性液体,具有胺嗅味。密度 1.030(20/20℃),沸点 243.7℃,黏度(20℃)141mPa·s。溶于水、醇、醚及芳香族溶剂。

该固化剂由乙二胺和环氧乙烷反应制备,亦称羟乙基化。

$$NH_2-CH_2CH_2-NH_2 + CH_2-CH_2 \longrightarrow NH_2-CH_2CH_2-NH-CH_2CH_2OH$$
$$\underset{O}{}$$
$$M=104.15$$

与乙二胺相比,该固化剂毒性降低,(口服)$LD_{50}$ 为 3.00g/kg;树脂固化物的物理力学性能有许多改善,电性能大体相同(见表 2-25 和表 2-26)。

表 2-25　氨乙基乙醇胺与乙二胺的树脂固化物力学性能

| 配　比 | 冲击强度/(kJ/m²) | 弯曲强度/MPa | 布氏硬度/MPa | 压缩强度/MPa |
|---|---|---|---|---|
| $w(E-44)=100$<br>$w(AEEA)=16$ | 10.7 | 121.0 | 187 | 122.0 |
| $w(E-44)=100$<br>$w(无水 EDA)=8$ | 6.1 | 60.1 | 244 | 140.0 |

注:固化条件为 100℃/4h。

表 2-26　氨乙基乙醇胺与乙二胺的树脂固化物电性能

| 配　比 | 表面电阻率/Ω | 体积电阻率/Ω·cm | 介电常数 | 介电损耗角正切 |
|---|---|---|---|---|
| $w(E-44)=100$<br>$w(AEEA)=16$<br>$w(DBP)=15$ | $2.74\times10^{15}$ | $3.05\times10^{15}$ | 4.03 | $2.94\times10^{-2}$ |
| $w(E-44)=100$<br>$w(无水 EDA)=8$<br>$w(DBP)=15$ | $1.4\times10^{16}$ | $8.50\times10^{15}$ | 4.03 | $2.58\times10^{-2}$ |

注:1. 固化条件为 100℃/4h。
　　2. 电性能测定为温度 10~15℃,频率 $10^6$ cps。
　　3. DBP 为苯二甲酸二丁酯。

万福忠等[33]将环氧树脂与乙二胺反应制备低挥发性的环氧树脂常温固化剂。合成方法是:称取 30g 环氧树脂于 250mL 三颈烧瓶中,再加入 18g 乙二胺,在室温下用低速电动搅拌器搅拌 8min 左右,环氧树脂溶解后继续搅拌 2h 左右,然后用真空泵抽提游离乙二胺,边抽边搅拌约 1h 后停止,制得产品。该产品黏度 34000mPa·s,在不同温度下(25℃、50℃及 80℃)其挥发性都较小。粘接钢片,室温/48h 之后,剪切强度(室温) 17.0~18.0MPa。

(2) 乙二胺与酚和醛的反应加成物

文献 [34] 报道利用乙二胺与苯酚、甲醛反应制得的缩合物在分子结构里含有羟基(—OH)、伯胺基(—$NH_2$)及仲胺基(—NH—),外观为红褐色的黏性液体。该缩合物(例如 AF-2)在实际应用时的用量可以按下式计算求出,计算出的固化剂用量与按最大粘接强度决定的用量彼此相吻合。

$$q=(1.3~1.4)k$$

式中,$k$ 环氧树脂中环氧基的质量分数/%。

例如,环氧树脂 ED-5 其 $k=18\%~23\%$,计算时取系数 1.3,则 $q=23.4\%~29.9\%$。

脂肪族多胺固化剂用量比较严格，对最佳用量的误差会导致胶的耐水性和耐热性的降低。该类固化剂用量不那么严格。该类缩合物不溶于水也不吸湿，水分的存在对固化反应几乎无影响。将该缩合物和多亚乙基多胺（PEPA）试样同时暴露放置在温度12℃、相对湿度85%的空气中，发现缩合物试样质量没有变化，而多亚乙基多胺试样经15d后质量增加3%，说明多亚乙基多胺具有高吸湿性。

水分对该缩合物粘接强度的影响小于多亚乙基多胺。例如，将AF-2与环氧树脂组成的胶涂在被水湿润的钢片表面上，在室温空气下进行粘接固化，将其剪切强度与钢片表面干燥情况下的剪切强度比较，发现使用AF-2的剪切强度下降30%，而使用多亚乙基多胺的则下降50%。

该固化剂配制胶黏剂，室温固化后再经后固化处理可提高其剪切强度（见表2-27所列）。

表2-27 后固化条件对AF-2粘接强度的影响

| 配比/% | 温度/℃ | 时间/h | 剪切强度/MPa |
| --- | --- | --- | --- |
| $w$(ED-5)=100 | 20 | 24 | 14.1 |
| $w$(AF-2)=30 | 40 | 4 | 19.0 |
| $w$(DBP)=10 | 80 | 1 | 19.5 |
| $w$(云母粉)=30 | 120 | 1 | 21.2 |
| $w$(气相$SiO_2$)=2 | 160 | 1 | 11.8 |

由于该缩合物分子结构里含有酚羟基，所以缩合物具有高反应性。用AF-2及多亚乙基多胺做固化剂在（-4~0℃）/24h内固化粘接钢片，前者的剪切强度为3.5MPa，而后者的强度近于零。

综上所述该类固化剂可用于低温、快速及潮湿条件下固化环氧树脂配制胶黏剂、密封剂及涂料等。例如，文献[35]报道：将乙二胺45份、苯酚45份和多聚甲醛45份混合反应制得的固化剂，以表2-28所列配比制成的涂料只有50min适用期。

表2-28 乙二胺-苯酚-甲醛缩合物固化环氧涂料实例

| A组分 | | B组分 | 缩合物 |
| --- | --- | --- | --- |
| 双酚A环氧树脂（环氧当量190） | 1200g | | |
| $C_{12\sim14}$烷基缩水甘油醚 | 300g | $m$(A):$m$(B) | 210g:45g |
| $TiO_2$ | 1000g | | |
| 硅粉 | 500g | | |

国内在20世纪70年代初开始该类固化剂的研制与应用工作。其典型代表为T-31固化剂，其特性见表2-29所列[36]。表2-30列出T-31与其他固化剂粘接强度对比；固化物的电性能：介电常数3.87，介电损耗角正切0.0224，体积电阻率$55\times10^{13}\Omega\cdot cm$。

表2-29 曼尼期T-31固化剂特性

| 外观 | 黏度/Pa·s | 密度(25℃)/(g/cm³) | 胺值/(mg KOH/g) | $LD_{50}$/(mg/kg) |
| --- | --- | --- | --- | --- |
| 透明棕色黏稠液 | 1.1~1.3 | 1.08~1.09 | 460~480 | 7852±1122 |

注：溶解性为易溶于乙醇、丙酮、二甲苯等；微溶于水。

表 2-30　T-31 与其他胺类固化剂粘接强度（MPa）对比

| 固化条件 /(℃/h) | w(固化剂)/% | | |
|---|---|---|---|
| | w(T-31)/25% | w(EDA)/10% | w(DETA)/% |
| 室温/90 | 18.7 | 10.9 | 11.8 |
| 室温/80+65/10 | 20.6 | 9.3 | 14.6 |
| 水中 60h | 14.5 | 7.1 | 10.6 |
| 带水粘接,水中 30h | 7.8 | 2.4 | — |

何平笙等[37]，以激光测微法测 T-31-环氧树脂固化体系的线膨胀系数指出（见表 2-31 所列），当 T-31 质量分数为 20%，25% 时其线膨胀系数与常用咪唑含量 5% 时的相当，T-31 属于低膨胀系数的固化剂。在此用量范围内玻璃化温度 $T_g$ 为 48~58℃。

表 2-31　T-31 固化剂用量对线膨胀系数 $\alpha_g$ 和 $T_g$ 的影响

| w(T-31)/% | $\alpha_g/(\times 10^{-5}/℃)$ | $\alpha_v/(\times 10^{-5}/℃)$ | $T_g/℃$ | w(T-31)/% | $\alpha_g/(\times 10^{-5}/℃)$ | $\alpha_v/(\times 10^{-5}/℃)$ | $T_g/℃$ |
|---|---|---|---|---|---|---|---|
| 10 | 2.6 | 10.7 | 28 | 25 | 4.3 | 11.2 | 56 |
| 15 | 0.8 | 10.1 | 41 | 30 | 6.1 | 11.5 | 50 |
| 20 | 4.6 | 13.6 | 48 | | | | |

注：1. 环氧树脂 E-51。
2. 固化条件为(室温/24h)+(60℃/4h)。
3. 乙二胺与苯酚、甲醛缩合物的改性物。

白力英等[38]认为，使用乙二胺、甲醛水溶液、苯酚等原料，在制备缩合物过程中存在反应放热，易引起爆聚，原料甲醛水溶液聚合影响产品质量等问题。甲醛水溶液的使用，使反应系统引入较大量的水，使其产品的后处理变复杂，能量消耗较大，同时造成乙二胺的较大损失。他们用多聚甲醛代替甲醛水溶液，在溶剂中使多聚甲醛与尿素、苯酚进行反应，制成不挥发性的尿素-苯酚-甲醛单体（UPF 单体），然后单体 UPF 再与乙二胺反应（如图 2-8 所示）制成新型环氧树脂固化剂 UPFA。采用这条新工艺路线，避免了原工艺的一些缺点，反应更趋于温和进行，同时降低固化剂成本，易于产品实现工业化和商品化。该固化剂制造过程中基本上没有三废产生。

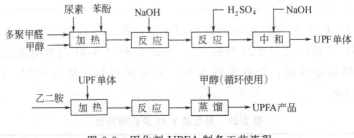

图 2-8　固化剂 UPFA 制备工艺流程

国产 T-31 固化剂存在树脂固化产品脆性大、冲击强度低等不足。袁劲松等[39]采用十八碳连三双烯不饱和脂肪酸酯与苯酚、甲醛、乙二胺反应，以改善缩合物的韧性。反应过程如下所示：

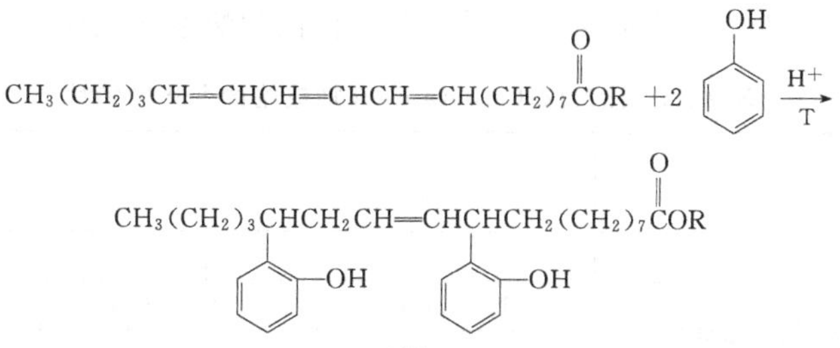

$$CH_3(CH_2)_3CH=CHCH=CHCH=CH(CH_2)_7COR + 2\ C_6H_5OH \xrightarrow[T]{H^+}$$

$$CH_3(CH_2)_3CHCH_2CH=CHCH_2(CH_2)_7COR$$
（结构中两个苯酚基取代，邻位带 OH）
（Ⅰ）

（Ⅰ）$+ 3H_2N-CH_2CH_2-NH_2 + 3HCHO \xrightarrow{T}$

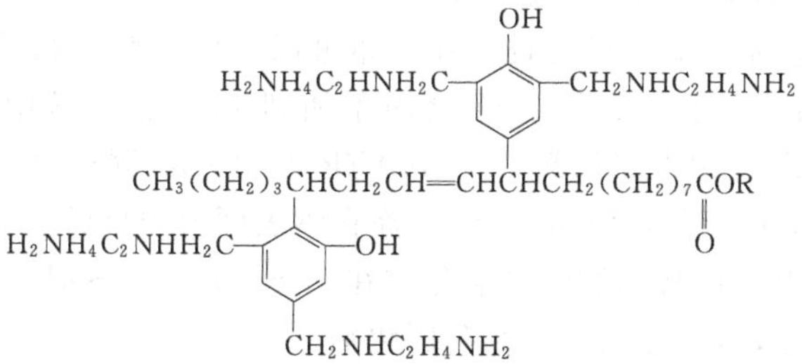

（Ⅱ）式中 R 为结构式的其余部分

制得的固化剂命名 Tcs，为棕褐色黏稠液体，运动黏度（25℃）为 $290mm^2/s$，胺值 759.1。固化速度与 T-31 相当。当 $w(E-44):w(Tcs)=100:(10\sim30)$，室温（25℃）固化 7 天后固化度大于 80%，也与 T-31 相当。但树脂固化物的脆性及冲击强度得到明显地改善，Tcs 固化树脂的涂层柔韧性为 1mm，而 T-31 为 2mm。

## 2.2.2 己二胺

表 2-23 和表 2-24 分别列出了己二胺固化环氧树脂化学组成及动力学性质、树脂固化物的力学性能。由于己二胺为熔点 40.8℃ 的固体，有臭味、刺激性较大，对空气中的碳酸气（$CO_2$）敏感，易生成碳酸铵盐等，很少单独作为固化剂使用，更多的是以变性物的形式使用。

(1) 己二胺与单缩水甘油醚的反应加成物

文献 [40] 报道，当 $m(己二胺):m(苯基缩水甘油醚)=116:150$ 时制成的反应加成物，与双酚 A 环氧树脂组成的胶黏剂粘接湿混凝土板和铁板，室温固化 1 天后，拉伸粘接强度大于 1.12MPa（测试强度时混凝土破坏）。文献 [41] 报道，己二胺与 $C_{3\sim11}$ 脂肪族单缩水甘油酯和（或）$C_{1\sim9}$ 烷基酚单缩水甘油醚反应制成的液态固化剂有良好的储存稳定性，对皮肤刺激性小，固化物具有挠曲性、耐低温性和耐化学药品性。例如，$n(己二胺):n(Cardura\ E-10)=1:2$ 反应制得的固化剂，与环氧树脂 Epikote 807 配合，树脂固化产物的特性见表 2-32 所列。

(2) 己二胺与丙烯酸酯的反应加成物

文献 [42] 报道，己二胺与丙烯酸酯的反应加成物用作环氧树脂胶黏剂的低温固化剂有良好的粘接强度。例如，$m(己二胺):m(2-乙基己基丙烯酸酯)=116:92$

在 150℃加热制成固化剂,当其用量 31%时,胶黏剂适用期 20min,2℃/8d 固化之后剪切强度 8.0MPa。该类固化剂兼具低温固化性和快速固化性。

表 2-32 己二胺-Cardura E-10 加成物的固化物特性

| 测试温度/℃ | 20 | | 0 |
|---|---|---|---|
| 拉伸强度/MPa | 10.0 | | 12.5 |
| 断裂伸长率/% | 250 | | 220 |
| 耐化学药品性(浸 7d 后增重)/% | 10% HCl | 10% NaOH | 水 |
| | 0.7 | 0.5 | 0.4 |

(3) 己二胺与丙烯腈的反应加成物

己二胺和前述的二亚乙基三胺一样,亦可以与丙烯腈进行氰乙基化反应[43]。例如,53.1g 丙烯腈在小于 50℃、1h 之内添加到 116g 己二胺中,混合物在 60~70℃下搅拌反应 2h 可制得固化剂。当 $m$(AER 330):$m$(固化剂)=100:30 配成的组成物适用期 50min,黏度 700mPa·s,涂在钢表面上固化后铅笔硬度 2H。

田兴和等[44]利用丙烯腈和烯烃氧化物在 70~80℃,2~4h 下将己二胺进行氰乙基化和羟烷基化反应,合成了 J 系列固化剂。

该固化剂为无色至淡黄色透明低黏度液体,黏度(25℃)22.2~29.1mPa·s,胺值 558~618mg KOH/g。其特点是:色泽稳定性好,储存 1 年后色泽变化不大;储存稳定性好,2 年后黏度没什么变化;毒性低,以其中的 J-207 为例,$LD_{50}$ 为 2168mg/kg。

与常用的脂肪胺固化剂相比较,反应放热低,可赋予环氧树脂固化物良好的光学性能,粘接性能、柔韧性。因其柔韧可望降低或消除固化物的内应力,改善力学及热冲击性。

龚云金[45]将己二胺先后与环氧树脂、丙烯腈进行羟烷基化和氰乙基化反应,制得外观浅黄色至浅棕色黏稠液体,其胺值(415±20)mg KOH/g,黏度(25℃)1.0~10.0Pa·s。固化剂命名 TG 301。$w$(E-44):$w$(TG 301)=100:(40~80),钢-钢剪切强度 18.27~23.47MPa。室温/4h 可初步固化,24h 后完全固化。

(4) 己二胺与双酮丙烯酰胺的反应加成物

像二亚乙基三胺一样,己二胺也可以与双酮丙烯酰胺进行加成反应,制得有用的环氧树脂固化剂[46]。双酮丙烯酰胺是一有用的单体,其制法和特性分别如图 2-9 和表 2-33 所示[47]。

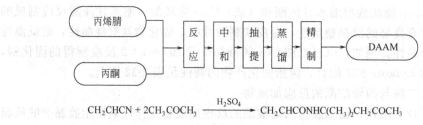

图 2-9 双酮丙烯酰胺的制备反应及流程

双酮丙烯酰胺与己二胺可能以如下两个方向进行反应。

① 氨基与双键加成反应

$$CH_2=CH-\overset{O}{\underset{}{C}}-NH-C(CH_3)_2CH_2\overset{O}{\underset{}{C}}CH_3 + H_2N(CH_2)_6NH_2 \longrightarrow$$

$$CH_3\overset{O}{\underset{}{C}}CH_2C(CH_3)_2NH\overset{O}{\underset{}{C}}CH_2CH_2NH(CH_2)_6NH_2$$

② 胺与酮缩合生成酮亚胺

$$CH_2=CHCNHC(CH_3)_2CH_2\overset{}{\underset{}{C}}=N(CH_2)_6NH_2 + H_2O$$

表 2-33 双酮丙烯酰胺（DAAM）的特性

结构式 $CH_2=CH-\underset{\overset{|}{O}\;\overset{|}{H}}{C}-N-\underset{\overset{|}{CH_3}}{\overset{\overset{|}{CH_3}}{C}}-CH_2-\underset{\overset{\|}{O}}{C}-CH_3$

$C_9H_{15}NO_2$；相对分子质量：169.2

| 外观 | 白色至浅黄色片状结晶 | | 熔点约 57℃ |
|---|---|---|---|
| 沸点 | 120℃/8mmHg | | |
| 黏度 | $17.9×10^{-6} m^2·s^{-1}$(60℃) | | 密度 0.998(60℃) |
| 溶解性(25℃)/ (g/100g 溶剂) | 水,甲醇,乙醇,丙酮,THF,乙酸乙酯,$CH_2Cl_2$,苯,丙烯腈 | | >100 |
| | 苯乙烯,n-己醇 | | 98 |
| | $CCl_4$ | | 27.1 |
| | 异丙醚 | | 9.6 |
| | n-庚烷 | | 1.0 |
| | 石油醚(30~60℃) | | 0.1 |

合成方法：在装有搅拌、回流冷凝器和温度计的三口烧瓶里进行。向烧瓶里添加双酮丙烯酰胺和熔融的己二胺，加热到 60℃，并在此温度下进行反应，直至表2-34 所列的指标值。

表 2-34 DAAM-己二胺加成物组成

| 固化剂牌号 | 固化剂组成 | | | | 胺值 /(mg KOH/g) |
|---|---|---|---|---|---|
| | 双酮丙烯酰胺 | | 己二胺 | | |
| | mol | w/% | mol | w/% | |
| ADA-G-1 | 1 | 58 | 1 | 42 | 406 |
| ADA-G-2 | 1 | 64.1 | 0.75 | 35.9 | 339 |
| ADA-G-3 | 0.75 | 52 | 1 | 48 | 472 |

在表 2-34 中前两个固化剂之中不含游离的二胺。制备的固化剂是深棕色的黏稠液体。溶于丙酮、乙醇、乙基溶纤剂、氯化烃及活性稀释剂（例如，苯基缩水甘油醚，对叔丁基酚缩水甘油醚等）；与环氧树脂相容性好。

使用该固化剂不论在室温或-9℃下都能与环氧树脂反应；在高温下反应速度加快。以此固化剂制备的涂层比己二胺有良好的耐酸性、耐透气性和耐水性，耐碱性相同。

当 $w(E-40):w(GEF):w(ADA-G-1)=81:19:41$ 时组成的单层涂层的物理力学性能见表 2-35 所列。

表 2-35 双酮丙烯酰胺-己二胺加成物（ADA-G-1）的涂层性能

| 固化条件 | | 单层涂层 | | | 相对硬度 |
|---|---|---|---|---|---|
| 温度/℃ | 时间/h | 厚度/$\mu m$ | 冲击强度/kg·cm | 弯曲强度/mm | |
| 70 | 1.5 | 85 | 50 | 1 | 0.96 |
| 20 | 144 | 85 | 50 | 1 | 0.65 |

注：1. E-40 为双酚 A 环氧树脂。
2. GEF 为苯基缩水甘油醚。

(5) 己二胺与双环碳酸酯的反应加成物

文献 [48] 指出，利用己二胺与双环碳酸酯反应合成分子内具有氨酯基的固化剂。

$$2NH_2(CH_2)_6NH_2 + \underset{\text{双环碳酸酯}}{CH_2-CHCH_2OROCH_2CH-CH_2} \longrightarrow$$
$$\underset{\text{己二胺}}{\phantom{2NH_2(CH_2)_6NH_2}}$$

$$R[OCH_2CHCH_2OCNH(CH_2)_6NH_2]_2$$
$$\quad\quad\ \ OH\quad\quad\ \ O$$

固化剂 UA-1, UA-2

双环碳酸酯是用二氧化碳（$CO_2$）与双酚 A 环氧树脂 ED-22 和 E-40 反应制备的，因此式中 R 为环氧树脂环氧基之外的结构。含 ED-22 结构的固化剂为 UA-1，含 E-40 结构的固化剂为 UA-2。

UA 固化剂的制法：物质的量比 $n$(双环碳酸酯)：$n$(己二胺)=1:2，丁基溶纤剂为溶剂，在 30~40℃反应至达到恒定的胺值。UA 50% 溶液的胺值是：UA-1 为 93mg KOH/g，UA-2 为 65mg KOH/g。固化剂溶液储存稳定性好，在 3 个月之内胺值和黏度没有明显变化。

应用该类固化剂使环氧树脂涂层的许多性能得以提高（见表 3-36），尤其是介电强度提高更多。由于分子结构里含有氨酯基团，具有较高的内聚能，所以涂层的破坏强度亦高；氨酯柔性链段的存在降低了涂层的内应力，提高了耐磨耗性。

表 2-36 UA 固化剂固化涂层的各种性能

| 组成物 | | 凝胶成分/% | 相对硬度 | 冲击强度/J | 弹性/mm | 破坏强度/MPa | 介电强度/(kV/mm) | 耐磨耗性/[mg/(m·cm²)] | 内应力/MPa |
|---|---|---|---|---|---|---|---|---|---|
| 环氧树脂 | 固化剂 | | | | | | | | |
| E-40 | PA-2 | 96 | 0.94 | 5.0 | 1 | 60.1 | 56 | 3.30 | 3.34 |
| E-40 | UA-2 | 96.5 | 0.94 | 5.0 | 1 | 70.6 | 93 | 3.00 | 2.17 |
| ED-22 | PA-2 | 92.0 | 0.88 | 5.0 | 3 | 54.7 | 58 | 3.34 | 3.54 |
| ED-22 | UA-2 | 94.6 | 0.93 | 5.0 | 1 | 66.5 | 92 | 3.05 | 2.25 |
| ED-22 | PA-1 | 91.5 | 0.89 | 4.5 | 3 | 62.1 | 60 | 3.65 | 3.85 |
| ED-22 | UA-1 | 92.5 | 0.88 | 5.0 | 1 | 67.7 | 88 | 3.45 | 2.50 |

注：1. E-40、ED-22 为双酚 A 型环氧树脂。
2. PA-1 和 PA-2 分别为己二胺与 ED-22 和 E-40 的反应加成物。

上述列举这些己二胺的改性物，作为工业商品也有不少报道。表3-37列出的是日本旭化成的己二胺变性物商品[49]。

表2-37 AER固化剂L-200系列的物理特性

| 商 品 名 | L-220P | L-2505 | L-2801 |
|---|---|---|---|
| 外观 | 浅色透明 | 浅色透明 | 浅色透明 |
| 黏度(25℃)/mPa·s | 60~80 | 150~200 | 350~500 |
| 密度(20℃) | 0.96~1.00 | 0.96~0.99 | 0.98~1.03 |
| 活泼氢当量 | 103 | 123 | 127 |
| 对AER 331质量分数/% | 62 | 65 | 67 |
| 与AER 331混合时的黏度(25℃)/mPa·s | 500~550 | 950~1050 | 1350~1450 |

（6）己二胺的同系物——三甲基六亚甲基二胺

三甲基六亚甲基二胺（TMD）由2,2,4-或2,4,4-三甲基己二腈催化还原制备[50]。该固化剂室温下为低黏度液体，与环氧树脂和各种辅助添加剂有良好的混合性。通常用量为环氧树脂的24%，其固化物性能见表2-38所列。该固化剂多用于无溶剂涂料。

表2-38 三甲基六亚甲基二胺固化树脂（液体DGEBA）的性能

| 性能 | 数值 | 性能 | 数值 |
|---|---|---|---|
| 热变形温度/℃ | 105 | 断裂伸长率/% | 5.5 |
| 弯曲强度/MPa | 115.0 | 介电常数(50Hz,23℃) | 4.0 |
| 弯曲弹性模量/MPa | 3800.0 | 介电损耗角正切(50Hz,23℃) | 0.007 |
| 拉伸强度/MPa | 65.0 | 体积电阻率/Ω·cm | $9 \times 10^{15}$ |

## 2.2.3 二乙氨基丙胺[51]

室温下为液体，其物理特性见表2-2所列。分子结构式

$\begin{matrix}CH_3CH_2 \\ \phantom{CH_3CH_2}\diagdown \\ \phantom{CH_3CH_2}N-CH_2CH_2CH_2NH_2 \\ \phantom{CH_3CH_2}\diagup \\ CH_3CH_2\end{matrix}$，分子结构中除伯胺基外尚含1个叔胺基团，在树脂固化过程中具有促进作用，因此也可以作为酸酐、聚酰胺等固化剂的固化反应促进剂。由表2-2可见，二乙氨基丙胺的蒸气压高于脂肪族多胺，故毒性更大，操作时必须注意。二乙氨基丙胺在粘接、浇铸、层压等方面应用较广。与环氧当量为230~250、且含有羟基的双酚A型环氧树脂配合使用时，胶黏剂具有优良的粘接性；和环氧当量为185的双酚A型环氧树脂合用制得的浇铸品低温特性良好，电性能优于其他脂肪胺类。但耐热性、耐药品性差。表2-39列出二乙氨基丙胺的应用例，表2-40表示其固化物性能。

表2-39 二乙氨基丙胺（DEAPA）的应用例

| 树脂规格 | 应用范围 | 用量/% | 适用期/h | 黏度 | 固化条件 |
|---|---|---|---|---|---|
| 双酚A型环氧树脂：环氧当量185 | 粘接 | 8 | 25g;室温;约3.5 | 用量5%时,常温下4500mPa·s | 常温固化不良浇铸情况下: 65℃/4h; 75℃/2h; 100℃/45min |
| | 浇铸 | 4 | 25g;室温;约4 | | |
| | 层压 | 6 | 25g;室温;约4 | | |

续表

| 树脂规格 | 应用范围 | 用量/% | 适用期/h | 黏度 | 固化条件 |
|---|---|---|---|---|---|
| 环氧当量 230~250 | 一般 | 6~8 | 25g,室温,用量 8%:约1 | 用量 6% 时, 50℃,7000mPa·s | 常温 5d;加热固化 65℃/4h; 75℃/2h; 100℃/45min |

表 2-40 二乙氨基丙胺的树脂固化物性能

| 性能 | 数据 | 性能 | 数据 |
|---|---|---|---|
| $w$(固化剂)/% | 7 | $I_{zod}$冲击强度(缺口)/(kJ/m) | 0.011~0.012 |
| 热变形温度/℃ | 78~94 | 硬度(洛氏 M) | 90~98 |
| 压缩强度/MPa | 95.0~109.0 | 介电常数(50Hz,23℃) | 3.75 |
| 拉伸强度/MPa | 50.0~66.0 | 介电损耗角正切(50Hz,23℃) | 0.007 |

## 2.3 高碳数脂肪族二胺

本文所说的高碳数脂肪族二胺是指分子结构里主链 C 原子数在 8 个以上的脂肪族二胺。

### 2.3.1 以 $C_5$ 馏分制成的脂肪二胺

文献 [52] 介绍,用 $C_5$ 馏分易沸部分 (约 45℃)(含有烯烃、二烯、饱和烃等)和羟胺为原料,在 $TiCl_4$ 存在下,通过游离基反应制备 $C_8$~$C_{12}$ 组成的脂肪二胺。

以这种方式制备的脂肪族二胺平均分子质量 175。分两个品种（$K_1$ 和 $K_2$），$K_1$ 为精制品（取 90~135℃/533Pa 馏分）其伯胺基、仲胺基及叔胺基的质量分数个别为 16.5%、16.7%~16.8% 及 0.7%；$K_2$ 为粗制品,伯胺基、仲胺基和叔胺基质量分数分别为 16.1%~16.3%、0.9% 和 0。

以 $K_1$、$K_2$、多亚乙基多胺和己二胺固化环氧树脂（ED-20）的物理力学性能见表 2-41 所列。由表中可见,以 $K_1$ 和 $K_2$ 作固化剂其综合性能不逊于多亚乙基多胺和己二胺。

表 2-41 $C_5$ 馏分制 $K_1$、$K_2$ 固化剂的固化物性能

| 固化剂 | $K_1$ | $K_2$ | 多亚乙基多胺 | 己二胺 |
|---|---|---|---|---|
| 弯曲强度/MPa | 115.0 | 110.0 | 105.0 | 120.0 |
| 压缩强度/MPa | 90.8 | 89.5 | 80.0~90.0 | 90.0~100.0 |
| 维卡耐热/℃ | 94 | 104 | 100 | 90 |
| 巴氏硬度/MPa | 10.8 | 11.6 | 11.3 | 11 |

注：$w$(ED-20)：$w$(K 固化剂)=100：20。

### 2.3.2 不饱和脂肪族二胺[53]

有两个主链结构相同、取代基甲基数目不同的二元胺化合物

二甲基二氨基辛二烯（DDOD）

$$H_2N-CH_2-CH=CH-CH_2-CH_2-CH=CH-CH_2-NH_2$$
$$\qquad\qquad\quad|\qquad\qquad\qquad\qquad\quad|$$
$$\qquad\qquad\ CH_3\qquad\qquad\qquad\qquad CH_3$$

四甲基二氨基辛二烯（TDOD）

$$H_2N-CH_2-C=C-CH_2-CH_2-C=C-CH_2-NH_2$$
$$\qquad\qquad\quad|\ \ |\qquad\qquad\qquad|\ \ |$$
$$\qquad\qquad CH_3\ CH_3\qquad\qquad CH_3\ CH_3$$

使用该固化剂可在室温或加热（80～120℃）固化低分子质量环氧树脂（例如 ED-20）。当组成物 $w$(ED-20)：$w$(不饱和二胺)=100：20 时不同固化温度下的固化度见表 2-42 所列。表 2-43 列出不饱和二胺固化剂树脂固化物的物理力学及介电性能，优于多亚乙基多胺。固化度随固化温度的提高而增加。通常采用先室温固化，后逐步升温固化的方法（见表 2-43 固化条件）。

表 2-42　不饱和二胺固化剂在不同温度下的树脂固化度

| 固化温度/℃ | 20 | 60 | 80 | 100 | 120 |
|---|---|---|---|---|---|
| 开始凝胶时间/min | 30 | 15 | 10 | 5 | 1 |
| 使用寿命/min | 120 | 35 | 15 | 5 | 2 |
| 固化时间/h | 24 | 8 | 6 | 4 | 2 |
| 固化度 | 70.4 | 85.9 | 90.3 | 93.5 | 98.5 |

表 2-43　不饱和二胺固化树脂的性能

| 固化剂 | DDOD | TDOD | PEPA |
|---|---|---|---|
| 拉伸强度/MPa | 73.9 | 70.0 | 55.0 |
| 弯曲强度/MPa | 122.5 | 114.3 | 90.0～120.0 |
| 断裂伸长率/% | 8.1 | 7.2 | 1.5 |
| 巴氏硬度/MPa | 27 | 26 | 21 |
| 维卡耐热/℃ | 120 | 120 | 100 |
| 冲击强度/MPa | 192 | 17.8 | 15～20 |
| 介电强度/(kV/mm) | 27 | 27 | 15.7～20 |
| 介电损耗角正切(×10³Hz) | 0.0030 | 0.0031 | 0.0035 |
| 介电常数(×10³Hz) | 3.6 | 3.6 | 3.8 |

注：1. 固化条件为 R.T/24h+80℃/6h+120℃/2h。
2. 组成物 $w$(ED-20)：$w$(固化剂)=100：20。

## 2.4　脂肪族酰胺多胺

脂肪族酰胺多胺（Amidoamines）[54]类固化剂通常由一元脂肪酸，例如妥尔油脂肪酸，与脂肪族多元胺典型的四亚乙基五胺（TEPA）反应制备。可能出现两步反应：第一步反应形成单一的酰胺基胺；当进一步加热时发生合环反应生成咪唑啉。

最终产物中咪唑啉的含量是可变的，咪唑啉的含量越高，树脂组成物的凝胶时间越长。这类固化剂的特点是黏度低、凝胶时间长、良好的湿气特性、对许多基材包括潮湿混凝土有良好的黏着力。应用于各个方面，包括混凝土涂料、新旧混凝土粘接、砂浆、地板、电气灌封及丝绕结构。

$$H_2N \pmb{\pmb{+}} CH_2CH_2NH \pmb{\pmb{+}}_3 CH_2CH_2NH_2 \xrightarrow[-H_2O]{RCOH}$$

$$H_2N \pmb{\pmb{+}} CH_2CH_2NH \pmb{\pmb{+}}_3 CH_2CH_2NHCR$$

酰胺多胺

$$\updownarrow -H_2O$$

$$H_2N \pmb{\pmb{+}} CH_2CH_2NH \pmb{\pmb{+}}_2 CH_2CH_2 - \underset{R}{\underset{|}{N}} \diagdown N$$

表 2-44 和表 2-45 分别列出了 Celanese Specialty Resins 公司和 AZS 公司的酰胺多胺的商品名及其特性和应用[55]。

**表 2-44  Celanese 公司酰胺多胺商品特性**

| 商品名 | 物理特性 | 特　点 | 应用领域 |
|---|---|---|---|
| Epi-Cure(R)855 | 黏度（25℃），200～350mPa·s<br>色调（G），<13<br>当量，90 | 黏度低；<br>与环氧树脂完全相容；适用期长，配合比例宽 | 胶黏剂；胶泥<br>层压材料；地坪涂料；电气包封；维修 |
| Epi-cure 856 | 黏度（25℃），100～300mPa·s<br>色调（G），<12<br>当量，90 | 同 Epi-cure 855 与 Epi-Rez 510 混合比为（35～100）∶100，即刻相容 | 胶黏剂；胶泥<br>层压材料；地坪涂料；电气包封；维修 |
| Epi-cure 870 | 黏度（25℃），300～600mPa·s<br>色调（G），<12<br>当量，65 | 促进型，与 Epi-Rez 510 等配合对潮湿混凝土及其他结构件材料形成强力粘接 | 地坪涂料<br>胶泥；修复用，新旧混凝土粘接 |

**表 2-45  AZS 公司酰胺多胺商品特性**

| 商品名 | 物理特性 | 特　点 | 应用领域 |
|---|---|---|---|
| Azamide 450 | 黏度（25℃），500～800mPa·s<br>胺值,500～550<br>色调,<9<br>对树脂用量,35% | 低黏度、快速固化、对湿气不敏感、毒性低<br>对混凝土粘接性能好 | 胶泥,地坪,装修,公路维修<br>胶黏剂,混凝土维修,电气灌封 |
| Azamide 390 | 黏度（25℃），500～900mPa·s<br>色调(G-H),<9<br>胺值 420～450<br>对环氧当量 200 树脂用量 40%～50% | 低黏度,具有柔性,适用期长、反应放热低、耐冲击性高<br>取得 FDA 认证 | 胶黏剂,混凝土,维修,地坪<br>胶泥,浇铸料,层压材料 |
| Azamide 300 | 黏度（25℃），400～900mPa·s<br>色调(G—H),>12<br>胺值,375～475 | 黑色,低黏度,适用期长,适用与煤焦油配合使用,填料用量多 | 高固分涂料,胶黏剂,地坪,混凝土维修,浇铸料,密封剂,电气灌封用 |

续表

| 商品名 | 物理特性 | 特点 | 应用领域 |
|---|---|---|---|
| Azamide 360 | 黏度（25℃），300~600mPa·s<br>色调(G-H)，<9<br>胺值 400~425<br>对环氧当量 190 树脂用量 50% | 低黏度，适用期长，与树脂相容性好通过 FDA 认证 | 高固分涂料，胶黏剂，地坪，混凝土维修，浇铸料，密封剂，电气灌封用 |
| Azamide 370 | 黏度（25℃），300~600mPa·s<br>色调(G-H)，<9<br>胺值 400~425<br>对环氧当量 190 树脂用量 50% | 低黏度适用期长与树脂相容性好但未通过 FDA 认证 | 高固分涂料，胶黏剂，地坪，混凝土维修，浇铸料，密封剂，电气灌封用 |

## 2.5 含芳香环脂肪胺

### 2.5.1 间二甲苯二胺

含芳香环脂肪胺的典型化合物是间二甲苯二胺（MXDA），结构式。其物理特性见表 2-46 所列[56]。蒸气压低，吸入毒性小；但是长时间的接触也会引起炎症，对眼刺激性强。

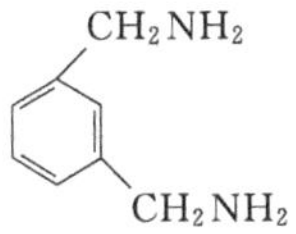

表 2-46 间二甲苯二胺物理特性

| 外观 | 无色透明液体 | 蒸气压 | 2666Pa/154℃ |
|---|---|---|---|
| 密度 | 1.048~1.050 | 溶解性 | 溶于水,芳烃,低级脂肪醇；部分溶于烷烃 |
| 熔点 | 14℃ | | |

以间二甲苯为原料，经氨氧化和加氢两步反应制备

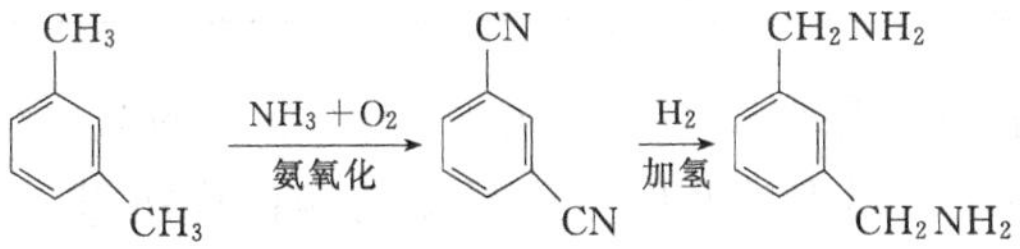

$C_8H_{13}N_2$; $M=136.2$

该固化剂的特点是，由于分子结构里含有脂肪族伯胺基，可作为常温固化剂使用；分子结构中苯核的存在使其固化物的耐热性优于脂肪族多胺，类似脂环族胺类。刺激性和毒性低于二亚乙基三胺、三亚乙基四胺等。易吸收空气中的碳酸气形成发泡，使用时需注意。

间二甲苯二胺吸收空气中的碳酸气生成氨基甲酸盐（一种白色固体），对环氧树脂固化过程会产生不利影响,如果在 80℃ 以上加热,就会分解成原料 MXDA 和 $CO_2$。

$$RNH_2 + CO_2 \longrightarrow RNHCOH \quad (2-3)$$
$$\overset{\displaystyle O}{\phantom{x}}$$

$$RNHCOOH + RNH_2 \longrightarrow \underset{\text{氨基甲酸盐}}{RNHCO^- \ H_3NR} \quad (2-4)$$

间二甲苯二胺树脂固化物的性能与二亚乙基三胺、三亚乙基四胺大体相同。对双酚 A 型环氧树脂(环氧当量 185)用量为 16%～18%,100g 树脂常温下有 50min 的适用期。固化条件:常温/24h+70℃/1h 或常温/7d。固化物的热变形温度可达 130～150℃。

由于常温固化性,低黏度(20℃,6.8mPa·s),耐热性、耐水性、耐药品性优良等,广泛用于浇铸、粘接和涂料。

### 2.5.2 间二甲苯二胺的改性物

间二甲苯二胺和其他脂肪胺一样,也可以利用分子里的伯胺基进行各种化学改性,得到更具特性的固化剂。

(1) 间二甲苯二胺与单环氧化物的反应加成物

间二甲苯二胺与丁基缩水甘油醚的反应加成物[57],可在 −4～10℃ 温度下固化环氧树脂。

日本三菱瓦斯化学以间二甲苯二胺和环氧氯丙烷为原料,制成分子质量约 328 的液体多元胺商品名 Gaskamine 328,简称 G-328[58]。结构式如下。

$$H_2N-CH_2-\phantom{x}-CH_2NHCH_2CHCH_2NH\!\!\!\!\!\phantom{x}_n-CH_2-\phantom{x}-CH_2NH_2$$
$$\underset{n=0\sim12}{\overset{OH}{\phantom{x}}}$$

G-328 固化剂的物理特性见表 2-47 所列。

表 2-47　G-328 固化剂的物理特性

| 外观 | 浅黄色透明液体 | 密度(25℃) | 1.12～1.14 |
|---|---|---|---|
| 色调(G) | 2～4 | 胺值/(mg KOH/g) | 656～700 |
| 黏度(25℃)/(mPa·s) | 8000～12000 | 水分/% | 0.2～0.3 |

合成方法[59]:将间二甲苯二胺 1088g 和 50% 浓度的氢氧化钠水溶液 82g 投入装有搅拌器、滴液漏斗、温度计及回流冷凝器的四口烧瓶里,在 $N_2$ 保护下边搅拌边滴加 97g 环氧氯丙烷。滴加过程中反应温度控制在 60℃,环氧氯丙烷滴加完毕后在该温度下继续反应 2h。接着将反应温度保持在 90～100℃,在 $133×10^2Pa$ 下减压蒸馏除去反应混合物中的水分。除水后,过滤除去生成的 NaCl,将制得的反应母液在 130℃/333Pa 下蒸馏未反应过量的间二甲苯二胺,制得固化剂。

该固化剂的特点是,低温下可快速固化;在潮湿表面也能形成密着性优良的涂膜;耐药品性优良;固化过程不产生胺白化现象;对皮肤刺激性小。因此,发挥其潮湿、低温下使用的特点，广泛用于土木建筑领域作胶黏剂、修补材料、港湾设施、桥梁、钢管等重防腐涂料，铁-塑料用胶黏剂等。

(2) 间二甲苯二胺-环氧氯丙烷加成物的氰乙基化[60]

当以间二甲苯二胺-环氧氯丙烷加成物与丙烯腈反应时，取 $n$ 值为 2 以下的加成物为宜。因为 $n>2$ 时丙烯腈加成后，对固化特性等没有大影响，但是由于加成物黏度变高，对工艺实施不利。

合成方法：在装备有搅拌器、温度计、$N_2$ 气道管、滴液漏斗及回流冷凝器的反应容器里投入间二甲苯二胺加成物 508g，于 80℃ 搅拌下，滴加丙烯腈 20g，在 $N_2$ 气保护下反应 2h，制得氰乙基化产物，其胺值 636mg KOH/g，黏度（25℃）35Pa·s。

当组成物 Epikote 1001-X-75：氰乙基化产物＝100：10 配制的涂料涂在冷轧钢板上呈 200μm 厚薄膜，20℃/7d 固化。涂膜的性能：铅笔硬度 B，冲击试验大于 50cm。

该固化剂和环氧树脂的相容性好，树脂固化物透明性及光泽好，富有可挠性，黏结力强，剥离强度高，耐冲击及耐药品性良好。

(3) 间二甲苯二胺与丙烯腈、环氧化合物的加成物

顾觉生等[61]以间二甲苯二胺为基本原料，与丙烯腈、环氧化合物等加成反应，制得命名为 79-3 的固化剂。该固化剂物理特性见表 2-48 所列。

表 2-48　79-3 固化剂的物理特性

| 外观 | 黄色、无气味或略有气味的液体 | 密度(20℃) | 1.08 |
|---|---|---|---|
| 黏度(25℃)/mPa·s | 280～320 | 胺值/(mg KOH/g) | 560 |

该固化剂与脂肪胺相比适用期稍延长，固化反应温和；固化剂在空气中露置时既不冒烟，也不吸潮，不与空气中 $CO_2$ 反应、没有白化现象，固化物表观良好；该固化剂毒性低（小白鼠，$LD_{50}=2.647g/kg$），挥发性小于二亚乙基三胺（115℃时二亚乙基三胺失重 50%，而 79-3 固化剂失重不到 5%）。

固化物有优良的电性能、防潮性能、力学强度高，其冲击强度尤为突出（见表 2-49 和表 2-50）。

表 2-49　79-3 固化剂固化物的力学及热性能

| 性　　能 | 数　据 | 性　　能 | 数　据 |
|---|---|---|---|
| 拉伸强度/MPa | 91.2 | 冲击强度/kJ·m$^{-2}$ | 76.2 |
| 压缩强度/MPa | 111.0 | 热变形温度/℃ | 91 |
| 弯曲强度/MPa | 135.5 | 热分解温度/℃ | 288 |

表 2-50　79-3 固化剂固化物的电性能

| 测试状态 | 体积电阻率/Ω·cm | 表面电阻率/Ω | 介电损耗角正切(60Hz) | 介电常数(60Hz) |
|---|---|---|---|---|
| 初始值 | $1.90\times10^{16}$ | $3.04\times10^{13}$～$8.51\times10^{15}$ | $6.52\times10^{-3}$ | 4.32 |
| 常温蒸馏水浸 11 天之后 | $6.19\times10^{15}$ | $5.87\times10^{11}$～$6.05\times10^{12}$ | $7.18\times10^{-3}$ | 4.47 |

注：1. 配方为 $w(E-51):w(79-3)=100:30$。
2. 固化条件为常温/2～17h+70℃/8h。

## 2.5.3 其他含芳环脂肪胺

和上述间二甲苯二胺改性方法不同，王定选等[62]采用直接合成法制得改性间二甲苯二胺（FC-PA1）及芳香环改性低聚胺（FC-211），在脂肪胺低聚物主链的每个链节接上一个芳香环侧链，在结构上与改性间二甲苯二胺类似。由于都是含芳香环的脂肪胺，因而也具有相类似的性能，如低黏度，混溶性好，可室温固化；固化物的强度、韧性及耐热性好。各固化剂特性见表2-51所列。

表 2-51　FC 固化剂特性

| 固化剂 | 外观 | 黏度/Pa·s | 胺值 | 凝胶时间(25℃)/min | 固化度[④]/% |
|---|---|---|---|---|---|
| FC-PA1 | 淡黄色液体 | 0.415 | 450 | 78[①] | 86.9 |
| FC-211 | 淡黄色液体 | 0.4~0.5 | 1.54eq/100g | 90[②] | 88 |
| FC-PAA | 橙黄色液体 | 低黏度 | | 120[③] | 75.2 |

[①] $w$(FC-PA1)=25%。[②] $w$(FC-211)=33%。[③] $w$(FC-PAA)=33%。[④] 固化条件：70℃/3h，环氧树脂 E-51。

## 2.5.4 间二甲苯二胺曼尼期碱

胺、醛和酚之间的反应称为曼尼期反应，缩合物称作曼尼期碱。

间二甲苯二胺和苯酚、甲醛反应制备曼尼期碱有两种方法：三者同时反应的称作一步法[反应式(2-5)]；在触媒量 MXDA 存在下，苯酚和甲醛先反应，然后再加入剩余量的 MXDA 进行反应称作二步法[反应式(2-6)]。

$$H_2NCH_2-C_6H_4-CH_2NH_2 + HCHO + C_6H_5OH \longrightarrow$$
$$H_2NCH_2-C_6H_4-CH_2NHCH_2-C_6H_4(OH) + H_2O \quad (2\text{-}5)$$

$$HCHO + C_6H_5OH \longrightarrow HOC_6H_4-CH_2OH$$
$$HOC_6H_4-CH_2OH + H_2NCH_2-C_6H_4-CH_2NH_2 \longrightarrow$$
$$H_2NCH_2-C_6H_4-CH_2NHCH_2-C_6H_4(OH) + H_2O \quad (2\text{-}6)$$

由于一步法制备的曼尼期碱黏度低，游离的 MXDA 少，固化物的耐药品性好，所以采用一步法还是有利的[63]。现以下例说明其合成方法及固化物性能[64]。

94g 苯酚和 340g 间二甲苯二胺在 90℃ 加热，在 2h 之内添加 146g 的 37% 福尔马林。在 90~95℃ 反应 2h 之后，将混合物加热到 180℃ 除去生成的水，得到固化剂。其胺值 580mg KOH/g，游离胺 0.8%，黏度（25℃）3.5Pa·s。将 $w$(双酚A

环氧树脂：$w$(固化剂)=100：48 的混合物浇注成 3mm 厚片，在 20℃/7d 固化。测其弯曲强度 84.0MPa，拉伸强度 34.0MPa，断裂伸长率 0.7%，Izod 冲击强度（无缺口）0.076kJ/m 及热变形温度 52℃。

间二甲苯二胺曼尼期碱的特点是，低温下可快速固化，可以得到对潮湿面黏合性优良的涂膜，表面光泽，硬度高；固化物耐水性、耐药品性优良。因此广泛用于以防腐蚀、防尘、美化等为目的的地坪涂料，土木建筑灌浇用胶黏剂及树脂砂浆，各种药品罐等内涂料、桥梁、港湾建筑物等重防腐涂料。

### 2.5.5 间二甲苯二胺曼尼期碱的氰乙基化

如同前述脂肪胺与丙烯腈反应一样，丙烯腈和间二甲苯二胺反应可制得低黏度的加成物（G-229，见表 2-52）。但是丙烯腈与间二甲苯二胺曼尼期碱加成反应之后，可以降低游离 MXDA 的含量，黏度增高，固化变慢些，固化物耐药品性优良。表 2-53 列出由不同摩尔比邻甲酚、甲醛及 MXDA 制成的两种曼尼期碱氰乙基化液体产物的特性及与丁基缩水甘油醚加成物的比较[65]。

**表 2-52 间二甲苯二胺-丙烯腈加成物（G-229）特性**

| 外观 | 淡黄色透明液体 | $n$(AN)：$n$(MXDA) | 1.75 |
|---|---|---|---|
| 黏度(25℃)/mPa·s | 120～180 | 相对分子质量 | 229 |
| 色调(G) | <5 | | |

**表 2-53 间二甲苯二胺（MXDA）曼尼期碱的氰乙基化产物的特性**

| 固化剂 No | 1 | 2 | 3 | 4 | 5 | 6 |
|---|---|---|---|---|---|---|
| $n$(邻甲酚)：$n$(FA)：$n$(MXDA) | 90：100：100 | | | 100：110：100 | | |
| $w$(各组分)/% | | | | | | |
|   MXDA 曼尼期碱 | 100 | 100 | 100 | 100 | 100 | 100 |
|   丙烯腈 | — | 15 | — | — | 15 | — |
|   丁基缩水甘油醚 | — | — | 15 | — | — | 15 |
|   苄醇 | — | 15 | 15 | — | 15 | 15 |
|   ハイゾール SAS 296[①] | — | 15 | 15 | — | 15 | 15 |
| $w$(游离邻甲酚)/% | 4.9 | 3.4 | 3.4 | 5.3 | 3.5 | 3.5 |
| $w$(游离 MXDA)/% | 17.6 | 3.3 | 7.3 | 14.4 | 2.6 | 5.5 |
| 黏度(25℃)/Pa·s | 14.5 | 5.0 | 3.4 | 45.0 | 7.5 | 5.4 |
| 色调(G) | 2～3 | 2 | 2 | 2～3 | 2 | 2 |
| 胺值(mg KOH/g) | 457 | 315 | 315 | 434 | 301 | 301 |
| 活泼氢当量 | 82 | 154 | 131 | 89 | 169 | 137 |
| 适用期[②]/min | 79 | 101 | 95 | 82 | 95 | 88 |
| 最高放热温度/℃ | 120 | 33 | 65 | 104 | 29 | 40 |

① 苯基二甲苯基乙烷。
② 50g DGEBA（环氧当量 190）和当量固化剂混合后达到最高放热温度的时间。

# 参 考 文 献

[1] 小野勳. 化学经济，1979，(6)：20—22.

[2] 清野繁夫. プラスチックス, 1968, 19 (11): 38.
[3] Т. Н. Плиев, А. Е. Мысок. Химия и их Технология. 1974, (10): 1598.
[4] 永渕理太郎. 接着の技術, 2001, 20 (4): 22.
[5] 前田, 長谷川, 深井等. 色材協会誌, 1967, 40: 407.
[6] 出雲孝治, 桑野浩一. 色材協會誌, 1975, 48 (5): 10.
[7] 天津市合成材料工业研究所. 环氧树脂与环氧化物. 天津: 天津人民出版社, 1974. 19.
[8] 垣内弘. 新ェポキシ樹脂. 昭晃堂, 1985. 186.
[9] 天津市合成材料工业研究所. 环氧树脂与环氧化物. 天津: 天津人民出版社, 1974: 33—34.
[10] Lidarik Miloslao, Dobas Lvan, Stary stanislav, et al. Czech. cs 240881.
[11] 垣内弘. 新ェポキシ樹脂. 昭晃堂, 1985: 183—184.
[12] Jano Shunichi, Okajima Masato, Koyakata wataru. (Nippon Oil and Fats Co., Ltd). JP-Kokai. 92-293, 918. 1992.
[13] Dainippon Ink and Chemicals, Inc. JP-Kokai. 83-210921. 1983.
[14] Dainippon Ink and Chemicals, Inc. JP-Kokai. 84-140221. 1984.
[15] Cummings Lowell O. PCT Int. Appl. WO 8400551.
[16] Lidarik Miloslav, Dobas lvan, stary stanislay, et al. Czech. cs 227513.
[17] 井上賢志. (大都産業株式会社). 公開特許公報. 昭 83-219220. 1983.
[18] FENG-PO TSENG, et al. J Appl. polym. sci., 1999, 71: 2129-2130.
[19] 李亮本, 甄月燕, 黄家骅. 热固性树脂, 1990, 5 (3): 31—36.
[20] Lidarik Miloslav, Exnerova Karla, et al. Czech. cs 250522.
[21] Bagga, Madan Mohan. (Ciba-Geigy A. -G). Eut. pat. Appl. Ep 388, 359, 1990.
[22] Ю. С. Кочергие, и др. Пласт. массы. 1984, (12): 15—17.
[23] А. Н. Солдатов, В. А. Ефмллов. Пласт. Массы. 1997, (9): 5—6.
[24] 曲荣君, 纪春暖, 刘庆检等. 化学与粘合, 1996, (1): 14—15.
[25] 天津市合成材料工业研究所. 环氧树脂与环氧化物. 天津: 天津人民出版社, 1974: 35—38.
[26] 垣内弘. 新ェポキシ樹脂. 昭晃堂, 1985: 172.
[27] Eur. pat. Appl. Ep529781.
[28] Eur. pat. Appl. Ep293110.
[29] Eur. pat. Appl. Ep191442.
[30] 新保正樹, 越智光一, 今井道雄. 熱硬化性樹脂, 1984, 5 (2): 69—71.
[31] Ф. М. Смехов. И. З. Чернан, А. В. Уваров, и др. Высокомол. Соед. 1976, 18 (10): 2338-2339.
[32] フアインケミカル. 1999, 28 (4): 30.
[33] 万福忠, 陈昌镜, 金仁志. 湖北化工, 1994, (1): 29—31.
[34] Г. В. Мотовилин, Ю. И. Шальман. Пласт. массы. 1971, (3): 27—29.
[35] Eur. pat. Appl. Ep 81146.
[36] 孙勤良. 热固性树脂, 1987, 2 (3): 16—23.
[37] 何平笙, 李春娥, 欧润清等. 化学与粘合, 1996, (4): 187—189.
[38] 白力英, 吕增富, 金鑫等. 辽宁化工, 1996, (5): 45—47.
[39] 袁劲松, 吴海峰. 绝缘材料通讯, 1999, (3): 4—6.
[40] Asahi Chemical Industry Co., Ltd. JP-Kokai 79-148896, 1979.
[41] Yuka Shell Epoxy K. K. JP-Kokai 88-189425. 1988.
[42] Asahi Chemical Industry Co., Ltd. JP-Kokai. 79-148099. 1979.
[43] Asahi Chemical Indutry Co., Ltd. JP-Kokai. 79-148822. 1979.
[44] 田兴和, 高敖申, 叶莲华等. 塑料工业, 1981, (5): 23—30.

[45] 龚云金. 中国胶黏剂, 1995, 4 (1): 35—38.
[46] М. Ф. Сорокин, К. А. Лялюшко, Л. М. Самойленко. Лак. Матер. и их прим., 1972, (5): 12—14.
[47] ファインケミカル, 1992, 21 (18): 23—24.
[48] В. В. Михеев, В. А. Сысоев, Н. В. Светлаков, и др. Лак. матер. и их прим., 1984, (1): 14—15.
[49] プラスチックマテリマル. 1977, (2): 47.
[50] Scholven-Chemie A. -G. Belg. 671940.
[51] 清野繁夫. プラスチックス, 1968, 19 (12): 48.
[52] Пласт. массы. 1977, (5): 75.
[53] Пласт. массы. 1975, (11): 70.
[54] Leonard J Calbo. Handbook of Coating Additives. vol. 2, 1992, 283.
[55] Ernest W Flick. Epoxy Resins, Curing Agents, Compounds, and Modifiers, An Industrial Guide. 1987, 142, 159.
[56] ファインケミカル, 1996, 25 (11): 20—21.
[57] US 4751278.
[58] プラスチックス, 1987, 38 (11): 75.
[59] 宫本晃, 佐藤胜男, 市川哲史等. (三菱瓦斯化学株式会社). 公開特許公報. 昭 58-204022. 1983.
[60] 宫本晃, 佐藤胜男, 市川哲史 (三菱瓦斯化学株式会社). 公開特許公報. 昭 59-93721, 1984.
[61] 顾觉生, 倪虹, 庞家龙. 塑料工业, 1981, (3): 18—22.
[62] 王定选, 郑水蓉, 向佑胜. 热固性树脂, 2001, 16 (6): 7—8.
[63] 西村敏秋, 峯繁夫, 糟谷武滋. プラスチックス, 1990, 41 (4): 113—116.
[64] Mitsubishi Gas Chemical Co., Inc. Eur. pat. Appl. EP 66447.
[65] 西村敏秋, 峯繁夫, 糟谷武滋. プラスチックス, 1990, 41 (7): 76.

# 第 3 章

# 芳香族胺、脂环胺及杂环胺

## 3.1 芳香胺

芳香族胺类固化剂的分子结构里都含有稳定的苯环结构，胺基与苯环直接相连。芳香二胺的碱性弱于脂肪族胺，加上芳香环的立体障碍，与环氧树脂的反应性比脂肪胺小；在与环氧树脂反应过程中，由于仲胺和伯胺的反应性差别很大，形成的直链高分子固体的 B 阶段，再固化很慢，必须加热固化。固化时温度由低到高分阶段进行为宜。

固化物的耐热性、耐药品性、电性能及力学性能比较好。

### 3.1.1 间苯二胺（MPD）

结构式 (间苯二胺) ，无色或浅黄色结晶，熔点 63℃，沸点 284～287℃，相对分子质量 108。暴露于空气中容易被氧化变为黑色；也易吸湿潮解，受潮后的间苯二胺对固化物的力学性能无大影响，但对树脂的黏度影响较大，这是由于氢给予体的物质对固化反应有加速作用，而水正是一种氢给予体，所以在使用、保存间苯二胺时必须注意水分的影响。

间苯二胺可用间二硝基苯或间硝基苯胺催化加氢制取，或用铁和盐酸，铁、多硫化胺和水煤气还原制取[1]。

$$m\text{-}C_6H_4(NO_2)_2 + 6H_2 \xrightarrow[34.3\sim44.1\text{MPa},110\sim120℃]{\text{雷尼镍}} m\text{-}C_6H_4(NH_2)_2 + H_2O$$

$$或\ 2\,m\text{-}C_6H_4(NO_2)_2 + 9Fe + 4H_2O \xrightarrow[95℃]{HCl} 2\,m\text{-}C_6H_4(NH_2)_2 + 3Fe_3O_4$$

间苯二胺的用量可按第 1 章 1.4 节用量计算方程求出，对环氧当量 185 的双酚 A 型环氧树脂来说，其用量为树脂的 14%～15%。适用期比某些脂肪胺如乙二胺、二亚乙基三胺、三亚乙基四胺等要长；50g 树脂在 50℃有 2.5h 的适用期。固化物的耐热性好，树脂经 80℃/12h＋150℃/2h 固化后，热变形温度 150℃。固化物的耐药品性和电性能亦优良。

实际上胺用量对固化环氧树脂性能会产生影响。王德生等[2]，研究间苯二胺（MPA）固化双酚 A 型环氧树脂（E-51）放热曲线，测定树脂的固化度、密度和玻璃化温度（$T_g$）发现，随着固化剂用量增加，固化放热峰的最高温度、组装密度及固化度亦增加（见表 3-1）。但在等当点时，其玻璃化温度最高，$T_g$ 的不同与交联点的结构形式有关。

表 3-1 随固化剂用量增加固化放热峰的最高温度组装密度及固化度的增加

| w(MPA)/% | 10 | 15 | 20 | w(MPA)/% | 10 | 15 | 20 |
|---|---|---|---|---|---|---|---|
| n(MPA)∶n(环氧基) | 0.726 | 1.000 | 1.452 | 固化度（浮力法）/% | 80.7 | 88.2 | 94.4 |
| 最大固化放热峰/℃ | 153 | 154 | 156 | 玻璃温度（$T_g$）/℃ | 50.7 | 116.0 | 73.4 |
| 凝胶时间/min | 3.50 | 2.90 | 2.46 | 树脂密度/(g/cm³) | 1.197 | 1.177 | 1.187 |
| 树脂凝胶时的反应程度 | 0.678 | 0.577 | 0.479 | 组装密度 D | 0.789 | 1.131 | 1.759 |

以间苯二胺固化双酚 A 型环氧树脂（CYD-128）和脂环族环氧树脂（TDE-85）的性能见表 3-2 所列[3]。

表 3-2 间苯二胺固化 TDE-85 和 CYD-128 的性能

| 树　脂 | TDE-85 | CYD-128 | 树　脂 | TDE-85 | CYD-128 |
|---|---|---|---|---|---|
| 拉伸强度/MPa | 85.7 | 56.5 | 压缩强度/MPa | 233.8 | 142.9 |
| 拉伸模量/GPa | 5.30 | 3.24 | 弯曲强度/MPa | 168.3 | 131.5 |
| 断裂延伸率/% | 2.5 | 2.2 | 冲击强度/(kJ/m²) | 11.87 | 8.86 |

间苯二胺熔点 63℃，当与环氧树脂配合时，通常将树脂加热至熔点以上的温度（如 70～80℃）再加入固态的间苯二胺熔化混合；或将树脂和间苯二胺分别热至 65～75℃熔化后混合。这样会导致组成物适用期缩短，给操作带来不便。

为了解决这个问题，可以将间苯二胺与其异构体或其他芳香二胺以一定的比例混合使用，混合芳胺的熔点低于间苯二胺，更便于使用[4]（见表 3-3）。

表 3-3 间苯二胺的低共熔点混合物

| 序号 | 芳香胺 | 质量分数/% | 熔点/℃ | 序号 | 芳香胺 | 质量分数/% | 熔点/℃ |
|---|---|---|---|---|---|---|---|
| 1 | 间苯二胺<br>邻苯二胺 | 70～80<br>30～20 | 43 | 3 | 间苯二胺<br>间二硝基苯 | 55<br>45 | 37 |
| 2 | 间苯二胺<br>间氨基酚 | 63<br>37 | 24 | 4 | 间苯二胺<br>4,4′-二氨基二苯甲烷 | 70～60<br>30～40 | 20～30 |

将间苯二胺液体化是解决这个问题的另一方法。徐埠[5]按如下方法制备了稳定的间苯二胺液体：将固体间苯二胺置于玻璃或搪瓷容器中，在普通鼓风恒温干燥

箱中升温至115℃，然后使箱内温度保持在115～120℃之间，间苯二胺熔化。待熔体温度达到115℃之后，保温5min。然后从干燥箱中取出，在大气自然温度下冷却至室温，或者在干燥箱中自然降温亦可。

以此法制得的液体间苯二胺有很好的稳定性，在15～30℃的自然室温下放置6个月，熔体保持液态不变，流动性良好。即使将密闭的样品在5℃冰箱中冷藏100min，间苯二胺熔体依然保持良好流动状态。产生液态化转变的原因，可能是在这样的条件下加热破坏了其结晶的条件，出现"过冷"现象。

实验结果表明，晶体和熔体两种状态的间苯二胺使用效果没有多大差别。

将间苯二胺和单环氧化物反应可以得到液体加成物。例如90份间苯二胺和10份苯基缩水甘油醚的混合物，充分搅拌反应7h就可以制得暗褐色的液体[6]。国外这种固化剂有Epikure z(Shell公司)，zzLA-0853和zzLA-0854(UCC公司)。由于是液体，操作容易，广泛用于浇铸、层压材料及耐热胶黏剂。表3-4表示Epikure z和Epikote 828组成物的一些特性。25℃和100℃下的拉伸强度分别为91MPa和45.5MPa；断裂伸长率分别为4.8%和5.5%。

表 3-4  Epikure z 和 Epikote 828 组成物的特性

| 组成及特性 | 指标 | 组成及特性 | 指标 |
|---|---|---|---|
| Epikote 828 | 100 份 | 冲击强度($I_{zod}$缺口)/(J/m) | 26.6 |
| Epikure z | 20 份 | 热变形温度/℃ | 145 |
| 组成物黏度(25℃)/mPa·s | 8000～9000 | 吸水性/% | |
| 适用期/h | | 沸水中 24h 后 | +0.67 |
| 1 加仑，45℃ | 约 3 | 其后 110℃/24h 干燥 | +0.06 |
| 50g,25℃ | 约 7～8 | 表面电阻率/Ω | |
| 固化条件:(80℃/2h)+(150℃/2h) | | 35℃,95%RH | $3 \times 10^{12}$ |
| 硬度(洛氏) | M105～M110 | 35℃,95%RH 环境中 100h 后 | $5 \times 10^{9}$ |
| 线膨胀系数(-50～50℃) | $5.1 \times 10^{-5}$/℃ | | |

注：1 加仑 = 3.785dm³。

## 3.1.2 二氨基二苯基甲烷（DDM）

结构式 $H_2N-\bigcirc-CH_2-\bigcirc-NH_2$，白色固体，熔点89℃。反应性低于间苯二胺。固化物的色调好于间苯二胺，但固化物的色泽在日光下长时间暴露会变暗。混合、固化方法类似间苯二胺，预先把固化剂在90℃熔融，仔细地混入到加热至70～80℃的树脂中，必须快速地将混合物冷却至50℃以下。不同树脂配合量下二氨基二苯甲烷的适用期见表3-5所列。DDM的使用量一般为树脂量的26%～30%，最好是28%。

表 3-5  二氨基二苯甲烷在不同温度下的适用期

| 树脂量/g | 温度/℃ | 适用期/h | 最高放热/℃ | 树脂量/g | 温度/℃ | 适用期/h | 最高放热/℃ |
|---|---|---|---|---|---|---|---|
| 50 | 25 | 20 | 几乎不放热 | 50 | 80 | 2 | 155 |
| 50 | 50 | 3.5 | 几乎不放热 | 200 | 80 | 1.5 | 258 |

固化条件对固化物耐热性的改善比脂肪胺更为显著。分 2~3 阶段加热固化比在同一温度下长时间加热更有效果（见表 3-6）。二氨基二苯甲烷（DDM）固化环氧树脂的各种性能见表 3-7。图 3-1 表示 DDM 添加量对介电常数的影响。

表 3-6　二氨基二苯甲烷固化条件对热变形温度的影响

| 固化条件 | 热变形温度/℃ | 固化条件 | 热变形温度/℃ |
| --- | --- | --- | --- |
| 100℃/2h | 111 | (100℃/2h)+(150℃/2h) | 150 |
| 100℃/17h | 115 | 150℃/6h | 144 |
| (100℃/2h)+(130℃/2h) | 135 | (80℃/2h)+(160℃/2h) | 155 |

表 3-7　二氨基二苯甲烷固化物的性能

| 性　能 | 数　据 | 性　能 | 数　据 |
| --- | --- | --- | --- |
| 热变形温度/℃ | 155 | $I_{zod}$冲击强度(缺口)/(kJ/m) | 0.016~0.027 |
| 弯曲强度/MPa | 123 | 硬度(洛氏 M) | 106 |
| 弯曲模量/MPa | 2700 | 介电常数(50Hz,23℃) | 4.4 |
| 压缩强度/MPa | 74 | 介电损耗角正切(50Hz,23℃) | 0.004 |
| 拉伸强度/MPa | 57 | 体积电阻率/Ω·cm | $1\times10^{15}$ |
| 断裂伸长率/% | 4.4 | 线膨胀系数/[cm/(cm·℃)] | $5\times10^{-4}$ |

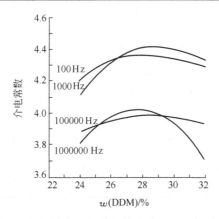

图 3-1　DDM 用量对介电常数的影响

注：固化条件为(80℃/2h)+(150℃/2h)

以二氨基二苯甲烷固化各种环氧树脂（见表 3-8）的性能见表 3-9 所列[7]。

表 3-8　各种环氧树脂的结构和特性

| 英文缩写名 | CH$_2$—CHCH$_2$—R—CH$_2$CH—CH$_2$　（O）　　　　　　　　（O）　R | 环氧当量 | 黏度(25℃)/mPa·s |
| --- | --- | --- | --- |
| DGEBS | —O—⟨ ⟩—SO$_2$—⟨ ⟩—O— | 221 | (熔点 145℃) |
| DGEBA | —O—⟨ ⟩—C(CH$_3$)$_2$—⟨ ⟩—O— | 189 | 10000 |

续表

| 英文缩写名 | R（CH₂—CHCH₂—R—CH₂—CH—CH₂，两端为环氧基） | 环氧当量 | 黏度(25℃)/mPa·s |
|---|---|---|---|
| DGEBF | —O—⟨benzene⟩—CH₂—⟨benzene⟩—O— | 180 | 3000 |
| GEEPOB | —O—⟨benzene⟩—COO— | 153 | 1200 |
| DGEHQ | —O—⟨benzene⟩—O— | 129 | (熔点 50~55℃) |
| DGER | —O—⟨benzene⟩—O— | 129 | 500 |
| DGEPA | —COO—⟨benzene⟩—COO— | 155 | 300 |
| DGEHHPA | —OOC—⟨cyclohexane⟩—COO— | 152 | 300 |
| DGA | ⟨N-phenyl⟩ | 116 | 200 |
| DGEEG | —O—CH₂—CH₂—O— | 132 | 17.5 |
| TGETMP | —O—CH₂—C(CH₂—O—)(CH₃)—CH₂—O— | 140 | 140 |
| TGEAP | —O—⟨benzene⟩—N(CH₃)— | 115 | 13000 |
| DCHO | ⟨epoxycyclohexyl⟩—CH₂O—CO—⟨epoxycyclohexyl⟩ | 141 | 400 |

表 3-9　DDM 固化的各种环氧树脂的物理力学性能

| 环氧树脂 | 玻璃化温度/℃ | 密度(20℃)/(g/cm³) | 弯曲强度/MPa | 巴氏硬度 |
|---|---|---|---|---|
| DGEBS | 200 | 1.332 | 22.7 | 87 |
| DGEBA | 180 | 1.226 | 100.0 | 86 |
| DGEBF | 150 | 1.219 | 127.0 | 85 |
| GEEPOB | 175 | 1.298 | 131.0 | 90 |
| DGEHQ | 168 | 1.273 | 101.0 | 84 |
| DGER | 150 | 1.263 | 135.0 | 87 |
| DGEPA | 145 | 1.316 | 157.0 | 88 |
| DGEHHPA | 142 | 1.262 | 145.0 | 89 |
| DGEEG | 65 | 1.278 | 98.0 | 76 |
| DGA | 160 | 1.219 | 162.0 | 90 |
| TGETMP | 115 | 1.240 | 113.0 | 86 |
| TGEAP | 220 | 1.263 | 84.0 | 92 |

注：固化条件为(85℃/3h)+(150℃/3h)。

对同一类型环氧树脂，由于分子质量不同（环氧基含量亦不同），所用固化剂量不同，在相同的固化条件下环氧基反应率亦不相同（见表3-10）[8]。

表3-10　DDM固化不同分子质量的双酚A型环氧树脂

| 重复结构单元($n$) | 相对分子质量 | 商品名 | $w$(DDM)/% | 固化条件 | 环氧基反应率/% |
|---|---|---|---|---|---|
| 0.1 | 380 | Epikote 828 | 26.0 | | 98 |
| 1.0 | 620 | Epikote 834 | 16.0 | | 93 |
| 2.0 | 900 | Epikote 1001 | 11.0 | (80℃/2h)+(180℃/6h) | 82 |
| 3.7 | 1400 | Epikote 1004 | 7.0 | | 85 |
| 8.8 | 2900 | Epikote 1007 | 3.4 | | 68 |

注：环氧树脂为 $H_2C-CH-CH_2-(O-\text{苯}-C(CH_3)_2-\text{苯}-O-CH_2-CH(OH)-CH_2)_n-O-\text{苯}-C(CH_3)(C_6H_5)-$

$-O-CH_2-CH-CH_2$ 。

### 3.1.2.1　二氨基二苯甲烷的液态同系物

陈永杰等[9]以邻硝基乙苯为原料按下式反应步骤，制备 4,4′-二氨基-3,3′-二乙基二苯甲烷（DEDDM），外观为浅黄色油状黏稠液体。以该固化剂固化 E-44 环氧树脂的性能见表 3-11 所列，其吸水性、收缩率远低于 DDM。邻硝基乙苯也是以对硝基乙苯为原料生产氯霉素过程中存在的副产物。

$$4\,\text{(o-C}_2\text{H}_5\text{-C}_6\text{H}_4\text{-NO}_2) + 9\text{Fe} + 4\text{H}_2\text{O} \xrightarrow{\text{HCl}} 4\,\text{(o-C}_2\text{H}_5\text{-C}_6\text{H}_4\text{-NH}_2) + 3\text{Fe}_3\text{O}_4$$

油状液体，B.P. 208～212℃/常压

$$2\,\text{(o-C}_2\text{H}_5\text{-C}_6\text{H}_4\text{-NH}_2) + \text{HCHO} \xrightarrow{\text{HCl}} \text{H}_2\text{N-C}_6\text{H}_3(\text{C}_2\text{H}_5)\text{-CH}_2\text{-C}_6\text{H}_3(\text{C}_2\text{H}_5)\text{-NH}_2 + \text{H}_2\text{O}$$

浅黄色油状黏稠液体

表3-11　DEDDM固化E-44环氧树脂的性能

| 固化剂 | 吸水性/% | 收缩率/% | 相对密度 | 布氏硬度 |
|---|---|---|---|---|
| DDM | 0.1114 | 10.0 | 1.1770 | 13.7 |
| DEDDM | 0.0563 | 3.3 | 1.1656 | 13.2 |

陈友焰[10]和陈红宇[11]等人以苯胺和邻乙基苯胺的混合物为原料在盐酸存在下与甲醛缩合，制备了常温下为液态的 DDM、MEDDM 和 DEDDM 的三元混合物（如下式所示）。该固化剂为浅黄色透明液体，固化产物透明性好，色度低。美国 Shell 公司及 Bekelite Co. 于 20 世纪 70 年代开发，商品为 Z 牌号及 ZZL-0800。

$$H_2N-\text{苯}-CH_2-\text{苯}-NH_2$$
DDM

$$\text{H}_2\text{N}-\underset{\underset{\text{C}_2\text{H}_5}{|}}{\bigcirc}-\text{CH}_2-\bigcirc-\text{NH}_2$$
MEDDM

$$\text{H}_2\text{N}-\underset{\underset{\text{C}_2\text{H}_5}{|}}{\bigcirc}-\text{CH}_2-\underset{\underset{\text{C}_2\text{H}_5}{|}}{\bigcirc}-\text{NH}_2$$
DEDDM

合成方法是将邻乙基苯胺、苯胺、盐酸和适量的水投入烧瓶中,再将甲醛在30℃滴入该混合物中、搅拌,在1h内加完,加热至90℃,反应2~12h,用NaOH中和,然后进行蒸汽蒸馏,残留物分去水层即得产品,收率为90%~95%。

表 3-12 表示 DDM,DEDDM 及三元混合物(ZZL)固化 E-51 环氧树脂的凝胶时间及活化能。

**表 3-12  三元共混物(ZZL)固化 E-51 环氧树脂的凝胶时间(min)及活化能(kJ/mol)**

| 固化剂 | 温度/K | | | | | | 活化能/(kJ/mol) |
|---|---|---|---|---|---|---|---|
| | 363 | 373 | 383 | 393 | 403 | 413 | |
| DDM | 69 | 41 | 28 | 18 | | | 53.2 |
| DEDDM | | | 69 | 47.6 | 32.2 | 24 | 46.9 |
| 三元混合物 | | | 41.4 | 26.4 | 19.6 | 13.6 | 48.1 |

从表中各活化能可以发现,固化剂的活性 DEDDM>三元共混物>DDM。这是由于乙基是一个推电子基,它减少了苯环对氮原子孤对电子的作用,从而加强了氮原子上的电子云密度,使得 DEDDM 的活性增大,活化能减少。然而,它们固化 E-51 的凝胶时间以 DEDDM 为最长,即反应速度最低。这是因为反应速度不仅与活化能而且与碰撞频率因子有关,可能由于乙基的引入,空间位阻效应使得 DEDDM 的有效碰撞频率因子下降,反应速度减小。共混固化剂的乙基数目多于 DDM,少于 DEDDM,所以其活性和凝胶时间介于两者之间。

ZZL 固化剂用量为环氧树脂的 19%~20%。与 E-44 双酚 A 环氧树脂在 60~70℃下配合,经(80℃/2h)+(150℃/4h)固化,粘接铝片的剪切强度 21.1MPa;将该固化剂与间苯二胺混用,固化 E-44 环氧树脂,适用期(10g 树脂+2.5g 混合固化剂)8h,室温 4 天后,粘接铝的剪切强度 11.2MPa。以三元共混物固化 E-51 双酚 A 环氧树脂,对铝的剪切强度为 25.2MPa,玻璃化温度(经 140℃/2h+160℃/2h 固化)180℃,热分解温度为 378.7℃。

#### 3.1.2.2  二氨基二苯甲烷草酸盐[12,13]

二氨基二苯甲烷与二元有机羧酸例如邻苯二甲酸、顺丁烯二酸及草酸反应制备的盐可以作为环氧树脂的固化剂。尤其是以二氨基二苯甲烷草酸盐(结构式如下)配制的环氧树脂胶黏剂,有较长的适用期,良好的耐热和耐水性。

$$[\text{H}_3\overset{+}{\text{N}}-\bigcirc-\text{CH}_2-\bigcirc-\overset{+}{\text{N}}\text{H}_3]-[^-\text{OOC}-\text{COO}^-]$$

该固化剂为无定形粉末,浅黄色,熔点 190~192℃,溶于水,不溶于酮、酯和烃类。对双酚 A 环氧树脂(环氧值 0.46~0.51)用量为 42%。通常用量为树脂的 26%～50%。配制的胶黏剂在室温可存放 6 个月，在 135℃/2.5h 条件下固化，对 CT.3 钢的剪切强度 20℃下为 22.5MPa，125℃下为 19.5MPa；水中浸泡 7 天之后剪切强度下降 15%，而邻苯二甲酸酐、顺丁烯二酸酐相应的盐则分别下降 38% 和 42%。

#### 3.1.2.3 二氨基二苯甲烷与双环氧化物的加成物[14]

将二氨基二苯甲烷 1400g 在 130～140℃下 30min 内添加到 300g 的 $N,N'$-双 (2,3-环氧丙基)苯胺（环氧值 0.85，25℃黏度 320mPa·s）里，然后再反应 40min，制得加成物。与环氧树脂（环氧值 0.51）配合，35℃下凝胶时间大于 7h。凝胶后在 150℃/4h 固化，固化物热变形温度 135℃。

文献[15]指出，在二氨基二苯甲烷与双环氧化合物的加成物中添加稀释剂和促进剂（如甲酚、有机酸及乙二醇等）可以得到一种常温固化型改性物，其特性见表 3-13 所列。这种改性物在低温、潮湿状况下也具有活性，并完成其对树脂的固化。

表 3-13　常温固化型芳香胺（DDM）改性物

| 固化剂 | ADK EH-631 | ADK EH-651 | アンカミン LT |
| --- | --- | --- | --- |
| 外观 | 红褐色透明液 | 红褐色透明液 | 红褐色透明液 |
| 黏度(25℃)/Pa·s | 15 | 19 | 13 |
| 相对密度(25℃) | 1.13 | 1.13 | 1.13(20℃) |
| 胺当量 | 120 | 120 | 122 |

该固化剂与煤焦油的相容性好，将其与环氧树脂、焦油配合一起使用，可广泛用于土木、建筑领域。耐药品性优良，耐酸性（包括有机酸）在常温固化的胺类中最高。与环氧树脂的反应放热低于通常用的脂肪胺，可用于大型浇铸。热变形温度低于加热固化型芳香胺改性物（例如低共熔点芳香胺改性物）。

### 3.1.3　二氨基二苯砜（DDS）

二氨基二苯砜有两种异构体 3,3'-DDS 和 4,4'-DDS。

3,3'-二氨基二苯砜，结构式 $\underset{C_{12}H_{12}N_2O_2S = 248.30}{\text{（见图）}}$，浅黄白色粉末，熔点 171～172℃。难溶于冷水、醇，一旦加热便可溶解。不溶于碱，可溶于稀无机酸[16]。

其制备方法有两条技术路线。

① 将二苯砜在硫酸存在下硝化，制得 3,3'-二硝基二苯砜，然后经锌和盐酸或电解还原制备。

② 硝基苯磺化制备间硝基苯磺酸时产生的副产物 3,3'-二硝基二苯砜，将其还原制备。

4,4'-二氨基二苯砜，结构式 $H_2N-\phantom{x}-SO_2-\phantom{x}-NH_2$，白色针状结晶（经甲醇再结晶），$C_{12}H_{12}N_2SO_2 = 248.30$，熔点 178～179℃，在空气中热稳定性高，280℃开始缓慢分解。比热（100℃）为 1.98J/(g·K)，微溶于水（50℃下，0.08g/100g），溶于醇、氯仿、乙腈、其他非质子极性有机溶剂等，也溶于稀无机酸[17]。

工业品为浅黄白色粉末，密度 1.33，熔点 176℃以上，纯度大于 99%，水分小于 0.15%，灰分小于 0.1%。以对硝基氯苯或氯苯为原料按如下三条技术路线制备。

① 对硝基氯苯和硫化钠反应生成二硝基二苯硫醚，氧化生成二硝基二苯砜，再还原制得产品。

$$2\ NO_2-\phantom{x}-Cl + Na_2S \longrightarrow NO_2-\phantom{x}-S-\phantom{x}-NO_2$$
$$\xrightarrow{\text{氧化}} NO_2-\phantom{x}-SO_2-\phantom{x}-NO_2 \xrightarrow{\text{还原}} NH_2-\phantom{x}-SO_2-\phantom{x}-NH_2$$

② 氯苯和 $SO_3$ 反应生成二氯二苯砜，在 Cu 触媒存在下和氨反应制得产品。

$$2\ Cl-\phantom{x} + SO_3 \longrightarrow Cl-\phantom{x}-SO_2-\phantom{x}-Cl \longrightarrow NH_2-\phantom{x}-SO_2-\phantom{x}-NH_2$$

③ 以氯苯和对氯苯磺酰氯为原料合成。

$$Cl-\phantom{x}-SO_2Cl + Cl-\phantom{x} \xrightarrow{AlCl_3} Cl-\phantom{x}-SO_2-\phantom{x}-Cl$$
$$\longrightarrow NH_2-\phantom{x}-SO_2-\phantom{x}-NH_2$$

二氨基二苯砜是一耐热性好的固化剂，吸湿性小。由于该固化剂碱性小，反应迟缓，适用期长，在 100℃可有 3h 的适用期。与液态环氧树脂的配合物在温度低时黏度高，用于浇铸时在 100℃或更高的温度下使用。

固化剂用量对热变形温度影响小。在不用促进剂情况下，使用过量 10% 的量可以得到较好的结果。为了加速固化，在树脂配合物里可以加入 0.5%～2% 的三氟化硼-单乙胺络合物那样的促进剂，缩短固化时间，适用期在 100℃变为 1h。当使用促进剂时，二氨基二苯砜用量比计算量稍微少些。

表 3-14 表示二氨基二苯砜在不同条件下的适用期、固化条件及热变形温度[6]。表 3-15 则表示二氨基二苯砜用于制备层压板的性能。从实用的角度看，二氨基二苯砜两种异构体的性能大体相同。但 3,3'-DDS 更具特点是，固化物的弯曲性和韧性较好。

表 3-14　二氨基二苯砜的固化特性

| w(固化剂)/% | 适用期 | | 固化条件 | 热变形温度/℃ |
| --- | --- | --- | --- | --- |
| | 130℃ | 80℃ | | |
| 3,3'-二氨基二苯砜 | | | | |
| 25 | 60min | 3～5h | | 180 |
| 30 | 60min | 3～5h | 130℃/2h+200℃/2h | 181 |
| 35 | 60min | 3～5h | | 178 |
| 40 | 60min | 3～5h | | 167 |

续表

| w(固化剂)/% | 适用期 | | 固化条件 | 热变形温度/℃ |
| --- | --- | --- | --- | --- |
| | 130℃ | 80℃ | | |
| 3,3'-二氨基二苯砜,30 三氟化硼-单乙胺,1 | 10min | 1h | 130℃/2h+200℃/2h | 175 |
| 4,4'-二氨基二苯砜,30 三氟化硼-单乙胺,1 | 15min | 1.5h | 130℃/2h+200℃/2h | 175 |

注：双酚 A 环氧树脂 Ep. eq. 约 185。

表 3-15 二氨基二苯砜固化层压板的性能

| 固化剂 | 双氰胺(4) | 3,3'DDS(16) | 4,4'DDS(16) |
| --- | --- | --- | --- |
| 热变形温度/℃ | 100 | 94.3 | 108.0 |
| 弯曲强度/MPa | 5.36 | 5.27 | 5.05 |
| 弯曲模量/MPa | 205.0 | 219.0 | 204.0 |
| 吸水性(煮沸 2h)/% | 0.98 | 1.89 | 1.33 |
| 体积电阻率/Ω·cm | | | |
| 常态 | $2.3\times10^{16}$ | $2.5\times10^{17}$ | $6.5\times10^{16}$ |
| 煮沸 | $2.4\times10^{12}$ | $6.0\times10^{13}$ | $5.6\times10^{12}$ |
| 耐焊热(260℃) | 3min 合格 | 3min 合格 | 3min 合格 |
| 铜箔剥离强度/N·m$^{-1}$ | 23.0 | 19.5 | 24.0 |
| 固化物外观 | 良好 | 良好 | 良好 |

注：括号内数字为固化剂的质量分数；双氰胺用 0.2%2E4MI；DDS 用 1%BF$_3$·MEA；固化条件：160℃，5.0MPa×10min。

## 3.1.4 芳胺的改性

如前所述，芳香胺固化剂都是固体，与环氧树脂混合时需要在熔融状态下进行，这样组成物适用期缩短，工艺性受不良影响，而且在高温下芳香二胺会产生蒸气，对人体健康不利。作为芳香族二胺改性的方法有：芳胺的活化、芳胺的低共熔点化、芳胺的羟烷基化。

### 3.1.4.1 芳香二胺的活化

文献[18]指出，利用一缩二乙二醇、乙基溶纤剂、二乙二醇二甲醚及丁醇等作溶剂，在特殊添加剂存在下，经化学变性芳胺，可以得到活化的芳胺。活性胺固化剂溶剂含量为 15%～40%，溶液的黏度 2～20Pa·s，固化剂对环氧当量193～200 的双酚 A 环氧树脂的用量为 30%～125%。固化温度(20±2)℃。

见表 3-16 和图 3-2 所示，制备活性芳胺的初始芳胺的结构，采用的溶剂均对固化过程产生影响。芳胺分子中含有—SO$_2$—和—O—型桥基的，对固化产生空间障碍，凝胶时间变长，固化程度低于其他芳胺。溶剂对活化间苯二胺固化环氧树脂（E-40）过程的影响如图 3-2 所示：使用二乙二醇二甲醚、乙基溶纤剂

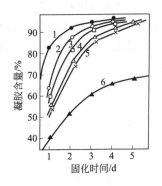

图 3-2 溶剂对活化间苯二胺固化环氧树脂的影响
1—二乙二醇二甲醚；2—乙基溶纤剂；3—一缩二乙二醇；4—醋酸丁酯；5—丁醇；6—丙酮

和二乙二醇作溶剂可以取得较好的结果。

表 3-16 初始芳香二胺结构对相应活化芳香二胺性能影响

| 项 目 | 间苯二胺 | 对苯二胺 | 4,4'-二氨基二苯甲烷 | 4,4'-二氨基二苯砜 | 4,4'-二氨基二苯氧 | 联苯胺 | 3,3'-二氯-4,4'-二氨基二苯甲烷 | 3,3'-二甲氧基4,4'-二氨基二苯甲烷 |
|---|---|---|---|---|---|---|---|---|
| 固化时间/d | 1.2 | 1.5 | 1.2 | 10 | 10 | 1.5 | 3 | 3 |
| 凝胶分含量/% | 93 | 93 | 95 | 不固化 | 80 | 90 | 90 | 93 |

以此类固化剂制成的环氧涂层,在环境温度下固化10d,涂层具有较高的物理力学性能:冲击强度50kg·cm,弯曲1~3mm,硬度0.8~0.9。同时具有优良的保护性能:涂层在(20±2)℃下的蒸馏水、30% $H_2SO_4$、30% NaOH、2% $CH_3COOH$、2% $H_2CrO_4$ 和 0.5% $KMnO_4$ 中浸泡12个月无变化。

### 3.1.4.2 芳香二胺的低共熔点化

如前所述,间苯二胺与其同系物或其他芳香二胺以一定的比例配合,可以得到熔点低于间苯二胺本身的低共熔点混合物。同样,其他芳香二胺也可以取得低共熔点混合物,见表3-17所列[19]。

表 3-17 几种低共熔点芳胺混合物的组成

| 固 化 剂 | w(固化剂)/% | 共熔点/℃ | 固 化 剂 | w(固化剂)/% | 共熔点/℃ |
|---|---|---|---|---|---|
| 二氨基二氯二苯甲烷 | 40 | 64 | 二氨基二甲基二苯甲烷 | 25 | 18 |
| 二氨基二苯甲烷 | 60 | | 二氨基二环己基甲烷 | 75 | |
| 二氨基二氯二苯甲烷 | 60 | 35 | 二氨基二氯二苯甲烷 | 50 | 15 |
| 二氨基二甲氧基二苯甲烷 | 40 | | 二氨基二环己基甲烷 | 50 | |

胺固化剂的反应能力在许多情况下受其结构、取代基的特点和性质影响。比如,脂环二胺(二氨基二环己基甲烷)比芳香二胺(二氨基二苯甲烷)有较高的反应能力。芳胺固化剂的活性受其取代基的影响,并以如下序列增加:—$CH_3$ → Cl → $OCH_3$ →无取代基。芳香二胺组成低共熔混合物后反应速度常数降低,固化物残余应力低于单一芳香二胺的固化物(见表3-18),这是由于固化速度和松弛过程进行的速度之间达到某种协调所致。而单一的芳香二胺固化剂反应能力较高,导致残余应力增长。见表3-19所列,应用低共熔点混合物固化环氧树脂,无论是对浇铸料还是对层压材料,老化前和老化后,其物理力学性能均优于使用单一的芳香二胺固化剂。

表 3-18 固化剂对固化物残余应力的影响

| 固 化 剂 | 残余应力/MPa |
|---|---|
| 二氨基二甲氧基二苯甲烷 | 20.3 |
| 二氨基二苯甲烷 | 19.5 |
| 二氨基二环己基甲烷 | 17.2 |
| 二氨基二氯二苯甲烷 | 82.6 |
| 二氨基二甲氧基二苯甲烷+二氨基二氯二苯甲烷 | 11.2 |
| 二氨基二苯甲烷+二氨基二氯二苯甲烷 | 12.0 |
| 二氨基二环己基甲烷+二氨基二氯二苯甲烷 | 6.8 |
| 二氨基二环己基甲烷+二氨基二甲基二苯甲烷 | 11.0 |

表 3-19 环氧组成物和玻布层压材料力学性能

| 环氧组成物 | 压缩强度/MPa | | 弯曲强度/MPa | |
|---|---|---|---|---|
| | 老化前 | 老化后 | 老化前 | 老化后 |
| EPOF-5＋二氨基二苯甲烷 | 87.3 | 68.3 | 51.0/625.0 | 32.5/405.0 |
| EPOF-5＋二氨基二苯甲烷＋二氨基二氯二苯甲烷 | 105.5 | 79.1 | 73.8/650.0 | 28.0/525.0 |
| EPOF-5＋二氨基二苯甲烷＋二氨基二氯二苯甲烷＋填料 | 120.0 | 100.0 | 76.5/640.0 | 55.0/615.0 |
| EPOF-5＋二氨基二环己基甲烷 | 85.0 | 69.5 | 58.0/670.0 | 40.0/500.0 |
| EPOF-5＋二氨基二环己基甲烷＋二氨基二氯二苯甲烷 | 115.0 | 83.0 | 66.0/705.0 | 37.5/580.0 |
| EPOF-5＋二氨基二环己基甲烷＋二氨基二氯二苯甲烷＋填料 | 127.0 | 110.0 | 70.0/705.0 | 50.0/645.0 |

注：分子—环氧组成物；分母—玻布层压材料。

除了芳香二胺之间可以组成低共熔点混合物之外，芳香胺和酚羟基化合物亦可以组成。文献[20]指出，由熔点 100～300℃芳香胺和熔点 100～300℃、含有≥2 酚羟基的酚化合物可以组成熔点高于 50℃ 的混合结晶物。

[举例] 100 份 Sumicure S（4,4′-二氨基二苯砜）和 5.6 份四溴双酚 A 在 190℃油浴上掺混均匀，然后冷却，可以得到熔点 135℃ 的低共熔点混合物。将 100 份 Sumiepoxy ELM 434（$N,N,N',N'$-四缩水甘油-4,4′-二氨基二苯甲烷）和 56 份该低共熔点混合物在 80℃ 混合均匀，组成物的凝胶时间为 150℃/10.00min，180℃/1.00min；当用 53 份 4,4′-二氨基二苯砜和 2 份 $BF_3$-哌啶络合物替代低共熔点混合物，凝胶时间则分别为 186.17min 和 9.50min。这说明低共熔点混合物在高温下可以快速固化环氧树脂。

上述的低共熔点芳胺混合物都是二元体系。以三种不同结构的芳香二胺，同样可以组成比较稳定的三元体系的低共熔点芳胺混合物。文献[21]指出以间苯二胺（$m$-PDA），4,4′-二氨基二苯甲烷（DDM）及 3,3′-二氯-4,4′-二氨基二苯甲烷（MOCA）组成低共熔点混合物。并借助最小二乘法描述低共熔点混合物熔点（$t_m$,℃）与组成（%）之间的关系，建立如下方程式

$$t_m = -0.0056x_1 + 79.2x_2 - 209.9x_3 - 114.9x_1x_2 + 457.8x_1x_3 + 146.8x_2x_3$$

式中，$x_1$、$x_2$、$x_3$ 分别为 $m$-PDA、DDM 及 MOCA 含量，此时 $\sum_{i=1}^{3} x_i = 1$，$x_i \geq 0$。

以上述三元芳香二胺体系的状态如图 3-3 所示。由图可见，当三元体系由 50% 间苯二胺、35% 二氨基二苯甲烷及 15% 的 3,3′-二氯-4,4′-二氨基二苯甲烷组成时，熔点最低为 14℃。该低共熔点混合物在（20±2）℃下呈液态，稳定性超过 3 个月。制法是，在 110℃将三元混合物加热 30～40min 熔融[22]。该固化剂与双酚 A 环氧树脂配合，可使组成物具有最低的黏度，适用期长，固化物具有高强度和高耐热性。

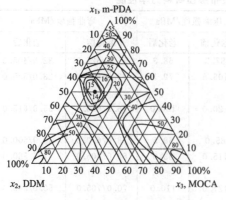

图 3-3 三元芳香二胺体系的状态

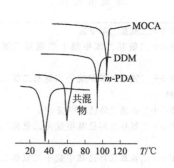

图 3-4 DDM、$m$-PDA、MOCA
及三元共混物的 DSC 熔融曲线

陈红宇等[23]，以上述三种芳香二胺及其相同的组成比制得低共熔点混合物，并对其进行 DSC 鉴别，如图 3-4 所示。三元共混物在熔融时仅出现一个熔融峰，说明它们形成了最低共熔点物。该熔化峰的起始熔化温度为 23℃，峰顶的熔化温度为 36.2℃。以三元共混物固化 E-51 双酚 A 环氧树脂[等当量配比，(100℃/2h)+(160℃/2h)固化]玻璃化温度 180℃，热分解温度为 377℃。

### 3.1.4.3 芳香胺的羟烷基化

将芳香二胺变性为稳定的液体固化剂最常用的方法是将胺部分羟烷基化，这在 3.1.2.3 节已有叙及。为此目的可利用单或双环氧化合物，结构简单或复杂的缩水甘油醚、缩水甘油胺等。但是这些环氧化合物与胺反应可能伴有环氧基异构化为酮。为便于目的反应的进行，必须加入特殊的催化剂。

文献 [24] 指出，将间苯二胺和二氨基二苯甲烷的混合物 3,4-环氧环己基-3′,4′-环氧环己基羧酸酯改性制成的固化剂（命名 UP-0638），外观为深棕色透明树脂状，黏度（25℃）10~15Pa·s，密度（25℃）1136kg/m³。

与双酚 A 环氧树脂（ED-22）配合，凝胶时间 100℃为 90min。各种性能见表 3-20 所列。

表 3-20 UP-0638 固化环氧树脂的性能

| 环氧树脂 | ED-22 | UP-643 | UP-655 |
| --- | --- | --- | --- |
| 弯曲强度/MPa | 105 | 82 | 不破坏 |
| 拉伸强度/MPa | 55 | 31 | 16 |
| 断裂伸长率/% | 3.5 | 1.0 | 117 |
| 冲击强度/(kJ/m²) | 20 | 16 | 200 |
| 马丁耐热/℃ | 172 | 204 | ≈20 |
| 介电损耗角正切/($10^6$Hz,25℃) | 0.02 | 0.02 | 0.05 |
| 体积电阻率($10^6$Hz,25℃)/$\times 10^{12}\Omega \cdot cm$ | 10 | 100 | 1 |
| 介电常数($10^6$Hz,25℃) | 4.5 | 4.3 | 4.9 |

### 3.1.5 特殊结构芳香胺

宋华等[25]，以1-甲基-2,4-二硝基苯（2.2mol）、苯基二氯甲烷（1.0mol）、三氯化铝（0.42mol）在适当温度下反应12~18h，然后加入过量的盐酸羟胺再反应6~8h，制备芳胺型固化剂，分子式$C_{27}H_{20}N_4O_8$，命名FA-1固化剂。该固化剂为四官能度，具有良好的耐热性、耐介质及耐热老化性。与常用的4,4′-二氨基二苯甲烷（DDM）相比，130℃固化E-51环氧树脂速度与DDM相同；低于130℃固化时，固化速度慢于DDM；高于130℃时，固化速度快于DDM。室温下适用期可达5d，而DDM仅4~6h（20℃）。高温性能优于DDM。150℃/15min固化E-51环氧树脂，200℃下剪切强度5.7MPa。

张福强等[26]合成的4,4′-二氨基-3,3′,5,5′-四甲基二苯甲酮（DTB）结构式

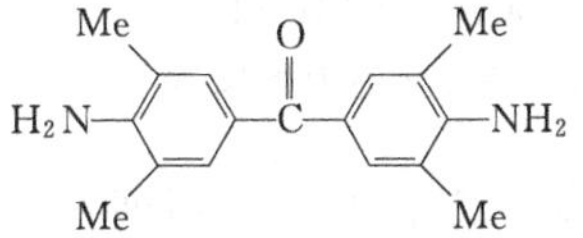

，纯品其纯度99.98%，熔点241.7~245.1℃。

由于分子结构里含有疏水性脂肪族取代基，有助于改善环氧树脂的耐潮湿性；分子中的羰基为光活性基团，可望赋予环氧树脂光固化性能，改善固化条件，扩大应用范围。

与上述DTB相似，Shell公司开发的EPON HPT固化剂1061和1062，及3M公司开发的芴骨架多种二胺，因为分子结构里不含醚键，多含烃基，可提高环氧树脂的耐水性[27]。与双酚A型环氧树脂混合使用，耐热性亦好，玻璃化温度可达207℃。

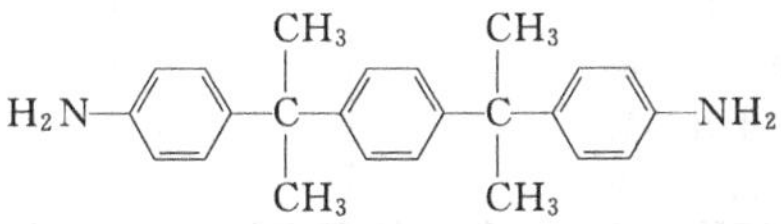

EPON HPT 固化剂 1061

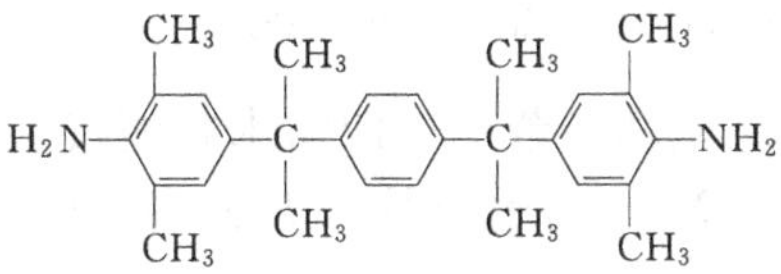

EPON HPT 固化剂 1062

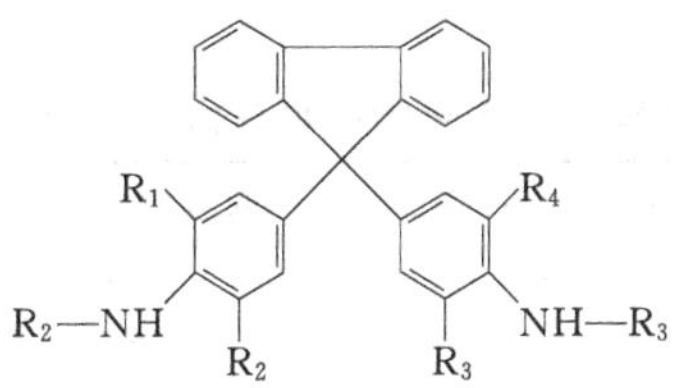

芴骨架芳二胺

### 3.1.6 芳醚二胺和聚芳醚二胺

文献［28］提出的如下芳醚二胺为液态，分子结构里含有醚键、芳氨基、脂肪胺基或两个脂肪胺基。这些固化剂在25~50℃温度下，强搅拌可快速溶解于双酚A型环氧树脂（ED-20）、间苯二酚二缩水甘油醚、对羟基苯甲酸缩水甘油醚酯。

固化剂的用量低于化学计算量（仅为理论计算量的50%或稍高）就可以获得最佳的性能。这是因为固化剂分子结构里的氨基与环氧基起加聚反应，叔胺基促进聚合。50g组成物适用期6~8h。

邻(β-氨基乙氧基)苯胺
(1)

2-氨基-5-(β-氨基乙氧基)吡啶
(2)

1,4-二(β-氨基乙氧基)苯
(3)

1,3-二(β-氨基乙氧基)苯
(4)

2-氨基-5-(γ-氨基丙氧基)吡啶
(5)

邻(γ-氨基丙氧基)苯胺
(6)

1,4-二-(γ-氨基丙氧基)苯
(7)

各芳醚二胺与环氧树脂配合及固化物的力学性能分别见表3-21和表3-22所列。

表3-21 芳醚二胺与环氧树脂的组成物

| 组成物 | 芳醚二胺 | 环 氧 树 脂 | $n$(固化剂)：$n$(环氧树脂) | $w$(固化剂)/$w$(环氧) |
|---|---|---|---|---|
| A | (1) | 间苯二酚二缩水甘油醚 | 1:1 | 25.5/74.5 |
| B | (1) | 双酚A环氧树脂(эд-20) | 0.5:1 | 8.8/91.2 |
| C | (1) | 对羟基苯甲酸缩水甘油醚酯 | 0.5:1 | 11.7/88.3 |
| D | (2) | 间苯二酚二缩水甘油醚 | 0.25:1 | 7.7/92.3 |
| E | (3) | 间苯二酚二缩水甘油醚 | 0.3:1 | 11.4/88.6 |
| F | (4) | 间苯二酚二缩水甘油醚 | 0.3:1 | 11.4/88.6 |
| G | (5) | 间苯二酚二缩水甘油醚 | 0.5:1 | 15.5/84.5 |
| H | (6) | 间苯二酚二缩水甘油醚 | 0.25:1 | 8.3/91.7 |
| I | (7) | 间苯二酚二缩水甘油醚 | 0.3:1 | 12.7/87.3 |

注：固化条件为(50℃/20h)+(80℃/16h)+(130℃/24h)+(160℃/3h)。

在宇航工业中常采用碳纤维、二氨基二苯甲烷四缩水甘油胺（TGDDM）和二氨基二苯砜组成的复合材料。TGDDM虽然耐热性（$T_g$）高，因为交联密度高而致脆，吸水性强降低了耐热性。

表3-22 芳醚二胺固化物的物理力学性能

| 组成物 | 拉伸强度/MPa | 拉伸模量/GPa | 断裂伸长率/% | 玻璃化温度/℃ |
|---|---|---|---|---|
| A | 100 | 3.2 | 4.6 | 58 |
| B | 91 | 3.1 | 4.8 | 64 |
| C | 95 | 3.1 | 5.4 | 76 |
| D | 92 | 3.5 | 2.8 | 70 |
| E | 91 | 3.5 | 4.4 | 71 |
| F | 87 | 4.6 | 2.4 | 68 |
| G | 88 | 3.6 | 4.0 | 67 |
| H | 95 | 3.3 | 4.8 | 55 |
| I | 93 | 3.2 | 5.0 | 66 |

如下几种结构的聚芳醚二胺固化 TGDDM，所得固化物的吸水性随固化剂柔性增加（与 DDS 相比，对其他类型的聚芳醚二胺来说造成吸水点的胺减少）而降低，而在湿环境中的耐热性则有所提高（表 3-23）。使用这种固化剂也提高了复合材料的韧性和冲击强度[27]。

$$H_2N-\phi-SO_2-\phi-NH_2$$
DDS

$$H_2N-\phi-O-\phi-SO_2-\phi-O-\phi-NH_2$$
BDAS

$$H_2N-\phi-O-\phi-O-\phi-O-\phi-NH_2$$
BDAO

$$H_2N-\phi-O-\phi-C(CH_3)_2-\phi-O-\phi-NH_2$$
BDAP

$$H_2N-\phi-O-\phi-C(CF_3)_2-\phi-O-\phi-NH_2$$
BDAF

表 3-23 聚芳醚二胺固化树脂的耐热性与耐水性

| 固化剂 | 吸水率/% | $T_g$/℃ 干燥 | $T_g$/℃ 吸湿 | 干湿环境 $\Delta T_g$/℃ |
|---|---|---|---|---|
| DDS(基准) | 3.3 | 220 | 151 | 69 |
| BDAS | 2.3 | 211 | 158 | 53 |
| BDAO | 1.7 | 202 | 163 | 39 |
| BDAP | 1.5 | 204 | 164 | 40 |
| BDAF | 1.3 | 200 | 170 | 30 |

华幼卿等[29]研究了 BDAS 固化 TGDDM（国内产品名称 AG-80）的固化反应机理和动力学并指出，温度低于 200℃，以伯胺基-环氧基、羟基-环氧基之间的缩合反应为主，相应的表观活化能为 58.3kJ/mol；温度高于 200℃，以仲氨基-环氧基之间的缩合反应为主，相应的表观活化能为 99.3kJ/mol。

## 3.2 脂环族胺

脂环胺为分子结构里含有脂环（环己基、杂氧、氮原子六元环）的胺类化合物。多数为低黏度液体，适用期比脂肪胺长，固化物的色度、光泽优于脂肪胺和聚酰胺。

### 3.2.1 蓋烷二胺（MDA）[30]

结构式 $H_2N-\langle\rangle-C(CH_3)(CH_3)-NH_2$（含$CH_3$），相对分子质量170，含4个活泼氢原子。计算用量为22%，1135g树脂与其混合物在23℃时适用期8h，放热温度93℃。透明液体，25℃黏度19.0mPa·s。

该固化剂的蒸气压低于二亚乙基三胺、三亚乙基四胺、二乙基氨基丙胺，毒性较低。它容易吸收空气中的二氧化碳气，当加热固化时二氧化碳就会从树脂混合物中释放出来，致使树脂固化物产生气泡。该固化剂与环氧当量185的液态双酚A型环氧树脂混合有如下特点：易混合，降低树脂黏度；适用期长；固化速度快，在不需要高度耐热情况下经(80℃/2h)~(130℃/0.5h)进行固化，其固化物性能大体上都可以满足要求；进行后固化，耐热性能可以提高，热变形温度可达158℃，固化物在150℃下的色度稳定性良好。其固化物的性能见表3-24所列。

表 3-24 蓋烷二胺固化物性能

| 性　　能 | 数　　据 | 性　　能 | 数　　据 |
| --- | --- | --- | --- |
| 组成物黏度(25℃)/mPa·s | 2000~3000 | 拉伸强度 | |
| 适用期(1kg,25℃)/h | 8 | 极限/MPa | 63 |
| 热变形温度/℃ | 151 | 屈服应力/MPa | 42 |
| 压缩强度 | | 模量/MPa | 2800.0 |
| 极限/MPa | 136.5 | 屈服伸长率/% | 1.5 |
| 屈服应力/MPa | 73.5 | 极限伸长率/% | 2.9 |
| 模量/MPa | 2800.0 | 丙酮煮沸3h增重/% | 1.7 |
| 屈服应变/% | 2.9 | 沸水24h增重/% | 1.5 |
| 极限应变/% | 8.0 | | |

注：1. 双酚A环氧树脂（环氧当量185）。
2. $w$（固化剂）22%。
3. 固化条件(100℃/2h)+(200℃/3h)。

### 3.2.2 N-氨乙基哌嗪（N-AEP）[30]

结构式 哌嗪-$N-CH_2CH_2NH_2$，相对分子质量128，密度0.98，活泼氢原子数3个，计算用量23%，50g树脂在23℃的适用期17min。该固化剂为无色透明液体，固化物性能类似于二亚乙基三胺、三亚乙基四胺，耐冲击性能良好，主要用于制造塑料工具方面。

表3-25表示环氧当量185的双酚A环氧树脂经N-氨乙基哌嗪固化物的性能。

表 3-25 N-氨乙基哌嗪固化物的性能

| 性　能 | 数　据 | 性　能 | 数　据 |
|---|---|---|---|
| $w$(N-氨乙基哌嗪)/% | 20 | 拉伸强度/MPa | |
| 适用期(25g,25℃)/min | 20~30 | 极限 | 67.2 |
| 热变形温度/℃ | 112 | 屈服应力 | 35.0 |
| 压缩强度/MPa | | 模量 | 2800.0 |
| 极限 | 96.6 | 屈服伸长率/% | 1.4 |
| 屈服应力 | 60.9 | 极限伸长率/% | 8.8 |
| 模量 | 1960 | 丙酮煮沸 3h 增重/% | 1.5 |
| 屈服应变/% | 3.5 | 沸水泡 3h 增重/% | 1.8 |
| 极限应变/% | 10.5 | | |

注：固化条件为浸泡时，(常温/3h)+(200℃/1h)；其余时，(常温/3h)+(200℃/2h)。

## 3.2.3　异佛尔酮二胺（IPD）[31]

结构式 （见图）；分子式 $C_{10}H_{22}N_2$；相对分子质量 170.30。为顺式、反式两种立体异构物的混合物。学名 3-氨甲基-3,5,5-三甲基环己胺。由于分子结构特殊，即环己环上多个甲基，两个氨基一个在环上，一个在环外侧链上，显示与通常二胺不同的性能。其物理特性见表 3-26 所列。

表 3-26 异佛尔酮二胺的物理特性

| 外观 | 无色透明、略带氨味的液体 | 工业品规格 | |
|---|---|---|---|
| 密度($d_4^{20}$) | 0.920~0.925 | 纯度/% | >99.7 |
| 熔点/℃ | 10 | 水分/% | <0.2 |
| 沸点/℃ | 247/1013hPa | 氨基腈/% | <0.1 |
| 闪点/℃ | 110 | 仲胺及叔胺化合物/% | <0.1 |
| 黏度(20℃)/mPa·s | 18 | | |

合成方法：由 3 个分子丙酮缩合成异佛尔酮（Ⅰ），接着用 HCN 加成异佛尔酮的双键得到异佛尔酮腈（Ⅱ），继续在 $H_2$ 存在下还原和胺化得到产品（Ⅲ）。

该固化剂适用期长，许多地方和蓋烷二胺相近。室温可以固化，但只能到 B 阶段，有必要进行加热后固化。加入促进剂如 DMP-30、苯酚、水杨酸可促成完全固化。加热固化的固化物热变形温度高，固化物的色度稳定性、耐药品性优良。将其简单变性或使用适当的添加剂，可成为低温、高湿度条件下理想的固化剂。该固化剂适用于无溶剂漆、涂料、结构体、浇铸树脂、可注入的密封剂等。其树脂固化物的性能见表 3-27 所列[32]。

表 3-27 异佛尔酮二胺树脂固化物的性能

| 性 能 | 数 据 | 性 能 | 数 据 |
|---|---|---|---|
| 热变形温度/℃ | 149 | 断裂伸长率/% | 3.6 |
| 弯曲强度/MPa | 125.0 | 介电常数(50Hz,23℃) | 3.78 |
| 弯曲模量/MPa | 4300 | 介电损耗角正切(50Hz,23℃) | 0.002 |
| 拉伸强度/MPa | 73.0 | 体积电阻率/$\Omega \cdot cm$ | $1 \times 10^{16}$ |

注：$w(IPD)$—24%。

## 3.2.4 1,3-双(氨甲基)环己烷 (1,3-BAC)[33]

结构式 （H₂NCH₂—环己烷—CH₂NH₂），分子式 $C_8H_{18}N_2$；相对分子质量 142.2。由间二甲苯二胺 (MXDA) 苯环加氢后制得。其物理特性和工业品规格见表 3-28 所列。该品碱性强，容易吸收空气中的 $CO_2$，通常保存于有 $N_2$ 气封的容器中。对眼、皮肤有刺激性，$LD_{50}$ 700mg/kg。

表 3-28 1,3-BAC 的物理特性和工业品规格

| 外观 | 无色透明液体 | 工业品规格(日本三菱瓦斯化学的制品) | |
|---|---|---|---|
| 密度($d_4^{20}$) | 0.942 | | |
| 熔点/℃ | −70以下 | 外观 | 无色透明液体 |
| 沸点/℃ | 244 | 纯度/% | >99.0 |
| 黏度(20℃)/mPa·s | 9.1 | 密度 | 0.940~0.950 |
| 闪点(开杯)/℃ | 107 | 色度(APHA) | <20 |
| 溶解性:溶于水、醇、醚、正己烷、环己烷、苯 | | 水分/% | <0.3 |

1,3-BAC 自身及其各种变性物均可作环氧树脂固化剂。常温固化性、耐热性、耐水性、耐药品性等优良，可以得到透明、外观良好的固化物。由于黏度低，工艺性好，用于浇铸、粘接、衬里、涂料等常温固化。

## 3.2.5 4,4′-二氨基二环己基甲烷及其衍生物

结构式 H₂N—环己烷—CH₂—环己烷—NH₂，商品名ワンダミン HM 活泼氢当量 53，对液态环氧树脂的用量 30%，固化物的物理力学性能见表 3-29 所列。

表 3-29 脂环族多胺固化物的物理力学性能

| 固 化 剂 | ラロミン C-260 | ワンダミン HM |
|---|---|---|
| 添加量/% | 33 | 30 |
| 热变形温度/℃ | 130~135 | 150 |
| 弯曲强度/MPa | 107.0 | 100.0 |
| 弯曲模量/MPa | 2640 | — |
| 压缩强度/MPa | 77.0 | 50.0 |
| $I_{zod}$冲击强度(缺口)/(kJ/m) | 0.029 | — |
| 硬度(洛氏 M) | 102 | 108 |
| 介电常数(50Hz,23℃) | 4.0 | 3.1 |
| 介电损耗角正切(50Hz,23℃) | 0.005 | — |
| 体积电阻率/$\Omega \cdot cm$ | $2 \times 10^{16}$ | $1 \times 10^{16}$ |

注：ワンダミン HM—熔点 40℃（新日本理化）。

合成方法：以 4,4'-二氨基二苯甲烷为原料，钌为催化剂（在载体上的浓度 0.45%），二噁烷为溶剂，于 180℃、150at $H_2$ 压下加氢反应制备[34]。制得的产品物理特性：沸点 158～160℃/399.9Pa，密度 0.9608，$n_D^{20}=1.5030$，产品纯度 99.3%，顺式、反式异构体比例（%）为 37∶63。

用该固化剂固化双酚 A 环氧树脂（E-41，相对分子质量≈950，环氧值 0.24）当用量过量 20%时，固化物性能可以达到最佳。固化条件为 60℃/8h。当添加少量的水杨酸（约 3%）可缩短固化时间至 2～3h。以此固化剂固化的环氧涂层性能见表 3-30。

表 3-30  4,4'-二氨基二环己基甲烷（DDCM）固化涂层的性能

| 组　成　物 | E-41+DDCM | E-41+己二胺 |
|---|---|---|
| 硬度(摆锤仪 ME-3) | 0.98 | 0.83 |
| 薄膜强度 | | |
| 　弯曲(Sht 法)/mm | 5 | 1 |
| 　冲击(U-1 法)/kg·cm | 40 | 50 |
| 耐热冲击性(-60→+120℃) | | |
| 　10 次循环后涂层厚度/μm | 2000 | 50 |
| 耐苯、乙醇性/浸 1h | 无变化 | 无变化 |
| 体积电阻率/Ω·cm | | |
| 　初始态 | $2\times10^{16}$ | $3\times10^{16}$ |
| 　浸泡后 | $1\times10^{15}$ | $1\times10^{14}$ |
| 介电损耗角正切 | | |
| 　初始态 | 0.015 | 0.02 |
| 　浸泡后 | 0.02 | 0.035 |
| 介电常数 | | |
| 　初始态 | 3.5 | 3.4 |
| 　浸泡后 | 3.6 | 3.6 |
| 组成物适用期/h | 24 | 8 |

注：浸泡条件为相对湿度 98%，温度 40℃下放置 30d。

4,4'-二氨基二苯甲烷以钌为催化剂，加氢反应在 260℃下进行时，可以得到如下线性结构，分子中含有 3 个仲胺基的脂环胺[35]。粗品经苯再结晶之后，相对分子质量 403，熔点 235℃。化学及光谱分析指出，分子结构中不存在伯胺基。

$H_2N-\bigcirc-CH_2-\bigcirc-NH_2 \xrightarrow{H_2, Ru} \bigcirc-NH-CH_2-\bigcirc-NH-\bigcirc-CH_2-NH-\bigcirc$

该固化剂与酸酐（MeTHPA）混用，配制的环氧树脂组成物储存期不低于 6 个月。在 180℃/30min 条件下固化，固化度不超过 60%；在 200～220℃下粉末涂料可快速固化（10～15min），固化度 90%，黏附力 360g/cm，冲击强度 40kg·cm。

表 3-29 的ラロミン C-260，为德国 BASF 商品，学名：双（4-氨基-3-甲基环己基）甲烷，结构式 $H_2N-\underset{CH_3}{\bigcirc}-CH_2-\underset{CH_3}{\bigcirc}-NH_2$。室温下为透明液体，黏度（25℃）60mPa·s，活泼氢当量 31～33，对液态环氧树脂用量 31%～33%，密度（20℃）0.945，固化条件(80℃/2h)+(150℃/2h)。该固化剂适用于层压材料、浇铸及涂料。

## 3.3 含酰亚胺结构的固化剂

含酰亚胺结构的化合物具有较高的耐热性能，将这类化合物作为固化剂引入环氧树脂体系，可以有效地改善环氧树脂固化物的耐热性。

### 3.3.1 双羧基邻苯二甲酰亚胺（$BCPI_S$）

白宗武等[36]以偏苯三甲酸酐（TMA）和二氨基二苯醚（DDE）、二氨基二苯甲烷（DDM）为原料合成双羧基邻苯二甲酰亚胺，产品为黄色粉末。

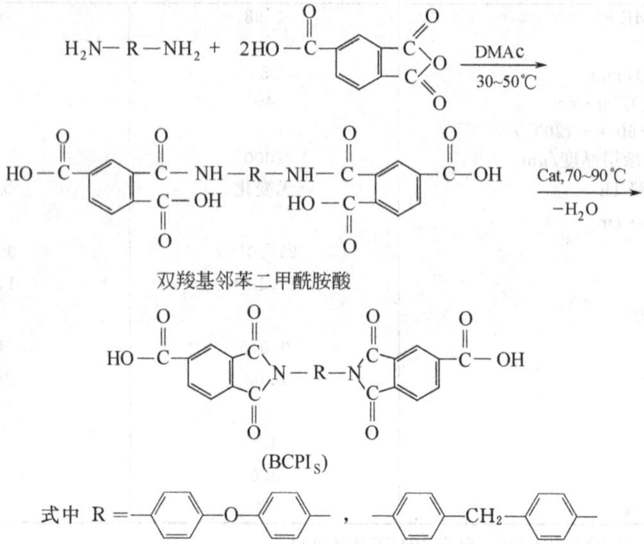

双羧基邻苯二甲酰胺酸

（$BCPI_S$）

式中 R= —C₆H₄—O—C₆H₄—， —C₆H₄—CH₂—C₆H₄—

由于羧基的反应活性不高、交联反应必须在较高的温度（180～200℃）下进行。交联反应不仅在羧基与环氧基之间进行，酰亚胺长链上的羟基（—OH）也与羧基（$-\overset{O}{\underset{}{C}}OH$）和环氧基发生反应，形成网络结构。

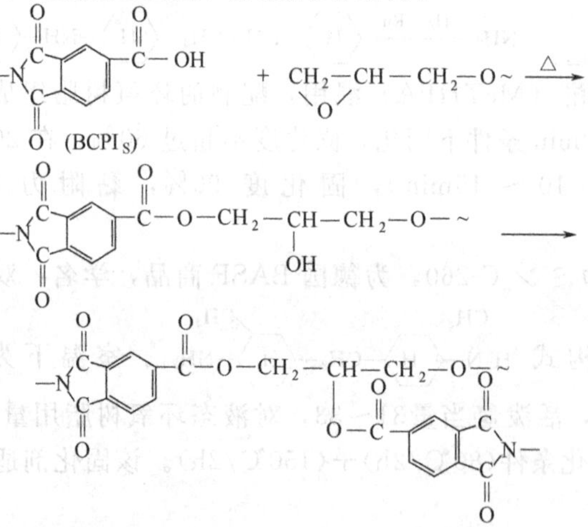

对固化环氧树脂的热失重分析指出,在370~380℃固化体系很稳定。100℃下粘接强度22MPa,150℃达16.5MPa。

### 3.3.2 (双)马来酰亚胺[37]

双马来酰亚胺耐热性好,但工艺性较差。将芳香二胺固化剂与双马来酰亚胺环氧树脂体系共混使用,不仅得以改善组成物的工艺性,而且能够提高聚合物及其增强塑料的耐热性。这是因为,马来酰亚胺在胺存在下加热时可以打开双键发生聚合,且胺可与打开的双键进行加成,可能生成互穿网络,提高聚合物的力学强度和耐热性能。

表3-31列出了双酚A环氧树脂(ED-20,环氧值0.46~0.50)、马来酰亚胺、二氨基二苯砜三元体系的固化特性。表中的马来酰亚胺为高熔点化合物(熔点140℃)。三元体系的配合分两步进行:首先在100~120℃熔融马来酰亚胺,接着在维持恒温下加入二氨基二苯砜。

**表 3-31 双酚A环氧树脂、马来酰亚胺、二氨基二苯砜三元体系的固化特性**

| 马来酰亚胺 | 温度/℃ | | 反应时间/min | 凝胶时间(140℃)/min |
|---|---|---|---|---|
| | 反应开始 | 反应结束 | | |
| 乙二胺双马来酰亚胺 | 170 | 203 | 30 | 145 |
| 己二胺双马来酰亚胺 | 172 | 206 | 25 | 345 |
| 间苯二胺双马来酰亚胺 | 130 | 178 | 25 | 300 |
| 对氨基酚马来酰亚胺 | 166 | 202 | 25 | 285 |
| 对氨基苯甲酸马来酰亚胺 | 150 | 200 | 30 | 170 |
| 二氨基二苯砜 | 162 | 210 | 45 | 180 |

由表3-31可见,当在组成物里加入己二胺双马来酰亚胺、乙二胺双马来酰亚胺和对氨基酚马来酰亚胺时,使固化反应开始的温度提高若干度(4~10℃),而当加入间苯二胺双马来酰亚胺,对氨基苯甲酸马来酰亚胺时,固化反应开始的温度降低12~32℃。在所有使用马来酰亚胺的情况下,反应结束温度均降低,达4~32℃。在二胺基团中,随着脂肪链长度的增加,凝胶时间随之增加,这点非常利于大型制件的制造。

表3-32表示在三元体系中各马来酰亚胺对固化物性能的影响。

**表 3-32 马来酰亚胺对固化物性能的影响**

| 马来酰亚胺 | 压缩强度/MPa | 弯曲强度/MPa | 拉伸强度/MPa | 断裂伸长率/% | 玻璃化温度/℃ | 固化度/% |
|---|---|---|---|---|---|---|
| 未添加 | 160 | 108 | 70 | 5.5 | 150 | 96 |
| 乙二胺双马来酰亚胺 | 178 | 78 | 70 | 4.7 | 164 | 96 |
| 己二胺双马来酰亚胺 | 150 | 95 | 75 | 4.8 | 164 | 96 |
| 间苯二胺双马来酰亚胺 | 163 | 108 | 70 | 6.0 | 187 | 96 |
| 对氨基酚马来酰亚胺 | 161 | 86 | 71 | 5.4 | 185 | 95 |
| 对氨基苯甲酸马来酰亚胺 | 166 | 82 | 66 | 3.5 | 185 | 97 |

注:$w$(马来酰亚胺)/%=15;固化条件为(140℃/1h)+(160℃/3h)+(180℃/5h)。

文献 [38] 报道，将 4,4′-二氨基二苯甲烷与顺丁烯二酸酐和甲基四氢苯二甲酸酐的混酐反应，制备马来酰亚胺，再与环氧树脂（Epikote 828 和 EPN 1138）和液体酸酐（HN 2200）混合制备无溶剂树脂组成物，该组成物固化后热稳定性好。

以过量的 4,4′-二氨基二苯甲烷和顺丁烯二酸酐反应可以得到熔点 41～56℃ 的加成物[39]，将该加成物再与 4,4′-双马来酰亚胺混用，固化 ECN 1275 环氧树脂，制成的模塑物巴氏硬度 50，耐热性能好：在 200℃ 热老化 30d，弯曲强度保持率 89%，180℃ 下体积电阻率 $1.8\times10^{12}$。

己二胺双马来酰亚胺，4,4′-二氨基二苯甲烷及脂环族环氧化合物（チッソノックス-221）的组成物具有优良的耐热性；体积电阻率 $2.07\times10^{15}\Omega\cdot cm$，介电损耗角正切 0.04，250℃ 老化 150h 失重 4%。以该组成物涂布的漆膜（10μm），附着力 550g/cm，耐弯曲性 60～70 次；250℃ 老化 150h 后附着力 450g/cm，耐弯曲性 25～30 次。当 4,4′-二氨基二苯甲烷与己二胺双马来酰亚胺的当量比大于 1 时，随着当量比的增加，体积电阻率、附着力及耐弯曲性均随之增加[40]（见表 3-33）。

表 3-33 二胺/双马来酰亚胺之比对漆膜性能影响

| $n$(二胺)/$n$(双马来酰亚胺) | 体积电阻率(200℃)/$\Omega\cdot cm$ | 附着力/(kg/cm) | 耐弯曲性/次 |
| --- | --- | --- | --- |
| 0.8 | $2.07\times10^{15}$ | 0.55 | 60～70 |
| 0.4 | $3.01\times10^{8}$ | 0.21 | 3～10 |
| 1.0 | $7.1\times10^{15}$ | 0.72 | 100～150 |
| 1.2 | $5.2\times10^{16}$ | 1.57 | 250 |
| 1.5 | $3\times10^{16}$ | 1.71 | 400 |

## 3.4 杂 环 胺

### 3.4.1 具有海因环结构的二胺[41]

结构式

$$H_2NCH_2CH_2CH_2-N_3\underset{4}{\overset{2}{\underset{O=C}{\phantom{N}}}}N-CH_2CH_2CH_2NH_2 \quad \begin{matrix}R_1\\R_2\end{matrix}$$

式中 $R_1$，$R_2=CH_3$；$R_1$，$R_2=CH_3$，$C_2H_5$；$R_1$，$R_2=C_2H_5$；$R_1$，$R_2=$ 异丙基等。海因环结构的二胺有多品种。当 $R_1$，$R_2$ 为甲基时，称为 1,3-二-(γ-氨基丙基)-5,5-二甲基海因。该固化剂由 1,3-二-(β-氰乙基)-5,5-二甲基海因加氢制备，外观为油状液体，黏度（20℃）1240mPa·s，氨基含量为 7.91 当量/kg。由该固化剂配制的组成物及其性能见表 3-34 所列。

表 3-34 海因二胺固化物的性能

| 双酚 A 环氧树脂(环氧值 0.525) | 100g | 挠度/mm | >17.5 |
| --- | --- | --- | --- |
| 海因二胺 | 31.5g | 冲击强度/(kJ/m²) | >18.5 |
| 40℃下混合均匀；40℃/24h 固化 | | 马丁耐热/℃ | 61 |
| 弯曲强度/MPa | 123 | 吸水性(20℃,4d)/% | 0.28 |

### 3.4.2 氨基环三聚磷腈[42]

氨基环三聚磷腈有两种：2,2-二氨基-4,4,6,6-四氯环三聚磷腈（Ⅰ），分子式 $P_3N_3Cl_4(NH_2)_2$，熔点162℃；另一种 2,2-二氨基-4,4,6,6-四苯氧环三聚磷腈（Ⅱ），分子式 $P_3N_3(OC_6H_5)_4(NH_2)_2$，熔点106℃。这两种固化剂都是结晶物，在90~100℃与环氧树脂能很好地相溶，形成透明的均匀物。

当该固化剂与环氧树脂配合时，使用量不同，反应机制也不同。当使用化学计量时，固化剂与环氧树脂进行加成反应；当用量少时（每100份环氧树脂用5~10份固化剂）通过离子聚合固化树脂，在180℃/7~10h固化度可达约100%，维卡耐热240℃。

使用量不同时，产生的热效应也不同。量少时，甚至在180℃下放热也很小；当用化学计算量时，放热量大，超过固化温度。

该类固化剂在高温下适用期长，黏度低，允许填充大量的填料，或用作无溶剂漆、浸渍各种材料。100份双酚A环氧树脂（环氧值0.37~0.41）与10份（Ⅱ）的组成物，在180℃凝胶时间70min，而在140℃时为555min。该类固化剂的环氧树脂组成物在20~30℃时可以长时间的存放而不固化，因此可以认为该类固化剂是一有效的潜伏固化剂。该类固化剂固化树脂的各种性能见表3-35所列。

表3-35 氨基环三聚磷腈固化物的性能

| 性　　能 | $w(Ⅰ)/\%$ | | $w(Ⅱ)/\%$ | |
|---|---|---|---|---|
| | 10.0 | 30.0① | 10.0 | 53.9① |
| 压缩强度/MPa | 150~160 | 130~140 | 160~170 | 160~170 |
| 弯曲强度/MPa | 110~120 | 80~90 | 110~120 | 90~100 |
| 冲击强度/(kJ/m²) | 7~8 | 4~5 | 7~8 | 5~6 |
| 白氏硬度/MPa | 200~210 | 200~210 | 190~200 | 200~210 |
| 固化度②/% | 99.7 | 99.5 | 98.8 | 99.1 |
| 维卡耐热/℃ | 230 | 220 | 240 | 240 |
| 吸水性(24h)/% | 0.57 | 0.66 | 0.16 | 0.36 |
| 介电损耗角正切($10^3$Hz) | 0.0030 | 0.0081 | 0.0027 | — |
| 体积电阻率/Ω·cm | $1.4×10^{17}$ | — | $1.5×10^{17}$ | — |
| 介电常数($10^3$Hz) | 5.4 | 4.1 | 5.2 | — |

① 30.0、53.9分别为各固化剂的化学计算量。
② 固化条件为(110℃/8h)+(140℃/14h)+(160℃/4h)。

### 3.4.3 二氮杂萘酮（DHPZ）

结构式 学名 4-(4-羟基苯基)-2,3-二氮杂萘-1-酮，固体，熔点310℃。

尚蕾等[43]提出该固化剂，并测定该固化剂与双酚A环氧树脂（E-44）固化反应的表观活化能为104.04kJ/mol,近似为一级反应。

该固化剂具有很高的耐热性[44]。$m(E-44):m(DHPZ)=100:45$的固化物5％热失重温度为319.2℃,拉伸剪切强度11.87MPa。为了改善其柔韧性,可以将其与低相对分子质量聚酰胺(例如,聚酰胺650)复合使用作为固化剂,与双酚A环氧树脂(E-44)配制的环氧胶黏剂具有良好的耐热性,经(140℃/2h)+(180℃/3h)固化后,150℃下拉伸剪切强度大于25MPa,高温保持率可达100％。

## 参 考 文 献

[1] 郑亚萍,宁荣昌. 热固性树脂,1999,14(3):48—49.
[2] 王德生,刘庆峰,陈维等. 高分子材料科学与工程,2001,17(4):142—144.
[3] 郑亚萍,宁荣昌. 中国塑料,2001,15(2):24—25.
[4] А. М. Пакин. эпоксидные соединения и эпоксидные смолы. Госхимиздат,1962,621.
[5] 徐璋. 工程塑料应用,1981,(4):14—15.
[6] 清野繁夫. プラスチックス,1969,20(2):53.
[7] 加門隆. 高分子論文集,1977,34(12):834—835.
[8] 新保正樹. 日本接着協會誌,1980,16(10):442.
[9] 陈永杰,韩晓红,胡新河. 热固性树脂,1992,7(2):10—12.
[10] 陈友焰,张迎祥. 辽宁化工,1984,(2):7.
[11] 陈红宇,周润培,朱辉明. 热固性树脂,1995,10(2):17—21.
[12] С. В. Акопян, А. Ф. Николаев. В. Г. Каркозов, и др. USSR SU 1097608. 1984.
[13] Л. С. Склярский, А. Ф. Николаев, С. В. Акопян, и др. USSR SU1100295. 1984.
[14] Brofer Zbigniew. Jawovek Ryszard, Jach Jan, et al. pol. 101077. 1976.
[15] 清野繁夫. プラスチックス,1969,20(3):45—46.
[16] フアインケミカル,1987,16(7):42—43.
[17] フアインケミカル,1987,16(7):44—45.
[18] М. Ф. Соркин, Л. Г. Шодэ, Р. б. Миренский. Лак. матер. и их прим. 1984,(1):4—6.
[19] М. С. Акутин, И. О. Стальнова, В. Е. Бахарева, и. др. Пласт. Массы,1975,(11):42—44.
[20] Takahashi, Tsutomu, Nakamura Hiroshi, et al. (Sumitomo Chemical Co., Ltd.) JP-Kokai. 99-173,117,1999.
[21] Пласт. Массы,1983,(7):59.
[22] Пласт. Массы,1983,(7):62.
[23] 陈红宇,周润培,朱辉明. 纤维复合材料,1996,(2):13—17.
[24] З. А. зубкова, Б. И. Итина, М. Ф. Стечюк. Пласт. Масси. 1987,(10):37—38.
[25] 宋华,张斌,王超等. 化学与粘合,1998,(3):148—149.
[26] 张福强,佟伟众,朱普坤. 热固性树脂,1998,13(4):6—8.
[27] 邹盛欧编译. 化工新型材料,1996,(9):26—27.
[28] Б. А. Комаров, И. Г. Баева, Б. Е. Житарь, и. др. Пласт. массы. 1984,(6):44—45.
[29] 华幼卿,赵冬梅. 高分子材料科学与工程,1992,(5):19—25.
[30] 清野繁夫. プラスチックス. 1968,19(12):49—51.
[31] フアインケミカル. 1995. 24(22):29—30.
[32] 垣内ケ弘. 新エポキシ樹脂. 昭晃堂,1985. 175.
[33] フアインケミカル. 1998,27(9):29—30.

[34] Л. А. Чургозен, Г. Х. Ричмонд. Лак. матер. цих прим. 1975, (3): 7—8.
[35] А. И. Непом-нящий, Л. А. Чургозен, Г. С. Богднова. и др. Лак. матер. и их лрим. 1978, (6): 5—6.
[36] 白宗武，张秋红，荣俊峰. 热固性树脂，1995, 10 (2): 12—16.
[37] Т. И. Пилипенко, В. В. Артемова. Пласт. массы, 1988, (9): 43—45.
[38] Juzuki, shuichi, Wada. Morikana, Sanada shinichi (Tokyo Shibaura Electric Co., Ltd.) JP-Kokai. 78—134, 098, 1978.
[39] Hitachi Chemical Co., Ltd. JP-Kokai. 80—157. 621. 1980.
[40] 荻原洋七，藤田三郎，依田直也（東レ株式会社）. 特許公報. 昭 49-1960. 1974.
[41] ダニエル．ボルレット（チバ・カイギー．アクチエメゲヤルシヤフト）. 特許公報. 昭 46-24543. 1971.
[42] Пласт. массы. 1974, (5): 77.
[43] 尚蕾，塞锡高，王益龙等. 热固性树脂，2001, 16 (5): 1—3.
[44] 尚蕾，塞锡高，兰建武等. 粘接，2002, 23 (3): 1—3.

# 第 4 章

# 有 机 酸 酐

有机酸酐类固化剂在分子结构里都含有酸酐基($\overset{O}{\underset{}{-C}}\overset{}{-}\overset{O}{\underset{}{-C-}}$),个别的酸酐固化剂还含有羧基($\overset{O}{\underset{}{-COH}}$)、醚键（—O—）和酯基($\overset{O}{\underset{}{-CO-}}$),不含 N 原子上的活泼氢。因此酸酐具有和胺类固化剂完全不同的特性。

酸酐固化剂除了顺丁烯二酸酐、苯二甲酸酐等少数酸酐由于升华性高,刺激性较大外,多数酸酐挥发性较小,生理毒性低,对皮肤刺激性小。

酸酐和环氧树脂配合量较大,室温固化缓慢不能完全固化树脂,需要高温加热才能固化,所以室温下使用期较长,这样便于操作。

因为固化慢,固化物收缩率小;固化物的热变形温度较高,耐热性能好;力学及电性能优良,所以在电气电子绝缘领域多采用此类固化剂;由于固化物结构里含有酯基,所以耐有机酸、无机酸性能好,但耐碱性差些。

酸酐固化剂也存在如下两点不足,也是我们常说的稳定性,使用时要加以注意[1]。

① 吸湿性  酸酐容易吸收空气中的水分和其反应生成游离酸,液体酸酐变浑浊,含游离酸的酸酐与环氧树脂反应不能得到足够的交联密度,妨碍固化进行,也影响固化物的电性能（如图 4-1 所示）。在使用酸酐时应尽量控制酸酐和空气接触的面要小,时间要短,回避高湿度环境,装酸酐的容器封闭性要好。

② 脱 $CO_2$ 气反应  如下式所示,酸

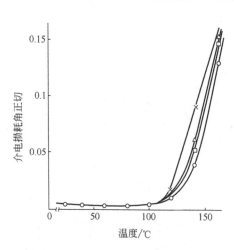

图 4-1  酸酐中游离酸浓度对介电损耗角正切的影响
配方：$w$(双酚 A 环氧树脂,环氧当量 185)/100
$w$(リカシッド MH-700)/86
$w$(DMCA)/0.5

MH-700 中游离酸浓度
0.6%  ○
2     □
4     △
8     ×

固化条件为 (75℃/10h)+(120℃/2h)+(150℃/2h)

酐在单独受热或叔胺存在下，会引起脱二氧化碳反应，释放 $CO_2$，引起包装酸酐容器内压增加现象。易使固化物内部形成针孔。脱二氧化碳的释放致使酸酐当量增加和黏度升高。

酸酐在叔胺作用下脱二氧化碳反应的容易程度取决于酸酐的结构。作为 $α,β$-不饱和酸酐的顺丁烯二酸酐（MA）脱二氧化碳非常容易，结构与其类似的酸酐也容易脱二氧化碳，如传统的甲基四氢苯酐（MTHPA）容易生成 $CO_2$ 的原因，就是因为含有和 MA 结构相似的 $\Delta^1$ 异构体。

酸酐固化剂有许多品种。按其化学结构可大体划分为：芳香族酸酐、脂环族酸酐、脂肪族线型酸酐、含卤（Cl、Br）酸酐及酸酐加成物等。

# 4.1 芳香族酸酐

芳香族酸酐在其分子结构里都含有苯环，固化物的耐热好，热变形温度较高，电性能优良。因为是固态，熔点高，给操作带来许多不便。

## 4.1.1 邻苯二甲酸酐及其胺加成物

### 4.1.1.1 邻苯二甲酸酐[2]

结构式，相对分子质量 148，白色粉末，熔点 128℃。邻苯二甲酸酐在固化时放热量小，适用期长。使用时先将树脂加热至 120~124℃，再加入邻苯二甲酸酐，将混合物仔细搅拌均匀。对于液态树脂，为了延长混合物适用期，可将混合物保温在 60~70℃，低于 60℃ 酸酐会析出，如果需要使用固化促进剂，此时可添加，有利于适用期延长。当用固态树脂时只能在高温下操作，这时酸酐会升华，因而操作应迅速。

固化物的电性能优良（见表 4-1）。除耐强碱性差外，耐药品性能好。适用于中等固化温度成型的层压材料及大型浇铸件。

### 4.1.1.2 邻苯二甲酸酐和胺的反应加成物

有文献[3]指出，如果采用等摩尔比的酸酐和多元胺可以合成出一系列加成物（见表 4-2 所列）。100 份双酚 A 环氧树脂（环氧值 5.3eq/kg）和 35 份邻苯二甲酸酐与二亚乙基三胺的反应加成物（PA-DETA）配制的胶黏剂粘接铝、150℃/

6.5min 固化，在 25℃和 82℃下的剪切强度分别为 22.4MPa 和 11.9MPa。该胶黏剂 25℃下储存期 3 个月。

表 4-1　邻苯二甲酸酐的固化物物理力学性能及电性能

| 物理力学性能 | 树脂 A | 树脂 B |
|---|---|---|
| 拉伸强度/MPa | 35～49 | 80.5～87.5 |
| 压缩强度/MPa | 147～154 | 105～112 |
| 弯曲强度/MPa | 105～112 | 126～133 |
| 硬度（洛氏 M） | 100 | 100 |
| 热变形温度 | — | 109 |
| 拉伸模量/MPa | $3.36\times10^3$ | $3.15\times10^3$ |
| 吸水性(24h)/% | 0.053 | 0.08 |

| 电性能 | 频率/Hz | | | |
|---|---|---|---|---|
| | 树脂 A | | 树脂 B | |
| | 60 | $10^3$ | 60 | $10^3$ |
| 介电损耗角正切 | 0.007 | 0.002 | 0.0012 | 0.026 |
| 介电常数 | 3.64 | 3.65 | 3.89 | 3.50 |
| 介电强度/(kV/mm) | 16.6 | | 16～16.4 | |
| 表面电阻率/Ω | $5.7\times10^{12}$ | | $>5.7\times10^{12}$ | |
| 体积电阻率/Ω·cm | $>8.0\times10^{13}$ | | $>8.0\times10^{13}$ | |

注：树脂 A 为环氧当量 190～200；树脂 B 为环氧当量 390～450。

表 4-2　各种酸酐与多元胺加成物的物理特性

| 酸　　酐 | 多元胺 | 软化点/℃ | $w$(胺基 N)/% | 质量份数/份 |
|---|---|---|---|---|
| 邻苯二甲酸酐 | 1,6-二氨基己烷 | 80 | 4.56 | 45 |
| 邻苯二甲酸酐 | 乙二胺 | 133 | 5.17 | 70 |
| 邻苯二甲酸酐 | 亚氨基双(丙胺) | 86 | 6.79 | 35 |
| 邻苯二甲酸酐 | 1,3-二氨基丙烷 | 93 | 5.15 | 55 |
| 邻苯二甲酸酐 | 甲基亚氨基双(丙胺) | 58 | 8.44 | 70 |
| 邻苯二甲酸酐 | 三亚乙基四胺 | 96 | 11.43 | 40 |
| 邻苯二甲酸酐 | 二亚乙基三胺 | 104 | 8.6 | 35 |
| 六氢苯二甲酸酐 | 二亚乙基三胺 | 178 | 9.81 | 40 |
| 四氢苯二甲酸酐 | 二亚乙基三胺 | 131 | 8.62 | 40 |
| 丁二酸酐 | 二亚乙基三胺 | 63 | 12.21 | 15/15 |
| 聚壬酸酐 | 二亚乙基三胺 | 101 | 6.82 | 10/50 |

使用固态双酚 A 环氧树脂（环氧值 0.20eq/kg，熔点 70℃），PA-DETA 加成物，硅微粉（粒径 9.4μm）及短玻璃纤维等组成的模塑粉性能：拉伸强度 82.6MPa，断裂伸长率 1.20%；弯曲强度 105MPa，弹性模量 $7.21\times10^3$MPa。热变形温度 97.8℃。

文献[4]指出，以酸酐和胺反应生成物的金属盐作为潜伏固化剂，用于配制单组分环氧树脂组成物。例如，将 740g 邻苯二甲酸酐溶于 1500g 二甲基乙酰胺，控制温度不超过 50℃，搅拌下慢慢滴加 440g 哌啶。向得到的反应溶液滴加 1200g 的 17% NaOH 水溶液。向该反应生成物加入 340g 氯化锌制得产物，以乙醇精制得到白色粉末。100 份双酚 A 型环氧树脂（Epikote 828）与 50 份该固化剂配合，145℃/1h 固化，肖氏 D 硬度 90。该配合物在常温下放置，一年后黏度没变化。

## 4.1.2 偏苯三甲酸酐及其加成物

### 4.1.2.1 偏苯三甲酸酐（TMA）

表 4-3 偏苯三甲酸酐物理特性

| 外观 | 白色粉末或片状 | 丙酮 | 49.6 |
|---|---|---|---|
| 嗅味 | 无臭味或少许醋酸味 | 甲乙酮 | 36.5 |
| 沸点/℃ | 390 | 二甲基甲酰胺 | 15.5 |
| 熔点/℃ | 165 | 环己烷 | 38.4 |
| 相对密度 | 1.54 | 醋酸乙酯 | 21.6 |
| 溶解性[每 100g 如下溶剂所溶 TMA(g)] | — | 饱和水溶液 pH=2.0 | — |

结构式 （图），相对分子质量 $C_9H_4O_5$=192.12，其物理特性见表 4-3 所列[5]。这是一个重要单体。用作增塑剂 TOTM（偏苯三酸三辛酯），电线电缆用一些耐热树脂的原料、环氧树脂固化剂、涂料、胶黏剂及染料等。其制法有如下两种。

① 空气氧化法 美国 Amoco 公司 1962 年开始生产。

（反应式：三甲苯 $\xrightarrow{O_2}$ 均苯三甲酸 $\xrightarrow{-H_2O}$ 偏苯三甲酸酐）

② 间二甲苯法 日本三菱瓦斯化学开发。

（反应式：间二甲苯 $\xrightarrow{+CO}$ 醛 $\xrightarrow{O_2}$ 三羧酸 $\xrightarrow{-H_2O}$ 偏苯三甲酸酐）

TMA 对双酚 A 环氧树脂（环氧当量 185～195）的用量为 30%～33%。其固化物性能优良，特别是耐热性，力学、电及耐药品性等诸性能更为突出。由于熔点高，工艺性不好；即使不加促进剂，自身具有的游离羧酸（—COOH）亦具促进剂作用，所以可使时间短，利用这一不足可以将其用于速固性的耐热用组成物。

为了改善可使时间短，操作困难的不足，可将 TMA 与其他酸酐（例如 HHPA、MNA 等）混用，可明显改善其工艺性。

表 4-4 列出 TMA 固化物的各种性能[6]。TMA 固化各种树脂的耐热性、后固化条件对耐热性能的影响分别见表 4-5 和表 4-6 所列[7]。由表中可见，TMA 有较高的耐热性。

表 4-4 偏苯三甲酸酐及其加成物的各种性能

| | | | |
|---|---|---|---|
| $w$(双酚 A 环氧树脂) | 100 | 100 | 100 |
| $w$(TMA) | 33 | | |
| $w$(TME) | | 56 | |
| $w$(TMG) | | | 66 |
| 热变形温度/℃ | 201 | 194 | >220 |
| 压缩强度/MPa | 111.3 | 96.6 | 74.2 |
| 冲击强度/(J/m) | 23.79 | 24.96 | 24.80 |
| 硬度(洛氏 M) | 113 | 118 | 116.5 |
| 耐药品性/%(质量) | | | |
| 丙酮 | 0.14 | 0.07 | 0.00 |
| 二甲苯 | 0.09 | 0.06 | 0.03 |
| 5% NaOH 液 | 0.19 | 0.24 | 0.22 |
| 5% 醋酸液 | 0.33 | 0.28 | 0.26 |

注：耐药品性为室温浸泡 24h 后增加质量。

表 4-5 TMA 固化各种树脂的耐热性

| 组 成 物 | 配比/质量份数 | | | |
|---|---|---|---|---|
| 双酚 A 环氧树脂(环氧当量 185~195) | 100 | — | — | — |
| 脂环族环氧(Unox 201) | — | 100 | — | — |
| 酚醛环氧(DEN 438) | — | — | 100 | 100 |
| TMA | 33 | 29.7 | 24.8 | 23.2 |
| HHPA | — | 19.8 | — | 15.5 |
| MNA | — | — | 16.5 | — |
| 固化条件/(℃/h) | (150/1)+(180/8) | 160/6 | 160/6 | 160/6 |
| 热变形温度/℃ | 201 | 205 | 200 | 200 |

表 4-6 TMA 后固化条件对热变形温度的影响

| 后固化条件 | 热变形温度/℃ | 后固化条件 | 热变形温度/℃ |
|---|---|---|---|
| 180℃/1h | 166 | 225℃/1h | 189 |
| 200℃/1h | 173 | 250℃/1h | 188 |

注：凝胶时间为 150℃/1h；$w$(DGEBA) : $w$(TMA)=100 : 30。

#### 4.1.2.2 偏苯三甲酸酐的乙二醇、甘油酯

偏苯三甲酸酐的乙二醇酯和甘油酯都是熔点约 70℃ 的固体，其特性见表 4-7 所列[8]。在这两种酸酐的结构里含有酯键，比偏苯三甲酸酐多 1~2 个酸酐基，因而树脂固化物的交联密度高，各种性能优良。和环氧树脂反应，可以得到耐热性好的胶黏剂及涂料。这两种酸酐的水解性比偏苯三甲酸酐小。由于这两种酸酐都是固体，操作上为便利起见可以采用减压低温加热法，与液态酸酐或低熔点酸酐混合使用法。其固化物性能见表 4-4 所列。后固化条件对其固化物热变形温度的影响见表 4-8 所列。它们的制法分别如下式所示。

$$2\text{HOOC—}\underset{\underset{\text{乙二醇}}{}}{\text{〈酐〉}} + \text{HOCH}_2\text{CH}_2\text{OH} \xrightarrow{-2\text{H}_2\text{O}} \underset{\underset{\text{TME}}{\text{乙二醇双(偏苯三甲酸酐酯)}}}{\text{〈酐〉—COCH}_2\text{CH}_2\text{OC—〈酐〉}}$$

$$3\text{HOOC—}\underset{\text{〈酐〉}}{} + \underset{\underset{\text{三醋酸甘油酯}}{}}{\text{CH}_2\text{—CH—CH}_2 (\text{OC(O)CH}_3)_3} \xrightarrow{-3\text{CH}_3\text{COOH}} \underset{\underset{\text{TMG}}{\text{甘油三(偏苯三甲酸酐酯)}}}{\text{〈酐〉—COCH}_2\text{CHCH}_2\text{OC—〈酐〉 + 〈酐〉—CO—}}$$

**表 4-7 偏苯三甲酸酐的乙二醇酯和甘油酯特性**

| 乙二醇双(偏苯三甲酸酐酯) | | 甘油三(偏苯三甲酸酐酯) | |
|---|---|---|---|
| 〈酐〉—C(O)—OCH₂CH₂—O—C(O)—〈酐〉 (结构式) | | 〈酐〉—C(O)—OCH₂CHCH₂O—C(O)—〈酐〉, O—C(O)—〈酐〉 (结构式) | |
| 相对分子质量 | 410 | 相对分子质量 | 613 |
| 酸酐当量 | 205 | 酸酐当量 | 204.3 |
| 羧基当量 | 102.5 | 羧基当量 | 102.2 |
| 外观 | 白色粉末 | 外观 | 白色粉末 |

**表 4-8 TME 和 TMG 的后固化条件对固化物热变形温度的影响**

| | 固化温度/℃ | 180 | | | 200 | | |
|---|---|---|---|---|---|---|---|
| | 固化时间/h | 1 | 8 | 16 | 1 | 8 | 16 |
| 热变形温度/℃ | w(TME)/56% | 132 | 194 | 201 | 156 | >220 | 216 |
| | w(TMG)/66% | 142 | >220 | 220 | 210 | >220 | >220 |

注：环氧树脂环氧当量 185~195；150℃/1h 凝胶后进行后固化。

### 4.1.2.3 偏苯三甲酸酐与双酚 A 的加成物[9,10]

将双酚 A $\left[\text{HO—〈苯〉—C(CH}_3\text{)}_2\text{—〈苯〉—OH}\right]$, m.p.156℃ 与偏苯三甲酸酐以 1∶2 的摩尔比在 180℃ 混合反应 15min，制得的固化剂经粉碎研磨，将 10.1g 该加成物与 100g 粉末状环氧树脂（Epikote 1009）混合，制得的胶黏剂粘接马口铁板 T 剥离强度为 43.2N/cm。当在该胶黏剂中添加热塑性树脂时可进一步提高 T 剥离强度。

例如，$m$(Epikote 1009)：$m$(TMA-BPA 加成物)：$m$(聚乙烯)＝100g：15.2g：5g 组成的胶黏剂粘接镀锌铁板，T 剥离强度为 70.4N/cm。该固化剂除了剥离强度高之外，高温性能同样良好；同样可以使用 2-甲基咪唑，三苯基膦（$PPh_3$），或 DMP-30 等作为促进剂。

#### 4.1.2.4 偏苯三甲酸酐的增柔[11]

将偏苯三甲酸酐与具有端羟基相对分子质量约 1000 的聚己内酯（a 式）反应，可以制得聚己内酯双偏苯三甲酸酐酯（b 式）。由表 4-9 可以看出，凡含有聚己内酯的固化剂，其冲击强度都高于不含聚己内酯者，韧性得以改善。

$$HO-[(CH_2)_5-C-O]_n-R-O-[C-(CH_2)_5]_n-OH$$

聚己内酯
（a 式）

聚己内酯双偏苯三甲酸酐酯
（b 式）

**表 4-9 聚己内酯增柔固化剂与其他固化剂的性能**

| 组 成 物 | 1 | 2 | 3 | 4 | 5 | 6 | 7 |
|---|---|---|---|---|---|---|---|
| Epikote 828 | 100 | 100 | 100 | — | — | 100 | — |
| CX-221（脂环环氧） | — | — | — | 100 | 100 | — | 100 |
| B-570 | 85 | — | — | — | — | — | — |
| $w$(TMA)：$w$(B-570)＝40：60 | — | 65 | 65 | 85 | 85 | — | — |
| 聚己内酯 | — | — | 15 | — | 15 | — | — |
| DMP-30 | 2 | 2 | 2 | 2 | 2 | — | — |
| MTA-86F | — | — | — | — | — | 86 | 100 |
| 可使时间(25℃)/h | 约 3d | 20～22 | 22～24 | 10～12 | 10～12 | 22～24 | 12～13 |
| 固化时间(150℃)/min | 60 | 60 | 60 | 60 | 60 | 60 | 60 |
| 热变形温度/℃ | 120 | 168 | 110 | 180 | 136 | 130 | 170 |
| 冲击强度/(kJ/m²) | 2.8 | 2.8 | 7.0 | 2.5 | 4.3 | 6.5 | 4.8 |
| 粘接强度/MPa | 20.1 | 20.5 | 19.1 | 18.6 | 18.3 | 21.8 | 19.0 |
| 260℃/60min 处理后室温测粘接强度/MPa | — | 158 | 86 | 170 | 125 | 187 | 75 |
| 高温处理后固化物外观 | 黑色不透明 | 黑褐色透明 | 黑褐色，透明 | 黑褐色，透明收缩稍高 | 暗褐色，透明 | 褐色，透明 | 浅色透明，收缩稍高 |

注：MTA-86F 为 $w$(聚己内酯)＝15%。

### 4.1.3 均苯四甲酸二酐及其加成物

#### 4.1.3.1 均苯四甲酸二酐（PMDA）[12]

结构式 ，相对分子质量 218.1，酸酐当量 109，羧基当量 54.5；白色粉末，熔点286℃。由3或4烷基苯氧化反应制备[13]（如图4-2）。由于熔点高，室温下不溶于液体环氧树脂；又由于和环氧树脂反应性强，加热下与树脂混合不容易。通常采用如下三种方法使用。

① 均苯四甲酸酐单独使用法

以如下配方为例说明

双酚A环氧树脂（环氧当量185）　　　100g

均苯四甲酸二酐　　　　　　　　　　56g

四氢糠醇（含1% Dicy）　　　　　　　20g

上述环氧树脂预先加热至75~80℃，混入均苯四甲酸二酐，仔细搅拌5min，然后在该温度下混合四氢糠醇溶液。这样制得的混合物在80℃有20min适用期，在180℃/15min或更短的时间内固化。

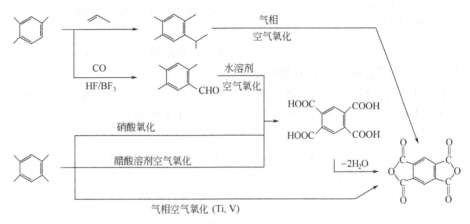

图4-2　均苯四甲酸二酐合成路线

如果在常温下将四氢糠醇溶液混合到树脂里，最后添加均苯四甲酸二酐，可将混合物适用期延长，常温下约为8h。

与其他酸酐比较，均苯四甲酸二酐在短时间内固化所得固化物的收缩率小。采用上述配方及固化方法得到的固化物性能见表4-10所列。均苯四甲酸二酐的固化物由于交联密度高，热变形温度高，高温下的电性能及耐药品性能优良。

表4-10　均苯四甲酸二酐的树脂固化物性能

| 性　能 | 数　据 | 性　能 | 数　据 |
| --- | --- | --- | --- |
| 收缩率/% | 1.9 | 弯曲模量/MPa | |
| 硬度 | | 常温 | 294 |
| 洛氏M | 113 | 150℃ | 148 |
| 巴氏D | 45 | 200℃ | 91 |
| 热变形温度/℃ | 210 | 热失重/% | |
| 弯曲强度/MPa | | 200℃/200h | 0.6 |
| 常温 | 84 | 220℃/200h | 2.6 |
| 150℃ | 47.6 | 240℃/200h | 6.9 |
| 200℃ | 23.1 | 介电常数($10^3$Hz) | 3.3~3.9 |
| 压缩强度/MPa | 315 | 介电损耗角正切($10^3$Hz) | 0.0075 |

② 将均苯四甲酸二酐与单官能团酸酐混合熔融法

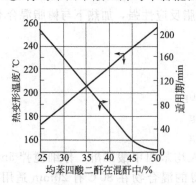

图 4-3 均苯四甲酸二酐/顺丁烯二酸酐混合比对热变形温度及适用期的影响
（酸酐当量与环氧当量比为 0.85∶1）

例如，将均苯四甲酸二酐与顺丁烯二酸酐预先混合熔融，添加到预热至约 70℃ 的树脂里，继续将树脂混合物加热到 120℃，这时固化剂就完全溶于树脂里，然后马上将混合物降温至 90℃ 或维持浇铸所必需黏度的温度，尽可能将树脂混合物的适用期延长。

混酐中均苯四甲酸二酐的量，对固化物的耐热性和树脂混合物的适用期都产生影响（见图 4-3）。

③ 将均苯四甲酸二酐溶在溶剂（例如丙酮）里使用，或者将均苯四甲酸二酐微粉直接分散到树脂里的方法。

#### 4.1.3.2 均苯四甲酸二酐的加成物[11]

均苯四甲酸二酐和聚己内酯加成，得到在分子结构里含有羧基的聚酯型酸酐。羧基具有促进剂的作用，不添加促进剂也能在短时间内完成固化。特别是与脂环族环氧树脂（例如 CX-221）反应速率快，可以配制在室温固化的环氧组成物。均苯四甲酸二酐-聚己内酯加成物和聚己内酯双偏苯三甲酸酐酯结构相似，树脂固化物的特性也类似，特别是耐热性没有大差别。生成物的外观色调，依其混溶并用酸酐的种类不同而异，为浅褐色半透明的膏状，与液态环氧树脂混合容易。

PMDA-聚己内酯加成物

以该加成物（PDMH-95F）固化双酚 A 环氧树脂的各种性能见表 4-11 所列。

表 4-11 PDMH-95F 固化双酚 A 环氧树脂的性能

| 性　能 | 组成物 A① | 组成物 B② |
| --- | --- | --- |
| 适用期(26～30℃)/h | 20～22 | 4～5 |
| 固化时间(150℃)/min | 60 | 60 |
| 热变形温度/℃ | 135 | 180 |
| 冲击强度/(kJ/m$^2$) | 6.8 | 6.0 |
| 粘接强度/MPa | 22.0 | 19.5 |
| 260℃/60min 处理后室温测粘接强度/MPa | 19.8 | 18.2 |

① $w$(Epikote828)∶$w$(PDMH-95F)=100∶95。
② $w$(CX-221)∶$w$(PDMH-95F)=100∶110；室温也可固化。

## 4.1.4 3,3',4,4'-苯酮四羧酸二酐及其加成物

### 4.1.4.1 3,3',4,4'-苯酮四羧酸二酐[14]（BTDA）

结构式 相对分子质量322，酸酐当量161℃，白色粉末，熔点226～229℃，几乎无臭味。溶于丙酮，可用于浸渍玻璃纤维制备耐热层压板。

该固化剂与树脂的交联密度比均苯四甲酸二酐还要高。当在固化剂熔点的温度下与树脂混合时则很快凝胶化，所以通常将它与其他一元酸酐如邻苯二甲酸酐、丁二酸酐、顺丁烯二酸酐等共熔使用，这种混酐的树脂固化物热变形温度可达240～290℃。如图4-4所示，当苯酮四羧酸二酐与顺丁烯二酸酐混用固化环氧当量185的双酚A环氧树脂时，苯酮四羧酸二酐含量高，则热变形温度高；在每个混酐条件下，都有一个最佳的酸酐当量/环氧当量A/E之比，此时的热变形温度最高。其固化物性能见表4-12所列。

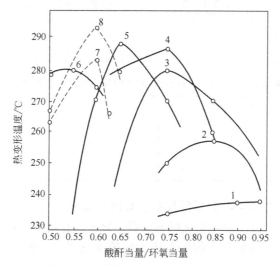

图 4-4 使用苯酮四羧基二酐及苯酮四羧基二酐/顺丁烯二酸酐
混酐时酸酐与环氧当量比对热变形温度的影响
曲线：1～6 苯酮四羧基二酐/顺丁烯二酸酐；1—1/2；2—2/3；3—1/1；4—3/2；5—3/1；6—9/1
固化条件：200℃/24h 曲线：7—苯酮四羧基二酐，固化条件：200℃/24h
曲线：8—苯酮四羧基二酐，固化条件：220℃/24h

表 4-12 苯酮四羧酸二酐固化物的性能

| 固化剂 | A/E | 热变形温度/℃ | 弯曲强度/MPa | Izod 冲击强度（切口）/(J/m) | 硬度（洛氏 M） |
|---|---|---|---|---|---|
| BTDA | 0.50 | 263 | 59.5 | 18.02 | 117 |
|  | 0.60 | 283 | 61.6 | 27.73 | 114 |
| $n$(BTDA)/$n$(MA) |  |  |  |  |  |
| 1/2 | 0.95 | 238 | 60.9 | 17.60 | 108 |
| 2/3 | 0.85 | 258 | 66.5 | 20.74 | 102 |

续表

| 固化剂 | A/E | 热变形温度/℃ | 弯曲强度/MPa | Izod 冲击强度（切口）/(J/m) | 硬度（洛氏 M） |
|---|---|---|---|---|---|
| 1/1 | 0.75 | 280 | 68.6 | 22.13 | 113 |
| 3/2 | 0.75 | 286 | 69.3 | 17.01 | 108 |
| 3/1 | 0.65 | 288 | 55.3 | 27.09 | 106 |
| 9/1 | 0.55 | 280 | 57.4 | 11.41 | 117 |

注：1. 固化条件：200℃/24h。
2. A/E：酸酐当量／环氧当量比。

当 BTDA/MA 当量之比为 2/3 时，与三缩水甘油对氨基酚（TGpAP）配合，可以得到低温（25～125℃）固化、高温性能优良的组成物，用作胶黏剂、纤维增强材料。表 4-13 和表 4-14 分别列出该组成物的热变形温度和力学性能[15]。BTDA/MA 混酐固化 DGEBA/TGpAP 混合树脂体系也可取得较高的热变形温度（226℃）。

表 4-13　DG EBA/TGpAP-BTDA/MA 组成物的热变形温度

| A/E | 固化条件/(℃/h) | 热变形温度/℃ | A/E | 固化条件/(℃/h) | 热变形温度/℃ |
|---|---|---|---|---|---|
| 0.6 | 25/192 | 57 | 0.8 | 25/192 | 63 |
| 0.6 | 75/2＋100/2 | 148 | 0.8 | 75/2＋100/2 | 190 |
| 0.6 | 125/1 | 167 | 0.8 | 125/1 | 235 |

表 4-14　DG EBA/TGpAP-BTDA/MA 组成物的力学性能

| A/E | 固化条件/(℃/h) | 拉伸强度/MPa | 弯曲强度/MPa |
|---|---|---|---|
| 0.6 | 25/192 | 50.6 | 83.0 |
| 0.6 | 75/2＋100/2 | 48.7 | 111.1 |
| 0.8 | 25/192 | 54.0 | — |
| 0.8 | 75/2＋100/2 | 52 | 84.8 |

#### 4.1.4.2　3,3′,4,4′-苯酮四羧酸二酐的加成物[11]

苯酮四羧酸二酐由于固化物交联密度高，显示优良的耐药品性、耐溶剂性及高温下老化稳定性好。克服其性脆的方法如同偏苯三甲酸二酐一样，与聚己内酯加成。通过该加成物固化环氧树脂，所得固化物的性能与偏苯三甲酸二酐的加成物近似。

### 4.1.5　二苯基砜-3,3′,4,4′-四羧酸二酐（DSDA）[16]

为适应电子、宇航产业等对高耐热性和电气性能材料的要求，新日本理化

（株）开发了 DSDA，用作聚酰亚胺原料，环氧树脂固化剂及聚酯变性剂。其特性见表 4-15 所列。由结构式可以看出，它是 2 个苯二甲酸酐以砜基连接起来的，耐热性和电性能优良。加热固化环氧树脂可以得到交联密度高的固化物，热变形温度高，耐热老化及耐湿性优。

表 4-15 DSDA 的物理特性

| | |
|---|---|
| 结构式 | |
| 相对分子质量 | 358 |
| 熔点/℃ | 287 |
| 酸值/(mg KOH/g) | 627 |
| 外观 | 微黄色粉末 |
| 溶解性 | 溶于 DMF、NMP、THF、二噁烷等 |
| 纯度/% | >99.5 |

合成方法见如下反应式。以邻二甲苯和硫酸为原料，经脱水缩合、氧化及脱水成酐制造而成。

## 4.2 脂环族酸酐

脂环族酸酐和芳香族酸酐不同，分子结构里不含苯环，所以该类酸酐的耐候性好于芳香族酸酐。属于该类固化剂的品种有许多，差不多占所用酸酐固化剂的大半。不像 4.1 节所述的芳香族酸酐固化剂都是高熔点的固态，它们中不少品种室温下为液态，给使用它们带来了不少有利条件。

脂环族酸酐都是以顺丁烯二酸酐为原料制备的。表 4-16 列出了由顺丁烯二酸酐衍生出的各种脂环族酸酐[17]。由表中可见，这些脂环族酸酐均由顺丁烯二酸酐与相应的烯烃经双键加成反应制备，有的进一步加氢反应制得含环己环的酸酐。

表 4-16 由顺丁烯二酸酐衍生的各种脂环族酸酐

## 4.2.1 顺丁烯二酸酐及其加成物

### 4.2.1.1 顺丁烯二酸酐（MA）[18]

结构式 $\begin{array}{c} HC-C\\ \| \quad \| \\ HC-C \end{array} \begin{array}{c} O\\ O\\ O \end{array}$ ，相对分子质量98.06，白色结晶体，相对密度1.509，熔点53℃，沸点202℃。有升华性，刺激眼睛。

顺丁烯二酸酐的用量一般为树脂质量的30%～40%，固化条件(160～200℃)/(2～4h)。混合物的适用期比较长，室温下可放置2～3d。配制时先将树脂加热到60℃，然后将顺丁烯二酸酐逐渐溶入。

由于单独使用顺丁烯二酸酐的环氧树脂固化物硬而脆，所以经常将顺丁烯二酸酐与增韧剂（如多元醇类）及其他酸酐（如苯二甲酸酐、均苯四甲酸二酐、苯酮四羧酸二酐等）一起使用。

当和多元醇一起使用时，多元醇的种类及用量对固化物的耐热性产生很大影响：多元醇相对分子量越大，官能团越少，用量越多，都会导致固化物耐热性降低。比如，将多元醇按酸酐、环氧基、多元醇之间当量比为0.5∶1∶0.33添加，固化物的热变形温度对聚乙二醇（相对分子质量200）来说为102℃，乙二醇为170℃，1,2,6-己三醇为180℃，甘油为214℃。

含有不饱和双键的顺丁烯二酸酐作为环氧化聚丁二烯树脂固化剂，可以起到改善固化物耐热性的作用。使用过氧化物能将热变形温度由120℃提高到200℃。

### 4.2.1.2 顺丁烯二酸酐的加成物

表4-16列出一些顺丁烯二酸酐与烯烃加成制备到的典型酸酐固化剂。除这些固化剂之外，顺丁烯二酸酐和其他含双键的化学组分加成，同样可以制备有用的固化剂。

顺丁烯二酸酐与石脑油组分加成[19]，石脑油组分含有茚或双键，与顺丁烯二酸酐加成后，再经酯化制得的低聚合度共聚物，可赋予固化物耐热性。例如，305份石脑油（含有38%可聚合组分）与98份顺丁烯二酸酐在AIBN存在下于异丙基苯里120℃反应2h，在MIBK里以丁基溶纤剂酯化，得到酯化共聚物。150份该固化剂与100份Sumiepoxy ELA 128，和苄基二甲胺混合，在(120～150℃)/6h固化，固化物热变形温度175℃。

顺丁烯二酸酐与松节油加成[20,21]，松节油里含有萜烯烃，可以与顺丁烯二酸酐加成。例如，搅拌下于≤180℃将540g松节油添加到10g 85% $H_3PO_4$ 和300g顺丁烯二酸酐混合物里，在180℃反应3h，添加7.2g 90% $Ca(OH)_2$ 中和反应混合物（180℃/3h），真空蒸馏除去未反应的松节油，然后在100～140℃进行过滤分离制得产物。该产物酸值380，黏度（90℃）40mPa·s。用其固化双酚A环氧树脂（环氧值0.5），Charpy（摆锤）冲击强度14kJ/m²，马丁耐热105℃。

顺丁烯二酸酐与甲基苯乙烯加成[22]  将顺丁烯二酸酐196份，甲苯300份，及吩噻嗪 10 份在 60℃与 118 份 α-甲基苯乙烯混合 1h,并在 90℃反应 3h 制得加成物,将该加成物与 3-甲基-Δ⁴-四氢苯二甲酸酐按 75:25 混用,固化双酚 A 环氧树脂(Epikote 828),在 25℃和 150℃下的粘接强度分别为 101MPa 和 72MPa。

顺丁烯二酸酐与双环戊二烯加成[23],将双环戊二烯 150g 和顺丁烯二酸酐 150g 在二甲苯里反应制得 $M_n$ 为 450,酸值 492 的加成物。将其与液态的甲基四氢苯二甲酸酐混用固化双酚 A 环氧树脂(Epikote 828),其热变形温度 105℃,玻璃化温度 153℃;当只用液态甲基四氢苯二甲酸酐固化,其值分别为 85℃和 122℃。

顺丁烯二酸酐与双环戊二烯、芳香二胺的反应加成物[24],例如,顺丁烯二酸酐 784 份,水 144 份及双环戊二烯 1056 份在 $N_2$ 保护下于 140~150℃反应 3h,将制得的加成物(248g)与 992g 4,4'-二氨基二苯基甲烷在 200℃反应 5h,制得固化剂。将 25g 该固化剂与 100g 的 Epikote 828、1g 2-乙基-4-甲基咪唑混合,按(150℃/5h)+(200℃/10h)条件固化,得到的固化物 180℃下测得的初始拉伸强度 41MPa,断裂伸长率为 3.6%;在 200℃老化 20 天之后,其值分别为 395 和 3.4%,显示该固化剂有良好的耐热性。

顺丁烯二酸酐与亚麻油加成,亚麻油主要成分是十八碳非共轭三烯酸甘油酯,与酸酐反应时,在热作用下,通过分子重排成共轭三烯烃而进行 [4+2] 环加成反应,生成亚麻酸酐。郑文治等[25],利用该反应制成的产品为深棕色黏稠树脂。以此固化剂配制的环氧树脂胶黏剂室温固化 15 天,钢-钢剪切强度可达 15MPa。

### 4.2.2 桐油酸酐[26](TOA)

桐油酸酐是由顺丁烯二酸酐和桐油反应制成的含三个酸酐基的液体固化剂,室温下黏度 5000~6000mPa·s。挥发性很低,不加热或稍微加热就可溶在环氧树脂里,含促进剂的桐油酸酐-环氧树脂体系有较长的使用寿命。在国外首次使用桐油酸酐固化剂是在 1953 年。

桐油是一种天然存在的甘油酯。它由四种脂肪酸组成(见表 4-17),桐油酸占主要成分。

表 4-17 桐油的组成

| 脂肪酸 | $w$(脂肪酸)/% | C 原子数 | 结 构 式 |
|---|---|---|---|
| 棕榈酸 | 4.0 | 16 | $CH_3(CH_2)_{14}COOH$ |
| 硬脂酸 | 1.5 | 18 | $CH_3(CH_2)_{16}COOH$ |
| 油酸 | 15.0 | 18 | $CH_3(CH_2)_7CH=CH(CH_2)_7COOH$ |
| 桐油酸 | 79.5 | 18 | $CH_3(CH_2)_3(CH=CH)_3(CH_2)_7COOH$ |

顺丁烯二酸酐与桐油酸甲酯反应方式不同,生成物的结构也不一样。

当顺丁烯二酸酐与桐油酸甲酯的共轭双键加成反应,生成取代的四氢苯二甲酸酐两种异构体

$$CH_3(CH_2)_3CH=CH-\underset{\underset{O}{\underset{\|}{C}}}{\overset{H}{\underset{|}{C}}}-\underset{\underset{O}{\underset{\|}{C}}}{\overset{H}{\underset{|}{C}}}-CH=CH(CH_2)_7-\overset{O}{\overset{\|}{C}}-OCH_3$$

或

$$CH_3(CH_2)_3\overset{H}{\underset{\underset{\underset{O}{\underset{\|}{C}}}{\underset{|}{C}}}{\overset{|}{C}}}=\overset{H}{\underset{\underset{\underset{O}{\underset{\|}{C}}}{\underset{|}{C}}}{\overset{|}{C}}}-CH=CH(CH_2)_7-\overset{O}{\overset{\|}{C}}-OCH_3$$

当顺丁烯二酸酐与油酸甲酯在双键上进行自由游离基反应,生成取代的丁二酸酐。

$$C_8H_{17}CH=CH(CH_2)_7COOCH_3 + \underset{\underset{O}{\underset{\|}{C}}\underset{O}{\underset{\|}{C}}}{\overset{H}{\underset{|}{C}}=\overset{H}{\underset{|}{C}}} \longrightarrow CH_3(CH_2)_6-CH-CH-CH=CH(CH_2)_7-\overset{O}{\overset{\|}{C}}-OCH_3$$

因此桐油酸酐是多种结构的酸酐混合物。

桐油酸酐和其他酸酐与双酚 A 环氧树脂（Epikote 828）配合物的物理特性见表 4-18 所列，显示较低的黏度，良好的适用期。固化物肖氏硬度 A96，粘接性良好，热变形温度 70℃。桐油酸酐一个重要的特性是，在很宽的温度变化范围内电性能保持不变。适用于浸渍,浇铸。高分子量环氧树脂溶液配以 TOA 可用于制造层压板，涂料或黏结剂，制成坚韧的柔性制品。

表 4-18 桐油酸酐-Epikote 828 组成物物理特性

| 酸　　酐 | $w$(酸酐)/% | 初始黏度/mPa·s | 适用期/d |
|---|---|---|---|
| 甲基纳迪克酸酐(MNA) | 90 | 1785 | 5～6 |
| 十二烯基丁二酸酐(DDSA) | 134 | 1500 | 10～12 |
| 桐油酸酐(TOA) | 194 | 1600 | 10～12 |

## 4.2.3　烯烃基丁二酸酐[27]

亦称烯烃基琥珀酸酐。早期文献报道指出，脂肪族单烯烃可以和含—CH=CH—CH=O 基团的化合物缩合。顺丁烯二酸酐就是含有这类基团的化合物。当顺丁烯二酸酐与单烯烃反应时可制得烯烃基丁二酸酐

$$R-CH_2-CH=CH+CH=CH \longrightarrow R-CH=CH-CH-CH-CH_2$$

常用的单烯烃为裂解产物的馏分，丙烯、丁烯及戊烯的齐聚物。各种单烯烃基

丁二酸酐的沸点如下：丁烯基丁二酸酐 [(122～147℃)/1066Pa]，戊烯基丁二酸酐 [(135～148℃)/1066Pa]；十二烯基丁二酸酐 [(174～210℃)/666Pa]；十五烯基丁二酸酐，异辛烯基和异壬烯基丁二酸酐混合物 [(155～169℃)/1066Pa]。

作为环氧树脂固化剂常用的是 $C_8$～$C_9$ 烯烃基丁二酸酐和十二烯基丁二酸酐。

#### 4.2.3.1 $C_8$～$C_9$ 烯烃基丁二酸酐（ASA）

$C_8$～$C_9$ 烯烃基丁二酸酐与顺丁烯二酸酐比，有较低的挥发性（见表 4-19）和较长的适用期（见表 4-20）。

表 4-19 $C_8$～$C_9$ 烯烃基丁二酸酐的挥发性

| 酸 酐 | MA | MeTHPA | PA | ASA |
|---|---|---|---|---|
| 熔点/℃ | 57 | 64 | 130.8 | −20 |
| 挥发性（失重）/% | 65 | 6 | 7 | 8 |

注：挥发性为 160℃/1h 之后失重。

表 4-20 $C_8$～$C_9$ 烯烃基丁二酸酐的凝胶时间

| 固 化 剂 | w(固化剂)/% | 凝胶时间(146℃)/min |
|---|---|---|
| 顺丁烯二酸酐 | 57.0 | 9 |
| 苯二甲酸酐 | 55.6 | 12 |
| 甲基四氢苯二甲酸酐 | 62.5 | 33 |
| ASA | 78.0 | 180 |

注：采用的树脂为双酚 A 环氧树脂 ED-6。

同样是 $C_8$ 基取代丁二酸酐，结构不同：支链和直链，烯基和烷基，固化物的弯曲性能是不同的。支链烯基＞直链烯基＞直链烷基（见表 4-21）。

表 4-21 $C_8$ 基丁二酸酐固化酚醛环氧树脂的弯曲性能

| 酸 酐 | 弯曲强度/MPa | 弯曲模量/MPa |
|---|---|---|
| 支化辛烯基 | 120.4 | 2786 |
| 线型辛烯基 | 87.2 | 2135 |
| 线型辛基 | 82.3 | 1953 |

表 4-22 列出 $C_8$～$C_9$ 烯烃基丁二酸酐与顺丁烯二酸酐固化环氧树脂的物理力学性能和介电性能的对比。由表中可见，前者的耐热性不如后者，后者的马丁耐热高于前者 25～35℃；介电性能前者优于后者。温度对 $C_8$～$C_9$ 烯烃基丁二酸酐固化环氧树脂介电性能影响如图 4-5 所示。由图中可见，温度对介电损耗角正切（tanδ）的影响波动较大，在 70℃左右形成一个峰，随后在 90℃左右又出现一低谷，接着很快爬高。温度对介电常数 ε 的影响较平稳，50℃开始升高，到 100℃介电常数升高 0.02。

表 4-22 ASA 固化环氧树脂的物理力学及介电性能

| 指 标 | w(ED-5)100 w(ASA)110 w(TEA)3.3 | w(ED-6)100 w(ASA)83 w(TEA)2.5 | w(ED-5)100 w(MA)42 | w(ED-6)100 w(MA)31 |
|---|---|---|---|---|
| 固化条件 | 100℃/2h+140℃/24h | | 140℃/16h | |
| 马丁耐热/℃ | 75～80 | 70～75 | 115～125 | 115～125 |
| 冲击强度/(kJ/m²) | 10～12 | 12～14 | 12～14 | 14～15 |

续表

| 指标 | w(ED-5)100<br>w(ASA)110<br>w(TEA)3.3 | w(ED-6)100<br>w(ASA)83<br>w(TEA)2.5 | w(ED-5)100<br>w(MA)42 | w(ED-6)100<br>w(MA)31 |
|---|---|---|---|---|
| 弯曲强度/MPa | 100.0~115.0 | 100.0~120.0 | 100.0~120.0 | 110.0~130.0 |
| 巴氏硬度 | 160~170 | 150~160 | 230 | 200~210 |
| 表面电阻率(50Hz)/Ω | | | | |
| 1 | $2\times10^{16}$ | $2\times10^{16}$ | $10^{15}$ | $5\times10^{14}$ |
| 2 | $2\times10^{15}$ | $3\times10^{15}$ | $10^{15}$ | — |
| 3 | $4\times10^{13}$ | $4\times10^{13}$ | $10^{14}$ | $4\times10^{12}$ |
| 体积电阻率(50Hz)/Ω·cm | | | | |
| 1 | $8.5\times10^{15}$ | $9\times10^{16}$ | $10^{15}$ | $7\times10^{14}$ |
| 2 | $1.6\times10^{15}$ | $2\times10^{15}$ | $10^{14}$ | — |
| 3 | $2.1\times10^{13}$ | $2\times10^{13}$ | $10^{13}$ | $10^{13}$ |
| 介电强度(50Hz)/(kV/mm) | | | | |
| 1 | 16~18 | 18 | 15 | 22 |
| 2 | 15~16 | 17~18 | 15 | — |
| 3 | 23~24 | 22 | 19 | 20 |
| 介电损耗角正切($10^6$Hz) | | | | |
| 1 | 0.010 | 0.012 | 0.015 | 0.014 |
| 2 | 0.011 | 0.011 | 0.016 | — |
| 3 | 0.012 | 0.020 | 0.017 | 0.02 |
| 介电常数(50Hz) | | | | |
| 1 | 3~4 | 3~4 | 3~4 | 4.1 |
| 2 | 3~4 | 3~4 | 3~4 | — |
| 3 | 3~4 | 3~4.5 | 3~4.5 | 4.5 |

注：ASA—$C_8$~$C_9$烯烃基丁二酸酐；MA—顺丁烯二酸酐；TEA—三乙醇胺；1—初始状态；2—98% RH,24h之后；3—100℃/1h加热之后。

图 4-5 温度对ASA固化环氧树脂介电性能的影响

曲线：1—tanδ；2—ε

## 4.2.3.2 十二烯基丁二酸酐 (DDSA)[28]

结构式 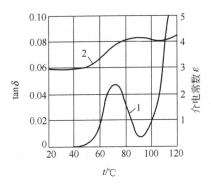 分子式 $C_{16}H_{26}O_3$，相对分子质量286。

黄色液体，色调（G）5，黏度（20℃）590mPa·s，折射率（$n_D^{25}$）1.477，水分0.05%。不溶于水；溶于丙酮、苯、石油醚及矿物油。

文献［29］指出，丁二酸酐取代基结构不同对树脂固化物的物理力学性能产生不同影响。随着直链取代基C原子数增加和支链烯烃取代基C原子数的增加，固化物的密度、拉伸强度、拉伸模量及热变形温度均下降。支链烯烃取代基丁二酸酐，随其用量增加，密度、弯曲强度、弯曲模量及热变形温度均下降。在相同用量情况下，C原子数高者的各项性能低于C原子数低者。当取代基C原子数相同时，支链者的性能优于直链者。

支链十二烯基丁二酸酐是由顺丁烯二酸酐和4,6,8-三甲基-1-壬烯（丙烯四聚体）反应制备的。当反应时，由于双键沿链转移发生异构化，最稳定的异构体是2,4,6-三甲基-2-壬烯。十二烯基丁二酸酐是链烯基上双键位置不同的异构体混合物。

十二烯基丁二酸酐与环氧树脂混合容易，混合物黏度低，适用期长，操作容易。由于结构中含有长碳链，使固化物具有一定的韧性，耐热冲击性能好。热变形温度低，用于低温用浇铸品，不残留内部变形。固化物的电性能优良，但耐药品性差。

十二烯基丁二酸酐除了单独使用，也可以和其他酸酐混合一起使用。以DDSA固化环氧树脂的性能见表4-23所列[30]。

表4-23 DDSA固化环氧树脂的性能

| 配方组成 | $w$(Epikote 828)100 | 介电常数(1000Hz) | |
|---|---|---|---|
| | $w$(DDSA)134 | 20℃ | 2.8 |
| | $w$(苄基二甲胺)1 | 60℃ | 2.9 |
| 热变形温度/℃ | 78 | 80℃ | 3.3 |
| 拉伸强度/MPa | 42 | 110℃ | 3.75 |
| 压缩强度/MPa | 84 | 介电损耗角正切(1000Hz) | |
| 吸水性/% | | 20℃ | 0.006 |
| 20℃/10d | 0.3 | 60℃ | 0.012 |
| 100℃/1h | 0.3 | 80℃ | 0.065 |
| | | 110℃ | 0.01 |

注：固化条件为85℃/2h+150℃/20h。

### 4.2.4 四氢苯二甲酸酐（THPA）和甲基四氢苯二甲酸酐（MeTHPA）[31]

这两种酸酐分别由丁二烯和异戊二烯按下式与顺丁烯二酸酐经双键加成反应制备的产物。按这种方式制备的两种酸酐均是白色结晶物，熔点分别为（102～103℃）和（63～64℃）。它们溶于乙醇、丙酮、芳香烃等，对汽油的溶解性不好。

丁二烯　　MA　　　　THPA　　　异戊二烯

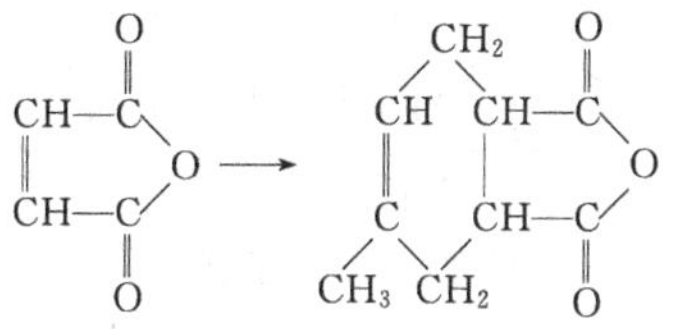

$$\text{MA} \longrightarrow \text{MeTHPA}$$

四氢苯二甲酸酐与甲基四氢苯二甲酸酐没有像苯二甲酸酐和顺丁烯二酸酐那样令人不快的升华现象,在通常操作温度下蒸气压很低,因而对人体的刺激性没有后两种酸酐那样大。表4-24列出四种酸酐的熔点和挥发性。表4-25列出四种酸酐的凝胶时间。由表中可见,THPA和MeTHPA比顺丁烯二酸酐和苯二甲酸酐有较低的挥发性和较长的适用期。

表 4-24 四种酸酐的熔点和挥发性

| 项 目 | 顺丁烯二酸酐 | 邻苯二甲酸酐 | 甲基四氢苯二甲酸酐 | 四氢苯二甲酸酐 |
|---|---|---|---|---|
| 熔点/℃ | 57 | 130.8 | 64 | 103 |
| 挥发性/% | 65 | 7 | 6 | 5 |

注:挥发性为5g酸酐试样在160℃放置1h后的质量减少。

表 4-25 四种酸酐与ED-6的混合物在146℃下的凝胶时间

| 酸 酐 | 熔点/℃ | $w$(酸酐)/% | 凝胶时间/min |
|---|---|---|---|
| 顺丁烯二酸酐 | 57 | 37.0 | 9 |
| 邻苯二甲酸酐 | 130.8 | 55.6 | 12 |
| 四氢苯二甲酸酐 | 102~103 | 57.2 | 30 |
| 甲基四氢苯二甲酸酐 | 63~64 | 62.5 | 33 |

注:ED-6为双酚A环氧树脂,环氧值0.30~0.41。

以甲基四氢苯二甲酸酐、四氢苯二甲酸酐及顺丁烯二酸酐固化ED-6环氧树脂的各种性能见表4-26所列。由表中可见,其性能大体相同。它们最大的不同表现在高温下的介电性能(介电损耗角正切$\tan\delta$和介电常数$\varepsilon$)变化不同(如图4-6)。

表 4-26 不同酸酐固化ED-6的性能比较

| 固 化 剂 | 甲基四氢苯二甲酸酐 | 四氢苯二甲酸酐 | 顺丁烯二酸酐 |
|---|---|---|---|
| 马丁耐热/℃ | 115~120 | 115~120 | 115~125 |
| 弯曲强度/MPa | 120.0~130.0 | 120.0~150.0 | 110.0~150.0 |
| 冲击强度/(kJ/m$^2$) | 10~15 | 10~18 | 14~25 |
| 巴氏硬度/MPa | 110~130 | 110~130 | 115~135 |
| 介电损耗角正切(50Hz) | 0.005~0.010 | 0.005~0.010 | 0.005~0.010 |
| 介电常数(50Hz) | 3.6~3.9 | 3.6~3.9 | — |
| 介电强度(50Hz)/(kV/mm) | 20~25 | 20~25 | 20~25 |

注:$w$(MeTHPA),61.6%;$w$(THPA),56.5%;$w$(MA) 36.5%;固化条件为140℃/16h。

#### 4.2.4.1 四氢苯二甲酸酐的液体化

如前所述,尽管四氢苯二甲酸酐的熔点比邻苯二甲酸酐低约28℃,但仍在100℃以上,给操作带来不便。

将四氢苯二甲酸酐(4-环己烯-1,2-二羧酸酐,$\Delta^4$-THPA)在$P_2O_5$或$H_2SO_4$触媒存在下,进行异构化反应(见表4-27)[32,33],可以得到室温下为液态的酸酐。如下式所示,这是四种异构体的混合物。

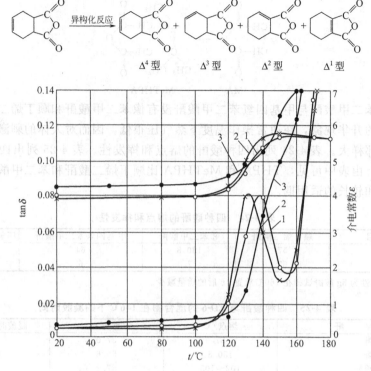

图 4-6  50Hz 下未填充环氧树脂组成物的
介电性能与温度的关系

曲线：1—MeTHPA；2—THPA；3—PA；下面曲线—$\tan\delta$；上面曲线—$\varepsilon$

表 4-27  四氢苯二甲酸酐的异构化

| 触 媒 | $w$(触媒)/% | 反应温度/℃ | 反应时间/h | 收率/% | 物态 |
|---|---|---|---|---|---|
| $P_2O_5$ | 1 | 220 | 10 | 90 | 液 |
| $P_2O_5$ | 1 | 194 | 7 | — | 液 |
| $H_2SO_4$ | 1 | 200 | 18 | 93 | 液 |

以该液体固化剂固化双酚 A 环氧树脂（例如 Epikote 828），固化物弯曲强度 130.5MPa，热变形温度 118℃。

### 4.2.4.2 甲基四氢苯二甲酸酐的液体化

和四氢苯二甲酸酐的液体化不同，液态的甲基四氢苯二甲酸酐是以石脑油裂解制得的 $C_5$ 馏分，除去环戊二烯馏分为原料（简称 $C_5$-D，其组成见表 4-28）与顺丁烯二酸酐加成、异构化后制成的[32]。$C_5$-D 中含有异戊二烯、顺式间戊二烯和反式间戊二烯约 25%～30%。这些二烯与顺丁烯二酸酐反应如下：

异戊二烯　　顺丁烯二酸酐　　4-Me-$\Delta^4$-THPA
　　　　　　　　　　　　　　4-甲基-$\Delta^4$-四氢苯二甲酸酐

间戊二烯 + 顺丁烯二酸酐 → 3-Me-Δ⁴-THPA
3-甲基-Δ⁴-四氢苯二甲酸酐

**表 4-28　C₅-D 原料的组成**

| 成　分 | 质量分数/% | 成　分 | 质量分数/% |
| --- | --- | --- | --- |
| C₄ 全部 | 0.53 | 戊烷 | 25.40 |
| 丁二烯 | 0.21 | 1,3-戊二烯 | 12.14 |
| 其他 | 0.32 | 环戊二烯 | 0.14 |
| 3-甲基丁烯-1 | 0.63 | 其他 | 9.95 |
| 1,4-戊二烯 | 1.88 | C₆ 全部 | 3.79 |
| 异戊烷 | 16.60 | 异己烷 | 1.06 |
| 戊烯-1 | 3.75 | 正己烷 | 0.84 |
| 2-甲基丁烯-1 | 5.79 | 其他 | 1.89 |
| 异戊二烯 | 19.40 | 合计 | 100.00 |

甲基四氢苯二甲酸酐在聚磷酸或 BF₃ 络合物等触媒存在下高温（例如 100～250℃）反应 1～5h，可制得-10℃以下低温保持液态的异构体混合物。如下式所示，甲基四氢苯二甲酸酐经异构化后可生成 19 种异构体。异构化产物越多，液体酸酐的凝固点越低。

表 4-29 列出各种液态甲基四氢苯二甲酸酐（MeTHPA）的特性。表 4-30 列出各种液态甲基四氢苯二甲酸酐（MeTHPA）固化物的物理力学及电性能[34]。

表 4-29  液态 MeTHPA 的特性

| 牌 号 | 国别 | 相对分子质量 | 黏度(25℃)mPa·s | 密度/(g/cm³) | $w$(酸酐)/% | 酸值/(mg KOH/g) |
|---|---|---|---|---|---|---|
| И-МТГФА | 原苏联 | 166 | 40~50 | 1.198~1.200 | 97 | 667 |
| HN-2200 | 日本 | 166 | 90~110 | 1.219~1.220 | 93.5 | 666 |
| ZZL-0334 | 美国 | | 80~100 | 1.215~1.219 | — | 654 |

表 4-30  各种液态 MeTHPA 固化物的物理力学及电性能

| MeTHPA | tan$\delta$ (50Hz) | 介电常数 $\varepsilon$(50Hz) | 体积电阻率 $\rho_V/\Omega\cdot cm$ | 介电强度 $E$/(kV/mm) | 马丁耐热/℃ | 拉伸强度/MPa |
|---|---|---|---|---|---|---|
| И-МТГФА | 0.003/0.02 | 3.6/4.0 | $5\times10^{16}$/$5\times10^{13}$ | 30~32 | 116~118 | 70~80/6~7 |
| HN-2200 | 0.002/0.01 | 3.6/4.2 | $5\times10^{16}$/$5\times10^{12}$ | 28~30 | 116~118 | 65~70/6~6.5 |
| ZZL-0334 | 0.002/0.09 | 4.1/5.9 | $6\times10^{16}$/$1\times10^{11}$ | 29~32 | 108 | 80~85/3~4 |

注：分子—20℃下测定数值；分母—130℃下测定数值。

丁建良等[35]对国产液态甲基四氢苯二甲酸酐 JHY 910 进行剖析，各异构体组成见表 4-31 所列，认为组分结构与日本的 HN 2000 一样。

表 4-31  国产 JHY 910 酸酐的组成

| 异构体 | 质量分数/% | 异构体 | 质量分数/% |
|---|---|---|---|
| 3-MeTHPA(反式) | 48 | 4-MeTHPA($\Delta^3$) | 9 |
| 3-MeTHPA(顺式) | 19 | 3-MeTHPA/4MeTHPA | 70/30 |
| 4-MeTHPA($\Delta^4$) | 20 | | |

### 4.2.4.3 液体酸酐的稳定化

液体酸酐由于室温下黏度低,与环氧树脂容易混合,取得日益广泛应用。但这些经异构化制备的液体酸酐有储存稳定性问题,如何解决这一问题,成了人们关注的重点。许多科学工作者致力于这方面的研究工作,现列举部分如下。

文献[36]报道,将甲基四氢苯二甲酸酐与咪唑或叔胺先加热反应,然后再与甲基四氢苯二甲酸酐混合的方法以提高其稳定性。如将 70 份甲基四氢苯二甲酸酐与 30 份 2-甲基咪唑在 80℃加热 1h,将该反应物 10 份与 100 份甲基四氢苯二甲酸酐混合,再在 100℃加热 30min,制得的溶液初始黏度 70mPa·s,储存 3 个月之后的黏度 75mPa·s,显示良好的稳定性。甲基四氢苯二甲酸酐以 $Ph_3P$ 和 BHT 在 70℃处理 10min 后同样可以提高其稳定性。将其 90 份与 100 份双酚 A 环氧树脂(环氧当量 188)混合,80℃下初始凝胶时间 105min,在 25℃暗处储存 7 天和 30 天后的凝胶时间仍分别为 105min 和 105min;而没经 $Ph_3P$ 处理过的,则分别为 110min、125min 和 250min[37]。甲基四氢苯二甲酸酐经壬基酚和 2-乙基-4-甲基咪唑在 60℃处理 30min 之后,在 25℃下 3 个月之后,或-5℃下 24h 之后均显示透明;而不含壬基酚的在这两种情况下均不透明[38]。甲基四氢苯二甲酸酐 82 份,$Ph_3P$ 1 份及 2-乙基-4-甲基咪唑 1.5 份的混合物,在 70℃搅拌混合 30min,得到的固化剂黏度(25℃)60mPa·s,40℃存放 1 个月产生 $CO_2$ 气体为 10mL/100g;而不含 $Ph_3P$ 的参照物分别为 150mPa·s 和 100mL/100g。将双酚 A 环氧树脂(环氧当量 190)100 份,水合氧化铝(平均粒径 3.5μm)100 份,$CaCO_3$(平均粒径 3.0μm)100 份和上述处理过的 MeTHPA 混合,完全固化,经压力锅蒸煮试验(121℃,2.2atm,24h)和(121℃,2.2atm,87h),吸水性分别为 1.4% 和 1.9%,介电损耗角正切(25℃,10kHz)分别为 1.7% 和 1.8%;而使用未处理过的 MeTHPA 则分别为 2.0% 和 2.7% 及 2.4% 和 3.1%。这表明 MeTHPA 经这种方式处理后不但稳定性提高,也明显改善了固化物的吸水性和电性能[39]。

实际上甲基四氢苯二甲酸酐的稳定性和吸湿性与其制法有很大关系。如图 4-7 和表 4-32 所示[40]。B-570 在 DMP-30 存在下,于 25℃不产生二氧化碳,即使在 40℃下也很少产生,远远低于图中 MTHPA 所标的量。吸湿性和结晶性 B-570 也优于 MTHPA。固态甲基四氢苯二甲酸酐的异构化分为结构异构化(双键位移)和立体异构化。图中的 MTHPA 是结构异构化的产物。B-570 是间戊

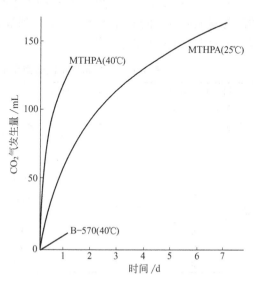

图 4-7 含促进剂的各种酸酐的二氧化碳发生量

二烯和顺丁烯二酸酐经双键加成反应制得顺式-3-甲基-$\Delta^4$-四氢苯二甲酸酐，以乙酸钠等碱金属化合物为触媒，立体异构化制得反式异构体，再和异构化前的顺式异构体混合而成，没有伴随双键移动的结构异构化。文献[41]亦指出，采用先立体异构化，后结构异构化的方法，可以制得色泽浅、吸湿性非常小、低温（-15℃）抗结晶性能好、固化物不着色的液态固化剂。

表 4-32 不同酸酐的吸湿性和结晶性

| 时间/h | 6 | 24 | 48 |
| --- | --- | --- | --- |
| B-570 | 0.17 | 0.55 | 1.37 |
| MTHPA | 0.20 | 0.91△△ | 1.72△△ |
| B-650 | 0.28△ | 0.22△△ | 1.61△△ |

注：吸湿性—%；△—开始结晶；△△—结晶明显。

### 4.2.5 六氢苯二甲酸酐（HHPA）[42]

结构式 （六氢苯二甲酸酐结构式），相对分子质量154.1，无色玻璃粉状物，熔点35～36℃。可溶于苯、甲苯、丙酮、四氯化碳、氯仿、醋酸乙酯等。

该固化剂由于熔点低，在50～60℃的低温下就很容易地与环氧树脂混合，混合物的黏度非常低，适用期长，固化时放热量小。但在比较短的时间内就能完成固化。固化物的耐热性，电性能及耐药品性能比较好。

表 4-33 为六氢苯二甲酸酐固化不同规格双酚A环氧树脂的性能。六氢苯二甲酸酐与其他低熔点的酸酐共混，可以得到液体混合酸酐[43]。表 4-34 列出胺类促进剂对 HHPA 固化物耐热性的影响。

表 4-33 六氢苯二甲酸酐固化不同规格树脂固化物的性能

| $w$（双酚A环氧树脂） | 环氧当量190 | 100 | 环氧当量250 | 100 |
| --- | --- | --- | --- | --- |
| $w$（六氢苯二甲酸酐） | | 80 | | 65 |
| 混合方式 | 树脂加热至40℃加入熔融的酸酐 | | 熔融的酸酐与70～80℃的树脂混合 | |
| 混合物黏度/mPa·s | | | | |
| 23℃ | 1000～1300 | | 3500～4500 | |
| 40℃ | 200～250 | | 1300～1600 | |
| 60℃ | 60～120 | | 200～250 | |
| 适用期 | | | | |
| 23℃ | 4～5d | | 2～3d | |
| 40℃ | 6～8h | | 3.5～4.5h | |
| 60℃ | 1.5～2.5h | | 1～1.5h | |
| 固化条件 | 80℃/(2～3h)+ (150℃/4h) | | 80℃/(2～3h)+ (130～150℃)/(2～4h) | |

续表

| 热变形温度/℃ | 125～130 | 125～130 | |
|---|---|---|---|
| 拉伸强度/MPa | 86.8 | 79.8 | |
| 弯曲强度/MPa | 127.4 | 114.1 | |
| 线膨胀系数/(1/℃) | $5.6\times10^{-5}$ | $5.8\times10^{-5}$ | |
| 介电常数(50Hz) | | | |
| 　　23℃ | 3.2 | | 3.3 |
| 　　50℃ | 3.3 | | 3.4 |
| 　　100℃ | 3.4 | | 3.4 |
| 介电损耗角正切(50Hz) | | | |
| 　　23℃ | 0.003 | | 0.004 |
| 　　50℃ | 0.0025 | | 0.003 |
| 　　100℃ | 0.0015 | | 0.004 |
| 体积电阻率(23℃)/Ω·cm | $2\times10^{16}$ | | $1\times10^{16}$ |
| 介电强度(23℃)/(kV/mm) | 14.1～16.0 | | 12～14 |

表 4-34　胺类促进剂对 HHPA 固化物热变形温度的影响

| 配方 | $w$(环氧当量 190 的双酚 A 环氧树脂) | 100 |
|---|---|---|
| | $w$(六氢苯二甲酸酐) | 78 |
| | $w$(促进剂) | 1 |
| 固化条件 | (90℃/2h)+(150℃/24h) | |

| 促　进　剂 | 热变形温度/℃ |
|---|---|
| 苄基二甲胺 | 128 |
| α-甲基苄基二甲胺 | 125 |
| DMP-30 | 129 |
| 乙基二乙醇胺 | 126 |
| 醋酸 | 43 |
| $BF_3$-400 | 81 |

## 4.2.6　甲基六氢苯二甲酸酐（MeHHPA）[44]

表 4-35 列出了两种工业品甲基六氢苯二甲酸酐的物理特性。4-甲基六氢苯二甲酸酐为无色透明或如水状的低黏度液体，比胺类固化剂毒性低，与环氧树脂配合后适用期比较长，用于涂饰场合涂膜的色调极稳定、透明美观。以 MH-700 固化双酚 A 环氧树脂（Epikote 828）的各种性能见表 4-36 所列。固化时间和后固化条件，固化剂用量等对固化物的热变形温度均有影响，图 4-8 表示 100℃下固化时间对热变形温度的影响。

表 4-35　甲基六氢苯二甲酸酐的物理特性

| 化 学 名 称 | 结构式及特性 | 商品名及制造公司 |
|---|---|---|
| 4-甲基六氢苯二甲酸酐 | （结构式）<br>相对分子质量 168<br>黏度(25℃)50～70mPa·s<br>沸点 144℃/1333Pa<br>相对密度 $d_4^{25}$ 1.17 | リカシッドMH-700<br><br>新日本理化(株) |

续表

| 化学名称 | 结构式及特性 | 商品名及制造公司 |
|---|---|---|
| 甲基六氢苯二甲酸酐 | 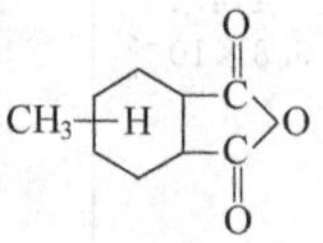 (结构式)<br>相对分子质量 168<br>黏度(25℃)约 65mPa·s<br>沸点 173℃/3999Pa<br>相对密度(25℃)1.17 | エピクロン B-650<br>大日本インキ化学工業(株) |

表 4-36 MH-700 固化双酚 A 环氧树脂的各种性能

| | | |
|---|---|---|
| Epikote 828 | | 100 |
| MH-700 | | 86 |
| DMP-30 | | 0.5 |
| 凝胶时间(100℃)/min | | 35 |
| 热变形温度/℃ | | 133 |
| 拉伸强度/MPa | | 85 |
| 弯曲强度/MPa | | 124 |
| 冲击强度/(kJ/m$^2$) | | 5.4 |
| 洛氏硬度(M) | | 108 |
| 介电常数(1MHz) | 20℃ | 3.2 |
| | 140℃ | 3.4 |
| 介电损耗角正切(1MHz) | 20℃ | 0.017 |
| | 140℃ | 0.017 |
| 体积电阻率/Ω·cm | 25℃ | $14\times10^{16}$ |
| 煮沸 1h 增重/% | | 0.23 |
| 10% NaOH,室温 1 周增重/% | | 0.34 |
| 30% H$_2$SO$_4$,室温 1 周增重/% | | 0.28 |

甲基六氢苯二甲酸酐的诸特性和 MH-700 相类似。但在涂膜场合下，高温处理（170℃/60min）后，发现比 MH-700 略带黄色。

甲基六氢苯二甲酸酐由于本身无色，固化物耐候性好，常用于光学领域，例如发光二极管的封装等。图 4-9 表示以各种固化剂固化的六氢苯二甲酸二缩水甘油酯的加速耐候试验的结果[45]。由图中可见，4-甲基六氢苯二甲酸酐（4-MeHHPA）的耐候性最好。甲基六氢苯二甲酸酐除了单独使用外，也可以与其他酸酐（例如均苯四羧基二酐）反应，制得新的固化剂以提高树脂固化物的耐热性[46]，或与环氧树脂和叔胺基醇反应，制备 30℃下储存期大于 1 个月的潜伏固化剂[47]。

甲基六氢苯二甲酸酐也存在稳定性问题。当将甲基六氢苯二甲酸酐与 5% 三苯基膦（Ph$_3$P）混合、在 40℃处理 30min 再冷至 25℃，液态固化剂的黏度 68mPa·s，储存 1 个月不产生 CO$_2$ 气[48]。

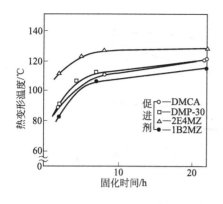

图 4-8 固化时间对 MH-700 树脂固化物热变形温度的影响

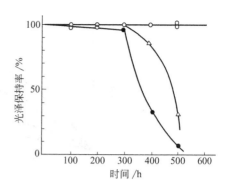

图 4-9 各种酸酐树脂固化物的加速耐候试验

配方：六氢苯二甲酸二缩水甘油酯　100 份
　　　TiO$_2$　　　　　　　　　　　　30 份
　　　BDMA　　　　　　　　　　　0.5 份
　　　酸酐
　　　○—HHPA　　　　　　　　　100 份
　　　◎—4-MeHHPA　　　　　　　105 份
　　　△—HHPA/THPA（1/1）　　　100 份
　　　●—MeTHPA　　　　　　　　100 份
固化条件:(100℃/2h)+(150℃/5h)

### 4.2.7　纳迪克酸酐[49]（NA）

学名：顺式-3,6-内亚甲基-1,2,3,6-四氢苯二甲酸酐。由环戊二烯和顺丁烯二酸酐加成反应制得，收率可达 85%～92%，经甲苯重结晶后熔点 163℃。

　　　　　环戊二烯　顺丁烯二酸酐　　纳迪克酸酐

纳迪克酸酐的树脂固化物热稳定性优于邻苯二甲酸酐、顺丁烯二酸酐及甲基四氢苯二甲酸酐。如图 4-10，四种酸酐的树脂固化物在 180℃ 老化 1000h 后，使用纳迪克酸酐的固化物热失重最小，仅为 1%。

纳迪克酸酐的不同用量对固化物耐热性能有较大影响（见表 4-37）。当酸酐与环氧树脂的物质的量比为 0.9∶1 时为宜。又如图 4-11 所示，在 200℃ 老化过程中马丁耐热会随着老化时间的延长而增至 225～250℃。固化物的介电性能在热老化过程中几乎不恶化，并且固化剂用量对介电性能无大影响，但酸酐与环氧基的物质的量比仍以 0.9∶1 为宜（见表 4-38）。

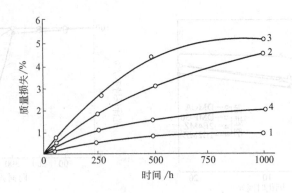

图 4-10 各固化剂固化物在 180℃
热老化过程中的失重比较
1—纳迪克酸酐；2—邻苯二甲酸酐；
3—顺丁烯二酸酐；4—甲基四氢苯二甲酸酐

表 4-37 纳迪克酸酐用量对树脂固化物性能的影响

| $n$(酸酐)：$n$(环氧基) | $w$(酸酐)/% | 马丁耐热/℃ | 质量损失(200℃/1000h)/% | 冲击强度/(kJ/m²) |
|---|---|---|---|---|
| 1：1 | 76.5 | 111 | 1.82 | — |
| 0.9：1 | 65.5 | 113 | 1.32 | 16.8 |
| 0.8：1 | 54.5 | 104 | 1.02 | — |
| 0.7：1 | 43.5 | 90 | 0.94 | — |

注：环氧树脂—双酚 A 环氧树脂 ED-6（环氧值 0.40）。

表 4-38 纳迪克酸酐用量对树脂固化物电性能的影响

| $n$(酸酐)：$n$(环氧基) | 介电强度/(kV/mm) | 介电损耗角正切 $\tan\delta$（180℃） | 水中浸 10d 之后 | | 体积电阻率 $\rho_V$（180℃下 5d 之后）/Ω·cm | |
|---|---|---|---|---|---|---|
| | | | 介电损耗角正切 $\tan\delta$ | 体积电阻率 $\rho_V$/Ω·cm | 20℃测定 | 180℃测定 |
| 1：1 | 23.5 | 0.1264 | 0.0020 | $8.0\times10^{14}$ | $5.3\times10^{16}$ | $7.9\times10^{12}$ |
| 0.9：1 | 26.3 | 0.0940 | 0.0025 | $6.1\times10^{15}$ | $1.1\times10^{17}$ | $1.0\times10^{14}$ |
| 0.8：1 | 24.0 | 0.326 | 0.0015 | $8.6\times10^{15}$ | $8.7\times10^{16}$ | $2.3\times10^{12}$ |
| 0.7：1 | 23.4 | 0.330 | 0.0020 | $4.9\times10^{16}$ | $2.4\times10^{16}$ | $7.8\times10^{12}$ |

注：环氧树脂—双酚 A 环氧树脂 ED-6（环氧值 0.40）。

纳迪克酸酐的熔点较高，给操作带来不便。20 世纪 60 年代中期国内采用过量的顺丁烯二酸酐与环戊二烯加成反应时得到一种熔点小于 40℃的酸酐，命名 647 酸酐。这是一种酸酐混合物，其特性见表 4-39 所列。该酸酐的熔点比纳迪克酸酐低很多，室温下易与树脂混合，降低树脂黏度；这种混合酐的挥发性比顺丁烯二酸酐要小，可以减轻对人体的刺激作用，便于操作。

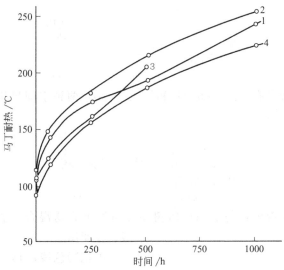

图 4-11 纳迪克酸酐用量对树脂固化物
（200℃老化过程中）马丁耐热的影响

$n$(酸酐基)∶$n$(环氧基)为：1—1∶1；2—0.9∶1；
3—0.8∶1；4—0.7∶1

表 4-39 顺丁烯二酸酐与环戊二烯加成得到混合酐的特性

| 结构式 | 内式-纳迪克酸酐 + 外式-纳迪克酸酐 + 顺丁烯二酸酐 |
|---|---|

外观：棕色非均一体的结晶与溶液
熔点：<40℃
酸酐当量：137～147
纳迪克酸酐量：49%～56%

### 4.2.8 甲基纳迪克酸酐（MNA）[50]

结构式 （图），相对分子质量178，浅黄色液体，黏度（25℃）138mPa·s，相对密度（20℃）1.236，沸点>250℃。

由甲基环戊二烯和顺丁烯二酸酐双键加成反应制备。

甲基环戊二烯是石油烃热裂解的副产物，以如下三种异构体存在，但主要是

2-位异构体[51]。

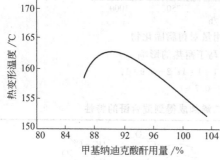

甲基纳迪克酸酐有内式（endo）和外式（exo）两种空间异构体,是内式和外式的平衡混合物[52]。

由于该酸酐为液体,与液态环氧树脂在室温下容易混合,适用期长,适宜浇铸、浸渍用。

固化物色浅,热变形温度高,包括耐电弧性在内的电性能优良。固化物收缩性小,耐高温老化性优良。耐药品性较好,但耐碱性、耐强溶剂性欠佳。固化剂用量对热变形温度的影响如图 4-12 所示。图 4-13 表示以甲基纳迪克酸酐固化的双酚 A 型环氧树脂（环氧值 0.40）的热变形曲线[53]。由图可见,玻璃化温度约 70℃,比顺丁烯二酸酐、纳迪克酸酐和甲基四氢苯二甲酸酐低 30～40℃。高弹态变形值约 5%,软化温度达 300℃,足够高。

图 4-12 甲基纳迪克酸酐用量与热变形温度的关系
固化条件为(120℃/2h)+(200℃+4h)+(260℃/3h)

表 4-40 表示上述同一树脂在不同温度下的介电性能。表 4-41 表示甲基纳迪克酸酐固化双酚 A 环氧树脂（环氧当量 190）的拉伸强度。

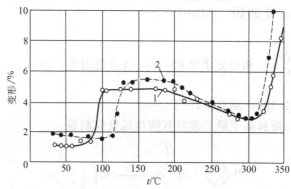

图 4-13 不同酸酐固化物热变形与温度的关系
1—甲基纳迪克酸酐；2—纳迪克酸酐

表 4-40　甲基纳迪克酸酐固化物的介电性能

| 电性能 | 测试温度/℃ | | | | |
|---|---|---|---|---|---|
| | 20 | 100 | 150 | 180 | 200 |
| 介电损耗角正切 | 0.002 | 0.005 | 0.068 | 0.076 | 0.780 |
| 体积电阻率/Ω·cm | $2.6×10^{15}$ | $1.9×10^{15}$ | $3.8×10^{13}$ | $3.6×10^{11}$ | $1.6×10^{10}$ |
| 介电强度/(kV/mm) | 34.2 | — | — | — | — |

注：频率为50Hz；试样厚度为1mm。

表 4-41　甲基纳迪克酸酐与其他酸酐树脂固化物拉伸强度

| 固化剂 | 测试温度/℃ | 极限强度/MPa | 弹性模量/MPa | 断裂伸长/% |
|---|---|---|---|---|
| 甲基纳迪克酸酐 | -25 | 65.1 | 3500 | 1.9 |
| | 室温 | 81.2 | 3500 | 3.0 |
| | 100 | 27.3 | 1750 | 19.0 |
| 十二烯基丁二酸酐 | -25 | 42.0 | 3500 | 1.4 |
| | 室温 | 49.7 | 2450 | 3.5 |
| | 100 | — | — | — |
| 六氢苯二甲酸酐 | -25 | 86.1 | 2800 | 4.0 |
| | 室温 | 78.4 | 2800 | 7.0 |
| | 100 | 36.4 | 2100 | 12.0 |

注：固化条件为凝胶化后150℃/4h。

## 4.2.9　戊二酸酐[54]

结构式 $\begin{matrix}CH_2-C\\CH_2\quad\quad O\\CH_2-C\end{matrix}$ ，相对分子质量114.09，熔点56.5℃，在148℃下有1333Pa的蒸气压。除单独使用外，一般和其他酸酐混合使用。固化物的性能类似六氢苯二甲酸酐。使用戊二酸酐可以得到耐水性及耐热冲击性能优良的固化物。添加促进剂的树脂混合物的适用期及固化物性能分别见表4-42和表4-43所列。

表 4-42　戊二酸酐与树脂混合物的黏度变化

| 配比<br>质量分数 | 双酚A环氧树脂(环氧当量190) | 100份 |
|---|---|---|
| | 戊二酸酐 | 70份 |
| | 苄基二甲胺 | 2份 |
| 上述组成物在25℃下的黏度(mPa·s)变化 | | |
| 初始态 | | 500 |
| 1天 | | 2200 |
| 2天 | | 6200 |
| 3天 | | 17000 |
| ⋮ | | ⋮ |
| 6天 | | >100000 |

表 4-43  不同戊二酸酐用量的固化物性能

| 配比质量分数 | 双酚 A 环氧树脂(环氧当量 190) | 100 | 100 | 100 |
|---|---|---|---|---|
| | 戊二酸酐 | 57 | 70 | 80 |
| | 苄基二甲胺 | 2 | 2 | 2 |
| 固化条件 | | \multicolumn{3}{c}{(100℃/1h)＋(150℃/4h)} | | |
| 热变形温度/℃ | | 154 | 156 | 126 |
| 拉伸强度/MPa | | 69.3 | 66.5 | 58.1 |
| 弯曲强度/MPa | | 98 | 93.1 | 98 |
| 伸长率/% | | 8.5 | 8.4 | 9.0 |
| 耐沸水性(24h)/% | | — | ＋0.97 | |
| 耐丙酮性(煮沸 3h)/% | | — | ＋2.70 | |
| 表面电阻率/Ω | | $4×10^{15}$ | $4×10^{15}$ | |
| 体积电阻率/Ω·cm | | $>1×10^{15}$ | $>1×10^{15}$ | |
| 介电强度/(kV/mm) | | 15.3 | 15.6 | |
| 介电常数(25℃) | | | | |
| $10^3$ Hz | | 4.36 | 4.10 | — |
| $10^6$ Hz | | 3.96 | 3.72 | — |
| 介电损失角正切(25℃) | | | | |
| $10^3$ Hz | | 0.0010 | 0.0011 | |
| $10^6$ Hz | | 0.0040 | 0.0033 | |

## 4.2.10  萜烯系酸酐[55]

天然植物精油（essenlial oil）的主成分 α-蒎烯和 β-蒎烯经热分解可以得到别罗勒烯（2,6-二甲基-2,4,6-辛三烯）和 α-萜品烯等碳原子数为 10 的萜烯系二烯、三烯化合物，将其与顺丁烯二酸酐经双键加成反应，可以制得液态酸酐；其特性见表 4-44 所列。和如前所述的 $C_5$ 系液体酸酐有很大的不同，由于分子结构中含有适量的烷基（疏水基），固化前和固化后的性能表现出各种特征。

表 4-44  萜烯系酸酐的特性

| 商品名 | YH 306 | YH 307 |
|---|---|---|
| 特点 | 耐水性,低黏度 | 耐热性,耐水性 |
| 化学结构式 | （结构式） | ，及其他 |
| 外观 | 黄色透明液 | 黄色透明液 |
| 色调(G) | 4 | 4 |
| 黏度/mPa·s | 129 | 230 |
| 熔点/℃ | <－15 | <－15 |
| 中和当量/(g/eq) | 117 | 117 |
| 相对密度(25℃) | 1.09 | 1.09 |
| 着火点/℃ | 180 | 182 |

该固化剂常温下为液体，在冬季储存也不结晶；几乎无臭味，皮肤刺激性小；由于黏度低，容易与各种类型的环氧树脂相溶；与环氧树脂配合物的适用期长；在固化促进剂（叔胺）存在下不产生气体。

该系固化剂在单独放置或与环氧树脂的组成物，吸湿速度很慢，比如由于游离酸引起的白色浑浊、沉淀现象，MeTHPA 需 2 天，而该系固化剂要 4 天；固化物的耐水(湿)性优良（图 4-14 和图 4-15）。固化物的电气性能优良，介电常数小（3.1～3.2），体积电阻率高。

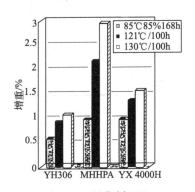 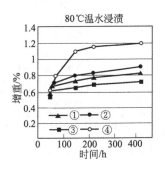

图 4-14　固化剂 YH 306
固化物的耐水性
（压力锅蒸煮试验）
YH 306：E 828(100)/YH 306(120)/SA 102(1)
MHHPA：E 828(100)/MHHPA(90)/SA 102(1)
YX 4000H：YH 4000H(100)/XY 10K3L(90)/TPP(1)

图 4-15　固化剂 YH 306/307
固化物的耐水性
① E 828(100)/YH 306(120)/IBMI12(1)；
② E 828(100)/YH 306(120)/IBMI12(1)；
③ E 828(100)/YH 307(110)/IBMI12(0.5)；
④ E 828(100)/MTHPA(80)/IBMI12(1)

### 4.2.11　氢化甲基纳迪克酸酐[56]（H-MNA）

氢化甲基纳迪克酸酐的物理特性及固化物性能见表 4-45 所列。其结构式

，该固化剂的特点是，具有耐热性，固化双酚 A 型环氧树脂的玻璃化温度（$T_g$）162℃，在液态酸酐中是最高的；耐长期热老化，耐热时间是 MNA 和 MeTHPA 的 1.5 倍，在 200℃下 30 天之后，弯曲强度不降低。新日本理化开发了 HNA 和 HNA-100，后者是精制品种。

表 4-45　氢化甲基纳迪克酸酐的物理特性及固化物性能

| | 性　　能 | リカシッド HNA | リカシッド HNA-100 |
|---|---|---|---|
| 酸酐特性 | 色度(ハーゼン) | 2(G) | <50 |
| | 黏度(25℃)/mPa·s | 390 | 290 |
| | 凝固点/℃ | −10 | 0 |
| | 酸酐当量 | 186 | 184 |
| 组成物配比 | DGEBA(WPE=190) | 100 | 100 |
| | 固化剂① | 90 | 89 |
| | 2E4MZ-CN | 0.5 | 0.5 |

续表

| 性 能 | | リカシツド HNA | リカシツド HNA-100 |
|---|---|---|---|
| 组成物特性 | 吸水性②/% | 0.27 | 0.27 |
| | 结皮时间③/h | >100 | >100 |
| 反应性 | 凝胶时间(100℃)/min | 75 | 73 |
| 固化物特性⑤ | $T_g$/℃ | 162 | 162 |
| | 压力蒸煮吸水性④/% | 1.5 | 1.5 |
| | 固化收缩性/% | 1.4 | 1.4 |
| | 弯曲强度/MPa | 157 | 157 |
| | 弯曲模量/MPa | $3.3 \times 10^3$ | $3.3 \times 10^3$ |
| | 体积电阻率/Ω·cm | $4.4 \times 10^{16}$ | $2.6 \times 10^{16}$ |
| | 介电常数(10kHz) | 3.2 | 3.2 |
| | 介电损耗角正切(10kHz)/% | 0.97 | 0.95 |

① $n$（酸酐基）：$n$（环氧基）=0.9。
② 10g组成物25℃、60%相对湿度、24h之后增重。
③ 10g组成物25℃、60%相对湿度放置下结皮时间。
④ 121℃、2.1atm、24h后增重。
⑤ 固化条件为(100℃/2.5h)+(150℃/5h)。

### 4.2.12 甲基环己烯四羧酸二酐（MCTC）[57]

结构式 ，固体，熔点167℃，具有耐热性，用于粉末涂料，浇铸，层压材料。由大日本油墨化学公司开发，商品名 B-4400。

学名 5-(2,5-二酮四氢呋喃)-3-甲基-3-环己烯-1,2-二羧酸酐。由 3-甲基-4-环己烯-1,2-二羧酸酐（Ⅰ）与顺丁烯二酸酐（Ⅱ）反应制取。例如，45.8份（Ⅰ）与54.2份（Ⅱ）在200℃反应4h，得到12.3份该固化剂。将55份该固化剂与100份双酚A型环氧树脂 Epiclon 850（环氧当量192）和0.3份苄基二甲胺混合，在(160℃/15h)+(220℃/15h)下固化，固化物的热变形温度266℃[57]。

当用4-甲基四氢苯二甲酸酐（458份）与顺丁烯二酸酐（275份）在 $N_2$ 保护下225℃反应5h，可以45%收率制取上述MCTC异构体 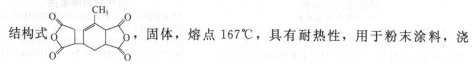，熔点88℃。100份双酚A环氧树脂 Epon 828 与40份该固化剂配合，固化物热变形温度275℃，介电损耗角正切0.02时的温度大于170℃；当用单酐固化剂时则分别为122℃和135℃，说明该固化剂有很好的耐热性和电性能[58]。

## 4.3 脂肪族酸酐

脂肪族酸酐是由脂肪族二元酸与乙酸酐相互作用制备的。由于分子结构为脂肪族长链，可赋予树脂固化物韧性和耐热冲击性。这类固化剂可单独使用或与其他酸酐混合一起使用，作为粉末涂料和浇铸树脂用固化剂。

### 4.3.1 直链脂肪族酸酐

直链脂肪族酸酐的代表是聚壬二酸酐、聚癸二酸酐和聚二十碳烷二酸酸酐等。

#### 4.3.1.1 聚壬二酸酐[59]（PAPA）

聚壬二酸酐的结构式 $HO\text{---}\overset{O}{\overset{\|}{C}}\text{---}(CH_2)_7\text{---}\overset{O}{\overset{\|}{C}}\text{---}_nH$，熔点 57℃，相对分子质量约2300，在不同温度下的黏度如图 4-16 所示，在 100℃下为 310mPa·s。

使用聚壬二酸酐作固化剂的优点是，由于熔点低，溶解性好，易与树脂混合，混合物的适用期长，固化物在中温（100~150℃）下的电性能及力学性能优良；由于固化物具有一定的韧性，耐热冲击性能好。

酸酐的用量以 $n$(酸酐)：$n$(环氧基)＝0.8：1 为宜。对环氧当量190的双酚A环氧树脂，聚壬二酸酐用量70%。

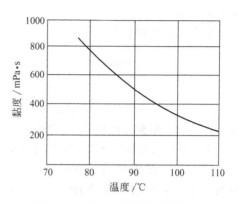

图 4-16 聚壬二酸酐的黏度特性

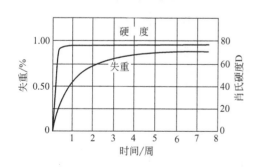

图 4-17 聚壬二酸酐固化物在
150℃下的热失重及硬度变化
环氧树脂的环氧当量190；聚壬二酸酐用量70%；
苄基二甲胺1%固化条件：170℃/17h+150℃/17h

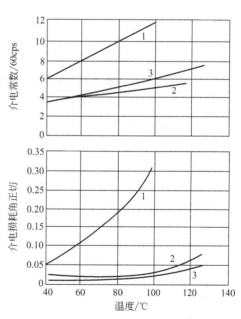

图 4-18 聚壬二酸酐环氧树脂
固化物的电性能
苄基二甲胺用量：
曲线：1—0；2—0.3份；3—1.0份

聚壬二酸酐树脂固化物在150℃下的热失重及硬度变化如图4-17所示，显示良好的热稳定性。使用促进剂的聚壬二酸酐树脂固化物在不同温度下的电性能如图4-18所示。

国内在20世纪60年代后期以蚕蛹油为原料生产壬二酸，进而与乙酐反应生产聚壬二酸酐[60]。产品为白色粉状，熔点60℃左右，熔融黏度（100℃）300～700mPa·s。

生产工艺过程如下

蚕蛹油 →(酸化皂化)→ 混合脂肪酸 →(臭氧化)→ 壬二酸 →(缩聚)→ 聚壬二酸酐 →(精制,干燥)→ 成品

#### 4.3.1.2 聚癸二酸酐[61]（PSPA）

癸二酸与乙酸酐按下式反应制备聚癸二酸酐。聚癸二酸酐的熔点78～80℃，相对分子质量560，酸值603mg KOH/g。以聚癸二酸酐（UP-607）及其酸酐混合物固化不同规格双酚A环氧树脂的各种性能见表4-46所列，显示高弹性和良好电性能。

表4-46 聚癸二酸酐固化环氧树脂的各种性能

| 性　能 | 组　成　物 | | |
|---|---|---|---|
| | Ⅰ | Ⅱ | Ⅲ |
| 拉伸强度/MPa | 15～20 | 21 | 72 |
| 断裂伸长率/% | 130～166 | 140～160 | 6 |
| 介电损耗角正切 | | | |
| 　20℃ | 0.032 | 0.025 | 0.020 |
| 　100℃ | 0.023 | 0.028 | |
| 　150℃ | 0.014 | 0.023 | |
| 　200℃ | — | 0.017 | 0.021 |
| 介电常数 | | | |
| 　20℃ | 4.1 | 4.1 | 3.6 |
| 　100℃ | 5.2 | 4.8 | |
| 　150℃ | 4.7 | 4.8 | |
| 　200℃ | — | — | 4.5 |
| 体积电阻率/Ω·cm | | | |
| 　20℃ | $10^{16}$ | $10^{16}$ | $10^{16}$ |
| 　100℃ | $10^{11}$ | $10^{11}$ | $10^{13}$ |
| 　150℃ | $10^{8}$ | $10^{8}$ | — |
| 　200℃ | $10^{8}$ | — | $10^{9}$ |

注：Ⅰ—$w$(ED-5)：$w$(UP-607)=100：85；ED-5-双酚A环氧树脂，环氧值0.41～0.53。
　　Ⅱ—$w$(ED-6)：$w$(UP-607)=100：65；ED-6-双酚A环氧树脂，环氧值0.30～0.41。
　　Ⅲ—$w$(ED-5)：$w$(UP-607+MTHPA)=100：(35+35)。

### 4.3.1.3 聚二十碳烷二酸酸酐[62]（SL-20AH）

聚二十碳烷二酸酸酐由二十碳烷二酸和乙酸酐回流下反应2h之后，于150℃/133.3Pa下真空蒸馏除去乙酸酐和生成的乙酸，制得聚二十碳烷二酸酸酐。结构式 $HO\text{\textemdash}[OC\text{\textemdash}(CH_2)_m COO]_n H$，不同缩合度 $n$ 的 SL-20AH 与其他酸酐性质的对比见表4-47所列。固化双酚A环氧树脂（Epon 828）的各种性能见表4-48所列，其韧性突出。

由表4-48和图4-19可见，聚二酸多酐中亚甲基（—$CH_2$—）的数目（$m$）对树脂固化物的性能有很大影响。随着 $m$ 数目增加，固化物韧性增大，玻璃化温度降低。

表4-47 不同聚二酸多酐的性质

| 商品名(缩写) | 结构式 $HO\text{\textemdash}[OC\text{\textemdash}(CH_2)_m COO]_n H$ | | 熔点/℃ |
|---|---|---|---|
| | $m$ | $n$ | |
| SucAA | 2 | (∞) | 120 |
| PAPA | 4 | 2.1 | 77.5～86 |
| PSPA | 8 | 2.5 | 73～83 |
| SL-12AH | 10 | 3.19 | 75～80 |
| SL-20AH-2 | 18 | 3.16 | 82～87 |
| SL-20AH-1 | 18 | 1 | 118～123 |
| SL-20AH-3 | 18 | 6.4 | 85～90 |
| SL-20AH-4 | 18 | 11.0 | 95～100 |

表4-48 聚二十烷二酸多酐（SL-20AH-2）与其他脂肪族酸酐固化物各种性能对比

| 性能 | 固化剂 | | | |
|---|---|---|---|---|
| | SL-20AH-2 | SL-12AH | PSPA | PAPA |
| $T_g$/℃ | 25 | 40 | 45 | 70 |
| 拉伸强度/MPa | 8.6 | 9.4 | 23.9 | 37.6 |
| 拉伸模量 MPa | 11.4 | 304 | 1060 | 1450 |
| 延伸率/% | 111.0 | 49.6 | 14.8 | 9.3 |
| 弯曲强度/MPa | 1.5 | 5.7 | 30.8 | 98.0 |
| 弯曲模量/MPa | 15.0 | 140.0 | 1030.0 | 2680.0 |
| 最大应变/(cm/cm) | >0.20 | >0.19 | >0.19 | 0.128 |
| 巴氏硬度 | 0 | 45 | 53 | 70 |
| 体积电阻率/Ω·cm | $4\times10^{15}$ | $2\times10^{15}$ | $4\times10^{15}$ | $8\times10^{15}$ |
| 介电常数(1MHz) | 2.87 | 2.70 | 2.99 | 2.88 |
| 介电损耗角正切(1MHz) | 0.032 | 0.026 | 0.280 | 0.026 |
| 吸水性/% | | | | |
| 沸水/1h | 0.44 | 0.55 | 0.70 | 0.65 |
| 20℃/24h | 0.07 | 0.08 | 0.10 | 0.08 |

注：固化条件为(140℃/1h)+(150℃/20h)；$n$(Epon 828)∶$n$(固化剂)=化学当量；苄基二甲胺为用量为每100质量份数树脂1份。

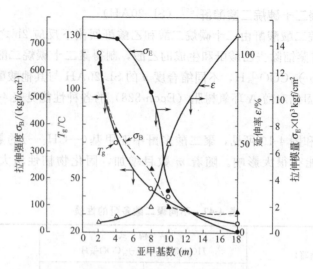

图 4-19 聚酐中亚甲基数对 20℃下拉伸强度、
模量、延伸率及 $T_g$ 的影响

（1kgf/cm²＝0.1MPa）

### 4.3.2 带侧基的长链脂肪族二元酸聚酸酐[63]

这是以乙基-十八烷二酸（SB-20）和苯基-十六烷二酸（ST-2P）为原料与乙酸酐反应制成的聚酐，其特性和结构式分别见表 4-49 和［Ⅰ］、［Ⅱ］式所示。

该固化剂在常温下为液态，有优良的工艺性，用作增韧性环氧树脂固化剂。固化物的玻璃化温度低，可挠性大，耐热冲击性优良，电性能和耐水性亦优良。力学强度差。将其与甲基六氢苯二甲酸酐（MeHHPA）混合使用，随着 MeHHPA 含量增加，玻璃化温度升高，伴随力学强度增加。当聚酸酐/MeHHPA 之比大于 0.7 时为挠性，0.7～0.2 为强韧性，小于 0.2 时为刚性的固化物。

表 4-49 液体聚酸酐固化剂的特性

| 固 化 剂 | SB-20AH | ST-2PAH |
|---|---|---|
| 结构式 | ［Ⅰ］ | ［Ⅱ］ |
| 聚合度（$n$） | 4.1 | 7.9 |
| 密度/(g/cm³) | 0.977 | — |
| 黏度(25℃)/mPa·s | 4800 | >100000 |
| 稳定性/月 | >4 | >4 |

注：$HO\text{-}[OC\text{-}(CH_2)_5\text{-}R\text{-}(CH_2)_5\text{-}COO]_n\text{-}H$

$R=-CH-CH_2-CH_2-CH_2-CH_2-CH_2-\quad R=-CH-CH_2-CH-CH_2-$
$\quad\quad |\quad\quad\quad\quad\quad\quad\quad\quad\quad\quad\quad\quad\quad\quad\quad\quad\quad\quad |\quad\quad\quad\quad\quad |$
$\quad\quad C_2H_5\quad\quad\quad\quad\quad\quad\quad\quad\quad\quad\quad\quad\quad\quad\quad\quad Ph\quad\quad\quad Ph$

［Ⅰ］ ［Ⅱ］

和一般的酸酐相比，固化速率慢，当用叔胺促进剂（1份）时，凝胶化时间 140℃下为 0.5～1h，可使时间长（大于 4 个月）；当和 MeHHPA 混合使用时可使时间 2～3d。

以液态聚酸酐和 DDSA 固化双酚 A 环氧树脂（Epon 828）的性能见表 4-50 所列。

表 4-50 液态聚酸酐固化环氧树脂的性能

| 性　　能 | SB-20AH | ST-2PAH | DDSA |
| --- | --- | --- | --- |
| $T_g$/℃ | 10 | 45 | 90 |
| 拉伸强度/MPa | 1.1 | 12.8 | 57.0 |
| 拉伸模量/MPa | 50 | 5220 | 7170 |
| 伸长率/% | 33 | 38 | 4.5 |
| 巴氏硬度/MPa | 0 | 37 | 72 |
| 体积电阻率/Ω·cm | $4\times10^{13}$ | $7\times10^{15}$ | $4\times10^{16}$ |
| 介电常数(1MHz) | 3.05 | 2.67 | 2.34 |
| 介电损耗角正切(1MHz) | 0.072 | 0.020 | 0.012 |
| 吸水性/% | | | |
| 　沸水/1h | 0.47 | 0.42 | 0.27 |
| 　20℃/24h | 0.10 | 0.07 | 0.10 |

注：固化条件为(140℃/1h)+(150℃/20h)。

## 4.4　含卤素酸酐[64]

这种酸酐在分子结构里含有氯、溴等原子，因而使用这种酸酐的固化物较其他酸酐固化物具有一定的难燃性。

### 4.4.1　1,4,5,6-四溴苯二甲酸酐

结构式（图），相对分子质量 463.7，黄白色粉末，熔点 273～280℃，溴含量 68.93%。不溶于水及普通有机溶剂，可溶于二甲基甲酰胺、硝基苯等。与树脂的配合量较大，对环氧当量 190 的双酚 A 环氧树脂的配合量为140%～150%。

### 4.4.2　六氯内次甲基四氢苯二甲酸酐（CA）

结构式（图），系六氯环戊二烯（图）与顺丁烯二酸酐的反应加成物。相对分子质量 370，黄白色结晶，熔点 239℃。对环氧当量 190 的双酚 A 环氧树脂的用量为100%～110%。

该酸酐的熔点高，在高温下使用适用期很短，致使操作困难。将其他低熔点的

酸酐与之混合使用可将混合酸酐的熔点降低，通常使用比较多的是六氢苯二甲酸酐，混合比对熔点的影响如图 4-20 所示。混合酸酐中六氯内次甲基四氢苯二甲酸酐的含量对树脂固化物的热变形温度及燃烧速率均有影响（如图 4-21 和图 4-22 所示）。由图中可见，在混合酸酐中这种酸酐的含量越多，热变形温度越高，燃烧速率就越低；反之，六氢苯二甲酸酐的含量越多，热变形温度就越低，燃烧速率就越大。通常取两者的质量份数比为 60∶40。

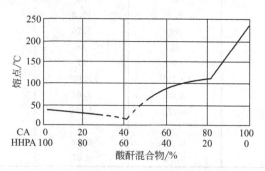

图 4-20　氯桥酸酐（CA）/六氢苯二甲酸酐
（HHPA）混合比对混酐熔点的影响

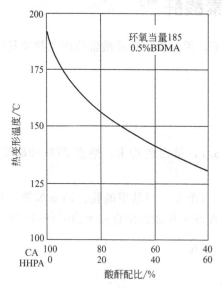

图 4-21　CA/HHPA 混合比对
热变形温度的影响

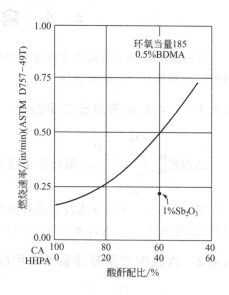

图 4-22　CA/HHPA 混合比对
燃烧速率的影响
1in/min=0.0254m/min

当使用该混合酸酐作固化剂时，将固化促进剂的用量降低（降至 0.1%），在高温（180℃）下进行固化，可得到热变形温度较高的固化物。

与六氯内次甲基四氢苯二甲酸酐混用的除 HHPA 外，还有十二烯基丁二酸酐，甲基纳迪克酸酐及顺丁烯二酸酐等。

单独使用六氯内次甲基四氢苯二甲酸酐时，固化条件对热变形温度有很大影响，180℃/24h 固化，热变形温度可达 196℃。固化物在高温下可保持良好的电性能及力学性能。

### 4.4.3 六氯环戊二烯与四氢苯二甲酸酐及其衍生物的加成物[65]

六氯环戊二烯与四氢苯二甲酸酐及其衍生物按下式加成反应，可以制得 9 种异构体。

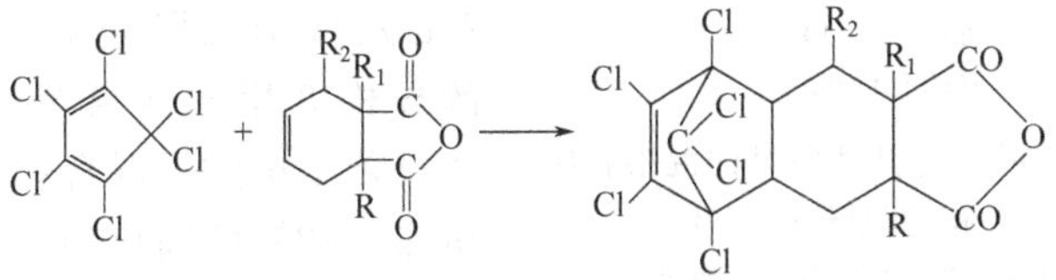

式中 R, R₁, R₂：H；R, R₁：H, R₂：CH₃；
R, R₂, R₁：CH₃；R₂：H, R, R₁：CH₃

六氯环戊二烯与四氢苯二甲酸酐的加成物是这一系列酸酐中的第一个代表物 [Ⅰ]。熔点高 (278℃)，没有挥发性也没有气味，可使时间长，但与环氧树脂的混溶性不好。以顺-3-甲基-Δ⁴-四氢苯二甲酸酐和反-3-甲基-Δ⁴-四氢苯二甲酸酐与六氯环戊二烯反应可以制得三种立体异构体酸酐：内-内，顺，顺 [Ⅱ]，内-反，反 [Ⅲ]；和内-反，顺 [Ⅳ]。以 [Ⅰ] 和 [Ⅱ] 及混合酐固化双酚 A 型环氧树脂 ED-5 的性能见表 4-51 所列，含氯酸酐 [Ⅰ] 和 [Ⅱ] 具有自熄性。

表 4-51 含氯酸酐固化物的性能

| 性　　能 | 固　化　剂 | | |
|---|---|---|---|
| | [Ⅰ] | [Ⅱ] | 20%[Ⅰ]+80% 3-MeTHPA |
| 巴氏硬度 | 218 | 210 | 225 |
| 维卡耐热/℃ | 130 | 123 | 128 |
| 压缩强度/MPa | — | — | 123.0 |
| 弯曲强度/MPa | — | — | 104.0 |
| 冲击强度/(kJ/m²) | | | 12.0 |
| 相对密度/(g/cm³) | | | 1.45 |
| 收缩性/% | 4.8 | 4.8 | 5.7 |
| 吸水性(24h)/% | — | — | 0.32 |
| 自熄时间/s | 5 | 7 | 燃烧 |

注：1. $w$(ED-5)：$w$(固化剂)=50：50；2. 固化条件：(80～90℃/6h)+(130～140℃/6h)。

## 4.5 低共熔点酸酐

酸酐固化剂中除了少数固化剂 [例如，异构（甲基）四氢苯二甲酸酐，甲基六氢苯二甲酸酐，甲基纳迪克酸酐，十二烯基丁二酸酐等] 为液态之外，多数为固态，有的熔点高达 200℃以上，这给使用这类固化剂带来许多不便。根据使用树脂组成物的工艺要求和产品性能要求，常将两种或两种以上的酸酐混合一起使用，可以收到预期的效果。表 4-52 为几种低共熔点酸酐混合物的配比和结晶温度。图 4-

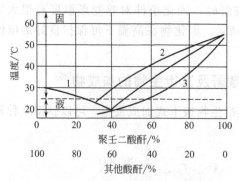

图 4-23 聚壬二酸酐与其他酸酐的混熔相图
曲线：1—六氢苯二甲酸酐；2—十二烯基丁二酸酐；3—甲基纳迪克酸酐

23 为线性脂肪族酸酐聚壬二酸酐与其他三种脂环族酸酐混熔相图。由图可见，聚壬二酸酐以适当的比例与另一酸酐混合，都可以得到25℃下为液态的酸酐混合物。

以三元酸酐混合，同样可以取得室温（25℃）为液态的混合酸酐。例如，70g六氢苯二甲酸酐与30g的80：20的异构3-甲基四氢苯二甲酸酐-4-甲基四氢苯二甲酸酐混合物混合，可以得到熔点−12℃的固化剂。该固化剂在没有空气和水存在时稳定，对水的亲和性很小，与不含促进剂的环氧树脂混合物储存稳定，固化物热变形温度高[66]。顺-3-甲基-$\Delta^4$-四氢苯二甲酸酐、反-3-甲基-$\Delta^4$-四氢苯二甲酸酐，4-甲基-$\Delta^4$-四氢苯二甲酸酐及3-甲基六氢苯二甲酸酐的液体混合酸酐，储存10周以上不结晶[67]。六氢苯二甲酸酐、四氢苯二甲酸酐及邻苯二甲酸酐组成的液体酸酐，凝固点小于20℃，可稳定储存6个月[68]。

表 4-52  典型的酸酐液体混合物

| 酸酐的配比/g | 结晶温度/℃ |
|---|---|
| 50甲基纳迪克酸酐/50六氢苯二甲酸酐 | −40 |
| 80甲基纳迪克酸酐/20六氢苯二甲酸酐 | −30 |
| 20甲基纳迪克酸酐/80六氢苯二甲酸酐 | 15 |
| 20甲基纳迪克酸酐/80十二烯基丁二酸酐 | −10 |
| 30甲基纳迪克酸酐/70十二烯基丁二酸酐 | −30 |
| 60甲基纳迪克酸酐/40十二烯基丁二酸酐 | −30 |
| 65甲基纳迪克酸酐/35四氢苯二酸酐 | −20 |
| 80甲基纳迪克酸酐/20邻苯二甲酸酐 | 5 |
| 15邻苯二甲酸酐/85六氢苯二甲酸酐 | 23 |
| 80十二烯基丁二酸酐/20四氢苯二甲酸酐 | 20 |
| 90十二烯基丁二酸酐/10四氢苯二甲酸酐 | −20 |
| 50十二烯基丁二酸酐/50六氢苯二甲酸酐 | 10 |
| 70十二烯基丁二酸酐/30六氢苯二甲酸酐 | −20 |
| 40六氯内次甲基四氢苯二甲酸酐/60六氢苯二甲酸酐 | 10 |

含氯酸酐与其他酸酐组成的液态酸酐及其固化物特性见表4-53所列。

表 4-53  含氯酸酐的液态混合酸酐及其固化物特性

| 两种酸酐的混合比 | $n$(酸酐)/$n$(环氧基) | $w$(苄基二甲胺)/% | 黏度(25℃)/mPa·s | 热变形温度/℃ | 固化条件 |
|---|---|---|---|---|---|
| CA | 100 | 0.7/1 | — | 固态 | 196 | 180℃/24h |
| DDSA | 100 | 1/1 | 0.5 | — | 61 | 120℃/20h |

续表

| 两种酸酐的混合比 | | n(酸酐)/n(环氧基) | w(苄基二甲胺)/% | 黏度(25℃)/mPa·s | 热变形温度/℃ | 固化条件 |
|---|---|---|---|---|---|---|
| CA | 60 | 1/1 | 0.5 | 75000 | 116 | 150℃/20h |
| DDSA | 40 | | | | | |
| MNA | 100 | 1/1 | 0.5 | — | 103 | 120℃/20h |
| CA | 60 | 1/1 | 0.5 | 60000 | 125 | 120℃/20h |
| MNA | 40 | | | | | |
| HHPA | 100 | 1/1 | 0.5 | — | 115 | 120℃/20h |
| CA | 60 | 1/1 | 0.1 | 25000 | 152 | 180℃/20h |
| HHPA | 40 | | | | | |
| MA | 100 | 1/1 | 0.1 | — | 124 | 80℃/20h |
| CA | 60 | 1/1 | 0.1 | 2100 | 143 | 180℃/4h |
| MA | 40 | | | | | |

# 参 考 文 献

[1] 垣内 弘. 新エポキシ樹脂. 昭晃堂. 1985, 204—206.
[2] 天津市合成材料工业研究所. 环氧树脂与环氧化物. 天津：天津人民出版社，1974，65—66.
[3] Raymond Michael Moran, Ir., Bricktown, Henry Thomas, Belekicki, et al. (Ciba-Geigy Corporation). US 3639657. 1972.
[4] 表重夫，田口洋一，林哲夫（横浜ゴム株式会社）. 公開特許公報. 昭 54-78799. 1979.
[5] フアインケミカル, 1990, 19 (1): 68—69.
[6] 清野繁夫. 高分子加工，1979, 28 (5): 12—13.
[7] 黄廣雲. 川村晋司. 化学工业，1969, (6): 65—66.
[8] 垣内 弘. 新エポキシ樹脂. 昭晃堂. 1985, 193—194.
[9] 公開特許公報. 昭 54-142244. 1979.
[10] 公開特許公報. 昭 54-161649. 1979.
[11] 清野繁夫. 高分子加工，1979, 28 (6): 22—23.
[12] 天津市合成材料工业研究所. 环氧树脂与环氧化物. 天津：天津人民出版社，1974. 70—71.
[13] フアインケミカル, 1994, 23 (17): 35—36.
[14] 天津市合成材料工业研究所. 环氧树脂与环氧化物. 天津：天津人民出版社，74—77.
[15] James A. Graham James E, Óconnor. Adhes. Age, 1978, 21 (7): 20—23.
[16] フアインケミカル, 1987, 16 (17): 39—40.
[17] 垣内 弘. 新エポキシ樹脂. 昭晃堂. 1985, 196.
[18] 天津市合成材料工业研究所. 环氧树脂与环氧化物. 天津：天津人民出版社，1974, 79.
[19] 公開特許公報. 平 06-248, 058. 1994.
[20] Pol. pl 129725.
[21] Pol. pl 129726.
[22] 公開特許公報. 昭 60-32819. 1985.
[23] 公開特許公報. 昭 63-86717. 1988.
[24] 公開特許公報. 昭 55-149319. 1980.
[25] 郑文治，唐艳茹，熊均等. 中国胶黏剂，1997, 6 (3): 38—40.
[26] C. H. Smith. Modern Plastics. 1963, 40 (11): 139—142.

[27] Е. С. Потехина, Ъ. Л. Молдавский, Р. В. Мологков идр. Пласт. Массы. 1966, (3): 54—57.
[28] ファインケミカル, 1986, (5): 74.
[29] Ronald E. Johnzon. Polym. Eng. Sci, 1973, 13 (5): 357—364.
[30] プラスチックス. 1962. 13 (11): 29. 33.
[31] М. З. Циркин, Р. В. Молотков, В. ф. Казанская. Пласт. Массы. 1963, (7): 17—19.
[32] 特許公報. 昭 45-15495. 1970.
[33] 公開特許公報. 昭 50-87499. 1975.
[34] Р. С. Холодовская, А. Г. Лиакумович, М. А. Голубенко, идр. Пласт. Массы, 1974, (4): 21—23.
[35] 丁建良. 愈亚君. 热固性树脂, 1998, 13 (3): 32—38.
[36] 公開特許公報. 昭 53-52600. 1978.
[37] 公開特許公報. 昭 63-57630. 1988.
[38] 公開特許公報. 昭 63-61016. 1988.
[39] 公開特許公報. 昭 63-304018. 1988.
[40] 高橋勝治等. 工業材料, 1979, 27 (10): 95.
[41] 公開特許公報. 平 1-125375. 1989.
[42] 天津市合成材料工业研究所. 环氧树脂与环氧化物. 天津: 天津人民出版社, 1974, 81—82.
[43] Chemische Werke Huels A. G. Ger. offen. DE 3205820.
[44] 清野繁夫. 高分子加工, 1979, 28 (4): 18—20.
[45] 垣内 弘. 新エポキシ樹脂. 昭晃堂. 1985, 200.
[46] Ger. offen. DE 3616708.
[47] Eur. Pat. Appl. EP 138465.
[48] 公開特許公報. 昭 62-267319. 1987.
[49] И. Л. Парбузина, Н. Н. Соколов. Пласт. Массы. 1963, (2): 69—71.
[50] 天津市合成材料工业研究所. 环氧树脂与环氧化物. 天津: 天津人民出版社, 83.
[51] S. M. Csicsery. J. org. chem., 1960, 25 (4): 518.
[52] Gerald J. Fleming. J. Appl. Polym. Sci., 1966, 10 (12): 1813.
[53] Н. Л. Ларбузина, Н. Н. Соколов, Н. И. Шуйкин, и др. Пласт. Массы. 1963, (4): 12—13.
[54] 天津市合成材料工业研究所. 环氧树脂与环氧化物. 天津: 天津人民出版社, 95—96.
[55] 三浦希機, 大治吉信. ポリマーダイジェスト, 2002, (6): 67—69.
[56] 野辺富夫, 池田強志. ポリマーダイジェスト, 2002, (6): 53, 56.
[57] Dainippon Ink and chemicals, Inc. Eur. Pat. Appl. 9645.
[58] Milliken Research Corp. US 4371688.
[59] 天津市合成材料工业研究所. 环氧树脂与环氧化物. 天津: 天津人民出版社, 97—100.
[60] 无锡蚕蛹化工厂. 塑料工业, 1970, (4): 27—29.
[61] М. Н. Приз, М. Ф. Стенюк, Л. Я. Мошинский, и др. Пист. Масси. 1970, (9): 25—27.
[62] 加門隆等. 熱硬化性樹脂, 1982, 3 (3): 15—21.
[63] 加門隆等. 熱硬化性樹脂, 1982, 3 (4): 1—7.
[64] 天津市合成材料工业研究所. 环氧树脂与环氧化物. 天津: 天津人民出版社, 100—103.
[65] М. С. Салахов, М. М. Гусеинов, Э. М. Трейвус, идр. Пласт. Массы. 1973, (6): 26—28.
[66] Chemische Werke Huels A. G. Ger. Offen. DE 3205820.
[67] 公開特許公報. 昭 60-32820. 1985.
[68] Rom. Ro92, 832

# 第 5 章

# 固化反应促进剂

在使用环氧树脂与固化剂的组成物时,总是希望有较长的适用期,这样既便于组成物的存放,又便于操作进行。但在另外一些情况下如粘接、无溶剂漆涂覆,流水工艺线操作等,往往要求尽快地结束固化反应,以缩短工艺过程的时间。遇到这种要求时就必须在树脂组成物里添加各种相关的固化反应促进剂,加速固化剂与环氧基的反应。

脂肪胺可以在室温固化双酚 A 环氧树脂,但在 15℃ 以下的低温固化很慢。为加速脂肪胺和芳香胺与环氧基的固化反应,常常加入各种促进剂,但是这些促进剂对脂肪胺和芳香胺的促进效果是不同的。对脂肪族胺类而言,苯酚>三苯基膦>羧酸>醇>叔胺>聚硫醇(チオコールLP-3)。特别是碱基及羧酸取代酚的促进效果更大些。对芳香胺来说,苯酚及醇的促进效果小,而水杨酸类效果大。表 5-1 列出了各种添加剂不同取代基的作用[1]。由表中可见,有机酸、酚、醇、硫酰胺等对反应有促进作用。但像邻苯二甲酸、顺丁烯二酸等酸没有促进作用,这是由于它们和胺反应生成了酰亚胺之故。

表 5-1 各种添加剂取代基对胺反应影响

| 具有促进作用的取代基 | 具有抑制作用的取代基 | 具有促进作用的取代基 | 具有抑制作用的取代基 |
|---|---|---|---|
| —OH | —OR(R≠H) | —SO$_2$NH$_2$ | >CO |
| —COOH | —COOR | —SO$_2$NHR | —CN |
| —SO$_3$H | —SO$_3$H | | —NO$_2$ |
| —CONH$_2$ | —CONR$_3$(R≠H) | | |
| —CONHR | —SO$_2$NR$_2$ | | |

芳香二胺加热固化时可以使用过氧化物作促进剂[2]。见表 5-2 所列,当添加 2 份过氧化苯甲酰和叔丁基过苯甲酸酯时,凝胶时间缩短 1/4～1/2,和 BF$_3$-C$_2$H$_5$NH$_2$ 具有大体相同的效果。其他过氧化物和 AIBN 没有效果。过氧化物的作用在于其分解成的羧酸离子。

表 5-2 促进剂对芳香胺凝胶时间的影响

| 环氧树脂 | 胺 | 促进剂 名称 | w(促进剂)/% | 温度/℃ | 凝胶时间/min |
|---|---|---|---|---|---|
| Epon 828 | MDA | — | | 160 | 5.0 |
| Epon 828 | MDA | 过氧化苯甲酰 | 2 | 160 | 2.5 |
| Epon 828 | MPDA | — | | 160 | 3.0 |
| Epon 828 | MPDA | 叔丁基过苯甲酸酯 | 2 | 160 | 1.5 |
| Epon 828 | MPDA | — | | 120 | 12.0 |
| Epon 828 | MPDA | 叔丁基过苯甲酸酯 | 2 | 120 | 7.0 |
| Araldite Cy 178 | MDA | — | | 25 | 30250 |
| Araldite Cy 178 | MDA | 叔丁基过苯甲酸酯 | 2 | 25 | 5760 |
| 甲基丙烯酸缩水甘油酯共聚物 | MDA | — | | 160 | 6.0 |
| 甲基丙烯酸缩水甘油酯共聚物 | MDA | 过氧化苯甲酰 | 2 | 160 | 1.5 |
| 甲基丙烯酸缩水甘油酯共聚物 | MDA | 叔丁基过苯甲酸酯 | 2 | 160 | 1.5 |
| 甲基丙烯酸缩水甘油酯共聚物 | MDA | $BF_3 \cdot C_2H_5NH_2$ | 2 | 160 | 1.5 |
| 甲基丙烯酸缩水甘油酯共聚物 | MDA | AIBN | 2 | 160 | 6.0 |
| 甲基丙烯酸缩水甘油酯共聚物 | MDA | 氢过氧化枯烯 | 2 | 160 | 6.0 |
| 甲基丙烯酸缩水甘油酯共聚物 | MDA | 二枯基过氧化物 | 2 | 160 | 6.0 |
| DER 332 | MDA | — | | 120 | 15.5 |
| DER 332 | MDA | 叔丁基过苯甲酸酯 | 0.5 | 120 | 11.0 |
| DER 332 | MDA | 叔丁基过苯甲酸酯 | 1 | 120 | 9.6 |
| DER 332 | MDA | 叔丁基过苯甲酸酯 | 2 | 120 | 7.0 |
| DER 332 | MDA | — | | 160 | 4.6 |
| DER 332 | MDA | 叔丁基过苯甲酸酯 | 0.5 | 160 | 3.3 |
| DER 332 | MDA | 叔丁基过苯甲酸酯 | 1 | 160 | 2.7 |
| DER 332 | MDA | 叔丁基过苯甲酸酯 | 2 | 160 | 2.1 |

将酸酐作为固化剂使用时必须添加促进剂。除了提高酸酐固化环氧树脂的速度之外，有时还可以降低固化温度，这对高温敏感件和节省能源是非常有意义的。表 5-3 表示经常用于酸酐固化剂的促进剂。

表 5-3 典型的酸酐用促进剂

| 促进剂： |
|---|
| 苄基二甲胺(BDMA) |
| 2,4,6-三(二甲氨基甲基)苯酚(DMP-30) |
| $N,N$-二甲苯胺 |
| 二乙氨基丙胺 |
| 2-乙基-4-甲基咪唑(2E4MI;2,4-EMI) |

续表

潜伏性促进剂：
　　乙酰丙酮铬
　　乙酰丙酮锌、镍、钴
　　苄基三甲基氯化铵
　　三乙醇胺硼酸盐
　　三乙醇胺钛酸酯
　　辛酸锡
　　季磷盐
　　双氰胺
　　DBU·碳酸盐
　　咪唑金属盐

## 5.1　叔胺及其盐

叔胺为氨分子中三个氢原子被其他基团取代后得到的化合物，因此它们的反应活性不尽相同。有的叔胺分子比较活泼，可在室温固化环氧树脂，而且速度比较快，如经加热固化，固化物性能会更好；有的惰性比较大，需要在它们与环氧树脂的组成物里添加促进剂才行。例如，在室温下，由环氧树脂（环氧值0.42～0.53）和叔胺如二甲基乙醇胺、四甲基乙二胺、1-二甲基氨基-3-酚氧丙醇-2等组成的组成物，不添加含酚的促进剂实际上不固化。向组成物里加入10%（摩尔）的酚，经6天固化度达85%～94%，给出了制备涂料的可能性。随着叔胺用量增加［到20%（摩尔）］，固化时间可缩短到3天（见表5-4所列）[3]。叔胺单独用作固化剂时，其用量通常为树脂的质量分数的5%～15%。

表5-4　环氧树脂-叔胺组成物在酚存在下室温固化特征

| 固化剂 | $n$(固化剂)/% | $n$(苯酚)/% | 固化时间/d | 固化度/% |
| --- | --- | --- | --- | --- |
| 四甲基乙二胺 | 10 | 10 | 6 | 94 |
| 四甲基己二胺 | 10 | 10 | 6 | 85 |
| 二甲基乙醇胺 | 10 | 10 | 6 | 65 |
| 1-二甲基氨基-3-酚氧丙醇-2 | 10 | 10 | 6 | 85 |
| 苄基二甲胺 | 10 | 10 | 6 | 92 |
| 苄基二甲胺 | 20 | 20 | 3 | 89 |
| 二甲基乙醇胺 | 20 | 20 | 3 | 93 |
| 四甲基乙二胺 | 20 | 20 | 3 | 75 |
| 四甲基己二胺 | 20 | 20 | 3 | 77 |

叔胺最为常用的，还是作脂肪族多胺、芳香族多胺、聚酰胺树脂及酸酐等固化剂的固化反应促进剂。叔胺对固化反应的促进效果与其分子结构中氮原子上的电子密度及分子链长度有关，氮原子上的电子密度越大，分子链越小，促进效果就越大，如图5-1及表5-5所示[4]。

表 5-5 叔胺对 Epikote 828/六氢苯二甲酸酐反应的影响

| 叔胺 | 分子式 | 凝胶化时间/min | 叔胺 | 分子式 | 凝胶化时间/min |
|---|---|---|---|---|---|
| 三甲胺 | $(CH_3)_3N$ | 6 | 三乙醇胺 | $(HOC_2H_4)_3N$ | 10 |
| 三乙胺 | $(C_2H_5)_3N$ | 8 | N-二甲基苯胺 | $C_6H_5N(CH_3)_2$ | 22 |
| N-二甲基苄胺 | $C_6H_5CH_2N(CH_3)_2$ | 2 | 吡啶 | $C_5H_5N$ | 3 |

注：$w$(Epikote 828)：$w$(HHPA)＝50：50；凝胶时间为150℃下；叔胺用量为 $3.49\times10^{-5}$ mol/g。

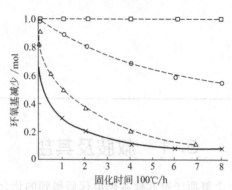

图 5-1 叔胺分子链长度对反应的影响
　　-×-×-：$C_6H_5CH_2-N(CH_3)_2$
　　—●—：$C_6H_5OCH_2CHOHCH_2-N(CH_3)_2$
　　-○-○-：$C_6H_5OCH_2CHOHCH_2-N(CH_2CH_3)_2$
　　-□-□-：$C_6H_5OCH_2CHOHCH_2-N(CH_2CHCH_2CH_2CH_3)_2$
　　　　　　　　　　　　　　　　　　　　　　　　　　　　　　　　 |
　　　　　　　　　　　　　　　　　　　　　　　　　　　　　　　$CH_2CH_3$

各种胺对环氧树脂-酸酐体系150℃下凝胶时间的影响见表5-6所列。

表 5-6 各种胺对 Epikote 828/HHPA 体系凝胶时间的影响

| 各种胺 | 凝胶时间/min | 各种胺 | 凝胶时间/min |
|---|---|---|---|
| $C_6H_5CH(CH_3)N(CH_3)_2$ | 3 | $(C_2H_5)_3N$ | 5(8) |
| $(C_2H_5)_2NH$ | 20 | $C_6H_5CH_2N(CH_3)_2$ | 2 |
| $[(CH_3)_2CH]_2NH$ | 43 | $CH_3NH(C_2H_4OH)$ | 20 |
| $(C_2H_4OH)_2NH$ | 38 | $(C_2H_4OH)NH_2$ | 129 |
| $C_6H_5CH(CH_3)N(C_2H_4OH)_2$ | 41 | $CH_3N(C_2H_4OH)_2$ | 3 |
| $(CH_3)_2C(OH)NH_2$ | 164 | | |

注：$w$(Epikote 828)：$w$(HHPA)＝100：60；$w$(促进剂)＝1。

## 5.1.1　2,4,6-三(二甲氨基甲基)苯酚（TAP）

结构式及其物理特性见表5-7所列[5]。有时亦称该固化促进剂为DMP-30或K54。

该化合物由苯酚、二甲胺及福尔马林经脱水缩合反应制备。

**表 5-7  2,4,6-三(二甲氨基甲基)-苯酚特性**

结构式：

$$(CH_3)_2NH_2C \underset{CH_2N(CH_3)_2}{\overset{OH}{-\bigcirc-}} CH_2N(CH_3)_2$$

外观：淡黄色透明液体　　　　　分子式 $C_{15}H_{27}ON_3$
沸点：250℃　　　　　　　　　　相对分子质量 265.40
相对密度：0.980(20℃)　　　　　溶解性：溶于有机溶剂、冷水
水分：0.5%
纯度：97%

TAP 可单独作环氧树脂固化剂，对环氧当量 185～195 的双酚 A 环氧树脂的用量为 10%，作促进剂使用时用量为 0.1%～3%；用于环氧树脂-液体多硫化物体系时常温固化用量 10%～15%，加热固化用量 6%，并能赋予该体系良好的黏结、浇铸及密封性能。该促进剂的独特性能见表 5-8 所列。由表可见，常温下它的凝胶速度远超过聚酰胺。

**表 5-8  2,4,6-三(二甲氨基甲基)苯酚的促进性能**

| $w$(DMP-30)/% | $w$(固化剂)/% | 适用期(50g) | 固化条件 | 热变形温度/℃ |
|---|---|---|---|---|
| 10 | 无 | 25℃/30min | 60～90℃/1h | 80～90 |
| 2 | MNA(80) | 90℃/2.5h | (100℃/2h)+(150℃/5h) | 137 |
| 2 | THPA(60) | 90℃/1.5h | (100℃/2h)+(150℃/5h) | 126 |
| 5 | 聚酰胺(60) | 25℃/1.2h | 25℃/4d | 60～70 |

## 5.1.2  2,4,6-三(二甲氨基甲基)苯酚的三(2-乙基己酸)盐

如前所述，DMP-30 单独用作固化剂时凝胶速度快、适用期比较短，当用于浇铸时操作不便。将其制成叔胺盐，例如本文所提到的叔胺盐，就可将适用期延长，并降低反应放热。该叔胺盐的特性见表 5-9 所列[6]。

**表 5-9  2,4,6-三(二甲氨基甲基)苯酚的三(2-乙基己酸)盐特性**

结构式

$$\left[(CH_3)_2NH_2C \underset{CH_2N(CH_3)_2}{\overset{OH}{-\bigcirc-}} CH_2N(CH_3)_2\right] \cdot 3CH_3CH_2CH_2CH_2\overset{CH_2CH_3}{\underset{}{CH}} \cdot COOH$$

外观：淡褐色液体
沸点：约 200℃
相对密度(20℃)：0.980
pH 值：7.0
蒸气压(30℃)：4.5mmHg(1mmHg=133.322Pa)
黏度 0.5～0.75Pa·s(25℃)
胺含量：以 2,4,6-三(二甲氨基甲基)苯酚计 37.5%

该叔胺盐对双酚 A 环氧树脂（环氧当量 185～195）的用量为 10%～12%，500g 树脂在 21℃有 7h 的适用期。该叔胺盐毒性小。反应放热低（见表 5-10）。固化物的热变形温度不高，经(64℃/3h)＋(130℃/1h)固化，再经 200℃/(2～4h)后固化热变形温度 86～91℃（比未经后固化的热变形温度提高 6～11℃）。

表 5-10 叔胺盐与各种胺放热温度比较

| 固 化 剂 | 烘箱内温/℃ | 最高放热温度/℃ | 达最高温度时间/min |
|---|---|---|---|
| 吡啶 | 100 | 133 | 66 |
| 吡啶 | 80 | 110 | 96 |
| 二亚乙基三胺 | 65 | 138 | 13 |
| 间苯二胺 | 65 | 270 | 43 |
| 叔胺盐 | 65 | 74 | 75～80 |

注：环氧树脂的环氧当量 185～195。

该叔胺盐树脂固化物的电性能优良，可用于电气部件的包封、浇铸件。其物理力学性能和电性能分别见表 5-11 和表 5-12 所列。

表 5-11 叔胺盐固化物的物理力学性能

| 性 能 | 数 据 | 性 能 | 数 据 |
|---|---|---|---|
| 弯曲强度/MPa | 129.5 | 屈服应力/MPa | 59.5 |
| 弹性模量/MPa | 3500 | 极限伸长率/% | 4.7 |
| 压缩强度/MPa | 99.4 | 巴氏硬度 | 25 |
| 弹性模量/MPa | 3500 | 热变形温度/℃ | 67 |
| 拉伸强度/MPa | 77.7 | | |

注：环氧树脂的环氧当量 185～195；固化剂用量 10.5%；75℃/3h 固化。

表 5-12 叔胺盐固化物的电性能

(1)介电常数与介电损耗角正切

| 周波数/Hz | 50%相对湿度 | | 水中浸泡 24h 后 | |
|---|---|---|---|---|
| | 介电常数 | 介电损耗角正切 | 介电常数 | 介电损耗角正切 |
| $10^2$ | 3.8 | 0.0023 | 3.9 | 0.002 |
| $10^3$ | 3.8 | 0.0035 | 3.9 | 0.003 |
| $10^4$ | 3.8 | 0.0064 | 3.8 | 0.007 |
| $10^5$ | 3.7 | 0.010 | 3.9 | 0.002 |
| $10^6$ | 3.7 | 0.015 | 3.9 | 0.003 |
| $10^7$ | 3.8 | 0.019 | 3.8 | 0.007 |
| $10^9$ | 3.0 | 0.015 | | |
| $10^{10}$ | 2.8 | 0.025 | | |

(2)耐电性能

| 性 能 | 数 据 |
|---|---|
| 表面电阻率/Ω | $9.4\times10^{13}$ |
|  | $8.7\times10^{13}$（水中浸泡 24h 后） |
| 体积电阻率/Ω·cm(50%相对湿度) | |
| 25℃ | $8.7\times10^{14}$ |
| 100℃ | $5\times10^{11}$ |
| 150℃ | $1\times10^{10}$ |
| 200℃ | $1.3\times10^8$ |
| 耐电弧性/s | 240 |
| 介电强度/(kV/mm) | 16～20 |

陈平等[7]将该叔胺盐（简写为 $R_3N \cdot HA$）作为潜伏促进剂用于双酚 A 环氧树脂（E-54）-酸酐（MeTHPA）体系，研究其固化反应动力学和潜伏性促进机理指出，该叔胺盐对酸酐-环氧树脂固化反应体系的促进机理是：在某一温度以下（低于 120℃），它以复盐形式存在，且缓慢促进酸酐与环氧基发生反应

当温度高于 120℃ 时，叔胺盐发生热离解，生成 $R_3N$ 和 HA（羧酸）。这时 $R_3N$ 可以像叔胺促进体系一样催化促进酸酐-环氧树脂体系发生按阴离子催化机理进行的交替固化反应，同时羧酸（HA）可以提供氢质子给予体，进一步促进酸酐-环氧树脂体系发生固化反应，即在某一温度以上时，可以起到双重促进作用。

以 MeTHPA-$R_3N \cdot HA$ 固化 E-54 的物理力学、电性能见表 5-13 所列。该体系 n(酸酐)：n(环氧树脂)＝0.85：1，$R_3N \cdot HA$ 的质量分数为 4%。固化条件为（100℃/3h）＋（140℃/3h）＋（170℃/3h）。适用期 50h（25℃下体系黏度从初始达到 10.0Pa·s 的时间），储存期 8 天（25℃下体系从配制到凝胶化的时间）。

表 5-13　含叔胺盐的酸酐树脂固化物性能

| 性　　能 | 数　　据 | 性　　能 | 数　　据 |
| --- | --- | --- | --- |
| 介电损耗角正切($10^3$Hz) | 0.0020 | 断裂伸长率/% | 2.05 |
| 体积电阻率/Ω·cm | $3.8 \times 10^{14}$ | 弯曲强度/MPa | 110 |
| 表面电阻率/Ω | $1.2 \times 10^{15}$ | 弯曲模量/GPa | 2.82 |
| 介电强度/(kV/mm) | 24±2 | 热变形温度/℃ | 124 |
| 拉伸强度/MPa | 55.4 | 表观分解温度/℃ | 287 |
| 拉伸模量/GPa | 3.25 | 温度指数/℃ | 138 |

### 5.1.3　2,4,6-三(二甲氨基甲基)苯酚的三油酸盐[8]

结构式　$[(CH_3)_2NH_2C$-苯环(OH, $CH_2N(CH_3)_2$, $CH_2N(CH_3)_2$)$] \cdot 3C_{17}H_{33}COOH$，$C_{69}H_{129}N_3O_7$，相对分子质量 1112.80 由 DMP-30 和油酸 $C_{17}H_{33}COOH$ 反应制备。

该叔胺盐为黏性透明液体，琥珀色至深樱桃色，略带气味。沸点（120～

125℃)/133Pa。溶于苯、汽油、四氢呋喃、乙酸、乙酐及乙醇,溶水有限。挥发性小。密度 0.980g/cm³,折射率($n_D^{20}$)1.4840,黏度(25℃)280×10⁻⁶ m²/s,氮含量 3.4%~3.8%。

用作环氧树脂低温固化剂,与环氧树脂的组成物储存稳定,可以与其他酸性特点的固化剂混用。对环氧树脂的用量为 10%~12%。

### 5.1.4 苄基二甲胺(BDMA)

结构式 C₆H₅—CH₂—N(CH₃)₂,为液体。对双酚 A 环氧树脂的用量 15%。在室温下 3h 或 80℃下 0.5h 即可固化。经常用作酸酐的促进剂,用量为 1%。表 5-14 表示 BDMA 对各种酸酐固化双酚 A 环氧树脂的促进作用[9]。

表 5-14　Epikote 828-酸酐组成物的适用期

| 酸酐 | w(固化剂)/% | w(BDMA)/% | 初始黏度/mPa·s | 至 10⁵mPa·s 时间/d |
|---|---|---|---|---|
| MNA | 90 | 1 | 1775(27.5℃) | 3~6 |
| DDSA | 134 | 1 | 1500(26.5℃) | 10 |
| HPA | 80 | 1 | 215(40℃) | 1 |
| HET/HPA | 80/20 | 1 | 65(90℃) | 2.5~3h |

### 5.1.5 其他叔胺

除了前述的叔胺及叔胺盐外,还有三乙胺 N(C₂H₅)₃,对树脂用量 10%,室温下适用期大于 7h,经 6 天后固化。

三乙醇胺 N(C₂H₄OH)₃,液体,用量 10%,在(120~140℃)/(4~6h)固化。

邻羟基苄基二甲胺(亦称 DMP-10),(o-HO-C₆H₄)—CH₂—N(CH₃)₂,液体,室温 2h,或 80℃下 0.5h 固化。

## 5.2　乙酰丙酮金属盐 [M(AA)$_n$]

一般式 M(CH₃COCHCOCH₃)$_n$;亦称乙酰丙酮金属络合物(式中 M 代表金属)。目前在市场上出现的品种已达 20 余种。表 5-15 和表 5-16 分别表示了部分该金属盐的特性、熔点和溶解性[10]。该金属盐对热稳定,水解困难。

该金属盐的制法是,首先丙酮和醋酸乙酯缩合制成乙酰丙酮,然后再与碳酸钠、金属盐(例如硫酸盐、氯化盐等)反应制得。

表 5-15　各种乙酰丙酮金属盐特性

| 金属盐 | 相对分子质量 | 外观 | 分子式 |
|---|---|---|---|
| 乙酰丙酮铝 | 324.30 | 近似白色结晶 | $Al(C_5H_7O_2)_3$ |
| 乙酰丙酮铬 | 349.32 | 紫红色结晶 | $Cr(C_5H_7O_2)_3$ |
| 乙酰丙酮钴（Ⅰ） | 293.18 | 粉红色结晶 | $Co(C_5H_7O_2)_2(H_2O)_2$ |
| 乙酰丙酮钴（Ⅱ） | 356.26 | 暗绿色结晶 | $Co(C_5H_7O_2)_3$ |
| 乙酰丙酮铜 | 261.76 | 蔚蓝色结晶 | $Cu(C_5H_7O_2)_2$ |
| 乙酰丙酮铁（Ⅱ） | 353.17 | 橙红色结晶 | $Fe(C_5H_7O_2)_3$ |
| 乙酰丙酮镍 | 292.93 | 浅蓝色结晶 | $Ni(C_5H_7O_2)_2(H_2O)_2$ |
| 乙酰丙酮氧钒 | 265.15 | 蔚蓝色结晶 | $Vo(C_5H_7O_2)_2$ |
| 乙酰丙酮锌 | 281.61 | 近似白色结晶 | $Zn(C_5H_7O_2)_2(H_2O)$ |
| 乙酰丙酮铟 | 412.14 | 近似白色结晶 | $In(C_5H_7O_2)_3$ |

表 5-16　乙酰丙酮金属盐的熔点和溶解性（g/100mL，25℃）

| 乙酰丙酮金属盐 | 熔点/℃ | 甲苯 | 苯 | 甲醇 | 水 |
|---|---|---|---|---|---|
| 铝盐 | 192～193 | 14.6 | 35.4 | 1.8 | 1.00 |
| 铬盐 | 215～216 | 10.8 | 8.1 | 1.6 | 0.10 |
| 钴盐（Ⅰ） | >100 分解 | <0.5 | 0.5 | 2.0 | 0.50 |
| 钴盐（Ⅱ） | 195 | 3.9 | 13.5 | <0.5 | 0.17 |
| 铜盐 | 230 | 0.06 | 0.2 | 0.24 | 0.01 |
| 铁盐（Ⅱ） | >179 分解 | 21.3 | 52.5 | 9.5 | 0.16 |
| 镍盐 | 228 | <0.1 | 0.1 | 1.7 | 1.08 |
| 氧钒盐 | 243～246 | | | 8.5 | 1.00 |
| 锌盐 | 138 | 1.1 | | 17.5 | 0.7 |

$M(AA)_n$ 用作双氰胺、有机酸酐、酚醛树脂等固化剂的促进剂。表 5-17 表示 22 种乙酰丙酮金属盐对环氧树脂-酸酐（液体 MeTHPA）体系的促进作用[11]。由表中数据可见，钛（Ⅳ）氧乙酰丙酮盐，铬（Ⅲ），锆（Ⅳ），钴（Ⅲ）和钴（Ⅱ）等乙酰丙酮盐明显有效。添加量为环氧体系的 0.05%～0.10%，在 150℃ 和 175℃ 下的凝胶时间比较短，且在室温下有良好的储存稳定性（大于 6 个月）。树脂体系经 150℃/16h 固化后，在 150℃，60Hz 条件下介电损耗角正切为 0.020～0.025。

表 5-17　使用乙酰丙酮金属盐的环氧树脂-酸酐组成物的
凝胶时间和储存稳定性

| 乙酰丙酮金属盐 | 凝胶时间/min | | 储存时间(25℃)/d | 乙酰丙酮金属盐 | 凝胶时间/min | | 储存时间(25℃)/d |
|---|---|---|---|---|---|---|---|
| | 150℃ | 175℃ | | | 150℃ | 175℃ | |
| 钛 | 35～40 | 30～35 | 110 | 锌 | — | 20～25 | 50 |
| 铝 | 35～40 | 30～35 | 95 | 钴（Ⅲ） | 80～90 | 25～35 | >200 |
| 铈 | — | 50～55 | — | 钒（Ⅲ） | 70～80 | 40～45 | >90 |
| 锰（Ⅱ） | — | 55～65 | — | 双氧铀 | <10 | <10 | <4 |
| 铁（Ⅲ） | — | <15 | <10 | 锆 | 50～55 | 30～35 | >90 |
| 镁 | — | 50～55 | — | 钍 | 60～65 | 50～55 | |
| 锰（Ⅲ） | 80～90 | 40～45 | 160 | 锶 | 100～110 | 60～65 | |
| 钴（Ⅱ） | 50～55 | 35～40 | 130 | 钠 | 35～40 | 20～25 | >90 |
| 铜（Ⅱ） | — | 90～100 | — | 钾 | 25～30 | 15～20 | >90 |
| 铬（Ⅲ） | 40～50 | 30～40 | >200 | 铅 | 100～110 | 70～80 | >90 |
| 镍 | — | 45～50 | >90 | 铍 | 100～110 | 60～65 | >90 |

研究表明，在乙酰丙酮金属盐存在下，环氧树脂-酸酐体系的固化反应机理为阳离子引发聚合机理。羧酸酐和乙酰丙酮金属盐释放的金属阳离子之间发生电子转移，同时得到活性的引发物。例如，甲基四氢苯二甲酸酐和乙酰丙酮铬（Ⅲ）之间发生电子转移，形成过渡的络合物。

$$n \; [\text{甲基四氢苯二甲酸酐}] + Cr^{3+} \longrightarrow [\text{络合物}]_{n=3-6} Cr^{3+}$$

该络合物在高温下解离，形成环氧-活性酸酐物，同时3价铬阳离子还原成2价铬离子。

$$[\text{络合物}]_n Cr^{3+} \xrightarrow{\Delta} (n-1)[\text{酸酐}] + [\text{活性酸酐}] + Cr^{2+}$$

活性的酸酐物可能是一个氧鎓型阳离子，是由酸酐环上中心氧的电子供给3价铬阳离子形成的，3价铬离子还原成2价铬离子。然后羧酸阳离子物自由引发树脂组分快速聚合。

这一引发机理已为事实所证明：乙酰丙酮铬（Ⅲ）的3价铬离子为红褐色，当在环氧-酸酐体系中固化之后变为绿色，表明 $Cr^{3+}$ 还原成了 $Cr^{2+}$。

宋永贤等[12]研究乙酰丙酮金属盐对双酚A环氧树脂-桐油酸酐体系的促进作用指出，铬盐、钴盐对双酚A环氧树脂固化有促进作用，Cr离子对固化后的玻璃化温度、密度及力学性能均无多大影响，但明显降低吸水性；使用钴盐的环氧树脂固化后挠曲强度和断裂韧性得以改善，但玻璃化温度明显降低；钕盐（Nd）的使用可使树脂固化物的玻璃化温度提高，改善高温的介电性能和力学性能。

文献[13]指出，$Fe^{3+}$、$Fe^{2+}$、$Co^{3+}$、$Co^{2+}$、$Ni^{2+}$ 等乙酰丙酮金属盐对双酚A环氧树脂-三乙醇胺钛酸盐（TEAT）体系的促进作用。但这些盐的反应能力低，仅在高温（大于150℃）下才对环氧树脂有明显的固化速度。比较各组成物在165℃时的凝胶时间发现，$M(AA)_n$ 的作用很有选择性，比如 $Co(AA)_n$ 有最大的反应能力，而 $Ni(AA)_n$ 的活性很低。当温度200℃时，固化以高速度进行，而与 $M(AA)_n$ 的类型无关。

当温度低于150℃时，$M(AA)_n$ 固化环氧树脂的速度低，这可以解释为 $M(AA)_n$ 价转变，特别是2价金属，导致生成三聚体和四聚体，它们是一稳定的化合物，只在高温下或极性溶剂中离解。当 $M(AA)_n$ 与三乙醇胺钛酸盐同时使用时，$M(AA)_n$ 反应能力很快增长，这是由于形成稳定性低的络合物所致，该络合物 $TEAT \cdot M(AA)_n$ 在较低温度下离解，形成活性聚合中心。

$M(AA)_n$，特别是 $Fe(AA)_2$，固化环氧树脂的过程按阴离子配位机理进行。首先环氧基与 $Fe(AA)_2$ 配位，随后，含环氧衍生物配体的络合物衰变[式（1）]。

进一步 Fe—O—CHR 离子键断裂，生成阴离子，聚合物按阴离子机理链增长 [式(2)]

许显成[14]将多羟基类化合物与乙酰丙酮3价金属盐组成复合的固化促进体系，用于环氧树脂-二氨基二苯砜体系的固化具有明显的促进作用，不仅大幅度提高反应速度，而且可以使环氧树脂固化体系在更低的温度下（140～180℃）固化成型而不影响其性能。固化产物机电性能优异，特别是在高温下性能稳定，保持率高。该促进体系的促进作用和储存稳定性分别见表 5-18 和图 5-2 所列。

表 5-18　促进剂对环氧/DDS树脂体系胶化时间的影响

| 促进剂 | 无 | 对羟基苯甲酸 | 594 | 羟基化合物 | 乙酰丙酮盐 | 乙酰丙酮盐/多羟基化合物 |
|---|---|---|---|---|---|---|
| 凝胶时间(200℃,小刀法) | 11min 44s | 8min 25s | 8min | 8min 52s | 7min 58s | 2min 14s |

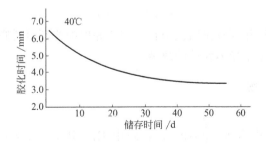

图 5-2　胶化时间与存放天数的关系

# 5.3 三苯基膦及其膦盐

## 5.3.1 三苯基膦 (TPP)[15]

结构式 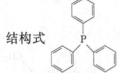 $C_{18}H_{15}P$;相对分子质量:262.27,其物理特性和工业品规格分别见表 5-19 和表 5-20 所列。

表 5-19 三苯基膦物理特性

| 外观 | 白色片状固体 | | 溶解性 | 溶于芳烃,丙酮;不溶水 |
|---|---|---|---|---|
| 沸点/℃ | 200/2kPa | 377/91kPa | 稳定性 | 在空气中稳定 |
| 熔点/℃ | 80.5 | | 毒性 | 鼠 $LD_{50}$ 800mg/kg |
| 闪点/℃ | 180(开杯) | | | |

表 5-20 三苯基膦工业品规格

| 纯度/% | >99.0 | $Na/(\mu g/g)$ | <5.0 |
|---|---|---|---|
| 三苯基膦氧化物(TPPO)/% | <1.0 | 全氯化物/$(\mu g/g)$ | <25.0 |
| $Fe/(\mu g/g)$ | <10.0 | 透射率(25%丙酮溶液,UV650nm) | >90 |

三苯基膦的制法有两条工艺路线:格利雅法,日本北兴化学工业采用此法;第二个方法为金属钠法,日本ケイアイ化成采用此法生产。

$$\text{C}_6\text{H}_5\text{X} + \text{Mg} \longrightarrow \text{C}_6\text{H}_5\text{MgX}$$

$$\text{PCl}_2 + 3\text{C}_6\text{H}_5\text{MgX} \longrightarrow (\text{C}_6\text{H}_5)_3\text{P} + \text{MgClX}$$

(X=Cl or Br)

格利雅法制三苯基膦

$$\text{C}_6\text{H}_5\text{Cl} + 2\text{Na} \longrightarrow \text{C}_6\text{H}_5\text{Na} + \text{NaCl}$$

$$\text{PCl}_3 + 3\text{C}_6\text{H}_5\text{Na} \longrightarrow (\text{C}_6\text{H}_5)_3\text{P} + 3\text{NaCl}$$

金属钠法制三苯基膦

三苯基膦主要用作环氧树脂模塑料,例如邻甲酚醛环氧树脂模塑料的固化促进剂,这种模塑料用于半导体元件的封装。

## 5.3.2 季膦化合物

季膦化合物通式为 $R_2-\overset{R_1}{\underset{R_3}{P^+}}-R_4\ X^-$,式中 $R_1$、$R_2$、$R_3$ 及 $R_4$ 为烷基、芳香烃

基；$X^-$为卤原子，乙酸盐或二甲基磷酸盐阴离子等，因此季鏻化合物的品种亦是很多的。

季鏻化合物是酸酐固化双酚A环氧树脂的非常有效的潜伏固化促进剂。活化能较低，约67.4kJ/mol，当用量为0.01%～0.25%时在135～200℃能快速凝胶，同时在环境温度下有很好的储存稳定性。使用这些促进剂可以配制使用寿命长的单组分环氧组成物。如下7种结构不同的季鏻盐，它们的用量对环氧组成物储存寿命的影响见表5-21所列[16]。

表5-21 季鏻化合物用量对环氧-酸酐组成物储存寿命的影响

| 季鏻化合物 | $w$(季鏻化合物)/% | $n$(季鏻化合物)/×$10^{-4}$mol | 储存寿命(25℃)/d |
|---|---|---|---|
| MTOP-DMP | 0.02 | 0.78 | 130 |
|  | 0.04 | 1.56 | 85 |
|  | 0.06 | 2.34 | 56 |
|  | 0.10 | 3.90 | 45 |
| TBPA | 0.02 | 1.06 | 112 |
|  | 0.04 | 2.12 | 80 |
|  | 0.06 | 3.18 | 42 |
|  | 0.10 | 5.30 | 21 |
| MTBP-DMP | 0.01 | 0.59 | 160 |
|  | 0.02 | 1.17 | 115 |
|  | 0.04 | 2.34 | 85 |
| BTPPC | 0.02 | 1.03 | 90 |
|  | 0.10 | 5.15 | 28 |
| TBPC | 0.02 | 1.36 | 90 |
|  | 0.10 | 6.80 | 30 |
| MTPP-DMP | 0.02 | 1.00 | 150 |
| TPEPI | 0.02 | 0.96 | 85 |

① 甲基三辛基鏻二甲基磷酸盐（MTOP-DMP）
② 四丁基鏻乙酸盐（TBPA）
③ 甲基三丁基鏻二甲基磷酸盐（MTBP-DMP）
④ 苄基三苯基鏻氯化物（BTPPC）
⑤ 四丁基鏻氯化物（TBPC）
⑥ 甲基三苯基鏻二甲基磷酸盐（MTPP-DMP）
⑦ 三苯基乙基鏻碘化物（TPEPI）

在季鏻化合物里值得一提的是苄基三苯基溴化鏻（$PhCH_2P^+Ph_3Br^-$）[17]。它是由三苯基膦和溴化苄在甲苯溶剂里在80～90℃下反应3h制备的，产品为熔点250℃的细微粉末，分解温度280℃，有优良的耐热性。与环氧树脂和酸酐的相容性优良，促进活性高，特别是吸湿性小，优于其他溴鏻化合物（表5-22）。

表 5-22 苄基三苯基溴化鏻的吸水性

| 溴鏻化合物 | 吸水性/% | |
|---|---|---|
| | 2h | 15h |
| 苄基三苯基溴化鏻 | 0.1 | 0.1 |
| 四丁基溴化鏻 | 1.0 | 8.4 |
| 三辛基乙基溴化鏻 | 2.1 | 5.3 |

注：样品5.00g在80%RH、30℃恒温恒湿器放置测定。

## 5.4 芳基异氰酸酯的加成物

双氰胺（Dicy）是一高熔点的结晶物，经常与环氧树脂配合用于胶黏剂、粉末涂料、层压材料等。单独固化环氧树脂时，需要175～180℃以上的温度；采用促进剂可将固化温度降至100～120℃之间。

### 5.4.1 取代脲

取代脲是一有效的促进剂。文献[18]指出，双酚A环氧树脂（DER 332）与双氰胺在170℃开始反应，随后在200℃和211℃出现两个放热峰；DER 332和取代脲（例如 Monuron）之间反应仅在160℃有一个轻微的放热峰。当将DER 332、Dicy（质量分数10%）和Monuron（质量分数3%）混合一起时，在135℃开始交联反应，说明取代脲促进了Dicy和环氧基的反应。取代脲的结构不同，在Dicy存在时反应性亦不同，以如下顺序降低

$$X-\text{C}_6\text{H}_4-\text{NHCN(CH}_3)_2$$
$$\parallel$$
$$O$$

取代脲

式中 $X=-CH_3>-Cl\sim-H>-OCH_3>-NO_2$

取代脲在高温下分解成相应的异氰酸酯和二甲胺，二甲胺可以激活、促进Dicy和环氧基的反应。张保龙等[19]认为，取代脲与Dicy反应生成二甲胺。

图5-3和图5-4表示双酚A环氧树脂（DER 332）分别与Monuron [A：3-(对氯苯基)-1,1-二甲基脲，质量分数3%]，双氰胺（B：质量分数10%）和它们的混合物（C）配合，在120℃加热时的放热图。由图中可见，当三者混合在一起时经16～18min之后就出现放热峰，约220℃。

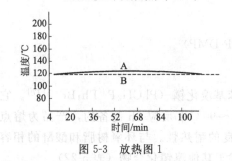

图5-3 放热图1

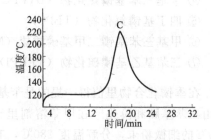

图5-4 放热图2

上述取代脲是以取代苯基异氰酸酯与二甲胺反应制备的。当以苯并噁唑啉酮及其衍生物与二甲胺反应时，可以制备苯环上含羟基的取代脲，具有更好的固化促进作用[20]。表 5-23 表示各种含羟基取代脲的熔点和对环氧值 0.51 的双酚 A 环氧树脂的使用质量分数。表 5-24 表示单独使用这些促进剂时，各组成物在不同温度下的凝胶时间。表 5-25 表示当将其作为促进剂使用时的促进作用。

表 5-23 含羟基取代脲的熔点及用量

| 序号 | 含羟基取代脲 | 熔点/℃ | $w$(取代脲)/% |
|---|---|---|---|
| 1 | $N$-(2-羟基苯基)-$N'$,$N'$-二甲基脲 | 148 | 13 |
| 2 | $N$-(2-羟基-4-硝基苯)-$N'$,$N'$-二甲基脲 | 248 | 17 |
| 3 | $N$-(5-氯-2-羟基苯)-$N'$,$N'$-二甲基脲 | 164 | 15.5 |
| 4 | $N$-(2-羟基-5-硝基苯)-$N'$,$N'$-二甲基脲 | — | 17 |
| 5 | $N$-(3,5-二甲基-2-羟基苯基)-$N'$,$N'$-二甲基脲 | 140(分解) | 15 |
| 6 | $N$-(4-氯-2-羟基苯)-$N'$,$N'$-二甲基脲 | 178(分解) | 15.5 |
| 7 | $N$-(4-氯苯基)-$N'$,$N'$-二甲基脲 | 171 | 15 |

表 5-24 各组成物在不同温度下的凝胶时间/min

| 温度 | 组成物 | | | | | | |
|---|---|---|---|---|---|---|---|
| | 1 | 2 | 3 | 4 | 5 | 6 | 7 |
| 120℃ | 12.5 | 20 | 13 | 8 | 16 | 14 | 30 |
| 100℃ | 65 | 105 | 47 | 17 | 75 | 65 | — |
| 80℃ | 330 | 330 | — | — | — | — | — |
| 40℃ | 25d | 14d | — | — | 10d | >14d | — |
| 25℃ | — | — | — | 30d | — | — | — |

注：表中 1~7 阿拉伯数字与表 5-23 相对应。

表 5-25 取代脲的促进剂作用

| 组 成 物 | 1 | 2 | 3 | 4 |
|---|---|---|---|---|
| 双酚 A 环氧树脂 | 100 | 100 | 100 | 100 |
| 二氧化硅气凝胶 | 5 | 5 | 5 | 5 |
| 丙三醇 | 1 | 1 | 1 | 1 |
| 双氰胺 | 7 | 7 | 7 | 7 |
| $N$-(2-羟基苯基)-$N'$,$N'$-二甲基脲 | — | 4 | — | — |
| $N$-(4-氯苯基)-$N'$,$N'$-二甲基脲 | — | — | 4 | 8 |
| 凝胶时间(120℃)/min | >150 | 14 | 20 | 15 |

以 $N$-(2-羟基苯基)-$N'$,$N$-'二甲基脲为例。其组成物在 40℃下储存期 3.5 周，120℃下凝胶时间 12.5min，经 120℃/1h 固化后剪切强度 25MPa。浇铸件经 (100℃/2h)＋(150℃/1h)固化后，马丁耐热 110℃；而使用 Monuron 的马丁耐热只有 89℃。

### 5.4.2 芳基异氰酸酯与咪唑类化合物的加成物

将芳基异氰酸酯与咪唑类化合物进行加成反应，可以制得氨基甲酰取代咪唑类化合物[21]。

结构式 ，表 5-26 列出了各种结构的氨基甲酰取代咪唑及熔点。

表 5-26 氨基甲酰取代咪唑的结构及熔点

| 取代咪唑 | $R_1$ | $R_2$ | $R_3$ | X | 熔点/℃ |
|---|---|---|---|---|---|
| Ha-Ⅰ | $CH_3$ | H | H | $Cl(p-)$ | 116 |
| Ha-Ⅱ | $CH_3$ | H | H | $Cl_2(\frac{m-}{p-})$ | 114.5 |
| Ha-Ⅲ | $C_2H_5$ | H | $CH_3$ | $Cl_2(\frac{m-}{p-})$ | 100 |
| Ha-Ⅳ | 苯基 | H | H | $Cl_2(\frac{m-}{p-})$ | 134 |
| Ha-Ⅴ | $CH_3$ | H | H | $NO_2$ | 125 |

Ha-Ⅰ 的结构式 ，当它用于环氧树脂/Dicy 体系时，按下式解离出 2-甲基咪唑促进环氧基和 Dicy 的反应。

$$Cl-\phi-NH-CO-Im(CH_3) \rightleftharpoons Cl-\phi-N=C=O + HN-Im(CH_3)$$

该促进剂对双氰胺的固化促进作用强于 Monuron，固化物的性能亦良好。同时也是双胍、二酰肼等固化剂的良性促进剂。该固化促进剂与固态环氧树脂及双氰胺的组成物，室温下有 2 个月的储存稳定性。

表 5-27 和表 5-28 分别表示各种促进剂对液态环氧树脂和固态环氧树脂固化时的促进作用。氨基甲酰取代咪唑显示了较好的促进作用。

表 5-27 氨基甲酰取代咪唑对液态环氧树脂的凝胶时间的影响

| $w$(固化剂)/% | $w$(促进剂)/% | 凝胶时间(120℃) | $w$(固化剂)/% | $w$(促进剂)/% | 凝胶时间(120℃) |
|---|---|---|---|---|---|
| 双氰胺(7) | Ha-Ⅰ(7) | 4′36″ | 双氰胺(7) | Ha-Ⅴ(7) | 4′25″ |
| 双氰胺(7) | Ha-Ⅰ(4) | 7′40″ | 双氰胺(7) | DMU(7) | 13′40″ |
| 双氰胺(7) | Ha-Ⅱ(7) | 5′15″ | 双氰胺(7) | Monuron(7) | 10′30″ |
| 双氰胺(7) | Ha-Ⅲ(7) | 6′15″ | 双氰胺(7) | 2MZ(7) | 30″ |
| 双氰胺(7) | Ha-Ⅳ(7) | 6′10″ | 双氰胺(7) | 2MZ(1) | 8′10″ |

注：DMU—$N,N$-二甲基脲；2MZ—2-甲基咪唑。

表 5-28 氨基甲酰取代咪唑对固态环氧树脂凝胶时间的影响

| $w$(固化剂)/% | $w$(促进剂)/% | 120℃ | 150℃ |
|---|---|---|---|
| Dicy (4) | — | — | >40′ |
| HT-2833 (5) | — | — | 5′55″ |
| HT-2844 (4.2) | — | — | 6′ |
| IPDH (4.5) | — | — | 16″ |
| Dicy (4) | Ha-Ⅰ(3) | 4′17″ | 1′43″ |

续表

| $w$(固化剂)/% | | $w$(促进剂)/% | 120℃ | 150℃ |
|---|---|---|---|---|
| HT-2833 | (5) | Ha-Ⅰ(3) | 4′44″ | 1′45″ |
| IPDH | (4.5) | Ha-Ⅰ(3) | 4′45″ | 1′19″ |
| IPDH | (2.25) | Ha-Ⅰ(3) | 5′12″ | 1′28″ |
| Dicy | (2) | 2MZ(1) | 6′11″ | 1′23″ |
| | (4) | 2MZ(4) | 2′58″ | 48″ |

注：HT-2833—取代双氰胺；HT-2844—变性双氰胺；IPDH—间苯二甲酸二酰肼。

## 5.5 有机羧酸盐及其络合物

环氧树脂和酸酐的组成物常需要在高温下长时间加热才能固化。为了降低固化温度、缩短固化时间，常常加入各种促进剂，尤以叔胺为多，但往往容易缩短适用期，造成物料浪费，给经济带来损失。使用脂肪族或脂环族羧酸金属盐作促进剂、树脂完全固化物的电性能和力学性能优于叔胺。不足之处羧酸金属盐和环氧树脂的相容性稍差。

### 5.5.1 活性三(2-乙基己酸)铬

朱振国等[22]利用2-乙基己酸与硝酸铬反应，制得具有催化活性的三（2-乙基己酸）铬络合物。该品为深绿色的黏稠物。

使用该络合物明显地降低环氧树脂与含羧基化合物（包括酸酐）的固化温度和缩短固化时间。

$Cr^{3+}$络合物与$N,N'$-二甲基苄胺共用于酸酐固化剂，有协同效应，比单独使用任一个的催化效果都好。表5-29和表5-30分别表示使用$Cr^{3+}$络合物的胶黏剂组成和胶黏剂黏结性能。由表中可见，添加$Cr^{3+}$络合物的胶黏剂（组成物2），在相同的固化条件下，其剪切强度比未加$Cr^{3+}$络合物的（组成物1）提高3~4倍，不均匀扯离强度提高7倍。同时在100℃下也有足够高的粘接强度，耐热性好。

表5-29 两种胶黏剂各组分的质量分数/%

| 胶 | E-51环氧 | 端羧基丁腈橡胶 | 2-乙基-4-甲基咪唑 | KH 550 | $Cr^{3+}$络合物 |
|---|---|---|---|---|---|
| 组成物1 | 75 | 25 | 8 | 2 | — |
| 组成物2 | 75 | 25 | 8 | 2 | 1 |

表5-30 两种胶黏剂的胶黏强度

| 胶 | 剪切强度/MPa | | 不均匀扯离强度/(kN/m) |
|---|---|---|---|
| | 室温 | 100℃ | 室温 |
| 组成物1 | 5.8 | 4.4 | 3.9 |
| 组成物2 | 22.4 | 17.6 | 32.2 |

注：固化条件为80℃/1h。

### 5.5.2 有机酸盐-胺络合物[23]

元素周期表原子序号 24、25、26、27、28 的金属原子（Cu、Mn、Fe、Co、Ni）的脂肪族或脂环族羧酸盐和胺反应得到的络合物作为促进剂，容易与环氧/酸酐体系相溶，室温下有足够的使用时间，高温下可快速固化，固化物的电性能、力学性能非常优良。

合成例：将环烷酸锰液（100g）分别和 30g 的二亚乙基三胺、N-甲基乙醇胺、螺缩醛系二胺在 100℃ 搅拌反应 30min，反应后冷至室温，制得有机酸盐/胺络合物。

环烷酸铬、环烷酸镍、辛酸锰分别和上述各胺在 120℃ 反应 2h 制得相应的有机酸盐-胺络合物。各种络合物的特性见表 5-31 所列。以环烷酸锰-螺缩醛二胺络合物、环氧树脂（Epon 828）、酸酐（HN 2200）构成的组成物其特性见表 5-32 所列。

表 5-31 各种羧酸盐-胺络合物的特性

| 络合物 | 黏度(25℃)/mPa·s | 寿命(25℃)/a | 与树脂相容性 |
| --- | --- | --- | --- |
| 环烷酸铬-二亚乙基三胺 | 3000~4000 | >1 | 良 |
| 环烷酸铬-N-甲基乙醇胺 | 3000~4000 | >1 | 良 |
| 环烷酸铬-螺缩醛二胺 | 3000~4000 | >1 | 良 |
| 环烷酸镍-二亚乙基三胺 | 500~700 | >1 | 良 |
| 环烷酸镍-N-甲基乙醇胺 | 500~700 | >1 | 良 |
| 环烷酸镍-螺缩醛二胺 | 500~700 | >1 | 良 |
| 辛酸锰-二亚乙基三胺 | 1000~2000 | >1 | 良 |
| 辛酸锰-N-甲基乙醇胺 | 1000~2000 | >1 | 良 |
| 辛酸锰-螺缩醛二胺 | 1000~2000 | >1 | 良 |

表 5-32 环烷酸锰-螺缩醛二胺络合物的使用性能

| 凝胶时间 | 150℃ | 120℃ | 100℃ | 80℃ | 25℃ |
| --- | --- | --- | --- | --- | --- |
| | 20min | 4h | 24h | 6d | 1a |
| 热失重(180℃/300h)/% | 0.76 | | | | |
| 弯曲强度/MPa | 179 (25℃) | | | | |
| | 108 (85℃) | | | | |
| | 25 (130℃) | | | | |
| 冲击强度/(kJ/m²) | 5.5 | | | | |

注：固化条件为(150℃/10h)+(175℃/3h)。

## 5.6 其他促进剂

### 5.6.1 1,8-二氮杂-双环(5,4,0)-7-十一碳烯（DBU）[24]

结构式 $C_9H_{16}N_2$；相对分子质量 152.24，其物理特性见表 5-33 所列。

其离子化常数（p$K_a$）为 11.5，比吡啶的 5.3，$N$-甲基吗啉的 7.4 等要高，在现有的有机化合物中显示最强的碱性，属超碱性物，具有强催化能力。

表 5-33 DBU 的物理特性

| 物　　性 | 指　　标 |
|---|---|
| 外观 | 浅黄色透明液体，几乎无臭味 |
| 沸点(532Pa)/℃ | 100 |
| 闪点(开杯)/℃ | 100 |
| 相对密度 $d_4^{20}$ | 1.04 |
| 折射率($n_D^{25}$) | 1.52 |
| 溶解性 | 可溶于水及大部分有机溶剂，难溶于石油醚 |
| pH(1%水溶液) | 12.8 |

其合成方法按下式所述。以 ε-己内酰胺为原料经氰乙基化、加氢、脱水等步骤制备。

DBU 主要用作集成电路及电子部件封装用环氧树脂的固化促进剂。当以 DBU 盐的形式使用时，封装时受热，DBU 解离出来起固化促进作用。

## 5.6.2　2-硫醇基苯并噻唑（促进剂 M）

结构式，淡黄色单斜针状或片状粉末，微臭和有苦味，熔点 164～175℃，相对密度 1.52。溶于乙醇，乙醚、丙酮、二硫化碳及氯仿等有机溶剂；碱及碱性碳酸盐溶液；微溶于苯，不溶于水和汽油。由苯胺、二硫化碳及硫黄按下式反应制备。

促进剂 M 原本用作橡胶硫化促进剂，因为分子结构里的巯基可以按下式和环氧基发生反应，所以也常有科学工作者将其用于环氧树脂体系里。栗德发[25]指出，该促进剂 M 可赋予环氧胶黏剂良好的触变性能、增韧效果。胶黏剂中使用促进剂 M，可使钢-钢胶接剪切强度提高 27.23%（达到 24.3MPa）。

## 5.6.3　过氧化物

在本章的开头（表 5-2）曾提到过氧化物对芳胺的固化反应促进作用。自由基引发剂在离解时生成羧基酯游离基，催化环氧基和芳香胺的反应。表 5-34 表示各种过氧化物引发剂对环氧组成物凝胶时间的影响[26]。由表中可见，过氧化苯甲酰有最好的促进效果。

表 5-34　各种过氧化物对环氧组成物凝胶时间的影响

| 过氧化物 | 最佳使用温度/℃ | 实验温度/℃ | 凝胶时间/min | 影响效果 |
| --- | --- | --- | --- | --- |
| 过氧化苯甲酰 | 70～80 | 80 | $\frac{200}{95}$ | 加速2.1倍 |
| 枯茗氢过氧化物 | 130～140 | 140 | $\frac{7.5}{7}$ | 无影响 |
| 二叔丁基过氧化物 | 135～145 | 145 | $\frac{9}{8}$ | 无影响 |
| 叔丁基过氧化苯甲酸酯 | 140～150 | 150 | $\frac{3}{1.5}$ | 加倍提速 |

注：组成物为由环氧树脂（E-40），间苯二胺等当量组成，$w$（过氧化物）1.5％；分子为无过氧化物；分母为有过氧化物。

在过氧化苯甲酰存在下用间苯二胺、二氨基二苯甲烷固化双酚 A 环氧树脂（E-40），其涂料的物理机械性能不逊于无过氧化物的涂料：相对硬度 0.93～0.97，冲击强度 50kg·cm，弯曲强度 1mm。耐热性不降低，甚至有所提高，添加过氧化物明显提高涂料的抗化学性（近 2 倍）。

使用过氧化物除了固化速度提高 2～2.5 倍，固化度达 95％～98％外，可将芳胺的固化温度由 120～160℃降至 80℃。

### 5.6.4　硫脲及其衍生物

潘慧铭等[27]在研究硫脲（TU）及其衍生物亚乙基硫脲（ETU）、丙烯基硫脲（ATU）等对环氧树脂/双氰胺（DCDA）体系的固化促进作用时指出，当在 DCDA/EP 体系中添加上述三种促进剂时，在 130℃就已发生固化反应，各体系固化反应活性为：ETU＞TU＞ATU＞DCDA。研究各体系的储存性能指出：各固化体系经储存一定时间后，无论峰高比值或是粘接强度均有所下降，其下降的大小顺序为 TU＞ETU＞ATU＞DCDA，即 DCDA 及 ATU 的环氧体系有较好的稳定性。

如表 5-35 所示，在环氧树脂/双氰胺体系中，加入适量的亚乙基硫脲及丙烯基硫脲不仅可降低固化温度，而且可获得较高的粘接剪切强度。ETU 和 ATU 对环氧树脂的质量分数分别为 8％和 3％～6％，用量增加则粘接剪切强度下降。使用 TU 的体系，剪切强度明显低于上述两个固化体系，且随其用量增加而急剧下降。

表 5-35　各种硫脲对环氧/双氰胺粘接强度的影响

| $w$（胶黏剂成分）/％ | | | | | 固化条件/(℃/h) | 剪切强度/MPa |
| --- | --- | --- | --- | --- | --- | --- |
| EPR | DCDA | ETU | ATU | TU | | |
| 100 | 8 | | | | 170/3 | 16.2 |
| 100 | 10 | | | | 170/3 | 17.1 |
| 100 | 8 | 8 | | | 140/3 | 17.5 |
| 100 | 8 | | 9 | | 140/3 | 16.7 |

续表

| w(胶黏剂成分)/% | | | | | 固化条件 /(℃/h) | 剪切强度 /MPa |
|---|---|---|---|---|---|---|
| EPR | DCDA | ETU | ATU | TU | | |
| 100 | 8 | 12 | | | 140/3 | 17.3 |
| 100 | 8 | 15 | | | 140/3 | 17.4 |
| 100 | 8 | 17 | | | 140/3 | 11.8 |
| 100 | 10 | 8 | | | 140/3 | 20.9 |
| 100 | 10 | 9 | | | 140/3 | 18.8 |
| 100 | 10 | 12 | | | 140/3 | 15.3 |
| 100 | 10 | 15 | | | 140/3 | 15.0 |
| 100 | 10 | 17 | | | 140/3 | 11.0 |
| 100 | 8 | | 3 | | 140/3 | 22.7 |
| 100 | 8 | | 4 | | 140/3 | 19.1 |
| 100 | 8 | | 6 | | 140/3 | 20.5 |
| 100 | 8 | | 8 | | 140/3 | 16.7 |
| 100 | 10 | | | 8 | 140/3 | 12.1 |
| 100 | 10 | | | 10 | 140/3 | 10.8 |
| 100 | 10 | | | 12 | 140/3 | 6.1 |
| 100 | 10 | | | 15 | 140/3 | 3.7 |

### 5.6.5 环烷基咪唑啉

余卫勋[28]以环烷酸和有机胺为原料合成了结构式如下的咪唑啉：

R 为环烷基，$R_1$ 为有机胺基。该品具有黏度较低，低温流动性好，刺激性小等特点。产品技术指标：黏度 7000mPa·s，酸值≤5mg KOH/g，胺值≥200mg KOH/g。

该咪唑啉对酸酐、酚醛树脂、双氰胺固化环氧树脂有明显的促进作用，使用的质量分数通常为 0.6%～1%。具有适用期长，中温固化速度快，固化物坚韧、绝缘电阻率高。表 5-36 表示该咪唑啉对环氧/酸酐体系的促进效果。

表 5-36 咪唑啉对环氧/酸酐体系的促进效果

| w(组分)/% | | | 凝胶时间(100～110℃)/min | w(组分)/% | | | 凝胶时间(100～110℃)/min |
|---|---|---|---|---|---|---|---|
| E-44 | MeTHPA | 咪唑啉 | | E-44 | MeTHPA | 咪唑啉 | |
| 100 | 66 | 0 | >300 | 100 | 66 | 0.55 | 80 |
| 100 | 66 | 0.20 | 130 | 100 | 66 | 0.998 | 50 |

### 5.6.6 2-苯基咪唑啉

结构式 ，德国商品 Vestagon B31，纯品熔点 101℃，国产工业品外观

白色或淡黄色晶体,熔程 95~101℃。由乙二胺和苄腈按下式反应制备

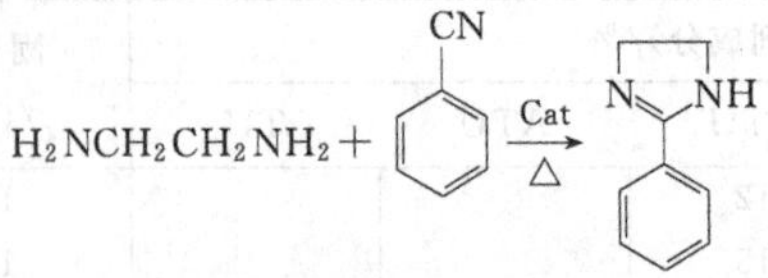

$$H_2NCH_2CH_2NH_2 + \text{PhCN} \xrightarrow[\triangle]{Cat} \text{2-苯基咪唑啉}$$

王申生等[29]指出,2-苯基咪唑啉用作环氧-聚酯粉末涂料,环氧-双氰胺粉末涂料的固化促进剂,可在 130℃/20min 或 180℃/(7~10min)条件下固化,涂层的物理力学性能优良:当涂层厚 60~70μm 时,光泽度(60°)为 90~100,冲击强度 50kg·cm,弯曲强度 1mm,硬度(H)为 2。

### 5.6.7 含环氧基的芳香叔胺

文献 [30] 指出,如下结构式的含环氧基的芳香叔胺可用作环氧树脂/酸酐体系的固化促进剂。

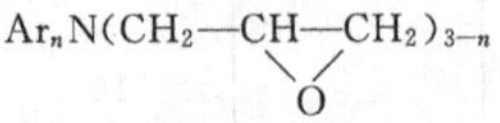

$$Ar_nN(CH_2-CH-CH_2)_{3-n}$$
$$\qquad\qquad\quad\;\; O$$

这类叔胺与通常使用的叔胺相比碱性小,挥发性低,毒性亦低。因为存在叔氮原子而具催化作用,进入固化的树脂结构里,可在某种程度上改变最终固化物的性能。

表 5-37 表示 $N$-二缩水甘油苯胺对双酚 A 环氧树脂/酸酐(邻苯二甲酸酐)体系促进作用的影响。由表中可见,当体系中没有该促进剂时,不同环氧树脂体系的凝胶时间分别为 120min 和 190min,当少量的促进剂添加到环氧树脂体系中时(例如 0.05 摩尔比)就可以大幅地缩短体系的凝胶时间,当促进剂添加量为 0.5mol 时,凝胶时间最短,用量增加时凝胶时间反而延长(如图 5-5 所示)。

表 5-37　$N$-二缩水甘油苯胺对环氧/酸酐体系的固化促进作用

| $n$($N$-二缩水甘油苯胺)/$n$(邻苯二甲酸酐) | 凝胶时间(120℃)/min | |
|---|---|---|
| | E-40(0.37~0.48) | ED-5(0.42~0.53) |
| 0.0 | 120 | 190 |
| 0.05 | 36 | 42 |
| 0.1 | 33 | 30 |
| 0.2 | 27 | 25 |
| 0.3 | 23 | 22 |

注:括号内数字为环氧值,环氧树脂与酸酐等当量比混合。

当环氧树脂(E-40)、邻苯二甲酸酐及 $N$-二缩水甘油苯胺以 1:1:0.2 的摩尔比混合时,组成物的固化动力学如图 5-6 所示。

不同结构的含环氧基叔胺对上述环氧/酸酐体系的促进活性是不同的。表 5-38 表示四种这类促进剂的固化促进能力。由表可见,$N$-二缩水甘油对甲苯胺活性最大,而 $N$-乙基-$N$-缩水甘油邻甲苯胺的活性最差,这是因为后者的邻位取代基产生空间位阻效应所致。

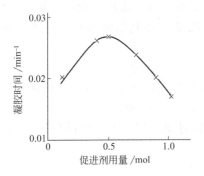

图 5-5 促进剂用量对环氧
酸酐体系凝胶时间的影响

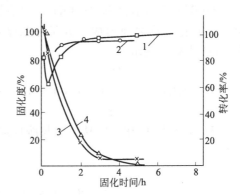

图 5-6 N-二缩水甘油苯胺存在下
环氧体系的固化动力学

曲线:1,3,4—羟基、酸酐基、环氧
基含量;2—固化度

表 5-38 不同结构含环氧基叔胺的活性

| 促 进 剂 | 凝胶时间(120℃)/min | 促 进 剂 | 凝胶时间(120℃)/min |
|---|---|---|---|
| N-二缩水甘油苯胺 | 27 | N-二缩水甘油对甲苯胺 | 14 |
| N-乙基-N-缩水甘油苯胺 | 19 | N-乙基-N-缩水甘油邻甲苯胺 | 50 |

与上述含环氧基芳香叔胺不同,徐羽梧等[31]提出用含环氧基脂肪叔胺,例如 $N,N$-二乙基氨基环氧丙烷 $CH_2\!\!-\!\!\underset{\underset{O}{\diagdown\diagup}}{CH}\!\!-\!\!CH_2\!\!-\!\!N(C_2H_5)_2$,与环氧树脂配合可同时起到固化、稀释及增韧作用。室温下有较长的适用期。当用量 8% 时,经 60℃/12h 固化后拉伸强度 68.7MPa,冲击强度(无缺口)8.6kJ/m²,断裂伸长率 3.5%。固化物的热分解温度 365℃。

## 5.6.8 钛酸酯促进剂

葛建芳等[32]提出,在环氧树脂涂料中加入钛酸酯可大幅提高环氧涂层的附着力、冲击强度及韧性。钛酸酯(例如 TC-114)偶联剂对双酚 A 环氧树脂(E-44)和二氨基二苯甲烷的反应有促进作用,因为 TC-114 的存在降低了环氧固化反应的活化能。如图 5-7 所示,在有无 TC-114 情况下,环氧树脂体系固化度($\alpha$)与时间($t$)的关系。当固化度达 70% 时,存在 TC-114 的体系只需 4min,而没有 TC-114 的体系则需 11min。TC-114 对环氧固化的催化作用在于它具有提供氢键的作用和 $Ti^{4+}$ 的路易斯酸作用。TC-114 和 TC-114 酯基分解产物

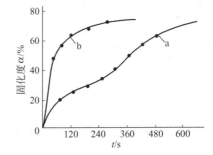

图 5-7 固化度与时间的关系
曲线:a—不含 TC-114;b—含 TC-114;
固化温度为 150℃

($C_3H_7OH$)中含有羟基（—OH），具有提供氢键能力。通过氢键，环氧、固化剂和含羟基化合物之间形成三分子环状结构，改变了环氧固化历程，促进了固化。TC-114 水解可表示为

$$(C_8H_{17}O)_2\text{-}[P\text{-}P\text{-}O]_3\text{TiOC}_3H_7 + H_2O \longrightarrow (C_8H_{17}O)_2\text{-}[P\text{-}P]_3\text{Ti-OH} + C_3H_7OH$$

TC-114 中 Ti 作为路易斯酸与胺反应产生 H 和 R'TiNH，促进环氧基的连锁反应

$$R'Ti + RNH_2 \longrightarrow R'TiNH^{\ominus} + H^{\oplus}$$

$$H^{\oplus} + CH_2\text{-}CH \longrightarrow CH_2\text{-}CH \longrightarrow {}^{\oplus}CH_2\text{-}CH\text{-}$$

$$R'TiNH^{\ominus} + {}^{\oplus}CH_2\text{-}CH \longrightarrow R'TiNHCH_2\text{-}CH\text{-} \quad (\text{终止反应})$$

或 —CH—CH$_2$···O—CH$_2$ → —CH—CH$_2$—O—CH—CH$_2^{\oplus}$（连锁反应后再终止）

### 5.6.9 二茂铁基促进剂[33]

将二茂铁（$C_5H_5$）Fe（$C_5H_5$）的同系物，通式如下所示：[($C_{5}H_{5-n}$)$R_n$]Fe[($C_5H_{5-m}$)$R'_m$]，和醌类化合物在溶剂中反应，可以制备酸酐用促进剂。

合成例：分别将环己基二茂铁、1-羟基乙基二茂铁、二茂铁基醛肟及苯基二茂铁和等当量摩尔的氯醌投入苯中，在 80℃反应 3h，之后减压除苯，得到四种固化促进剂，分别以 1、2、3、4 表示。将其与脂环族环氧树脂（Unox 221）和酸酐（MNA）配合，测其 150℃凝胶时间和 40℃下储存寿命（见表 5-39 所列）。

由表中可见，促进剂有较好的潜伏性，组成物储存稳定性好，适用期长；该促进剂，固化促进性好，加热可快速固化。

表 5-39 二茂铁基促进剂的活性

| 促进剂 | $w$(促进剂)/% | 凝胶时间(150℃)/min | 适用期(40℃)/d |
| --- | --- | --- | --- |
| 1 | 2.56 | 5.4 | 25 |
| 2 | 2.38 | 7.2 | 24 |
| 3 | 2.38 | 7.8 | 22 |
| 4 | 2.53 | 24 | 67 |

注：$w$(Unox 221)：$w$(MNA)＝100：65。

### 5.6.10 卤化铬-酸酐络合物[34]

$CrX_3 \cdot nH_2O$（$n=3\sim6$）和羧酸酐在有机溶剂中反应，可以制取酸酐固化促

进剂。

例如，$CrCl_3 \cdot 6H_2O$ 和 THPA 在 60℃下搅拌反应 1h 即得产品。当 $w$(Epikote)∶$w$(HN-2200)∶$w$($PhCH_2NMe_2$)∶$w$(促进剂)=100∶80∶1∶1 的组成物在 100℃和 150℃下的凝胶时间分别为 4min 和 1min；而没有该促进剂的组成物，100℃下的凝胶时间为 32min，是前者的 8 倍，可见该促进剂的促进活性之大。

## 5.7 透明固化物用促进剂

现今发展迅速的发光二极管（LED），光盘基板、棱镜等光学用途上需要高度透明材料。

使用环氧树脂作为透明封装材料时，为了改善耐热着色稳定性，耐紫外线性，除了对环氧树脂，固化剂选择外，对酸酐固化剂的促进剂也要适当地选择。

### 5.7.1 卤化季铵盐[35]

特别值得推崇的是卤化季铵盐、卤化季鏻盐，还有辛酸盐等。以 TEAB（四乙基溴化铵），TBAB（四丁基溴化铵），TPP-PB（四苯基溴化鏻）等用作无色透明物酸酐固化促进剂的例子如表 5-40 所示。

表 5-40 卤化季铵盐、季鏻盐促进剂

| 促 进 剂 | | TEAB | TBAB | TPP-PB |
|---|---|---|---|---|
| 凝胶时间(120℃)/min | | 5.3 | 6.0 | 6.5 |
| $T_g$/℃ | | 135 | 134 | 135 |
| 吸水率(PCT 121℃,24h)/% | | 4.0 | 2.9 | 2.2 |
| 耐热着色稳定性，光线透射率/% | | | | |
| 700nm | 150℃×0 日 | 91 | 91 | 91 |
| | 1 日 | 91 | 91 | 91 |
| | 5 日 | 90 | 90 | 90 |
| 400nm | 150℃×0 日 | 87 | 88 | 88 |
| | 1 日 | 83 | 81 | 83 |
| | 5 日 | 45 | 41 | 55 |

注：1. 配合比　DGEBA（环氧当量 190）　100 份
　　リカシット MH-700G　98 份
　　促进剂　1.5 份
2. 固化条件 120℃，10h。
3. 5mm 原固化物在 150℃空气中热老化后测定透射率。

### 5.7.2 DBU 有机盐[36]

日本的研究人员将 DBU 的有机盐为中心用作环氧树脂酸酐固化促进剂，用于透明材料。其组成及主要用途如表 5-41 所示。

表 5-41　DBU 有机盐促进剂组成及主要用途

| 主要产品 | 组成 | 固化剂 | 主要用途 |
|---|---|---|---|
| DBU，DBN | 双环脒化合物 | | |
| U-CATSA102 | DBU 辛酸盐 | 酸酐(液体) | LED,其他液体封装材料 |
| U-CATSA506 | DBU-对甲苯磺酸盐 | | |
| U-CAT5003 | 季鏻盐 | | LED,人造大理石 |
| U-CAT5002 | | | 液体,封装材料 |
| U-CATSA810 | DBU-邻苯二甲酸盐 | 酸酐(粉末) | 粉末涂料 |
| U-CATSA831，841，851 | DBU 酚醛树脂盐 | 酚醛树脂 | 半导体封装材料 |
| U-CATSA881 | DBN 酚醛树脂盐 | | |
| U-CAT3502T | 芳香族二甲脲 | Dicy，酰肼 | 层压板用预浸料 |
| U-CAT3503N | 脂肪族二甲脲 | 酚醛树脂 | 粉末涂料,封装材料 |

其中 U-CAT5003 具有优异的无色透明性和耐热变色性,最适合于高辉度 LED 封装材料,人造大理石用。与 2E4MI 相比在 150℃下有优良的耐热变色性。U-CATSA102 与咪唑系促进剂相比,固化放热少,色相优良,固化变形少,粘接性好。

U-CATSA506 和 U-CATSA102 并用可进一步控制固化放热。而 U-CAT5002 可使液体封装材料适用期增长。

# 参 考 文 献

[1] 清野繁夫．プラスチックス,1968,19 (11)：41．
[2] 加門 隆．日本接着協會誌,1979,15 (3)：108．
[3] М. Ф. Сорокин．Л. Г. Шодэ．Лак. Малер. и их прим.，1970 (2)：32—34．
[4] Yoshio Tanaka. J. Appl. Polym. Sci.，1963. 7 (3)：1063．
[5] ファインケミカル,1996,25 (11)：18—19．
[6] 天津市合成材料工业研究所．环氧树脂与环氧化物．天津：天津人民出版社,1974. 50—53．
[7] 陈平,毛桂洁．纤维复合材料,1997,(1)：11—15．
[8] И. П. МасАова, идр. Химические Добавки к Полимерам Оправочник Москве：Изательство 《Химия》．1973. 222—223．
[9] 館川裕．プラスチックス,1962,13 (11)：29．
[10] ファインケミカル,1990,19 (9)：38—40．
[11] J. D. B. Smith. J. Appl. Polgm. Sci.，1981,26 (3)：979．
[12] 宋永贤,彭新生,李荣先．应用化学,1990,7 (3)：29—32．
[13] З. Ф. Назарова, идр. Пласт. массы. 1984,(6)：42—43．
[14] 许显成．绝缘材料通讯,1995,(4)：4—7．
[15] ファインケミカル,1996,25 (10)：28—30．
[16] J. D. B. Smith. J. Appl. Polym. Sci.，1979,23 (5)：1385．
[17] 黑崎正雅,大西捷三（サンプロ株式会社）．公開特許公報．昭 62-22820. 1987．
[18] Pyong-Naeson. J. Appl. Polgm. Sci.，1973,17 (5)：1305．
[19] 张保龙,石可瑜,田英才等．应用化学,1998,15 (4)：95—97．

[20] 公開特許公報. 昭 58-53916. 1983.
[21] 日本接着協會誌, 1992, 28 (2): 44—49.
[22] 朱振国, 刘国祯. 粘接, 1991, 12 (6): 9—11.
[23] 柴山恭一, 岡橋和郎, 北川達夫等.（三菱電機株式會社）特許公報. 昭 52-22999. 1977.
[24] ファインケミカル, 1992, 21 (18): 26—27.
[25] 栗德发. 中国胶黏剂, 1995, 4 (3): 11~12.
[26] М. Ф. Сорокан, Т. Н. Джурихина. Лак. Матер. и их прим., 1977, (3): 12—14.
[27] 潘慧铭, 黄绍锡. 邱红. 高分子材料科学与工程, 1992, (4): 13—18.
[28] 余卫勋. 热固性树脂, 2002, 17 (4): 18—19.
[29] 王申生, 童乃斌, 热固性树脂, 2002, 17 (5): 9—11.
[30] М. Ф. Сорокии, Л. Г. Шодэ, М. Н. Кузина. Пласт. массы. 1968, (10): 28—30.
[31] 徐羽梧, 倪才华. 化学世界, 1990, 31 (11): 499—501.
[32] 葛建芳, 茅素芳. 高分子材料科学与工程. 1992, (2): 20—26.
[33] 佐藤幹夫, 尾形正次, 渡辺寬等,（株式会社日立製作所）. 特許公報. 昭 47-26397. 1972.
[34] Mitsubishi Petrochemical Co., Ltd. JP-Kokai. 80-113627, 1980.
[35] 野辺富夫. 池田强志. ポリマータ "イシ" エスト. 2002, (6): 60.
[36] JETI, 2001. 49 (10): 134.

# 第 6 章

# 咪唑类固化剂

咪唑类固化剂为在分子结构里含有咪唑结构 $\text{HN}\diagup\!\!\!\diagdown\text{N}$ 的化合物。由于分子结构里含有仲胺基 $\text{HN}\diagdown$ 和叔胺基 $\diagdown\text{N}$，所以它具备与脂肪胺、芳香胺、酸酐及叔胺等固化剂完全不同的特点，既能利用仲胺基上的活泼氢参与对环氧基的加成反应，又能利用叔氮原子，像 BDMA 和 DMP-30 等叔胺那样，作为阴离子聚合型固化剂固化环氧树脂。

咪唑类固化剂可以单独固化环氧树脂，也可以作为其他固化剂如双氰胺、酸酐及酚醛树脂等固化剂的促进剂。

与其他固化剂相比，使用量少，在中温（80~120℃）短时间就可固化环氧树脂，固化物的热变形温度高。和脂肪胺、芳香胺等相比，与环氧树脂配合物的适用期较长，又常将其作为潜伏性固化剂看待。

咪唑类化合物的缺点是，有一定的挥发性和吸湿性；许多咪唑类化合物为高熔点的结晶物，与液态环氧树脂混合困难，给操作工艺带来不便。为了改善咪唑类化合物的工艺性，常将其进行化学改性，因此各种咪唑化合物不断出现，拓宽了环氧树脂的应用领域（见表 6-1 所列）[1]。

在表 6-1 所列的 21 个咪唑类化合物中，除了 2E4MZ、1B2MZ、2E4MZ-CN、2PHZ-CN 为液体外，其余均为固态，熔点低者 45~50℃（$C_{11}$ Z-CN），高者达 250℃以上（2MZ-OK），这对使用它们是不利的。有时需要将它们溶于溶剂里使用。各种咪唑化合物的溶解性见表 6-2 所列。

表 6-1 各种咪唑化合物的物理特性

| 化学名称 | 简称 | 外观 | 化学结构 | 熔点/℃ | 沸点/℃ | 凝胶时间/h | 适用期 |
|---|---|---|---|---|---|---|---|
| 2-甲基咪唑 | 2MZ | 淡黄色粉末 | 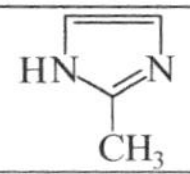 | 137~145 | 178~177 (5.3kPa) | 0.28 (0.81) | 3.5h |
| 2-乙基-4-甲基咪唑 | 2E4MZ | 淡黄色液体或固体 | 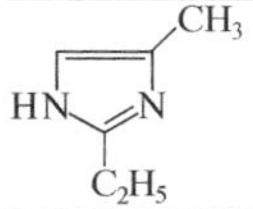 | — | 160~166 (2.65kPa) | 0.70 (1.92) | 9h |
| 2-十一烷基咪唑 | $C_{11}Z$ | 白色粉末 | 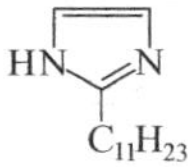 | 70~74 | 217 (0.8kPa) | 1.66 (4.41) | 5d |
| 2-十七烷基咪唑 | $C_{17}Z$ | 白色粉末 | 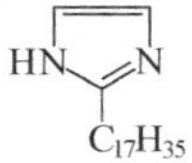 | 86~91 | 233~236 (0.4kPa) | 2.97 (4.28) | 40d |
| 2-苯基咪唑 | 2PZ | 淡桃色或白色粉末 | 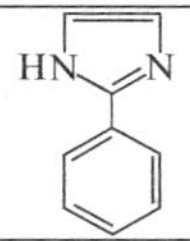 | 137~147 | 197~200 (0.9kPa) | 1.27 (1.55) | — |
| 1-苄基2-甲基咪唑 | 1B2MZ | 淡黄色液体 | 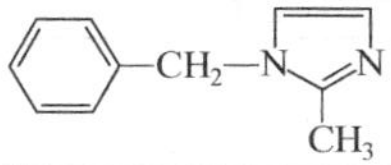 | — | 118~120 (2.65kPa) | 1.16 (4.39) | 10h |
| 1-氰乙基-2-甲基咪唑 | 2MZ-CN | 白色粉末 | 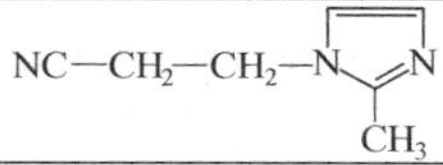 | 53~56 | 分解 | 1.08 (1.46) | — |
| 1-氰乙基-2-乙基-4-甲基咪唑 | 2E4MZ-CN | 淡黄色液体 | 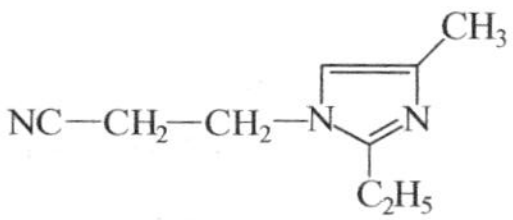 | — | 分解 | 2.02 (6.38) | 6d |
| 1-氰乙基-2-十一烷基咪唑 | $C_{11}Z$-CN | 白色粉末 | 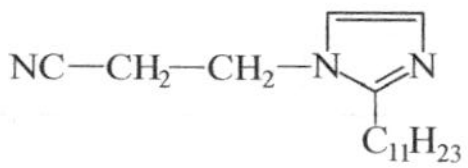 | 45~50 | 分解 | 5.52 (8.19) | — |

157

续表

| 化学名称 | 简称 | 外观 | 化学结构 | 熔点/℃ | 沸点/℃ | 凝胶时间/h | 适用期 |
|---|---|---|---|---|---|---|---|
| 1-氰乙基-2-十一烷基咪唑偏苯三甲酸盐 | $C_{11}Z$-CN-S | 白色粉末 | | 125~128<br>141~145 | 分解 | 8.64 | 11d |
| 1-氰乙基-2-苯基咪唑偏苯三甲酸盐 | 2PZ-CN-S | 白色粉末 | | 180~182 | 分解 | 4.45<br>(6.34) | — |
| 2-甲基咪唑聚异氰酸盐 | 2MZ-OK | 白色粉末 | | >250 | 分解 | 1.42<br>(—) | 7d |
| 2-苯基咪唑聚异氰酸盐 | 2PZ-OK | 白色粉末 | | Ca.140 | 分解 | 1.78<br>(—) | 2d |
| 2,4-二氨基-6-(2-甲基咪唑-1-乙基)-S-三嗪 | 2MZ-AZINE | 白色粉末 | | 247~251 | 分解 | 1.66<br>(2.08) | 48d |
| 2,4-二氨基-6-(2-乙基-4-甲基咪唑-1-乙基)-S-三嗪 | 2E4MZ-AZINE | 白色粉末 | | 215~225 | 分解 | 2.03<br>(—) | 18d |

续表

| 化学名称 | 简称 | 外观 | 化学结构 | 熔点/°C | 沸点/°C | 凝胶时间/h | 适用期 |
|---|---|---|---|---|---|---|---|
| 2,4-二氨基-6-(2-十一烷基咪唑-1-乙基)-S-三嗪 | $C_{11}Z$-AZINE | 白色粉末 | | 184~188 | 分解 | 2.49 (—) | 13d |
| 2-苯基-4,5-二羟甲基咪唑 | 2PHZ | 淡桃色颗粒 | | 223~225 | 缩合分解 | 7.90 (—) | 120d |
| 2-苯基-4-甲基-5-羟甲基咪唑 | 2P4MHZ | 白色颗粒 | | 200~202 | 缩合分解 | 4.40 (—) | 80d |
| 1-氰乙基-2-苯基-4,5-二(氰乙氧亚甲基)咪唑 | 2PHZ-CN | 褐色黏稠液体 | | — | 分解 | 10.70 (—) | 8d |
| 1-十二烷基-2-甲基-3-苄基咪唑氯化物 | SFZ | 黄褐色蜡固体状 | | 56~66 | — | 330 (—) | >180d |
| 1,3-二苄基-2-甲基咪唑氯化物 | FFZ | 白色粉末 | | 208~215 | — | (—) | >180d |

注: 1. 凝胶时间—DGEBA (Epikote828) : 咪唑=100 : 5 的组成物在150°C下的凝胶时间, 括号内数字, 为使用四溴双酚A环氧树脂 (エピクロン152) 测得的数据。

2. 适用期—上述 DGEBA 各组成物在 ($25\pm2$)°C 储存, 体系的黏度达到初始值2倍时的时间。

表 6-2　咪唑类化合物的溶解性

| 咪唑化合物 | 溶 解 性 | 咪唑化合物 | 溶 解 性 |
|---|---|---|---|
| 2MZ | 溶于水、乙醇、丙酮、苯 | 2E4MZ-CN | 溶于水、乙醇、丙酮、苯 |
| 2E4MZ | 溶于水、乙醇、丙酮、苯 | $C_{11}$Z-CN | 溶于乙醇、丙酮、苯；难溶于水 |
| $C_{11}$Z | 溶于乙醇、丙酮、苯 | 2PZ-CN | 溶于乙醇、丙酮、苯；难溶于水 |
| $C_{17}$Z | 溶于乙醇、丙酮、苯；难溶于水 | 2MZ-AZIN | 溶于水、丙酮、乙醇 |
| 1B2MZ | 溶于 4%苄醇；难溶于水 | 2EZ-AZIN | 溶于水、丙酮、乙醇 |
| 2MZ-CN | 溶于水、乙醇、丙酮、苯 | $C_{11}$Z-AZIN | 溶于乙醇、丙酮、不溶于水 |
| 2E4MZ-CN-S | 溶于水、乙醇、丙酮、苯 | | |

注：2E4MZ-CN-S 结构式 （结构式图），白色粉末；

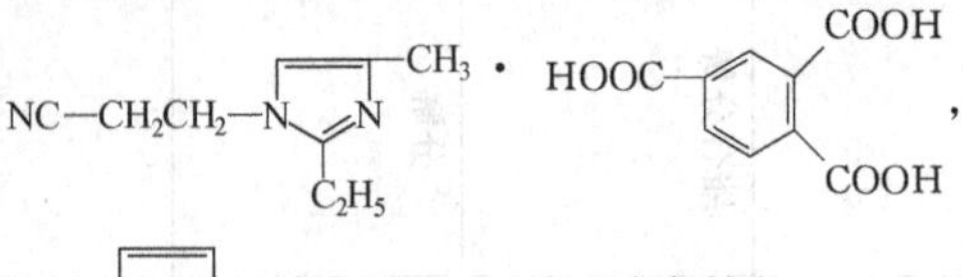

2PZ-CN 结构式 （结构式图），熔点 107~108℃，白色粉末；

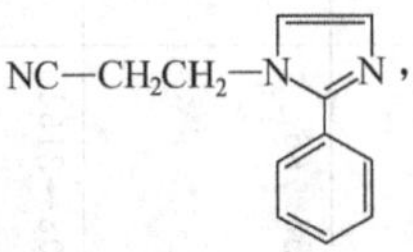

2EZ-AZIN 结构式 （结构式图），白色粉末，熔点 212~213℃。

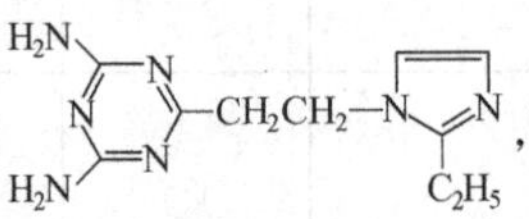

# 6.1　咪唑类化合物

## 6.1.1　咪唑[2]

结构式 （结构式图） $C_3H_4N_2$，相对分子质量：68.08，其特性见表 6-3 所列。由乙二醛、福尔马林及氨反应后，经蒸馏、精制后制得产品。该产品主要用于医药品、农药、摄影用药，金属表面处理剂，有机合成原料。直接使用它作固化剂的较少，可用它配制其他环氧树脂固化剂。

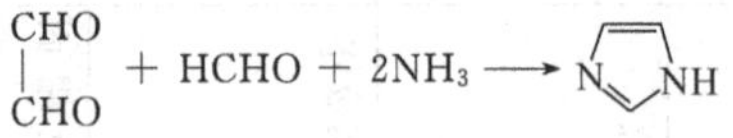

$$\text{CHO-CHO} + \text{HCHO} + 2\text{NH}_3 \longrightarrow \text{咪唑}$$

表 6-3　咪唑的物理特性

| 外观 | 白色固体 |
|---|---|
| 相对密度 | 1.0303 |
| 熔点/℃ | 90 |
| 沸点/℃ | 256(有升华性) |
| 溶解性 | 溶于水、醇、酮(丙酮等)；难溶于醚 |
| 刺激性 | 对皮肤、黏膜有刺激性 |

## 6.1.2　2-甲基咪唑[3]

结构式 （结构式图），$C_4H_6N_2$，相对分子质量 82.11，其特性见表 6-4 所列。其制

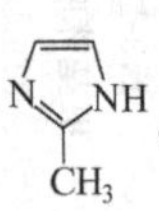

法有如下两种。

① 乙二醛、乙醛及氨反应后，经蒸馏、精制而得。

$$\underset{\mathrm{CHO}}{\mathrm{CHO}} + \mathrm{CH_3CHO} + 2\mathrm{NH_3} \longrightarrow \text{2-甲基咪唑}$$

表 6-4　2-甲基咪唑的物理特性

| 外观 | 白色结晶性粉末 |
|---|---|
| 熔点/℃ | 145～146 |
| 沸点/℃ | 267（有升华性） |
| 溶解性：溶于水、醇、酮类；难溶于醚 | |
| 工业品规格：纯度/% | >99 |
| 　　　　　水分/% | <0.5 |
| 　　　　　熔点/℃ | >140 |
| 依制法不同，产品纯度有差别；也有纯度大于97%者水分<1.0%，熔点>137℃制品 | |

② 乙二胺和乙腈在硫磺存在下反应，将制得的咪唑啉再脱氢，制得产品。

$$\underset{\mathrm{CH_2NH_2}}{\mathrm{CH_2NH_2}} + \mathrm{CH_3CN} \xrightarrow{\mathrm{S}} \text{咪唑啉} \xrightarrow{\text{脱氢（Ni）}} \text{2-甲基咪唑}$$

## 6.1.3　1-苄基-2-乙基咪唑[4]

结构式 （苄基-咪唑-C₂H₅结构），$C_{11}H_{10}N_2$；相对分子质量186。该固化剂为浅黄色的液体。相对密度1.054，熔点20℃，在25℃下的黏度18mPa·s。可以任意比例与甲醇、二甲苯、芳香族石油石脑油、溶纤剂、甲乙酮混合，难溶于水。1985年日本四国化成工业将其工业化，商品名1B2EZ。

该品可以单独用作固化剂，也可以作为促进剂使用。当用作双氰胺或有机酸酐的促进剂时，与其他叔胺相比，适用期长，固化反应速度快，固化物的耐热性高。

## 6.1.4　1-氨基乙基-2-甲基咪唑[5]（AMZ）

结构式（咪唑环N-CH₂CH₂NH₂，2位-CH₃），该固化剂有如下特点。

① 在严寒的冬季里不凝固，仍保持液体状态，克服了2E4MZ在冬季条件下倾向凝固的弊病，为无色、无臭味的液体。
② 每100份双酚A环氧树脂使用1～8份该固化剂，就能发挥其优良的效果，由于用量少而经济。
③ 与环氧树脂的组成物适用期非常长，工艺性良好，便于使用和管理。
④ 组成物经短时间热固化，就可以得到热变形温度高的固化物。
⑤ 该固化剂挥发性低，与其他胺类固化剂相比毒性小。

该固化剂和现有的咪唑类化合物一样，既可单独使用，也可以作为促进剂与其他固化剂（例如酸酐）配合使用，用于浸渍漆、涂料、胶黏剂及灌封料等。表 6-5 表示该品作为固化剂和促进剂使用的固化物性能。

表 6-5 使用 AMZ 的树脂固化物性能

| 性　能 | 组成及配比 | |
|---|---|---|
| | $w$(Epikote 828)/AMZ=<br>100∶2 | $w$(Epikote 828)/B 570/AMZ=<br>100∶87.2∶0.2 |
| 初始黏度(25℃)/mPa·s | 10250 | 480 |
| 凝胶时间(150℃)/s | 89 | 271 |
| 固化条件/(℃/h) | 75/2+150/4 | 120/2+150/4 |
| 玻璃化温度(TMA法)/℃ | 162 | 150 |
| 线膨胀系数/×$10^{-6}$·℃$^{-1}$ | 90 | 77 |
| 热变形温度/℃ | 163 | |
| 体积电阻率/Ω·cm | | |
| 　室温 | $2.01×10^{15}$ | $2.3×10^{16}$ |
| 　150℃ | $2.85×10^{11}$ | $3.2×10^{12}$ |
| 介电常数(60Hz) | | |
| 　室温 | 3.4 | 3.0 |
| 　150℃ | 3.9 | 3.1 |
| (1kHz) | | |
| 　室温 | 3.3 | 3.0 |
| 　150℃ | 3.6 | 3.1 |
| 介电损耗角正切(60Hz) | | |
| 　室温 | 0.0054 | 0.0082 |
| 　150℃ | 0.030 | 0.058 |
| (1kHz) | | |
| 　室温 | 0.0091 | 0.0076 |
| 　150℃ | 0.027 | 0.004 |
| 弯曲强度/MPa | | |
| 　室温 | 73 | 146 |
| 　150℃ | 33 | 42 |
| 弯曲模量/MPa | | |
| 　室温 | 2900 | 3400 |
| 　150℃ | 100 | 190 |
| 吸水性(沸水,4h)/% | 0.46 | 0.36 |
| 储存期(25℃)/h | 8 | 24 |

注：储存期为黏度达到初始值 2 倍时的时间。

该固化剂的合成方法[6]：0.1mol 二亚乙基三胺和 0.2mol AcOH 用 1.5h 加热、除水，并与 1.1g 稳定的 Ni 在 250℃加热 10min，制得 0.087mol 的 1-(乙酰基氨基乙基)-2-甲基咪唑。用 NaOH 水溶液水解制得的粗品，制得 1-氨乙基-2-甲基咪唑。

### 6.1.5　2-乙基-4-甲基咪唑

2-乙基-4-甲基咪唑（2E4MZ；2,4-EMI），结构式见表 6-1。在室温下为液体，当处于过冷状态时会出现结晶物。是应用最为广泛的咪唑化合物。作为固化剂广泛用于涂料、胶黏剂、灌封料及印制线路板等。酸酐固化剂经常采用该品用作促进剂。当将其用于阻燃材料时，会和阻燃剂的有机卤化物、磷酸酯系化合物反应，生成溴化物（见下式），降低组成物的固化速度，严重时会影响固化[7]。

2-乙基-4-甲基-5-溴咪唑　　　溴化 2-乙基-4-甲基咪唑盐

当环氧树脂为多元酚的缩水甘油醚时（如，DGEBA），使用咪唑化合物（包括2E4MZ）作固化剂是有效的；而使用多元醇缩水甘油醚，缩水甘油胺，缩水甘油酯及环氧化聚烯烃时，不能进行固化。但是，咪唑 1 位上的 H 原子容易和环氧基进行加成反应，通过这些缩水甘油化合物有可能一定程度的改善固化物的性能。例如，以下结构式为聚丙二醇二缩水甘油醚与 2E4MZ 的加成物，将其作固化剂添加到 DGEBA 里，可使固化物具挠曲性。

咪唑类化合物可用作酸酐固化反应的促进剂。使用 2-乙基-4-甲基咪唑时，比使用 DMP-30 可以得到耐热更高的固化物（见表 6-6）。

表 6-6　各种促进剂对环氧/酸酐体系的影响

| 配　方 | 1 | 2 | 3 | 4 | 配　方 | 1 | 2 | 3 | 4 |
|---|---|---|---|---|---|---|---|---|---|
| Epikote 828 | 100 | 100 | 100 | 100 | 80℃ | 148 | 130 | 128 | — |
| リカシッド MH-700 | 86 | 86 | 86 | 86 | 100℃ | 34 | 30 | 27.2 | |
| 促进剂 DMP-30 | 0.5 | — | — | — | 热变形温度/℃ | | | | |
| 2E4MZ | — | 0.5 | — | — | (1) | 133 | — | — | 131 |
| 1B2MZ | — | — | 0.5 | — | (2) | 139 | 149 | 147 | |
| K-61B | — | — | — | 0.5 | 适用期(30℃)/h | 74 | 92 | 57 | 140 |
| 凝胶时间/min | | | | | | | | | |

注：1. リカシッド MH-700 为 4-甲基六氢苯二甲酸酐。
2. 固化条件为 (1)(100℃/2h)+(150℃/15h)，(2)(100℃/2h)+(130℃/15h)。

2-乙基-4-甲基咪唑在室温下易与液态环氧树脂混合，得到黏度较低的混合物，适用期较长（表 6-7），固化物有较高的热变形温度，当质量分数 2% 时，经 150℃/4h 固化后马丁耐热达 160℃。如果在树脂混合物中添加 125% 的二氧化硅填料，固化物的力学强度有明显提高，马丁耐热高于 225℃。由图 6-1 及图 6-2 可见，2-乙基-4-甲基咪唑的树脂固化物与酸酐及芳香胺的比较，经高温、短时间的后固化处理可得到相当高的热变形温度（约 240℃），这种特性对制备丝绕结构件更为有利。耐热老化性能极优于通常使用的间苯二胺（图 6-3）[8]。

表 6-7　2-乙基-4-甲基咪唑用量对适用期影响

| 质量分数/% | 适用期(30℃)/h | 质量分数/% | 适用期(30℃)/h |
|---|---|---|---|
| 1 | 68 | 5 | 17 |
| 3 | 36 | 10 | 10 |

注：环氧树脂为双酚 A 型，环氧当量 190；10g 树脂。

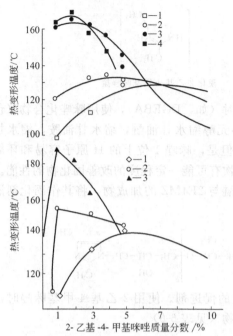

图 6-1 2-乙基-4-甲基咪唑的固化条件及热变形温度

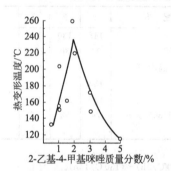

图 6-2 2-乙基-4-甲基咪唑用量
对热变形温度的影响
环氧树脂的环氧当量 190；
固化条件为 70℃凝胶+260℃/4h

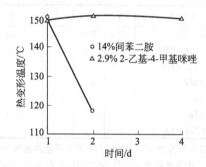

图 6-3 2-乙基-4-甲基咪唑与
间苯二胺的热老化比较
环氧树脂的环氧当量 190；在 204℃老化 4 天

2-乙基-4-甲基咪唑与耐热性好的线型酚醛环氧树脂（DEN-438）的固化物，在 204℃长时间老化，其热变形温度的降低及热失重都很小（见表 6-8）。

表 6-8 2-乙基-4-甲基咪唑与 DEN-438 固化物的热稳定性

| w(2E4MZ)/% | 80℃凝胶化后的后固化温度/℃ | 后固化温度下放置时间/d | 热变形温度/℃ | 失重/% |
|---|---|---|---|---|
| 2 | 149 | 1 | 159 | — |
| | 204 | | 260 | — |
| | 204 | 2 | 260 | 0.10 |
| | 204 | 4 | 254 | 0.12 |
| | 204 | 7 | 260 | 0.26 |
| | 204 | 14 | 251 | 0.39 |
| | 260 | 1 | 170 | 1.30 |
| | 260 | 2 | 165 | 1.54 |

表 6-9 表示以 2E4MZ 为固化剂的防潮绝缘加工用涂料,显示良好的耐水性和电绝缘性。

表 6-9 2E4MZ 的防潮绝缘用涂料

| 组成及质量分数 | | 涂料的特性 | |
|---|---|---|---|
| Epikote 815(或相当品) | 71.48 | 固化条件 150℃/min | |
| Aerosol 300 | 1.43 | 涂膜硬度(25℃)/H | >4 |
| Benton 34 | 0.86 | 热变形温度/℃ | 122 |
| 氧化铬 | 2.14 | 吸水性(沸水 1h)/% | 0.10 |
| 钛白粉(金红石型) | 0.57 | 体积电阻率/Ω·cm | $1.8 \times 10^{15}$ |
| $CaCO_3$ | 23.57 | 煮沸 1h 后 | $3.3 \times 10^{14}$ |
| 2E4MZ | 3.5 | 介电强度/(kV/mm) | 23 |

表 6-10 为 2-乙基-4-甲基咪唑作酸酐固化反应促进剂与 2,4,6-三(二甲氨基甲基)苯酚比较,显示了良好的促进效果及高温下的性能,在与甲基纳迪克酸酐共用时,可将固化温度降低同时完成固化反应。

表 6-10 2-乙基-4-甲基咪唑作促进剂的结果

| 配方及组成 | 1 | 2 | 3 |
|---|---|---|---|
| 双酚 A 环氧树脂(环氧当量 190) | 100 | 100 | 100 |
| 甲基纳迪克酸酐 | 90 | — | 90 |
| 六氢苯二甲酸酐 | — | 84 | — |
| 2E4MZ | 1 | 2 | — |
| DMP-30 | — | — | 1 |
| 固化条件/(℃/h) | (80/2)+(135/4) | (90/2)+(149/4) | (125/2)+(200/2)+(245/2) |
| 拉伸强度/MPa | | | |
| 25℃ | 53.2 | 73.5 | 70 |
| 100℃ | 64.4 | 52.5 | 55.3 |
| 149℃ | 16.8 | — | 5.6 |
| 断裂伸长率/% | | | |
| 25℃ | 1.8 | 3.5 | 2.6 |
| 100℃ | 7.3 | 5.5 | 5.5 |
| 149℃ | 47.0 | — | 29.0 |
| 拉伸模量/MPa | | | |
| 25 | 3200 | 2681 | 2450 |
| 100 | 1330 | 1414 | 1750 |
| 149 | 630 | — | 350 |
| 热变形温度/℃ | 149 | 146 | 131 |

## 6.1.6 1-氰乙基取代咪唑

表 6-1 中所列的 1-氰乙基取代咪唑,例如 2MZ-CN、2E4MZ-CN、$C_{11}$Z-CN、2PZ-CN 等,各自都比相对应的 1 位未取代咪唑的熔点低,容易使用,适用期增长,固化速度变慢。

当用 1-氰乙基取代咪唑固化环氧树脂时,在 1-氰乙基取代咪唑的分解温度下,以其 3 位上的叔氮原子促进聚合;在高温下,1-氰乙基取代体分解成丙烯腈和 1H-咪唑,而丙烯腈作为聚合物残留在固化物中。固化历程如下式所示。常将 2E4M-CN 用于分散着金、银等金属粉的导电油墨、导电胶黏剂。

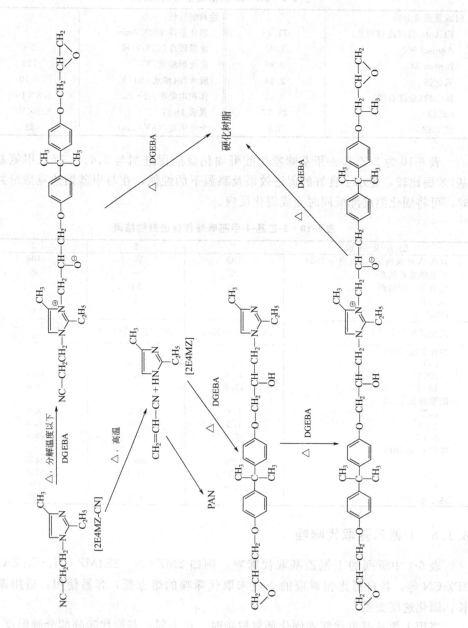

### 6.1.7 各咪唑化合物的固化性能

表 6-11 表示各咪唑化合物固化双酚 A 环氧树脂的性能[9]。

**表 6-11 咪唑类化合物固化双酚 A 树脂固化物性能**

| 固化剂名称 | C$_{17}$Z | 2PHZ-CN | 2PZ-CN | 2MZ-AZINE | 2E4MZ-AZINE | C$_{11}$Z-AZINE | 2P4MHZ | 2PHZ | 2MZ-OK | 2PZ-OK |
|---|---|---|---|---|---|---|---|---|---|---|
| 组成及质量分数 | | | | | | | | | | |
| Epikote 828 | 100 | 100 | 100 | 100 | 100 | 100 | 100 | 100 | 100 | 100 |
| 固化剂 | 5 | 10 | 5 | 5 | 5 | 10 | 5 | 5 | 7 | 5 |
| エロジル300$^\#$ | — | — | — | 2 | 2 | 2 | 2 | 2 | 3 | 3 |
| 凝胶时间(150℃)/min | 2.97 | 5.00 | 2.83 | 1.66 | 2.03 | 1.32 | 4.40 | 7.90 | 1.12 | 1.78 |
| 适用期(25℃)/d | 40 | 8 | 3 | 48 | 18 | 13 | 80 | 120 | 5 | 2 |
| 固化条件/(℃/h) | 80/2+150/4 | 100/2+150/4 | 80/2+150/4 | 80/2+150/4 | 80/2+150/4 | 80/2+150/4 | 100/2+150/4 | 100/2+150/4 | 80/2+150/4 | 80/2+150/4 |
| 玻璃化温度/℃ | 159 | 170 | 170 | 171 | 175 | 168 | 160 | 156 | 168 | 170 |
| 弯曲强度/MPa | 77 | 99 | 93 | 105 | 85 | 100 | 81 | 97 | 82 | 95 |
| 弯曲模量/MPa | 2370 | 2700 | 2560 | 2700 | 2770 | 2550 | 2690 | 2690 | 2800 | 2790 |
| 体积电阻率/×10$^{15}$ Ω·cm | | | | | | | | | | |
| 常态 | 0.58 | 8.2 | 3.9 | 1.8 | 6.2 | 3.8 | 0.66 | 0.77 | 2.0 | 2.1 |
| 煮沸后 | 2.7 | 1.9 | 1.7 | 1.6 | 1.8 | 2.0 | 1.6 | 0.85 | 0.69 | 1.2 |
| 吸水性(煮沸 1h)/% | 0.1 | 0.29 | 0.23 | 0.33 | 0.30 | 0.28 | 0.22 | 0.25 | 0.38 | 0.22 |
| 硬度(D) | 87 | 90 | 90 | 90 | 90 | 90 | 88 | 88 | 90 | 90 |

注：适用期为达到初始黏度 2 倍值的时间（ASTM D-2393）。

## 6.2 咪唑加成物

### 6.2.1 咪唑与环氧树脂（或环氧化合物）的加成物

如前所述，咪唑类化合物以很少的用量就可以在较低温度、短时间内固化环氧树脂，得到耐热高的固化物；由于具有叔胺基，可以作为酸酐、双氰胺（Dicy）等其他固化剂的促进剂。

咪唑类化合物与环氧树脂共混在一起，虽然适用期比脂肪胺、芳香胺等相比要长，但仍显储存时间短，其本身又具挥发性和吸湿的特点，作为其对策，常将它与环氧树脂进行加成反应，制备新的加成物作为固化剂使用。

以往使用咪唑和常温下为液态的环氧树脂以 $n$(环氧基)：$n$(咪唑仲胺基)＝1：1 比进行反应。使用液态环氧树脂是因为反应容易进行，液态树脂比固态树脂分子质量小，加成物的胺基含量多，作为固化剂加入量少。但是这样制成的加成物软化点低（例如，使用 2MI 制成的加成物软化点 83℃），不利于大量生产。因为在工业上大量制造时，为了将产品粉末化必须粉碎、研磨，由于粉碎研磨过程放热、熔融，产品黏附粉碎设备，妨碍生产。为了提高加成物的熔点，通常采用两种方法：第一，采用过多的环氧基对仲胺基的摩尔比(1.2～1.5)∶1；第二，添加质量分数为 5%～20% 的无机粉末。常用的无机粉为 $SiO_2$、高岭土、硅砂、硅藻土、滑石及膨润土等，以 $SiO_2$ 粉较好。

制法：以适当的溶剂溶解咪唑化合物，滴加液态环氧树脂进行加成反应、分离，真空脱残留溶剂。溶剂应对环氧树脂是惰性的，例如甲苯、二甲苯、甲乙酮及甲基异丁酮类。

加成物为固态粉末状、储存时受自身压力作用有凝聚倾向，所以要添加防止凝聚（结块）的防凝剂（0.5%～10%）。

合成方法举例[10]如下。

在装有搅拌器，滴液漏斗及冷凝器的三口颈烧瓶里投入 300g 2-甲基咪唑和 900g 二甲苯，在 110～120℃下搅拌溶解。在 120℃下 1.5h 之内滴加 680g AER330（双酚 A 型环氧树脂，环氧当量 185）。反应生成物不溶于二甲苯，反应后与二甲苯分离，残留的二甲苯在 140℃/1.3kPa 下蒸馏除去，然后以熔融状态放入平盘内，在 180℃/1h 干燥，制得暗红褐色加成物，其软化点 80℃。

各种咪唑化合物与环氧树脂加成反应条件，及其产物的软化点见表 6-12 所列。由表中可见，提高环氧基对仲胺基的摩尔比，可以将软化点提高 29℃。

表 6-12　咪唑-环氧树脂加成物的制备条件及软化点

| 合成例 | 咪唑类/g | 环氧树脂/g | 溶剂/g | $n$(环氧基)∶$n$(仲胺基) | 反应温度/℃ | 反应时间/h | 软化点/℃ |
|---|---|---|---|---|---|---|---|
| 1 | 2-甲基咪唑/300 | AER 330/680 | 二甲苯/900 | 1∶1 | 120 | 1.5 | 80 |
| 2 | 2-甲基咪唑/300 | AER 330/950 | 二甲苯/900 | 1.4∶1 | 120 | 1.5 | 109 |
| 3 | 2-乙基咪唑/300 | AER 330/870 | 甲苯/900 | 1.5∶1 | 120 | 1.5 | 103(72) |
| 4 | 2-乙基-4-甲基咪唑/300 | AER 330/760 | 二甲苯/900 | 1.5∶1 | 120 | 1.5 | 101(70) |
| 5 | 2-十二烷基咪唑/300 | AER 330/350 | 甲苯/900 | 1.5∶1 | 120 | 1.5 | 101(70) |
| 6 | 2-苯基咪唑/300 | DER-732/930 | 二甲苯/900 | 1.4∶1 | 120 | 1.5 | 105(82) |

注：DER-732 为 DOW 化学公司产品，聚亚烷基二醇二缩水甘油醚，环氧当量 320；括号内数字为环氧基对仲胺基的摩尔比为 1 时产品的软化点。

当以 AER 664P∶加成物∶$TiO_2$∶アエロジル200∶流平剂=100∶5∶40∶0.075∶0.4 的组成物制成粉末涂料时，涂膜显示优良的物理性能：埃里克森（Erichsen）值 7.1～7.2，光泽度约 90%，杜邦冲击强度（1/8 $\phi$500g）为 50kg·cm。

该加成物同时具有良好的促进性。AER 664P（环氧当量 910）∶促进剂∶アエロジル200∶Dicy=100∶0.5∶0.05∶4.5 的组成物 160℃下凝胶时间 380～410s，而无促进剂（该加成物）时凝胶时间约 1h。

以表 6-12 "合成例 2" 制备的 2MI 环氧加成物（软化点 109℃）与环氧树脂的组

成物可作为单组分胶黏剂、涂料及模塑料使用，具有优良的储存稳定性，受热可快速固化[11]。例如 AER 331（双酚 A 环氧树脂）：2MI-环氧加成物：TDI：Attapulgite＝100：6：1：5 的组成物在室温可存放 6 个月以上，钢-钢相粘，120℃/30min 固化，剪切强度 17.8MPa；没有 TDI 时，分别为 18.0MPa 和 7d 的储存期。此例表明，加入异氰酸酯可提高咪唑环氧加成物的稳定性，因此组成物的室温储存期增长。

如下结构式的化合物与双氰胺并用，可以用于速固性粉末涂料；与线性酚醛树脂（Novolac）的反应生成物分散到双酚 A 环氧树脂里，得到的组成物在室温下有 6 个月的储存期。由于固化时放热低，可在 100～300℃的任意温度下固化。配制成的单组分胶黏剂性能见表 6-13 所列[12]。

日本味の素フアインテクノ（株）开发了 PN 系列和 MY 系列两种环氧-胺加成物；前者属咪唑系，后者系脂肪胺系列，其商品名和特性见表 6-14 所列[13]。

表 6-13 单组分胶黏剂的组成及其相关性能

| 组　　分 | 质量分数/% |
|---|---|
| 双酚 A 环氧树脂 | 56.18 |
| 2MI-环氧树脂加成物与线型酚醛树脂的反应加成物 | 12.92 |
| 钛白粉（金红石型） | 2.81 |
| SiO$_2$ 粉 | 28.09 |
|  | 100.00 |
| 胶黏剂的特性及固化物性能 |  |
| 外观 | 白色黏稠液体 |
| 黏度(25℃)/mPa·s | 75000 |
| 相对密度 | 1.48 |
| 适用期(25℃)/月 | ＞6 |
| 固化条件 | 150℃/30min |
| 抗张剪切强度(25℃)/MPa |  |
| 　铝-铝 | 190 |
| 　钢-钢 | 200 |
| 剥离强度(25℃)/(N/m) |  |
| 　铝-铝 | 11.0 |

表 6-14 环氧树脂-胺加成物的分类

|  | 咪唑系列 | 脂肪胺系列 |
|---|---|---|
| 市售商品 | アミキユアPN-23<br>アデカハードナーEH-3293<br>ノバキユアHX-3721 | アミキユアMY-24<br>アデカハードナーH3615<br>ノバキユアHX-3741<br>フジキユアFXE-1000 |
| 特性 | 固化着色性大<br>玻璃化温度高<br>固化放热大 | 固化着色性小<br>固化物具强韧性<br>固化放热小 |

注：アミキユア—味の素フアインテクノ（株）；アデカハードナー—旭電化（株）；
ノバキユア—旭化成エポキシ（株）；フジキユア—富士化成（株）。

这类加成物和环氧树脂的组成物室温下稳定，受热活性提高，到一定温度可快速固化。图6-4展示了这种加成物的固化机理。

PN系列的加成物除PN-23外还有PN-23J，PN-40J。PN-23和PN-40的粒径为10μm，而PN-23J和PN-40J的粒径只有3μm。这样细的粒径可以使密封剂和胶黏剂有更高的均匀性，不用担心有残存的固化剂颗粒存在，提高密封胶和胶黏剂的可靠性。

PN-23及MY-24固化物性能见表6-15所列。PN系列固化剂与双酚F环氧树脂配合及其物理特性见表6-16所列。

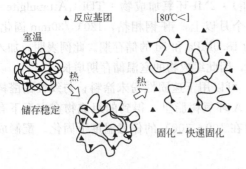

图6-4 环氧树脂-胺加成物的固化机理

表6-15 PN-23及MY-24固化物性能

| 配方 | 1 | 2 | 3 | 4 | 5 | 6 |
|---|---|---|---|---|---|---|
| Epikote 828 | 100 | 100 | 100 | 100 | 100 | 100 |
| PN-23 | 25 | 20 | 15 | 10 | 5 | 0 |
| MY-24 | 0 | 5 | 10 | 15 | 20 | 25 |
| Aerosil 200# | 1 | 1 | 1 | 1 | 1 | 1 |
| 初始黏度(25℃)/mPa·s | 38000 | 44000 | 44000 | 48000 | 50000 | 50000 |
| 适用期(40℃)/d | >60 | >60 | >60 | >90 | >90 | >90 |
| 凝胶时间/min 80℃ | 15.6 | 17.2 | 20.0 | 22.9 | 38.8 | 54.9 |
| 100℃ | 3.6 | 3.7 | 3.9 | 3.9 | 4.2 | 4.3 |
| 120℃ | 1.9 | 2.1 | 2.4 | 2.8 | 4.1 | 6.4 |
| 玻璃化温度/℃(120℃/30min) | 139 | 133 | 116 | 109 | 89 | 83 |
| 剪切强度/MPa (100℃/1h) | 12.3 | 12.1 | 13.5 | 14.4 | 16.8 | 23.4 |
| (120℃/1h) | 13.5 | 14.3 | 15.0 | 17.4 | 20.7 | 23.5 |
| 拉伸强度/MPa(100℃/1h) | 47.1 | 46.4 | 49.1 | 47.3 | 54.0 | 50.5 |
| 伸长率/% | 4.8 | 4.1 | 5.2 | 4.9 | 4.9 | 5.2 |
| 吸水性/%(100℃/1h)(煮沸1h) | 0.43 | 0.43 | 0.43 | 0.39 | 0.42 | 0.45 |

注：适用期为达到初始黏度2倍的时间。

表6-16 PN系列固化剂与双酚F环氧树脂组成物理特性

| 物理特性 | PN-23 | PN-40 | PN-40J |
|---|---|---|---|
| 固化剂平均粒径/μm | 10 | 10 | 3 |
| 凝胶时间/min | | | |
| 80℃ | 13.1 | 23.5 | 10.5 |
| 100℃ | 4.0 | 4.6 | 4.0 |
| 120℃ | 2.1 | 2.3 | 2.3 |
| 150℃ | 1.3 | 1.5 | 1.5 |
| 玻璃化温度/℃(120℃/30min 固化) | 135 | 130 | 130 |
| 初始黏度/Pa·s | 9.0 | 9.2 | 9.4 |
| 储存后黏度/Pa·s | | | |
| 40℃/4周后 | 21.7 | 11.0 | 22.6 |
| 60℃/1d后 | 固化 | 13.8 | 12.0 |

注：各组分配合质量分数为双酚F环氧树脂∶固化剂∶Aerosil 200# =100∶20∶2。

水分的存在对组成物的储存稳定性有负面影响（如图6-5所示）。所以组成物的各种组分（环氧树脂、填料、固化剂及其他添加剂）都应不具吸湿性，混炼时为防止吸湿，减少组成物中的水分，希望进行减压脱泡。

文献［14,15］报道，将聚异氰酸酯均匀地涂覆在咪唑-环氧树脂加成物的粉末上，可进一步提高固化剂的储存稳定性和固化性能。例如，7 份 2∶1（摩尔）2MI-AER 330 的加成物（粒径 30μm）与 0.1 份甲苯二异氰酸酯（TDI）在 4 份 DOP 里混合得到改性的固化剂。该固化剂与 100 份 AER 331 混合得到的组成物，25℃下储存期 1 年以上。将该组成物涂在软钢片上，120℃/0.5h 固化，涂层的 Erichsen 值 9mm，DuPont 冲击强度 40cm，剪切强度 16.0MPa；耐 10% $H_2SO_4$、10% NaOH 及沸水。

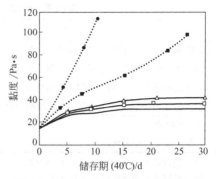

图 6-5 添加 Ajicure PN-23 的树脂组成物中水分含量对储存期的影响

配合物质量分数
双酚 A 环氧树脂（环氧当量 190）　100
Ajicure PN-23　　　　　　　　　　20
水　　　　　　　　　　　　　　0～1
水含量
●·· 1.0 份　　■— 0.5 份
□— 0.1 份　　—— 无
△— 0.3 份

咪唑多为高熔点化合物，将其与环氧化合物加成，可以制得液态的固化剂，便于与液态环氧树脂的混合使用。例如，1-甲基咪唑与苯基缩水甘油醚的加成物为深棕色的液体，与 2-乙基-4-甲基咪唑（2E4MI）相比，性能大体相差无几（表 6-17）[16]。

国内多以 2-甲基咪唑与丁基缩水甘油醚，异辛基缩水甘油醚反应，制备改性的 2-甲基咪唑。陆圣奇等[17]采用无水乙醇为溶剂的新工艺，改善了改性产品质量，由棕黑色黏稠液体变为棕色黏稠液体。

表 6-17　1-甲基咪唑-苯基缩水甘油醚加成物的固化物性能

| w(固化剂)/% | 粘接强度①/MPa | 热变形温度② | 失重 50% 温度/℃ |
| --- | --- | --- | --- |
| 2E4MI/4 | 32.4 | 82 | 450 |
| 1-MI 加成物/ | | | |
| 2 | 31.7 | 79 | 460 |
| 4 | 29.6 | 87 | 445 |

① 65℃/4h 固化。
② 室温凝胶后+65℃/4h。

## 6.2.2　咪唑与异氰酸酯的加成物

咪唑与异氰酸酯的加成物，换句话说也就是咪唑封闭异氰酸酯。该加成物可将咪唑的固化温度降低，同时延长了固化剂的适用期。

表 6-18 表示咪唑类化合物与各种异氰酸酯加成物的固化温度和适用期[18]。由表中可见，同是 2-甲基咪唑，与六亚甲基二异氰酸酯加成后，固化温度降低 40℃，适用期增长至 30 倍。

表 6-18 咪唑-异氰酸酯加成物固化特性

| 加 成 物 | 固化温度/℃ | 凝胶时间/d |
|---|---|---|
| 2-甲基咪唑-六亚甲基二异氰酸酯 | 70 | >30 |
| 2-乙基-4-甲基咪唑-六亚甲基二异氰酸酯 | 70 | >30 |
| 2-苯基咪唑-4,4′-二苯基甲烷二异氰酸酯 | 90 | >30 |
| 己二酸丁酯($M=1000$)-甲苯二异氰酸酯预聚物-2-甲基咪唑 | 90 | 23 |
| 2-甲基咪唑 | 110 | <1 |
| 1-氰乙基-2,4-甲基咪唑 | 110 | 6 |

注：组成物为 $w$(Epikote 828)∶$w$(固化剂)∶$w$(MEK)=100∶5∶60；
固化温度为在相应温度下加热 30min；
凝胶时间为组成物达到 40℃下初始黏度 2 倍的时间。

该类加成物在 70～110℃ 温度下可解离成异氰酸酯和咪唑化合物，而再生的咪唑化合物和异氰酸酯可一起和环氧树脂反应：再生的咪唑化合物首先打开环氧基的环氧环并生成羟基，再和异氰酸酯反应。

合成举例如下。

在装有搅拌器、温度计和冷凝器的三口颈烧瓶里，投入 8.3 份 2-甲基咪唑和 8.4 份 1,6-六亚甲基二异氰酸酯，将反应温度由室温升至 75℃，反应进行到确认无游离的异氰酸酯为止，得到封闭的异氰酸酯。

咪唑-异佛尔酮二异氰酸酯加成物可用作环氧树脂粉末涂料的固化催化剂[19]。100 份 DER 663U 和 5 份加成物的组成物在不同温度下的凝胶时间为：64s/132℃，47s/149℃，26s/182℃。

1-(2-氨基乙基)-2-甲基咪唑-甲苯二异氰酸酯加成物用作双氰胺的促进剂，用于单组分环氧组成物[20]。例如，Epon 828 100 份，双氰胺 6 份及该加成物 3.4 份的组成物，40℃下存放 10 天黏度不变化，于 170℃/6s 固化。

### 6.2.3 咪唑化合物与有机酸的反应生成物

将咪唑化合物与一元有机酸反应生成物用作环氧树脂固化剂，可以改善环氧组成物的储存稳定性或低温固化性。例如，2-甲基咪唑和水杨酸的反应生成物（细粉末）3 份与 100 份液态双酚 A 环氧树脂的组成物，在 40℃ 放置 0、1 天、2 天及 3 天后，25℃ 下测其黏度分别为 12.9Pa·s、25.0Pa·s、40.1Pa·s 及 84.0Pa·s；而用 2-甲基咪唑取代加成物则 1 天后变固态[21]。

赵汝俭等[22]以 2-甲基咪唑、水杨酸和氧化锌合成一种有机酸咪唑盐络合物：分子式为 $C_{22}H_{22}N_4O_6Zn$，相对分子质量 503，熔点 177.6～178℃；结构式

$$\left[\begin{array}{c} \text{OH} \\ \text{COO}^- \end{array}\right]_2 Zn^{2+} \left[\begin{array}{c} N \\ \text{CH}_3 \text{ H} \end{array}\right]_2$$

以该络合物配制的单组分胶在 20～25℃ 下可存放 6 个月。

文献 [23] 指出，将 2-乙基咪唑和马来酸在水中回流 2h 得到 73% (2-乙基-1-咪唑基)丁二酸，将其 8 份与 Epikote 828 的 100 份，Aerosil-300 的 1 份混合，制

得的组成物 25℃下黏度 19000mPa·s，凝胶时间 150℃下 385s，5℃和 20℃下的适用期分别大于 4 个月和 3 个月。

咪唑与 3-缩水甘油氧丙基三甲氧硅烷（下式） $CH_2\!-\!\!\underset{O}{\underset{\diagdown\diagup}{CH\!-\!CH_2}}\!-\!O(CH_2)_3Si(OCH_3)_3$ 在 95℃反应，然后与顺丁烯二酸在 80℃反应。制得的反应产物（甲硅烷基咪唑多羧酸盐）与 Epikote 828 配合，显示良好的储存稳定性，凝胶时间 1min46s，不锈钢片之间的剪切强度 23MPa，弯曲强度 104.1MPa[24]。

文献 [25] 指出，咪唑化合物和一元有机酸反应生成物只能在低温固化性和储存稳定性的其中一方取得改进，而另一方不可能同时取得改进。但要将咪唑化合物与两种一元有机酸逐步反应，并配以苄醇，树脂组成物可兼备低温固化性和储存稳定性，适用于碳纤维复合材料的基础树脂。使用该固化剂可在 100℃固化，20℃下至少有 3 个月储存期，特别是 B 阶段的稳定性好。

合成固化剂举例如下。

将 1mol 的 2E4MI 溶于甲醇，将溶液冷却至 10℃同时边加入 1mol 己二酸，己二酸完全溶解。反应结束后，添加己二酸和草酸的混合物进行反应到结束。添加的己二酸和草酸两者合计为 1mol（见表 6-19），改变两者之间的比，可以合成各种盐。反应结束后除去甲醇，得到的 2E4MI 盐为粉末状。

表 6-19  2-乙基-4-甲基咪唑羧酸盐的固化性

| 实例 | 己二酸/mol | 草酸/mol | 100℃固化性 | 储存期(20℃)/月 |
| --- | --- | --- | --- | --- |
| 1 | 1.00 | 0 | 固化 | 2 |
| 2 | 0.85 | 0.15 | 未固化 | 2 |
| 3 | 0.80 | 0.20 | 固化 | 3 |
| 4 | 0.60 | 0.40 | 固化 | 3.5 |
| 5 | 0.40 | 0.60 | 固化 | 4 |
| 6 | 0.15 | 0.85 | 固化 | 4.5 |
| 7 | 0.10 | 0.90 | 未固化 | 5 |
| 8 | 0 | 1.00 | 未固化 | 5 |

将 2E4MI 盐 8 份和苄醇 1.6 份的混合物添加到 50 份 EP-828 和 50 份 EP-514 组成的混合树脂里，组成物在 100℃下的固化性和 20℃下的储存稳定性见表 6-19 所列。由表可见，与单独使用己二酸或草酸相比，添加 0.20~0.85mol 草酸，组成物的固化性和储存性均良好。

## 6.2.4  咪唑化合物与脲的反应产物

文献 [26] 指出，1 或 2mol 的 1-β-氨基乙基-2-甲基咪唑（AMZ）和 1mol 脲的反应产物用作环氧树脂固化剂，具有优良的电性能、力学性能，且适用期长。

1mol AMZ 和 1mol 脲反应[(120~130℃)/1h]的反应生成物为 2-甲基咪唑基-1-乙基脲（称为单脲体），熔点 172~174℃，易溶于水及甲醇，可溶于乙醇。

$$\underset{\underset{CH_3}{(AMZ)}}{\boxed{N \diagdown N}}-CH_2CH_2NH_2 + H_2N-\underset{\underset{O}{\|}}{C}-NH_2 \longrightarrow \underset{\underset{CH_3}{(单脲体)}}{\boxed{N \diagdown N}}-CH_2CH_2NH-\underset{\underset{O}{\|}}{C}-NH_2 + NH_3\uparrow$$

2mol AMZ 和 1mol 脲反应（165℃/2h）的反应生成物为双(2-甲基咪唑基-1-乙基)脲（称为双脲体），熔点 182～185℃，碱性无色针状结晶，可溶于水，易溶于甲醇和乙醇。双脲体除按此法制备外，还可以按如下反应式所示，以单脲体和 AMZ 反应或 AMZ 和二氧化碳反应制备。

$$\underset{(AMZ)}{\boxed{N\diagdown N}\!-\!CH_2CH_2NH_2} + H_2N\!-\!\underset{O}{\overset{\|}{C}}\!-\!NH_2 + NH_2CH_2CH_2\!-\!\underset{(AMZ)}{\boxed{N\diagdown N}} \longrightarrow$$

$$\underset{(双脲体)}{\boxed{N\diagdown N}-CH_2CH_2NH-\underset{O}{\overset{\|}{C}}-NHCH_2CH_2-\boxed{N\diagdown N}} + 2NH_3\uparrow$$

$$\underset{(单脲体)}{\boxed{N\diagdown N}-CH_2CH_2NH-\underset{O}{\overset{\|}{C}}-NH_2} + NH_2CH_2CH_2-\underset{(AMZ)}{\boxed{N\diagdown N}} \xrightarrow{-NH_3\uparrow}$$

$$\underset{(AMZ)}{\boxed{N\diagdown N}-CH_2CH_2NH_2} + O\!=\!C\!=\!O + NH_2CH_2CH_2-\underset{(AMZ)}{\boxed{N\diagdown N}} \xrightarrow{-H_2O}$$

$$\underset{(双脲体)}{\boxed{N\diagdown N}-CH_2CH_2NH-\underset{O}{\overset{\|}{C}}-NHCH_2CH_2-\boxed{N\diagdown N}}$$

上述单脲体和双脲体与其他咪唑化合物对双酚 A 环氧树脂的固化性和适用期对比见表 6-20 所列。由表中数据可见，单脲体和双脲体与 2MI，2E4MI 及 2PZ 等相比，具有大体相同的速固化性，可是适用期要长数十倍。其物理力学、热和电性能等也基本相同（见表 6-21）。

表 6-20　单脲体和双脲体的固化性及适用期

| $w$(固化剂)/% | | 固化时间/s | 适用期/h | $w$(固化剂)/% | | 固化时间/s | 适用期/h |
|---|---|---|---|---|---|---|---|
| 2MI | 2 | 42 | 6.0 | 单脲体 | 2 | 144 | — |
| | 3 | 38 | 5.0 | | 3 | 41 | 173.0 |
| | 5 | 22 | 3.5 | | 4 | 33 | 156.0 |
| 2E4MI | 2 | 74 | 14.0 | 双脲体 | 2 | 133 | — |
| | 3 | 60 | 11.0 | | 3 | 54 | 288.0 |
| | 5 | 46 | 7.0 | | 4 | 35 | 276.0 |
| 2PZ | 3 | 151 | 26.0 | | | | |
| | 5 | 59 | 18.0 | | | | |

表 6-21　单脲体和双脲体的固化物性能

| 性　　能 | | 单脲体 | 双脲体 |
|---|---|---|---|
| 玻璃化温度/℃ | | 167 | 159 |
| 热变形温度/℃ | | 175 | 173 |
| 体积电阻率/Ω·cm | 室温 | $1.2×10^{15}$ | $1.3×10^{15}$ |
| | 130℃ | $1.5×10^{12}$ | $2.3×10^{12}$ |
| 介电常数(60Hz) | 室温 | 3.6 | 3.5 |
| | 130℃ | 4.0 | 3.7 |
| | (1kHz)室温 | 3.5 | 3.4 |
| | 130℃ | 3.8 | 3.6 |
| 介电损耗角正切(60Hz) | 室温 | 0.41 | 0.84 |
| | 130℃ | 4.90 | 2.80 |
| | (1kHz)室温 | 0.80 | 1.20 |
| | 130℃ | 2.80 | 1.00 |
| 弯曲强度/MPa | 室温 | 97 | 90 |
| | 130℃ | 43 | 44 |
| 弯曲模量/MPa | 室温 | 3100 | 3000 |
| | 130℃ | 1500 | 1500 |
| 吸水性/%(水煮沸 4h) | | 0.82 | 0.78 |
| 适用期(25℃)/d | | 6.5 | 11.5 |

注：$w$(Epikote 828)：$w$(固化剂)＝100：4；
固化条件为 75℃/2h＋150℃/4h；
适用期为组成物在 25℃储存，达到初始黏度值 2 倍时的时间。

## 6.2.5　咪唑金属盐络合物[27]

咪唑化合物与金属盐生成的络合物在常温下稳定，没有促进作用，但是加热到某一定温度后络合物解离成咪唑化合物和金属盐，咪唑化合物促进固化反应。

作为金属盐可以使用 $CuF_2·2H_2O$、$CuCl_2·2H_2O$、$CuBr_2$、$CuSO_4·5H_2O$、$NiCl_2·6H_2O$、$NiBr_2$、$NiSO_4·6H_2O$、$CoCl_2·6H_2O$ 及 $CoBr_2·6H_2O$，可分别与如下六种咪唑化合物反应，生成 4：1 络合物（如图 6-6 所示）。

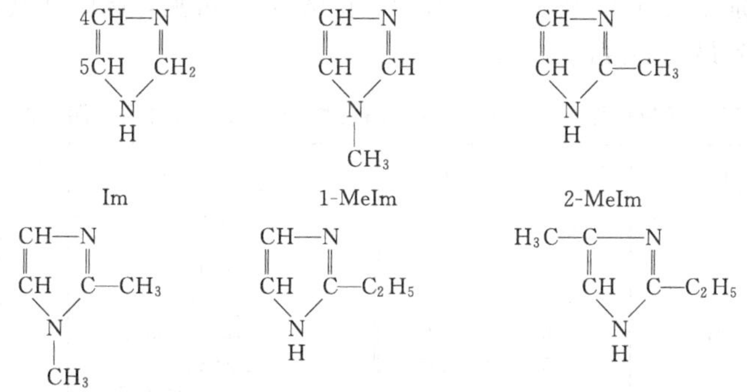

Im　　　　1-MeIm　　　　2-MeIm

1,2-Me$_2$Im　　　2-EtIm　　　2-Et-4-MeIm

咪唑化合物金属盐络合物和环氧树脂的反应机理如下式所示。络合物受热，解离成咪唑化合物和金属盐Ⅰ，咪唑化合物和环氧树脂反应，生成的Ⅱ式表示的中间体，该中间体引起环氧和双氰胺的连锁反应。固化时的放热研究表明，热固化反应在 120～130℃开始，并伴随放热。络合物的活性与咪唑化合物不同位置上的取代

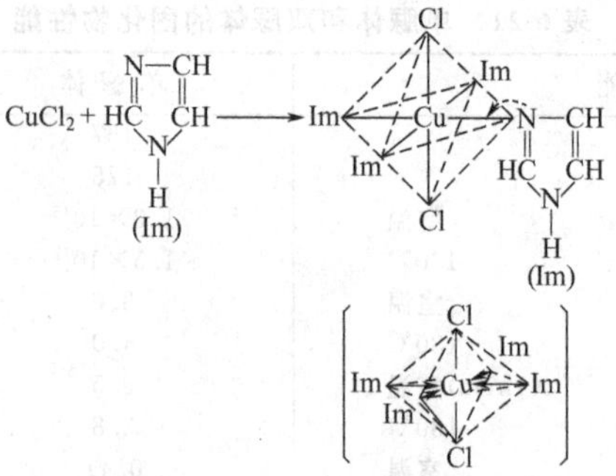

图 6-6 CuCl$_2$[Im]$_4$ 金属络合物的结构

基有关,同一取代基在 2 位上的活性大于在 1 位上,乙基的活性大于甲基;另外也与金属盐的酸性强弱有关,金属盐的酸性强,咪唑化合物取代基的供电子性亦大,咪唑络合物促进作用更为有效。

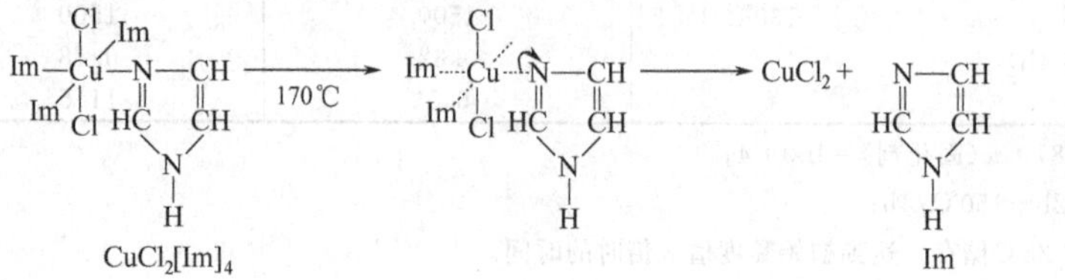

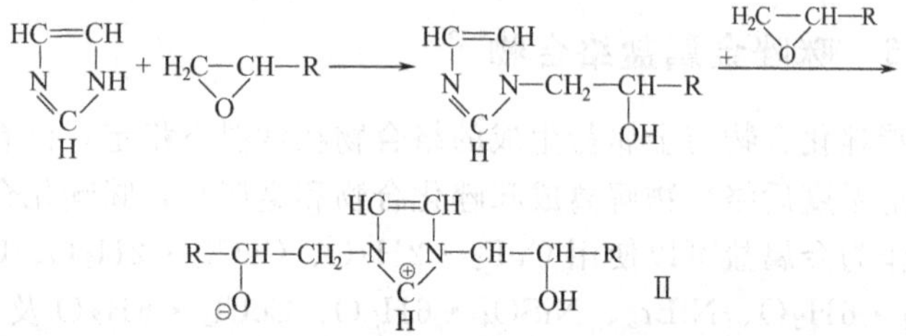

环氧树脂-双氰胺-咪唑金属盐络合物体系的放热开始时间和温度及达到最高温度的时间,分别见表 6-22 和表 6-23 所列。由表 6-23 可见,咪唑在其衍生物中最高温度最低,达到最高温度的时间最长。

表 6-22 环氧树脂·Dicy·Im 金属络合物的放热开始时间和温度的关系

| Im 金属络合物 | | 放热开始时间/min | 温度/℃ | Im 金属络合物 | | 放热开始时间/min | 温度/℃ |
|---|---|---|---|---|---|---|---|
| CuF$_2$ | [Im]$_4$ | 8.5 | 125 | CuBr$_2$ | [Im]$_4$ | 8.7 | 123 |
| | [1-MeIm]$_4$ | 5 | 108 | | [1-MeIm]$_4$ | 7 | 111 |
| | [2-MeIm]$_4$ | 4.6 | 118 | | [2-MeIm]$_4$ | 7.7 | 131 |
| | [1,2-Me$_2$Im]$_4$ | 4.8 | 120 | | [1,2-Me$_2$Im]$_4$ | 4.6 | 122 |
| | [2-EtIm]$_4$ | 7.8 | 117 | | [2-EtIm]$_4$ | 7.3 | 128 |
| | [2-Et-4-MeIm]$_4$ | 8.4 | 125 | | [2-Et-4-MeIm]$_4$ | 6.6 | 131 |
| CuCl$_2$ | [Im]$_4$ | 5.3 | 136 | CuSO$_4$ | [Im]$_4$ | 8.9 | 127 |
| | [1-MeIm]$_4$ | 3.8 | 113 | | [1-MeIm]$_4$ | 5.6 | 116 |
| | [2-MeIm]$_4$ | 5.4 | 124 | | [2-MeIm]$_4$ | 8.6 | 124 |
| | [1,2-Me$_2$Im]$_4$ | 6.2 | 134 | | [1,2-Me$_2$Im]$_4$ | 7.6 | 119 |
| | [2-EtIm]$_4$ | 5 | 123 | | [2-EtIm]$_4$ | 6.8 | 130 |
| | [2-Et-4-MeIm]$_4$ | 6 | 120 | | [2-Et-4-MeIm]$_4$ | 6.8 | 122 |

续表

| Im 金属络合物 | | 放热开始时间/min | 温度/℃ | Im 金属络合物 | | 放热开始时间/min | 温度/℃ |
|---|---|---|---|---|---|---|---|
| NiCl₂ | [Im]₄ | 7 | 121 | CoCl₂ | [Im]₄ | 5.8 | 122 |
| | [1-MeIm]₄ | 5.6 | 118 | | [1-MeIm]₄ | 4.8 | 116 |
| | [2-MeIm]₄ | 6.5 | 133 | | [2-MeIm]₄ | 8.6 | 136 |
| | [1,2-Me₂Im]₄ | 7.8 | 124 | | [1,2-Me₂Im]₄ | 5.9 | 125 |
| | [2-EtIm]₄ | 7 | 118 | | [2-EtIm]₄ | 7.7 | 131 |
| | [2-Et-4-MeIm]₄ | 6.4 | 100 | | [2-Et-4-MeIm]₄ | 5.5 | 126 |
| NiBr₂ | [Im]₄ | 9.8 | 126 | CoBr₂ | [Im]₄ | 7.8 | 105 |
| | [1-MeIm]₄ | 5.9 | 124 | | [1-MeIm]₄ | 4.7 | 115 |
| | [2-MeIm]₄ | 8.6 | 133 | | [2-MeIm]₄ | 12.8 | 136 |
| | [1,2-Me₂Im]₄ | 5.8 | 112 | | [1,2-Me₂Im]₄ | 5.8 | 120 |
| | [2-Et-4-MeIm]₄ | 14.4 | 152 | | [2-EtIm]₄ | 10.7 | 141 |
| NiSO₄ | [Im]₄ | 6.6 | 132 | | [2-Et-4-MeIm]₄ | 7.8 | 133 |
| | [2-MeIm]₄ | 7.8 | 135 | | | | |
| | [2-EtIm]₄ | 9.8 | 133 | | | | |
| | [2-Et-4-MeIm]₄ | 7.8 | 138 | | | | |

表 6-23 环氧树脂·Dicy·Im 金属络合物硬化时最高温度和达到时间

| Im 金属络合物 | | 时间/min | 最高温度/℃ | Im 金属络合物 | | 时间/min | 最高温度/℃ |
|---|---|---|---|---|---|---|---|
| CuF₂ | [Im]₄ | 14~15 | 188 | NiCl₂ | [2-MeIm]₄ | 8 | 231 |
| | [1-MeIm]₄ | 7 | 211 | | [1,2-Me₂Im]₄ | 9.5 | 210 |
| | [2-MeIm]₄ | 6 | 229 | | [2-EtIm]₄ | 10~11 | 202 |
| | [1,2-Me₂Im]₄ | 8~9 | 181 | | [2-Et-4-MeIm]₄ | 8 | 185 |
| | [2-EtIm]₄ | 11 | 220 | NiBr₂ | [Im]₄ | 13 | 202 |
| | [2-Et-4-MeIm]₄ | 13 | 190 | | [1-MeIm]₄ | 7 | 228 |
| CuCl₂ | [Im]₄ | 9~10 | 194 | | [2-MeIm]₄ | 11 | 236 |
| | [1-MeIm]₄ | 6 | 208 | | [1,2-Me₂Im]₄ | 7.5 | 210 |
| | [2-MeIm]₄ | 9 | 207 | | [2-EtIm]₄ | 16 | 237 |
| | [1,2-Me₂Im]₄ | 10 | 201 | NiSO₄ | [Im]₄ | 7.5 | 234 |
| | [2-EtIm]₄ | 6 | 225 | | [2-MeIm]₄ | 11 | 216 |
| | [2-Et-4-MeIm]₄ | 8 | 219 | | [2-EtIm]₄ | 12 | 216 |
| CuBr₂ | [Im]₄ | 15~16 | 173 | | [2-Et-4-MeIm]₄ | 9.5 | 236 |
| | [1-MeIm]₄ | 12 | 174 | CoCl₂ | [Im]₄ | 11~12 | 177 |
| | [2-MeIm]₄ | 10 | 204 | | [1-MeIm]₄ | 7 | 228 |
| | [1,2-Me₂Im]₄ | 6 | 246 | | [2-MeIm]₄ | 10.5 | 254 |
| | [2-EtIm]₄ | 10 | 204 | | [1,2-Me₂Im]₄ | 7.5 | 245 |
| | [2-Et-4-MeIm]₄ | 9 | 221 | | [2-EtIm]₄ | 9.5 | 244 |
| CuSO₄ | [Im]₄ | 11 | 218 | | [2-Et-4-MeIm]₄ | 7 | 245 |
| | [1-MeIm]₄ | 10 | 174 | CoBr₂ | [Im]₄ | 10 | 206 |
| | [2-MeIm]₄ | 11 | 215 | | [1-MeIm]₄ | 6.5 | 218 |
| | [1,2-Me₂Im]₄ | 11 | 186 | | [2-MeIm]₄ | 14 | 250 |
| | [2-EtIm]₄ | 8.5 | 230 | | [1,2-Me₂Im]₄ | 9.5 | 185 |
| | [2-Et-4-MeIm]₄ | 9 | 231 | | [2-EtIm]₄ | 12.5 | 258 |
| NiCl₂ | [Im]₄ | 8.5 | 224 | | [2-Et-4-MeIm]₄ | 9.5 | 258 |
| | [1-MeIm]₄ | 7.5 | 220 | | | | |

### 6.2.6 其他咪唑反应加成物

文献[28]指出,咪唑与醛的反应生成物与环氧树脂配合,可以用作涂料、胶黏剂、层压材料及灌封材料。例如,将34g咪唑和41g 37%甲醛在90℃搅拌反应4h,然后在真空下除去未反应物得到固化剂。100 份 Epon 828 树脂和 3 份该固化剂的组成物,经(80℃/2h)+(150℃/3h)固化后,玻璃化温度 166.6℃,埃佐(Izod)冲击强度 6.4J/m,拉伸强度 44.8MPa,伸长率 2.3%,及热变形温度 145℃。

咪唑衍生物与取代三唑的加成物用作固化剂,与环氧树脂的相容性好,对金属的粘接强度高[29]。例如,3 份 2-甲基咪唑与苯并三唑(1:1)的加成物(室温下为液体)与 100 份双酚 A 环氧树脂的组成物涂在钢板上,经(80℃/2h)+(130℃/4h)固化,涂膜的初始剥离强度 9.8MPa,30 天之后为 9.6MPa;而没有使用苯并三唑的固化剂,其剥离强度分别为 9.7MPa 和 4.5MPa。

陈也白[30]以咪唑和醇为原料,路易斯酸为催化剂,在约 100℃反应 10h 制得咪唑类促进剂 BMI。

BMI 为无色透明或淡黄色液体,黏度较低,挥发性低,无刺激性气味及低毒性。该固化剂可中温固化环氧树脂,热变形温度高,其性能与芳香胺大体相同。

用量为环氧树脂的 5%左右,与环氧树脂、酸酐类固化剂的相容性好,组成物适用期长。

## 参 考 文 献

[1] 垣内　弘. 新エポキシ樹脂. 昭晃堂, 1985. 222—224.
[2] ファインケミカル, 1997, 26 (2): 34—35.
[3] ファインケミカル, 1997, 26 (2): 38—40.
[4] ファインケミカル, 1996, 25 (9): 12—13.
[5] ファインケミカル, 1986, 15 (13): 40—41.
[6] JP Kokai. 87-198. 668. 1987.
[7] 垣内　弘. 新エポキシ樹脂. 昭晃堂, 1985.
[8] 天津市合成材料工业研究所. 环氧树脂与环氧化物. 天津: 天津人民出版社, 1974. 56—58.
[9] 垣内　弘. 新エポキシ樹脂. 昭晃堂, 1985: 233.
[10] 安倍武明, 篠塚勳, 山村英夫(旭化成工業株式会社). 公開特許公報. 昭 58-13623. 1983.
[11] 安倍武明, 山村英夫(旭化成工業株式会社). 公開特許公報. 昭 59-27914. 1984.
[12] Amicon Corp. 特許公報. 昭 52-3828. 1977.
[13] 大橋潤司. 接着の技術, 2001, 20 (4): 29—32.
[14] JP Kokai. 昭 84-59720. 1984.
[15] Eur. Pat. Appl. EP 193, o68.
[16] Thomas J. Dearlove. J. Appl. Polym. Sci., 1970, 14 (6): 1615.
[17] 陆圣奇, 汤金良, 蔡稚芳. 精细化工, 1993, 10 (3): 32.
[18] 佐伯周二, 铃木直文, 等(第一工業製薬株式会社), 公開特許公報昭 59-227925. 1984.
[19] Beitchman Burton D, et al. (Air products and chemicals, Inc.). U S 4335228. 1982.
[20] Shiow-ching lin, ping-Lin Kno (W. R. Grace & Co. -Conn.). U. S. 4, 797, 455. 1989.

[21] Hammer Benedikt. et al. (SKW Trostberg A. -G.). Eur. pat. Appl. Ep 348,919. 1990.
[22] 赵汝俭,刘国桢,林有. 化学世界,1989,30(7):323—325.
[23] 公開特許公報. 昭 58-180473. 1983.
[24] Kumagaya, Masashi (Japan Energy K. K., Japan). JP Kokai. 98-273,492. 1998.
[25] 戸袋邦朗,小西澄子(東レ株式会社). 公開特許公報. 昭 55-75421. 1980.
[26] 澤 夏雄,三浦昌三,増田 武等.(四国化成工業株式会社). 公開特許公報. 昭 63-30471,1988.
[27] 伊保内賢,倉持智宏. プラスチックス,1975,26(7):69—73.
[28] Waddill Harold G. et al. (Texaco Inc.). U. S. 4581421. 1986.
[29] (Matsumoto,Masako). JP Kokai, 85-108419. 1985.
[30] 陈也白. 上海化工,1990,15(3):44—46.

# 第7章

# 线型合成树脂低聚物

含有固化剂基团—NH—、—CH$_2$OH、—SH、—$\overset{O}{\underset{}{C}}$OH、—OH等的线型合成树脂低聚物亦可作为环氧树脂固化剂。

由于使用的合成树脂种类及结构的不同,这些合成树脂对环氧树脂固化物的一些性能如耐热性能、抗冲击性能、耐化学药品性能、介电性能及耐水性能等可以起到改善作用。常用的线型合成树脂低聚物有低相对分子质量聚酰胺树脂、线型酚醛树脂、苯胺甲醛树脂、聚硫橡胶及聚酯树脂等。

## 7.1 低相对分子质量聚酰胺树脂

如本书第1章1.2节固化剂的应用结构中所述,低相对分子质量聚酰胺树脂在整个固化剂中占有相当大的比例。做环氧树脂固化用的聚酰胺树脂与纤维用的聚酰胺树脂不同,它是由二聚的植物油酸或是不饱和脂肪酸与脂肪多元胺缩聚而成的。用量较多的是由二聚酸制成的聚酰胺。

二聚酸通常由干性油或半干性油得到的精制植物性不饱和脂肪酸聚合而得。将C$_{18}$的不饱和脂肪酸为原料,制成的C$_{36}$的二聚酸为主要成分,其中也含有少量的三聚酸及单酸,并依其单体、二聚体、三聚体的含量而将产品分级。二聚酸的物理特性见表7-1所列[1]。二聚酸与脂肪族多胺(如乙二胺)反应,制得低相对分子质量聚酰胺

HOOC—D—COOH + H$_2$N—CH$_2$CH$_2$—NH$_2$ ⟶

二聚酸　　　　　乙二胺

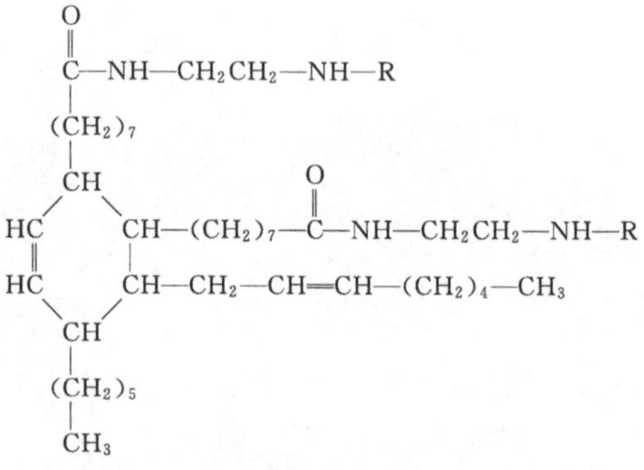

式中 R 为 H 或二聚酸

表 7-1 二聚酸的物理特性

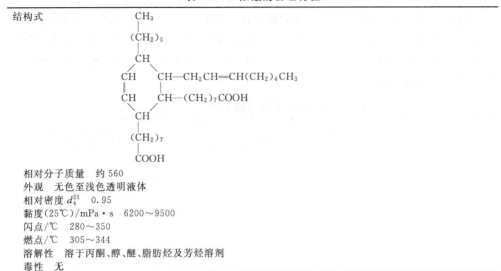

相对分子质量 约 560
外观 无色至浅色透明液体
相对密度 $d_4^{25}$ 0.95
黏度(25℃)/mPa·s 6200～9500
闪点/℃ 280～350
燃点/℃ 305～344
溶解性 溶于丙酮、醇、醚、脂肪烃及芳烃溶剂
毒性 无

国内以亚麻仁油制成的低相对分子质量聚酰胺制备工艺流程示意图如图 7-1 所示[2]。

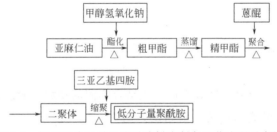

图 7-1 低相对分子质量聚酰胺树脂制备工艺流程示意图

## 7.1.1 低相对分子质量聚酰胺的物理特性[3]

低相对分子质量聚酰胺树脂相对分子质量远大于脂肪族多胺,使用量可以大幅度改变,不像脂肪族多元胺计量严格,与环氧树脂组成物适用期长、挥发性小、几乎无毒性、对皮肤刺激性很小。

(1) 溶解性

低相对分子质量聚酰胺树脂能很好地溶于烃类、醇类、酯、酮、溶纤剂等,对氯化橡胶、PVC、酚醛树脂、硝化纤维素等也有一定程度的相容性。高胺值的聚酰胺可较好地分散于水中溶解,低胺值的聚酰胺只要添加少许的乙酸可分散于温水。

(2) 表面活化能

液体的聚酰胺在其分子中含有疏水性大的烃基团和若干亲水性的胺基,也可以像表面活性剂那样起作用。见表 7-2 所列,液体聚酰胺降低表面张力的能力远远地大于环氧树脂和低分子乙二胺,具有表面活性,沿着界面形成分子膜,能很好地浸润固体表面。这点对环氧树脂-聚酰胺组成物用作涂料和胶黏剂起着非常重要的作用。也就是说,与脂肪胺和芳香胺作固化剂使用时相比,能将固体的颜料和填料更好地分散到环氧树脂中,更好地浸润被涂面,被粘接面,提高黏结力,赋予优良的耐水性和耐药品性。特别是在水湿润表面的场合,其水分被乳化、分散从表面挥发出去,形成涂膜的黏着力下降不多。聚酰胺作为环氧乳液涂料固化剂,显示出优良的乳化分散及成膜能力。

表 7-2　液体聚酰胺的表面张力/($\times 10^{-3}$N/m)

| 项　目 | 在二甲苯(9)/溶纤剂(1)溶液中的质量分数/% | 对蒸馏水的表面张力 |
|---|---|---|
| 空白(二甲苯溶纤剂) |  | 18.1 |
| Versamid 100 | 1.0 | 2.9 |
|  | 0.1 | 3.8 |
| Versamid 115 | 1.0 | 3.6 |
|  | 0.1 | 4.8 |
| Versamid 125 | 1.0 | 2.8 |
|  | 0.5 | 5.6 |
| Versamid 140 | 1.0 | 2.8 |
|  | 0.1 | 3.0 |
| ゼナミド 2000 | 1.0 | 3.7 |
|  | 0.1 | 4.0 |
| 环氧树脂 | 0.1 | 11.1 |
| 乙二胺 | 1.0 | 12.6 |
|  | 0.1 | 17.6 |

(3) 吸附性

液体聚酰胺对铝及氧化铁表面能形成结合牢固的初始吸附层,该吸附层通过次原子间力的作用有可能形成第二吸附层。图 7-2 表示聚酰胺树脂、十八烷胺、二亚乙基三胺等对氧化铁的吸附平衡曲线。由图中可见,聚酰胺树脂显示较高的吸附性。环氧-聚酰胺涂料的防蚀特性是基于聚酰胺树脂对金属表面形成的初始吸附层,通过它的化学吸附作用,疏水性层保护金属免受腐蚀性分子的攻击,然后在其上面形成黏着力强的聚酰胺-环氧树脂层,从而构成防护层。

(4) 缓蚀作用

为了研究液体聚酰胺的防腐蚀性,在 5% 盐酸水溶液中溶入 250mg/L 的聚酰胺,然后将钢片浸入该溶液中,测定其腐蚀抑制率。添加 Versamid 115、125,经 70℃/6h 浸泡后,测其抑制率分别为 95% 和 97%。液体聚酰胺这种缓蚀作用,对应用聚酰胺-环氧树脂组成物

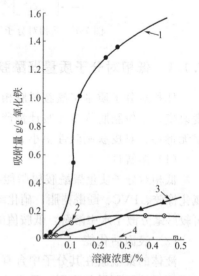

图 7-2　吸附平衡曲线
曲线:1—聚酰胺树脂;2—十八烷胺;3—二亚乙基三胺;4—环氧树脂(氧化铁粉末分散在叔丁醇/苯溶液里)

作防腐涂料有重要意义。

## 7.1.2 低相对分子质量聚酰胺的化学特性[4]

(1) 末端基团的环化

二聚酸和多亚乙基多胺反应制备的低相对分子质量聚酰胺，其末端的基团，经加热可形成咪唑啉环（如下式所示）。随着咪唑啉环生成比例的增加，给聚酰胺树脂的性质带来一些变化：聚酰胺的黏度降低；与环氧树脂的相容性提高；和环氧树脂的反应速度变慢。

$$-D-\overset{\displaystyle O}{\underset{\|}{C}}-NHCH_2CH_2-NH\diagup CH_2CH_2-NH_2 \longrightarrow -D-\overset{\displaystyle N}{\underset{\|}{C}}\diagdown \overset{\displaystyle CH_2}{\underset{H_2N-CH_2\diagup N\diagdown CH_2}{}}$$

(2) 胺基和环氧基的反应性

聚酰胺含有复杂的各种异构体，与环氧树脂的反应机理尚不明确。但是，和化学结构明确的低相对分子质量的多胺化合物一样，其结构中的胺基（伯胺和仲胺基）与环氧基进行加成反应（如下式），生成的叔胺基促进环氧基和羟基（—OH）的醚化反应，羟基也可以作为胺基和环氧基反应的促进剂起作用。

环氧基和胺基的最为有效的促进剂是兼具酚性羟基和叔胺基的化合物，例如DMP-30等。

$$-R-NH_2 + -CH\underset{O}{-}CH_2 \longrightarrow -R-NH-CH_2-\underset{OH}{CH}-$$

$$\overset{-R}{\underset{-R}{\diagdown}}NH + -CH\underset{O}{-}CH_2 \longrightarrow \overset{-R}{\underset{-R}{\diagdown}}N-CH_2-\underset{OH}{CH}-$$

(3) 空气中的水分（湿气），二氧化碳对聚酰胺的影响

聚酰胺和其与环氧树脂的混合物与空气长时间接触，易受空气中的水分（湿气），$CO_2$ 的影响，特别是聚酰胺和环氧树脂组成的胶黏剂其黏结力会下降。因为聚酰胺和制备它们的原料脂肪族多胺一样，与空气中的水分和 $CO_2$ 发生如下反应，生成氨基甲酸盐、重碳酸盐

$$R-NH_2 + CO_2 \longrightarrow R-NH-\overset{O}{\underset{\|}{C}}OH$$
氨基甲酸

$$R-NH-\overset{O}{\underset{\|}{C}}OH + R-NH_2 \longrightarrow R-NH-\overset{O}{\underset{\|}{C}}-O^- \ \overset{+}{H_3}N-R$$
氨基甲酸盐

$$R-NH_2 + CO_2 + H_2O \longrightarrow R-\overset{+}{NH_3}-O-\overset{O}{\underset{\|}{C}}OH$$
重碳酸盐

生成的碳酸盐在常温下和环氧基不反应，对固化物性能会产生不良影响。特别是多亚乙基多胺的碳酸衍生体是液体易溶入固化剂，不能以目视判断其生成，一旦加热可以还原成原来的胺化合物。

聚酰胺中的咪唑啉环受空气中水分的影响还原成原来的酰胺，固化剂中的咪唑啉含量减少。其结果是，与环氧树脂的相容性降低，固化速度、固化物性能都会发生变化。

综上所述，为了避免聚酰胺固化剂和空气的接触，固化剂使用后应将容器盖及时闭合，特别是在多湿的气候条件下更应注意。

(4) 聚酰胺的交换反应

为了降低聚酰胺的黏度，调整固化速度或提高某些性能，常将聚酰胺树脂与其他胺化合物配合一起使用。在这种场合时，储存过程中会发生聚酰胺交换反应，由此引起混合物黏度、固化性的变化。特别是用于聚酰胺原料的胺和同系列的胺混合之后，酰胺交换反应进行的更快，反应式如下。

$$a \quad -R-\overset{O}{\underset{\|}{C}}-NH-R^1-NH_2 + H_2N-R^2-NH_2 \longrightarrow$$

$$-R-\overset{O}{\underset{\|}{C}}-NH-R^2-NH_2 + H_2N-R^1-NH_2$$

$$b \quad -R-\overset{O}{\underset{\|}{C}}-NH-R^1-NH-\overset{O}{\underset{\|}{C}}-R^2-\overset{O}{\underset{\|}{C}}-NH-R^3-NH_2 + H_2N-R^4-NH_2$$

$$\longrightarrow -R-CO-NH-R^4-NH_2 + H_2N-R^1-NH-\overset{O}{\underset{\|}{C}}-R^2-\overset{O}{\underset{\|}{C}}-NH-R^3-NH_2$$

陈强等[5]在研究低相对分子质量聚酰胺对环氧树脂固化性能影响时指出，如果聚酰胺生产后储存时间过长，低相对分子质量聚酰胺在储存期间有内聚现象，其黏度会随时间长而增加，胺值随之减少，树脂固化不完全，固化物的力学性能、耐水及耐温性能变差。

## 7.1.3 低相对分子质量聚酰胺的固化性能

表 7-3～表 7-6 分别表示国内、国外及其各公司生产的低相对分子质量聚酰胺树脂的规格。

由各表中产品的相应数据可以看出，产品的差别很大，这是因为通过改变二聚酸中单体酸/二聚酸/三聚酸之间的比例，脂肪族多胺的种类，官能基的比例等，能够在宽范围内改变聚酰胺的分子质量、黏度、胺值及反应性等。一般地讲，相对分子质量大的聚酰胺其黏度高、胺值小。因此要根据用途、固化条件对聚酰胺加以选择。一般低黏度的聚酰胺树脂如 V-125 或 V-140 多用于浇铸及复合材料，V-115 或 V-125 多用于粘接方面。常温固化时使用 V-125 那样胺值高的聚酰胺树脂。

表 7-3 国产二聚酸低相对分子质量聚酰胺的产品特性[2]

| 牌 号 | 200# | 300# | 250# |
| --- | --- | --- | --- |
| 外观 | 棕红色 | 棕红色 | 棕红色 |
| 相对分子质量 | $(10\sim15)\times10^2$ | $(7\sim8)\times10^2$ | $7\times10^2$ |
| 相对密度 | 0.96～0.98 | 0.96～0.98 | 0.94～0.96 |
| 黏度(40℃)/mPa·s | $(5\sim12)\times10^4$ | $(0.8\sim2)\times10^4$ | $(0.8\sim1.5)\times10^4$ |
| 胺值 | 215±15 | 305±15 | 200±10 |
| 备注 | 相当 Versamid 115 | 相当 Versamid 125 | — |

表 7-4　Henkel Co. 低相对分子质量聚酰胺的产品特性[6]

| Versamid | V-100 | V-115 | V-125 | V-140 |
|---|---|---|---|---|
| 胺值 | 90 | 238 | 345 | 375 |
| 软化点/℃ | 半固态 | 液态 | 液态 | 液态 |
| 黏度(75℃)/mPa·s | — | 3500 | 800 | 500 |

表 7-5　(原)苏联聚酰胺树脂产品特性[7]

| 树脂牌号 | 胺值/mg KOH·g$^{-1}$ | 平均相对分子质量 | 黏度(40℃)/Pa·s |
|---|---|---|---|
| PO-200 | 170～210 | 2600 | 30～60 |
| PO-90 | 80～100 | 3500 | 80～100 |
| PO-201 | 180～220 | 3000 | 40～60 |
| PO-300 | 280～310 | 2200 | 8～12 |
| L-21 | 190～230 | 2700 | — |

表 7-6　日本各公司聚酰胺树脂产品特性[8]

| 商品牌号(公司) | | 胺值 | 黏度(25℃)/mPa·s |
|---|---|---|---|
| トーマイド | 210 | 100 | — |
| (富士化成) | 215X | 245 | 60000/40℃ |
| | 2154 | 300 | 52000/40℃ |
| | 225ND | 355 | 13000/40℃ |
| | RS-640 | 265 | 11500/40℃ |
| | 225X | 340 | 9400/40℃ |
| | 225E | 350 | 9300/40℃ |
| | 225R | 335 | 5700/40℃ |
| | 235A | 390 | 13000 |
| | HR-11 | 400 | 10000 |
| | TXE-415A | 535 | 10000 |
| | 235S | 385 | 6500 |
| | 2151 | 250 | 5800 |
| | 296 | 425 | 4600 |
| | 2400 | 355 | 3600 |
| | 292 | 1025 | 3300 |
| | 290F | 815 | 2800 |
| | 290C | 740 | 2700 |
| | 235R | 410 | 2400 |
| | 275 | 585 | 2100 |
| | 245 | 445 | 2000 |
| | 245S | 535 | 1700 |
| | 280 | 260 | 1000 |
| | 2510 | 490 | 850 |
| | 241 | 355 | 800 |
| | 245HS | 460 | 650 |
| | 255 | 805 | 430 |
| | 245LP | 450 | 330 |
| | 252 | 710 | 220 |
| | TXE-524 | 275 | 120 |
| バーサミド | 100 | 90 | 半固体 |
| (ヘンケル白水) | 115 | 240 | |
| | 125 | 345 | (7500～10000)/40℃ |
| | 140 | 385 | (2500～4000)/40℃ |
| ゼナミド | 250 | 440 | 500～1000 |
| ゼナミド | 2000 | 600 | 1000～2500 |
| バーサミド | 230① | 125 | (二甲苯/丁醇60%溶液)X～Z$_2$② |
| バーサミド | 280① | 250 | (二甲苯/丁醇75%溶液)Z$_1$～Z$_5$② |

续表

| 商品牌号(公司) | | 胺值 | 黏度(25℃)/mPa·s |
|---|---|---|---|
| ラッカマイド（大日本インキ） | N-153 IM 65 | 100 | (二甲苯/丁醇65%溶液)$Z_1 \sim Z_4$② |
| | TD-966 | 170 | (二甲苯/丁醇60%溶液)$Z \sim Z_3$② |
| | TD-982 | 260 | (8000~12000)/40℃ |
| | TD-984 | 285 | 17000~22000 |
| | TD-973① | 170 | (二甲苯/丁醇60%溶液)$X \sim Z_1$② |
| サンマイド（三和化学） | 300 | 90 | 半固体 |
| | 305 | 210 | (50000~70000)/40℃ |
| | 315 | 310 | (9000~11000)/40℃ |
| | 328A | 350 | 10000~20000 |
| | 330 | 410 | 1500~3000 |
| | 75 | 320 | 500~1000 |
| | X-2000 | 400 | 1000~3000 |
| | X-2100 | 320 | 6000~12000 |
| ポリヌイド（三洋化成） | L-10-3 | 100 | 半固体 |
| | L-15-3 | 230 | (2100~5100)/65℃ |
| | L-25-3 | 285 | (2300~5300)/40℃ |
| | L-45-3 | 325 | (2000~6000)/40℃ |
| | L-53-3 | 380 | (950~2550)/20℃ |

① 聚酰胺加成物。
② 加德纳-浩特气泡黏度计测定值。

使用聚酰胺固化环氧树脂固化收缩率小，低于0.03%。固化物尺寸稳定性好，机械强度高。特别是耐机械冲击和热冲击、电性能也好。由于粘接性好，广泛用于工业用胶黏剂。耐热性和耐溶剂性不如脂肪族多胺，但耐水性优于脂肪族多胺。

聚酰胺与环氧树脂的配合比可在40/60到60/40之间的范围内变化。聚酰胺量增加，固化物的可挠性和耐冲击性增加；树脂量增加则固化物的耐热性、耐药品性及硬度增加。因此聚酰胺与环氧树脂的配合物在土木建筑领域广泛应用。

为了提高其耐热性，可在聚酰胺环氧树脂配合物里添加芳香胺及其改性物（见表7-7所列），加热固化。聚酰胺固化环氧树脂的速度慢于脂肪族多胺。例如，当E-41:PO-200=1:0.5时（E-41，双酚A环氧树脂，环氧值0.27），涂膜固化度达约90%室温需要7~10d，加热时60℃/(4~5h)。如图7-3所示，升高固化温度，可提高固化度。为了提高聚酰胺常温下的固化速度，可添加3%~5%的苯酚或1%~3%的DMP-30。

表7-7 芳香胺对环氧树脂/聚酰胺固化物耐热性的影响

| 组成 | 配比/份数 | 芳香胺及用量 | 热变形温度/℃ |
|---|---|---|---|
| V-125/Epikote 828 | 50/100 | 间苯二胺 3.8 | 104 |
| V-125/ERL 2795 | 50/100 | 间苯二胺 3.8 | 99 |
| V-125/Epikote 828 | 50/100 | 二氨基二苯甲烷 6.5 | 93 |
| V-125/ERL 2795 | 50/100 | 二氨基二苯甲烷 3.8 | 82 |
| V-125/ERL 2795 | 50/100 | 二氨基二苯甲烷 7.5 | 88 |

注：固化条件为150℃/4h；ERL 2795—双酚A环氧树脂，环氧当量179~194。

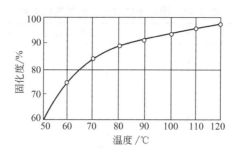

图 7-3 环氧聚酰胺涂膜固化度与温度关系

表 7-8 表示以聚酰胺树脂固化双酚 A 环氧树脂的物理力学性能。表 7-9 表示聚酰胺固化环氧树脂的电性能。

固化条件对环氧树脂固化物的性能有很大的影响（见表7-10所列）。加热固化能有效地提高固化物的物理力学性能及耐热性能。

表 7-8 聚酰胺固化环氧树脂的物理力学性能

| 聚酰胺（胺值） | V-115 (240) | V-125 (340) | V-140 (380) | G-250 (440) | G-2000 (600) |
|---|---|---|---|---|---|
| 配合质量分数/% | 65 | 45 | 35 | 50 | 45 |
| 弯曲强度/MPa | 78.0 | 105.0 | 98.0 | 90.0 | 98.0 |
| 弯曲模量/MPa | 112 | 154 | 154 | 168 | 168 |
| 拉伸强度/MPa | 42.0 | 56.0 | 56.0 | 75.0 | 79.0 |
| 伸长率/% | 8 | 8 | 9 | — | — |
| 压缩强度/MPa | 83.5 | 70.0 | 98.0 | 90.0 | 91.0 |
| 冲击强度/(kJ/m$^2$) | 4.7 | 2.5 | 2.9 | 1.8 | 2.3 |
| 热变形温度/℃ | 55 | 85 | 113 | 58 | 72 |

表 7-9 聚酰胺固化环氧树脂的电性能

| 电性能 | 组成及质量分数/% | |
|---|---|---|
|  | V-125  40<br>ERL-2795  60 | V-115  50<br>ERL-2795  50 |
| 功率因数/Hz |  |  |
| 60 | 0.0085 | 0.090 |
| 10$^3$ | 0.0008 | 0.0108 |
| 10$^6$ | 0.0213 | 0.0170 |
| 介电常数/Hz |  |  |
| 60 | 3.37 | 3.20 |
| 10$^3$ | 3.32 | 3.14 |
| 10$^6$ | 3.08 | 3.01 |
| 损耗因数/cps |  |  |
| 60 | 0.0285 | 0.0357 |
| 10$^3$ | 0.0359 | 0.0339 |
| 10$^6$ | 0.0666 | 0.0572 |
| 耐电弧性/s | 82 | 76 |
| 体积电阻率/Ω·cm | 1.1×10$^{14}$ | 1.5×10$^{14}$ |

注：cps—周/秒。

表 7-10　固化条件对固化物性能的影响

| 组成及质量分数 | 环氧树脂/TXE-415A=70/30 | |
| --- | --- | --- |
| 固化条件 | 23℃/7d | (23℃/16h)+(100℃/2h) |
| 拉伸强度/MPa | 32 | 87 |
| 弯曲强度/MPa | 76 | 114 |
| 压缩强度/MPa | 98 | 103 |
| 热变形温度/℃ | 53 | 118 |
| 剪切强度/MPa | 15.8 | 19.3 |

注：环氧树脂双酚 A 型，环氧当量 190；TXE-415A 胺值 535。

## 7.1.4　聚酰胺树脂的毒性

以二聚酸为原料制备的聚酰胺树脂，一般挥发性很低，对皮肤的刺激性及口服毒性小。表 7-11 为聚酰胺树脂和多元胺的毒性试验对比。

二聚酸和多亚乙基多胺制备的聚酰胺和双酚 A 型环氧树脂的固化物，经萃取试验合格，取得美国 FDA 的认可，可以用于医药制品、食品等的制造设备，包装材料等的涂装、粘接等。

表 7-11　聚酰胺树脂和多元胺的急性毒性

| 固化剂 | $LD_{50}$（口服）/g·$kg^{-1}$ | $LD_{50}$（经皮肤）/g·$kg^{-1}$ | 皮肤刺激性 |
| --- | --- | --- | --- |
| バーサミド 100 | >34.6 | >6.8 | No.1 |
| 115 | >8.0 | >8.0 | No.2 |
| 125 | >8.0 | >8.0 | No.2 |
| 140 | >16.0 | >6.5 | No.1 |
| ゼナミド 250 | 7.6 | 6.8 | No.2 |
| DETA | 2.1 | | No.4~5 |
| TETA | 4.3 | | No.4~5 |
| TEPA | 2.1~3.9 | | No.4~5 |
| 间二甲苯二胺 | 0.6~1.8 | | No.4~5 |
| 4,4-二氨基二苯甲烷 | 0.1~0.8 | | — |

注：皮肤刺激性 SPI 分类：No.1 无刺激性；No.2 刺激性小；No.3 中程度刺激性；No.4 强感应性；No.5 强刺激性。

## 7.1.5　不饱和长链二元酸制备的聚酰胺

前述的聚酰胺是由二聚酸和脂肪族多胺反应制备的。文献[9]报道，将环己酮氢过氧化物和丁二烯通过氧化还原反应，可以制备 $C_{20}$ 长链不饱和二元酸二甲酯（日本罔村製油株式会社，商品名 ULB-20M）。ULB-20M 分子中含有双链和长链烷基与二聚酸相似。见表 7-12 所列，ULB-20M 是四种长链不饱和二元酸的混合物，平均相对分子质量 328。

表 7-12  长链不饱和二元酸的组成

| 成 分 | 结 构 式 | 质量分数/% |
|---|---|---|
| 十二烷二酸二甲酯 | $CH_3OC(CH_2)_{10}COCH_3$ (两端为C=O) | 1.0 |
| 8-十六碳烯二酸二甲酯 | $CH_3OC(CH_2)_6CH=CH(CH_2)_6COCH_3$ (两端为C=O) | 8.9 |
| 8-乙烯基-10-十八碳烯二酸二甲酯 | $CH_3OC(CH_2)_6CHCH_2CH=CH(CH_2)_6COCH_3$, 支链 $-CH=CH_2$ | 44.4 |
| 8,12-二十碳二烯二甲酯 | $CH_3OC(CH_2)_6CH=CH(CH_2)_2CH=CH(CH_2)_6COCH_3$ | |

以长链不饱和二元酸二甲酯和各种多元胺反应可以制备各种聚酰胺（表 7-13、表 7-14）。由表中可见，以乙二胺和己二胺合成的聚酰胺为固态，以多亚乙基多胺（DETA、TETA、TEPA）合成的聚酰胺为液态，且显示多亚乙基多胺相对分子量越大，聚酰胺树脂黏度越低的倾向。

表 7-13  以 ULB-20M 和多元胺制备聚酰胺的特性

| 特性 | 乙二胺 | 己二胺 | DETA | TETA | TEPA |
|---|---|---|---|---|---|
| 状态 | 固体 熔点 47℃ | 固体 熔点 51℃ | 黏稠态 62000mPa·s(40℃) | 黏稠态 58000mPa·s(20℃) | 黏稠态 67000mPa·s |
| 胺值 | 570 | 267 | 405 | 435 | 469 |

表 7-14  ULB-20M 和 DETA 不同配比时的聚酰胺特性

| 摩尔比 $n(ULB-20M):n(DETA)$ | 1:2 | 1:1.5 | 1:1.2 |
|---|---|---|---|
| 状态 | 62000mPa·s(40℃) | 糊状 | 半固态 |
| 胺值 | 405 | 358 | 271 |

当用各种脂肪胺与 ULB-20M 反应制成的聚酰胺与环氧树脂配合组成胶黏剂粘接钢片时，不同固化条件下显示的剪切强度变化规律不同。加热固化时，按脂肪胺的成分排序 HMDA＞EDA＞DETA＞TEPA≥TETA；在常温固化时 DETA≥TETA≥EDA＞TEPA。ULB-20M 和 DETA 反应制成的聚酰胺，随其相对分子质量的增加，拉伸剪切强度和 T 型剥离强度亦随之增加。另外，使用高相对分子质量聚酰胺作固化剂可以配制剪切强度和 T 型剥离强度均高的胶黏剂。

图 7-4 和图 7-5 分别表示 $UC_{20}$-DETA 聚酰胺用量对 T 型剥离强度和剪切强度的影响[10]。最高剥离强度为 9kg/25mm（1kg/mm＝9.806kN/m，下同），而二聚酸系聚酰胺 Tohmide 215X 的剥离强度小于 1kg/25mm。剪切强度可高达 300kg/cm（约 30MPa）。

以饱和的二十烷二酸（$SC_{20}$）和多亚乙基多胺反应，同样可以制备长链的聚酰

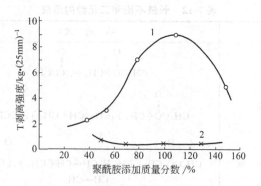

图 7-4 聚酰胺用量对 T 剥离强度的影响
1—UC$_{20}$-DETA 聚酰胺 (1∶1.2); 2—Tohmide 215X

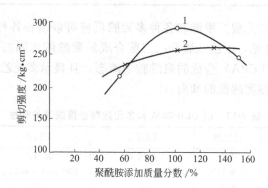

图 7-5 聚酰胺用量对剪切强度的影响
1—UC$_{20}$-DETA 聚酰胺 (1∶1.2); 2—Tohmide 215X

胺[11]。和上述不饱和长链（UC$_{20}$）聚酰胺一样，与环氧树脂配合用作胶黏剂剥离强度高。

合成方法：在 30mL 烧瓶里加入 0.3mol SC$_{20}$ 酸甲酯和 0.6mol 二亚乙基三胺（DETA），N$_2$ 保护下在 150℃ 左右加热 2h 至红外光谱分析羰基吸收峰（1730cm$^{-1}$）消失。反应结束后真空蒸馏 1h，除去未反应的 DETA。残留物常温下固态，胺值 200。这样制备的聚酰胺稍加热即可熔融。

## 7.1.6 聚酰胺的改性

聚酰胺的分子结构里含有脂肪族多胺结构，因此可与丙烯腈、丙烯酸酯、环氧乙烷及环氧丙烷等加成进行改性。

Clba-Gelgy 公司的 Hardener HY940 为潜伏性的变性聚酰胺[12]。该固化剂特点是，与液态的未变性环氧树脂配合，室温下至少有 6 个月的储存期，在 100℃ 下有高反应性，具有优良的黏结力及机械性能。用于胶黏剂、机具制造、密封剂及塑溶胶。

该固化剂为黄色不透明液体，黏度(25℃)6×10$^5$ mPa·s，相对密度（25℃）1.2，活性固化剂含量为 41%。

## 7.2 线型酚醛树脂及聚酚树脂

环氧树脂，确切地说双酚 A 型环氧树脂，有 3 个缺点。

① 由于分子结构里含有苯环，致使树脂固化物耐候性差（不耐紫外光照射）；作为其对策，开发了系列的脂环族环氧树脂。

② 固化物性脆，抗冲击性能差；为此开发系列韧性、长链的环氧树脂，或在其组成物中添加增强韧性的弹性体。

③ 固化物不能耐高温，高温下机械强度会下降。

将酚醛树脂用作环氧树脂的固化剂，特别是用于涂料，具有优良的耐热性、耐药品性、粘接性、硬度及耐磨耗性。广泛用于食品罐用涂料、桶罐内衬、高性能的底漆、电线绝缘漆等。

酚醛树脂通常分为线型酚醛（Novolac）和可熔酚醛（Resol，甲阶酚醛）。以盐酸、草酸等酸及碳酸锌、乙酸锌等无机酸盐或有机酸盐作为反应触媒，苯酚与甲醛摩尔比大于 1，反应后脱水制备的固态树脂，称为 Novolac 型树脂或两步法树脂。该树脂属热塑性的，为使其热固化，使用六亚甲基四胺（乌洛托品）作固化剂，用量为 10%～15%。

以氨、胺、苛性钠等碱性物作为反应触媒，苯酚与甲醛摩尔比小于 1，反应后脱水得到固态树脂，称为 Resol 型树脂或一步法树脂。该树脂属热固化性树脂，不用添加固化剂。

各种酚醛树脂的结构如下[13]

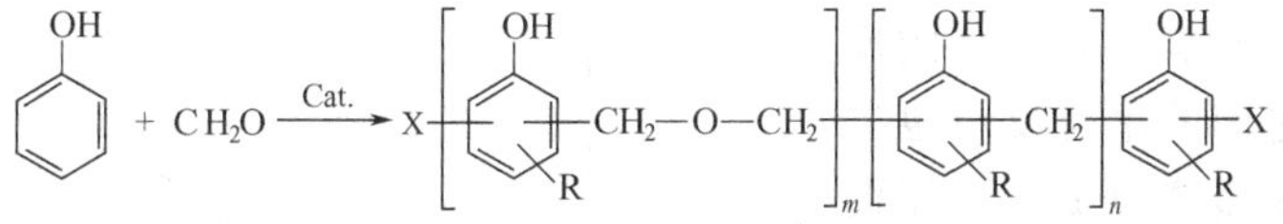

| 符　号 | 聚氨酯固化用 Resol | 通用 Resol | 通用 Novolac |
|---|---|---|---|
| R | H 或与酚羟基成间位的酚性取代基 | H 或与酚羟基或对位的酚性取代基 | H 或与酚羟基或对位的酚性取代基 |
| X | H 或 —CH$_2$OH | H 或 —CH$_2$OH | H |
| $m$ | 约 1 | 0 | 0 |
| $n$ | 约 1 | 约 1～2 | 约 1～3 |
| $m+n$ | <2 | — | — |
| $m/n$ | <1 | — | — |

酚醛树脂以酚羟基与环氧基反应，按如下反应过程与环氧树脂进行交联，最后得到固化产物。

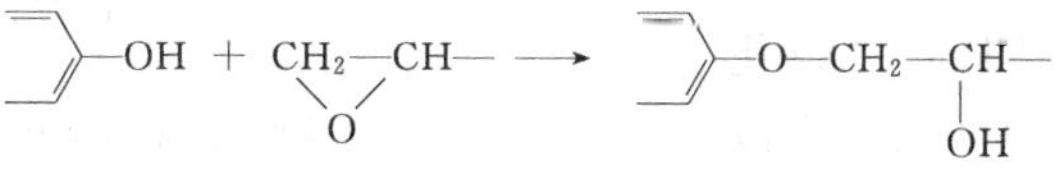

酚羟基　　环氧基

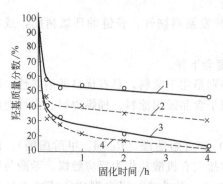

环氧树脂与酚醛树脂的组成物如果不添加促进剂，需要高温（170～200℃）加热固化[14]。组成物在常温下有数月的适用期。为了降低固化温度，必须向组成物里添加促进剂，如脂肪族和芳香族的叔胺（三乙胺、三辛胺、三烯丙基胺、苄基二甲胺，1-二甲基氨基-3-酚氧基丙醇-2，1-二丁基氨基-3-酚氧基丙醇-2、DMP-30等），钴（Co）和锡（Sn）的油酸盐等。如图 7-6 所示，提高固化温度和添加促进剂有利于酚羟基和环氧基的反应[15]。

当用线型酚醛树脂固化环氧树脂时，固化物的玻璃化温度及线膨胀系数等依促进剂的种类不同会产生很大差别[16]。固化物热性能的差别是由于促进剂的固化机理不同所致，亦即固化机理不同，固化物交联密度发生变化。如图 7-7 所示，在 2E4MZ 促进剂的体系里，随着环氧树脂配合比例的增加，$T_g$ 和网链浓度 $\nu$ 亦增加。这是因为，当用 2E4MZ 作促进剂时，环氧树脂过量，环氧基和酚反应之外，环氧基和羟基的反应及环氧基之间的聚合反应也进行。而用三苯基膦（TPP）作促进剂时，环氧基和酚不起反应，当摩尔比大于 1 时，未反应的环氧基或苯酚基增加，固化物的交联密度下降，$T_g$ 和 $\nu$ 均下降。另一原因是，酚基的不足致使 TPP 失去活性的。

图 7-6 环氧-酚醛组成物固化过程中羟基含量的变化
1,2—固化温度150℃；3,4—固化温度200℃，235℃；1,3—无促进剂；2,4—有促进剂

线型酚醛树脂的耐水性优于 Resol 型酚醛树脂，除用作环氧树脂涂料的固化剂之外，也可用作浇铸，层压复合材料等的固化剂。分子质量大的酚醛树脂作为分子质量大的 DGEBA 的固化剂，添加 0.5% 的 BDMA，可以得到高温下强度大的固化物。低

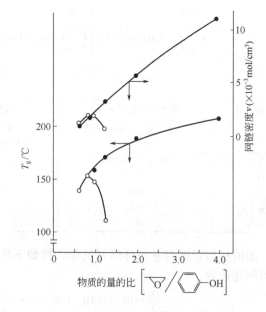

图 7-7 $T_g$ 和网链浓度与环氧和酚基摩尔比之间关系
● 2E4MZ；○ TPP

分子质量的酚醛树脂用作液态 DGEBA 的固化剂，常温下有数月的适用期，在 150℃/(3~4h)固化。其固化物性能见表 7-15 所列[17]。

表 7-15 DGEBA/线型酚醛树脂固化物性能

| 性 能 | 固 化 条 件 | |
|---|---|---|
|  | 150℃/40min | 160℃/9h |
| 热变形温度/℃ | 68.3 | 79.5 |
| 拉伸强度/MPa | 78.0 | 77.0 |
| 弯曲强度/MPa | 131.0 | 134.0 |
| 弯曲模量/MPa | 3510 | 3370 |
| 压缩强度/MPa | 323 | 285 |
| 冲击强度(Izod)/kJ·m$^{-1}$ | $1.45\times10^{-2}$ | $1.81\times10^{-2}$ |
| 洛氏硬度 M | 82 | 84 |

随着电子技术的发展，线型酚醛树脂已成为半导体封装传递模塑料用固化剂的主流。高新技术的发展，要求半导体封装材料有更高的耐湿性和耐热性，为此常将该类固化剂和耐热性的线型酚醛环氧树脂组合在一起使用。表 7-16 表示该类固化剂的环氧模塑料的性能[17]。

表 7-16 线型酚醛树脂固化的环氧模塑料的性能

| 项 目 | 间苯二酚-甲醛 | 苯酚-甲醛① |
|---|---|---|
| 配比 |  |  |
| 　组成及质量分数 |  |  |
| 　　线型酚醛环氧树脂 | 100 | 100 |
| 　　固化剂 | 44 | 50 |
| 　　$C_{17}Z$(2-硬脂酰基咪唑) | 1 | 1 |
| 　　$SiO_2$ | 336 | 350 |
| 　　硬脂酸钙 | 3 | 3 |
| 加工工艺 |  |  |
| 　RC/% | 30 | |
| 　辊压混炼条件 | 20.3cm 辊混炼 105℃/5min | |
| 　工艺条件 | 180℃×3MPa×10min(预热 1min) | |
| 模塑料性能 |  |  |
| 　热变形温度②/℃ | 142 | 128 |
| 　弯曲强度/MPa | 149.0 | 136.0 |
| 　弯曲模量/MPa | 15000 | 14700 |
| 　巴氏硬度 | 80 | 75 |
| 　洛氏硬度 M | 115 | 108 |
| 　摆锤式冲击强度/kJ·m$^{-2}$ | 3.0 | 2.5 |
| 　吸水性(煮沸 2h)/% | 0.035 | 0.07 |
| 　体积电阻率/Ω·cm |  |  |
| 　　常态 | $2.7\times10^{15}$ | $1.9\times10^{15}$ |
| 　　500V，煮沸 2h | $2.8\times10^{14}$ | $1.8\times10^{14}$ |
| 　介电强度/kV·mm$^{-1}$ | 14.5 | 13.5 |

① 软化点 100℃，羟基当量 110g/eq。
② JIS C-2241 法(负荷 100kg/cm$^2$)。

除了上述的由苯酚和甲醛制备的线型酚醛树脂外,适应多种不同工艺和性能要求的需要,在其后又有不少特殊的酚醛树脂相继出现,用于不同的领域。

## 7.2.1 高相对分子质量线型酚醛树脂

将酚类和醛在酸性触媒存在下制得的线型酚醛树脂相对分子质量不超过1000。使用高分子质量的酚醛树脂固化环氧树脂,可以得到耐热性更高的固化物,用于层压板、模塑材料、绝缘漆等,以满足电气电子、航空航天、精密仪器等领域对高分子材料高耐热性的要求。

通常将线型酚醛树脂高分子质量化是比较困难的。文献[18]提出,将 $o$-或 $p$-甲酚和甲醛在极性溶剂中用强酸作触媒,可以制备高相对分子质量的 Novolac 树脂。

(1) 合成方法

将108g(1mol)邻甲酚和30g(1mol)S-三噁烷溶在360g乙酸中,以10g浓 $H_2SO_4$ 作为触媒,在110℃反应6h,制得树脂数均分子质量($M_n$)2800。改变它们之间的摩尔比,可以得到见表7-17所列的结果。典型的高相对分子质量线型酚醛树脂的特性见表7-18所列。

表7-17 高相对分子质量 Novolac 树脂的相对分子质量和软化点

| No. | 取代基位置 | 数均分子量 $M_n$ | 软化点/℃ |
| --- | --- | --- | --- |
| 1 | 邻位 | 700 | 70 |
| 2 | 邻位 | 1300 | 108 |
| 3 | 邻位 | 1650 | 130 |
| 4 | 邻位 | 2800 | 153 |
| 5 | 邻位 | 3800 | 173 |
| 6 | 对位 | 1550 | >300 |

表7-18 典型的高相对分子质量 Novolac 的特性

| | |
| --- | --- |
| 羟基当量 g/eq | 120 |
| 平均相对分子质量 $M_n$ | 2000~3000 |
| $M_w$ | 5000~10000 |
| 软化点/℃ | 150~180 |
| 分解温度/℃ 10% | 375 |
| 50% | 495 |
| 残渣 | 40% |
| 相对密度/g·cm$^{-3}$ | 1.2 |
| 水分含量/% | <1.0 |
| 单体含量/% | <0.2 |
| 外观 | 固体 |

(2) 溶解性

高相对分子质量 Novolac 树脂溶于乙醇、乙二醇醚、酯、酮、环醚等极性溶剂;不溶于芳烃、卤代脂肪烃。在相对分子质量相同时,对位者软化点高,对溶剂的溶解性低,与环氧树脂的相溶性不好。

（3）特性及固化性能

该树脂是高软化点的固体。储存稳定性好，常温放置 1 年以上不会发生凝胶化。

热稳定性好，次于聚酰亚胺而优于酚醛树脂、低相对分子质量线型酚醛树脂。当以该树脂固化双酚 A 环氧树脂（环氧当量 190）时，固化物的热变形温度随其相对分子质量的增加而提高（如图 7-8 所示）。当用多官能团环氧树脂代替 DGEBA 时，$T_g$ 可达 240℃。固化物有优良的耐热老化性。图 7-9 显示，使用该树脂的固化物，在 240℃老化 500h 弯曲强度几乎不变。

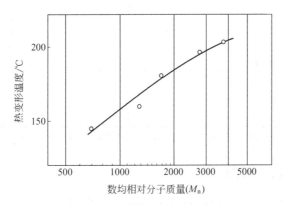

图 7-8　数均相对分子质量对热变形温度的影响

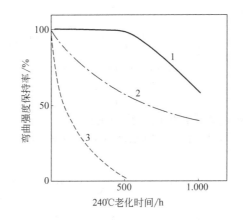

图 7-9　固化物的热老化特性
1—YX-4000/高相对分子质量 Novolac；2—DGEBA/DDM/双马来酰亚胺（30%）；3—DGEBA/DDM

固化物的耐湿、耐水性优良，其层压板的煮沸吸水性远低于聚酰亚胺和 FR-4 环氧层压板。线膨胀系数和弹性模量亦低，富于强韧性和可挠性，与金属粘接性高。

该树脂固化环氧树脂的基本性能见表 7-19 所列。

表 7-19 高相对分子质量线型酚醛树脂固化物的性能

| 项目 | 值 |
| --- | --- |
| 相对密度 | 1.2 |
| 拉伸强度/MPa | 43 |
| 弯曲强度/MPa | 106 |
| 弯曲模量/MPa | 2700 |
| 压缩强度/MPa | 200 |
| Izod 冲击强度/kJ·m$^{-1}$ | $2.0\times10^{-2}$ |
| 热变形温度/℃ | 190~200 |
| 线膨胀系数/cm·(cm·℃)$^{-1}$ | |
| 30~200℃ | $7.0\times10^{-5}$ |
| >200℃ | $18.0\times10^{-5}$ |
| 体积电阻率/Ω·cm | |
| 20℃ | $8\times10^{15}$ |
| 100℃/2h 煮沸 | $3\times10^{15}$ |
| 介电常数(20℃,1MHz) | 3.9 |
| 介电损耗角正切(20℃,1MHz) | 0.031 |
| 吸水性/% | |
| 20℃/1d | 0.21 |
| 20℃/7d | 0.54 |
| 100℃/煮沸 1h | 0.29 |

注：以 $M_n$ 为 2800 的树脂和 DGEBA 当量配合，2E4MI 为促进剂，200℃/2h 固化。

### 7.2.2 苯酚芳烷基树脂

苯酚芳烷基树脂（Phenolaralkyl Resin）[19]化学名：苯酚-$p$-二甲苯二醇二甲醚缩聚物。分子结构式如下

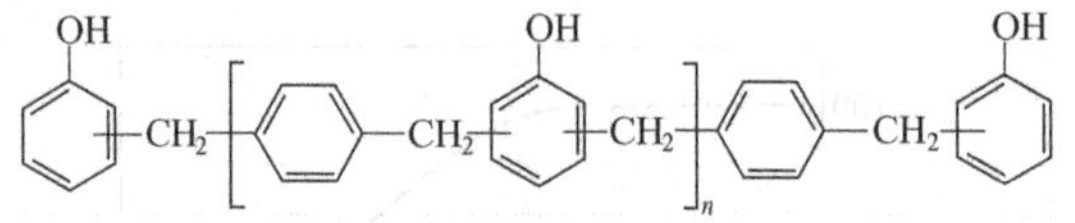

分子质量 $n=10$ 时 2252.4
$n=3$ 时 878.5
$n=1$ 时 486.5

合成方法有如下两条路线，但以 1 法为主流。

(1) 苯酚和 $\alpha,\alpha'$-二甲基氧-$p$-二甲苯经 Friedel-Crafts 反应脱甲醇缩合制备。

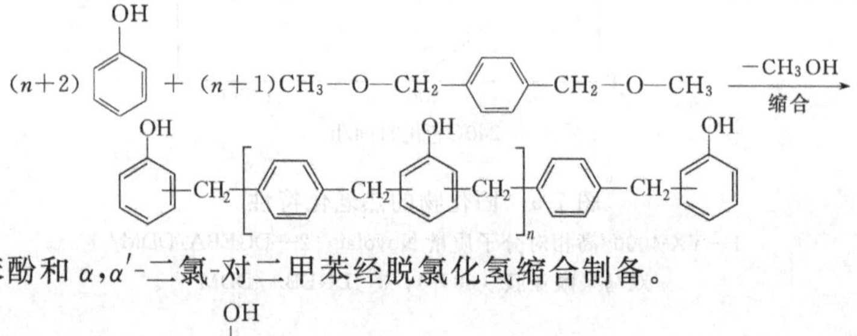

(2) 苯酚和 $\alpha,\alpha'$-二氯-对二甲苯经脱氯化氢缩合制备。

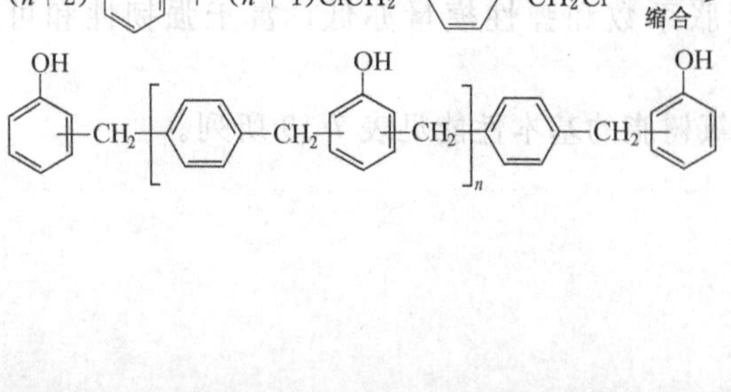

市售商品的平均相对分子质量为：数均相对分子质量（$M_n$）＝900～1100（GPC法），重均相对分子质量（$M_w$）＝2000～3000（GPC法）。软化点65～100℃。市售品的一般物理特性为：外观为淡黄色至淡红色固体；相对密度1.2；闪点200℃以上。溶解性：不溶于水，很好地溶于醇、酮、酯、醚、苯等有机溶剂，吸湿性较强。

常将该树脂作为联苯型环氧树脂（如下式）的固化剂，用于半导体元件的封装。组成物的黏度低，可以增加二氧化硅粉的用量。由于固化物吸水性低、热膨胀性低、强度高，成为表面实装塑封材料的主流。日本三井东压化学和明和化成二公司生产该类树脂，三井东压化学制品的商品名ミレックスXL系列，模塑料的商品名ザイコムZL系列。

联苯型环氧树脂

### 7.2.3 硼酚醛树脂

用硼改性的酚醛树脂代替普通的酚醛树脂固化环氧树脂可提高环氧树脂固化物的耐热性、同时具有自熄、防中子辐射等性能。

吴佩瑜等[20]以硼酸、硼砂、双酚A和甲醛水溶液为原料，在氢氧化钠的催化下进行缩聚反应，制得外观为黄色透明固体的硼酚醛树脂。反应式如下

该硼酚醛树脂利用其酚羟基和环氧基反应，进行交联固化外，在加热固化时本身也进行醚化脱水反应形成交联键，硼原子上的配位键也可能被打开与另一树脂体结合形成次甲基桥，最终构成网状体型结构，从而提高树脂结构的热稳定性。

以该硼酚醛树脂和环氧树脂配制成的浸渍绝缘漆具有优良的电性能（例如，常态下体积电阻率$10^{17}\Omega\cdot cm$，介电强度大于$50kV/mm$），耐热等级可达F级（155℃）。

刘彦芳等[21]以摩尔比$n$(苯酚)：$n$(甲醛)：$n$(硼酸)＝3：3.6：0.8制得硼改性酚醛树脂。以该树脂固化双酚A环氧树脂（E-44），与其他固化剂固化环氧树脂热性能对比（见表7-20）显示较高的热稳定性：起始分解温度较其他固化剂的高

40~70℃；酚醛树脂固化环氧树脂的半衰期的温度约为 540℃，而在该温度下乙二胺和聚酰胺固化的环氧树脂失重达 95% 和 70%，硼酚醛树脂固化的环氧树脂在 580℃ 失重只有 44%。

表 7-20　不同固化剂的环氧树脂固化物热失重

| 性　能 | 乙二胺 | 聚酰胺 | 616 酚醛树脂 | 硼酚醛树脂 |
| --- | --- | --- | --- | --- |
| 起始失重温度/℃ | 232.3 | 232.9 | 260.4 | 302.2 |
| 半衰期温度/℃ | 411.8 | 456.7 | 541.2 | 583(44%) |
| 540℃失重/% | 95.6 | 71.5 | 50 | 40 |

注：$m(\text{E-44}):m(\text{硼酚醛})=6.5:3.5$；固化条件为 160℃/4h。

作者认为：硼酚醛固化环氧树脂热性能好的原因是因为未固化的硼酚醛树脂中残存的反应基团是酚羟基和硼酸的 B—OH 基，而不是苄羟基。因此在固化过程中发生的是酚羟基和残存的硼酸羟基和环氧基的反应。

张多太[22]指出，以酚类、硼化合物、醛类在一定的催化条件下缩聚而成的硼改性酚醛树脂（FB 树脂），为线型分子结构，也可能带有少量的支链。其分子结构如下

由于分子引入了高键能的硼氧键，在加热固化时，线型分子间通过硼氧键和苯环互相连接而形成体型结构。

用 FB 树脂固化普通环氧树脂，可使环氧树脂的性能全面大幅度提高。使用时可把 FB 树脂配成乙醇溶液与环氧树脂一起使用，也可把 FB 树脂制成较细的粉末直接与环氧树脂混合使用。FB 树脂的固化物具有较高的耐热性、阻燃性。固化 AG-80 和 E-51 树脂的 TG 曲线分别如图 7-10 和图 7-11 所示。

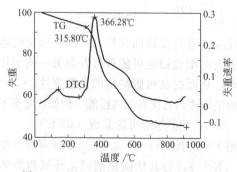

图 7-10　FB：AG-80=1：1 的 TG 曲线

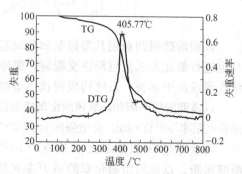

图 7-11　FB：E-51=1：1 的 TG 曲线

## 7.2.4 双酚 A 线型酚醛树脂

双酚 A 与甲醛在酸性催化剂存在下制成的双酚 A 线型酚醛树脂，在赋予环氧树脂组成物稳定性的同时，可提高树脂固化物的耐热性、电阻性[23,24]。

合成方法举例：双酚 A228 份，80% 多聚甲醛 22.5 份，甲苯 171 份及草酸二水合物 1.5 份在 80℃搅拌反应 3h，于 105～113℃下回流，蒸馏除水，然后用三乙醇胺中和，再补加 228 份甲苯，回流分层。分离的厚层再用 400 份甲苯萃取、放置，与轻层分离、干燥，制得双酚 A 线型酚醛树脂，未反应的双酚 A 的质量分数为 1.0%。而没有经过萃取步骤的树脂，双酚 A 的质量分数 24.6%。用萃取处理过的双酚 A 线型酚醛树脂固化的环氧树脂热变形温度 176℃，制成的层压板电阻率 $3.4 \times 10^{15}$ Ω·cm；用未经萃取的树脂固化环氧树脂则分别为 139℃和 $5.6 \times 10^{14}$ Ω·cm。

文献[25]报道，利用回收的双酚 A 亦可制备双酚 A 酚醛树脂。这里回收的双酚 A 是指含 30%～60% 双酚 A 的 $M_n = 250 \sim 350$ 的双酚 A 线型酚醛树脂。例如，123g 双酚 A 和 17.4g 的 80% 多聚甲醛在甲苯中与草酸二水合物在 80℃加热得到产物 $M_n$ 327，再与 107g 回收的双酚 A（$M_n$ 327，$M_w$ 493，双酚 A 含量 46.6%）在 80℃和 105℃加热制得 232g 聚合物，树脂的 $M_n$ 506，$M_w$ 1108，双酚 A 的质量分数 24.8%。

## 7.2.5 双酚 A 基酚醛树脂

将双酚 A 与醛在碱性催化剂（例如 NaOH、$NH_3$ 水等）存在下分步反应，或者有第 3 成分存在，制成的酚醛树脂溶液用作固化剂。

双酚 A 与甲醛在碱金属氢氧化物催化剂存在下反应，随后在酸性催化剂存在下用醇部分烷氧基化制备双酚 A 酚醛树脂[26]。例如，228 份双酚 A 与 325 份 37% 甲醛溶液在甲苯中于 NaOH 存在下反应，以硫酸中和，共沸脱水，然后在甲酸存在下与 100 份丁醇在 100℃下加热反应，减压浓缩制得 580 份 60% 酚醛树脂清漆。将该树脂溶液与双酚 A 环氧树脂（Epikote 1009）配制成固含量 30% 的涂料，将其喷涂在马口铁上，在 215℃烘烤 4min，涂膜具有良好的抗蒸煮性、加工性及划格黏着性。

将双酚 A 与甲醛水溶液，分两步在 NaOH 存在下反应，制得酚醛树脂含有 8～25 双酚单元，每个双酚单元含有 0.1～2.0 羟甲基，以其 60% 丁醇溶液用于水基环氧-酚醛罐涂料。形成的漆膜具有良好的黏着力，改善耐沸水性，可减少 $KMnO_4$ 消耗[27]。

和上述方式类似，将双酚 A、邻甲酚和甲醛先在弱碱（$NH_3$ 水）、然后在强碱（NaOH）存在下分两步反应，制得含羟甲基的酚醛树脂，用于固化环氧树脂罐内涂料[28]。

双酚 A、福尔马林和苯胺按下式反应制成的苯并噁嗪可作为环氧树脂固化剂[29]。

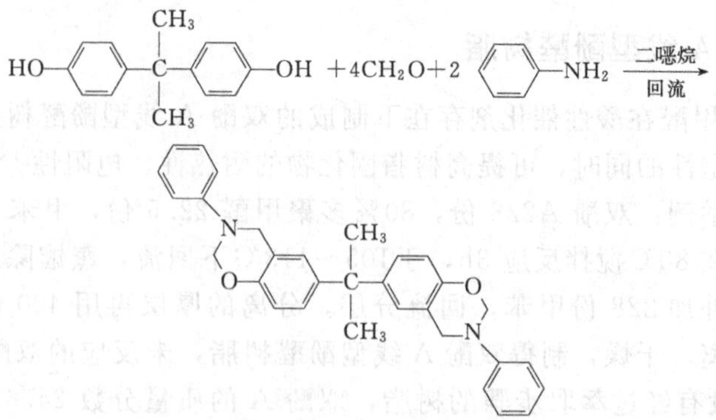

$$HO-\underset{CH_3}{\underset{|}{\overset{CH_3}{\overset{|}{C}}}}-OH + 4CH_2O + 2\,C_6H_5NH_2 \xrightarrow[\text{回流}]{\text{二噁烷}}$$

(产物结构式：双酚A型苯并噁嗪)

固化物在150℃显示良好的热稳定性。固化温度在150℃以上时，固化反应可快速进行。与双酚A线型酚醛树脂相比，固化物显示更为良好的耐热性、耐水性、电绝缘性及机械性能。

双酚A线型酚醛树脂与脂肪胺（例如，三亚乙基四胺）组成的固体溶液，与双酚A环氧树脂配合，组成物储存期大于2年，凝胶时间80℃/2min[30]。

### 7.2.6 苯酚（或取代酚）与其他醛制备的酚醛树脂

将苯酚与对苯二甲醛[$p$-$C_6H_4(CHO)_2$]在浓盐酸存在下于110℃搅拌反应3h可制得软化点155～218℃的聚酚（polyphenol），用作耐热环氧树脂固化剂[31]。苯酚与水杨醛在盐酸存在下制得的缩聚物，经$NH_3$水进行水洗多次，再经水蒸气蒸馏除去苯酚，制得高纯的聚酚树脂，用于环氧树脂封装电子部件[32]。文献[33]报道，以对甲苯磺酸为催化剂，由苯酚和水杨醛缩合，产物的溶液经NaOH处理，蒸馏除苯酚和多次水洗等步骤制备高纯的聚酚树脂（软化点102℃），用于固化EOCN树脂，封装电子部件[33]。苯酚和对羟基苯甲醛在对甲苯磺酸存在下制得的固化剂，与Sumiepoxy ESCN 195等组成的模塑料，经180℃/5h固化后其玻璃化温度218℃[34]。苯酚与混合醛（对羟基苯甲醛和乙二醛）在对甲苯磺酸存在下反应制得的酚醛树脂，固化酚醛环氧树脂，制得的模塑料玻璃化温度238℃，吸水1.4%[35]。

以取代酚和甲醛、环氧氯丙烷在NaOH存在下反应，可制得如下结构的酚醛树脂。

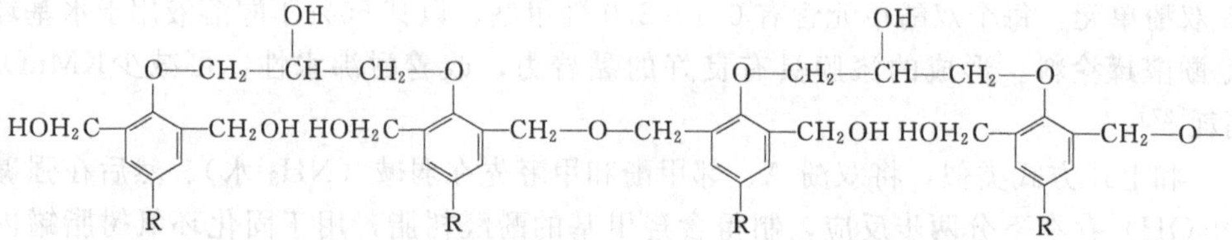

取代酚甲醛树脂结构式

合成方法举例：1mol取代酚加热下溶解在1mol的10% NaOH溶液里，搅拌下在50℃3h内滴加2mol甲醛37%溶液。然后在0.5h内添加0.8mol环氧氯丙烷，在 60℃ 搅拌 5h，反应物料用酸中和，以热水洗涤，树脂溶在丙酮里，过滤除 NaCl，用水沉淀，经 100℃ 真空干燥，制得浅黄色固体树脂（见表 7-21 所列）。

表 7-21 取代苯酚甲醛树脂物理特性

| 取代基 R | 羟基质量分数/% | 相对分子质量 | 软化点/℃ |
| --- | --- | --- | --- |
| 对叔丁基- | 15.0 | 550 | 61～64 |
| 对叔戊基- | 14.3 | 615 | 56～61 |
| 二甲基苯基对甲酚 | 11.1 | 743 | 58～62 |

以该树脂固化高分子量固态环氧树脂（环氧当量 1750～2760），制成的漆膜有优良的物理性能，耐化学介质性能及电绝缘性能[36]。

## 7.2.7 聚对乙烯基酚及其他聚酚树脂

聚对乙烯基酚（Poly-$p$-vinylphenol），具有如下结构式，是对乙烯基酚的聚合体。亦称聚对羟基苯乙烯。

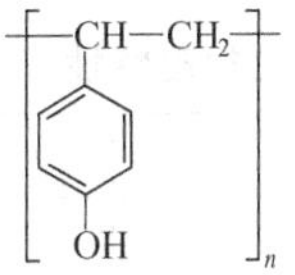

レジM 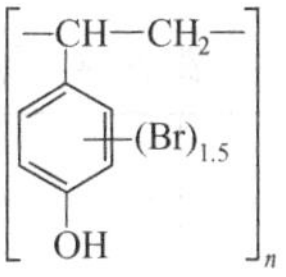　　　聚溴对乙烯酚レジンMB

$(C_8H_8O)_n$；聚合单体的相对分子质量 120.14，该树脂由对乙基酚脱氢制成对乙烯基酚，然后聚合而成。为了保护酚羟基，在聚合之前可将其变成乙氧基、叔丁氧基或叔丁氧羰基（$t$-Boc），聚合之后再将这些基团还原成羟基[37]。

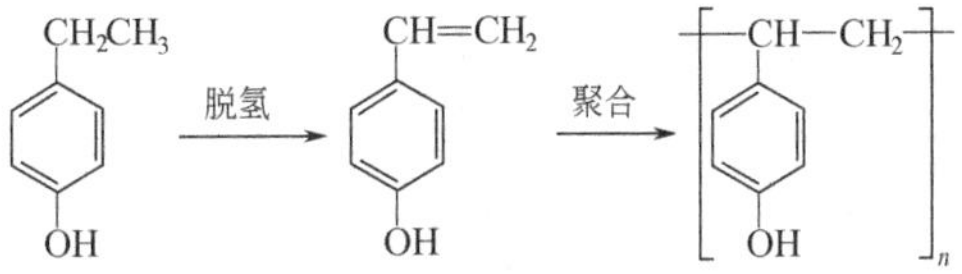

该树脂和线型酚醛树脂相比有如下特点：结构规则；平均聚合度 10～40，属高分子量，因此热稳定性、成膜性良好；由于具有聚乙烯主链而具有可挠曲；因为低分子量物含量少，而没有毒性，因为没有 $CH_2O$ 产生，热稳定性好。

1976 年日本丸善石油完成其工业化技术，并于 1980 年开始生产，其后由丸善石油化学取而代之。现在日本曹达亦进入此品生产行列。两公司的产品特性分别见表 7-22 和表 7-23 所列。

表 7-22 聚对乙烯基酚マルカリニカ-M 产品特性

| 品　种 | 平均相对分子质量 | | 软化点/℃ |
| --- | --- | --- | --- |
| | 重均分子量（$M_W$） | 数均分子量（$M_n$） | |
| S-1 | 1600～2400 | 1100～1500 | 143 |
| S-2 | 4000～6000 | 2100～3100 | 190 |
| S-4 | 9000～11000 | 4200～5200 | 200 |
| H-2 | 19800～24200 | 3600～4400 | — |

注：マルカリンカ-M—丸善石油化学的商品名。

表 7-23　VP-聚合物产品特性

| 品　种 | 分散度($M_W/M_n$) | 熔点/℃ |
|---|---|---|
| VP-2500 | | |
| VP-5000 | | |
| VP-8000 | 1.05～1.30 | 190～200 |
| VP-15000 | | |
| VP-30000 | | |

注：VP-聚合物—日本曹达的商品名。

该树脂可用作环氧树脂固化剂，金属表面处理剂及感光材料。作为环氧树脂固化剂，可和各种环氧树脂反应，得到的固化物有优良的耐热性、机械强度、电气性能、尺寸稳定性及耐药品性。现在广泛用于印刷线路板、胶黏剂、模塑料、浇铸料、防腐涂料及粉末涂料。

表 7-24 表示聚对乙烯基酚的典型物理特性[38]。レジンMB 为レジンM 的溴化物，结构式如前所示。

表 7-24　聚对乙烯基酚的物理特性

| 物 理 特 性 | レジンM | レジンMB |
|---|---|---|
| 羟基当量 | 约 120 | 224～246 |
| 重均分子质量($M_W$) | 3000～8000 | 6000～10000 |
| 熔融温度/℃ | 160～200 | 190～220 |
| 闪点/℃ | 308 | 不着火 |
| 分解温度/℃ | | |
| 　10% | 320～340 | 320 |
| 　50% | 360 | 340 |
| 　残渣/% | 10～30 | 20～40 |
| 相对密度/g·cm$^{-3}$ | 1.2 | 1.8～2.0 |
| 松密度/g·cm$^{-3}$ | 0.5～0.6 | 0.6～0.7 |
| 含水量/% | 2～3 | 约 1 |
| 单体含量/% | 约 1 | 约 1 |
| 低聚体含量/% | 约 3 | 约 3 |
| 溴含量/% | | 47～52 |
| 外观 | 白色～橙色粉末 | 浅橙色粉末 |
| 急性、亚急性毒性 | 无 | 无 |

レジンM 为通过 200 目的微粉末状或粗粒状，或者以 50%MEK 溶液形式出售；MB 也以此方式出售。这两种树脂在室温下可存放 1 年以上，不变色，不结块，分子量不变化，亦不引起凝胶化。两种树脂对醇、溶纤剂、酮、酯及醚（环状）的溶解度在 50%以上；不溶于烃类溶剂。这两种树脂对酚醛树脂、密胺树脂、聚酯树脂、环氧树脂、聚氨酯树脂、醇酸树脂、丙烯酸树脂及聚醋酸乙烯等树脂有良好的相容性。聚对乙烯基酚（レジンM）有类似于木质素的结构，受森林土壤菌作用可生物分解，这在合成高分子中是很稀有的一例。

该树脂通过羟基和环氧基反应，在没有促进剂时，固化温度 180～200℃。添加少量的胺就可起到促进固化作用。表 7-25 表示当以当量比将树脂 M 与双酚 A 型环氧树脂（例如 Epikote 828、GY-260、DER-331）配合时，各种促进剂（1 份/

100份树脂）对组成物凝胶时间的影响，及经170℃/2h固化后固化物的热性能。图7-12表示树脂M分子质量对热变形温度的影响。由图可见，相对分子质量低于3000，固化物的热变形温度急剧下降；相对分子质量3000～9000之间，热变形温度看不到明显差别，且达到饱和态。表7-26表示树脂M固化双酚A型环氧树脂的各种性能。

表7-25　各种促进剂对M-DGEBA体系的影响

| 促进剂 | 凝胶时间/min | | 热变形温度/℃ | $T_g$/℃ |
|---|---|---|---|---|
| | 120℃ | 160℃ | | |
| 2-甲基咪唑醋酸盐 | 2.7 | 0.7 | 192 | 215 |
| $BF_3$·2-甲基咪唑 | 4.0 | 1.0 | 199 | 216 |
| 苄基二甲胺醋酸盐 | 3.9 | 1.2 | 153 | 185 |
| 对二甲基氨基苯甲醛 | 10 | 2.5 | 154 | 160 |
| $BF_3$·哌啶 | >30 | 6.5 | 159 | 185 |

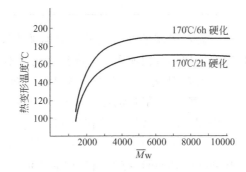

图7-12　レジンM的分子质量和HDT关系

$w$(レジンM)∶$w$(DGEBA)∶$w$($BF_3$·哌啶)＝63.4∶100∶1

表7-26　レジンM固化双酚A环氧树脂的性能

| 环氧树脂 | DGEBA(100份) | DGEBA(100份) |
|---|---|---|
| 固化剂 | レジンM(63.4份) | DDM(27份) |
| 促进剂 | $BF_3$·哌啶(1份) | — |
| 组成物的初始黏度/Pa·s | | |
| 23℃ | — | 6.0～9.0 |
| 40℃ | | 1.0～2.0 |
| 60℃ | | 0.2～0.3 |
| 90℃ | 55.0 | |
| 120℃ | 6.0 | |
| 适用期(500g) | | |
| 23℃ | >6个月 | 7～8h |
| 60℃ | | 1～1.5h |
| 环氧树脂 | DGEBA(100份) | DGEBA(100份) |
| 固化剂 | レジンM(63.4份) | DDM(27份) |
| 促进剂 | $BF_3$·哌啶(1份) | — |
| 固化条件 | 170～180℃/2h | 60～80℃/凝胶化＋150℃/4h |

续表

| | | |
|---|---|---|
| 相对密度 | 1.24 | — |
| 拉伸强度/MPa | 70 | 79 |
| 压缩强度/MPa | 116 | — |
| 弯曲强度/MPa | 116 | 120 |
| 冲击强度 $I_{zod}$ | 1.4 | — |
| 线膨胀系数/mm/(mm·℃) | $7.5\times10^{-5}$(30~185℃)<br>$16.6\times10^{-5}$(185~365℃) | $6.9\times10^{-5}$<br>— |
| 热变形温度/℃ | 170~220 | 145~150 |
| 体积电阻率/Ω·cm | $8.1\times10^{15}$ | $1\times10^{15}$ |
| 介电强度/(kV/mm) | 31.3 | 14.8~16.7 |
| 介电常数(60Hz) | 4.6 | 4.4 |
| 介电损耗角正切(60Hz) | 0.0057 | 0.004 |
| 耐电弧性/s | 89 | — |
| 吸水性(煮沸 1h)/% | 0.4 | — |
| 表面电阻率/Ω | $5.5\times10^{15}$ | — |
| 绝缘电阻/Ω | $5.0\times10^{13}$ | — |

像其他酚化合物一样，聚乙烯基酚亦可制成曼尼期碱[39]，作为潜伏固化促进剂，组成物具有储存稳定性，加热时快速固化，高温固化时不会形成发泡。常用于胶黏剂等。例如，60 份聚乙烯基酚（相对分子质量 10000）与 22.5 份二甲胺（Me₂NH）和 14.3 份多聚甲醛反应制备的曼尼期碱，将其 3.7 份与 Dicy7.5 份，SiO₂ 5 份及环氧树脂 100 份配合的组成物，储存期 11 个月有余，在不同温度下的凝胶时间为：40min/120℃，11min/140℃，2.5min/160℃，1.2min/180℃。

其他聚酚树脂（Polyphenol Resin）有石油基重油或沥青与甲醛在酸性催化剂存在下缩聚，然后生成的树脂与线型酚醛树脂掺混到组成物里[40]。或者石油基重油或沥青与甲阶酚醛树脂在酸性催化剂存在下缩聚制得聚酚树脂[41]。以这种方法制备的聚酚树脂活性高，黏度低，以它们为固化剂的环氧树脂模塑料用作电气电子部件及半导体密封剂。所得的模塑制品有优良的耐热性、耐湿性、耐腐蚀性、尺寸稳定性及机械强度。

将双酚 A 环氧树脂与双酚 A 在催化剂存在下反应可以制得线型的羟基封端的酚树脂[42]。例如，将双酚 A 环氧树脂（Epon 828）35 份，双酚 A 15 份及催化剂 0.05 份在 180℃加热 1h，添加 50 份双酚 A 和 0.05 份催化剂，再加热 1h，添加 2份 2-甲基咪唑，制得酚固化剂，熔点 86.4℃。该固化剂适用于粉末涂料。周思聪等[43]以低分子量环氧树脂、有机二元羧酸及过量的酚羟基化合物（例如 BPA）反应制备了 PH-1 型树脂酚类固化剂[43]。该固化剂外观为淡黄色脆性固体，熔点 71~87℃，羟基含量 2.2~2.4 当量/kg。对固态环氧树脂 E-12 的用量为 52%。以该固化剂配制的环氧粉末涂料性能及涂膜性能如下：胶化时间 180℃/54s；固化时间 180℃/10min，150℃/15min，220℃/3min；铅笔硬度 4H、附着力（划格法）全通过，冲击强度（正反）50kg·cm；光泽度（60°）83。涂膜具有优良的耐化学腐蚀性能（见表 7-27）。

表 7-27　PH-1 型树脂酚固化环氧树脂粉末涂料的耐腐蚀性能

| 介 质 | 浸泡条件(温度/时间) | 外观变化 |
|---|---|---|
| 污水 | 80℃/1 个月 | 无变化 |
| 沸水 | 100℃/15d | 略有褪色 |
| 10%HCl | 室温/1a | 无变化 |
| 3%NaCl | 室温/1a | 无变化 |
| 10%$H_2SO_4$ | 室温/1a | 无变化 |
| 10%NaOH | 室温/1a | 无变化 |
| 人造海水 | 室温/1a | 无变化 |
| 原油 | 80℃/1 个月 | 无变化 |
| 95%乙醇 | 室温/1a | 无变化 |
| 10% $H_3PO_4$ | 室温/1a | 无变化 |
| 甲苯 | 室温/0.5a | 无变化 |
| 丙烯酸丁酯 | 室温/0.5a | 无变化 |

## 7.3　芳胺甲醛树脂

芳胺（例如苯胺、N-烷基苯胺、间苯二胺）与甲醛在酸性催化剂存在下反应制得的芳胺甲醛树脂、用于固化环氧树脂，可提高固化物的耐热性、耐溶剂性和耐药品性。高温下的电性能亦良好。

### 7.3.1　苯胺甲醛树脂

苯胺与甲醛在强酸性（例如盐酸）催化剂存在下缩聚成如下结构的树脂。由于苯胺与甲醛的摩尔比不同，缩聚物的熔点也不同（见表 7-28 所列）[44,45]。黏性树脂状液体或低熔点的固体，很容易分散到液体固化剂中，长时间稳定。

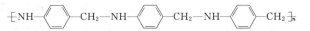

表 7-28　苯胺-甲醛摩尔比对苯胺甲醛树脂熔点的影响

| $n$(苯胺):$n$(甲醛) | 1.3:1(PMFA-1) | 2:1(PMFA-2) | 1:0.75 | 1:0.85 | 1:1 |
|---|---|---|---|---|---|
| —$NH_2$%(质量) | 13.80 | 15.10 | | | |
| —NH | 0.51 | 0.09 | | | |
| —Cl | — | 0.15 | | | |
| $\overline{M}_n$ | 320 | 290 | 225 | 285 | |
| 熔点/℃ | 46~49 | 16.5~18.5 | 半固态 | 50~60 | 100~120 |

苯胺与甲醛的缩聚反应产物，实际上是不同分子量（馏分）的混合物。当 $n$（苯胺）:$n$（甲醛）=1.3:1 时制成的苯胺甲醛树脂 PMFA-1 组成如下

| 馏分质量分数/% | 52.91 | 21.18 | 13.90 | 9.91 |
|---|---|---|---|---|
| 相应的 $\overline{M}_n$ | 280 | 320 | 400 | 340 |

苯胺甲醛树脂除单独使用外，亦可与间苯二胺混配使用，混合的结果降低了各自的熔点，给使用工艺带来了方便（见表 7-29 所列）。随着混合物 PMFA-2 量的增

加，混合物的稳定性越好，形成膏状物的时间越长。表7-30表示使用理论量的各种芳香胺固化双酚A环氧树脂（ED-6，环氧值0.41）的物理力学性能。由表中可见，苯胺甲醛树脂有较高的耐热性，但弯曲强度和耐丙酮性不如间苯二胺。

表7-29　苯胺甲醛树脂 PMFA-2 和间苯二胺混合物的特性

| $w$(MPDA)/$w$(PMFA-2) | 熔点/℃ | 黏度(40℃)/mPa·s | 形成膏状时间(20±2℃)/d |
|---|---|---|---|
| 纯 MPDA | 64 | — | — |
| 65/35 | 47.5 | — | 1 |
| 50/50 | — | 267 | 10 |
| 42/58(EC-1) | −13.3 | 406 | 30 |
| 40/60 | −11.5 | 465 | 32 |
| 35/65 | −9.2 | 636 | 45 |
| 纯 PMFA-2 | 17.5 | 19500 | >9个月 |

表7-30　各种芳胺固化双酚A型环氧树脂的物理力学性能

| 性　能 | 固　化　剂 | | | |
|---|---|---|---|---|
| | MDPA | EC-1 | DDM | PMFA-2 |
| 维卡耐热/℃ | 169 | 175 | 180 | 190 |
| 丙酮萃取性(24h)/% | 0.95 | 1.63 | 1.7 | 5.72 |
| 布氏硬度/kg·mm$^{-2}$ | 13～14.5 | 12～14 | 12～13 | 13～14 |
| 冲击韧性/kJ·m$^{-2}$ | 11～13 | 10～11 | | 12～13 |
| 弯曲强度/MPa | 103.0 | 118.0 | 92.0 | 80.0 |

### 7.3.2　N-烷基苯胺甲醛树脂[46]

在盐酸存在下于75～80℃加热214g N-甲基苯胺和89g 37% CH$_2$O反应5h制得220g产物[含75%（MeNH-$p$-C$_6$H$_4$)$_2$CH$_2$和21%三核体]，将其60g与100g Epikote 828混合、注模，经(120℃/2h)+(150℃/3h)+(180℃/3h)固化，固化物玻璃化温度130℃，收缩率0.12%，拉伸强度67.0MPa，弯曲强度110.0MPa，弯曲模量2700MPa。

### 7.3.3　间苯二胺甲醛树脂[47]

将432g间苯二胺、432g水、162g的35% CH$_2$O水溶液及10g 36% HCl在30℃加热1h，再加入432g间苯二胺，150℃下真空加热、蒸馏除水，中和得到的反应产物，最后得到棕色液体，25℃下黏度60Pa·s。100g双酚A型环氧树脂和10～15g该固化剂的组成物在25℃下有24h适用期，肖氏D硬度（204℃下）90；而用10～15g间苯二胺固化的环氧树脂，在同样温度条件下肖氏D硬度为65。显示间苯二胺甲醛树脂较间苯二胺有高耐热性。

## 7.4　聚酯树脂

由各种多元酸和各种多元醇反应制备的酸性聚酯，与固态环氧树脂（双酚A

环氧树脂，三聚氰酸环氧树脂）配合使用，制备各种用途的粉末涂料[48]。

文献［49］指出，以对苯二甲酸二甲酯、乙二醇、新戊二醇、间苯二甲酸及偏苯三甲酸制成的聚酯500g，双酚A环氧树脂500g，三苯基膦（Ph₃P）2g及Acronal 4F为10g的组成物经粉碎研磨粉化，静电喷涂在磷化处理的钢板上，烘烤20min制得的涂料有如下性能：光泽度（60）102%，表面光滑，冲击强度大于50cm，Erichsen试验大于9mm。

文献［50］指出用以端羟基为主的聚酯，在碱金属碳酸盐和（或）氢氧化物作催化剂存在下与对苯二甲酸单烷基酯进行酯交换法制备端羧基聚酯，用于粉末涂料。例如，对苯二甲酸14940g，间苯二甲酸1660g，$HOCH_2CH_2OH$（乙二醇）7440g及新戊二醇8382g在$Sb_2O_3$存在下，于250℃减压下聚合，然后进一步与670g三羟甲基丙烷聚合，制得端羟基聚酯树脂。2220g该聚酯与270g对苯二甲酸单甲酯在$Na_2CO_3$存在下反应（90～160℃），制得端羧基聚酯。用该树脂固化环氧树脂，其粉末涂料表面光滑，具良好的耐冲击性。

## 7.5 其他合成树脂

### 7.5.1 多功能的SP树脂

张多太[51]研究的SP树脂是一种含磷的聚合物，通常情况下为不流动或黏稠液体。具有固化、增韧、阻燃、促进作用等功能。该SP树脂具有耐高温及抗氧化能力，用其粘接的试片经800℃下1h煅烧不脱落。

SP树脂和液体酸酐（例如国产70酸酐、HK-021酸酐等）互溶，用其混合物固化环氧树脂，比单独使用酸酐时的剪切强度提高1.5倍，拉伸强度提高5倍，冲击强度提高50%。SP树脂与胺类有强反应能力，一般不宜与胺类混用。

SP树脂含磷，因此具有阻燃作用，一般环氧树脂的氧指数19.8，可燃；加入20份SP树脂后氧指数提高至22.3，具备自熄性，若再适当增加SP树脂的用量，可以达到UL-94的阻燃要求。

SP树脂与端羧基丁基橡胶（CTBN）一起使用有协同效应，比单独使用任何一种都好（见表7-31）。

表7-31 SP树脂固化环氧树脂的粘接性能

| 胶黏剂 | 剪切强度/MPa | 冲击强度/$kN \cdot m \cdot m^{-2}$ | $-40℃$剪切强度/MPa |
|---|---|---|---|
| $w(E51):w(70酸酐)=100:70$ | 12.0 | 6.3 | — |
| $w(E51):w(70酸酐):w(SP)=100:50:20$ | 32.2 | 14.7 | 29.6 |
| $w(E51):w(70酸酐):w(CTBN)=100:70:20$ | 12.5 | — | — |
| $w(E51):w(70酸酐):w(SP):w(CTBN)=100:50:20:20$ | 35.0 | 18.7 | 38.6 |

### 7.5.2 聚酰胺酸

聚酰亚胺（PI）是一耐热的聚合物，与环氧树脂配合使用可以提高环氧树脂的耐热性。通常在极性高沸点溶剂中合成，当与环氧树脂混合固化时，高沸点溶剂不易除去，给产品性能带来不良影响。赵石林等[52]在以四氢呋喃和甲醇组成的低沸点溶剂中合成聚酰亚胺的中间体聚酰胺酸（PAA）作环氧树脂固化剂（如下反应式）。

$$\text{PMDA} \quad\quad \text{ODA}$$

$$\text{PAA}$$

以上述反应合成的聚酰胺酸为乳黄色凝乳状黏物。聚酰胺酸（PAA）与环氧树脂反应形成类酯接枝结构，自身又可以酰亚胺化，使固化体系有较高的粘接强度（>30MPa）。当环氧树脂和聚酰胺酸质量比为（2~1）:1时，胶的综合性能最好：剪切强度高，耐湿热老化及耐热性能好。

### 7.5.3 苯乙烯-马来酸酐共聚树脂（SMA）

苯乙烯与马来酸酐共聚，制得如下结构的树脂，有时简称 SMA 树脂。SMA 树脂的最大特征是具有较高的耐热性，其耐热性的高低与 SMA 中马来酸酐含量成比例[53]。当 $n$(苯乙烯):$n$(马来酸酐)=6:1 时制成的 SMA 树脂为无色透明固体，$\overline{M}_W$=6000~6500，酸值 150。

杨申强等[54]利用该 SMA 树脂为固化剂与环氧树脂配合使用，制备覆铜层压板。使用该树脂可大幅度降低环氧树脂的介电常数和介电损耗，适合高频应用。

使用该树脂时，凝胶化过程表现为热塑性变化特点：较长的软化时间，没有突显的凝胶点。固化交联反应比较平稳。

与溴代环氧树脂混用，当其质量分数达 40% 时介电常数可降至 4.0 以下，同时提高基板的热分解温度和耐热性。可望在高频通讯基板中应用。

### 7.5.4 核-壳粒子[55]

该粒子由 $T_g$<0℃ 的弹性体核和接枝交联的壳组成。例如，聚（1,3-丁二烯）

(Baystal S 2004) 51.2g 与 MMA 24g 和乙二醇二甲基丙烯酸酯 6g 接枝得到核-壳共聚物。81.48g 该共聚物与 198g 双酚 A 环氧树脂混用，固化物弹性模量 8672MPa，断裂强度 91MPa。

# 参 考 文 献

[1] ファインケミカル，1995，24 (7)：24—25.
[2] 天津市合成材料研究所．天津市延安化工厂．塑料工业，1970，(2)：43.
[3] 垣内 弘．新エポキシ樹脂．昭晃堂，1985. 214—217.
[4] 永渕 理太郎．接着の技術，2001，20 (4)：24—26.
[5] 陈强，李佳民，姜书芳．化学与粘合，1996，(3)：157—159.
[6] 清野繁夫．プラスチックス，1969，20 (4)：70.
[7] В. В. Чеьотаревский, Л. И. Смирнова. Лак. Матер. и и хприм., 1969, (4): 30—33.
[8] 同 [3]：209—210.
[9] 木田吉重，三刀基郷，中尾一宗．日本接着協会誌，1994，30 (3)：95—99.
[10] 中尾一宗，三刀基郷（大阪府）．特許公報．昭 52-24933. 1977.
[11] 中尾一宗，三刀基郷（大阪府）．特許公報．昭 52-6747. 1977.
[12] Ernest W. Flick. Epoxy resins. curing agents. compounds. and modifiers An Industrial guide. 1987. 197.
[13] 立川俊之，佐伯幸雄．日本接着協会誌，1984，20 (3)：115—116.
[14] М. ф. Сорокин, Л. Г. Шодэ. Лак. Матер. и их. ирим, 1970, (3): 11—14.
[15] В. В. Жебровский, Т. Н. Гуревич. Лак. матер. и их прим. 1968, (6): 8—10.
[16] 越智光一，元部英次．日本接着協会誌，1992，28 (2)：57—63.
[17] 同 [3]：254—255.
[18] 中野義知．日本接着協会誌，1989，25 (5)：21—26.
[19] ファインケミカル，1987，26 (10)：24—26.
[20] 吴佩瑜，张正柏．安徽化工，1989，(2)：20—24.
[21] 刘彦芳，高俊刚．热固性树脂，1993，8 (3)：9—11.
[22] 张多太．热固性树脂，1996，11 (3)：51—55.
[23] Kikuchi Noburu, Kawakami. Hiroyuki. Saito. Takayuki (Hitachi Chemical Co., Ltd). JP Kokai. 87-15216. 1987.
[24] Kikuchi Noburu, et al. (Hitachi Chemical Co., Ltd). JP Kokai. 87—15216. 1987.
[25] Kawakami Hiroyuki, et al. (Hitachi Chemical Co., Ltd). JP Kokai. 89-240, 511. 1989.
[26] Morita Kaoru, et al. (Kansai Paint Co., Ltd.). JP Kokai. 90-228, 314. 1990.
[27] Morita Kaoru, et al. (Kansai Paint Co., Ltd.). JP Kokai. 89-95164. 1989.
[28] Ootomo Ryosuke, et al. (Toyo Ink Mfg. Co., Ltd.). JP Kakai. 92-185, 625. 1992.
[29] Hajime Kimura, et al. J. Appl. Polym. Sci., 1998, 68 (12)：1903—1910.
[30] Andrews. Christopher Michael, et al. (Ciba-Geigy A. -G.). Eur. pat. Appl. EP 266306. 1988.
[31] Kanayama Kaoru, Onuma Yoshinobu. (Mitsubishi petrochemical Co., Ltd.). JP Kokai. 90-73819. 1990.
[32] Kanayama Kaoru, et al. (Mitsubishi petrochemical Co., Ltd.). JP Kokai. 90-91114. 1990.
[33] (Mitsubishi paper Mills, Ltd) JP Kokai. 90-91115. 1990.
[34] Saito Noriaki, et al. (Sumitomo Chemical., Ltd.) JP Kokai. 90-173023. 1990.
[35] Nakajima Nobuyuki, et al (Sumitomo Chemical Co., Ltd.) JP Kokai. 91-199221. 1991.

[36] М. ф. Сорокин, О. И. Куликовский. Лак. матер. и их. прим. 1968, (5): 15—17.
[37] ファインケミカル. 1996. 25 (22): 21—23.
[38] 藤原 寛, 高橋晨生. 有機合成化学協会誌, 1977, 35 (10): 877—880.
[39] Andrews. Christopher Michael, et al. (Ciba-Geigy A. -G.). Eur. pat. Appl. EP 351365. 1990.
[40] Tajima. Masao, et al. (Kashima oil Co., Ltd., Japan). JP Kokai. 98-251, 363. 1998.
[41] Tajima. Masao, et al. (Kashima oil Co., Ltd., Japan). JP Kokai. 98-251, 364. 1998.
[42] Marx. Edward J. (Shell Oil Co.). U. S. us4767832. 1988.
[43] 周思瑨, 陈晓云, 张国伟. 安徽化工, 1998, 24 (3): 27—29.
[44] В. Д. Валгин, В. С. Лебедев. Паст. Массы, 1967, (2): 34—36.
[45] 天津市合成材料工业研究所. 环氧树脂与环氧化物. 天津: 天津人民出版社, 1974. 139.
[46] Ooka Sachiko, Fujimoto Masaki. (Nippon Kayaku Kk). JP Kokai. 94-316627. 1994.
[47] Hirosawa. Frank. N. (Furane plastics, Inc.). U. S. P3917702.
[48] Э. Л. Гершанова. и. др. Лак. матер. и их. прим. 1987, (1): 18—21.
[49] Japan Ester Co., Ltd. JP Kokai. 84-11375. 1984.
[50] Izumitani. Toshihiro, et al. (Japan Ester Co., Ltd). JP Kokai. 87-192426. 1989.
[51] 张多太. 粘接, 1991, 12 (2): 23—26.
[52] 赵石林, 秦传香, 张宏波. 中国胶黏剂, 1999, (1): 1—4.
[53] 许长清. 合成树脂及塑料手册. 北京: 化学工业出版社, 1991. 189.
[54] 杨申强, 刘东亮, 王江华. 热固性树脂, 2002, 17 (5): 20.
[55] Tonger Q, Ross M, Beamu DT. (Ciba specific chemicals Co., Ltd). CN 1154980. 1997

# 第 8 章

# 潜伏性固化剂

潜伏性固化剂是这样一种固化剂,将其与环氧树脂配合后,组成物在室温下可放置较长的时间,比较稳定,但一旦受热、光、湿气或压力的作用就可引发固化反应,使环氧树脂交联成固化物。利用固化剂这一特性,可将环氧树脂组成物配制成单组分,例如单组分胶黏剂、漆、涂料、密封剂及灌封料等。这样可以避免环氧树脂组分和固化剂组分(双组分)配料时带来的缺陷。

不用现场配料,减少了配料次数所带来的时间浪费、物料损失及对环境的污染;避免双组分配料计量上的错误;避免计量误差和混料不均匀带来性能上的影响;单组分利于自动化流水生产线采用。

潜伏性固化剂的体系如图 8-1 所示[1]。由图中分类可见,潜伏性固化剂可分为阳离子固化型、溶解固化型、热分解固化型、光固化型、潮湿固化型、分子筛吸附型及微胶囊型等。

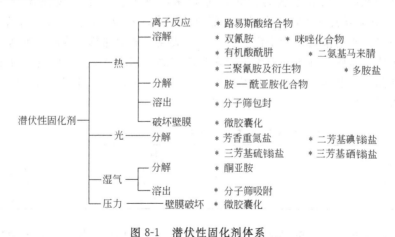

图 8-1 潜伏性固化剂体系

## 8.1 分散型固化剂

这种类型的潜伏性固化剂在室温下为固体,不溶于环氧树脂,一旦加热到熔点附近时,就溶解并开始急速反应。这类固化剂常以微粒子状分散到环氧树脂里,然后加热固化,属加热固化型潜伏固化剂。作为其代表有双氰胺及其衍生物、有机酸酰肼、$BF_3$胺络合物、二氨基马来腈及其衍生物、咪唑类化合物等。由于咪唑类化合物多用作促进剂使用,所以单列一章在前面已经叙述。

### 8.1.1 双氰胺(Dicy)及其衍生物

双氰胺,亦称二氰二胺、氰基胍。结构式:$H_2N-\underset{NH}{\overset{\|}{C}}-NH-CN$,$C_2H_4N_4=84.08$。

制备方法:由石灰石生成的石灰氮(氰化钙)加水分解生成可溶性酸性氰氨化钙水溶液,向该溶液通入二氧化碳 $CO_2$,游离出氨基氰,沉淀出碳酸钙。过滤该溶液,得到氨基氰溶液,将其在 pH=9 左右于 80~100℃加热生成双氰胺,冷却,析出结晶,过滤,干燥。

① 石灰氮制备

$$石灰石 \longrightarrow 生石灰 \xrightarrow[电炉]{C} 碳化钙 \xrightarrow{N_2} 石灰氮$$

$$(CaCO_3) \quad (CaO) \quad (CaC_2) \quad (CaCN_2)$$

② 双氰胺制备

$$2CaCN_2 + 2H_2O \longrightarrow Ca(HCN_2)_2 + Ca(OH)_2$$

$$Ca(HCN_2)_2 + CO_2 + H_2O \longrightarrow 2H_2CN_2 + CaCO_3$$

$$2H_2CN_2 \longrightarrow H_2N-\underset{NH}{\overset{\|}{C}}-NH-CN$$

物理特性:纯品双氰胺为白色结晶粉末,属单斜晶系的棱柱体结晶,密度(25℃)1.40,熔点209℃。溶解性为部分溶于水、乙醇、丙酮;难溶于苯、乙醚,易溶于液氨。水溶液大体为中性、稳定,在酸性溶液中加热生成胍基脲盐,在碱性溶液中生成氰基脲。在不同温度下对水和乙醇的溶解度见表8-1所列。日本カーバイト工业品双氰胺规格为:白色结晶粉末,纯度>99.7%,水分0.1%以下,灰分0.05%以下,熔点209~212℃[2](亦有文献报道207~210℃[3])。

表8-1 双氰胺的溶解度 (g/100g 溶剂)

| 溶 剂 | 温 度/℃ | | |
| --- | --- | --- | --- |
| | 0 | 25 | 60 |
| 水 | 1.27 | 4.13 | 18.75 |
| 乙醇 | 0.937 | 1.70 | 4.13 |

双氰胺是最早使用的热活性潜伏性固化剂。至今仍广泛地用于粉末涂料,胶黏剂(单组分胶黏剂、薄膜胶黏剂)及玻璃布层压板等。它的微粉末分散到环氧树脂里,稳定性好,适用期 6~12 个月,固化条件是(160~180℃)/(60~20min)。固化温度高是其最大的缺点。对环氧当量 190 的双酚 A 环氧树脂,双氰胺固化剂理论用量(按活泼氢当量计算)为 11.1 份,但在实际用量时常在 4~10 份范围内

（以 100 份质量的树脂为基准）。

双氰胺的分子结构特殊，除了 4 个活泼氢之外，还含有氰基（—CN）。在没有促进剂时，按下式与环氧基进行反应

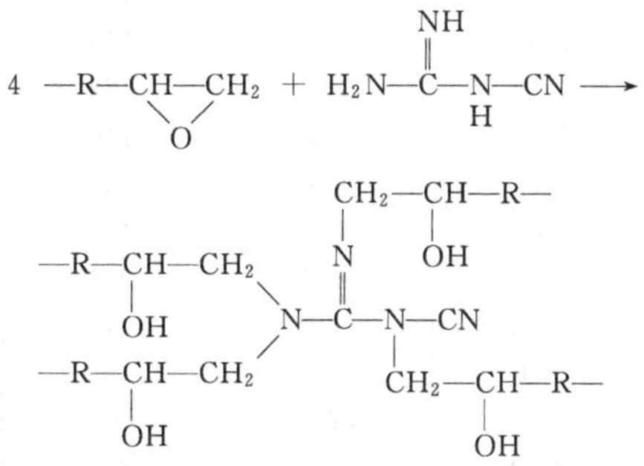

$$4 \ -R-CH-CH_2 + H_2N-C-N-CN \longrightarrow$$

（结构式）

双氰胺氮原子上的 4 个氢原子和环氧基反应，生成的—OH 基和双氰胺上的 CN 基进一步反应。实际上是按 5 个官能团参与反应，但测定其交联密度时过小。因此认为双氰胺在和环氧基反应前先分解成氰基氨（$NH_2CN$），再按如下反应进行固化反应[4]

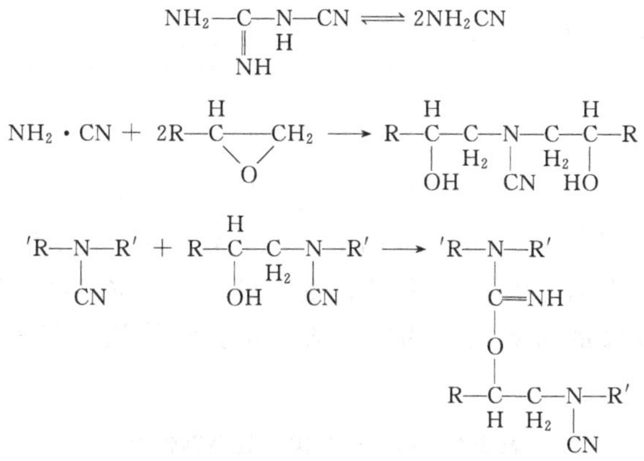

$$NH_2-C-N-CN \rightleftharpoons 2NH_2CN$$

（反应式）

通常为了降低双氰胺的固化温度、提高其固化速度，常将各种促进剂与其配合使用。使用促进剂的不利后果是损失了它的适用期，即相应地缩短了适用期，这就要根据工艺要求选择合适的促进剂。

当并用促进剂时，反应机理如下

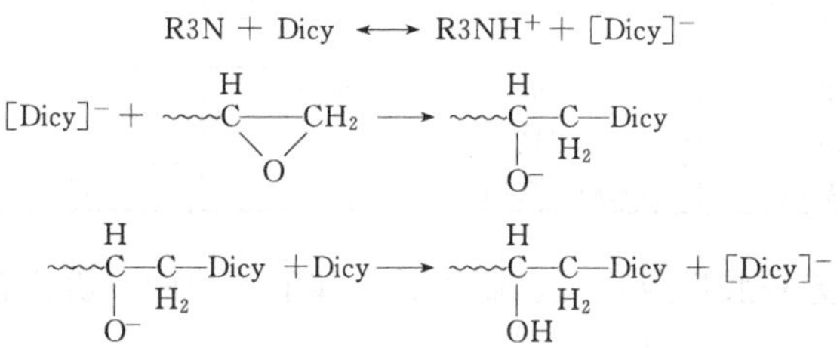

$$R_3N + Dicy \longleftrightarrow R_3NH^+ + [Dicy]^-$$

$$[Dicy]^- + \sim\sim C-CH_2 \longrightarrow \sim\sim C-C-Dicy$$

$$\sim\sim C-C-Dicy + Dicy \longrightarrow \sim\sim C-C-Dicy + [Dicy]^-$$

双氰胺的促进剂多为碱性化合物，例如咪唑类、咪唑金属盐络合物、叔胺（例如 DMP-30）以及酰肼等。除此之外，表 8-2 所列各种芳胺等化合物对双氰胺亦有促进效果[3]。

表 8-2　各种化合物对双氰胺的促进效果（凝胶时间/s）

| 化合物 | 固化温度/℃ | | | | |
|---|---|---|---|---|---|
| | 160 | 180 | 200 | 220 | 240 |
| 二氨基二苯甲烷 | 1754 | 568 | 176 | 58 | 32 |
| 二氨基二苯砜 | 1853 | 599 | 178 | 60 | 40 |
| 邻苯二胺 | 1409 | 500 | 152 | 64 | 37 |
| 间苯二胺 | 1327 | 496 | 148 | 50 | 30 |
| 对苯二胺 | 1404 | 402 | 129 | 58 | 34 |
| DMP-30 | 270 | 166 | 101 | 51 | 31 |
| 双酚 A | 2109 | 662 | 224 | 87 | 53 |
| 酚醛树脂 | 1986 | 676 | 241 | 91 | 47 |
| DDM/2MZ | 111 | 59 | 38 | 30 | 23 |
| DDS/2MZ | 120 | 60 | 39 | 29 | 24 |
| Dicy | 2310 | 643 | 194 | 79 | 44 |

注：组成物—AER664P/Dicy/促进剂=100/5/0.25。

按如下反应制备的胺加成物用作双氰胺的促进剂，比咪唑类化合物有更好的储存稳定性，并可以在 100～120℃下固化[4]。

$$\begin{matrix}C_2H_5\\ \phantom{xx}\diagdown\\ \phantom{xxx}N-(CH_2)_3-NH_2\\ \phantom{xx}\diagup\\ C_2H_5\end{matrix} + CH_2-CH- \xrightarrow{(100℃/3h)+(120℃/1h)} 胺加成物$$

$$H_2N-(CH_2)_2-N\!\!\diagup\!\!\diagdown\!\!NH$$

胺加成物 + 线型酚醛树脂 —[150℃/2h 制备]— 微粉碎

双氰胺环氧树脂固化物有优良的粘接性，且不着色，其用量对固化物性能有影响，因此有必要根据不同的用途选择不同的用量。双氰胺耐水性差，在要求耐水应用的情况下，使用少量的双氰胺为好。表 8-3 表示使用双氰胺的各种胶黏剂的性能[5]。

表 8-3　Dicy/环氧树脂胶黏剂性能

| 组成 | Epon1001 100<br>Dicy 9<br>酚醛树脂 50<br>铝粉 150 | 液体树脂 100<br>Dicy 4<br>BDMA 0.3 | 液体树脂 100<br>Dicy 5<br>Bentone27 5<br>铝粉 15 | DER 100<br>Dicy 10<br>3-(对-氯苯基)-1,1-二甲基脲 3 | 尼龙 100<br>Epon 828 14<br>Dicy 1.4 |
|---|---|---|---|---|---|
| 固化条件 | 177℃/1h | 170℃/1h | 177℃/1h | 120℃/8～10min | 177℃/1h |
| 剪切强度/MPa | 22(20℃)<br>11(260℃) | 26N/cm<br>（剥离强度） | 24.5 | — | 47.0 |
| 备注 | 耐热型 | 高剥离强度用 | — | 促进型 | 尼龙环氧型 |

双氰胺与各种芳香胺反应，可以制备具有如下结构的双胍化合物[6]。

$$R\!\!-\!\!\text{(苯环)}\!\!-\!\!NH-\underset{\underset{NH}{\|}}{C}-NH-\underset{\underset{NH}{\|}}{C}-NH_2$$

双氰胺与环氧树脂的相容性不好，可是这些双胍化合物与环氧树脂完全相容，固化温度低于双氰胺，储存稳定性也低于双氰胺，但远远超过常用的脂肪胺和芳香胺，凝胶时间虽长但具有快速固化性，固化物不着色。表8-4表示各种双胍的固化条件及物理机械、热性能。表8-5表示各种双胍胶黏剂的粘接强度。

表8-4　各种双胍固化物的物理机械、热性能

| 双胍 | 质量分数/% | 固化条件 | 适用期/d | 拉伸强度/MPa | 弯曲强度/MPa | 热变形温度/℃ |
|---|---|---|---|---|---|---|
| o-甲苯基双胍 | 16.7 | 60℃/3h+100℃/3h | 10 | 53.0 | 95.0 | 116 |
| α-(2,5-二甲苯基)双胍 | 18.0 | 60℃/3h+100℃/3h | 8 | 54.5 | 101.0 | 108 |
| α,ω-二苯基双胍 | 21.3 | 60℃/3h+100℃/3h | 15 | 51.0 | 92.0 | 114 |
| 5-羟基萘基-1-双胍 | 21.4 | 60℃/3h+100℃/3h | 7 | 58.0 | 105.0 | 105 |
|  | 16.1 | 60℃/3h+100℃/3h | 10 | 55.6 | 103.0 | 108 |
| 苯基双胍 | 15.5 | 60℃/3h+100℃/3h | 13 | 49.5 | 88.0 | 118 |
| p-氯苯基双胍 | 18.5 | 60℃/3h+100℃/3h | 6 | 53.0 | 97.0 | 110 |
| α-苄基双胍 | 16.8 | 60℃/3h+100℃/3h | 12 | 52.0 | 95.0 | 113 |
| α,ω-二甲基双胍 | 13.6 | 40℃/2h+80℃/5h | 4 | 45.0 | 84.0 | 100 |
| α,α′-亚乙基双胍钴盐 | 15.0 | 40℃/2h+80℃/5h | 2 | 47.0 | 88.0 | 95 |
| α,α′-六亚甲基双[ω-(p-氯苯基)]双胍 | 26.5 | 60℃/3h+100℃/3h | 10 | 51.0 | 92.0 | 110 |
| 双氰胺 | 6 | 160~170℃/1h | 6个月 | 不能测定 | 不能测定 | 125 |
| 间苯二胺 | 14.5 | 150℃/6h | 1~3h | 56.0 | 109.0 | 150 |
| 二亚乙基三胺 | 8 | 100℃/1h | 20min | 60.0 | 100.0 | 115 |

注：环氧树脂为Epikote 828；适用期为50g树脂组成物，到黏度急剧上升点的时间。

由表8-4可见，双胍固化剂固化温度低于双氰胺和间苯二胺，固化物的各种性能不如它们。由表8-5可见，双胍及双胍盐均有足够高的粘接强度。

表8-5　各种双胍胶黏剂的粘接强度

| 双胍 | w(固化剂)/% | 剪切强度/MPa | |
|---|---|---|---|
| | | 100℃/60min | 150℃/30min |
| o-甲苯基双胍 | 16.7 | 22.0 | 25.0 |
| α-2,5-二甲苯基双胍 | 18.0 | 21.0 | 26.0 |
| α,ω-二苯基双胍 | 21.3 | 18.0 | 22.0 |
| 5-羟基萘-1-双胍 | 21.4 | 25.0 | 27.0 |
|  | 16.1 | 20.0 | 27.0 |
| 苯基双胍 | 15.5 | 17.0 | 20.5 |
| p-氯苯基双胍 | 18.5 | 24.0 | 25.0 |
| α-苄基双胍 | 16.8 | 17.8 | 23.0 |
| α,ω-二甲基双胍 | 13.6 | 19.5 | 19.5 |
| α,α′-六亚甲基双[ω-(p-氯苯基)]双胍 | 26.5 | 20.0 | 20.5 |
| o-甲苯基双胍锌盐 | 22.7 | 22.8 | 25.5 |
| 二苯基双胍铁盐 | 39.8 | 19.0 | 23.2 |
| 苯基双胍铜盐 | 26.2 | 18.0 | 21.0 |
| 双胍镍盐 | 13.8 | 16.0 | 19.0 |
| 亚乙基双胍硫酸盐 | 14.3 | 16.0 | 18.0 |
| 十二烷基双胍盐酸盐 | 30.0 | 16.5 | 18.0 |
| 苯基双胍草酸盐 | 23.4 | 19.0 | 23.1 |
| 双氰胺 | 6 | 不固化 | 17.0 |
| 间苯二胺 | 14.5 | 固化不完全 | 18.0 |

在这些双胍化合物里值得一提的是邻甲基苯基双胍。该固化剂具有如下结构式

$C_9H_{13}N_5$  分子质量 191.24

它是由邻甲苯胺、双氰胺和盐酸制备的。其产品特性见表 8-6 所列[7]。该品无味无毒，溶于乙醇、二氯甲烷、不易溶于丙酮、乙酸乙酯和水，不溶于苯、汽油及四氯化碳。

表 8-6 国外邻甲基苯基双胍产品特性

| 公司及产品 | 日本大内新兴 Nocceler BG | 德国拜耳 Vulkacit 1000 |
|---|---|---|
| 外观 | 白色粉末 | 白色粉末 |
| 熔点/℃ | ≥140 | 140 |
| 热失重/% | <0.3 | — |
| 灰分 | <0.3 | — |
| 密度 | 1.26 | 1.2 |
| 筛余物/% | (74μm)<0.5 | |

该固化剂用于环氧粉末涂料，质量分数为 4% 左右，室温下有半年左右的储存期[6]，不同温度下的凝胶时间为：180℃/(1.8～1.9min)，150℃/(4.6～4.7min)，130℃/(8.1～8.2min)，120℃/(20.1～20.3min)。与树脂的固化物无色透明。涂膜有优良的物理力学性能[8]。

除了双氰胺用芳胺化学方法改性外，采用物理方法将颗粒度≤10μm(≥90%) 的双氰胺与比表面积≥50m²/g 的 $SiO_2$ 和（或）元素周期表ⅡA（或ⅡB）族金属氧化物混合，可以改善双氰胺与环氧树脂配合的简便性和均一性，并缩短凝胶时间[9]。

将双氰胺在乙二醇单甲醚（$MeOCH_2CH_2OH$）溶剂中与苯基缩水甘油醚反应，得到的产物配制成 20% 丁酮溶液，黏度 589mPa·s，储存稳定。用于预浸物（片）的制备，有良好的固化性[10]。

### 8.1.2 有机酸酰肼

有机酸酰肼由脂肪酸酯和水合肼反应制备。反应式如下：

$$RCOR' + H_2N \cdot NH_2 \longrightarrow RCNHNH_2 + R'OH$$

表 8-7 表示各种有机酸制备酰肼的合成条件及产品相应指标[11]。

表 8-7 各种酰肼的合成条件及其特性

| 脂肪酸 | 合成条件 | | | 酰肼产率/% | 酰肼熔点/℃ | 酰肼基含量/% | |
|---|---|---|---|---|---|---|---|
| | n(脂肪酸酯):n(水合肼) | 温度/℃ | 时间/h | | | 计算值 | 测定值 |
| 丙酸 | 1:1.5 | 60 | 4 | 90 | B.P. 51/5mm | 67.1 | 66.7 |
| 丁酸 | 1:1.5 | 60 | 4 | 95 | 43～44 | 57.8 | 58.1 |
| 己酸 | 1:4 | 60 | 6 | 90 | 67～70 | 45.4 | 45.3 |
| 辛酸 | 1:3 | 90 | 10 | 95 | 90～92 | 37.3 | 37.0 |
| 己二酸 | 1:3 | 40 | 4 | 98 | 176～178 | 67.8 | 67.9 |
| 癸二酸 | 1:3 | 60 | 6 | 97 | 186～188 | 51.4 | 50.5 |

由表中可见，一元有机酸制成的酰肼熔点低于二元酸制成的酰肼。

酰肼末端 N 原子上的两个活泼氢原子像伯胺一样和环氧基反应、进行固化，反应式如下所示。因此配合量可以使用化学理论量。酰胺基的氢原子不参与反应。

$$\underset{\underset{O}{\parallel}}{R C} N H N H_2 + CH_2\!\!-\!\!\!\underset{O}{\underset{\diagdown\diagup}{CH}}\!\!CH_2OR' \longrightarrow \underset{\underset{O}{\parallel}}{R C} N H N (CH_2\!\!-\!\!\underset{OH}{\underset{|}{CH}}CH_2OR')_2$$

表 8-8 表示一些酰肼的固化性。表 8-9 表示有机酰肼用于环氧胶黏剂的性能[5]。己二酸二酰肼和癸二酸二酰肼常用于溶剂涂料和粉末涂料[12]。当 $m$(E-41)：$m$(癸二酸二酰肼)：$m$(二甲基甲酰胺)：$m$(乙基溶纤剂)＝100：9.6：6.6：33.0 配制的涂料，经 190℃/10min 固化后，涂膜有优良的物理机械性能：固化度 96.5%，硬度 0.98，冲击强度 50kg·cm，弯曲 1mm。透气性低[0.201mg/(cm²·d)]，普通环氧漆薄膜 0.9mg/(cm²·d)。耐化学介质：20% NaOH 液 2 个月以上，30% $H_2SO_4$ 液＞30d，蒸馏水＞30d。以癸二酸二酰肼和己二酸二酰肼配制的环氧粉末涂料性能与溶剂涂料的性能大体相同。而用双氰胺固化的涂层在蒸馏水和 30% $H_2SO_4$ 液中 25 天即变黑。

日本冈村製油和味の素共同开发的 $C_{20}$ 直链二元酸二酰肼熔点 130～150℃。固化物耐冲击，耐热冲击，具可挠性，剥离强度高。和促进剂并用得到的单组分组成物，用作胶黏剂、封装剂[13]。

**表 8-8　一些酰肼的熔点及固化性**

| 酰　　肼 | 熔点/℃ | 适用期/月 | DTA | |
|---|---|---|---|---|
| | | | 开始温度/℃ | 峰温度/℃ |
| 丁二酸二酰肼(SuADH) | 163 | 4 | 161 | 165 |
| 己二酸二酰肼(AADH) | 180 | 4 | 161 | 167 |
| 间苯二甲酸二酰肼(IPADH) | 212 | 4～5 | 154 | 160 |
| 对羟基苯甲酸酰肼(POBH) | 248 | 4 | 153 | 161 |
| 水杨酸酰肼(SaAH) | 151～2 | (4d) | 96(175) | 130(196) |
| 苯基氨基丙酰肼(PAPAH) | 93～5 | (2d) | (75)115 | 150 |
| (双氰胺) | 207～8 | 10 | 178 | 182 |

**表 8-9　有机酸酰肼/环氧胶黏剂的性能**（Fe/Fe，剪切强度/MPa）

| 胶　黏　剂 | 130℃ | 150℃ | | | 170℃ |
|---|---|---|---|---|---|
| | 1h | 0.5h | 1h | 2h | 0.5h |
| SuADH | — | 16.1 | — | | 14.1 |
| 癸二酸二酰肼 | — | 24.5 | 25.4 | | — |
| 十二烷酸二酰肼 | — | 22.5 | 30.3 | | — |
| $C_{20}$二羧酸二酰肼(ULB-20) | 25.4 | | | | |
| 间苯二酸二酰肼 | — | 凝胶化 | 19.6 | | |
| 对羟基苯甲酸酰肼 | — | 凝胶化 | 23.0 | | |
| 苯基氨基丙酰肼 | — | 凝胶化 | 26.4 | | |
| (Dicy) | | 液态 | 液态 | 16.0 | 22.1 |

文献[14]报道，以大豆油二聚脂肪酸酯制备的二酰肼用于制备溶剂型环氧涂料，涂层有优良的物理机械性能，耐化学腐蚀性优于脂肪酸二酰肼和双氰胺作固化剂的涂料。

工业大豆油二聚脂肪酸甲酯（牌号 DES-5）指标如下：黏度（VZ-4，20℃）50s，色度（碘量比色计）100，酸值 5.9mg KOH/g，皂化值 182.1mg KOH/g，折射率 1.4820。

合成方法如下。

在装有搅拌器、回流冷凝器、温度计及滴液漏斗的三口烧瓶里进行。向煮沸的水含肼逐步添加 50%大豆油二聚脂肪酸二甲酯异丙醇溶液。反应混合物在 100℃保持 10h，然后添加二甲苯，真空下蒸馏二甲苯与水、水合肼和醇的共沸混合物。制得的二酰肼为无定形的深棕色固态物，很好地溶于丙酮、异丙醇、乙基溶纤剂，氯代烃及其他有机溶剂。

表 8-10 表示大豆油二聚脂肪酸二酰肼的合成条件及产品特性。以 $w$(E-40 环氧)：$w$(大豆油二聚脂肪酸二酰肼)：$w$(乙基溶纤剂)＝40.0：20.5：39.5 组成的溶剂型涂料，存放 4 个月稳定。涂层厚 55μm，经 200℃/15min 固化，固化度达 91.3%，硬度（M-3）0.90，冲击强度 50kg·cm，弯曲强度 1mm。该涂层耐 30% NaOH，30% $H_2SO_4$，3% NaCl 溶液，及蒸馏水 6 个月以上；而用脂肪酸二酰肼固化的涂层，30 天之后发现腐蚀点，双氰胺固化的涂层只耐 25 天。

表 8-10 大豆油二聚脂肪酸二酰肼的合成条件及产品特性

| 合成条件 | 产品特性 |
|---|---|
| $n$(二甲酯)：$n$(水合肼)＝1：3 | 软化点/℃　48 |
| 反应温度/℃　100 | 氮质量分数/%　8.79 |
| 时间/h　10 | 酰肼基质量分数/%　17.4 |

以芳香酸酯合成的酰肼固化的溶剂型环氧涂料，涂层表面平整、光滑，有良好的机械性能，耐化学介质性能优于脂肪酸二酰肼[15]。

芳香酸酰肼的合成方法类似于脂肪酸酰肼的合成。

$$R-\!\!\!\!\bigcirc\!\!\!\!-\overset{O}{\underset{\|}{C}}-OR' + NH_2\cdot NH_2 \xrightarrow{-R'OH} R-\!\!\!\!\bigcirc\!\!\!\!-\overset{O}{\underset{\|}{C}}-NHNH_2$$

式中 R＝—H，—$NH_2$，—OH；R'＝—$CH_3$，—$C_2H_5$

表 8-11 表示三种芳香酸酰肼的合成条件及产品特性。括号内数字为其他文献数据。

上述以有机酸酯直接合成的酰肼，虽然与环氧树脂的组成物在室温下有较长的储存期，但固化温度较高（通常 160～170℃）。文献 [16] 指出，以二元酚（例如邻苯二酚等）为原料合成的有机酸酰肼具有低温、快速固化性能，且储存稳定，固化物透明，具有韧性，耐水性优良。

表 8-11 芳香酸酰肼的合成条件及产品特性

| 芳香酸 | 合成条件 | | | 产率/% | 熔点/℃ | 氮质量分数/% | |
|---|---|---|---|---|---|---|---|
| | $n$(相应酯)：$n$(水合肼) | 温度/℃ | 时间/h | | | 计算 | 实测 |
| 苯甲酸 | 1：1.5 | 50 | 3 | 90 | 114(112.5) | 20.61 | 20.80(20.10) |
| 对氨基苯甲酸 | 1：6 | 100 | 8 | 97 | 220～222 (220) | 27.80 | 28.80(28.59) |
| 对羟基苯甲酸 | 1：2 | 100 | 2 | 92 | 258～260 (260) | 18.40 | 18.72(18.96) |

合成方法有如下两条工艺路线

(1)

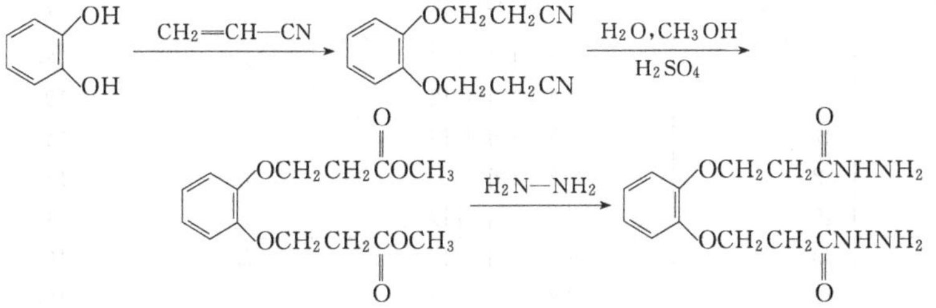

(2)

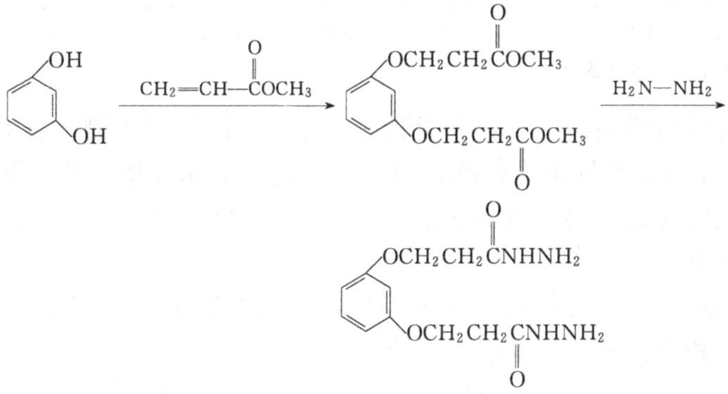

各种二元酚制成的有机酸酰肼特性见表 8-12 所列。固化性见表 8-13 所列。由表中可见，以二元酚为原料制备的二元酰肼，具有良好的储存稳定性，低温固化性和耐水性优于传统的有机酸二酰肼和双氰胺（Dicy）。

表 8-12  二元酚制成的有机酸酰肼特性

| 二元酚二酰肼 | 制备原料 | 外 观 | 熔点/℃ | 二元酚二酰肼 | 制备原料 | 外 观 | 熔点/℃ |
|---|---|---|---|---|---|---|---|
| A | 邻苯二酚<br>丙烯腈<br>甲醇<br>水合肼 | 白色针状<br>结晶 | 145~146 | D[②] | 甲醇<br>水合肼<br>双酚 A<br>丙烯酸甲酯 | 白色粉末 | 136~140 |
| B | 间苯二酚<br>丙烯酸甲酯<br>水合肼 | 白色粉末 | 143~144 | E[③] | 水合肼<br>双酚 F<br>丙烯腈 | 白色粉末 | 182~183 |
| C[①] | 对苯二酚<br>丙烯腈 | | 173~175 | | 甲醇<br>水合肼 | | |

① $NH_2NHCCH_2CH_2O-\bigcirc-OCH_2CH_2CNHNH_2$（C 中 C=O）；  (C)

② $NH_2NHCCH_2CH_2O-\bigcirc-C(CH_3)_2-\bigcirc-OCH_2CH_2CNHNH_2$；  (D)

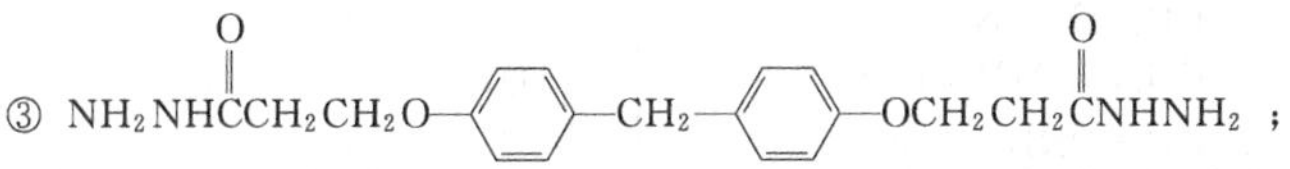

③ $NH_2NHCCH_2CH_2O-\bigcirc-CH_2-\bigcirc-OCH_2CH_2CNHNH_2$；  (E)

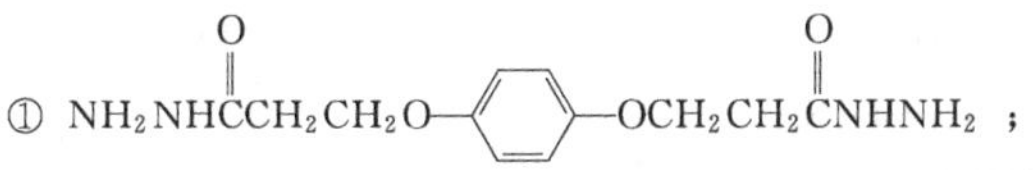

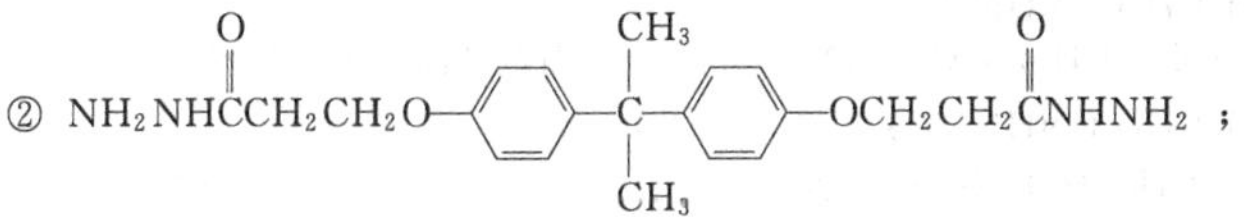

芳香酸酰肼（A）、（B）结构式见正文。

表 8-13　二元酚有机酸酰肼的固化性

| 二元酚二酰肼 | 质量分数/% | 储存稳定性 | 吸水性/% | 固化温度/℃ |
|---|---|---|---|---|
| A | 37 | 40℃/1 个月以上 | 1.8 | 120 |
| B | 37 | 40℃/1 个月以上 | 1.7 | 120 |
| C | 37 | 40℃/1 个月以上 | 1.5 | 140 |
| D | 52 | 40℃/1 个月以上 | 1.6 | 120 |
| E | 49 | 40℃/1 个月以上 | 1.8 | 140 |
| 己二酸二酰肼 | 23 | 40℃/1 个月以上 | 2.9 | 160 |
| 间苯二甲酸二酰肼 | 26 | 40℃/1 个月以上 | 1.8 | 160 |
| Dicy | 8 | 40℃/1 个月以上(部分分层) | 不能测定 | 180 |

注：环氧树脂—双酚 A 型，环氧当量—175~210 液体树脂；吸水性—固化样品在 40℃ 水中浸泡 100h 后测定质量变化；固化时间—在相应温度下固化 1h。

和二元酚制备有机酸酰肼相似，以氨和脂肪族二元胺为原料可以制备含有 3~4 个酰肼基的化合物。作为环氧树脂固化剂，同样具有良好的储存稳定性，低温固化性（<120℃），固化物无色透明，具强韧性。当脂肪胺的直链碳原子数为 10 个以上时，固化物具有显著的可挠性[17]。

该酰肼由氨和脂肪族二元胺与丙烯酸甲酯反应，生成的胺-丙烯酸甲酯加成物再与水合肼反应，生成相应的有机酸酰肼。反应式如下

$$H_2N-R-NH_2 + 4CH_2=CHCOR' \longrightarrow (R'OCCH_2CH_2)_2N-R-N(CH_2CH_2COR')_2 \xrightarrow{H_2NNH_2}$$

$$(NH_2NHCCH_2CH_2)_2N-R-N(CH_2CH_2CNHNH_2)_2$$

表 8-14 和表 8-15 分别表示以二元胺为原料制备的酰肼的特性和固化性。

文献 [18] 指出的芳香二胺（例如邻苯二胺），丙烯酸甲酯及水合肼合成有机酸酰肼，当 $w$(Epon 828)：$w$(酰肼)=100：37 配合时，组成物的储存稳定性 40℃下>14d，经 130℃/(1h 和 3h)固化，玻璃化温度分别为 107℃和 141℃。

表 8-14　以氨和脂肪二胺制成的酰肼特性

| No. | 酰肼化合物 | 外观 | 熔点/℃ | $w(N)/\%$ |
|---|---|---|---|---|
| 1 | N(CH$_2$CH$_2$CONHNH$_2$)$_3$ | 柱状结晶 | 129 | 35.71 |
| 2 | (NH$_2$NHCOCH$_2$CH$_2$)$_2$N(CH$_2$)$_2$N—(CH$_2$CH$_2$CONHNH$_2$)$_2$ | — | 126~127 | 34.24 |
| 3 | (NH$_2$NHCOCH$_2$CH$_2$)$_2$NCHCH$_2$N—(CH$_2$CH$_2$CONHNH$_2$)$_2$ （CH$_3$） | | 131 | 33.27 |
| 4 | (NH$_2$NHCOCH$_2$CH$_2$)$_2$N(CH$_2$)$_3$N—(CH$_2$CH$_2$CONHNH$_2$)$_2$ | 白色结晶 | 95 | 33.22 |
| 5 | (NH$_2$NHCOCH$_2$CH$_2$)$_2$N(CH$_2$)$_6$N—(CH$_2$CH$_2$CONHNH$_2$)$_2$ | | 111 | 30.04 |
| 6 | (NH$_2$NHCOCH$_2$CH$_2$)$_2$N(CH$_2$)$_{12}$N—(CH$_2$CH$_2$CONHNH$_2$)$_2$ | 白色结晶 | 129 | 25.48 |

表 8-15　氨、脂肪二胺制成的酰肼的固化性和稳定性

| $w$(酰肼化合物)/% | | 固　化　性 | | | 稳定性 |
|---|---|---|---|---|---|
| | | 开始固化温度/℃ | 峰温度/℃ | 60min 之内固化温度/℃ | 40℃下的储存期/d |
| 1 | (23) | 118 | 130 | 100 | >14 |
| 2 | (27) | 130 | 155 | 120 | >14 |
| 3 | (28) | 131 | 152 | 110 | >14 |
| 4 | (28) | 120 | 152 | 130 | >14 |
| 5 | (30) | 109 | 147 | 100 | >14 |
| 6 | (36) | 130 | 152 | 110 | >14 |
| 己二酸二酰肼 | (23) | 151 | 173 | 160 | >14 |
| 间苯二甲酸二酰肼 | (26) | 158 | 192 | 160 | >14 |
| Dicy | (8) | 160 | 199 | 180 | >14(部分分层) |

注：环氧树脂—双酚 A 型，环氧当量 175~210 的液体树脂。

## 8.1.3　三氟化硼-胺络合物

$BF_3$、$ZnCl_2$、$SnCl_4$、$FeCl_3$、$AlCl_3$ 等路易斯酸可以作为环氧基的阳离子聚合触媒，和路易斯碱（例如，叔胺）引起的阴离子聚合不同，不仅作双酚 A 型环氧树脂的触媒，也可以作直链及脂环环氧化聚烯烃树脂的聚合触媒。这些路易斯酸和环氧树脂在室温下反应激烈，适用期很短，在 30s 以下。为此通常将它们制成胺的络合物，其代表就是 $BF_3$-胺络合物：$F_3B \leftarrow NH_2—R$。由于胺的种类不同，$BF_3$-胺络合物的熔点、反应性等亦不同。

表 8-16 表示各种胺制成的 $BF_3$-胺络合物及其特性。表 8-17 表示典型的 $BF_3$-胺络合物商品的特性、固化性及应用领域[19]。

表 8-16　$BF_3$-胺络合物及其特性

| 胺 | 外观 | 熔点 | $w(BF_3)$/% | 适用期 |
|---|---|---|---|---|
| 二苯胺 | 褐色结晶 | — | 28.6 | 数分钟 |
| 苯胺 | 淡黄色结晶 | 250 | 42.2 | 8h |
| 对甲苯胺 | 黄色结晶 | 250 | 38.8 | — |
| 邻甲苯胺 | 黄色结晶 | 250 | 38.8 | 7~8 天 |
| 2,4-二甲基苯胺 | 淡黄色结晶 | 190 | 35.9 | — |
| N-甲基苯胺 | 淡绿色结晶 | 85 | 38.8 | — |
| N-乙基苯胺 | 淡绿色结晶 | 48 | 36.0 | — |
| N,N-二乙基苯胺 | 淡绿色结晶 | — | 31.3 | 7~8 天 |
| 正丁胺 | 白色结晶 | — | 47.8 | — |
| 乙胺 | 白色结晶 | 87 | 59.5 | 数周 |
| N,N-二甲苯胺 | 淡绿色结晶 | — | 35.0 | — |
| 哌啶 | 黄色 | 73 | 44.4 | 数月 |

注：适用期条件—$w(BF_3):w(DGEBA)=1:100$，室温。

表 8-17　典型的 BF$_3$-胺络合物的特性和应用

| 商品名 | 物态 | 活性温度/℃ | w(固化剂)/% | 适用期 | 固化条件 | HDT/℃ | 应用领域 |
|---|---|---|---|---|---|---|---|
| Anchor1170 | 液体 | 40～50 | 5 | 5h/室温 | 50℃/15min | 85[②] | 层压,粘接 |
| Anchor1171[①] | 液体 | 50～70 | 5 | 30h/室温 45min/50℃ | 50℃/2h+100℃/2h 100℃/20min 120℃/40min | 128 120 113 | 绝缘漆 浇铸 |
| Anchor1053 | 液体 | 80～90 | 5 | 16h/室温 | 80℃/2h 80℃/2h+140℃/2h | 110 140 | 绝缘漆 浇铸等 |
| Anchor1040[③] | 液体 | 130 | 10 | 4个月/室温 | 150℃/30min 130℃/4h | 130 | 涂末涂料 堵塞料 |
| Anchor1115 | 液体 | 130 | 7.5 | 4个月/室温 70～ 75min/120℃ | 140℃/4h | 125～ 130 | 绝缘漆、浇铸等 |
| Anchor1222 | 液体 | 150 | 12.5 | 20天/50℃ | 150℃/2h+175℃/2h | 102 | 粉末涂料、涂饰用、层压、成形粉用 |
| BF$_3$-400[④] | 固态 | 85～90 | 1～5 | 数月/室温 | 120℃/2h+150℃/3h | 120 | 层压、粘接浇铸 粉末涂料 |
| BF$_3$-哌啶[⑤] | 固态 | 135～150 | 1～5 | 4个月/室温 | 150℃/2h+200℃/2h | 140 | 浇铸、层压、粉末涂料及成形 |

① 与 BF$_3$-2,4-二甲基苯胺同等品。
② 后固化 150℃/15min 后 HDT 110℃。
③ 与 BF$_3$-苄胺同等品。
④ 与 BF$_3$-MEA 同等品。
⑤ 日本橋本化成工業(株)製。
注：Anchor 为 Anchor chemical Co. 制商品。

合成方法举例：BF$_3$-$N$-甲基苯胺络合物的制备。

将 107.3g (1mol) $N$-甲基苯胺和 142.9g (1mol) 47% BF$_3$—O(C$_2$H$_5$)$_2$ 充分混合，在冰浴中乙醚沸点以下的温度下反应。$N$-甲基苯胺与 BF$_3$ 完全加成之后继续搅拌 30min，接着以冷却的氯仿盐析结晶物。将结晶物分离，立刻用 0℃ 的无水乙醚洗涤，为防止分解将结晶物在 5℃ 下保存。需要注意的是，在反应过程中必须绝对避免湿气进入系统。

BF$_3$-胺络合物除单独用作环氧树脂固化剂外，亦可作酸酐固化剂的促进剂，以如下反应历程打开酸酐环，促进三维化。

$$BF_3 \cdot NR_2H \longrightarrow H^{(+)} + BF_3 \cdot NR_2^{(-)}$$

$$R\underset{C=O}{\overset{C=O}{\diagdown}}O + H^{(+)} + BF_3 \cdot NR_2^{(-)} \longrightarrow R\underset{C^{(+)}\cdots\cdots BF_3 \cdot NR_2^{(-)}}{\overset{C-OH}{\diagdown}}$$

$$R\underset{C^{(+)}\cdots\cdots BF_3 \cdot NR_2^{(-)}}{\overset{C-OH}{\diagdown}} + R'-OH \longrightarrow R\underset{C-OR'}{\overset{C-OH}{\diagdown}} + H^{(+)} + BF_3 \cdot NR_2^{(-)}$$

$$R\genfrac{}{}{0pt}{}{C-OH}{C-OR'}\genfrac{}{}{0pt}{}{O}{O} + R-CH-CH_2 \longrightarrow R\genfrac{}{}{0pt}{}{C-O-CH_2-CH-R}{C-OR'}\genfrac{}{}{0pt}{}{O\quad\quad OH}{O}$$

### 8.1.3.1 三氟化硼-单乙胺络合物（BF₃-MEA）

结构式 $F_3B:\overset{H}{\underset{NCH_2CH_3}{H}}$，商品名 BF₃-400。该品吸湿性强，在潮湿的空气中放置易水解液化而失去固化剂作用。它可溶于液态的环氧树脂里，混合时先将少量的树脂加热到 85℃，然后进行搅拌混合。该品在羟基化合物（如乙二醇、糠醇）里有很好的溶解性，将其溶在这些溶剂里之后再作为固化剂使用也是常用的一种方法。使用该法有利于树脂混合物黏度的降低，羟基的存在也有利于反应性的改善。图 8-2 表示，以糠醇作溶剂时糠醇用量对树脂固化物弯曲强度的影响，用量多时由于糠醇的聚合起到了提高弯曲强度的作用。BF₃-MEA 在糠醇里的溶解度与温度关系如图 8-3 所示。

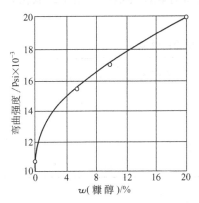

图 8-2 糠醇用量对三氟化硼-
单乙胺固化环氧树脂弯曲强度的影响
（1psi=6894.76Pa）

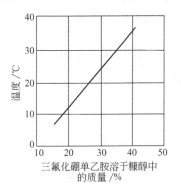

图 8-3 三氟化硼-单乙胺在糠醇
中的溶解度与温度的关系

三氟化硼-单乙胺对环氧当量 185～195 的双酚 A 环氧树脂（例如 Epikote 828）的用量以 3% 为宜，多于 3% 的用量会导致固化物热变形温度降低。固化物经后固化处理能够提高热变形温度，经（120℃/3h）+（200℃/1h）后固化处理热变形温度 175℃。但是需要注意的是，高温固化会使固化物的耐药品性降低。

图 8-4 表示三氟化硼-单乙胺络合物与双酚 A 环氧树脂（环氧当量 185～195）组成物在不同温度下的适用期。如果预先将 BF₃-MEA 溶在乙二醇或糠醇里然后再与树脂混合，得到的组成物适用期还会延长。

BF₃-MEA 对线型酚醛环氧树脂及卤化环氧树脂显示优良的固化特性。对脂环族环氧树脂，环氧化聚烯烃树脂等在常温下有高反应性。由于这一特性，可使它在粘接、浇铸、层压等各应用领域发挥重要作用。

BF₃-MEA 固化双酚 A 型环氧树脂（环氧当量 185～195）的电性能，在常温常湿下及热老化之后对比没有恶化，但对高湿度的耐性却比较低。固化物性能见表

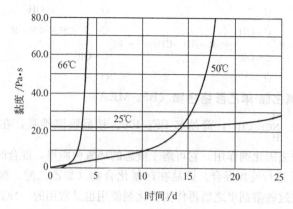

图 8-4 三氟化硼-单乙胺在不同温度下的适用期

8-18 所列。

使用无机填料时，要避免像碳酸钙那样的常有碱性的填料，使用二氧化硅、云母等可以延长组成物的适用期。

表 8-18  BF$_3$-MEA 固化物的性能

| 组成 $w$(BF$_3$-MEA)/% | 3～5 |
|---|---|
| 固化条件 | (105℃/2h)+[(150～200℃)/4h] |
| HDT/℃ | 125～175 |
| 弯曲强度/MPa | 102.0～116.0 |
| 弯曲弹性模量/MPa | 3160.0 |
| 压缩强度/MPa | 116.0 |
| 拉伸强度/MPa | 42.1 |
| 伸长率/% | 1.0～3.0 |
| 冲击强度(缺口)/kJ·m$^{-1}$ | 0.0136 |

## 8.1.3.2 三氟化硼-苄胺络合物（BF$_3$-BZA）

结构式 $F_3B:\begin{matrix}H\\NCH_2C_6H_5\\H\end{matrix}$，商品名 Anchor 1040。溶于苄醇等，可配制成液体。该品反应性高于 BF$_3$-MEA，但加热固化时发泡极少。适用于浇铸及玻璃布层压制品。

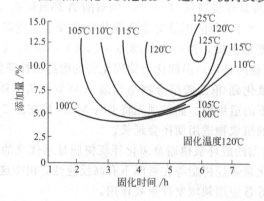

图 8-5 三氟化硼-苄胺用量与固化时间对热变形温度的影响

（硬化温度 120℃）

该品在室温下有较长的适用期。用于环氧当量 185～195 的双酚 A 型环氧树脂中时，用量和固化时间对热变形温度的影响如图 8-5 及图 8-6 所示。固化物的物理机械性能分别见表 8-19 和表 8-20 所列。

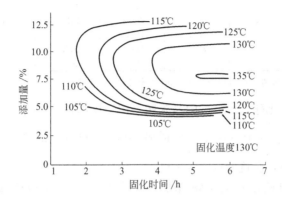

图 8-6　三氟化硼-苄胺用量与固化时间对热变形温度的影响
（硬化温度 130℃）

表 8-19　三氟化硼-苄胺固化物热老化后的物理机械强度

| 性　能 | 老化前 | 如下温度老化 22 周 | | |
|---|---|---|---|---|
| | | 120℃ | 135℃ | 150℃ |
| 弯曲强度/MPa | 90.0 | 93.0 | 93.5 | 77.0 |
| 冲击强度/kJ·m$^{-2}$ | 15 | 14 | — | 11 |
| 拉伸强度/MPa | 40.0 | 45.0 | 44.0 | 38.5 |
| 断裂伸长率/% | 1.6 | 1.5 | 1.5 | 1.4 |

注：$w(BF_3\text{-}BZA)=10\%$；固化条件 130℃/4h。

表 8-20　填料对 BF$_3$-BZA 固化物[①] 剪切强度（MPa）的影响

| 无填料 | $w$(二氧化硅)/45% | $w$(铝粉)/90% | $w$(滑石粉)/45% | $w$(中国黏土)/45% |
|---|---|---|---|---|
| 15.75[②] | 16.80 | 14.35 | 15.40 | 22.05 |
| 17.29 | 21.00 | 19.25 | 14.56 | 17.50 |

① $w(BF_3\text{-}BZA)=10\%$，固化条件 130℃/4h。
② 聚酰胺固化剂，室温/7 天固化。

文献 [20] 指出，将 BF$_3$-苄胺络合物配制成 50% 二乙二醇溶液（UP-605/3R），与其他胺类固化剂相比毒性小，与环氧树脂相容性好，在室温下适用期长，加热则快速固化。表 8-21 表示使用 UP-605/3R 固化双酚 A 环氧树脂时，不同用量对各种特性的影响。

该固化物在室温下的物理机械和介电性能变化不太明显，但在高温下电性能变化明显。

表 8-21  UP-605/3R 固化物的物理机械性能

| $w$(UP-605/3R)/% | 凝胶时间/min | 拉伸强度/MPa | 弯曲强度/MPa | 压缩强度/MPa | 断裂延伸率/% | HDT/℃ |
|---|---|---|---|---|---|---|
| 4 | 7.1 | 61.9 | 116.8 | 122.3 | 3.3 | 54 |
| 5 | 3.5 | 70.4 | 115.0 | 103.0 | 2.5 | 78 |
| 7 | 3.4 | 65.7 | 99.8 | 103.9 | 4.1 | 76 |
| 8 | 3.0 | 75.3 | 102.1 | 122.6 | 5.2 | 73 |
| 9 | 2.9 | 72.5 | 119.3 | 109.9 | 6.6 | 71 |
| 12 | 2.5 | — | 96.2 | 98.5 | — | 67 |

注：组成物—$m$(环氧树脂)：$m$(UP-616)：$m$(邻苯二甲酸二辛酯)＝90∶10∶5；固化条件—140℃/1h。

### 8.1.3.3  三氟化硼-2,4-二甲基苯胺（$BF_3$-DMA）

结构式 $F_3B:NC_6H_3(CH_3)_2$ (含 H、H)，商品名 Anchor-1171。密度（20℃）1.22，黏度（20℃）13.0Pa·s，色度（G）11～14。

该固化剂反应性比三氟化硼-苄胺高，在 25g 双酚 A 型环氧树脂（环氧当量 185）中添加 5% 的 $BF_3$-DMA，在 50℃仅有 45min 的适用期。

将 500g 这种环氧树脂与 25g 的 $BF_3$-DMA 配合，组成物的黏度变化与时间的关系见表 8-22 所列。表 8-23 表示固化条件对固化物热变形温度的影响。表 8-24 表示固化物经热老化后的机械强度变化，其特性类似三氟化硼-苄胺络合物。

表 8-22  三氟化硼-2,4-二甲基苯胺与树脂混合物的黏度变化

| 黏度/Pa·s | 时间(25℃)/h | 黏度/Pa·s | 时间(25℃)/h |
|---|---|---|---|
| 18.0 | 0.25 | 33.4 | 3 |
| 19.2 | 1 | 52.2 | 4 |
| 21.0 | 2 | 70.5 | 5 |

表 8-23  固化条件对 $BF_3$-DMA 树脂固化物热变形温度影响

| 固化条件[①] | 热变形温度/℃ |
|---|---|
| 120℃/20min | 109 |
| 140℃/20min | 120 |
| (50℃/2h)+(100℃/2h) | 130 |

① 在 50℃混合后进行固化。

表 8-24  热老化对 $BF_3$-DMA 树脂固化物机械强度的影响

| 性能 | 老化前 | 如下温度老化 22 周 | | |
|---|---|---|---|---|
| | | 120℃ | 135℃ | 150℃ |
| 弯曲强度/MPa | 90.0 | 94.0 | 94.5 | 87.0 |
| 冲击强度/kJ·m$^{-2}$ | 14 | 12 | — | 12.5 |
| 拉伸强度/MPa | 40.5 | 45.0 | 45.5 | 38.0 |
| 断裂伸长率/% | 1.7 | 1.7 | 1.6 | 1.5 |

注：$w$($BF_3$-DMA)＝5%；固化条件为(50℃/2h)+(100℃/2h)。

### 8.1.3.4  其他

李建宗等[21]研究的三氟化硼-胺络合物 BPEA-2，常温下为黏性液体，与液态环氧树脂常温下很好混溶，不需要加热，也不需要溶剂。由于分子里含有较长的柔

性分子链，对固化物起到一定的增韧作用。

该固化剂常温下活性低。对液态双酚 A 环氧树脂（例如 E-44、E-51）的用量为 8%～10%，25℃下储存期 120d。固化条件(140℃/1h)+(160℃/2h)。钢相粘的剪切强度可达 16.2～23.0MPa。

Ciba-Geigy 公司开发一种 $BCl_3$-胺络合物，商品名 Accelerator Dy 9577[22]。外观为微黄色～褐色的固/液混合体，熔点 28℃，$H_2O$ 含量 0.1%，密度 1.1。

该络合物可作液体环氧树脂的潜伏催化固化剂，或作酸酐固化环氧树脂的潜伏促进剂。对液体环氧树脂和固化剂有良好的溶解性，预促进的树脂和固化剂稳定。454 克树脂（GY 6010）和该品的组成物在 90℃有 290min 的适用期。80℃以下有良好的潜伏性，当温度高于 120℃时具有高反应性。该固化剂对固化体系的电性能无不利影响。

该固化剂用于浇铸、包封、丝绕结构、模塑及电气绝缘带。

## 8.1.4　二氨基马来腈（DAMN）及其衍生物

二氨基马来腈及其衍生物具有如下的结构式 $\begin{smallmatrix} NC \\ H_2N \end{smallmatrix} C=C \begin{smallmatrix} CN \\ R \end{smallmatrix}$。当式中 R=—$NH_2$ 时即为二氨基马来腈。DAMN 为氰氢酸（HCN）的四聚体，制法为

$$HCN \xrightarrow{触媒,聚合} 四聚体 \xrightarrow{精制} DAMN$$

二氨基马来腈相对分子质量 108.1，外观为淡褐色针状结晶，熔点 182.8℃，密度（$d_4^{20}$）1.316，毒性 $LD_{50}$ 200mg/kg P.O.。易溶于甲醇、乙醇、DMF 等；难溶于乙醚、二噁烷、水等；不溶于丙酮、苯、甲苯等[23]。

表 8-25 表示了二氨基马来腈及其衍生物的特性及经 DTA 测定的固化性[24]。由表中可见，在约 160～180℃均能固化环氧树脂，但由于各分子结构及熔点不同，固化温度之间没有特定的关系。固化温度低于双氰胺。储存寿命大体在 2 个月，DAMN-BSB 储存寿命达 10 个月。图 8-7 表示二氨基马来腈固化环氧树脂时固化时间对 $T_g$，交联密度和环氧基变化的影响。图 8-8 表示二氨基马来腈及其衍生物用量对 $T_g$ 的影响。

表 8-25　二氨基马来腈及其衍生物的特性及固化性

| 固化剂结构—R | 缩写名称 | 熔点/℃ | 储存寿命/月 | DTA 开始温度/℃ | DTA 峰温度/℃ |
|---|---|---|---|---|---|
| —$NH_2$ | DAMN | 184 | 2 | 161 | 170 |
| —N=CHph | DAMN-BSB | 191 | 10 | 175 | 183 |
| —$NHCH_2$ph | DAMN-BZ | 112 | 2 | 162 | 174 |
| —N=$CHCH_2CH_3$ | DAMN-PSB | 71～72 | 0.5 | 135 | 145 |
| —N=CHCH$(CH_3)_2$ | DAMN-异 BuSB | 80～82 | 2 | 180 | 185 |
| —NHCHCH$(CH_3)_2$ | DAMN-异 Bu | 93 | 2 | 178 | 186 |
| —N=C$(CH_3)COOCH_3$ | DAMN-MeAcAc | 110 | — | 155 | 170 |
| (Dicy) | | 208 | 10 | 178 | 182 |

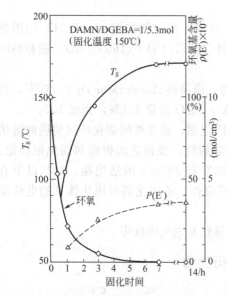
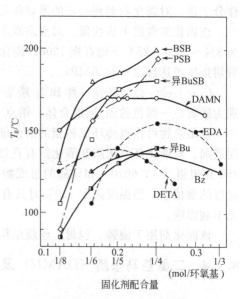

图 8-7 固化时间对 DAMN 固化物的 $T_g$ 交联密度和环氧基变化的影响

图 8-8 DAMN 及其衍生物用量对固化物 $T_g$ 的影响

由图 8-8 可见，DAMN 用量在 1/(4～5.3)mol 之间时 $T_g$ 大体相同，用量增多 $T_g$ 则下降。$T_g$ 达 170℃，表明固化物耐热，比乙二胺高 15℃。衍生物异 Bu 和 Bz 的用量对 $T_g$ 影响小。BSB、PSB 和异 BuSB 在用量 1/4mol 时 $T_g$ 最高，BSB 可达 200℃。它们的粘接剪切强度见表 8-26 所列，DAMN 经 150℃/1h 固化即显示良好的粘接力。

表 8-26 DAMN 及其衍生物作固化剂时的剪切强度/MPa

| 固化条件 | DAMN | DAMN-BSB | DAMN-PSB | DAMN-异 BuSB |
| --- | --- | --- | --- | --- |
| 130℃/1h | — | — | 9.0 | — |
| 150℃/1h | 10.1 | 7.2 | 12.0 | 4.3 |
| 150℃/7h | 11.4 | 12.4 | — | 14.8 |

## 8.1.5 多胺盐[25]和芳香胺与无机盐的络合物

多胺固化剂在室温固化环氧树脂，适用期短，将其制成各种酸的盐，成为具有潜伏性的固化剂。

二元胺，例如乙二胺、己二胺及哌啶等和碳原子数 3～8 的脂肪族二元羧酸反应制备的尼龙盐可作为双酚 A 型环氧树脂的潜伏固化剂。特别是哌啶和癸二酸的盐有 3 个月以上的适用期，在 100～150℃下加热可平缓地进行固化。

多胺和多羟基酚的盐也是良好的固化剂。例如，2,4,4-三甲基-2,4,7-三羟基黄烷/$N,N'$-二甲基 1,3-丙二胺盐在双酚 A 型环氧树脂里含量达 30% 时，适用期 (25℃) 有 6～8 个月，120℃/1～2min 即可凝胶。与 $BF_3$-胺络合物相比没有吸湿性和腐蚀性。

多胺,特别是芳香二胺的苯基膦酸盐(PNA)或苯基磷酸盐(PRA)作为潜伏固化剂用于胶黏剂,其粘接力见表 8-27 所列。这些盐熔点 180~220℃,部分熔点 110~130℃,依固化剂种类不同,适用期达 1~6 个月。

**表 8-27 芳香胺的有机磷酸盐固化剂种类和粘接力**

| 固化温度/℃ | 苯基膦酸盐(PNA) | | 苯基磷酸盐(PRA) | |
|---|---|---|---|---|
| | 胺 | 粘接力/MPa | 胺 | 粘接力/MPa |
| 130 | 邻苯二胺(o-PDA) | 7.0 | 邻苯二胺 | 10.1 |
| | 间苯二胺(m-PDA) | 5.4 | 间苯二胺 | 10.3 |
| | 苯胺 | 2.4 | 苯胺 | 7.2 |
| | | | 对苯二胺(1:1) | 9.4 |
| 150 | 对,对'-二氨基二苯基甲烷(DDM) | 3.9 | 对苯二胺(p-PDA,2:1) | 13.1 |
| | | | 乙二胺(1:1) | 5.3 |
| | | | 己二胺(1:1) | 12.7 |
| | | | 苄胺(1:1) | 15.0 |
| 180 | 对苯二胺(2:1) | 6.3 | 对苯二胺(2:1) | 13.0 |
| | 间二甲苯二胺(2:1) | 5.6 | 间二甲苯二胺(2:1) | 12.0 |
| | 哌嗪(2:1) | 1.5 | 乙二胺(2:1) | 15.1 |
| | 哌嗪(1:1) | 4.5 | 乙二胺(1:1) | 6.5 |
| | 苄胺(1:1) | 2.9 | 己二胺(2:1) | 5.0 |
| | 乙二胺(1:1) | 7.5 | 己二胺(1:1) | 15.7 |

注:$w$(环氧树脂):$w$(固化剂)=100:30;固化时间 30min;( ) 内数据为 $n$(酸):$n$(胺)之比。

芳香胺,例如对苯二胺或间苯二胺与溴化镉或溴化锌等无机盐反应制备的络合物,用于环氧树脂中,室温下有 3 个月的储存期,于 150℃ 3min 内就可完成固化。

络合物制法示例:将 150g 间苯二胺溶解在工业乙醇中,加热至 60℃。搅拌下向该溶液里添加 150g 溴化镉,再在 60℃ 放置 30min 后冷至室温,过滤其生成物,在 40℃ 干燥。

络合物对环氧当量 185~190 的双酚 A 型环氧树脂的用量为 75%。

## 8.1.6 胺化酰亚胺(AI)和超配位硅酸盐(ECSS)

这两类固化剂在室温下均稳定,受热分解出相应的胺。一个共同的特点是,除单独用作潜伏固化剂之外,亦可用作酸酐和双氰胺的促进剂。

胺化酰亚胺具有如下结构式。室温稳定,受热分解成叔胺和异氰酸酯[26]。

$$R_1CON^{\ominus}-N^{\oplus}(CH_3)_2-CH_2CHOH-R_2 \xrightarrow{加热} R_1-N=C=O + \begin{matrix}CH_3\\|\\N-CH_2CHOH-R_2\\|\\CH_3\end{matrix}$$

该固化剂由羧酸酯、二甲基肼和环氧化合物合成,基于原料的不同,可以制备从液态到固体的不同产品。用量为 6~8 份/100 份树脂。固化条件为 150℃/(30~60)min,或 185℃/(20~30)min。固化物具有优良的粘接性、耐冲击性,可用于单组分胶黏剂、浸渍漆，浇注料等。

如下结构式的 5 配位或 6 配位硅酸盐很容易合成[27]。这些化合物室温稳定，在其结构里可以导入各种胺。当固化环氧树脂时，硅酸盐受热分解成游离的胺和 4 配位的硅化合物。该固化剂可用于浇注、粘接及层压材料。

$$(R_4N^+)_2Si\left[\begin{matrix}O\\O\end{matrix}\right]_3 \qquad R_4N^+ ZSi\left[\begin{matrix}O\\O\end{matrix}\right]_2$$

式中　R＝氢、烷基或芳基；Z＝烷基或芳基

$$PhCH_2N^{\oplus}HMe_2PhSi^{\ominus}(C_6H_4O_2)_2 \xrightarrow{\triangle} PhCH_2NMe_2 + PhSi\text{—O—}C_6H_4\text{—OH}$$

合成方法示例：将三甲氧基苯基硅烷[$PhSi(OMe)_3$]，邻苯二酚及苄胺的甲醇溶液煮沸 10～15min，将生成的结晶物沉淀，进行过滤，用冷甲醇洗涤，然后干燥，即得苄基二甲铵苯基硅酸盐。

该硅酸盐 2 份，偏苯三甲酸酐 14 份及 100 份双酚 A 环氧树脂的组成物可在 200℃/8.5s 固化，组成物室温下有 5 个月储存期。

乙二胺硅酸盐($H_2NCH_2CH_2\overset{\oplus}{NH_3}$)$_2Si^{2-}$($C_6H_4O_2$)$_3$ 与液体环氧树脂的组成物在室温下可存放 300 天以上。其用量对剪切强度的影响见表 8-28 所列。

表 8-28　乙二胺硅酸盐用量对剪切强度影响

| $w$(固化剂)/% | 剪切强度/MPa | $w$(固化剂)/% | 剪切强度/MPa |
| --- | --- | --- | --- |
| 10 | 4.2～4.9 | 25 | 14.7～15.4 |
| 15 | 14～14.7 | 35 | 16.1～17.5 |
| 20 | 14～14.7 | | |

注：固化条件—150℃/10h。

### 8.1.7　分子筛封闭型固化剂[28]

分子筛通常作为脱水剂、分离剂使用。它是具有三维结晶结构的金属铝硅酸盐，白色的松散粉末，粒径 1～3$\mu$m，具有优良的化学稳定性，除强酸以外不受任何介质侵蚀。

粒子中含有 $10^8$ 左右直径 0.4～4nm 的互相连通的孔洞。这种分子筛和水的结合力很强，将其干燥除水，固化剂和触媒封入孔洞即成为良好的潜伏性固化剂。这种潜伏固化剂分散到环氧树脂里不会引起固化，受热或空气中水分的作用，固化剂被驱逐出来，再起固化反应。

CW-X144E 是一吸收二亚乙基三胺的分子筛，适用期 1 年以上，200$\mu$m 以下的环氧涂膜可吸收空气中的湿气，室温固化（30℃/24h）。有点像潮湿固化剂，如果用多胺的酮亚胺代替脂肪胺也可以。

CW-X144E 与环氧树脂配合仅靠加热是不能完全固化的，必须同时加入放射

(emission)剂（甘油、聚乙二醇等）才能热固化。当添加甘油时，36天后黏度几乎不变化，经80℃/5~8min固化。

### 8.1.8 微胶囊化固化剂[28]

将在室温下活性的固化剂以细微的油滴状被薄膜包裹起来，称之为微胶囊化。微胶囊化固化剂在加热或受压力条件下，胶囊破坏，释放出来的固化剂与环氧树脂反应。

因此，胶囊的破坏难易成为微胶囊化固化剂的活性及稳定性的一个重要因素。当胶囊膜弱时，在配制组成物或运输过程中易破坏；膜强韧时，需要超越一般条件下的膜破坏必需的温度和压力。因此在实用化过程中还存在一些问题。

微胶囊化举例：将5%癸二酰氯三氯乙烯溶液和5%癸二酰氯二甲苯溶液投入容器，然后由量孔滴加10%三亚乙基四胺水溶液，形成的油滴表面以聚酰胺包覆形成胶囊。因为二甲苯和三氯乙烯的密度之差使胶囊停留在它们界面层上。

以这种微胶囊化的固化剂配制成的单组分环氧树脂涂料，可以喷涂、涂刷方式施工，胶囊受力破坏，进行固化。

## 8.2 光、紫外线分解型固化剂[28,29]

光、紫外线固化剂配合到环氧树脂里，在无光照射时是稳定的，一旦受到光或紫外线照射时就分解，固化环氧树脂。

环氧树脂与光、紫外线分解型固化剂的反应，属光阳离子聚合，与光游离基聚合比较有如下特性。

① 氧对聚合无阻碍作用，因此表面固化性优良；
② 薄膜（<1μm）固化性优良，厚膜（数百微米）固化性劣于游离基体系；
③ 光聚合反应产生的固化收缩性小；
④ 树脂的储存稳定性好；
⑤ 阳离子聚合易受温度、湿度的影响；
⑥ 对各种基材的黏附性、耐热性、耐药品性优，嗅味低。

光、紫外线分解型固化剂固化环氧树脂时，首先光分解，由非亲核性的阴离子产生活性的强酸，环氧基在这种强酸的作用下开始阳离子开环聚合，如下所示：

$$Ar_3S^+X^- \xrightarrow[YH]{h\nu} Ar_2S + Ar\cdot + Y\cdot + H^+X^-$$

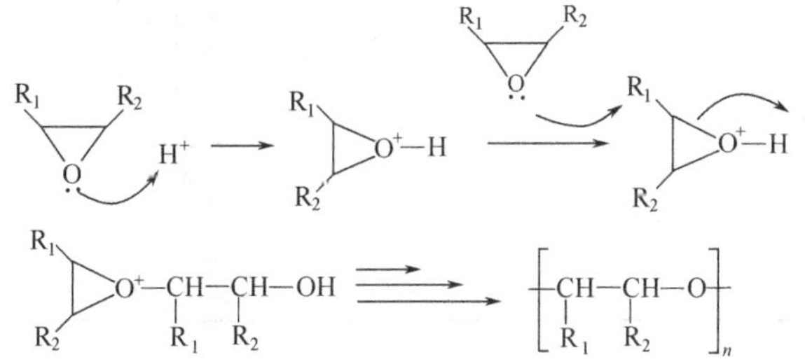

## 8.2.1 光固化剂的种类及特性

表 8-29 表示现已开发的光固化剂的种类。表 8-30 表示国外各公司光固化剂商品及结构式。

**表 8-29　各种光阳离子聚合固化剂**

| | |
|---|---|
| 芳香族重氮盐 | $Ar-N_2^+ \; MX_{n+1}^-$ |
| 芳香族锍鎓盐 | $Ar_3S^+ \; MX_{n+1}^-$ |
| 芳香族碘鎓盐 | $Ar_2I^+ \; MX_{n+1}^-$ |
| 金属茂系化合物 | $Fe^- Ar^+ \; MX_{n+1}^-$ |
| 其他 | 鏻盐；硅醇铝络合物 |

注：$MX_{n+1}^- = BF_6^-, PF_6^-, AsF_6^-, SbF_6^-$ 等。

**表 8-30　光阳离子聚合固化剂商品及结构式**

| | |
|---|---|
| [UCC]<br>UVI-6990($X=PF_6$)<br>UVI-6974($X=SbF_6$) | $\left(\left(\text{Ph}\right)_2 \overset{S^+}{\underset{X^-}{|}} \text{–}\phi\text{–}S\text{–}\phi\text{–}\left[\overset{S^+}{\underset{X^-}{|}}\text{–}(\text{Ph})_2\right]_n\right)$　$n=0/1$ |
| [旭電化]<br>SP-150($X=PF_6$)<br>SP-170($X=SbF_6$) | $\left(\left(\overset{R}{\phi}\right)_2 \overset{S^+}{\underset{X^-}{|}}\text{–}\phi\text{–}S\text{–}\phi\text{–}\overset{S^+}{\underset{X^-}{|}}\text{–}\left(\overset{R}{\phi}\right)_2\right)$ |
| [日本化藥]<br>PIC-062T($X=PF_6$)<br>PIC-061T($X=SbF_6$) | 含噻吨酮结构 $R\text{–(thioxanthone)–}\overset{S^+}{\underset{X^-}{|}}(Ar)_2$ |
| PIC-022T($X=PF_6$)<br>PIC-020T($X=SbF_6$) | $R'\text{–}\phi\text{–CO–}\phi\text{–S–}\phi\text{–}\overset{S^+}{\underset{X^-}{|}}\text{–}(\phi\text{–}R)_2$ |
| [日本曹達]<br>合成品 | 萘基-$\overset{CH_3}{\underset{PF_6^-}{S^+}}$-CH(CH$_3$)COOC$_2$H$_5$ |
| [GE]<br>UV-9380C | $C_{12}H_{25}\text{–}\phi\text{–}\overset{I^+}{\underset{SbF_6^-}{|}}\text{–}\phi\text{–}C_{12}H_{25}$ |
| [サートマー]<br>CD-1012 | $\phi\text{–}\overset{I^+}{\underset{SbF_6^-}{|}}\text{–}\phi\text{–}OCH_2\text{–}CH(OH)\text{–}C_{12}H_{25}$ |
| [ローヌプーラン]<br>#2074 | $\phi\text{–}I^+\text{–}\phi\text{–}CH(CH_3)_2 \quad \left[B(C_6F_5)_4\right]^-$ |
| Ciba-Geigy<br>tr-262 | $(\phi)Fe^+(\phi\text{–}CH(CH_3)_2) \; PF_6^-$ |

(1) 芳香族重氮盐

芳香族重氮路易斯盐是最早实用化的光阳离子聚合引发剂。具有非常优良的光感性，但是用在环氧树脂中存在热稳定性和黄变性问题，光分解产生 $N_2$，使厚膜固化受到限制，其反应式如下。

$$\text{R}-\text{C}_6\text{H}_4-\text{N}{\equiv}\text{N} \cdot \text{MX}_{n+1} \xrightarrow{h\nu} \text{C}_6\text{H}_5-\text{X} + \text{N}_2\uparrow + \text{MX}_n$$

该重氮盐受 UV 照射分解、释放出路易斯酸引发环氧基聚合而固化。该重氮盐因路易斯酸不同而有多种：$ArN_2BF_4$、$ArN_2PF_6$、$ArN_2AsF_6$、$(ArN_2)_2SnCl_6$、$ArN_2FeCl_4$、$ArN_2SbCl_6$ 等。

这种重氮盐对不同的环氧树脂固化速率不同。与脂环族环氧树脂的固化速率快于双酚 A 型环氧树脂。

(2) 二芳基碘鎓盐

二芳基碘鎓盐和重氮盐一样，受 UV 照射分解，释放出路易斯酸，固化树脂其反应机理如下。作为 $MX_n$ 有 $SbF_6^-$、$AsF_6^-$、$PF_6^-$、$BF_4^-$。

$$Ar_2I^+ \cdot MX_n^- \xrightarrow{h\nu} [Ar_2I^+M^-X_n]^* \longrightarrow ArI^+\cdot + Ar\cdot + MX_n^- \xrightarrow{H^-\text{溶剂}} ArI + Ar + \text{溶剂} + HMX_n$$

碘鎓盐吸收紫外光的有效波长依碘鎓阳离子的种类不同而异（见表 8-31）。阴离子对固化速率影响很大，对脂环族环氧树脂而言固化速率 $SbF_6^- > AsF_6^- > PF_6^- \gg BF_4^-$。同一种碘鎓盐对脂环族环氧树脂的固化速率大于缩水甘油醚型树脂。

表 8-31  二芳基碘鎓盐及其 UV 吸收光谱

| 阳离子 | 阴离子 | $\lambda_{max}$/nm | 阳离子 | 阴离子 | $\lambda_{max}$/nm |
|---|---|---|---|---|---|
| 苯-I⁺-苯 | $BF_4^-$ | 227 | (+)-苯-I⁺-苯-(+) | $BF_4^-$ | 238 |
| $CH_3$-苯-I⁺-苯-$CH_3$ | $BF_4^-$ | 236 | (+)-苯-I⁺-苯-(+) | $PF_6^-$ | 238 |
| $CH_3$-苯-I⁺-苯-$CH_3$ | $PF_6^-$ | 237 | (+)-苯-I⁺-苯-(+) | $AsF_6^-$ | 238 |

固化速率亦受温度影响，温度高固化速率快。二芳基碘鎓盐非常稳定，其树脂组成物适用期 1 年以上。

(3) 三芳基锍鎓盐

作为环氧树脂光阳离子聚合固化剂，该种鎓盐使用的最为广泛。吸收紫外线的波长可在 300nm 以上，在环氧树脂中的热稳定性优良，可以形成厚膜。

三芳基锍鎓路易斯酸盐 $\left(\text{R-C}_6\text{H}_4\right)_3\text{S}^+\text{X}^-$，和二芳基碘鎓盐性质非常相似，阴离子（$X^-$）也是 $BF_4^-$、$AsF_6^-$、$PF_6^-$ 等。UV 固化机理和二芳基碘鎓盐大体相同。表 8-32 表示各种三芳基锍鎓盐的 UV 吸收光谱，阳离子的结构影响锍鎓盐的吸收波长。

表 8-32　三芳基锍鎓盐的 UV 吸收光谱

| 阳离子 | 阴离子 | $\lambda_{max}/nm$ |
|---|---|---|
| 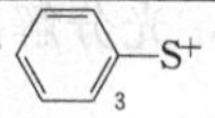 (C₆H₅)₃S⁺ | $BF_4^-$ | 230 |
| 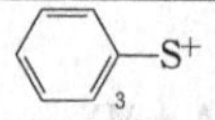 (C₆H₅)₃S⁺ | $AsF_6^-$ | 230 |
| 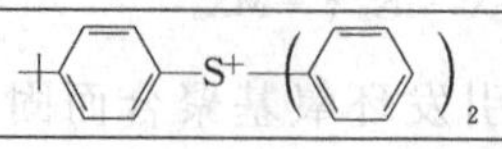 [CH₃C₆H₄-S⁺-(C₆H₅)₂] | $PF_6^-$ | 237, 249 |
| 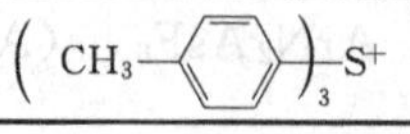 [(CH₃-C₆H₄)₃S⁺] | $BF_4^-$ | 243 |

**(4) 金属茂系化合物**

Ciba-Geigy 公司开发的铁-芳烃（Fe-Arene）系化合物具有吸收 400nm 以上长波长的特性，但单独使用时敏感性低，需要使用过氧化物和增感剂。固化物也存在黄变性问题。

### 8.2.2　影响环氧树脂光聚合的因素

影响环氧树脂光阳离子聚合的因素有：光固化剂（或说光引发剂）的催化活性，环氧基的阳离子聚合性及反应温度和湿度、暗反应等。

光阳离子引发剂的活性取决于光吸收波长、吸光度、光分解的量子收率，相应阴离子的化学结构等。作为锍盐的对阴离子（$MX_{n+1}$），其亲核性小者效果更好，引发剂的活性以 $BF_4 < PF_6 < AsF_6 < SbF_6 < B(C_6F_5)_4$ 顺序增高。阴离子分子大，亲核性低，显示优良的活性。

使用于光阳离子聚合的环氧树脂如图 8-9 所示。通常脂环族环氧树脂的光阳离

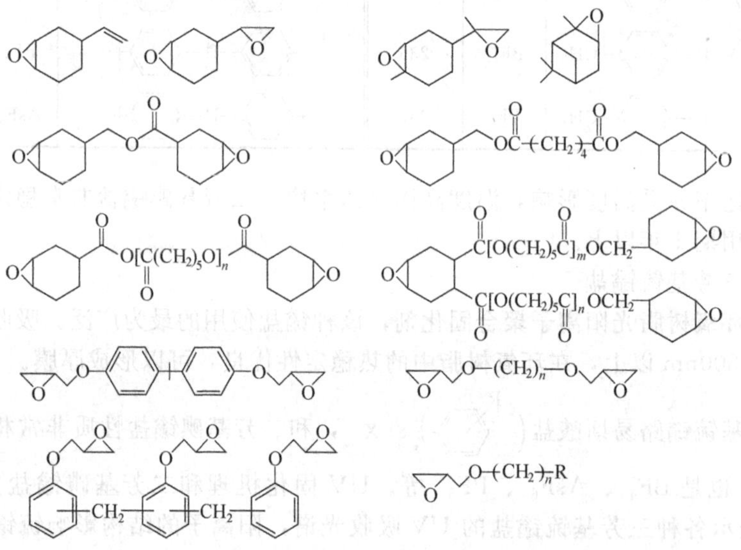

图 8-9　光阳离子聚合环氧树脂

子聚合性高于缩水甘油型的环氧树脂，作为光固性树脂是有效的。但是现在工业上能够取得的脂环族环氧树脂种类不多，使进一步扩大用途受到影响。

阳离子聚合反应容易受到温度和湿度的影响。紫外光照射时和照射后的环境温度成为固化反应的重要因素，即使反应性低的双酚型环氧树脂在50℃加热也能够大幅度地提高反应速率。

在高湿度条件下（＞80％相对湿度），阳离子聚合速率降低，如果控制环境湿度、适当提高环境温度（50～60℃）也能明显地促进反应进行。

光阳离子聚合体系在光照射后，由于活性阳离子的作用还进行聚合反应（称之为暗反应）。

### 8.2.3 光阳离子聚合应用举例

（1）将双酚 AD 环氧树脂（$n_D=1.573$）和折射率低的氟代环氧树脂（$n_D=1.405$）与二芳基锍鎓盐组成的胶黏剂，适用于石英玻璃（折射率 $n_D=1.475$）的光纤胶黏剂。该胶黏剂受光照射时游离出 $BF_3$，几乎瞬时固化环氧树脂[30]，反应机理如下

（2）将如下结构的光阳离子聚合引发剂（噻吨酮锍盐）与双酚 A 环氧树脂、流平剂及苯偶姻等混合，可制成储存稳定性好，涂层表面光滑、耐划痕的粉末涂料，用于印刷线路板[31,32]。

### 8.2.4 可见光固化剂

前述的光阳离子聚合固化剂，均通过 UV 照射固化。可见光固化剂采用的是二芳基碘鎓盐配以染料构成。反应机理如下，染料起激励光固化剂的作用。

$$Dye \xrightarrow{h\nu} Dye^*$$
$$Dye^* + Ar_2I^{\oplus}X^{\ominus} \longrightarrow Dye + [Ar_2I^{\oplus}X^{\ominus}]^*$$

$$[Ar_2I^\oplus X^\ominus]^* \longrightarrow ArI^\oplus + Ar + X^\ominus$$

在脂环族环氧树脂里加入 0.3% 的 $Ar_2IX$，和 0.15% 的染料，组成物经钨灯的照射，2～3min 固化。

## 8.3 潮湿条件下的固化剂

前两节所述潜伏固化剂，当加热、光照射时固化剂才与环氧树脂发生反应。这节所述固化剂固化环氧树脂的条件是水，由于固化剂分子结构的特殊性，在高湿或水存在的条件下固化剂与环氧树脂发生反应。这一固化条件特别利于环氧树脂室外作业用于涂料及土木建筑领域等。

属于这一类的固化剂是酮亚胺和席夫碱。

### 8.3.1 酮亚胺

酮亚胺是由二亚乙基三胺、三亚乙基四胺、1,3-BAC 等脂肪胺与如下所示各种酮类等反应制备的。

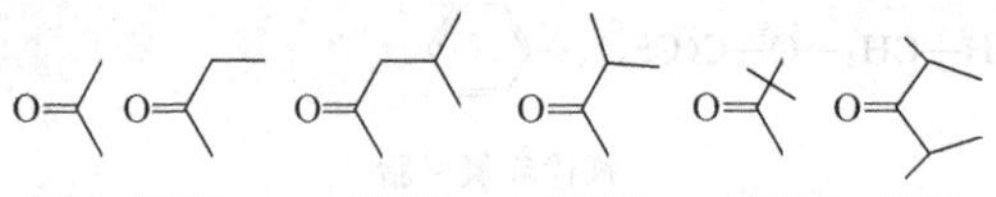

ACE　MEK　　MIBK　　MIPK　　MTBK　DIPK

#### 8.3.1.1 合成方法[33]

将 $n(1,3\text{-BAC}):n(酮)=1:(1.5～2)$ 混合，在甲苯溶剂里，边共沸除去生成的水边进行反应。生成计算量水之后，减压加热除去溶剂甲苯及过量的酮，得到相应的酮亚胺。反应式如下

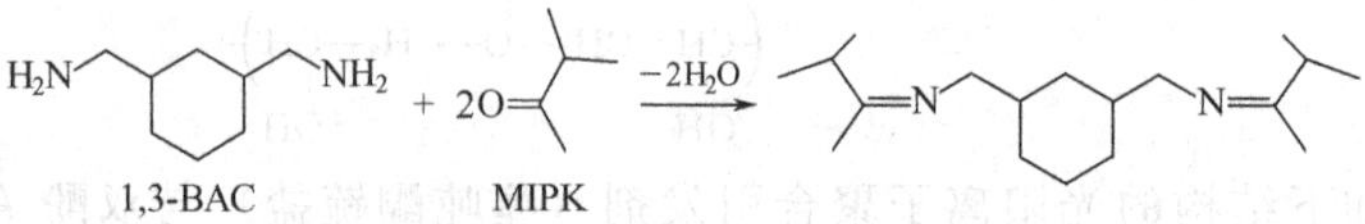

以二亚乙基三胺等与酮反应制备的酮亚胺，其分子结构里含有仲胺基（—NH—），它的存在给单组分胶的储存稳定性带来不利，且影响固化物表面的光泽性。因此常用单环氧化合物如苯基缩水甘油醚、丁基缩水甘油醚、烯丙基缩水甘油醚等与其反应，制成变性的酮亚胺[34]。变性的酮亚胺分子结构里含有羟基（—OH），反应式如下所示

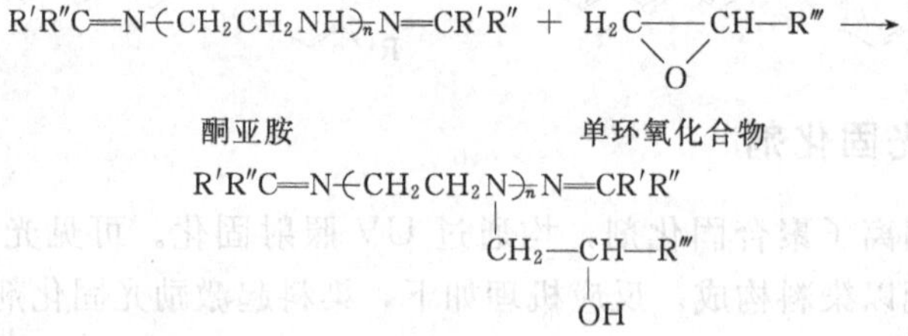

#### 8.3.1.2 酮亚胺的储存稳定性和固化性

酮亚胺用于配制单组分的环氧组成物，如图 8-10 所示，在储存和湿气固化时

反应部位是不同的,结构对其产生很大影响。

在湿气和水分存在下,酮亚胺按如下反应固化环氧树脂。

酮亚胺水解生成酮和伯胺

$$R'R''C{=}NR\wwbar\ +H_2O \rightleftharpoons R'R''C{=}O\ +\ H_2NR\wwbar \tag{8-1}$$

伯胺和环氧基反应生成带（—NH—）基的链

$$\wwbar RNH_2\ +\ H_2C\overset{O}{-}CH-R''' \longrightarrow \wwbar RNH-CH_2-\underset{OH}{CH}-R''' \tag{8-2}$$

仲胺基继续与环氧基反应

$$\wwbar RNH-CH_2-\underset{OH}{CH}-R'''\ +\ H_2C\overset{O}{-}CH-R''' \longrightarrow$$

$$\wwbar RN(CH_2-\underset{OH}{CH}-R''')_2 \tag{8-3}$$

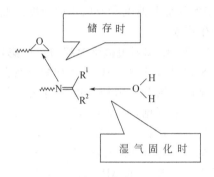

图 8-10 在储存和湿气固化时酮亚胺的反应部位

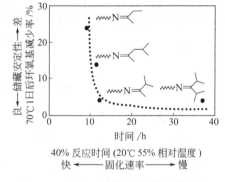

图 8-11 储存稳定性和固化速率关系

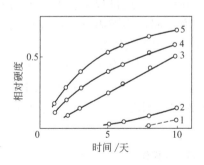

图 8-12 湿度对酮亚胺固化环氧树脂的影响
1—0；2—10%；3—32%；4—55%；5—100%；
酮亚胺—二亚乙基三胺和甲基丁基酮反应物

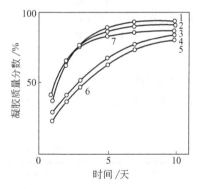

图 8-13 变性酮亚胺活性
酮亚胺—由三亚乙基四胺-甲基异丁基酮制备；
改性剂—1 为苯基缩水甘油醚，2 为烯丙基缩水甘油醚；
3 为丁基缩水甘油醚；4 为 $C_{10}$ 羧酸缩水甘油酯；
5 为未变性酮亚胺

图 8-11 表示各种酮亚胺储存稳定性和固化速率之间的关系[35]。由图中可见,随着酮亚胺原料酮空间障碍的增加,储存稳定性增加,固化速率变慢。应该寻找这样一种酮亚胺:氮原子不易接近环氧基,然而水分子容易接近酮亚胺的碳原子,容易水解生成伯胺是研究者的目标。文献[34]亦指出,研究各种酮亚胺在 22～24℃,100％相对湿度条件下固化双酚 A 型环氧树脂发现,酮亚胺的活性取决于酮的结构:丙酮＞甲乙酮＞甲基异丁酮＞甲基丁基酮＞环己酮＞苯乙酮。

湿度对酮亚胺固化环氧树脂有很大影响。图 8-12 表示不同湿度下固化物的硬度。当相对湿度为 0 时实际上不发生固化反应,但发现相对硬度亦略有变化,这可以解释为固化剂分子中存在自由的仲胺基和若干水分(环氧树脂中含有的,例如 ED-20 含有 0.53％的水分)。随着湿度的增加固化物的硬度亦增加,这可以解释为组成物吸水量增加,加速了酮亚胺的水解反应,游离的胺增加之故。

如图 8-13 所示,变性的酮亚胺活性高于未变性的酮亚胺。这是因为固化剂分子中存在的羟基有催化作用,加速胺与环氧基的反应及改变酮亚胺水解速度。变性酮亚胺中 R‴基团的结构对固化剂的活性不产生影响。

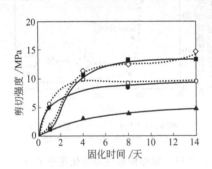

图 8-14 DGEBA/酮亚胺/H₂O 体系在 25℃时的剪切强度
▲—1,3-BAC; ○—ACE; ●—MEK; ◇—MIPK; ■—MIBK

#### 8.3.1.3 结构对机械强度和 $T_g$ 的影响

图 8-14 表示 1,3-BAC 和 4 种酮亚胺在室温下固化环氧树脂,剪切强度随时间变化的关系。由图中可见,1,3-BAC 的剪切强度最低。低分子量的酮(ACE,MEK),水分解得早,在 1 天之内就显现出 5MPa 的强度。4 天之后高分子质量的 MIPK,MIBK 体系出现逆转,强度上升,为 ACE、MEK 体系的 1.4 倍,1,3-BAC 的 3 倍。造成这种差别的原因是,在固化反应过程中扩散速率的不同造成反应率不同,伴随固化收缩在粘接界面形成的应力集中不同所致。

表 8-33 表示各种酮亚胺(图 8-14 所示)固化环氧树脂的 $T_g$ 和 25℃下的拉伸模量。由表中可见,随着酮分子质量的增大,体系内酮的质量分数(％)也意味着增大,作为增塑剂起作用,导致 $T_g$ 和拉伸模量随之降低。

表 8-33 酮亚胺的 $T_g$ 和拉伸模量

| 项目 | 1,3-BAC | ACE | MEK | MIPK | MIBK |
|---|---|---|---|---|---|
| 玻璃化温度 $T_g$/℃ | 74 | 68 | 66 | 58 | 56 |
| 拉伸模量/GPa | 2.97 | 2.16 | 1.99 | 1.48 | 1.27 |

1,3-BAC 不含可塑性成分,故而 $T_g$ 和模量高于其他酮亚胺。

文献[33]指出,甲基异丙基酮(MIPK)和甲基 $t$-丁基酮(MTBK)与 1,3-BAC 反应制备的酮亚胺是比较理想的产品。

表 8-34 表示日本新开发的酮亚胺配制的单组分胶黏剂 PC-1（商品名）的特性及固化性能[35]。

表 8-34　酮亚胺单组分胶黏剂的特性及固化性能

| 项　目 | 产品标准 | PC-1 浅灰色糊状 | PC-1H 浅灰色糊状 | 备　注 |
|---|---|---|---|---|
| 外观 | | | | |
| 黏度/mPa·s | $10^4 \sim 1.5 \times 10^5$ | $1.1 \times 10^5$ | $1.2 \times 10^5$ | PC-1$(30\pm 2)$℃ |
| 适用期/h | >2 | 3 | 6 | PC-1H$(10\pm 2)$℃ |
| 流挂最小厚度/mm | >0.3 | 0.8 | 0.8 | |
| 密度 | 1.1~1.7 | 1.6 | 1.6 | $(20\pm 2)$℃/1d+ |
| 拉伸强度/N·mm$^{-2}$ | 12.5 | 17.0 | 18.0 | $(60\pm 2)$℃/3d |
| 压缩强度/N·mm$^{-2}$ | 60.0 | 75.5 | 78.0 | |
| 剪切强度/N·mm$^{-2}$ | 12.5 | 14.0 | 14.0 | |
| 粘接强度/N·mm$^{-2}$ | 6.0 | 7.0 | 7.0 | $(20\pm 2)$℃/7d |

注：PC-1—标准型；PC-1H—速固型。

PC-1 单组分胶黏剂主要用于混凝土二次制品的粘接。存在的问题是，低温时固化性降低，胶黏剂内部（深处）固化慢。这些都需要进一步解决。

## 8.3.2　席夫碱

席夫碱（schiff base）[36]结构式 $(CH_2)_n-\underset{\underset{N}{\|}}{C}-(CH_2)_n-NH_2$，$n=3\sim 11$。该固化剂由内酰胺类或其聚合物与碱金属、碱土金属的氧化物或氢氧化物，或者它们的混合物反应很容易制得。内酰胺可以是：月桂内酰胺、癸内酰胺、庚内酰胺、5-甲基-ε-己内酰胺、ε-己内酰胺、吡咯烷酮内酰胺等。

该固化剂与环氧树脂配合组成单组分，在水中、潮湿面显示优良的粘接性，可作为胶黏剂、涂料、浇铸料及修补材料等。

固化剂分子式中的 $n$ 值可以改变。要求短时间固化，硬性的固化物，$n$ 值可以小；要求固化时间长，有弹性的固化物，$n$ 值可以增加。根据需要合成不同 $n$ 值的席夫碱。

表 8-35 表示各种席夫碱固化性及机械强度。表 8-36 表示各种促进剂对席夫碱 $(CH_2)_5-\underset{\underset{N}{\|}}{C}-(CH_2)_5-NH_2$ 固化环氧树脂的影响。

表 8-35　席夫碱的固化性及固化物性能

| 席夫碱 | 质量分数/% | 固化性(Barcol) | 弯曲强度/MPa | 冲击强度/kJ·m$^{-2}$ |
|---|---|---|---|---|
| $(CH_2)_3-\underset{\underset{N}{\|}}{C}-(CH_2)_3NH_2$ | 18.1 | 68~70 | 5.81 | 3.7 |
| $(CH_2)_5-\underset{\underset{N}{\|}}{C}-(CH_2)_5NH_2$ | 10.5 | <20 | — | — |

续表

| 席夫碱 | 质量分数/% | 固化性(Barcol) | 弯曲强度/MPa | 冲击强度/kJ·m$^{-2}$ |
|---|---|---|---|---|
| (CH$_2$)$_5$—C—(CH$_2$)$_5$NH$_2$ ‖ N | 20.9 | 64～66 | 6.15 | 4.2 |
| (CH$_2$)$_5$—C—(CH$_2$)$_5$NH$_2$ ‖ N | 31.4 | 62～65 | 6.44 | 4.0 |
| (CH$_2$)$_5$—C—(CH$_2$)$_5$NH$_2$ ‖ N | 52.3 | 62～64 | 1.38 | 0.6 |
| (CH$_2$)$_{10}$—C—(CH$_2$)$_{10}$ ‖ N | 46.2 | 60 | 9.62 | 4.7 |

注：双酚 A 环氧树脂环氧氧含量 9.2%；配合后 3d 放在 20℃水中 7d 之后测性能。

表 8-36　各种促进剂对席夫碱的促进作用

| w(促进剂)/% | | 10℃水中 | | 25℃水中 | |
|---|---|---|---|---|---|
| | | 指触干燥 | 完全固化 | 指触干燥 | 完全固化 |
| — | | 10h | 87h | 6h | 46h |
| 三乙胺 | 5.0 | 10 | 60 | 4 | 32 |
| 三正丁胺 | 5.0 | 8 | 56 | 4 | 30 |
| N,N-二甲基苯胺 | 5.0 | 7 | 52 | 3 | 27 |
| 三甲基苄基氢氧化铵 | 5.0 | 5 | 45 | 2 | 22 |

注：配方组成—环氧氧含量 9.2% 的双酚 A 型环氧树脂 91 份，甘油二缩水甘油醚 9 份，(CH$_2$)$_5$—C(=N)—(CH$_2$)$_5$—NH$_2$ 26.2 份，各促进剂 5 份。胶涂布浸在 10℃及 25℃水中铁板测定。

## 8.4　其他潜伏性固化剂

### 8.4.1　环氧加成物的复合物

文献[37]指出，以双酚 A 和双酚 A 单缩水甘油醚的反应产物和咪唑类化合物组成的固化剂，具有潜伏性和低温（例如 100℃）快速固化性。固化物具有韧性、耐高温和耐湿。用该固化剂和环氧树脂的组成物可制玻璃纤维、石墨纤维或有机聚合物纤维的预浸片，用于维修飞机、航空航天结构。表 8-37 表示该固化剂的储存稳定性和固化性。

表 8-37　双酚 A 制潜伏性固化剂的固化性和储存稳定性

| w(组分)/% | | 凝胶时间 | | 玻璃化温度 $T_g$[①] | 储存时间[②] |
|---|---|---|---|---|---|
| | | 96℃ | 150℃ | | |
| DER 332 | 100 | 80～10min | 30～40s | 128 | 1 年 |
| 双酚 A 制固化剂 | 78.4 | | | | |
| 2MI | 1.6 | | | | |

① 96℃固化。
② 23℃下。

文献 [38] 指出，将环氧树脂与胺的混合物加成，再与酚醛树脂或多羟基酚捏合，制得的潜伏性固化剂具有低温固化性，用于单组分胶黏剂及涂料等，固化物机械强度高，且具有良好的可挠性。

例如，1506g $Et_2N(CH_2)_3NH_2$，89.6g 2-乙基-4-甲基咪唑啉及 380g EP-4100 的反应加成物与可熔酚醛树脂捏合制得潜伏性固化剂。30 份该固化剂和 100 份 EP-4100 混合，组成物室温储存≥20 天，凝胶时间为 19min 20s/80℃，13min 10s/90℃，及 4min 23s/100℃。

文献 [39] 指出，环氧树脂（例如 AER 330）与胺类化合物（例如 2-甲基咪唑）的加成物，研磨成平均粒径 30μm 的粉末，配以甲苯二异氰酸酯苯二甲酸二辛酯溶液，制得的潜伏性固化剂有优良的储存稳定性、固化性能（见表 8-38 所列）。

表 8-38 环氧咪唑加成物复合物的特性

| 稳定性 | 30 天/50℃ | 1 个月/25℃ |
|---|---|---|
| 固化条件 | 120℃/30min | |
| 性能 | 埃里克森值(Erichsen) | 9mm |
| | 杜邦冲击值(500g,1/2″) | 40cm |
| | 剪切强度 | 16.0MPa |

注：环氧树脂 AER 331，环氧当量 189。

## 8.4.2 双(邻苯二甲酰)乙二胺及其衍生物

王筱梅等[40]以邻苯二甲酸酐、乙二胺为原料，二甲基亚砜为溶剂，合成了双(邻苯二甲酰)乙二胺（BEA），该品为白色粉末状。以四溴苯二甲酸酐代替苯二甲酸酐同样可以合成类似产物（TBEA），同时给树脂固化物以阻燃性。

合成方法如下

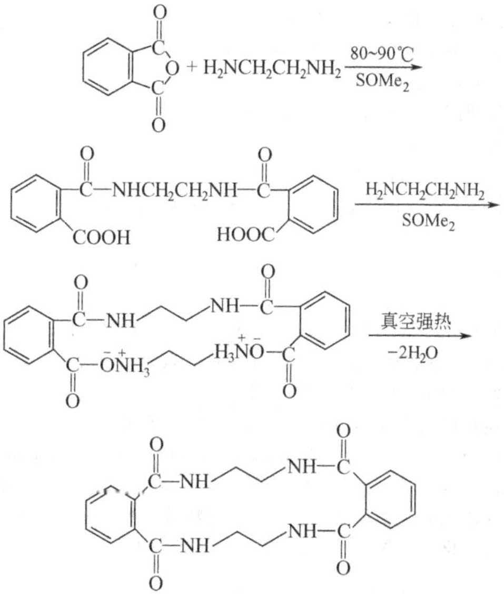

差热分析指出，该固化剂在 90℃开环释放乙二胺、140℃左右开始交联反应。

固化物具有较高的耐热性, 500℃下残渣率22%, 600℃下残渣率18%。以该固化剂配制成的组成物室温（28～35℃）有3个月以上的储存期。

## 参 考 文 献

[1] 室井宗一, 石村秀一. 高分子加工, 1987, 36 (6): 23.
[2] ファインケミカル. 1989, 18 (14): 26—28.
[3] 加門 隆. 高分子加工, 1977, 26 (3): 15.
[4] 奥野辰弥. 接着, 2001, 45 (4): 21—23.
[5] 加門 隆. 接着の技術, 1994, 14 (3): 15.
[6] 汤原一郎, 等. （大内新興化学工業株式会社）. 公開特許公報. 昭 52-5899. 1977.
[7] 阎守义. 橡胶工业原料国内外技术条件（上册）. 399.
[8] А. Д. Яковлев. идр. Описание Изобретения К Авторскому овидетельству 986912. 1983.
[9] Von Seyerl Joachim, Michaud Horst. (SKW Trostberg A.-G.). Ger. offen. DE3340, 788. 1985.
[10] Daiichi kogyo seiyaku Co., ltd. JP Kokai, 84-126428. 1984.
[11] К・А. Лялюшко. М. Ф. Сорокин. Лак. Матер. и их прим. 1973, (5): 30—32.
[12] М. Ф. Сорокин, К. А. Ляюцнко. Лак. Мамер. и их прим. 1975, (6): 9—10.
[13] ポリファイル, 1987, (1): 8.
[14] М. Ф. Сорокии, К. А. Лялюшко. Лак. Матер. и их прим. 1975, (1): 13—14.
[15] М. Ф. Сорокии, К. А. Ляиюшко. Лак. Матер. и их прим. 1974, (6): 22—23.
[16] 竹内光二, 阿部正博, 石墨恒男. （味の素株式会社）. 公開特許公報. 昭 58-131953. 1983.
[17] 平井清幹, 竹内光二, 伊藤信男 （味の素株式会社）. 公開特許公報. 昭 59-67256. 1984.
[18] Hirai Kiyomiki, et al. (Ajinomoto Co., Inc.). Eur. pat. Appl. EP145, 358. 1985.
[19] 清野繁夫. プラスチックス. 1969, 20 (9): 56—60.
[20] В. И. Лукашова Д. Н. Лобачева. Пласт. Массы. 1987, (9): 46—49.
[21] 李建宗, 程时远, 肖卫东等. 粘接, 1992, 13 (6): 8—10, 18.
[22] Ernest W. Flick Epoxy Resim, Curing Agents, Compounds, and Modifiers An Industrial Guide. 1987. 173.
[23] ファインケミカル. 1986, 15 (17): 41—42.
[24] 加門 隆. 高分子加工. 1979, 28 (2): 11—12.
[25] 垣内 弘. 新エポキシ樹脂. 昭晃堂, 1985. 243—244.
[26] 室井宗一, 石村秀一. 高分子加工, 1987, 36 (6): 24.
[27] 清野繁夫. プラスチックス, 1969, 20 (10): 82.
[28] 垣内 弘. 新エポキシ樹脂. 昭晃堂, 1985.: 245.
[29] 大川和夫. 接着の技術, 2001, 20 (4): 35—39.
[30] 沖津俊直. 接着, 2001, 45 (8): 13.
[31] Umeyama, Tomoe, Kawata Norihiro, et al. (Nippon Kayaku Co., Ltd., Japan). JP Kokai. 99-323, 095. 1999.
[32] Umeyama Tomoe, Asano Toyofumi, et al. (Nippon Kayaku Co., Ltd., Japan). JP Kokai. JP 99-335, 441. 1999.
[33] 奥平浩之, 纪朝也, 越智光一等. ネットワークポリマー, 2002, 23 (1): 11—15.
[34] М. Ф. Сорокин, Л. Г. Шодэ. Лак. Матер. и их прим. 1980, (2): 7—9.
[35] 木村和资. 接着の技術. 2001, 20 (4): 40—43.
[36] 伊沢信雄, 芦田巧 （鐘紡株式会社）, 特許公報. 昭 50-10638. 1975.
[37] Btuce A Marteness, et al. (Minnesota Mining and Manufacturing company). US 4777084. 1988.
[38] Suzuki Hiroshi, et al. (Asahi Denka Kogyo K. K.; ACR Co., Ltd.). JP Kokai. 90-80427. 1990.
[39] 安倍武明, 山村英夫 （旭化成工業株式会社）. 公開特許公報. 昭 59-59720. 1984.
[40] 王筱梅, 杨平, 孔卫新. 化学世界, 1994, 35 (3): 144—147.

# 第 9 章

# 特种固化剂

特种固化剂是指一般的胺类、酸酐类或树脂类固化剂之外的、能够固化环氧树脂的化合物或聚合物。这类固化剂可以弥补普通固化剂的某些不足，或改善使用环氧树脂的工艺性及赋予环氧树脂固化物以新的性能。

这一章所说的特种固化剂包括柔性固化剂，低温固化剂，水性固化剂及活性酯固化剂和耐湿热固化剂等。

## 9.1 柔性固化剂

环氧树脂固化物比较性脆、抗冲击性能差，这是环氧树脂三大缺点之一。解决环氧树脂性脆的办法就是增韧。增韧基本有 3 种方法：第一个途径改变环氧树脂的结构，增加柔性链段，为此开发了多种环氧树脂；第二个途径在环氧树脂组成物里添加活性增韧剂，比如端羧基丁腈橡胶等；第三个途径就是采用柔性的固化剂。

采用柔性固化剂可以改善环氧树脂的脆性、提高环氧树脂的抗冲击性能、耐冷热冲击性能，但往往会带来其他性能（比如耐热性）的损失，这就需要对柔性固化剂的品种和量的使用要合理地选择。

### 9.1.1 螺环二胺（ATU）及其加成物

ATU 具有如下结构，学名 3,9-二(3-氨基亚丙基)-2,4,8,10-四氧杂螺[5.5]十一烷（本文简称螺环二胺）。

$$H_2N-(CH_2)_3CH\begin{matrix}O-CH_2\\ \\O-CH_2\end{matrix}C\begin{matrix}CH_2-O\\ \\CH_2-O\end{matrix}CH-(CH_2)_3-NH_2 \quad \text{相对分子质量 274.4}$$

ATU 为蜡状白色固体，熔点 47~48℃，密度 1.111/40℃，该品易溶于水、甲醇、丙酮、甲乙酮；可溶于二噁烷，甲苯及乙酸丁酯；不溶于正己烷。

合成方法

将丙烯腈、$H_2$ 和 CO 在高温高压下进行羰基化反应，生成 $\beta$ 氰丙基醛。将生成的醛与季戊四醇缩合制得 CTU（浅褐色粉体，结构式如下）。再将 CTU 加氢，制得 ATU[1]。

$$NC-(CH_2)_3-CH \begin{matrix} O-CH_2 \\ \\ O-CH_2 \end{matrix} C \begin{matrix} CH_2-O \\ \\ CH_2-O \end{matrix} CH-(CH_2)_3-CN \quad 相对分子质量 266.3$$

ATU 为日本味の素以独自的技术开发的产品，1994 年生产量 450t，几乎全部用作环氧树脂固化剂。固化物耐冲击和冷热冲击，耐候性好。

ATU 为固体，将它与各种环氧化物及丙烯腈反应，制成的加成物室温下为液态，便于使用[2]。

加成物具有一种特殊的臭味，但几乎无毒性。适用期比二亚乙基三胺、三亚乙基四胺等要长，但固化完成得快。加成物用量范围相当宽，计量要求不严，操作容易。

该固化剂可在常温固化环氧树脂，固化时收缩率小，固化物透明、不着色，固化物强韧，可挠性和耐冲击性优良，粘接性能好。

固化剂没有吸湿性，水对固化无妨碍，也不会产生胺刷。

表 9-1 表示螺环二胺加成物的特性。表 9-2 表示各品种加成物的用量。表 9-3 表示各品种加成物的适用期[2]。表 9-4 表示各品种加成物的固化环氧树脂的性能[3]。

表 9-1　螺环二胺加成物的特性

| 品 种 | 黏 度/mPa·s | | 密 度 | 平均相对分子质量 | 胺 值 |
|---|---|---|---|---|---|
| | 20℃ | 30℃ | 20℃ | | |
| C-001 | 30700 | 10800 | 1.09 | 500 | 220±15 |
| C-002 | 8900 | 3500 | 1.10 | 390 | 290±15 |
| B-001 | 7400 | 2900 | 1.09 | 400 | 280±15 |
| B-002 | 4400 | 1700 | 1.10 | 340 | 330±15 |
| N-001 | 2900 | 1400 | 1.09 | 330 | 340±15 |
| N-002 | 2000 | 1000 | 1.10 | 300 | 370±15 |

注：C 品种为螺环二胺与缩水甘油酯的加成物；B 品种为螺环二胺与缩水甘油醚的加成物；N 品种为螺环二胺与丙烯腈的加成物。

表 9-2　各品种加成物的用量

| 品　种 | 对环氧树脂的质量分数/% |
|---|---|
| C-001 | 50～95 |
| C-002 | 45～65 |
| B-001 | 40～70 |
| B-002 | 30～55 |
| N-001 | 40～70 |
| N-002 | 30～60 |

注：环氧树脂双酚 A 型，环氧当量 185。

表 9-3 各品种加成物的适用期 (min/20℃)

| 品　种 | $w$(加成物)/% | 50g料 | 500g料 |
|---|---|---|---|
| C-001 | 70 | 70 | 55 |
| C-002 | 55 | 70 | 45 |
| B-001 | 60 | 80 | 60 |
| B-002 | 50 | 55 | 50 |
| N-001 | 63 | 200~220 | 130 |
| N-002 | 50 | 160~180 | 70 |
| 三亚乙基四胺 | 9 | 40 | 30 |
| 聚酰胺(胺值400) | 50 | 70~80 | 50 |

注：环氧当量185的双酚A环氧树脂。

表 9-4 螺环二胺加成物固化物性能

| 加成物 | $w$(加成物)/% | 固化条件 | 弯曲强度/MPa | 弯曲模量/MPa | 拉伸强度/MPa | 拉伸模量/MPa | HDT/℃ | 冲击强度/kJ·m$^{-2}$ |
|---|---|---|---|---|---|---|---|---|
| C-001 | 70 | 室温 | 108.0 | 3200 | 71.5 | 2320 | 57.7 | 14.4 |
| C-002 | 55 | 室温 | 112.0 | 2900 | 65.2 | 1940 | 78.6 | >15.8 |
| B-001 | 60 | 室温 | 114.0 | 2920 | 71.5 | 2350 | 58.0 | 14.4 |
| B-002 | 50 | 80℃/30min | 115.0 | 2910 | 73.0 | 2160 | 76.0 | >15.8① |
| N-001 | 60 | 60℃/30min | 116.0 | 2980 | 80.0 | 1000 | 55.0 | >15.8① |
| N-002 | 50 | 室温 | 124.0 | 2970 | 69.0 | 1070 | 80.7 | >15.8 |

① 室温下固化。

## 9.1.2 端氨基聚醚

这类柔性固化剂有聚氧化丙烯二胺及三胺，聚氧化乙烯二胺等[3]。

聚氧化丙烯二胺的结构式如下，产品有 D-230、D-400、D-2000。D 后边的数字表示大体分子量。

$$H_2N-CH(CH_3)-CH_2-(O-CH_2-CH(CH_3))_n-NH_2$$

聚氧化丙烯三胺的结构式如下。典型产品 T-403。

$$CH_3-CH_2-C\begin{pmatrix}CH_2-[OCH_2CH(CH_3)]_x-NH_2\\CH_2-[OCH_2CH(CH_3)]_y-NH_2\\CH_2-[OCH_2CH(CH_3)]_z-NH_2\end{pmatrix}$$

该固化剂的主链上为醚键，固化物具有可挠性、强韧性、耐冲击性及透明性。

该固化剂色度低，黏度低，常温下蒸气压极低。由于分子量较大、固化速度慢，当用作制薄膜时需用促进剂。

聚氧丙烯二胺 (D-230，D-400) 固化环氧树脂的性能见表 9-5 所列。聚氧乙烯二胺有 ED-600、ED-900 和 ED-2000，固化物性能与 D 系列固化剂极相似，固化剂本身为水溶性。

表 9-5 聚氧丙烯二胺固化物性能

| 固化剂 | D-230 | | D-400 | |
|---|---|---|---|---|
| $w$(固化剂)/% | 30 | 35 | 45 | 50 |
| 组成物黏度(25℃)/mPa·s | 500 | 400 | 590 | 500 |
| 凝胶时间(450g)/min | 189 | 244 | — | 300 |
| 最高放热/℃ | 213 | 208 | — | — |
| 热变形温度/℃ | 75/80 | 65/69 | 34/34.5 | 41.5/42 |
| $I_{zod}$冲击强度/kJ·m$^{-1}$ | 0.061 | 0.077 | 0.030 | 0.028 |
| 拉伸强度/MPa | 65.0 | 61.0 | 43.0 | 58.0 |
| 拉伸模量/MPa | 2660 | 2630 | 2470 | 2810 |
| 最大伸长率/% | 13.6 | 11.6 | 13.1 | 3.7 |
| 弯曲强度/MPa | 114 | 106 | 63.0 | 86.0 |
| 弯曲模量/MPa | 3000 | 2950 | 2790 | 2810 |
| 肖氏 D 硬度 | 79 | 85 | 78 | 80 |
| 耐水性(沸水,24h)/% | 2.5 | 3.1 | 2.4 | 2.5 |
| 耐丙酮性(煮沸 3h)/% | 8.8 | 9.1 | 33.9 | 26.7 |

注：固化条件—(80℃/2h)+(125℃/3h)。

华峰君等[4]制备的聚氧化丙烯多胺与前述的 D 系列端氨基聚醚不同，两端为多胺，主链为聚氧化丙烯。

合成方法如下。

将聚氧化丙烯二元醇（PPO-204、PPO-210、PPO-220），四氢呋喃和对甲苯磺酰氯投入四口烧瓶中，搅拌溶解后，滴入吡啶。在低于 30℃时搅拌反应 24h，得到双磺酯化聚醚（POST）。然后在 $N_2$ 气保护下将 POST 滴入内含乙二胺和甲苯的四口烧瓶中，在 110℃下进行胺解反应，得到浅黄色的聚氧化丙烯多胺（PPA），反应式如下

$$HO\mathrm{-\!\!\!-}(CHCH_3CH_2O)_n\mathrm{-\!\!\!-}H + 2\ CH_3\mathrm{-\!\!\!-}C_6H_4\mathrm{-\!\!\!-}SO_2Cl \xrightarrow{-2HCl}$$

$$CH_3\mathrm{-\!\!\!-}C_6H_4\mathrm{-\!\!\!-}SO_2\mathrm{-\!\!\!-}O\mathrm{-\!\!\!-}(CHCH_3CH_2O)_n\mathrm{-\!\!\!-}SO_2\mathrm{-\!\!\!-}C_6H_4\mathrm{-\!\!\!-}CH_3$$

$$\xrightarrow{+2H_2NRNH_2} H_2NRNH\mathrm{-\!\!\!-}(CHCH_3CH_2O)_{n-1}\mathrm{-\!\!\!-}CHCH_3\mathrm{-\!\!\!-}HNRNH_2 + 2CH_3\mathrm{-\!\!\!-}C_6H_4\mathrm{-\!\!\!-}SO_3H$$

当将聚氧化丙烯多胺添加到双酚 A 环氧树脂/二亚乙基三胺体系中，随着量的增加固化物的冲击强度有较大提高，当 PPA 204（聚醚分子量 400）质量分数为 10%时，冲击强度增大 2.6 倍。采用的固化条件是(80℃/2h)+(120℃/4h)。

张恩天等[5]采用高温高压催化加氢的方法制备一缩二乙二醇双（ν-氨基丙基）醚及混合胺，催化剂（含哌嗪及叔胺等）以 40∶50∶10 比混合，制备了具有内增韧性能的固化剂。用于厚胶层（1.6mm）J-101 双组分环氧树脂结构胶黏剂。

## 9.1.3 含氨基甲酸酯的二元胺

文献 [6] 指出，以己二胺和双环碳酸酯按下式反应，可以制成含有氨基甲酸

酯的二胺。

$$2H_2N(CH_2)_6NH_2 + CH_2\text{—}CHCH_2OROCH_2CH\text{—}CH_2 \longrightarrow$$

$$R[OCH_2CHCH_2OCNH(CH_2)_6NH_2]_2$$

式中 R 为环氧低聚物基团

双环碳酸酯由二氧化碳（$CO_2$）加成环氧树脂制备。所用环氧树脂不同，制得的双环碳酸酯不同，从而固化剂结构亦不同。

合成方法如下。

双环碳酸酯和己二胺以 1∶2 摩尔比在丁基溶纤剂溶液里进行，反应温度 30～40℃，直到恒定的胺值。丁基溶纤剂以所制固化剂 50% 溶液浓度计算。表 9-6 所列的该固化剂 UA-1 和 UA-2 胺值分别为 93 和 65（mg KOH/g），固化剂溶液稳定、储存 3 个月后，其胺值和黏度未发现明显变化。

表 9-6 含氨基甲酸酯的二胺固化环氧涂层的性能

| 涂层组成 | | 凝胶含量/% | 相对硬度 | 冲击强度/J | 柔韧性/mm | 断裂强度/MPa | 介电强度/kV·$mm^{-1}$ | 耐磨耗性/mg·$m^{-1}$·$cm^{-2}$ | 内应力/MPa |
|---|---|---|---|---|---|---|---|---|---|
| 环氧树脂 | 固化剂 | | | | | | | | |
| E-40 | PA-2 | 96 | 0.94 | 5.0 | 1 | 60.1 | 56 | 3.30 | 3.34 |
|  | UA-2 | 96.5 | 0.94 | 5.0 | 1 | 70.6 | 93 | 3.00 | 2.17 |
| ED-22 | PA-2 | 92.0 | 0.88 | 5.0 | 3 | 54.7 | 58 | 3.34 | 3.54 |
|  | UA-2 | 94.6 | 0.93 | 5.0 | 1 | 66.5 | 92 | 3.05 | 2.25 |
| ED-22 | PA-1 | 91.5 | 0.89 | 4.5 | 3 | 62.1 | 60 | 3.65 | 3.85 |
|  | UA-1 | 92.5 | 0.88 | 5.0 | 1 | 67.7 | 88 | 3.45 | 2.50 |

注：表中 PA-1、PA-2 与 UA-1、UA-2 有相似结构，但不含氨基甲酸酯结构的多胺。

使用这种固化剂固化环氧树脂，使得环氧涂层的一系列性能如柔韧性、断裂强度、介电强度、耐磨性及内应力等得到明显改善。这是因为固化物的网络结构里含有氨基甲酸酯基团。

有着相似结构，但不含氨基甲酸酯结构的多胺（PA-1 和 PA-2），其固化物的性能不如 UA-1 和 UA-2。

官建国等[7]以 2,4-甲苯二异氰酸酯（TDI）、己二醇、乙二胺为原料合成端氨基聚氨酯（结构式如下），用作环氧树脂柔性固化剂。相对分子质量约 880 的端氨基聚氨酯与双酚 A 环氧树脂配制成胶黏剂（0.6mm 厚），室温（23～32℃）/3 天或 80℃/6h 固化后其剥离强度≥58N/cm，附着力≥14.6MPa，柔韧性＜12mm。

$$(m+2) \text{ OCN-C}_6H_3(CH_3)\text{-NCO} + (m+1) \text{ HO}\text{-}(CH_2)_6\text{-OH}$$

$$\downarrow \text{DBTDL (Cat.)}$$

$$\text{OCN}\underset{\text{CH}_3}{\underset{|}{\bigcirc}}\text{NHCOO(CH}_2)_6\text{O}\left[\underset{\text{CH}_3}{\underset{|}{\bigcirc}}\text{NHCOO(CH}_2)_6\text{O}\right]_m-$$

$$\underset{\text{CH}_3}{\underset{|}{\bigcirc}}\overset{\text{OCNH}}{\underset{\text{N=C=O}}{\bigcirc}}$$

$$\downarrow +\text{H}_2\text{N(CH}_2)_2\text{NH}_2$$

$$\text{H}_2\text{NC}_2\text{H}_4\text{NHCONH}\underset{\text{CH}_3}{\underset{|}{\bigcirc}}\text{NHCOO(CH}_2)_6\text{O}\left[\underset{\text{CH}_3}{\underset{|}{\bigcirc}}\overset{\text{OCNH}}{\text{NHCOO(CH}_2)_6\text{O}}\right]_m-$$

$$\underset{\text{CH}_3}{\underset{|}{\bigcirc}}\overset{\text{OCNH}}{\text{NHCONHC}_2\text{H}_4\text{NH}_2}$$

式中 $m \geq 0$

以聚氧化丙烯二醇、2,4-甲苯二异氰酸酯（TDI），三亚乙基四胺合成的端氨基聚氨酯 45 份，多胺固化剂（Epicure 872）30 份、双酚 A 环氧树脂（环氧当量 190）100 份的组成物，室温下 7 天后，肖氏 D 硬度 79，拉伸强度 29.9MPa，伸长率 25%，热变形温度 50℃[8]。

## 9.1.4 芳醚酯二芳胺

以四溴双酚 A 为基础制成的芳醚酯二芳胺用作环氧树脂固化剂，具有优良的耐热性、高弹性、高伸长率、耐冲击性、耐药品性、耐水性及高强度[9]。

合成方法如下。

以对硝基苯甲酰氯和四溴双酚 A 双（2-羟基乙基）醚反应制得熔点 90~130℃的对硝基酯体，再将其在 Pt/C 催化下加氢反应（55~87℃/4h），粗产品经乙醇再结晶后制得熔点 165~168℃，相对分子质量 870 的二芳胺（I），反应式如下

$$\text{O}_2\text{N}-\bigcirc-\overset{\text{O}}{\text{C}}-\text{Cl} + \text{HOCH}_2\text{CH}_2\text{O}-\underset{\text{Br}}{\underset{|}{\bigcirc}}-\underset{\text{CH}_3}{\overset{\text{CH}_3}{\underset{|}{\text{C}}}}-\underset{\text{Br}}{\underset{|}{\bigcirc}}-\text{OCH}_2\text{CH}_2\text{OH}$$

$$\downarrow -\text{HCl}$$

$$\text{O}_2\text{N}-\bigcirc-\overset{\text{O}}{\text{COCH}_2\text{CH}_2\text{O}}-\underset{\text{Br}}{\underset{|}{\bigcirc}}-\underset{\text{CH}_3}{\overset{\text{CH}_3}{\underset{|}{\text{C}}}}-\underset{\text{Br}}{\underset{|}{\bigcirc}}-\text{OCH}_2\text{CH}_2\overset{\text{O}}{\text{OC}}-\bigcirc-\text{NO}_2$$

$$\downarrow +\text{H}_2$$

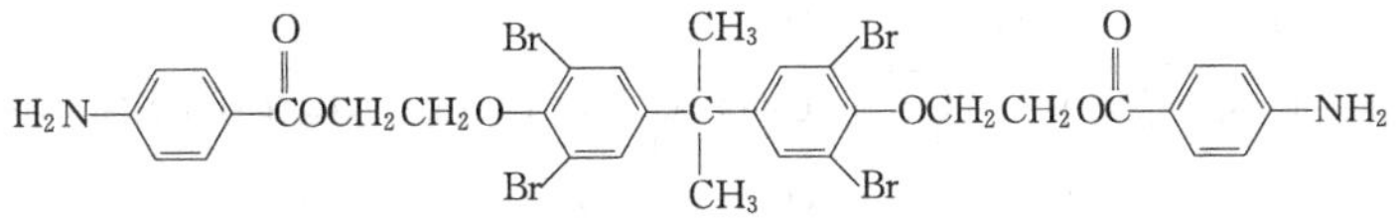

$$\text{H}_2\text{N}-\underset{}{\bigcirc}-\overset{\text{O}}{\underset{}{\text{C}}}\text{OCH}_2\text{CH}_2\text{O}-\underset{\text{Br}}{\overset{\text{Br}}{\bigcirc}}-\underset{\text{CH}_3}{\overset{\text{CH}_3}{\text{C}}}-\underset{\text{Br}}{\overset{\text{Br}}{\bigcirc}}-\text{OCH}_2\text{CH}_2\text{O}\overset{\text{O}}{\underset{}{\text{C}}}-\bigcirc-\text{NH}_2$$

(Ⅰ)

以间硝基苯甲酰氯代替对硝基苯甲酰氯进行类似的反应，可以得到结构式如下，熔点 109～112℃ 白色结晶的二芳胺（Ⅱ）。

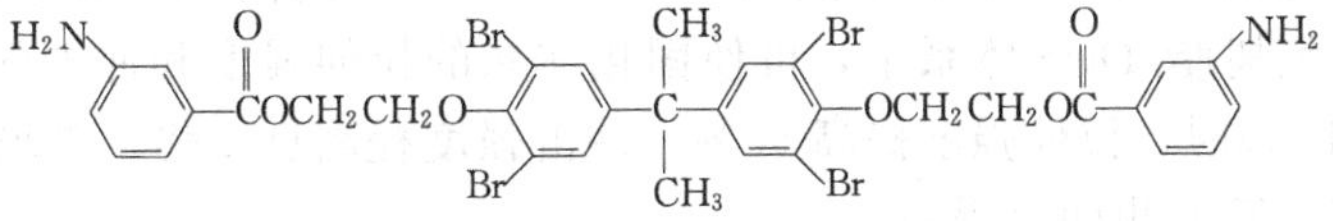

(Ⅱ)

二芳胺固化剂与双酚 A 环氧树脂（Epikote 828）等当量混合，并在 180℃/2h 条件下固化，其粘接性能和其他性能分别见表 9-7 和表 9-8 所列。

表 9-7　二芳胺固化剂粘接性能/MPa

| 固化剂 | 室温 | 130℃ |
| --- | --- | --- |
| 二芳胺(Ⅰ) | 12.8 | 19.0 |
| 二芳胺(Ⅱ) | 13.5 | 21.0 |
| 二氨基二苯基砜 | 13.3 | 15.0 |
| 间苯二胺 | 11.2 | — |

注：粘接性能—铝相粘的剪切强度。

表 9-8　二芳胺固化环氧树脂的性能

| 固化剂 | 拉伸强度/MPa | 弹性模量/MPa | 断裂伸长率/% | $T_g$/℃ | 吸水性/% |
| --- | --- | --- | --- | --- | --- |
| 二芳胺(Ⅰ) | 95 | 2800 | >15 | 163 | 1.3 |
| 二芳胺(Ⅱ) | 99 | 3150 | >12 | 158 | 1.1 |

## 9.1.5　热致性液晶固化剂

韦春等[10]将具有酯类介晶基元的全芳复合二元酰氯（TOBC）与多元胺反应，制成具有如下结构的液晶胺类固化剂（LCC）。

合成路线如下

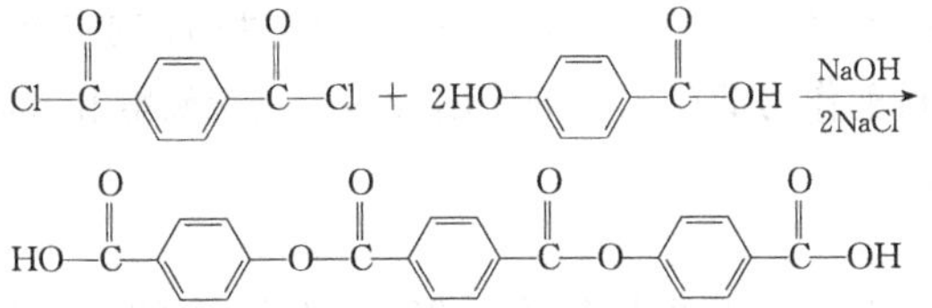

(9-1)

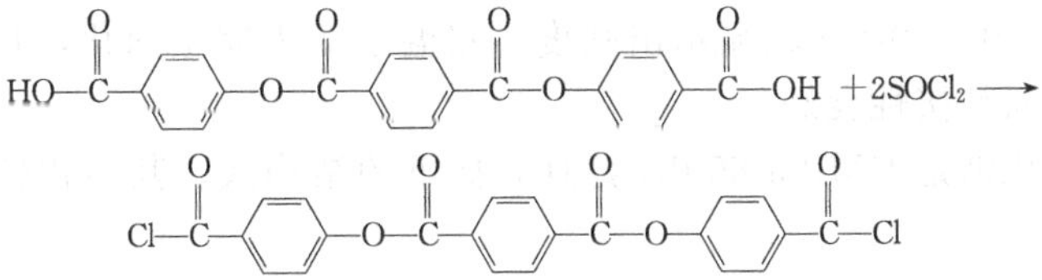

(9-2)

（TOBC）

$$\text{Cl—CO—}\underset{}{\bigcirc}\text{—O—CO—}\underset{}{\bigcirc}\text{—CO—O—}\underset{}{\bigcirc}\text{—CO—Cl} + \text{NH}_2(\text{CH}_2)_6\text{NH}_2 \longrightarrow$$

$$\text{NH}_2(\text{CH}_2)_6\text{NH—CO—}\underset{}{\bigcirc}\text{—O—CO—}\underset{}{\bigcirc}\text{—CO—O—}\underset{}{\bigcirc}\text{—CO—NH}(\text{CH}_2)_6\text{NH}_2 \quad (9\text{-}3)$$

$$(\text{LCC})$$

该液晶固化剂为白色固体,液晶区间为 215~257℃ 的向列型液晶。将该液晶固化剂加入到环氧树脂/DDS 体系中,可使固化体系的拉伸强度和冲击强度明显提高,如当加入不到 3% 时,拉伸强度提高 50%,冲击强度提高近 1 倍。玻璃化温度($T_g$) 和热失重温度($T_d$) 也明显提高。

对其固化反应动力学研究表明,液晶固化剂的加入量越大,固化反应温度越低,反应的诱导期越短,近似凝胶温度 145℃,固化温度 165℃,后处理温度 189℃[11]。

### 9.1.6 其他柔性固化剂

刘景民等[12]以活性稀释剂调节环氧树脂(如 E-44)的黏度,与己二胺加成反应制得柔韧性固化剂。其外观为无色或淡黄色透明液体,黏度 0.2~10.0Pa·s,室温(25℃)/12h 固化环氧树脂,赋予环氧树脂固化物透明性、柔韧性。

张冰等[13]以甲基 $\beta$-(氨乙基)-$\gamma$-氨丙基硅氧烷低聚体和八甲基环四硅氧烷与三甲基硅氧封端的低分子量聚二甲基硅氧烷进行碱催化共聚与重排反应,制备到氨基聚硅氧烷(APDMS)——$N$-($\beta$ 氨乙基)-$\gamma$-氨丙基侧基的聚二甲基硅氧烷。将其加入双酚 A 环氧树脂/DDM 体系中,可在一定程度上降低其模量、提高其柔性,并可明显改善环氧树脂的表面能。

文献 [14] 指出,将含氯的弹性聚合物与胺反应可以制得柔性固化剂。例如,聚环氧氯丙烷(Hydrin 10X1)与 2-乙基-4-甲基咪唑的加成物,与 Epon 828 的混合物室温下有 17h 适用期,并在 73℃/4h 固化环氧树脂。

## 9.2 低温固化剂

脂肪族多元胺、低分子量聚酰胺等胺类固化剂可在室温固化环氧树脂,当环境温度低于 5℃ 时固化很慢,没有实用意义。将酚类作为促进剂,使用前述的曼尼期碱,也只能达到 -5℃ 程度。目前作为低温固化剂使用较多的是聚硫醇和多胺与硫脲的加成物。

### 9.2.1 聚硫醇[15]

聚硫醇和叔胺配合在一起可以得到 -20~0℃ 固化的低温固化剂。室温下适用期 2~10min,10~30min 就显示出强度,室温下 7 天完全固化,在潮湿面也能固化,对碱性表面粘接性良好。

典型的固化剂是 DMP-3-800LC,具有如下的结构式。其固化性和粘接性能见表 9-9 所列。

$$R\text{—}[\text{O—}(C_3H_6O)_n\text{CH}_2\text{CH(OH)—CH}_2\text{—SH}]_3$$

表 9-9  聚硫醇的固化性和粘接性

| | | | |
|---|---|---|---|
| 环氧树脂 | 100 | 100 | 100 |
| 聚硫醇(3-800) | 100 | 100 | 100 |
| DMP-30 | 5 | 7.5 | 10 |
| 凝胶时间(20℃)/min | 7 | 6 | 1 |
| 剪切强度/MPa | | | |
| 20℃/30min | 5.2 | 6.0 | 7.9 |
| 20℃/60min | 9.2 | 13.2 | 14.5 |
| 20℃/120min | 13.2 | 13.8 | 19.6 |

表 9-10 表示添加了促进剂的聚硫醇固化剂的商品及其特性。

表 9-10  市售聚硫醇固化剂特性

| 商 品 名 | 特 性 |
|---|---|
| CAPCURE 3-800 | 不含促进剂,含有3个官能团,有优良的可挠性和粘接性。黏度(25℃)15Pa·s,硫基当量280,色度(G)1。密度(25℃)1.15,皮肤刺激性(ANSI)2,添加量(对E828)40～100份,适用期(常温)/4min |
| CAPCURE WR-6 | 3-800改性品种,含有促进剂,黏度低,耐水性好,含有2,2官能团,黏度(25℃)0.25Pa·s,硫基当量174,色度(G),密度(25℃)1.07,添加量60～90份,适用期(常温)6min |
| EPOMATE QX-10 | 含有促进剂,含有2个官能团,结构含芳香核,黏度(20℃)10～15Pa·s,H当量130,皮肤刺激性(ANSI)4.5,添加量60～70份,适用期10min |
| EPOMATE QX-11 | 高强度,耐水性好,不含促进剂,含有2个官能团,结构含芳香核,黏度(25℃)10～20Pa·s,硫基当量235,色度(G)1,皮肤刺激性(ANSI)2,添加量100份,适用期(常温)3min |
| EPIKURE QX-40 | 黏度低,粘接性好,不含促进剂,官能基数4,结构含硫酯,黏度(25℃)0.45～0.55Pa·s,硫基当量130,色度(APHA)<100,密度1.29,添加量70～80份,适用期(常温)7min |

表 9-11 表示的聚硫醇树脂(メルコックスMP-2290)固化环氧树脂的涂膜硬度[16]。

表 9-11  MP-2290 用量对凝胶时间①及硬度的影响

| $w$(MP-2290) /% | 凝胶时间 (−10℃)/h | 肖氏D硬度② | | | |
|---|---|---|---|---|---|
| | | −10℃ | | −20℃ 4d 后 23℃下 | |
| | | 1d | 3h | 1d | 3d |
| 30 | 2.1 | 53 | 40 | 70 | 80 |
| 50 | 2.1 | 55 | 50 | 66 | 70 |
| 75 | 2.0 | 58 | 40 | 60 | 65 |
| 100 | 2.0 | 55 | 20 | 30 | 35 |

| 0.076mm | | 涂膜干燥性,硬度 | | | |
|---|---|---|---|---|---|
| −10℃ | | −10℃ | | −10℃ 4d 后 23℃下 | |
| 指触 | 固化 | 1d | 3h | 1d | 3d |
| 3.5h | 约1d | 3B | <4B | <4B | 3B |
| 3.5h | 约1d | 3B | <4B | 3B～2B | HB |
| 4h | 1～2d | 2B | <4B | 3B～2B | HB |
| 5h | 1～2d | 2B | <4B | <4B | 3B |

① 环氧树脂エピクロン855(稀释型低黏度环氧树脂)。
② 肖氏硬度以7mm厚试样测定。

## 9.2.2 多胺和硫脲的加成物[15]

多胺和硫脲进行脱氨反应，生成在分子内具有硫脲键的多胺（结构式如下）。固化剂分子中的硫脲以酮式和烯醇式平衡态存在，这种烯醇式化合物和硫醇基一样与环氧基反应，发挥特殊的速固性。表 9-12 表示日本两家公司商品的特性。

$$H_2N-R_1-\left(-NH-\underset{\underset{S}{\|}}{C}-NH-R_1-NH-\right)_n\underset{\underset{S}{\|}}{C}-NH-R_1-NH_2$$

表 9-12  多胺-硫脲固化剂的特性

| 制造公司 | 富士化成工业 | 油化シエルエポキシ | |
|---|---|---|---|
| 商品名 | F-ZS-4 | E-Qx-2 | E-Qx-3 |
| 外观 | 浅褐色液体 | — | 浅褐色液体 |
| 黏度/mPa·s | 5000(25℃) | 18000～25000(25℃) | 3000～4000(20℃) |
| 质量分数/% | 35～45 | 50 | 40～50 |
| 适用期(50g)/min | 10(23℃) | 5(25℃) | 9(20℃) |

## 9.2.3 多元异氰酸酯

环氧树脂的分子结构里含有羟基，"广义"上讲也可以看作是"多元醇"。利用羟基（—OH）和异氰酸酯基（—NCO）的反应特性，可以在低温或冬季条件下将多元异氰酸酯作为环氧树脂的固化剂使用。使用多元异氰酸酯时，考虑到空气中的碳酸气和水分也要消耗些—NCO，所以使用多元异氰酸酯的量要比当量量稍过些为宜。表 9-13 表示 NCO 和 OH 的物质的量比对各种物理性能的影响趋向。

表 9-13  NCO 和 OH 之比对物理性能的影响

| $n(NCO)/n(OH)$ | 0.5 | 1.0 | 1.5 |
|---|---|---|---|
| 干燥性(时间) | 慢 | ← | → 快 |
| 适用期 | 长 | ← | → 短 |
| 耐药品性 | 不良 | ← | → 良 |
| 耐水性 | 不好 | ← | → 好 |
| 物理性能 | | | |

表 9-14 表示日本各公司生产的多元异氰酸酯固化剂特性[17]。将多异氰酸酯作为环氧树脂涂料的固化剂，低温干燥性及耐腐蚀性优良，特别是耐酸性介质优于多元胺。涂膜性能与聚酰胺固化的相当。

表 9-14  日本多异氰酸酯系固化剂

| 商品名 | 固含量/% | 黏度(25℃)/mPa·s | $w(NCO)$/% | 溶剂 | 制造厂 |
|---|---|---|---|---|---|
| テスモジェールL | 75 | 1500～2500 (20℃) | 13 | 乙酸乙酯 | 住友パイエル聚氨酯 |
| デスモジェールN | 75 | 150～350 (20℃) | 16.5 | 乙酸溶纤剂/混合二甲苯 | 住友パイエル聚氨酯 |

续表

| 商 品 名 | 固含量/% | 黏度(25℃)/mPa·s | $w$(NCO)/% | 溶剂 | 制造厂 |
|---|---|---|---|---|---|
| コロネート L | 75 | W－Y | 13.2 | 乙酸乙酯 | 日本聚氨酯 |
| バーノック D-750 | 75 | V－Y | 13 | 乙酸乙酯 | DIC |
| エピクロン B-912 | 90 | 100mPa·s | 18.5 | 乙酸乙酯 | DIC |
| エピクロン B-907 | 100 | 130 | 30 | — | DIC |
| コロネート APステーブル | 100 | U－X | 12.0 | — | 日本聚氨酯 |

## 9.3 水基环氧涂料用固化剂[18,19]

水基环氧涂料与传统的溶剂环氧涂料相比，因为不含挥发性有机化合物（VOC）或 VOC 低，或不含有害空气污染物（HAP；Hazardou Air Pollutant），对环境污染，安全卫生及人体健康负面影响小而得到迅速发展。

如何解决水基环氧涂料的稳定性，及提高水基环氧涂料的性能，一直是科学工作的研究目标。这里所用的固化剂起着重要的作用。通常室温固化水基环氧涂料多采用酰胺基多胺（例如，$C_{18}$ 脂肪酸单体和多亚乙基多胺的缩合反应产物），聚酰胺（$C_{36}$ 二聚体脂肪酸和多亚乙基多胺的缩合反应产物）及胺加成物（胺与环氧树脂之间的反应加成物）。这 3 种固化剂的缺点是与树脂相容性差，使用寿命短，与它们的溶剂基涂料相比耐水性差。

作为改进这些水性固化剂的方法如下。

（1）将它们与单缩水甘油醚、甲醛及不饱和化合物（例如，丙烯腈）进行反应，降低固化剂分子中的伯胺基含量，有利于延长水基环氧涂料的使用寿命，可以改进固化剂与环氧树脂的相容性。尽管降低了伯胺的含量，但分子骨架上仍存在高含量的仲胺基以保证充分地交联环氧树脂。

（2）对用于 1 型水基环氧涂料的固化剂，改性后必须有表面活性剂的作用，为此常常在其分子中引入具有表面活性作用的分子链段，大多数为非离子型的表面活性剂。

（3）对用于 2 型水基环氧涂料的固化剂要经过真空蒸馏除去游离的未反应的胺。这是因为当 A 和 B 两组分混合时低分子量胺趋向于滞留在水相、并向环氧颗粒迁移。游离胺可引起涂料表面外观问题及提高环氧涂料对水的敏感性。

（4）通过变性改善了胺固化剂与环氧树脂的相容性，但固化剂亲水性降低，为保持良好的水分散性，常常需要向体系里添加有机酸（例如，乙酸），以维持稳定的水溶液。但对酸的种类和用量要合理选择，否则酸滞留在涂膜内会导致耐水性和耐腐蚀性的降低。

实际上在改性胺固化剂时往往采用的是多种途径，因为只有这样才能制备到性能优良的固化剂、并保证水基环氧涂料有优良的性能。

水性固化剂及其水基环氧涂料制备举例如下。

[举例 1][20]　室温固化双组分涂料

将环氧树脂和伯胺、仲胺或变性胺混合反应。将该反应混合物、聚氧化乙烯系非离子表面活性剂或聚乙烯醇分散到水中，制得乳液型环氧树脂固化剂。将该乳液型环氧树脂固化剂和乳化的环氧树脂以适当的量配合即得涂料，用于地板、墙体、地下室，非铁金属用底漆、防腐涂料等。

将 EP4000（旭电化，侧链型环氧树脂）92 份，EH 230（旭电化，变性胺）108 份，エマルゲン905（花王アトラス制，聚氧乙烯壬基酚醚系非离子表面活性剂）1.5 份及エマルゲン950（非离子表面活性剂）3.5 份边高速搅拌，边慢慢加入 195 份水，开始生成水/油型乳液，随着水的增加转为油/水型乳液，得到稳定的白色乳液固化剂（H）。存放 12 个月稳定。

将 Epon 828（Shell，EEW 190）200 份，エマルゲン905 1.5 份和エマルゲン950 3.5 份，在 60℃下边高速搅拌，边慢慢加入 60℃水制得油/水型稳定的环氧树脂乳液（E）。

将 E 100 份和 H 100 份混合制得的涂膜有如下性能。

| | |
|---|---|
| 指触干燥时间/20℃ | 4h |
| 固化时间（20℃，60%RH） | 8h |
| 常温 1 周后性能　铅笔硬度 3H，弯曲性 3mm 合格 | |
| 耐水、耐药品性（常温浸泡 7 天后，质量变化） | |
| 　吸水性 | 0.6% |
| 　10%苛性钠 | 0.7% |
| 　30%硫酸 | 1.0% |
| 　H乙酸 | 1.2% |

[举例 2][21]　单组分低温加热固化涂料

将 190 份 EP 4100（旭电化，双酚 A 型环氧树脂，环氧当量190）与 38 份磷酸单乙酯的混合物在 130℃搅拌反应 3h，制得含磷环氧树脂。将其与 30 份二乙醇胺、110 份乙酸溶纤剂混合，在 100℃反应 2h，制得非挥发分 70% 的含磷环氧树脂-胺加成物。

将 2,4-甲苯二异氰酸酯 174 份，苯酚 96 份，二甲基苄胺 5 份及乙酸乙酯 118 份，在氮气下于 80℃搅拌反应 3h，制得非挥发分 70%、NCO% 10.6 的部分封闭的聚异氰酸酯。

将上述含磷环氧树脂-胺加成物 70 份和部分封闭的聚异氰酸酯 30 份混合，在 80℃搅拌反应 4h，确认反应生成物不含 NCO 基之后加入乙酸 3 份继续混合，用离子交换水稀释，制得非挥发分 25%，pH4.1 的低温烘烤型水基环氧涂料。将该涂料涂在经表面处理后的钢板上，经 80℃/30min 烘烤，得到的涂膜性能如下。

| | | | |
|---|---|---|---|
| 膜厚 | 18～20μm | 铅笔硬度 | 2H |
| 附着力（划格法） | 100/100 | 杜邦冲击（kg·cm） | >50 |
| 埃里克森值 | >8mm | MIBK 擦拭试验（次） | >50 |
| 耐盐雾试验（500h） | 无异常 | 50℃温盐水浸泡 250h | 无异常 |
| 50℃储存稳定性 | >6 个月 | | |

用此方法制备的水基环氧树脂涂料具有优良的黏着性，耐水性、耐腐蚀性及耐溶剂性。在常温至50℃以下的温度下具有长期稳定性，且可在100℃以下的低温加热固化。

**[举例3]**[22]　水性固化剂及其水基环氧涂料

将72.1g二亚乙基三胺和17.0g间二甲苯二胺的混合物与Araldite GY 260（双酚A二缩水甘油醚）114.0g，Denacol EX 861（聚乙二醇二缩水甘油醚）45.0g，丁基缩水甘油醚72.8g及EpogoseA（$C_{12,13}$烷基单缩水甘油醚）46.5g的混合物反应，制备40%多胺衍生物水溶液，活泼氢当量141。将该固化剂35g与GY 260环氧树脂20g和水13g混合，涂在钢板上，固化。该涂料涂层室温下水中浸泡7天，或5%硫酸中浸泡5天，涂层均无变化。

该水性固化剂固化的水基环氧涂料光泽度高，有良好的耐水、耐酸性，亦可作脱黏剂。

表9-15表示国外几种水性固化剂的基本性能[23]。这几种水性固化剂是针对许多水基环氧树脂涂料的不足而开发的。Epilink 701是一高分子质量脂肪胺乳液，易乳化液体环氧树脂；由于分子质量高、干燥时间短，与高VOC溶剂基涂料很相似；该固化剂与液体环氧树脂配合，可以得到良好耐水性、湿粘接力及干漆膜中VOC为零的水基环氧涂料。该涂料可用于自流平地坪，水蒸气渗透性高，有助于在潮湿混凝土面上应用。Anquamine 670，为变性脂肪胺溶液，易乳化液体环氧树脂形成均匀的薄膜，对各种基材有优良的黏着力。固化剂不需要使用有机酸，涂层有良好的耐水和耐湿性。该固化剂一个重要特性是与普通水泥的相容性（可混性），利于它用于环氧水泥砂浆及湿混凝土用涂料。

**表9-15　几种水性固化剂的基本性能**

| 项　目 | Epilink 701 | Anquamine 670 | Anquamine 156 | Anquamine 419 |
| --- | --- | --- | --- | --- |
| 类型 | 脂肪胺乳液 | 变性脂肪胺乳液 | 变性脂环胺乳液 | 脂肪胺乳液 |
| $w$(固体)/% | 55 | 65 | 65 | 60 |
| 溶剂 | 水 | 水 | 水/1-甲氧基-2-丙醇 | 水/1-甲氧基-2-丙醇 |
| 黏度/Pa·s | 7.5 | 20 | 0.8 | 11.0 |
| 色度(Gardner) | 黄色 | 5 | 黑色 | 6 |
| 胺值(mgKOH·$g^{-1}$) | 150 | 200 | N/A | N/A |

Anquamine 156是以疏水性的脂环胺为基础制成的。这种脂环胺与环氧树脂有良好的相容性。为了保证固化剂与液体环氧树脂形成的乳液稳定而使用助溶剂，因此不能将该固化剂用于零VOC体系，但可保证VOC在允许的范围内（<250g/L）。使用该固化剂的涂料具有良好的可挠性、耐冲击及耐水性。用于配制耐腐蚀底涂料也是理想的。

Anquamine 419该固化剂是不含游离胺的变性多胺加成物，且伯胺含量亦低，与树脂相容性得以改善，储存期长。该固化剂疏水性高、水溶性小，将其作为与水和1-甲氧基-2-丙醇的掺混物使用,以保证溶液维持透明和稳定。该固化剂在保存期间黏度均一。配制的涂料黏度不会突然降低。该固化剂用于Ⅱ型环氧涂料体系。由于疏水性,涂料耐水性得以改善,并可用于开发高性能防腐蚀底涂料。涂料具有较好的可挠性,及对钢基材的黏着性。

以上述几种水性固化剂固化的水基环氧涂料的性能见表9-16所列。

表 9-16  水性固化剂的应用性能

| 项目 | Epilink 701 | Anquamine 670 | Anquamine 156 | Anquamine 419 |
|---|---|---|---|---|
| 环氧树脂 | BisA/BisF树脂+稀释剂 | BisA/BisF树脂+稀释剂 | BisA树脂+30%挠性环氧 | 变性双酚A固体环氧分散体 |
| 适用期/h | 2 | 2 | 4 | 6 |
| 光泽度(60) | 135 | 132 | 120 | 120 |
| 硬度(14天) | 350 | 285 | 180 | 160 |
| 冲击强度/kgf·cm | | | | |
| 正面 | 100 | >100 | >100 | >100 |
| 反面 | <10 | 90 | <20 | 60 |
| 柱体弯曲(14天) | 32mm | <2mm | <10mm | <2mm |
| 薄膜变定时间/h | 5.0 | 6.0 | 8.5 | 1.0 |
| 附着力(干/湿) | 5B/5B | 5B/5B | 3B/3B | 5B/1B |

## 9.4 活性酯固化剂

环氧树脂的环氧基活性很高,许多亲核的及亲电的化合物可以与其反应,使环氧树脂固化。如前面的章节所述及下图所示,以含有活泼氢固化剂固化的环氧树脂,均存在游离的氢氧基,它吸水性高,致使固化物的电气性能降低,给电子、电气材料的应用带来不良影响。酸酐固化的环氧树脂不存在氢氧基,但酸酐固化反应性差,储存过程中释放出游离酸,导致固化树脂的机械性能降低。

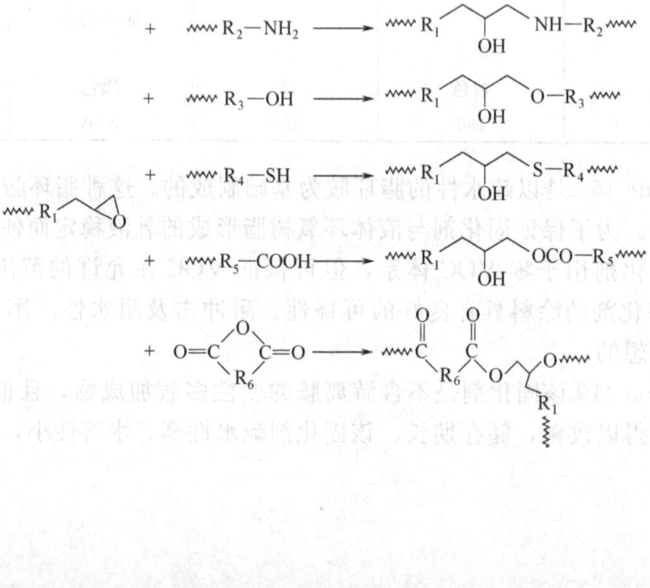

克服上述缺点，一种可期待的固化剂就是活性酯。文献［24］指出，在季鏻盐存在下，羧酸的芳基酯及硫芳酯等活性酯在温和条件下可以与环氧基加成（如下式）。固化的环氧树脂中存在酯基，不含氢氧基。因此要求电性能优良，吸水性低的应用领域是所希望的。

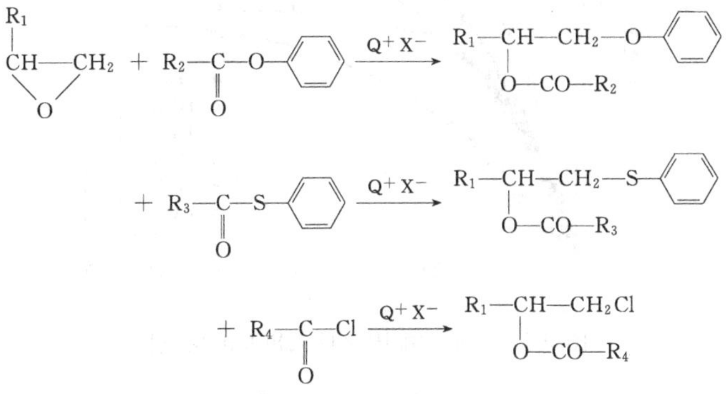

$$\underset{O}{CH-CH_2} + R_2-\underset{O}{C}-O-Ph \xrightarrow{Q^+X^-} R_1-CH-CH_2-O-Ph$$
$$\phantom{XXXXXXXXXXXXXXXXXXXXXXX} |$$
$$\phantom{XXXXXXXXXXXXXXXXXXXXXXX} O-CO-R_2$$

$$+ R_3-\underset{O}{C}-S-Ph \xrightarrow{Q^+X^-} R_1-CH-CH_2-S-Ph$$
$$\phantom{XXXXXXXXXXXXXXXXXXXX} |$$
$$\phantom{XXXXXXXXXXXXXXXXXXXX} O-CO-R_3$$

$$+ R_4-\underset{O}{C}-Cl \xrightarrow{Q^+X^-} R_1-CH-CH_2Cl$$
$$\phantom{XXXXXXXXXXXXXXXXXXX} |$$
$$\phantom{XXXXXXXXXXXXXXXXXXX} O-CO-R_4$$

注：$Q^+X^-$ 为季鏻盐

但是活性酯的结构不同，对环氧基的反应能力也不一样。下列反应式表示双酚A环氧树脂与一系列三官能团活性酯的反应。以四正丁基溴化鏻为促进剂，在130℃下反应，各活性酯的反应性如图9-1所示。由图中可见，在130℃反应1h环氧基的转化率达到饱和，如将反应温度提升至150℃，转化率会增加，反应几乎是定量地进行。活性酯的反应性 TAB＞TPrB＞TBuB＞TiBuB＞TBB＞TPiB。

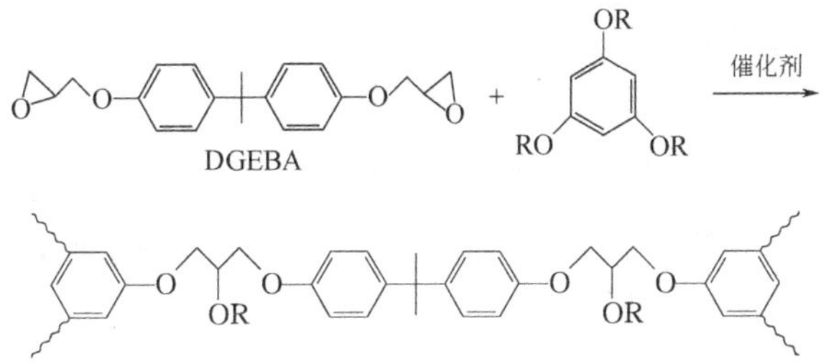

| R= | |
|---|---|
| —COCH₃ | (TAB) |
| —COCH₂CH₃ | (TPrB) |
| —COCH₂CH₂CH₃ | (TBuB) |
| —COCH(CH₃)₂ | (TiBuB) |
| —COC(CH₃)₃ | (TPiB) |
| —COPh | (TBB) |

以活性酯固化的环氧树脂由于没有了氢氧基，可以得到介电性能优良、饱和吸水率低的固化物。但因为氢氧基不存在，分子链间的相互作用变弱，加之侧链酯基的增塑化的作用，与使用传统固化剂固化的环氧树脂相比，玻璃化温度（$T_g$）低。

使用如下结构式（表9-17）的内部活性酯固化环氧树脂，由于固化树脂的侧链酯基浓度减少，增塑化作用变小，交联密度增加，可望 $T_g$ 增高。

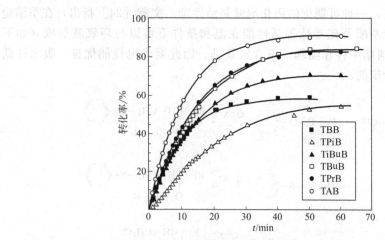

图 9-1 各活性酯固化环氧树脂的反应性

表 9-17 内部活性酯

| 结 构 式 | 名 称 | 官能基数 |
|---|---|---|
| BAPH | 1,4-双-(4-乙酰氧苯基羰基氧)苯 | 4 |
| BAPR | 1,3-双-(4-乙酰氧苯基羰基氧)苯 | 4 |
| TABB | 1,3,5-三-(4-乙酰氧苯甲酰氧)苯 | 6 |

258

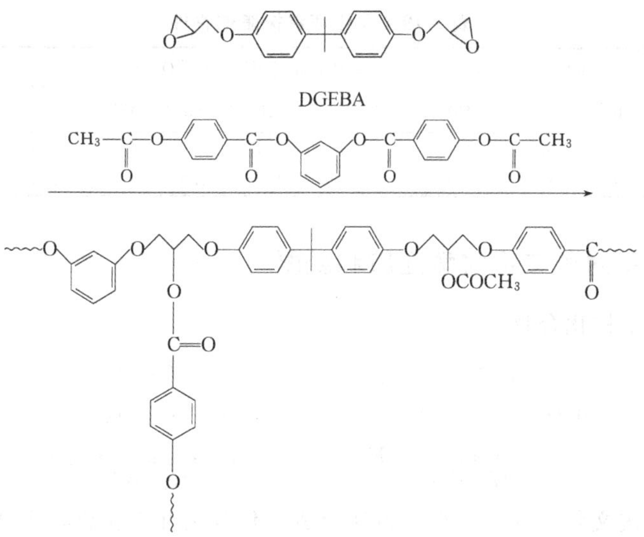

## 9.5 耐湿热固化剂

随着高新技术的发展,要求电子部件具有更高的性能,用一般的固化剂固化通用环氧树脂作为封装材料已不能满足对其耐湿热的要求。同时耐热耐湿固化剂的开发受到科学工作者的注意[25]。这些耐湿热的固化剂,多为不同结构的聚酯树脂和不同结构的酚醛树脂。

### 9.5.1 2,3,5-三甲酚醛树脂(TMP novolac)[26]

2,3,5-三甲酚醛树脂由2,3,5-三甲基酚(TMP)和甲醛在草酸催化剂存在下合成:

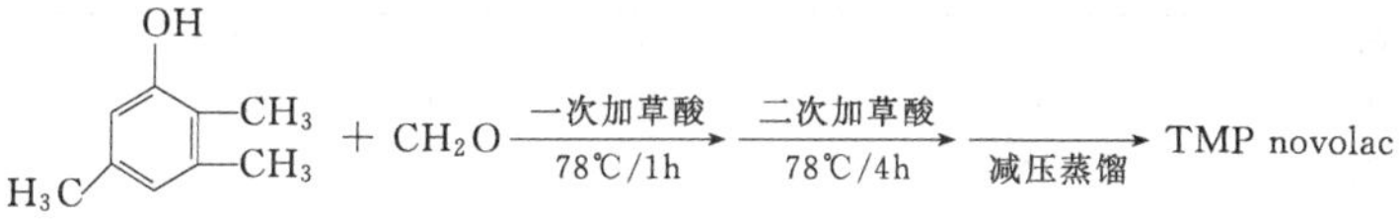

其产品特性如表9-18所示,固化环氧树脂(环氧当量176)性能如表9-19所示。与现用的邻甲酚醛树脂(o-C novolac)相比,由于结构中TMP甲基的疏水效果,环氧树脂固化物在120℃水中浸泡后吸水率低,体积电阻率高;又由于TMP novolac主链的刚性结构,使固化物的玻璃化温度($T_g$)提高37℃。显示TMP novolac固化环氧树脂有优良的耐湿热性。

表 9-18 novolac 特性对比

| | $\overline{M}_n$ | $\overline{M}_w$ | $T_g$/℃ | 黏度/×100mPa·s | | 失重10%温度/℃ |
| | | | | 140℃ | 160℃ | |
| --- | --- | --- | --- | --- | --- | --- |
| TMP | 440 | 600 | 79 | $7.6×10^2$ | $7.0×10^{-1}$ | 286 |
| o-C novolac | 440 | 580 | 32 | $1.6×10^0$ | $5.8×10^{-1}$ | 260 |

表 9-19  固化环氧树脂的性能

| 固化剂 | 吸水(120℃)/% | | | 体积电阻率/×10¹⁵Ω·cm | | | | $T_g$/℃ | 失重10%温度/℃ |
|---|---|---|---|---|---|---|---|---|---|
| | 2h | 8h | 48h | 0h | 2h | 8h | 48h | | |
| TMP novolac | 0.6 | 0.9 | 1.0 | 38 | 7.5 | 7.0 | 6.0 | 216 | 363 |
| o-C novolac | 0.8 | 1.4 | 1.5 | 36 | 6.5 | 4.6 | 4.2 | 179 | 380 |

## 9.5.2  2-磺基对苯二甲酸酰亚胺和酸酐[27]

如下 2 种结构化合物

2-磺基对苯二甲酸酰胺
(化合物Ⅰ)

2-磺基对苯二甲酸酸酐
(化合物Ⅱ)

化合物Ⅰ按文献 [28] 所介绍方法合成。化合物Ⅱ由化合物Ⅰ合成：

$$化合物Ⅰ \xrightarrow[煮沸 1.5h]{10\%盐酸} \xrightarrow[110℃\ 1.5h]{氯磺酸} 化合物Ⅱ$$

化合物Ⅰ、化合物Ⅱ为白色针状，m.p. 260~262℃。固化环氧树脂最佳用量为理论量的80%。采用促进剂例如DMP-30可以降低固化温度：化合物Ⅰ由160℃降至120℃，化合物Ⅱ由220~250℃降至150℃。固化度可分别达到90%和85%。

其固化物具有较好的力学性能，耐热性可达200~220℃，在120℃热老化20×10³个小时之后性能几乎不变化（见表 9-20）。

表 9-20  环氧树脂（ED-20）固化物性能

| 性能 | 老化前 | | 老化后 | |
|---|---|---|---|---|
| | 化合物Ⅰ | 化合物Ⅱ | 化合物Ⅰ | 化合物Ⅱ |
| 拉伸强度/MPa | 45 | 37 | 42 | 30 |
| 压缩强度/MPa | 120 | 100 | 100 | 98 |
| 弯曲强度/MPa | 102 | 99 | 100 | 99 |
| 相对伸长率/% | 1.2 | 1.0 | 1.0 | 1.0 |

# 参 考 文 献

[1] ファインケミカル，1995，24 (11)：30—31.
[2] 天津市合成材料工业研究所. 环氧树脂与环氧化物. 天津：天津人民出版社. 1974. 28—29.
[3] 垣内弘. 新エポキシ樹脂. 昭晃堂，1985. 181.
[4] 华峰君，胡春圃. 高分子材料科学与工程，1999，15 (2)：21—23.
[5] 张恩天，李奇力，马林. 中国胶黏剂，1995，4 (3)：4—7.
[6] B. B. Михеев，B. A. Сысоев，и др. Лак. матер. и их ирим. 1984，(1)：14.
[7] 官建国，王维，龚荣洲. 中国胶黏剂，2000，9 (5)：10—12.
[8] Lee John E. (Interez. Inc.). Eur. pat. Appl. EP 293，110. 1988.
[9] 森本弘. 大浦昭雄. (東レ株式会社). 公開特許公報. 昭 61-215360. 1986.

[10] 韦春，钟文斌，谭松庭等. 中国塑料，2001，15 (5)：42—45.
[11] 韦春，钟文斌，王霞瑜. 中国塑料，2001，15 (8)：40—43.
[12] 刘景民，王洛礼，公瑞煜. 湖北化工，1999，16 (6)：17—18.
[13] 张冰，刘香鸾，黄英. 功能高分子学报，2000，13 (1)：69—72.
[14] Lai Ta Wang, et al. (Henkel Research Corp.). Eur. pat. Appl. EP362，787. 1990.
[15] 加門 隆. 接着の技術，1994，14 (3)：13—14.
[16] 長谷川 皓一. 工業材料，1976，24 (2)：26—27.
[17] 長谷川 皓一. 工業材料，1976，24 (2)：24—25.
[18] 陶永忠，陈链，顾国芳. 涂料工业，2001，(1)：36—38.
[19] Cook MI, Walker FH, Dubowik DA. Surfac Coatings International，1999，(11)：528.
[20] 河合啓次. 石崎章，近藤長三朗. （日曹建材工業株式会社）. 特許公報. 昭 50-9037. 1975.
[21] 古城英彦，小倉誠. 秋本耕司（旭電化工業株式公社）公開特許公報. 平 4-298580. 1992.
[22] Sugino Harumasa. (Fujikasei kogyo K. K, Japan). Jp-Kokai. 98-139, 861. 1998.
[23] Cook MI, Walker FH, Dubouik DA. Surfac Coatings International，1999，(11)：531—533.
[24] 中村茂夫. 日本接着学会誌. 1997，33 (9)：25—32.
[25] 吴良义. 热固性树脂，2000，15 (4)：29—35.
[26] 松本明博. 長畑滋等. 熱硬化性樹脂，1992，13 (1). 11—17.
[27] Т. А. АсlаНОВ, Н. Я. ДембяННИК. Пласт, Массbl. 2002，(1)：26—28.
[28] Б. А. TavueВ, Т. А. АсlаНоВ. Азерб. Хим. ж., 1997，(1-4)：62—66.

# 第 10 章

# 固化剂对固化物性能的影响

由前面各章所述可以看到，不同分子结构的固化剂所得环氧树脂固化物的性能是不同的。这一章主要说明固化剂对耐水性、耐药品性、耐热性及耐 γ 射线幅照性的影响。不是从理论上探讨，只是以宏观上的实验数据或实际实用数据加以叙述。

## 10.1 固化剂对耐水性的影响

在环氧树脂的分子内有亲水性氢氧基（—OH）和醚键（—O—）。不同种类的固化剂固化环氧树脂带来的吸水性是不同的。一般酸酐系＜胺类固化剂（吸水性大）＜酚系固化剂。酸酐固化剂吸水性低于胺类固化剂是因为酸酐和环氧反应生成酯键，但酯键亦有可能水解[1]。

固化剂对吸水性的影响，也反映在固化剂固化环氧树脂形成的网络结构对环氧树脂吸湿的影响。文献［2］指出，湿气对环氧树脂的扩散系数取决于 4 个主要因素：①聚合物的网络结构；②聚合物的极性，决定聚合物-湿气亲和力；③聚合物的物理形态（例如，两相结构）；④高湿条件下微障碍的产生。

图 10-1 表示脂肪胺、芳香胺及芳香酸酐固化的双酚 A 环氧树脂（相对分子质量 850），在 22℃自来水中浸泡 5 年间的吸水性变化[3]。由图中可知，在这 3 种固化剂中，以酸酐耐水性为好。

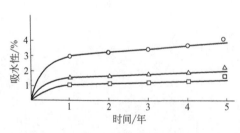

图 10-1　各固化剂树脂固化物吸水性
（22℃自来水）
○—脂肪族多胺+芳香酯稀释剂；
□—芳香族酸酐；△—芳香二胺

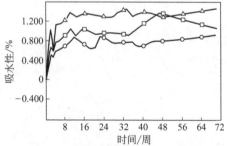

图 10-2　各固化剂树脂固化物吸水性
（72℃蒸馏水）
○—氯化脂环族酸酐；□—芳香二胺；
△—路易斯酸-胺络合物

图 10-2 表示氯化脂环族酸酐、芳香二胺及路易斯酸-胺络合物固化的环氧树脂在 72℃ 蒸馏水中浸泡,吸水性随时间变化[3]。由图中看到,在温热水中,酸酐的吸水性相对亦低。

表 10-1 表示的是以 $BF_3$-苄胺络合物固化的双酚 A 环氧树脂的吸水性。在短时间内(24h)吸水性随固化剂用量增加而增长,但在 30 天之内吸水性与固化剂用量不呈线性关系,这与试验样品在水中长时间浸泡离子杂质被洗涤有关[4]。

表 10-1 $BF_3$-苄胺络合物固化物的吸水性/%

| $w(BF_3$-苄胺络合物)/% | 浸泡 24h | 浸泡 30 天 | $w(BF_3$-苄胺络合物)/% | 浸泡 24h | 浸泡 30 天 |
|---|---|---|---|---|---|
| 4 | 0.082 | 0.54 | 8 | 0.144 | 0.385 |
| 5 | 0.055 | 0.45 | 9 | 0.166 | 0.541 |
| 7 | 0.098 | 0.732 | 12 | 0.158 | 0.434 |

注:配方组成为 m(双酚 A 环氧树脂):m(甲酚缩水甘油醚):m(邻苯二甲酸二辛酯)=90g:10g:5g;固化条件为 140℃/1h。

图 10-3 表示不同固化剂(二亚乙基三胺、己二胺及不同胺值聚酰胺)固化双酚 A 环氧树脂漆膜的吸水性[5]。由图中可见,同一种固化剂在不同的固化条件下吸水性差异很大。当在 20℃ 固化时,吸水性为聚酰胺<己二胺<二亚乙基三胺;而在 120℃ 固化时,吸水性为二亚乙基三胺<己二胺<聚酰胺。

图 10-4 表示各种硬化剂的耐煮沸水性[6]。由图中可见,吸水性 M-15ML 和 M-20MB < 咪唑化合物(2E4MZ)<芳香二胺(DDS 和 DDM)<脂肪胺(TTA,三亚乙基四胺)。

添加增韧剂的环氧树脂固化物,高温下的耐水性比室温下要低,特别是添加聚酰胺的环氧树脂固化物比添加聚硫化物的树脂固化物降低幅度要更大。

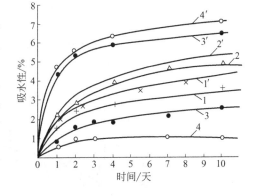

图 10-3 不同固化剂对环氧树脂漆膜耐水性的影响

1,1′-聚酰胺 PO-200;2,2′-PO-300;3,3′-己二胺;4,4′-二亚乙基三胺固化条件:
1~4—120℃/2h;1′~4′—20℃/10 天

如上所述,芳香胺的耐水性优于脂肪胺和三氟化硼-胺络合物。但是发现,在高湿条件下长期的吸收率显示不稳定的变化(如图 10-5 所示)。这是由于在氧化剂及紫外线等作用下生成过氧化物的结果。

酸酐固化剂的耐水性优于胺类,但酸酐固化剂的耐水性不但与其结构有关,亦与它们分散到环氧树脂里方式有关(如图 10-6 所示)。图 10-6 中的芳香酸酐以分散的方式混合到环氧树脂中,而脂肪族酸酐以熔融态混合到环氧树脂里,吸水性显示很大的差异:以熔融态混合的树脂固化物,经 14 周吸水性约 2%;分散态混合的树脂固化物,在 6 周内吸水性就已达约 7.5%。这种差异是因为固态芳香酸酐在环氧树脂中分散不充分,固化进行的不完全所致,因此使用固态酸酐必须熔融才

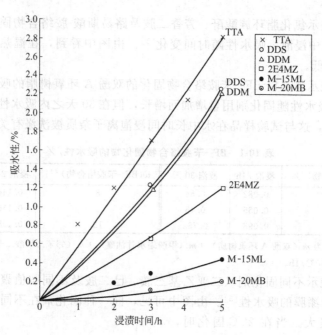

图 10-4 各种硬化剂的耐煮沸水性
M-15ML—以蜜胺为基础的悬浮固化剂；
M-20MB—以苯并鸟粪胺为基础的悬浮固化剂

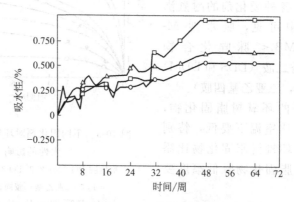

图 10-5 高湿条件下各固化剂固化物的吸水性
○—氯化脂环酸酐；□—芳香二胺；△—路易斯酸-胺络合物

好，使用适当的溶剂也是可以的。

固化剂种类不同，吸水性不同，反映在耐水处理后的粘接强度也不同。如图 10-7 所示，经 121℃耐水处理后，其粘接强度酚系固化剂＞胺系固化剂＞酸酐系固化剂。

因此酚系固化剂经常使用在特别需要耐水性能的部位。

上述固化剂对环氧树脂固化物耐水性的影响，是一种静态结果。实际上环氧树脂广泛应用于建筑、土木、车辆、各种设备、船舶等，除了和水、湿气接触之外，还要受光化学、氧化剂、氮氧化物、亚硫酸气等大气污染,对环氧树脂固化物也会产生影响。此时水、湿气对环氧树脂固化物的影响是动态的、也是更真实、复杂的。

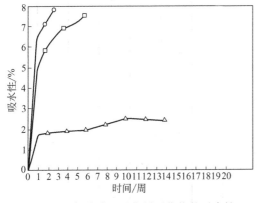

图 10-6　各种酸酐固化剂固化物的吸水性
（蒸馏水 37℃）
○—芳香酸酐固化剂；□—芳香酸酐固化剂；
△—脂肪族酸酐固化剂

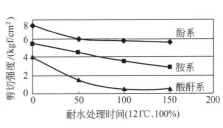

图 10-7　各种硬化剂和耐水粘接性
注：$1kgf/cm^2 = 0.1MPa$

## 10.2　固化剂对耐化学品（腐蚀介质）性能的影响

环氧树脂能耐一般的酸碱、油脂及一般的溶剂,但不耐硝酸、乙酸和极性溶剂（例如丙酮）。耐碱性优于其耐酸性[7]。表 10-2 表示各种常温固化剂的耐药品特性。

表 10-2　各种常温固化剂的耐药品特性

| 药品类[①] | | 脂肪族胺 | | | | 聚酰胺 | | | | 变性芳香族胺 | | | |
|---|---|---|---|---|---|---|---|---|---|---|---|---|---|
| | | E | G | F | P | E | G | F | P | E | G | F | P |
| 硫酸 | 10% | | | ○ | | | | ○ | ○ | ○ | | | |
| 硫酸 | 50% | | | | ○ | | | | | | ○ | | |
| 盐酸 | 10% | | | ○ | | | | ○ | | ○ | | | |
| 盐酸 | 37% | | | | | | | | | | | | |
| 硝酸 | 10% | | | | ○ | | | | | ○ | | | |
| 硝酸 | 50% | | | | ○ | | | | | | | | ○ |
| 乙酸 | 5% | | | ○ | | | | ○ | | ○ | | | |
| 乙酸 | 10% | | | | ○ | | | | ○ | ○ | | | |
| 乙酸 | 50% | | | | ○ | | | | ○ | | | | |
| 冰乙酸 | | | | | ○ | | | | | | ○ | | ○ |
| 乳酸 | | | | ○ | | | | | | | ○ | | |
| 柠檬酸 | 10% | | ○ | | | | ○ | | | ○ | | | |
| 苛性钠 | 10% | ○ | | | | ○ | | | | ○ | | | |
| 苛性钠 | 50% | ○ | | | | | | | | ○ | | | |
| 氨水 | 10% | ○ | | | | | | | | ○ | | | |

续表

| 药品类[①] | 脂肪族胺 | | | | 聚酰胺 | | | | 变性芳香族胺 | | | |
|---|---|---|---|---|---|---|---|---|---|---|---|---|
| | E | G | F | P | E | G | F | P | E | G | F | P |
| 氨水 50% | | ○ | | | ○ | | | | ○ | | | |
| 氯化钙 50% | ○ | | | | | ○ | | | ○ | | | |
| 福尔马林 37% | ○ | | | | ○ | | | | ○ | | | |
| 甲苯 | | | ○ | | ○ | | | | | | ○ | |
| 石脑油 | ○ | | | | ○ | | | | ○ | | | |
| 丙酮 | | | | | | | | | | | | ○ |
| 乙醚 | | | | | | | | | | | | |
| 乙醇 | | | | | | | | | | | | |
| 四氯化碳 | | ○ | | | | ○ | | | ○ | | | |
| 乙酸乙酯 | | | ○ | | ○ | | | | | | | |
| 三氯乙烯 | | | ○ | | ○ | | | | | | | |
| 硝基苯 | | | ○ | | | | | | | | | ○ |
| 黄油 | ○ | | | | ○ | | | | ○ | | | |
| 啤酒 | ○ | | | | ○ | | | | ○ | | | |
| 牛乳 | ○ | | | | ○ | | | | ○ | | | |
| 食用油 | ○ | | | | ○ | | | | ○ | | | |
| 石油 | ○ | | | | ○ | | | | ○ | | | |
| 自来水 | ○ | | | | ○ | | | | ○ | | | |
| 食盐水(各浓度) | ○ | | | | ○ | | | | ○ | | | |
| 砂糖水(饱和) | ○ | | | | ○ | | | | ○ | | | |
| 蒸馏水 | ○ | | | | ○ | | | | ○ | | | |
| 沸腾蒸馏水 | | | | | | | | ○ | | ○ | | |

① 20℃下浸渍6个月。固化物：室温7天硬化。
注：E=优，G=良，F=可，P=劣。

多元胺固化的环氧树脂由于网络结构中含—C—N—键，致使粘接性、耐碱性优良。氨基的N和金属易形成氢键、防锈效果好，胺浓度高，效果越明显。

就耐药品性而言，通常芳香胺优于脂肪胺。在 $BF_3$-胺络合物中 $BF_3$-苄胺络合物优于 $BF_3$-MEA。

酸酐和环氧树脂的环氧基反应形成酯键、耐有机酸、无机酸性高，在碱作用下易水解。

酚醛树脂本身就具有良好的耐腐蚀性，特别是耐酸性优于环氧树脂，所以常将酚醛树脂与环氧树脂配合使用，用作防腐涂料，罐内涂料等。

## 10.2.1　胺类固化剂的耐药品性

三亚乙基四胺（TTA）是室温固化常用的固化剂。它的耐碱性好，但耐酸性和耐福尔马林性较弱。图10-8和图10-9分别表示三亚乙基四胺固化的环氧树脂（Epikote 828）在各种化学药品中浸泡后的质量变化及弯曲模量的变化[8]。

表10-3表示脂肪族多胺固化双酚A环氧树脂（环氧当量180~195）的耐丙酮性和耐水性[9]。显示N-氨乙基哌嗪和聚酰胺（胺值215）固化物的耐沸丙酮性不

如二亚乙基三胺,同时耐沸水性也不如后者。

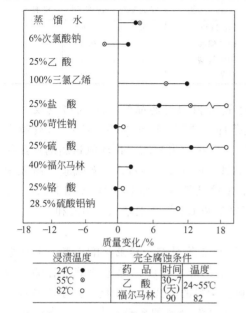

图 10-8 TTA 固化物的耐药品性
(用量 14 份,常温 21 天固化)

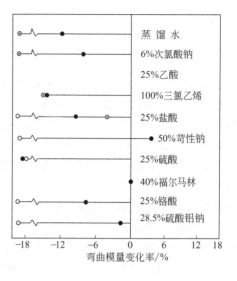

图 10-9 TTA 固化物的耐药品性
(用量 14 份,常温 21 天固化)

表 10-3 脂肪胺固化物的耐药品性(增重/%)

| 固化剂 | 二亚乙基三胺 | 蓋烷二胺 | N-氨乙基哌嗪 | 聚酰胺 | 缩水甘油醚胺加成物 |
|---|---|---|---|---|---|
| 沸丙酮 3h | 0.63 | 1.70 | 破坏 | 破坏 | 1.50 |
| 沸水 24h | 0.51 | 1.5 | 2.8 | 3.6 | 2.0 |

表 10-4 表示多亚乙基多胺固化双酚 A 环氧树脂在不同介质不同温度下浸泡 24h 后的机械强度变化。由表中可见,所有介质均使冷固化环氧组成物的物理机械性能有所降低,80℃时降低的最大[10]。

表 10-4 多亚乙基多胺固化物的耐介质性能

| 介 质 | 介质温度/℃ | 压缩强度/MPa | 弯曲强度/MPa | 冲击强度/kJ·m$^{-2}$ | 硬度/MPa |
|---|---|---|---|---|---|
| 空气 | 20 | 83.4 | 17.05 | 4.5 | 225 |
|  | 50 | 82.0 | 16.20 | 4.2 | 200 |
| 水 | 20 | 62.4 | 15.00 | 4.0 | 185 |
|  | 50 | 60.5 | 15.25 | 3.8 | 182 |
|  | 80 | 58.6 | 14.54 | 3.6 | 178 |
| 80% H$_2$O,20%甘油 | 20 | 62.4 | 14.88 | 3.5 | 182 |
| 苯 | 20 | 63.6 | 16.52 | 3.8 | 162 |
| AVGO1-10 | 20 | 66.2 | 17.00 | 4.5 | 190 |
|  | 50 | 63.0 | 17.28 | 4.2 | 185 |
|  | 80 | 55.0 | 16.05 | 3.4 | 178 |

表 10-5 表示的聚酰胺和 DMAE(二甲基氨基乙醇)混合固化剂固化环氧树脂的耐药品性[11]。

表 10-5　聚酰胺/DMAE 混合固化剂固化物的耐药品性（增重/%）

| 介　质 | 浸泡 24h | 浸泡 7d | 浸泡 30d | 介　质 | 浸泡 24h | 浸泡 7d | 浸泡 30d |
|---|---|---|---|---|---|---|---|
| 水 | 0.2 | 0.4 | 1.3 | 5% $HNO_3$ | 0.3 | 0.6 | 1.2 |
| 沸水 | 1.4 | | | 10%醋酸 | 0.2 | 0.6 | 1.2 |
| 丙酮 | 0.4 | 1.4 | 4.0 | 30%盐酸 | 0.1 | 0.5 | 0.9 |
| 20% NaOH | 0.2 | 0.5 | 0.7 | 甲苯 | — | 0.08 | 0.2 |

表 10-6 表示 $BF_3$-MEA 固化双酚 A 环氧树脂的耐药品性。组成物组成为 $w$($BF_3$-MEA)∶$w$(DGEBA)=3∶100。固化条件（120℃/3h+200℃/1h）。固化物在各药品里浸泡 180 天。表 10-7 为 $BF_3$-BZA、DTA 及聚酰胺固化环氧树脂的耐药品性对比。由表中可见，所用固化剂的耐药品性 $BF_3$-BZA＞DTA＞聚酰胺。由表中可发现，聚酰胺的耐甲乙酮（MEK）、双氧水溶液性远不如 $BF_3$-BZA 和 DTA，在甲乙酮里浸泡 21 天增重 16.1%，而 $BF_3$-BZA 和 DTA 分别增重 1.8%和 2.96%。耐其他溶剂性也以聚酰胺为欠佳[12]。

脂环胺（例如ラロミンC-260；氢化二氨基二苯甲烷；异佛尔酮二胺）和脂肪族环氧树脂，例如乙二醇、三羟甲基丙烷、丁二醇、新戊二醇等的缩水甘油醚混合，可以得到室温固化的优良的无溶剂涂料。涂料的耐药品性优良，强于脂肪族多胺。表 10-8 表示脂环族多胺固化脂肪族环氧树脂涂料的耐药品性[13]。由表中可见，涂料显示了优良的耐药品性。

表 10-6　$BF_3$-MEA/DGEBA 固化物的耐药品性

| 药　品 | 状态变化 | 弯曲强度变化/MPa | |
|---|---|---|---|
| | 25℃ | 未浸泡 | 浸泡 180 天 |
| 50%苛性钠 | 无变化 | — | — |
| 25%硫酸 | 无变化 | — | — |
| 25%盐酸 | 无变化 | — | — |
| 25%乙酸 | 无变化 | — | — |
| 100%三氯乙烯 | 软化，膨胀 | — | — |
| 40%福尔马林 | 无变化 | — | — |
| 6%次氯酸钠 | 无变化 | — | — |
| 蒸馏水 | 无变化 | — | — |
| | 55℃ | 未浸泡 | 浸泡 180 天 |
| 25%盐酸 | 浅褐色 | 115.5 | 93.1 |
| 25%乙酸 | 浅褐色 | 115.5 | 106.4 |
| 100%三氯乙烯 | 软化，膨胀 | 115.5 | 破坏 |
| 6%次氯酸钠 | 稍白化 | 115.5 | 95.2 |
| 蒸馏水 | 微褐色 | 115.5 | 84.7 |
| | 82℃ | 未浸泡 | 浸泡 180 天 |
| 50%苛性钠 | 树脂光泽略退 | 115.5 | 112.7 |
| 25%硫酸 | 微褐色 | 115.5 | 101.5 |
| 25%盐酸 | 树脂棱角破坏 | 115.5 | 101.5 |
| 40%福尔马林 | 微褐色 | 115.5 | 79.8 |
| 25%铬酸 | 失去一些光泽 | 115.5 | 101.5 |

表 10-7　BF$_3$-BZA、DTA 及聚酰胺固化物的耐药品性（质量变化率/%）

| 药　品 | BF$_3$-BZA(10 份) | | DTA(11 份) | | 聚酰胺(60 份) | |
|---|---|---|---|---|---|---|
| | 14d | 21d | 14d | 21d | 14d | 21d |
| 蒸馏水 | 1.3 | 2.4 | 2.4 | 2.7 | 2.4 | 3.3 |
| 10% H$_2$SO$_4$ | 1.8 | 1.7 | 2.1 | 2.4 | 2.5 | 3.4 |
| 10% HCl | 0.8 | 0.9 | −0.7 | 2.01 | 3.6 | 5.9 |
| 10%乙酸 | 1.6 | 1.2 | 2.0 | 2.9 | 6.3 | — |
| 20% HNO$_3$ | 0.35 | 0.5 | 2.8 | 2.8 | 2.5 | 2.7 |
| 50% NaOH | −0.3 | −0.2 | 0.96 | 1.2 | 0.45 | 0.9 |
| 70% H$_2$SO$_4$ | 1.2 | 1.4 | −0.02 | −0.01 | 2.3 | 2.6 |
| MEK | 0.8 | 1.8 | 2.7 | 2.96 | 8.7 | 16.1 |
| 双氧水溶液 | 0.98 | 1.07 | 0.03 | 1.2 | 2.1 | 8.1 |
| 甲苯 | 1.0 | 1.3 | — | −0.95 | 2.2 | 7.9 |
| 三氯乙烯 | 0.6 | 1.0 | −0.15 | −0.38 | 11.4 | 14.5 |

注：固化条件为 BF$_3$-BZA，130℃/4h；DTA(20℃/2h)+(115℃/30min)；聚酰胺(60℃/2h)+(100℃/1h)。

表 10-8　脂环族多胺/脂肪族环氧树脂涂料的耐药品性

| 药　品 | 浸泡时间/月 | | | | |
|---|---|---|---|---|---|
| | 2 | 4 | 6 | 8 | 12 |
| 丙酮 | + | + | + | + | + |
| 50%乙醇 | + | * | * | * | * |
| 95%乙醇 | + | + | + | * | * |
| 乙酸乙酯 | + | + | + | + | * |
| 溶纤剂 | + | + | + | + | + |
| 汽油(沸点 100～125℃) | + | + | + | + | + |
| 苯 | + | + | + | D | × |
| 乙酸丁酯 | + | + | + | + | + |
| 丁醇 | + | + | + | + | + |
| 10%苛性钠 | + | + | + | + | + |
| 30%苛性钠 | + | + | + | + | + |
| 三氯乙烯 | + | + | + | + | + |
| 去离子水 | + | + | + | + | + |
| 合成海水 | + | + | + | + | + |
| 双丙酮醇 | + | + | + | + | + |
| 甲苯 | + | + | + | + | + |
| 氨水 10%，25% | D | × | | | |

注：+—无影响；*—稍软；D—损伤；×—破坏。

叔胺固化剂的耐药品性见表 10-9 所列[14]。除四甲基乙二胺（60℃，20℃固化）之外、所有叔胺固化剂的耐介质腐蚀情况均优于多亚乙基多胺。

表 10-9　不同叔胺固化的环氧涂层耐介质腐蚀性

| 叔　胺 | 促进剂 | 固化条件 | 耐药品作用时间/d | | | | |
|---|---|---|---|---|---|---|---|
| | | | 10% NaOH | 10% H$_2$SO$_4$ | 10% CH$_3$COOH | 10% HF | 蒸馏水 |
| 四甲基己二胺 | 苯酚 | 90℃/2h | >40 | >40 | >40 | >40 | >40 |
| 二甲基乙醇胺 | 苯酚 | 90℃/2h | >40 | >40 | >40 | >40 | >40 |
| 1-二甲基氨基-3-酚氧基丙醇-2 | 苯酚 | 90℃/2h | >40 | >40 | >40 | >40 | >40 |

续表

| 叔胺 | 促进剂 | 固化条件 | 耐药品作用时间/d | | | | |
|---|---|---|---|---|---|---|---|
| | | | 10% NaOH | 10% $H_2SO_4$ | 10% $CH_3COOH$ | 10% HF | 蒸馏水 |
| 四甲基乙二胺 | 苯酚 | 90℃/2h | >40 | >40 | >40 | >40 | >40 |
| 1-二甲基氨基-3-酚氧基丙醇-2 | 双酚A | 90℃/2h | >30 | >30 | >30 | >30 | >30 |
| 1-二甲基氨基-3-酚氧基丙醇-2 | 101-L树脂 | 90℃/2h | >30 | >30 | >30 | >30 | >30 |
| 1-二甲基氨基-3-酚氧基丙醇-2 | 108树脂 | 90℃/2h | >30 | >30 | >30 | >30 | >30 |
| 四甲基乙二胺 | 苯酚 | 60℃/5h | >30 | >30 | 14d,白化 | — | 14d,白化 |
| 四甲基乙二胺 | 苯酚 | 20℃/6d | >30 | >30 | 2d,白化 | — | 2d,白化 |
| 四甲基乙二胺 | 苯酚(20mol,%) | 20℃/3d | >30 | >30 | 2d,白化 | — | 2d,白化 |
| 多亚乙基多胺 | | 90℃/2h | >30 | 20d,点蚀 | 14d,点蚀 | 5d,涂层破坏 | 14d,点蚀 |

文献[15]指出，以桐油、乙二胺、苯酚及甲醛制备的改性曼尼期碱（红棕色透明黏稠液体，胺值460～500mg KOH/g），不但具有良好的力学性能、低温（0～5℃）及潮湿（湿度90%）固化性能，也具有优良的耐腐蚀性能。将其与E-44环氧树脂配合，手糊成型玻璃钢，样品置于表10-10所列的介质中，经半年观察，无明显破坏，表面光洁。在实用中耐15%～20%（温度50～60℃）盐酸2年无明显破坏。在75～95℃电解液中可使用1.5年无变化。

表10-10 桐油改性曼尼期碱的耐腐蚀性能

| 腐蚀介质 | 介质浓度/% | 作用温度/℃ | 耐腐蚀状况 | 腐蚀介质 | 介质浓度/% | 作用温度/℃ | 耐腐蚀状况 |
|---|---|---|---|---|---|---|---|
| 盐酸 | 30 | 40 | 好① | 甲苯 | — | 25 | 较好 |
| 硫酸 | 78 | 55 | 好 | 酒精 | 95 | 25 | 好 |
| 氢氧化钠 | 35 | 48 | 较好② | 水 | — | 25 | 好 |
| 苏打水 | 34 | 35 | 好 | | | | |

① 好是指表面无破坏，未出现粘接分层现象。
② 较好是指表面有较微的破坏。

芳香胺中的代表性固化剂是间苯二胺（$m$-PDA）和二氨基二苯砜（DDS）。它们的耐化学药品性以弯曲强度保持率和外观变化来表述（见表10-11所列）[9]。由表中可见，芳香多胺对碱比较稳定；对酸强度有所下降，但外观上没有太大的变化；对氧化剂（次氯酸钠）强度不降低，但外观变化较大（发黏）。就耐酸性而言，DDS不如$m$-PDA，在盐酸中DDS固化树脂的弯曲强度降幅较大。

芳香二胺变性物（ZZLA-0853，ZZLA-0854）固化环氧树脂的耐化学药品性见表10-12所列[16]。变性芳胺的耐丙酮性不如间苯二胺，其他耐药品性超过或大体相同于间苯二胺。

表 10-11 芳香胺树脂固化物的耐药品性

| [固化环氧树脂] | [试验药品] | 弯曲强度保持率/% | [外观变化] |
|---|---|---|---|
| m-PDA<br>·14份<br>·85℃×2h<br>+150℃×4h | 54℃浸渍 { 25%盐酸 | | 微发绿 |
| | 25%乙酸 | | 无变化 |
| | 100%三氯乙烯 | | 无变化 |
| | 6%次氯酸钠 | | 严重发黏 |
| | 蒸馏水 | | 无变化 |
| | 82℃浸渍 { 50%NaOH | | 表面轻微模糊 |
| | 25%H$_2$SO$_4$ | | 表面轻微模糊 |
| | 25%HCl | | 发暗 |
| | 40%甲醛 | | 边缘轻微膨润 |
| | 25%铬酸 | | 轻微发黏 |
| | 28.5%硫酸铝钠 | | 微发暗 |
| DDS<br>·20份<br>·120℃×2h<br>+200℃×2h | 54℃浸渍 { 25%盐酸 | | 微发暗 |
| | 25%乙酸 | | 无变化 |
| | 100%三氯乙烯 | | 无变化 |
| | 6%次氯酸钠 | | 严重发黏 |
| | 蒸馏水 | | 无变化 |
| | 82℃浸渍 { 50%NaOH | | 轻微模糊 |
| | 25%H$_2$SO$_4$ | | 镶了一道微发暗的边 |
| | 25%HCl | | 发暗 |
| | 40%甲醛 | | 边缘微膨润 |
| | 25%铬酸 | | 表面微裂 |
| | 28.5%硫酸铝钠 | | 无变化 |

表 10-12 芳香二胺变性物的耐化学药品性

| 固化剂 | ZZLA-0853 | ZZLA-0854 | MPD | 固化剂 | ZZLA-0853 | ZZLA-0854 | MPD |
|---|---|---|---|---|---|---|---|
| 汽油 | +0.15 | +0.15 | +0.20 | 10% NaOH | +1.24 | +1.08 | +1.17 |
| 甲苯 | +0.33 | +0.41 | +0.47 | 丙酮 | +5.76 | +9.81 | +4.52 |
| 10% H$_2$SO$_4$ | +1.04 | +1.13 | +1.15 | 蒸馏水 | +1.23 | +1.08 | +1.32 |

注：试样25℃下浸泡30天的质量变化率，10%。

## 10.2.2 酸酐固化剂的耐药品性

表10-13～表10-15表示各种芳香酸酐和脂环族酸酐固化环氧树脂的耐药品性。自身的耐碱性明显优于耐酸性[17,18]。

表 10-13 PMDA/MA 及 PMDA/PA 固化物的耐药品性

| 药品 | 室温浸泡90天的质量变化/% | | 药品 | 室温浸泡90天的质量变化/% | |
|---|---|---|---|---|---|
| | $w(PMDA)/w(MA)$<br>=21/19 | $w(PMDA)/w(PA)$<br>=20/28 | | $w(PMDA)/w(MA)$<br>=21/19 | $w(PMDA)/w(PA)$<br>=20/28 |
| 95% H$_2$SO$_4$ | −37.8 | −51.5 | 20% NaCl | 1.19 | 0.21 |
| 70% H$_2$SO$_4$ | −0.05 | −0.11 | 丙酮 | 0.98 | 4.04 |
| 35% HCl | 0.49 | 0.38 | 二氯乙烯 | 0.61 | 1.73 |
| 蒸馏水 | 1.51 | 0.40 | 30% H$_2$O$_2$ | 1.67 | 0.61 |
| 50% NaOH | 0.01 | −0.04 | | | |

表10-14　固化物的耐药品性

| 药品 | 增重/% 固化剂 | | | 药品 | 增重/% 固化剂 | | |
| --- | --- | --- | --- | --- | --- | --- | --- |
| | TMA 33份 | TME 56份 | TMG 66份 | | TMA 33份 | TME 56份 | TMG 66份 |
| 丙酮 | 0.14 | 0.07 | 0.00 | 苛性钠(5%) | 0.19 | 0.24 | 0.22 |
| 二甲苯 | 0.09 | 0.06 | 0.03 | 乙酸(5%) | 0.33 | 0.28 | 0.26 |

注：Ep. eq. 185~195 的 DGEBA；固化：(150℃/1h)+(180℃/8h)。

表10-15　MNA及各种脂环族酸酐的耐水性及耐丙酮性

| 固化剂 | 耐水性[①] | | | 耐丙酮性[②] | | |
| --- | --- | --- | --- | --- | --- | --- |
| | 固化法1 | 固化法2 | 固化法3 | 固化法1 | 固化法2 | 固化法3 |
| MNA | 0.98 | 0.67 | 0.67 | 3.2 | 1.9 | 0.9 |
| DSA | 0.92 | 0.76 | 0.71 | 10.1 | 8.5 | 8.1 |
| HHPA | 0.45 | 0.45 | 0.46 | 1.3 | 1.3 | 1.2 |

① 室温24h浸渍后的质量变化，%。
② 室温3h浸渍后的质量变化，%。

表10-16表示苯酮四羧基二酐（BTDA）与顺丁烯二酸酐（MA）混合酸酐在不同摩尔比和不同用量时，固化双酚A环氧树脂的耐药品性[19]。

表10-16　BTDA/MA混合酸酐固化环氧树脂的耐药品性（质量变化/%）

| BTDA/MA | 1/2 0.95 | | 2/3 0.85 | | 1/1 0.75 | | 3/2 0.75 | |
| --- | --- | --- | --- | --- | --- | --- | --- | --- |
| | 7天 | 28天 | 7天 | 28天 | 7天 | 28天 | 7天 | 28天 |
| 10% NaCl | 0.63 | 1.3 | 0.59 | 1.1 | 0.54 | 1.0 | 0.85 | 1.5 |
| 3% $H_2SO_4$ | 1.3 | 1.7 | 0.67 | 1.2 | 0.58 | 1.2 | 0.90 | 1.9 |
| 10% NaOH | 0.48 | 1.4 | 0.56 | 1.0 | 0.33 | 0.83 | 0.13 | 1.2 |
| 丙酮 | 0.47 | 1.5 | 0.09 | 0.46 | 1.2 | 0.20 | −0.39 | 0.004 |
| 蒸馏水 | 0.76 | 1.5 | 0.76 | 1.3 | 0.61 | 1.2 | 0.80 | 1.9 |
| Merusol oil | 0.08 | 0.40a | | | 0.04 | 0.33 | | |
| ジェット燃料A | 0.16 | 0.59a | | | 0.02 | 0.55 | | |
| 己烷 | 0.12 | 0.42a | | | 0.11 | 0.42 | | |
| 5% NaOCl | 0.69 | 1.3a | | | 0.69 | 1.3 | | |

| BTDA/MA | 3/1 0.65 | | 9/1 0.55 | | BTDA 0.50 | | BTDA 0.60 | |
| --- | --- | --- | --- | --- | --- | --- | --- | --- |
| | 7天 | 28天 | 7天 | 28天 | 7天 | 28天 | 7天 | 28天 |
| 10% NaCl | 0.6 | 1.2 | 0.48 | 1.0 | 0.47 | 1.0 | 0.59 | 1.3 |
| 3% $H_2SO_4$ | 0.64 | 1.3 | 0.58 | 1.7 | 0.57 | 1.1 | 0.67 | 1.4 |
| 10% NaOH | 0.47 | 1.0 | 0.35 | 0.8 | 0.39 | 0.9 | 0.56 | 1.1 |
| 丙酮 | −0.09 | 0.2 | −0.01 | 0.2 | 0.03 | 0.4 | 0.09 | 0.35 |
| 蒸馏水 | 0.68 | 1.4 | 0.61 | 1.2 | 0.61 | 1.2 | 0.76 | 1.5 |
| Merusol oil | 0.01 | 0.14a | | | | | | |
| ジェット燃料A | 0.13 | 0.31a | | | | | | |
| 己烷 | 0.04 | 0.06a | | | | | | |
| 5% NaOCl | −0.02 | −0.21a | | | | | | |

注：质量变化为42天后的质量变化；固化为200℃/24h，试验为ASTM D543。

## 10.2.3 线型合成树脂低聚物的耐药品性

苯胺与甲醛在强酸性催化剂存在下缩聚而成的苯胺甲醛树脂,其环氧树脂固化物的耐溶剂性、耐化学药品性与芳香族二胺固化剂处于同等程度。表10-17和表10-18表示不同规格苯胺甲醛树脂对固化物耐丙酮、耐酸碱性的影响[20]。

表10-17 不同规格苯胺甲醛树脂用量对固化物性能影响

| 摩尔比1/0.75的质量分数/% | 丙酮(27℃,24h)/% | 热变形温度/℃ |
| --- | --- | --- |
| 20 | 试样有龟裂 | 92 |
| 25 | 1.50 | 120 |
| 30 | 0.24 | 150 |
| 35 | 0.36 | 155 |
| 40 | 0.48 | 152 |
| 50 | 0.80 | 138 |
| 摩尔比1/0.85的质量分数/% | 丙酮(27℃,24h)/% | 热变形温度/℃ |
| 30 | 0.44 | 142 |
| 35 | 0.20 | 150 |
| 40 | 0.31 | 157 |
| 50 | 0.46 | 145 |

表10-18 苯胺甲醛树脂固化物的耐药品性(质量变化,%)

| 固化剂 | 质量分数/% | 浓盐酸 | 50%硝酸 | 50%硫酸 | 50%苛性钠 |
| --- | --- | --- | --- | --- | --- |
| 摩尔比1/0.85的树脂 | 35 | 0.6 | −0.2 | 0.3 | −0.04 |
| 二亚乙基三胺 | 6 | 0.7 | −20.0 | 0.5 | −0.09 |

注:试样在各药品中煮沸2h,硝酸煮沸30min。

酚醛树脂由于独特的性能(耐热、耐腐蚀介质等)广泛用于与环氧树脂配伍。在没有促进剂时,环氧树脂与酚醛树脂(P/F树脂)的混合物在常温下有几个月的适用期;当添加1%~2%的苄基二甲胺时可在150℃/40min固化,得到耐久使用的固化物。

表10-19表示以P/F树脂BRZ-7541固化酚醛环氧树脂和双酚A环氧树脂混合物的耐药品性[21]。

表10-19 P/F树脂固化环氧树脂的耐药品性

| 药品及溶剂 | 增重/% | 药品及溶剂 | 增重/% |
| --- | --- | --- | --- |
| 10% NaOH | 0.32 | 三氯乙烯 | 9.77 |
| 10% NH$_4$OH | 0.40 | 乙酸乙酯 | 12.38 |
| 30% H$_2$SO$_4$ | 0.13 | 乙醚 | 1.24 |
| 丙酮 | 表面破坏 | 藏花素(crocin) | 0.04 |
| 95%乙醇 | 1.02 | 邻二氯苯 | 0.54 |
| 甲苯 | 0.13 | | |

以线型酚醛树脂固化环氧树脂的耐药品性如图10-10所示[22],显示出耐酸性优于耐碱性。整体看,介质渗透性较小,说明该体系有足够的抗蚀性。

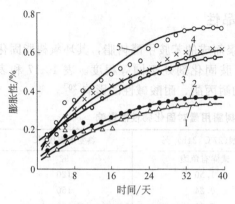

图 10-10 环氧/酚醛固化物在不同介质中（20℃）浸泡膨胀性与时间的关系
（固化条件 180℃/10h）
曲线：1—$H_2O$；2—15% $HNO_3$；3—25% $H_2SO_4$；
4—10% HCl；5—10% NaOH

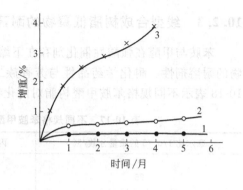

图 10-11 叔丁基酚醛固化环氧涂料的耐蚀性
1—丙酮；2—乙酸乙酯；3—二甲苯

文献 [23] 指出，用叔丁基酚醛树脂固化环氧树脂的涂料除了耐有机酸较弱外，具有优良的耐酸碱性（见表 10-20 所列）；该涂料在酮类及酯类溶剂中无明显变化，但不耐二甲苯（如图 10-11 所示）。该涂料在 50℃，20% $H_2SO_4$ 介质环境中可运行 2 年，使耐酸容器的使用寿命提高 5~6 倍。该涂料用于酸性介质的地坪已安全运行多年。

表 10-20 叔丁基酚醛固化环氧涂料的耐蚀性

| 介 质 | 介质浓度/% | 规格 | 浸泡时间/月 | 浸泡现象 |
| --- | --- | --- | --- | --- |
| 硝酸 | 5 | C·P. | 3 | 无变化 |
|  | 10 | C·P. | 3 | 无变化 |
|  | 30 | C·P. | 3 | 失光,微变色 |
| 硫酸 | 10 | C·P. | 3 | 无变化 |
|  | 20 | C·P. | 3 | 无变化 |
|  | 30 | C·P. | 3 | 微变色 |
|  | 40 | C·P. | 3 | 失光,变色 |
| 盐酸 | 10 | C·P. | 3 | 无变化 |
|  | 20 | C·P. | 3 | 微失光,微变色 |
|  | 36 | C·P. | 3 | 失光,变色 |
| 乙酸 | 5 | A·P. | 1 | 无变化 |
|  | 10 | A·P. | 3d | 鼓泡 |
| 氢氧化钠 | 10 | A·P. | 3 | 无变化 |
|  | 30 | A·P. | 3 | 无变化 |
| 磷酸钠 | 10 | A·P. | 3 | 无变化 |
|  | 20 | A·P. | 3 | 无变化 |
| 氨水 | 浓 | C·P. | 1 | 无变化 |
| 甲苯 |  | A·P. | 1 | 无变化 |
| 二甲苯 |  | 工业 | 5d | 鼓泡 |
|  |  | A·P. | 7d | 鼓泡 |
| 乙酸乙酯 |  | A·P. | 3 | 无变化 |
| 乙醇 |  | C·P. | 3 | 无变化 |
| 氯化钠 | 5 | A·P. | 3 | 无变化 |
|  | 10 | A·P. | 3 | 无变化 |

文献 [24] 指出，以硼酚醛树脂改性环氧树脂，可以提高环氧树脂的耐腐蚀性。

## 10.3 固化剂对耐热性的影响

未固化的双酚 A 环氧树脂有较好的热稳定性，而且分子量越大耐热性越好[25]。图 10-12 表示未固化双酚 A 环氧树脂（E-40）在高温下的热失重，显示有足够高的耐热性[26]。超过 200℃，氧化分解，在①位断裂，生成酚氧游离基；进一步在②位生成苯基游离基（如下所示），逐次分解生成 CO、$CH_4$、酚等，最后碳化[27]。

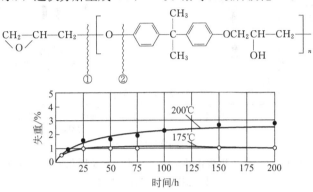

图 10-12　未固化双酚 A 环氧树脂在加热时的质量损失

环氧树脂里加入固化剂之后，由于固化剂种类不同，固化条件和固化程度的不同，环氧树脂固化物的耐热性就不像未固化树脂那样表现单一。不同固化剂的环氧胶黏剂的耐热性与其他胶黏剂耐热性的对比如图 10-13 所示，固化剂不同，耐热性相差很大[28]。

环氧树脂经固化剂固化之后的耐热性可从物理的和化学的两个角度评价。物理上常用热变形温度（HDT），玻璃化温度（$T_g$），马丁耐热（Martens，简记 M），维卡耐热（Vicat）等值表示；化学上常用热稳定性、热老化性、热分解温度等值表示。

各类固化剂固化环氧树脂的热变形温度大体见表 10-21 所列[29]。

实际上支配固化的环氧树脂耐热性的是环氧树脂的化学结构及官能团数、固化剂的化学结构。图 10-14 表示这 3 种因素对环氧树脂固化物热变形温度（HDT）和玻璃化（$T_g$）温度的影响[30]。由图中可见，用二氨基二苯基甲烷固化双官能团环氧树脂的耐热性，因环氧

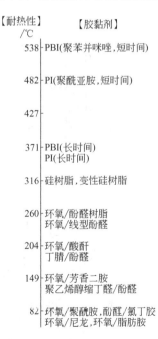

图 10-13　各种胶黏剂的耐热性

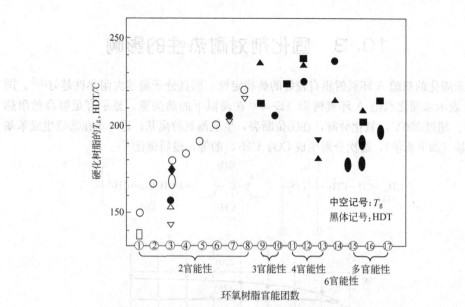

图 10-14　环氧树脂化学结构、官能团数及固化剂化学结构对固化树脂耐热性的影响

注：环氧树脂（略去缩水甘油基 —CH₂—CH—CH₂）

⑬ 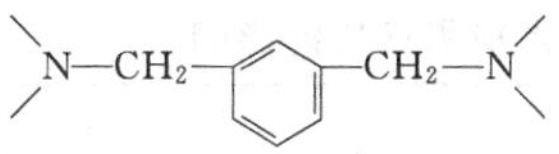

⑭ 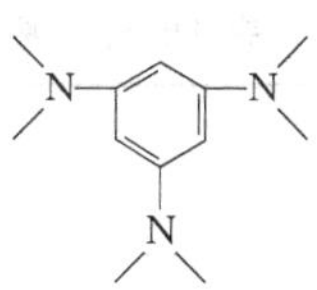

⑮ 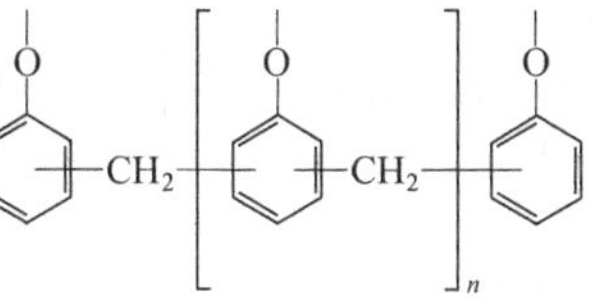

固化剂

⑯⑰ 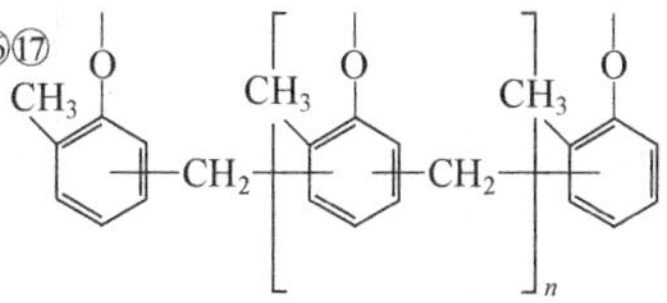

⑯ ECN-280 ⑰ ECN-299

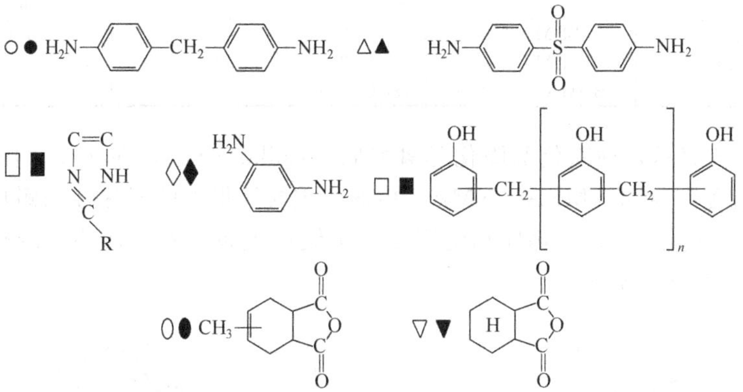

树脂不同而不同。同样是固化双酚 A 环氧树脂（图中③）的耐热性，芳胺大于酸酐。

**表 10-21 各类固化剂的热变形温度**

| 固 化 剂 | 热变形温度/℃ | 固 化 剂 | 热变形温度/℃ |
|---|---|---|---|
| 聚酰胺 | 45～115 | 酸酐 | 105～120 |
| 脂肪族多胺 | 82～110 | 咪唑 | 117～166 |
| 芳香族二胺 | 138～155 | | |

## 10.3.1 胺类固化剂对耐热性的影响

表 10-22 表示各种胺类固化剂固化的双酚 A 环氧树脂的热变形温度[31]。芳胺固化剂的耐热性高于脂肪胺和聚酰胺。提高固化温度有利于固化物耐热性的提高，就加聚型固化剂而言，固化温度升高对耐热性的提高以如下序列递增：脂肪族多胺＜脂环族多胺＜芳香多胺≈聚酚＜酸酐。

图 10-15 表示不同的螺环二胺加成物及其用量对固化环氧当量约 185 的双酚 A 环氧树脂耐热性的影响。

表 10-22　胺类固化剂对固化物耐热性的影响

| 固 化 剂 | 促 进 剂 | 固 化 条 件 | 热变形温度/℃ |
|---|---|---|---|
| 二亚乙基三胺 | | 23℃/4d | 66～76 |
| 三亚乙基四胺 | | 20℃/2h+115℃/0.5h | 95～120 |
| 二乙基氨基丙胺 | | 60℃/5h | 75～80 |
| | | 120℃/5h | 90 |
| 间苯二胺 | | (常温/120h)+(150℃/6h) | 150 |
| 二氨基二苯甲烷 | | 165℃/4～5h | 144 |
| 聚酰胺 | | 常温/数日<br>150℃/20min<br>65℃/3h | 60～80 |
| 螺环二胺加成物 | | 20℃/3d | 113 |
| | | 80℃/1h | 60～100 |
| 邻苯二甲酸酐 | BDMA 1% | 150℃/8h | 140～150 |
| 六氢苯二甲酸酐 | BDMA 1% | (90℃/2h)+(200℃/1h) | 135 |
| 甲基纳迪克酸酐 | BDMA 1%～2% | (80℃/4h)+(150℃/15h) | 122 |

图 10-16 表示各种固化剂固化环氧树脂（Epikote 828）在 250℃下的热失重：脂肪胺＞芳香胺＞$BF_3$-MEA＞NMA。由热失重换算得到的耐热性和耐用年限的关系如图 10-17 所示[32]。耐热性和耐用年限呈线性关系。不言而喻，耐热性差（失重较多），使用年限就短。

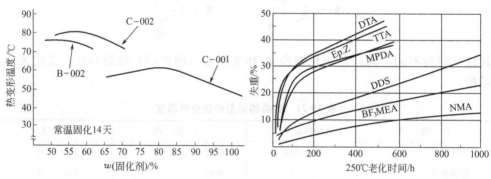

图 10-15　各种螺环二胺加成物及用量对 HDT 的影响

图 10-16　各种固化剂固化物的热失重

聚酰胺作为环氧树脂固化剂应用很普遍，增加其用量可使树脂固化物的韧性得以改善，但导致耐热性降低。为防止耐热性降低，可在聚酰胺固化剂里添加一定量的芳香胺及芳香胺改性物，见表 10-23 所列[11]。

图 10-18 表示各种芳胺固化物的热变形温度。在图中所有芳胺之中以间苯二胺有最高的耐热性。其他芳胺在等当量比之下，随其胺用量的增加耐热性亦提高[33]。所有芳香胺的耐热性都高于脂环胺（1,3-二氨基环己烷）和含芳核的脂肪胺（间二甲苯二胺）。

表 10-24 表示不同芳胺固化剂和酚醛树脂固化环氧树脂的耐热性（$T_g$ 及不同温度下热老化 12h 后的失重）[34]。

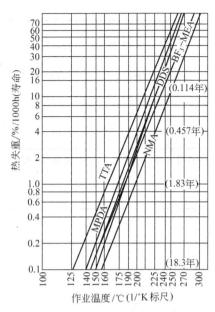

图 10-17　各种固化剂固化物的热失重与耐用年限的关系

表 10-23　环氧树脂/聚酰胺固化物耐热性的提高方法

| 组 成 及 其 份 数 | | 芳香胺及其份数 | | 热变形温度/℃ |
|---|---|---|---|---|
| 聚酰胺 V-125 | 50 | MPD | 3.8 | 104 |
| Epikote 828 | 100 | | | |
| 聚酰胺 V-125 | 50 | MPD | 3.8 | 99 |
| ERL-2795 | 100 | | | |
| 聚酰胺 V-125 | 50 | DDM | 6.5 | 93 |
| Epikote 828 | 100 | | | |
| 聚酰胺 V-125 | 50 | DDM | 3.8 | 82 |
| ERL-2795 | 100 | | | |
| ERL-2795 | 100 | DDM | 7.5 | 88 |

组成物 5 和组成物 6 同为酚醛树脂固化双酚 A 环氧树脂，$T_g$ 相差 25℃。这是因为酚醛树脂 №18 含有的游离酚（7.5%）低于甲阶型酚醛树脂所含的游离酚（13%）。如图 10-19 所示，酚醛树脂中游离酚含量对耐热性影响很大，随其含量增加，树脂固化物的耐热性明显降低。

表 10-24　不同固化剂固化环氧树脂的耐热性

| 组成物 | 固 化 剂 | 促进剂 | $T_g$/℃ | 热失重/% | | |
|---|---|---|---|---|---|---|
| | | | | 180℃ | 200℃ | 220℃ |
| 1 | 4,4'-二氨基二苯甲烷 | — | 148 | 2.1 | 6.2 | 6.5 |
| 2 | 4,4'-二氨基二苯砜 | BF$_3$·MEA | 170 | 2.2 | 5.0 | 9.5 |
| 3 | MOCA | BF$_3$·MEA | 138 | 0.5 | 1.9 | — |
| 4 | MOCA | 树脂№18 | 138 | — | — | — |

续表

| 组成物 | 固化剂 | 促进剂 | $T_g$/℃ | 热失重/% | | |
|---|---|---|---|---|---|---|
| | | | | 180℃ | 200℃ | 220℃ |
| 5 | 甲阶型酚醛树脂 | UP606/2 | 105 | 3.7 | 1.9 | — |
| 6 | 树脂No18 | UP606/2 | 130 | 0.75 | 1.8 | 3.9 |
| 7 | BF$_3$·MEA | — | 165 | 1.85 | 3.4 | 11.0 |
| 8 | 树脂No18 | UP606/2 | 170 | 1.0 | 1.6 | 2.6 |

注：组成物1～7，环氧树脂为双酚A型；组成物8，环氧树脂为酚醛环氧树脂，树脂No18为线型酚醛树脂。

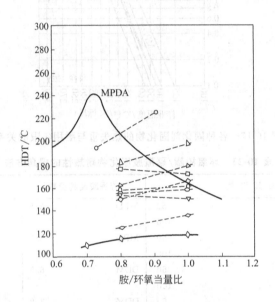

图 10-18 各芳胺固化物的耐热性

○—二氨基二苯砜；○—3,4-甲苯二胺；△—2,4-二氨基二苯基；◇—对苯二胺；
□—邻苯二胺；▽—2,4-二氨基苯甲醚；▲—4,4-亚甲基二苯胺；
◇—1,3-二氨基环己烷；○—2,4-甲苯二胺；◇—间二甲苯二胺

## 10.3.2 酸酐固化剂对耐热性的影响

酸酐固化剂固化的环氧树脂因为电性能优良，且有较好的力学性能、热性能及粘接性能而受到广泛应用。这些性能均受固化剂的结构及官能基数的影响。已经确认，拉伸强度、伸长率及拉伸剪切强度和固化剂的官能基数之间存在线性关系。实际上玻璃化温度（$T_g$）或热变形温度随固化剂官能基数的变化，也呈线性变化。表 10-25 表示 5 种酸酐固化剂固化双酚 A 环氧树脂（Epikote 828）的耐热性能（$T_g$）及其他性能[35]。

表 10-26 和表 10-27 表示各种酸酐固化双酚 A 环氧树脂（Epikote 828）的耐热性及其他性能。

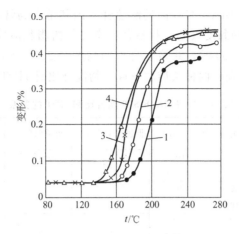

图 10-19　酚醛树脂固化酚醛环氧树脂的热机械曲线

酚醛树脂No18中游离酚的含量：
1—1.5%；2—3%；3—7.5%；4—10.1%

表 10-25　酸酐固化剂的耐热性能及其他性能

| 固化剂 | 官能基数 | 环氧基转化率/% | $T_g$/℃ | 拉伸强度/MPa | 伸长率/% | 剪切强度/MPa |
|---|---|---|---|---|---|---|
| PA | 2 | 83 | 100 | 84.9 | 8.5 | 20.3 |
| HHPA | 2 | 83 | 88 | 72.3 | 8.0 | 19.8 |
| TMA | 3 | 87 | 183 | 69.4 | 6.1 | 14.4 |
| PMDA | 4 | 55 | 300 | 32.5 | 3.8 | 7.6 |
| BTDA | 4 | 84 | 320 | 29.2 | 4.1 | 7.1 |

注：固化条件为 PA—180℃/6h；HHPA—(80℃/8h)+(180℃/8h)；TMA—180℃/6h；PMDA—220℃/10h；BTDA—220℃/10h。

表 10-27　TMA 和 B-570 固化性能对比[36]

| | | |
|---|---|---|
| EP828 | 100 | 100 |
| TMA | 33 | |
| B-570 | | 86 |
| CE-7EL | 2 | 5 |
| 适用期 | 125～128℃/7～8min | 20～23℃/5d |
| 固化条件 | (150℃/0.5h)+(200℃/40min) | |
| 热变形温度/℃ | 198 | 152 |
| 弯曲强度/MPa | 136 | 132 |
| 弯曲模量/MPa | 3120 | 3230 |
| 吸水性(100℃/5h)/% | 0.02 | 0.51 |

表 10-26　各种脂环族酸酐的耐热性[37]

| 配合 | 固化剂 | 添加量/份 | 环氧树脂 | 促进剂 BDMA | 黏度/mPa·s | 可使时间(达100000 mPa·s时间) | 凝胶时间 | 热变形温度/℃ | | |
|---|---|---|---|---|---|---|---|---|---|---|
| | | | | | | | | 固化法1 | 固化法2 | 固化法3 |
| A | MNA | 90 | 100 | 1.0 | 1775 | 5～6d | 120℃/3h | 112 | 128 | 144 |
| B | DDSA | 134 | 100 | 1.0 | 1500 | 10d | 90℃/4h | 57 | 69 | 74 |
| C | HHPA | 80 | 100 | 1.0 | 215(40℃) | 1d | 90℃/3h | 128 | 130 | 132 |

注：固化法：A—凝胶化后150℃/4h，B—凝胶化后150℃/24h；C—凝胶化后150℃/200h。

偏苯三甲酸酐（TMA）有较高的耐热性。因其熔点高常将它与各种液体酸酐混合使用，共熔混合物黏度很低，和各种液态环氧树脂相溶性良好，作业性改善。例如 TMA/B-570＝70/30 时，共熔混合物的黏度约 200～250mPa·s（25℃）。表 10-28 和表 10-29 分别表示两种共熔酸酐混合物混合比对 HDT 的影响。

**表 10-28　TMA/B-570 混合比和 HDT 的关系**

| 环氧树脂 EP.828 系 | 固化剂 TMA/B-570 | | 促进剂 CE-7EL | 可使时间/d | 固化条件 | HDT/℃ |
|---|---|---|---|---|---|---|
| 100 | —<br>(0) | 100<br>(85) | 5 | (20～23℃)<br>5 | 150℃/30min<br>+200℃/40min | 152 |
| 100 | 30<br>(10) | 70①<br>(65) | 5 | 3 | 150℃/30min<br>+200℃/40min | 168 |
| 100 | 40<br>(15) | 60<br>(55)② | 5 | 2½ | 150℃/30min<br>+200℃/40min | 180 |
| 100 | 50<br>(18) | 50<br>(50) | 5 | 2 | 150℃/30min<br>+200℃/40min | 184 |
| 100 | 60<br>(20) | 40<br>(40) | 5 | 2 | 150℃/30min<br>+200℃/40min | 188 |
| 100 | 70<br>(25) | 30<br>(30) | 5 | 26h | 150℃/30min<br>+200℃/40min | 192 |
| 100 | 100<br>(33) | —<br>　 | 2 | 7～8min<br>(25℃) | 150℃/30min<br>+200℃/40min | 198 |

① 上方数字为 TMA/B-570 混合比。
② 下方括号内数字为实际添加量。

**表 10-29　TMA/MNA 混合比和 HDT 的关系**

| 环氧树脂 EP.828 系/份 | 固化剂/份 TMA/MNA | | 促进剂 CE-7EL/份 | 可使时间/d | 固化条件 | HDT/℃ |
|---|---|---|---|---|---|---|
| 100 | —<br>(0) | 100<br>(90) | 5 | 5 | 150℃/30min<br>+200℃/40min | 164 |
| 100 | 30<br>(10) | 70①<br>(70) | 5 | 3½ | 150℃/30min<br>+200℃/40min | 178 |
| 100 | 40<br>(15) | 60<br>(60)② | 5 | 3 | 150℃/30min<br>+200℃/40min | 185 |
| 100 | 50<br>(18) | 50<br>(50) | 5 | 2 | 150℃/30min<br>+200℃/40min | 188 |
| 100 | 60<br>(20) | 40<br>(40) | 5 | 1½ | 150℃/30min<br>+200℃/40min | 192 |
| 100 | 70<br>(25) | 30<br>(30) | 5 | 24～26<br>h | 150℃/30min<br>+200℃/40min | 195 |
| 100 | 100<br>(33) | —<br>0 | 2 | 7～8min<br>(25℃) | 150℃/30min<br>+200℃/40min | 198 |

① 上方数字为 TMA/MNA 的混合比。
② 下方括号内数字为实际添加量。

苯酮四羧基二酸酐（BTDA）和顺丁烯二酸酐（MA）混合使用时，其配比和对环氧树脂的用量对树脂固化物耐热性的影响见表 10-30 和图 10-20 所示[38]。

表 10-30  BTDA/MA 树脂固化物 200℃ 老化后的失重和弯曲强度变化

| 配比 BTDA/MA | 酸酐环氧用量比 A/E | 失重/% | | | 弯曲强度/MPa | | | |
|---|---|---|---|---|---|---|---|---|
| | | 7d | 14d | 42d | 0d | 7d | 14d | 42d |
| 1/2 | 0.95 | 1.06 | 1.63 | 2.78 | 87.5 | 70.7 | 60.5 | 76.3 |
| 2/3 | 0.85 | 1.88 | 1.62 | 2.78 | 66.5 | 66.5 | 92.4 | 79.1 |
| 1/1 | 0.75 | 0.83 | 1.30 | 2.26 | 68.6 | 58.8 | 67.2 | 68.6 |
| 3/2 | 0.75 | 0.69 | 1.17 | 2.02 | 69.3 | 28.0 | 61.6 | 50.4 |
| 3/1 | 0.65 | 0.58 | 0.99 | 2.80 | 55.3 | 61.6 | 81.9 | 36.4 |
| 9/1 | 0.55 | 0.43 | 0.76 | 1.60 | 57.4 | 56.0 | 75.6 | 62.3 |
| BTDA | 0.50 | 0.53 | 1.10 | 2.20 | 59.5 | 109.9 | 65.8 | 70.0 |
| | 0.60 | 0.57 | 0.97 | 1.10 | 61.6 | 63.7 | 70.0 | 49.0 |
| | 0.65 | 0.58 | 1.60 | 1.60 | 49.0 | 105 | 77.7 | 60.9 |

注：环氧树脂为环氧当量 185 的双酚 A 型环氧树脂；固化条件 200℃/24h。

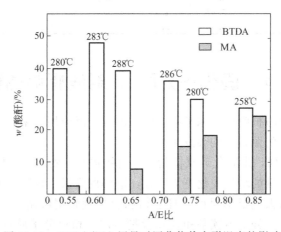

图 10-20  BTDA/MA 用量对固化物热变形温度的影响

酸酐固化剂经常和促进剂配合使用，它们的配比及用量对耐热性的影响见表 10-31 所列[39]。酸酐与叔胺促进剂混用较其他促进剂显示较高的耐热性。

表 10-31  酸酐固化剂热失重与各种胺促进剂的关系

| 促进剂(1.6 份) | 205℃下失重/% | | | | | |
|---|---|---|---|---|---|---|
| | 1d | | 3d | | 7d | |
| | PA 60 份 | HHPA 60 份 | PA 60 份 | HHPA 60 份 | PA 60 份 | HHPA 60 份 |
| 无 | 1.86 | 10.3 | 2.44 | 12.2 | 3.46 | 14.7 |
| 二甲基氨基丙胺 | | 0.72 | | 1.90 | | 3.39 |
| 二乙基氨基丙胺 | 0.33 | 0.98 | 1.68 | 1.91 | 5.28 | 3.06 |
| 三乙胺 | 0.43 | 0.91 | 1.34 | 1.79 | 5.47 | 3.27 |
| 二乙胺 | 1.03 | 3.11 | 2.42 | 4.07 | 7.08 | 5.58 |
| 苄基二甲胺 | 1.79 | 0.98 | 4.29 | 2.04 | 7.60 | 3.42 |
| α-甲基苄基二甲胺 | 2.17 | 1.36 | 5.39 | 2.51 | 7.90 | 3.80 |
| DMP-10 | 1.81 | 1.13 | 4.97 | 2.14 | 7.32 | 3.29 |
| DMP-30 | 1.44 | 0.95 | 4.54 | 2.06 | 6.76 | 2.28 |

续表

| 促进剂(1.6份) | 205℃下失重/% | | | | | |
|---|---|---|---|---|---|---|
| | 1 天 | | 3 天 | | 7 天 | |
| | PA 60 份 | HHPA 60 份 | PA 60 份 | HHPA 60 份 | PA 60 份 | HHPA 60 份 |
| 二异丙胺 | 1.21 | 2.75 | 3.18 | 3.84 | 5.99 | 5.04 |
| 三乙醇胺 | 1.30 | 0.90 | 4.15 | 1.91 | 6.61 | 3.32 |
| 二乙醇胺 | 2.85 | 3.04 | 5.51 | 4.00 | 7.75 | 5.31 |
| 甲基乙醇胺 | 0.41 | 2.36 | 2.25 | 3.26 | 6.33 | 4.73 |
| α-甲基苄基二乙醇胺 | 2.17 | 6.61 | 4.28 | 7.96 | 6.83 | 9.33 |
| 哌啶 | 1.54 | 3.10 | 2.43 | 3.96 | 6.31 | 5.44 |
| 一乙醇胺 | 3.59 | 6.61 | 4.85 | 7.28 | 7.95 | 9.70 |
| 壬胺 | 6.11 | 14.20 | 7.49 | 16.21 | 10.05 | 17.40 |
| N-氨基丙基吗啉 | 0.65 | 1.64 | 1.53 | 2.48 | 5.12 | 3.70 |
| 单异丙醇胺 | 4.00 | 8.89 | 5.41 | 10.77 | 8.58 | 12.25 |
| 甲基二乙醇胺 | 2.50 | 1.58 | 4.34 | 2.43 | 8.71 | 3.62 |
| 巯基乙醇 | 3.97 | 2.24 | 5.24 | 2.91 | 6.03 | 3.57 |
| 巯基丙酸 | 3.65 | 2.38 | 4.98 | 3.21 | 5.80 | 3.87 |

## 10.4 固化剂对耐 γ 射线辐照的影响

环氧树脂作为防护涂层在原子能工业中取得广泛应用。未固化环氧树脂和固化环氧树脂在 γ 射线的照射下均会发生变化。

见表 10-32 所列,未固化环氧树脂受 γ 射线辐照后物理化学性质要发生一些变化。随着 γ 射线剂量的增加变化更为明显:溶解性降低,环氧基含量降低,树脂颜色变深。当剂量增大到足够量时,环氧树脂会出现辐射降解(见表 10-33)。分子结构也会发生变化,分子内羧基和羟基含量增加。相对分子质量 1000~1600 的双酚 A 环氧树脂受到 2MJ/kg 剂量辐照后转变成不熔融的产物[40]。

表 10-32 未固化环氧树脂受 γ 射线辐照后物理化学性质变化

| 树 脂 | 项 目 | γ 射线剂量/kJ·kg$^{-1}$ | | | | |
|---|---|---|---|---|---|---|
| | | 0 | 10 | 100 | 500 | 1000 |
| 双酚 A 环氧树脂(E-40) | 颜色 | 深棕色 | 无变化 | | | 黑色 |
| | 溶解性 | — | 无变化 | | | 减少 |
| | 固体质量分数/% | 94.4 | 94.4 | 94.3 | 94.3 | 94.2 |
| | 皂化值/mg KOH | 10 | 9.85 | 9.85 | 9.80 | 9.80 |
| | 环氧基含量/% | 25.5 | 24.4 | 22.2 | 20.0 | 20.0 |
| 醇酸环氧(E-30) | 溶解性 | — | 无变化 | | 减少 | 不溶 |
| | 固体质量分数/% | 42 | 43 | 45.3 | 45.6 | 47.6 |
| | 皂化值/mg KOH | 0.28 | | 0.25 | | 0.20 |
| | 环氧基含量/% | 0.13 | 0.09 | 0.05 | | |
| 双酚 A 环氧树脂(E-41) | 颜色 | 棕色 | 无变化 | | | |
| | 溶解性 | — | 无变化 | | | |
| | 固体质量分数/% | 63.0 | 63.5 | 63.5 | 64.0 | 64.2 |

表 10-33　环氧树脂受 γ 射线辐照释放的气体

| 释放的气体 | 剂量/MJ·kg$^{-1}$ 释放气体质量分数/% | | |
|---|---|---|---|
| | 0.5 | 1 | 6 |
| $H_2$ | 93.5 | 72 | 22.5 |
| $CH_4$ | 微量 | 2 | 4 |
| $C_2H_6$ | 3.5 | 18 | 24 |
| $C_3H_8$ | — | — | 30.5 |
| 相对分子质量 55~67 产物 | — | — | 8 |
| 相对分子质量 69,71,93,107 及其更高的产物 | 1 | 2 | 11 |

文献[41]指出，不同固化剂固化的环氧树脂耐 γ 射线辐照性不同，并以如下顺序递降。

苯二甲酸酐＞间苯二胺＞顺丁烯二酸酐＞己二胺≈多亚乙基多胺

多亚乙基多胺在这个序列中处于与己二胺相当的位置。在固化剂中存在的苯环提高固化剂及其相应固化的环氧树脂的耐辐射性。当辐照固化的环氧树脂时，辐射剂量＜200Mrad 条件下，脂肪胺固化的环氧组成物交联密度增大，固化物的弹性和冲击强度降低，即涂层的脆性增大。

辐照的结果也使固化剂和固化的环氧树脂中发生分子结构变化[42]。例如，己二胺在真空下受辐射时释放出 $H_2$、$NH_3$、$N_2$、$C_2H_4$、$CH_4$ 及胺等，这是由于辐射时己二胺的 C—N 键和 C—C 键发生断裂所致。熔点也发生变化，未辐照时熔点 38℃，当以 100Mrad 辐照时熔点降低至 25℃。当辐照己二胺固化的环氧树脂时释放出 $H_2$(52%)、CO(26%)及其他 $N_2$、$C_4H_{10}$、$CH_4$、$CO_2$ 等。

用不同固化剂固化的环氧树脂在 γ 射线辐照后，发生辐射化学转化，释放出游离基量和固化剂本身一样，以如下次序降低

己二胺＞顺丁烯二酸酐＞间苯二胺＞苯二甲酸酐

文献[43]指出，以液态低共熔芳香胺混合物固化的环氧树脂涂层具有较高的耐辐射性。这种液态低共熔芳香胺混合物由聚亚甲基苯胺、间苯二胺及水杨酸组成，在≥10℃的温度下为黏性液体。

表 10-34 表示各种固化剂固化的双酚 A 环氧树脂，在吸收不同的 γ 射线辐射剂量时的机械强度变化及抗辐射系数[44]。

表 10-34　固化剂类型对机械强度抗辐射性的影响

| 固化剂 | 吸收射线剂量/MJ·kg$^{-1}$ | 弯曲强度 | | 弯曲弹性模量 | | 冲击韧性 | |
|---|---|---|---|---|---|---|---|
| | | /MPa | $K$ | /MPa | $K$ | /kJ·m$^{-2}$ | $K$ |
| 顺丁烯二酸酐 | 0 | 133.0 | 1.0 | 2990 | 1.0 | 15.9 | 1.0 |
| | 0.8 | 100.0 | 0.75 | 3050 | 1.02 | 11.8 | 0.74 |
| | 2.0 | 109.0 | 0.82 | 3170 | 1.06 | 10.5 | 0.66 |
| | 4.0 | 104.0 | 0.79 | 3320 | 1.11 | 15.8 | 1.00 |
| | 7.5 | 97.0 | 0.73 | 3300 | 1.11 | 14.5 | 0.91 |
| | 10.5 | 109.0 | 0.82 | 3970 | 1.33 | 8.9 | 0.56 |

续表

| 固化剂 | 吸收射线剂量 /MJ·kg$^{-1}$ | 弯曲强度 /MPa | K | 弯曲弹性模量 /MPa | K | 冲击韧性 /kJ·m$^{-2}$ | K |
|---|---|---|---|---|---|---|---|
| 邻苯二甲酸酐 | 0 | 133.0 | 1.0 | 2970 | 1.0 | 9.0 | 1.0 |
| | 0.8 | 132.0 | 0.99 | 2980 | 1.0 | 10.8 | 1.20 |
| | 2.0 | 149.0 | 1.12 | 3730 | 1.26 | 14.0 | 1.56 |
| | 4.0 | 149.0 | 1.12 | 3740 | 1.26 | 12.6 | 1.40 |
| | 7.5 | 134.5 | 1.01 | 3570 | 1.20 | 10.5 | 1.17 |
| | 10.5 | 146.0 | 1.10 | 3900 | 1.31 | 12.8 | 1.40 |
| 三乙醇胺钛酸盐 | 0 | 111.5 | 1.0 | 2740 | 1.0 | 14.7 | 1.0 |
| | 0.8 | 107.0 | 0.96 | 3370 | 1.23 | 14.3 | 0.93 |
| | 2.0 | 121.0 | 1.08 | 3120 | 1.14 | 14.1 | 0.96 |
| | 4.0 | 113.0 | 1.00 | 3250 | 1.19 | 13.2 | 0.90 |
| | 7.5 | 106.0 | 0.96 | 3230 | 1.18 | 9.1 | 0.62 |
| | 10.5 | 106.0 | 0.96 | 3390 | 1.24 | 11.9 | 0.81 |
| 间苯二胺 | 0 | 138.0 | 1.0 | 2610 | 1.0 | 35.1 | 1.0 |
| | 1.0 | 114.0 | 0.82 | 2970 | 1.23 | 55.0 | 1.56 |
| | 3.0 | 120.0 | 0.87 | 3080 | 1.18 | 22.8 | 0.65 |
| | 6.0 | 110.0 | 0.81 | 2670 | 1.02 | 16.2 | 0.46 |
| | 9.3 | 86.0 | 0.62 | 3450 | 1.32 | 7.0 | 0.20 |
| 己二胺 | 0 | 68.0 | 1.0 | 2830 | 1.0 | 4.8 | 1.0 |
| | 0.80 | 44.0 | 0.65 | 2740 | 0.97 | 2.3 | 0.48 |
| | 2.0 | 22.0 | 0.29 | 2770 | 0.98 | 1.4 | 0.30 |
| | 4.0 | 8.7 | 0.13 | 2620 | 0.92 | 1.5 | 0.31 |

注：K—耐辐射系数，辐射后测定值与辐射前测定值之比。

硼酸与 $N$-(2-羟基-5-甲基苄基) 乙醇胺反应制备的羟基[$N$-(2-羟基-5-甲基苄基)氨基乙醇盐-$O,O',N$]硼（GB）与三乙醇胺硼酸盐的固化物耐辐射性能对比见表 10-35 所列[45]。由表可见，硼盐 GB 和三乙醇胺硼酸盐相比，辐照后有较好的热、机械、电性能，而三乙醇胺硼酸盐固化物的机械强度下降很大。当 GB 用量为 20% 时，其耐热性超过三乙醇胺硼酸盐 15℃。

表 10-35　GB 和三乙醇胺硼酸盐固化物耐辐射性能

| 性　　能 | $w$(GB)/% | | | 三乙醇胺硼酸盐 |
| | 10 | 20 | 30 | |
|---|---|---|---|---|
| 维卡耐热/℃ | 138 | 155 | 130 | 140 |
| 介电强度(50Hz)/kV·mm$^{-1}$ | 125 | 156 | 151 | — |
| 体积电阻率/Ω·cm | 60×10$^{15}$ | 6×10$^{15}$ | 6×10$^{15}$ | 10×10$^{15}$ |
| 介电损耗角正切(50Hz) | 0.06 | 0.01 | 0.01 | — |
| 剪切强度(钢-钢)/MPa | | | | |
| 　辐照前 | 21.0 | 27.5 | 25.0 | 22.5 |
| 　辐照后 | 10.0 | 15.0 | 12.5 | 2.2 |
| 压缩强度/MPa | | | | |
| 　辐照前 | 115.0 | 122.5 | 120.0 | 125 |
| 　辐照后 | 62.5 | 70.0 | 65.0 | 10.0 |

注：环氧树脂—双酚 A 型，环氧值 0.47；固化条件—120℃/20h；辐射吸收剂量—6.5MGY。

文献 [46] 指出，环氧树脂组成物在辐照后的耐热性取决于固化剂的类型和射线的吸收剂量。

在正常的条件下，芳香酸酐固化的环氧组成物的热变形温度要超过使用胺固化剂的环氧组成物。但在射线辐照后表现的耐热性不同。

图 10-21 表示的多亚乙基多胺固化的双酚 A 环氧树脂（ED-20）样品分别在 250℃、300℃ 和 350℃ 下加热 30min，其耐热性随射线吸收剂量的增加而提高。而以顺丁烯二酸酐固化的环氧树脂组成物的软化温度，随射线剂量的增加而在较低的温度范围内变化，例如当辐照组成物的射线剂量到 3.5MJ/kg 时，软化温度从 100℃ 降至 80℃。

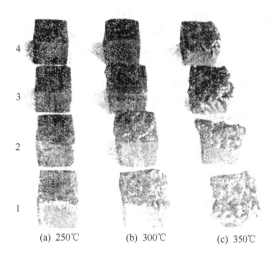

图 10-21　多亚乙基多胺固化的环氧树脂在
不同辐照剂量和在不同温度下的耐热性
1—辐照前；2—剂量 0.01MJ/kg；3—0.1MJ/kg；4—1MJ/kg

# 参 考 文 献

[1] 奥野辰弥. 接着, 2001, 45 (4).
[2] Y Diamant, G Marom, L J Broutman. J. Appl. Polym. Sci., 1981, 26 (9): 3015—3025.
[3] 清野繁夫. プラスチックス. 1972, 23 (2): 89—96.
[4] В. И. Лукашова. Д. Н. Лобачева. Пласт. Массы. 1987, (9): 46—49.
[5] В. В. Чеботаревский, Л. И. Смирнова. Лак. Матер. и их прим., 1969, (4): 30—33.
[6] 清野繁夫. 高分子加工, 1979, 28 (2): 7—8.
[7] 清野繁夫. プラスチッチス, 1971, 22 (6): 111.
[8] 清野繁夫. プラスチッチス, 1968, 19 (12): 48.
[9] 室井宗一, 石村秀一. 高分子加工, 1987, 36 (2). 33.
[10] Е. И. Каткова Д. И. Рябоштан. Пласт. Массы. 1963. (11): 61—63.
[11] 清野繁夫. プラスチックス. 1969, 20 (4): 70.
[12] 清野繁夫. プラスチックス. 1978, 29 (9): 61.
[13] 加门隆. 日本接着協会誌, 1975, 15 (3): 104.

[14]　М. Ф. Сорокин, Л. Г. Шодэ. Лак. Матер. и их прим., 1970, (2): 32—34.
[15]　刘守贵. 热固性树脂, 2000, 15 (1): 7.
[16]　清野繁夫. プラスチックス, 1969, 20 (2): 56.
[17]　清野繁夫. プラスチックス, 20 (10): 87.
[18]　清野繁夫. 高分子加工, 1979, 28 (7): 30.
[19]　清野繁夫. プラスチックス, 20 (11): 48—49.
[20]　天津市合成材料工业研究所. 环氧树脂与环氧化物. 天津: 天津人民出版社, 1974. 139—140.
[21]　清野繁夫. プラスチックス, 1969, 20 (3): 48.
[22]　М. С. Тризно, Л. М. Аираксина, О. Н. Еронько. Лак. Матер. и их прим., 1978, (2): 40—42.
[23]　于秦, 王志成. 腐蚀与防护, 1999, 20 (2): 69—73.
[24]　李中华, 钟华, 梁耀领. 腐蚀与防护, 1998, 19 (1): 22—24.
[25]　В. П. Бакаева, З. С. Егорова. В. Л. Карпов. Пласт. Массы. 1973, (5): 20—24.
[26]　Б. А. Киселев, А. М. Грибова. Пласт. массы. 1962, (5): 15—18.
[27]　垣内 弘. 新エポキシ樹脂. 昭晃堂, 1985. 37.
[28]　室井宗一, 石村秀一. 高分子加工, 1986, 35 (12): 35.
[29]　鎌形一夫 (四国化成工業株式会社). 公開特許公報. 昭54-154499. 1979.
[30]　室井宗一, 石村秀一. 高分子加工, 1987, 36 (1): 37.
[31]　室井宗一, 石村秀一. 高分子加工, 1986, 35 (11): 28.
[32]　清野繁夫. プラスチックス, 1970, 21 (9): 104.
[33]　西村佐知夫. プラスチックス, 1967, 18 (5): 4.
[34]　Ю. К. Есипов, Ю. В. Жердев, идр. Пласт. Массы, 1978 (11): 22—23.
[35]　新保正樹, 越智光一. 高井幸雄等. 日本接着協会誌. 1980, 16 (3): 91—97.
[36]　清野繁夫. 高分子加工, 1979, 28 (5): 13.
[37]　清野繁夫. プラスチックス, 1969, 20 (12): 108.
[38]　清野繁夫. プラスチックス, 1969, 20 (11): 48—49.
[39]　清野繁夫. プラスチックス, 1969, 20 (7): 70.
[40]　В. К. Князев. Эпоксцдные конструкционые материалыв в машиностроении. Москва: 《Машиностроение》, 1977. 20—22.
[41]　В. П. Бакаева, В. П. Сичкарь. пцсм. Массы, 1976, (7): 33—34.
[42]　В. П. Бакаева, З. С. Егорова, В. Л. Карпов. Пласт, Массы, 1976, (9): 16—19.
[43]　П. В. Сидякин, Б. Н. Егоров. Лак. Матер. и их прим. 1972, (4): 42—46.
[44]　В. К. Князев. Эпоксцдные конструкционые материалыв в машиностроении. Москва: 《Машиностроение》, 1977. 20—22. 35.
[45]　Пласт. Массы, 1991, (9): 60.
[46]　В. К. Князев. Эпоксцдные конструкционые материалыв в машиностроении. Москва: 《Машиностроение》, 1977. 20—22. 32—33.

# 下篇 添加剂

## 第 11 章

## 稀 释 剂

环氧树脂一般定义为，在分子结构里含有两个或两个以上环氧基的化学物质。因此，由于化学结构乃至分子质量的不同，市场上出现的环氧树脂是多种多样的，各种类型都有。当然也不乏常温下液态的低黏度环氧树脂，由于受其性能、用途及成本的局限，产量和使用量都受到一定的限制。大量使用的还是我们通常说的环氧树脂，即双酚 A 二缩水甘油醚型环氧树脂。该树脂在常温下黏度高，例如标准的液态树脂 Araldite Gy6010，Epon828，DER331 等环氧当量 182～185，黏度 (25℃)11000～14000mPa·s。将它们以原态用于涂装，衬里，浇铸，浸渍等工程作业就很困难。因此有必要将其黏度降低，稀释到适合作业性的黏度。

环氧树脂使用稀释剂之后，浇铸时可使树脂有较好的渗透力，粘接及层压制品时使树脂有较好的浸润力。除此之外，选择适当的稀释剂有利于控制环氧树脂与固化剂的反应热；延长树脂混合物的适用期；可以增加树脂混合物中填充剂（填料）的用量。

选择稀释剂的原则如下：
① 有效地降低树脂的黏度；
② 降低树脂黏度的同时，要能满足树脂固化物（或产品）的性能要求；
③ 成本要低；
④ 低毒性或无毒性。

## 11.1 稀释剂的分类及产品特性

### 11.1.1 稀释剂分类

稀释剂分为两种：非活性稀释剂与活性稀释剂。

非活性稀释剂不能与环氧树脂及固化剂进行反应，纯属物理混入过程。非活性稀释剂多半为高沸点溶剂如苄醇（101.3kPa，205℃）等，还有苯、甲苯、二甲苯、醇、酮。聚氯乙烯用增塑剂如苯二甲酸二丁酯、苯二甲酸二辛酯，苯乙烯及邻苯二甲酸二烯丙酯等。

非活性稀释剂的用量以5%～20%为宜。用量少时对物理性能几乎无影响，而耐药品性，特别是耐溶剂性能会受到影响。用量大时，固化物的物理性能会受到影响。在固化过程中，由于部分非活性稀释剂逸出挥发掉，会引起收缩性增加及粘接性降低。

活性稀释剂在其化合物分子结构里带有一个或两个以上的环氧基，能够与固化剂参与反应。和非活性稀释剂比较，使用活性稀释剂的固化物有较高的交联密度；使用含有苯核的活性稀释剂，固化物的耐热性、耐药品性均强于非活性稀释剂。

含有两个或两个以上环氧基的活性稀释剂，除了起稀释剂作用外，有的因其自身低黏度，有时还作为低黏度环氧树脂使用。

尽管活性稀释剂优于非活性稀释剂，多量地使用它们同样会减少固化物交联密度，树脂的固化性能存在降低的倾向。因此，尽可能地少量使用它们，既能降低树脂的黏度满足作业要求，又不损害固化物（及产品）的性能。

### 11.1.2 稀释剂产品特性

表11-1[1]和表11-2[2]列出了国内市售的各种稀释剂物理特性。

表11-1 国内市售稀释剂的物理特性

| 名称 | 结构式 | 环氧当量 | 沸点/℃ | 黏度(25℃)/mPa·s |
|---|---|---|---|---|
| 正丁基缩水甘油醚(BGE) | $CH_3(CH_2)_3-O-CH_2-CH-CH_2$ (环氧) | 130～140 | 165 | 1.5 |
| 烯丙基缩水甘油醚(AGE) | $CH_2=CH-CH_2-O-CH_2-CH-CH_2$ (环氧) | 98～102 | 154 | 1.2(20℃) |
| 2-乙基-己基缩水甘油醚 | $CH_3(CH_2)_4-CH(C_2H_5)-O-CH_2-CH-CH_2$ (环氧) | 195～210 | 257 | 2～4 |
| 苯乙烯氧化物(SO) | 苯-CH-CH$_2$ (环氧) | 120～125 | 191.1 | 2(20℃) |
| 苯基缩水甘油醚(PGE) | 苯-O-CH$_2$-CH-CH$_2$ (环氧) | 151～163 | 245 | 7(20℃) |
| 甲苯基缩水甘油醚(CGE) | CH$_3$-苯-O-CH$_2$-CH-CH$_2$ (环氧) | 182～200 | — | 6 |
| P.Sec-丁基苯基缩水甘油醚 | (CH$_3$)$_2$CH-CH$_2$-苯-O-CH$_2$-CH-CH$_2$ | 220～250 | 175/20mmHg | 20 |
| 甲基丙烯酸缩水甘油酯(GMA) | $CH_2=C(CH_3)-CO-O-CH_2-CH-CH_2$ | 142 | 189 | 1.5 |
| 乙烯基环己烯单环氧化物 | 环己烷(环氧)-CH=CH$_2$ | 124 | 169 | — |
| α-蒎烯氧化物 | (蒎烯环氧结构) | 152 | 62/10 mmHg | — |

续表

| 名称 | 结构式 | 环氧当量 | 沸点/℃ | 黏度(25℃)/mPa·s |
|---|---|---|---|---|
| 三级羧酸缩水甘油酯(カージュラE) | $C_{12-14}-\underset{CH_3}{\underset{|}{C}}-\underset{CH_3}{\overset{O}{\overset{\|}{C}}}-O-CH_2-CH-CH_2\diagdown O$ | 240~250 | 135 | |
| 二缩水甘油醚 | $CH_2-CH-CH_2-O-CH_2-CH-CH_2$ | 130 | | |
| (聚)乙二醇二缩水甘油醚 | $CH_2-CH-CH_2-O-(CH_2CH_2O)_{1\sim9}-CH_2-CH-CH_2$ | 130~300 | | 15~17 |
| (聚)丙二醇二缩水甘油醚 | $CH_2-CH-CH_2-O-(CH_2-\underset{CH_3}{\underset{\|}{CH}}-CH_2-O)_{1\sim7}-CH_2-CH-CH_2$ | 150~360 | | 20~80 |
| 丁二醇二缩水甘油醚 | $CH_2-CH-CH_2-O-(CH_2)_4-O-CH_2-CH-CH_2$ | 130~175 | — | 10~30 |
| 乙烯基环己烯二氧化物 | | 140 | 227 | 9.8(20℃) |
| 季戊二醇二缩水甘油醚 | $CH_2-CH-CH_2-O-CH_2-\underset{CH_3}{\overset{CH_3}{\underset{\|}{\overset{\|}{C}}}}-CH_2-O-CH_2-CH-CH_2$ | 135~170 | — | 10~30 |
| 二缩水甘油苯胺 | $C_6H_5-N(CH_2-CH-CH_2)_2$ | 125~145 | | 50~100 |
| 三羟甲基丙烷三缩水甘油醚 | $C_2H_5-C(CH_2-O-CH_2-CH-CH_2)_3$ | 135~160 | | 100~160 |
| 甘油三缩水甘油醚 | | 140~170 | — | 115~170 |

表11-2 大日本油墨活性稀释剂物理特性

| EPICLON | 结构式 | 环氧当量 | 黏度(25℃)/mPa·s |
|---|---|---|---|
| 520 | 苯环-O-CH₂-CH-CH₂(环氧), R取代 | 220~250 | 5~25 |
| 703 | R-O-CH₂-CH-CH₂(环氧) R:C₁₂—C₁₃ | 260~300 | 5~10 |

续表

| EPICLON | 结构式 | 环氧当量 | 黏度(25℃)/mPa·s |
|---|---|---|---|
| 705 | 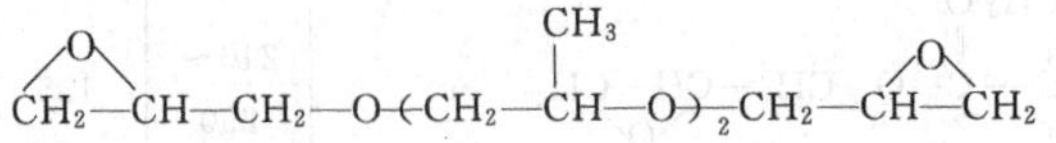 $CH_2-CH-CH_2-O(CH_2-CH-O)_2-CH_2-CH-CH_2$ (带环氧基,中间 $CH_3$) | 185~215 | 20~50 |
| 707 | 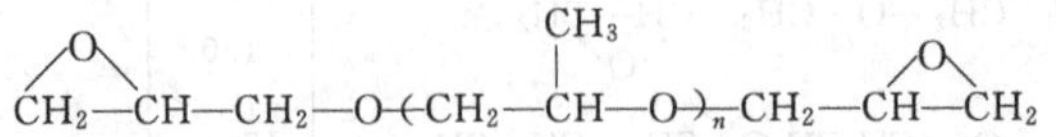 $CH_2-CH-CH_2-O(CH_2-CH-O)_n-CH_2-CH-CH_2$ (带环氧基,中间 $CH_3$) | 295~325 | 40~60 |
| 720 | 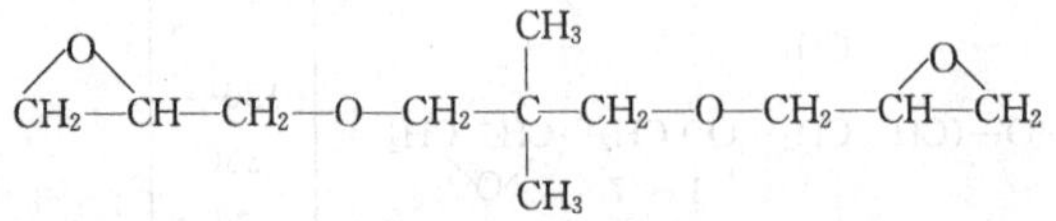 $CH_2-CH-CH_2-O-CH_2-C(CH_3)_2-CH_2-O-CH_2-CH-CH_2$ | 145~160 | 15~25 |
| 725 | 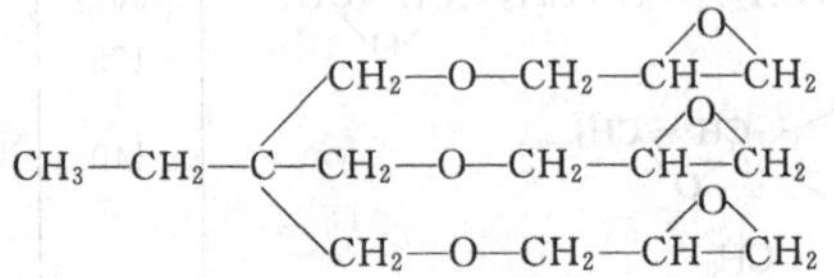 $CH_3-CH_2-C(-O-CH_2-CH-CH_2)_3$ | 130~145 | 110~140 |
| 726 | 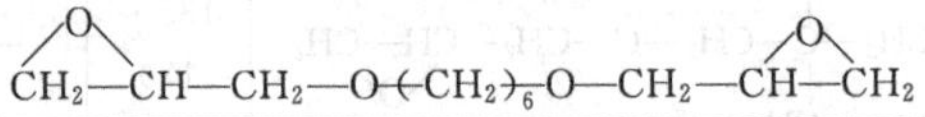 $CH_2-CH-CH_2-O(CH_2)_6-O-CH_2-CH-CH_2$ | 140~170 | 15~30 |

由表 11-1 和表 11-2 可以看出,这些活性稀释剂本身的黏度都很低,例如正丁基缩水甘油醚,甲基丙烯酸缩水甘油酯等脂肪族单环氧化合物,25℃下黏度低于 10mPa·s;三环氧化合物的黏度相比之下较高,例如甘油三缩水甘油醚,黏度也未超过 200mPa·s。合理地选择它们与环氧树脂配合,可以取得有效的稀释效果。

## 11.2 稀释剂的稀释作用

### 11.2.1 稀释剂的稀释效果

表 11-3、图 11-1 和图 11-2 分别表示了非活性稀释剂 DBP(苯二甲酸二丁酯),二甲苯,苄醇(BA)及各种活性稀释剂对环氧树脂的稀释效果。

表 11-3 环氧树脂 ED-20,DBP 和 ED 与 DBP 混合物的黏度特性[3]

| 组成物 | 组成/% | | 不同温度下黏度/mPa·s | | | | |
|---|---|---|---|---|---|---|---|
| | ED-20 | DBP | 20℃ | 30℃ | 40℃ | 50℃ | 60℃ |
| 1 | 100 | — | 33315 | 6475 | 1700 | 669 | 355 |
| 2 | — | 100 | 22 | 16 | 11 | 8.3 | 6.1 |
| 3 | 100 | 5 | 18740 | 3050 | 1309 | 436 | 239 |
| 4 | 100 | 10 | 8580 | 2108 | 750 | 314 | 152 |
| 5 | 100 | 15 | 4960 | 1480 | 534 | 226 | 149 |
| 6 | 100 | 20 | 2806 | 740 | 360 | 175 | 92 |

苯二甲酸二丁酯对环氧树脂 ED-20 的稀释作用表明，当其用量为 5% 时就可以降低环氧树脂的黏度，10%～20% 时明显降低树脂的黏度，并随着温度的升高降低更多。

由图 11-1 和图 11-2 中可见，二甲苯、苄醇等有机溶剂是优良的稀释剂。像涂料等以成膜为目的时候，在固化时溶剂会扩散到大气中，对涂膜的物性影响小；然而以浇铸、浸渍等为目的时，气泡混入成形品对变形、性能影响较大。此时就不宜采用这种非活性稀释剂。

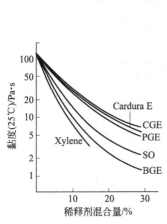
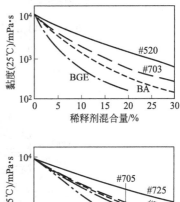
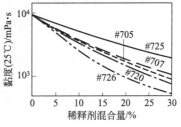

图 11-1　树脂使用稀释剂的黏度变化 1　　图 11-2　树脂使用稀释剂的黏度变化 2
（树脂、Epikote 828）

通常情况下将环氧树脂的作业黏度调整至 1000mPa·s 左右。单从稀释的效果看，正丁基缩水甘油醚（BGE）在各种稀释剂中是最好的。二、三环氧化合物稀释效果通常不如单环氧化合物。

选择稀释剂时必须要考虑使用的目的、树脂特性等。一般土木工程方面的用途，BGE 的使用例多，浇铸、浸渍等要求电气特性的领域，除了 BGE 之外，也使用 PGE、CGE 及 SO 等。除了单一地使用一种稀释剂之外，也可将非反应性和反应性稀释剂组合，将 2～3 种反应性稀释剂组合一起使用的例子也不少。

## 11.2.2　稀释剂对凝胶、固化过程的影响

图 11-3 和图 11-4 分别表示双酚 A 型环氧树脂和双酚 F 型环氧树脂以各种稀释剂调至混合黏度（25℃）约 1000mPa·s，再配合当量的聚酰胺（活泼氢当量 87），观其指触干燥、半固化和固化的过程（时间）。由图 11-3 与图 11-4 可见，使用稀释剂之后，固化时间均延长了 2～5h。

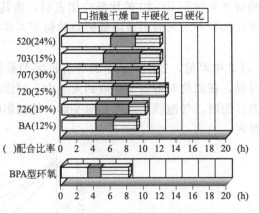

图 11-3 双酚 A 环氧树脂的固化过程

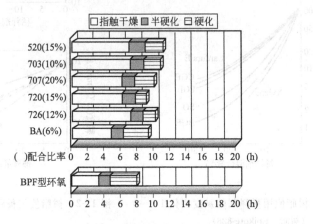

图 11-4 双酚 F 环氧树脂的固化过程

## 11.3 稀释剂对固化物各种性能的影响

稀释剂降低树脂黏度的同时,给固化物的各种性能也会带来一定的影响,这就越发显得稀释剂及其用量选择的重要。

### 11.3.1 稀释剂对粘接性能的影响

图 11-5 表示苯基缩水甘油醚和 1,4-丁二醇二缩水甘油醚用量对环氧树脂-二亚乙基三胺组成物（室温 7 天固化）搭接剪切强度的影响[4]。由图中可见,适量的稀释剂可以提高剪切强度。在同样添加量情况下,1,4-丁二醇二缩水甘油醚的剪切强度高于苯基缩水甘油醚。这是因为适量的稀释剂增强了胶黏剂对金属表面的浸润力；而前者强度高于后者是由于两者结构不同所致,前者为脂肪长链且含有两个环氧基。

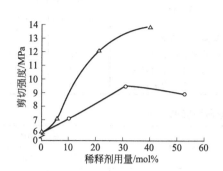

图 11-5 稀释剂对剪切强度的影响
○—苯基缩水甘油醚；△—1,4-丁二醇二缩水甘油醚

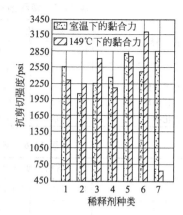

图 11-6 各种稀释剂对高温剪切强度的影响（环氧树脂的环氧当量约190，固化剂 Epikurez，后固化温度66℃）

1—2-缩水甘油苯基缩水甘油醚；
2—乙烯基环己烯二氧化物；
3—2,6-二缩水甘油苯基缩水甘油醚；
4—3,4-环氧基-6-甲基环己烷甲基-3,4-环氧基-6-甲基环己烷甲酸酯；
5—二缩水甘油醚；
6—3,4-环氧基环己烷甲基-3,4-环氧基环己烷甲酸酯；
7—烯丙基缩水甘油醚

1psi＝6844.76Pa

图 11-6 表示各种稀释剂对环氧胶黏剂高温剪切强度的影响。单环氧化合物烯丙基缩水甘油醚在室温下有较高的剪切强度，但在高温下强度很低。其他二、三元环氧化合物在高温下的剪切强度远远超过单环氧化合物，尤以第 6 种环氧化合物最高。

## 11.3.2 稀释剂对其他性能的影响

表 11-4～表 11-8 表示各种稀释剂对三亚乙基四胺固化环氧树脂（Araldite 6005）体系各种性能的影响。添加稀释剂导致固化物的热变形温度、耐水性及弯曲强度均有所降低。单就耐水性而言，含有苯环的稀释剂增重低于 1%，优于其他稀释剂。

表 11-4 稀释剂对热变形温度的影响

| 稀 释 剂 | 热变形温度/℃ | | 稀 释 剂 | 热变形温度/℃ | |
|---|---|---|---|---|---|
| | 1500mPa·s | 500mPa·s | | 1500mPa·s | 500mPa·s |
| — | — | 120 | 烯丙基缩水甘油醚 | 95 | 76 |
| 甲基丙烯酸缩水甘油酯 | 105 | 95 | 苯乙烯氧化物 | 93 | 81 |
| 1,4-丁二醇二缩水甘油醚 | 102 | 87 | 甲苯基缩水甘油醚 | 92 | 78 |
| 丁基缩水甘油醚 | 101 | 85 | 苯基缩水甘油醚 | 88 | 77 |

表 11-5　稀释剂对耐水性的影响（浸泡 30 日）

| 稀 释 剂 | 质量变化率/% | | 稀 释 剂 | 质量变化率/% | |
| --- | --- | --- | --- | --- | --- |
| | 1500mPa·s | 500mPa·s | | 1500mPa·s | 500mPa·s |
| — | — | 0.79 | 丁基缩水甘油醚 | 1.10 | 1.28 |
| 甲苯基缩水甘油醚 | 0.76 | 0.75 | 烯丙基缩水甘油醚 | 1.19 | 1.40 |
| 苯基缩水甘油醚 | 0.82 | 0.79 | 甲基丙烯酸缩水甘油酯 | 1.22 | 1.45 |
| 苯乙烯氧化物 | 0.83 | 0.82 | 1,4-丁二醇二缩水甘油醚 | 1.30 | 2.04 |

表 11-6　稀释剂对弯曲强度的影响

| 稀 释 剂 | 弯曲强度/MPa | | 稀 释 剂 | 弯曲强度/MPa | |
| --- | --- | --- | --- | --- | --- |
| | 1500mPa·s | 500mPa·s | | 1500mPa·s | 500mPa·s |
| — | — | 142.1 | 甲基丙烯酸缩水甘油酯 | 129.5 | 122.5 |
| 甲苯基缩水甘油醚 | 154.4 | 140.0 | 烯丙基缩水甘油醚 | 131.7 | 126.3 |
| 苯基缩水甘油醚 | 138.0 | 136.6 | 丁基缩水甘油醚 | 129.0 | 120.6 |
| 苯乙烯氧化物 | 135.8 | 131.9 | 1,4-丁二醇二缩水甘油醚 | 103.0 | 106.1 |

表 11-7　稀释剂对硬度的影响

| 稀 释 剂 | 巴氏硬度(23℃) | | 稀 释 剂 | 巴氏硬度(23℃) | |
| --- | --- | --- | --- | --- | --- |
| | 1500mPa·s | 500mPa·s | | 1500mPa·s | 500mPa·s |
| — | — | 87 | 苯乙烯氧化物 | 87 | 86 |
| 甲基丙烯酸缩水甘油酯 | 88 | 88 | 苯基缩水甘油醚 | 87 | 87 |
| 甲苯基缩水甘油醚 | 88 | 88 | 丁基缩水甘油醚 | 86 | 85 |
| 烯丙基缩水甘油醚 | 87 | 86 | 1,4-丁二醇二缩水甘油醚 | 87 | 84 |

表 11-8　稀释剂对介电常数的影响

| 稀 释 剂 | 黏度/mPa·s | 介电常数(23℃) | | | |
| --- | --- | --- | --- | --- | --- |
| | | 60cps | | $10^5$cps | |
| | | A | D | A | D |
| — | 12200 | 4.17 | 4.23 | 3.67 | 3.71 |
| 1,4-丁二醇二缩水甘油醚 | 1500 | 4.22 | 4.28 | 3.73 | 3.82 |
| | 500 | 4.21 | 4.34 | 3.76 | 3.84 |
| 烯丙基缩水甘油醚 | 1500 | 4.14 | 4.17 | 3.68 | 3.66 |
| | 500 | 4.72 | — | 4.01 | 4.50 |
| 苯基缩水甘油醚 | 1500 | 3.91 | 3.97 | 3.54 | 3.57 |
| | 500 | 3.70 | 3.71 | 3.46 | 3.46 |

注：A 为初始测定值；D 为蒸馏水浸泡 24h 后测定值。

## 11.4　活性（反应性）稀释剂的毒性[5,6]

　　活性稀释剂多数为低分子质量环氧化合物。由于环氧基含量高且具挥发性，其毒性作用远大于双酚 A 型环氧树脂。对动物皮肤的第一次毒性效应，按下列次序减少：DGE＞缩水甘油＞PGE＞AGE＞BGE＞IGE。吸入它们的蒸气会刺激呼吸道，烯丙基缩水甘油醚（AGE）和异丙基缩水甘油醚（IGE）会引起轻微的全身中毒。这些活性稀释剂最大的危害性是对皮肤的伤害,特别是 DGE(二缩水甘油醚)、缩水甘油、PGE 尤甚。表 11-9 列出各种低分子质量环氧化合物对动物的毒性实验结果。重要的是,工作人员使用它们时要避免吸入它们的蒸气、避免它们散落在皮肤上或进入眼内。

**表 11-9　各种活性稀释剂的急性毒性**

| 环氧化合物 | 分子结构式 | $LD_{50}$(鼠,口服)/(mL/kg) | $LD_{50}$(兔,皮下注射)/(mL/kg) |
|---|---|---|---|
| 乙烯氧化物 | $CH_2\text{—}CH_2$ (O) | 0.33 (0.29~0.36) | |
| 丙烯氧化物 | $CH_2\text{—}CH\text{—}CH_3$ (O) | 0.63 (0.54~0.73) | 1.50 (1.07~2.10) |
| 1,2-环氧丁烷 | $CH_2\text{—}CH\text{—}CH_2\text{—}CH_3$ (O) | 1.41 (0.88~2.29) | 2.10 (1.50~2.95) |
| 环氧氯丙烷 | $CH_2\text{—}CH\text{—}CH_2\text{—}Cl$ (O) | 0.21 (0.20~0.23) | 1.3 |
| N-缩水甘油二乙胺 | $CH_2\text{—}CH\text{—}CH_2\text{—}N(C_2H_5)_2$ (O) | 0.42 (0.26~0.68) | 0.79 (0.59~1.07) |
| 丁基缩水甘油醚(BGE) | $CH_2\text{—}CH\text{—}CH_2\text{—}O\text{—}C_4H_9$ (O) | 2.05 (1.56~2.69) | 2.52 (1.28~4.97) |
| 丁二烯单环氧化物 | $CH_2\text{—}CH\text{—}CH\text{=}CH_2$ (O) | | |
| 丙烯酸缩水甘油酯 | $CH_2\text{—}CH\text{—}CH_2\text{—}O\text{—}CO\text{—}CH\text{=}CH_2$ (O) | 0.21 (0.15~0.30)① | 0.40 (0.18~0.92) |
| 油酸缩水甘油酯 | $CH_2\text{—}CH\text{—}CH_2\text{—}O\text{—}CO\text{—}(CH_2)_7\text{—}CH\text{=}CH\text{—}(CH_2)_7\text{—}CH_3$ (O) | 3.52 (3.35~3.69) | 8 |
| 苯乙烯氧化物 | $C_6H_5\text{—}CH\text{—}CH_2$ (O) | 2.83 | 0.89 (0.49~1.63) |
| 苯甲酸缩水甘油酯 | $CH_2\text{—}CH\text{—}CH_2\text{—}O\text{—}CO\text{—}C_6H_5$ (O) | | |
| 苯基缩水甘油醚(PGE) | $CH_2\text{—}CH\text{—}CH_2\text{—}O\text{—}C_6H_5$ (O) | 4.26 (3.90~4.66)① | 1.50 (1.07~2.10) |
| 乙烯基环己烯单环氧化物 | 环己烯-CH=CH$_2$(O) | 2.00 (1.28~3.13) | 2.83 |
| 丁二烯二环氧化物 | $CH_2\text{—}CH\text{—}CH\text{—}CH_2$ (O)(O) | 0.088① | 0.035 |
| 乙烯基环己烯二氧化物($U_{nox}$206) | 环己烷-CH—CH$_2$(O)(O) | 2.83 | 0.62 (0.25~1.57) |

续表

| 环氧化合物 | 分子结构式 | $LD_{50}$(鼠,口服)/(mL/kg) | $LD_{50}$(兔,皮下注射)/(mL/kg) |
|---|---|---|---|
| $U_{nox}$ 201 | 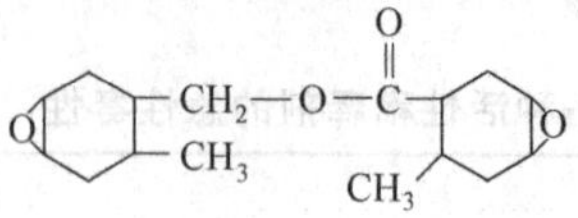 | 4.92(3.75~6.46) | >10 |
| $U_{nox}$ 221 | 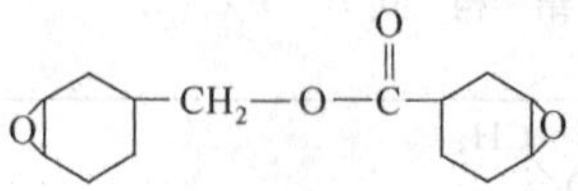 | 4.49(1.81~11.2) | >20 |
| $U_{nox}$ 269 | 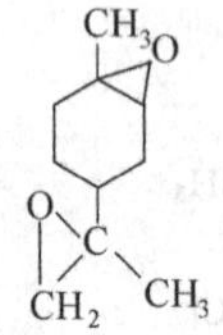 | 5.63① | 1.77 |
| 双(2,3-环氧环戊基)醚 | 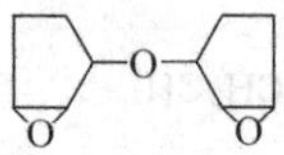 | 2.14(1.54~2.99) | >5.0 |
| 二氧化双环戊二烯 | 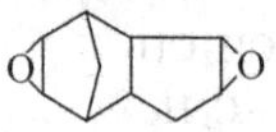 | | |
| 内式 | 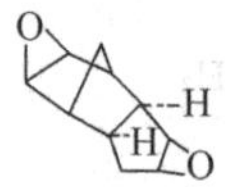 | 0.21(0.13~0.34)① | <8.0① |
| 外式 | 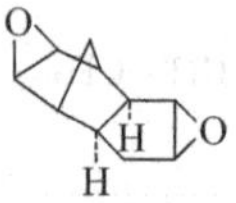 | 0.31(0.25~0.38)① | 3.18(2.35~4.29) |
| 双酚A型环氧 | | 19.6(14.1~25.7) | >20 |

① 单位为 mg/kg。

## 11.5 活性稀释剂新技术

由于活性稀释剂均为低分子环氧化合物，程度不同的对皮肤及黏膜产生刺激性。因此希望开发安全性高，稀释效果好，对固化物物性不良影响小或能提高固化物物性的稀释剂。环状碳酸酯是一种新型的活性稀释剂，用于胺固化的环氧树脂组成物中[7]。

### 11.5.1 环状碳酸酯的特性及稀释效果

表 11-10 列出了活性稀释剂环状碳酸酯的特性。图 11-7 显示不同碳酸酯的稀释效果。由图中可见，使用碳酸酯与液态环氧树脂（环氧当量 188）混合，可有效降低树脂的黏度，几乎呈线性关系。

表 11-10 环状碳酸酯的特性

| 商品名 | 学名 | 特性 |
|---|---|---|
| EC | 碳酸亚乙烯酯 | 固态 |
| PC | 碳酸丙烯酯 | 液态 |
| EC-50 | EC 和 PC 50/50 混合物 | 液态 |
| GC | 甘油碳酸酯:含有环状碳酸酯和羟基 | |
| 缩水甘油醚碳酸酯类 | 由缩水甘油醚和 $CO_2$ 反应制备 | |

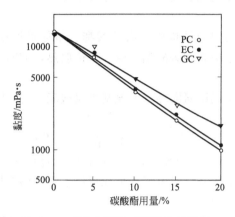

图 11-7 碳酸酯用量对树脂黏度影响

## 11.5.2 碳酸酯对固化物性能的影响

碳酸酯对环氧树脂（环氧当量188）-三亚乙基四胺（TETA）体系室温固化物性能的影响如表 11-11 所示。

表 11-11 添加 EC、PC 及 GC 的环氧固化体系性能

| | | | | |
|---|---|---|---|---|
| 液态环氧树脂 | 100 | 100 | 100 | 100 |
| EC | | 5 | | |
| PC | | | 6 | |
| GC | | | | 6 |
| TETA | 13 | 17 | 17 | 15 |
| 黏度(23℃)/mPa·s | 2500 | 1220 | 790 | 1710 |
| 凝胶时间(200g)/min | 39 | 18 | 23 | 11 |
| 放热峰/℃ | 250 | 257 | 242 | 255 |
| 初始温度/℃ | 23 | 23 | 24 | 26 |
| $T_g$/℃ 玻璃化温度 | 130 | 116 | 107 | 110 |
| Shore D | 88.87 | 87.86 | 89.87 | 88.87 |
| Izod 冲击强度/ft·lb/in[①] | 0.44 | 0.62 | 0.45 | 0.33 |
| 拉伸强度/MPa | 57.4 | 73.5 | 70.0 | 77.0 |
| 拉伸模量/MPa | 3122 | 3192 | 3710 | 3710 |

续表

| 液态环氧树脂 | 100 | 100 | 100 | 100 |
|---|---|---|---|---|
| 最大延伸率/% | 2.2 | 4.4 | 3.0 | 3.7 |
| 弯曲强度/MPa | 105 | 111.3 | 147 | 144.9 |
| 弯曲模量/MPa | 2716 | 3143 | 3486 | 3479 |
| 增重(沸水 24h)/% | 2.1 | 3.1 | 3.5 | 4.0 |
| 增重(沸丙酮 3h)/% | 0.20 | 0.62 | 0.6 | 0.7 |

① 1ft·lb/in=53.37J/m。

由表 11-11 可见，在液体环氧树脂-胺体系中添加环状碳酸酯后，体系的凝胶时间缩短，热性能（玻璃化温度 $T_g$ 和热变形温度 HDT）均降低，但力学性能明显提高。

凝胶时间缩短，是因为结构中含有碳酸酯、整体极性提高，致使反应速度增加；再有环氧树脂体系中胺和碳酸酯反应、快速放热，前期放出的热量又进一步加速反应进行。

碳酸酯和胺反应生成甲氨酸酯（或氨基甲氨酸酯），其结构如下：

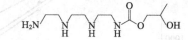

氨基甲氨酸酯结构（TETA 和 PC 的反应生成物）

反应生成物中含有羰基，给氢键的形成提供了强韧的架桥点，致使固化树脂在室温下的力学性能得以提高。

热性能和 HDT 随碳酸酯用量增加而趋于降低，加热时架桥点比例随之减少是其热性能降低的一个原因。

碳酸酯极性高，对极性溶剂亲和性增加，容易吸收热丙酮和热水，使其增重，耐药品性降低。

这一新技术的最大特点是，与通常的缩水甘油醚类稀释剂不同，PC 和 EC 使用时没有毒性，且能提高树脂固化物的力学性能。

# 参 考 文 献

[1] 垣内 弘. 新エポキシ樹脂. 昭晃堂，1985. 264.
[2] 山本 充. 接着の技術. 2001. 20 (4)：7—9.
[3] P. M. ТЮЛИНА, ИДР. Птаст. Массbl, 1989, (4)：62—65.
[4] J. Appl, Polym. Sci.，1978，22 (9)：2509.
[5] 工業材料，1975，23 (5)：15—21.
[6] Industrial Hygiene Journal, July-August. 1963，305—320.
[7] ポリマーダィジユスト. 2002, (6)：83—92.

# 第 12 章

# 增韧剂

环氧树脂本身为线型、热塑性的，加入固化剂之后，固化物呈三维网状结构，本质上硬而脆。并且环氧树脂经加热、固化及冷却过程后成固化物，在这样的过程中由于固化收缩，冷却收缩物理变化的结果，产生了内应力。当这种内部应力超过固化的强度时，在固化物的内部产生裂纹。如表 12-1 所示，环氧树脂的断裂能 $G_{IC}$ 和断裂韧性 $K_{IC}$ 远低于其他各种塑料[1]，不耐冲击和热冲击。

表 12-1 各种塑料的断裂能 $G_{IC}$ 和断裂韧性 $K_{IC}$

| 塑料 | $G_{IC}/kJ·m^{-2}$ | $K_{IC}/MN·m^{-1.5}$ | 塑料 | $G_{IC}/kJ·m^{-2}$ | $K_{IC}/MN·m^{-1.5}$ |
|---|---|---|---|---|---|
| 聚乙烯 | 1.3~5 | 1.6~4.0 | ABS | 1~50 | 32~40 |
| 聚丁烯 | — | 1.1~2.8 | 聚碳酸酯 | 1.5~2.7 | 22~30 |
| 聚丙烯 | — | 2.7~7.0 | 尼龙 6.6 | — | 2.3~5.2 |
| 聚苯乙烯 | — | 1.1~4.6 | 聚酯(不饱和) | 0.4 | 1.2 |
| 聚氯乙烯 | 36 | 2.2~5.6 | 环氧树脂 | 0.04~0.37 | 0.66~1.5 |
| 聚甲基丙烯酸甲酯 | 1~15 | 1.0~2.5 | 酚醛树脂 | 0.05~0.2 | — |

内应力对固化物的物理性能会产生各种各样的影响，在实用上引起各种问题。例如，胶黏剂的粘接强度下降，作为土木建筑材料时机械强度会降低，涂料会龟裂或剥落。

在多种应用场合要求固化树脂具有柔性、强韧性及黏着性，光靠通用的双酚 A 型环氧树脂和固化剂组合，多数情况下是不能应对的，就必须选择和配合增韧剂。

使用增韧剂的目的主要包括以下几点：

① 提高固化树脂的耐冲击强度，增大断裂时的伸长率；

② 改善固化树脂的耐热冲击性，亦即耐龟裂性。热膨胀系数不同的物体相粘时，可以吸收由于急剧的温度变化产生的冲击能从而减少应变；

③ 提高固化树脂的密着性和粘接性。固化收缩产生内应变，通过缓和吸收这些内应变而改善对各种基材的密着性和粘接性等。

作为增韧的方法，通常是向双酚 A 环氧树脂的刚性结构导入玻璃化温度更低的柔性链状结构，将链增长，交联点间分子质量增大，亦即交联密度下降，从而起增韧作用。

使用增韧剂的结果往往会使拉伸强度、弹性模量、热变形温度及耐药品性等有所下降。

在改善环氧树脂韧性的初期，使用不具有反应性官能基的增塑剂。但这些增塑剂只能降低树脂黏度，在环氧树脂固化体系中对交联点起减少作用，增韧效果差，固化树脂的物理性能降低明显，因此作为增韧剂使用很少。

现在作为增韧剂使用的化合物或长链低聚物，弹性体等末端都具有反应性官能基，如环氧基—CH—CH$_2$，羟基—OH，羧基—COOH，巯基—SH，氨基—NRH，及异氰酸酯基—N=C=O等。因此选择使用反应性增韧剂时，必须考虑环氧树脂所用的固化剂，即反应性增韧剂必须与固化剂匹配。它们之间的相适应关系见表12-2所列。

表 12-2 增韧剂端基和相适应的固化剂

| 增韧剂端基（增韧剂例） | 固化剂 | | | 增韧剂端基（增韧剂例） | 固化剂 | | |
|---|---|---|---|---|---|---|---|
| | 聚酰胺，多胺 | 酸酐 | 其他 | | 聚酰胺，多胺 | 酸酐 | 其他 |
| —CH—CH$_2$ | ○ | ○ | ○ | 所有固化剂 | —OH | × | ○ | △ 路易氏酸盐 |
| —SH | ○ | × | ○ | 叔胺 | —N=C=O | ○ | × | × |
| —COOH | × | ○ | ○ | 叔胺 | 封端的—N=C=O | ○ | × | × |

注：○可用；×不可用；△有限使用。

## 12.1 环氧系增韧剂[2]

环氧系增韧剂分单环氧化合物和双环氧化合物。双环氧化合物又有缩水甘油醚和缩水甘油酯两种。

### 12.1.1 单环氧化合物

单环氧化合物多为低分子化合物，黏度低，用作稀释剂，增韧效果不好，大量使用时明显降低固化物性能。其中值得注意的是腰果酚环氧化合物，结构如下：

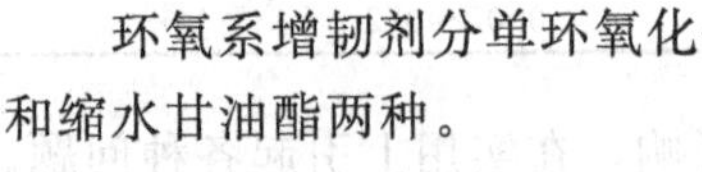

C$_{15}$H$_{27}$—⌬—O—CH$_2$—CH—CH$_2$，由含有15个碳原子不饱和直链的腰果酚制备的。

其物理特性如下：黏度（25℃）<65mPa·s，环氧当量440～540，相对密度（25℃）0.96。

将其与通用的液态环氧树脂配合，以三亚乙基四胺固化，固化树脂的物性如图12-1～图12-3所示。由图可见，使用该环氧化合物之后，冲击强度得以提高，但热变形温度和硬度随其用量增加而下降[2]。

其他单环氧化合物，如由2-乙基己醇、十二烷醇、壬基酚等制得的缩水甘油醚，由于黏度低多作稀释剂使用。

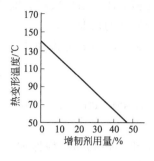
图 12-1　热变形温度

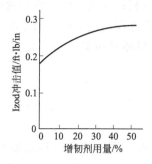
图 12-2　Izod 冲击强度
注：1ft·lb/in=53.37J/m

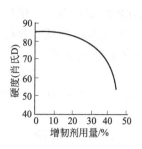
图 12-3　硬度

## 12.1.2　双环氧化合物

### 12.1.2.1　聚丙二醇二缩水甘油醚

聚丙二醇二缩水甘油醚具有如下结构式：

$$CH_2-CH-CH_2-O\left[CH(CH_3)-CH_2-O\right]_m\left[CH_2-CH(CH_3)-O\right]_n CH_2-CH-CH_2$$

基本的聚丙二醇分子质量 400 时，结构式 $m+n=6\sim7$，是最常用型的。其物性如下：黏度（25℃）50～100mPa·s，环氧当量 300～340，相对密度（25℃）1.07。以其（例如 ED506）与双酚 A 环氧树脂配合，室温固化 7 天，固化体系的性能如表 12-3 所示。

表 12-3　聚丙二醇二缩水甘油醚的性能

| 性　能 | DGEBA/ED506 | | | | 性　能 | DGEBA/ED506 | | | |
| --- | --- | --- | --- | --- | --- | --- | --- | --- | --- |
| | 100/0 | 90/10 | 80/20 | 70/30 | | 100/0 | 90/10 | 80/20 | 70/30 |
| 三亚乙基四胺/质量份 | 10 | 10 | 9 | 9 | 拉伸强度/MPa | 44 | 46 | 43.7 | 29.7 |
| 凝胶时间/min | 45 | 55 | 67 | 89 | 弯曲强度/MPa | 101.3 | 82.5 | 72.5 | 69.5 |
| 放热峰温度/℃ | 176 | 170 | 166 | 137 | 伸长率/% | 1.1 | 4.0 | 5.1 | 18.1 |
| 硬度(肖氏 D) | 86 | 86 | 85 | 82 | 吸水率(浸泡 7 天)/% | 0.32 | 0.45 | 0.62 | 0.76 |
| 软化点/℃ | 46 | 40 | 35 | 28 | | | | | |

聚丙二醇二缩水甘油醚黏度低，使用容易，固化树脂的低温冲击强度、耐龟裂性优良，广泛用于涂料、土木建筑及电气等各领域。由其结构式可以推断，大量地配合使用，固化树脂的耐水性、密着性等会降低，这是需要注意的。

应当指出的是，与聚丙二醇二缩水甘油醚结构类似的聚乙二醇二缩水甘油醚，也具有增韧效果，但作增韧剂使用较少，因为它具有水溶性。

### 12.1.2.2　双酚 A-烷撑氧化物加成物二缩水甘油醚

该二缩水甘油醚具有如下结构式。首先由双酚 A 与丙烯氧化物加成制得含苯核的二元醇，再将其环氧化制得，亦称侧链型环氧树脂。它是一种具有良好韧性的常温固化型树脂，与液态双酚 A 型环氧树脂有较好的相容性。双酚上的侧链越长，对增强树脂固化物的韧性越有利；与此同时，它与树脂的相溶性、固化反应速度和固化物的机械强度、耐药品性等却随之下降。通常取侧链的平均长度为 $C_7$。

它的反应性低于双酚 A 型环氧树脂，为了促进固化反应，一般可添加 1%～3% 的叔胺或酚类。

$$CH_2-CH-CH_2-\left[O-CH_2-CH-CH_2\right]_m-O-\bigcirc-\underset{CH_3}{\overset{CH_3}{C}}-\bigcirc-O-\left[CH_2-CH-CH_2-O\right]_n-CH_2-CH-CH_2 \quad m+n \geqslant 2$$

该产品由日本旭电化工业（株）开发，其商品名 ADK EP-4000，物性如下：黏度（25℃）3500～6000mPa·s，环氧当量 310～340，密度（25℃）1.14。以不同固化剂固化 ADK EP4000 增韧液态双酚 A 环氧树脂（环氧当量 190）体系的性能见表 12-4 和表 12-5 所列。

表 12-4　ADK EP4000 增韧树脂固化物性能 1

| ADK EP4000 | 100 | 75 | 50 | 25 | — |
|---|---|---|---|---|---|
| 液态双酚 A 环氧树脂 | — | 25 | 50 | 75 | 100 |
| 三亚乙基四胺 | 9 | 9 | 9 | 9 | 9 |
| 凝胶化时间(50g,25℃)/min | — | 108 | 88 | 65 | 50 |
| 最高放热温度/℃ | — | 38 | 58 | 80 | 119 |
| 硬度（肖氏 D） | 50 | 64 | 71 | 74 | 75 |
| 拉伸强度/MPa | 14.0 | 27.1 | 53.6 | 59.2 | 47.8 |
| 伸长率/% | 89 | 85 | 6 | 3 | 2 |
| 剪切强度/MPa | 5.4 | 9.2 | 19.9 | 15.8 | 9.9 |
| 吸水率(室温 7 天)/% | 1.24 | 0.95 | 0.62 | 0.55 | 0.45 |
| 10% NaOH(室温 7 天)/% | — | 1.53 | 1.44 | 1.16 | 1.07 |

注：固化条件，室温（20℃）10 天。

表 12-5　ADK EP4000 增韧树脂固化物性能 2

| 性　能 | ADK EP4000/DGEBA | | | | | |
|---|---|---|---|---|---|---|
| | 100/0 | 75/25 | 50/50 | 25/75 | 0/100 | 50/50① |
| 聚酰胺(胺值 340) | 50 | 55 | 60 | 65 | 70 | 60 |
| 凝胶时间(30℃)/min | — | 182 | 95 | 83 | 71 | 62 |
| 热变形温度/℃ | — | 34 | 45 | 54 | 65 | 46 |
| 拉伸强度/MPa | | | | | | |
| 　−25℃ | 71.1 | 69.2 | 64.3 | 51.6 | 50.6 | 64.8 |
| 　0℃ | 26.4 | 43.6 | 70.8 | 72.5 | 68.3 | 72.8 |
| 　25℃ | 1.7 | 10.2 | 35.3 | 47.2 | 50.2 | 36.2 |
| 　50℃ | 0.7 | 1.4 | 3.0 | 9.7 | 20.0 | 3.3 |
| 　75℃ | 0.6 | 0.9 | 1.2 | 2.1 | 5.2 | 1.4 |
| 伸长率/% | 62 | 51 | 11 | 4 | 3 | 12 |
| 弯曲强度/MPa | | | 55.9 | 65.2 | 74.9 | 53.6 |
| 吸水率(7 天)/% | 1.8 | 1.4 | 1.2 | 1.1 | 0.9 | 1.0 |

① 添加 3% 固化促进剂 EHC-81。固化条件：40℃/48h。

### 12.1.2.3　亚油酸二聚体二缩水甘油酯

该缩水甘油酯由妥尔油脂肪酸（亚油酸、亚麻酸）经 Diels Alder 反应聚合，制得碳原子数 36 的二聚酸，以它为基础环氧化制得。结构式如下：

$$\begin{array}{l}(CH_2)_7-COOCH_2CH-CH_2\\ \quad\quad\quad\quad\quad\quad\quad\quad\quad\quad\diagdown O\diagup \\ CH\\ CH\quad CH-(CH_2)_7COOCH_2CH-CH_2\\ \|\quad\quad\quad\quad\quad\quad\quad\quad\quad\quad\quad\quad\diagdown O\diagup\\ CH\quad CH-CH_2-CH=CH(CH_2)_4CH_3\\ CH\\ (CH_2)_5-CH_3\end{array}$$

日本油化シエルエポキシ（株）生产，其商品名 Epikote 871 和 Epikote 872，物理特性如表 12-6 所示。

表 12-6 亚油酸二聚体二缩水甘油酯物理特性

| 特性 | Epikote 871 | Epikote 872 | 特性 | Epikote 871 | Epikote 872 |
|---|---|---|---|---|---|
| 环氧当量 | 390～470 | 650～750 | 密度(20℃) | 0.99 | 1.08 |
| 黏度(25℃)/mPa·s | 400～900 | $>1\times10^6$ | 常温固化性 | 差 | 良 |
| 色调(G) | 10～12 | 8～10 | 常温操作性 | 良 | 差 |

该缩水甘油酯主链由烃构成，固化树脂的电气性能优良，常用于电气浇铸等。但固化树脂的耐碱性、耐汽油性不好。与液态双酚 A 环氧树脂或前述的侧链型环氧树脂混合使用，可配制适用于土木建筑方面的密封胶。表 12-7 列示 Epikote 871 与双酚 A 环氧树脂不同配比树脂固化物的力学性能。

表 12-7 亚油酸二聚体二缩水甘油酯的固化物的力学性能

| | DGEBA/Epikote 871 | | | | DGEBA/Epikote 871 | | |
|---|---|---|---|---|---|---|---|
| | 100/0 | 67/33 | 33/67 | | 100/0 | 67/33 | 33/67 |
| HHPA/% | 80 | 65 | 46 | 伸长率/% | (2) | 7 | 37.5 |
| 拉伸强度/MPa | (80.0) | 73.8 | 23.2 | 拉伸弹性模量/MPa | — | 1898.4 | 527.3 |

注：固化条件，100℃/2h+125℃/4h；促进剂 K61B 1 份。

其他缩水甘油酯系增韧剂有己二酸二缩水甘油酯，碳原子数 20 的合成脂肪酸二元酸制成的缩水甘油酯。

# 12.2 聚硫化合物

该聚合物亦称聚硫橡胶。1940 年由美国 Thiokol 公司开发，商品名 Thiokol LP。结构式如下：

$$HS\text{⫲}C_2H_4OCH_2OC_2H_4-SS\text{⫲}_nC_2H_4OCH_2OC_2H_4-SH$$

各种聚硫橡胶产品的物理特性如表 12-8 所示，其中以 LP-3 为代表，广泛使用。该聚硫橡胶通过硫醇基（—SH）与环氧基反应，但反应很慢，如果不加促进剂，经几天也不能使环氧树脂固化，仅仅凝胶化。通常其与叔胺（例如 DMP-30）和多胺（例如 TTA，TEPA）配合使用作为室温固化剂，与酸酐配合使用需要高温固化。

表 12-8  聚硫橡胶的物理特性

| 特性 | 商品名 | | | 特性 | 商品名 | | |
|---|---|---|---|---|---|---|---|
| | LP-3 | LP-8 | LP-33 | | LP-3 | LP-8 | LP-33 |
| 外观 | 液体 | 液体 | 液体 | 黏度(25℃)/mPa·s | 700～1200 | 250～350 | 1300～1550 |
| 相对分子质量 | 1000 | 500～700 | 1000 | pH值(水萃取) | 6.0～8.0 | 6.0～8.0 | 6.0～8.0 |
| 交联度/% | 2.0 | 2.0 | 0.5 | | | | |

用量通常为50～100份，固化物随聚硫橡胶用量的增加赋予韧性，提高耐冲击性，介电常数增加，固化收缩率降低。固化物粘接强度好，耐水性优，亦耐药品和石油。

该聚硫橡胶广泛用于胶黏剂、密封剂及浇铸料等。表12-9表示LP-3与各种固化剂配合固化双酚A环氧树脂的各种性能。胺固化剂的种类对环氧树脂与聚硫橡胶的固化物性能有较大影响。如图12-4和图12-5所示，以三亚乙基四胺固化的双酚A环氧树脂/LP-3体系有较好的耐老化稳定性。

表 12-9  聚硫橡胶 LP-3 固化树脂的性能

| | | | | | | | |
|---|---|---|---|---|---|---|---|
| LP-3/% | 50 | 50 | 50 | LP-3/% | 50 | 50 | 50 |
| 固化剂/% | DMP-30 | TTA | PA | 热变形温度/℃ | 62 | 52 | 54 |
| | 10 | 10 | 50 | 拉伸强度/MPa | 48.5 | 21.9 | 42.8 |
| 黏度(27℃)/mPa·s | 2000 | 1300 | 7850 | 伸长率/% | 10 | 20 | 9 |
| 适用期(27℃)/min | 20 | 25 | 7～23h | 硬度(肖氏D) | 78 | 72 | 81 |
| 凝固时间(27℃)/min | 17 | 23 | 7～23h | 冲击强度/ft·lb | | | |
| 固化条件 | 室温/7d | 室温/7d | 100℃/2h +120℃/2h | 27℃ -37℃ | 2.8 0.5 | 63.5 2.9 | 11.3 3.0 |
| 最高放热温度/℃ | 130 | 146 | 150 | | | | |

注：1ft·lb=0.138kg·m

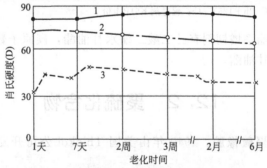

图 12-4  老化对 LP-3/Epikote828/三亚乙基四胺（TTA）固化物硬度的影响（室温）
1—Lp-3/Ep.828/TTA=0/100/10
2—Lp-3/Ep.828/TTA=50/100/10
3—Lp-3/Ep.828/TTA=100/100/10

与LP-3不同，后来开发的LP-140聚硫化物是在聚硫化合物骨骼里引入了聚醚骨骼的嵌段共聚物，其末端即是巯基（—SH）。其特性见表12-10[3]。它与LP-3

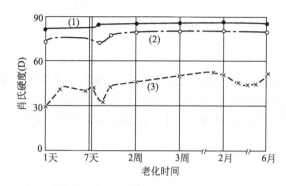

图 12-5 老化对 LP-3/Epikote828/TTA 固化物硬度的影响（100℃）

不同，其具有低温快速固化性，在胺类固化剂存在下可与环氧树脂快速固化。LP-140 粘接强度出现得快：在 5℃剪切强度大于 2.0MPa 的时间为 2h，在 0℃ 2.5h 具有优良的固化性。黏结性能，特别是耐水黏结性优于市售聚硫橡胶（详见表 12-11）。

表 12-10  LP-140 的物理特性

| 外观 | 红褐色透明液体 | 黏度(25℃)/mPa·s | 4500 |
|---|---|---|---|
| 相对密度(25℃) | 1.18 | SH 质量分数/% | 10 |

表 12-11  LP-140 固化环氧胶黏剂性能

| 项目 | 胶黏剂配比/质量分数 | | | | 项目 | 胶黏剂配比/质量分数 | | | |
|---|---|---|---|---|---|---|---|---|---|
| | 例1 | 例2 | 例3 | 例4 | | 例1 | 例2 | 例3 | 例4 |
| Epikote828 | 100 | 100 | 100 | 100 | 剪切强度(软钢板)/MPa | | | | |
| LP-140 | 100 | 80 | 60 | — | 20℃/7d | 12.3 | 102 | 81 | — |
| 市售聚硫橡胶 | — | — | — | 80 | (20℃/5d)+(20℃水浸7d) | — | 85 | — | 26 |
| DMP-30 | 10 | 10 | 10 | 10 | 固化速度/min | | | | |
| 剪切强度(软钢板)/MPa | | | | | 凝胶时间 | 9.0 | 8.0 | 7.5 | 4.0 |
| 20℃/6h | 6.8 | 80 | 99 | — | 无黏性 | 45.0 | 50.0 | 45.0 | 25.0 |
| 20℃/5d | — | 100 | — | 53 | | | | | |

注：固化速率—混料 20g，测定温度 20℃。

## 12.3  增韧性的聚醇

聚醇如聚丙二醇，聚四亚甲基二醇，端羟基聚酯等可作为酸酐固化环氧树脂的增韧剂。这种情况下聚醇的羟基和酸酐反应生成羧基（1），再和环氧基反应（2）形成交联结构。

$$-R-OH + \text{(酸酐)} \longrightarrow -R-O-C(=O)-C_6H_4-COOH \quad (12-1)$$

$$-R-O-\overset{O}{\overset{\|}{C}}-\overset{O}{\overset{\|}{C}}-OH + CH_2-CH- \longrightarrow -R-O-\overset{O}{\overset{\|}{C}}-\overset{O}{\overset{\|}{C}}-O-CH_2-CH- \quad (12-2)$$

这些聚醇由于结构、分子质量的不同，可形成各种各样的制品，但主要用于制备聚氨酯。通常从这些聚醇中选择适当的产品用于环氧树脂。表 12-12 表示不同结构及分子质量的聚醇增韧脂环族环氧树脂 ERL-4221 的各种性能。ERL-4221 的结构和物性如下：

环氧当量134～140，黏度(25℃)450～600mPa·s。

**表 12-12　聚醇系增韧剂增韧固化物的性能**

| | | | | | |
|---|---|---|---|---|---|
| 脂环族环氧树脂 ERL-4221① | 100 | 66.5 | 77 | 140 | 140 |
| 增韧剂 | | | | | |
| 　LHT-240② | — | — | — | 6 | — |
| 　LHT-34③ | — | — | 23 | 31 | — |
| 　PCL-300④ | — | — | — | — | 29 |
| 　PCP-0230⑤ | — | 33.5 | — | — | — |
| 固化剂 | | | | | |
| 　Me-THPA | — | — | 77 | 132 | 132 |
| 　HHPA | 100 | 65 | — | — | — |
| 促进剂 | | | | | |
| 　BDMA | 0.5% | 0.5% | 0.5% | — | — |
| 　Coline 可啉 | — | — | — | 0.1% | 0.1% |
| 性能 | | | | | |
| 　热变形温度/℃ | 190 | 100 | 108 | 163 | 123 |
| 　热冲击指数 | <1 | 3.7 | 5.5 | 8.2 | 9.3 |
| 　拉伸强度/MPa | 63.3 | 56.2 | 75.9 | 42.9 | 73.1 |
| 　伸长率/% | 2～3 | 27 | 4.9 | 11 | 5.9 |
| 　拉伸弹性模量/MPa | 3128.8 | 5554.5 | 2896.8 | 1569.9 | 2664.7 |
| 　介电常数(60Hz,23℃) | 2.8 | 2.9 | 3.0 | 3.3 | 3.2 |
| 　介电损耗角正切(60Hz,23℃) | 0.008 | 0.010 | 0.005 | 0.009 | 0.016 |
| 　体积电阻率(23℃)/Ω·cm | $1\times10^{16}$ | $1\times10^{16}$ | $1\times10^{16}$ | $1\times10^{15}$ | $1.8\times10^{15}$ |

① UCC 公司产品；
② 聚丙二醇、三元醇　分子质量 710，UCC 产品；
③ 聚丙二醇、三元醇　分子质量 5000，UCC 产品；
④ 己内酯聚醇　分子质量 10000，UCC 产品；
⑤ 己内酯聚醇　分子质量 1250，UCC 产品；
固化条件为 100℃/2h+160℃/4h。

## 12.4　聚合物弹性体

在本节介绍的聚合物弹性体有端羧基丁腈橡胶，丙烯酸橡胶及变性有机硅弹性体等。

### 12.4.1 端羧基丁腈橡胶（CTBN）

端羧基丁腈橡胶具有如下结构式。早在 20 世纪 60 年代中期开始就以 CTBN 变性环氧树脂，增韧胺固化的树脂。在端羧基丁腈橡胶应用之前，多采用一般丁腈橡胶（如国产丁腈-46），无规羧基丁腈橡胶，但增韧效果均不如端羧基丁腈橡胶。丙烯腈的极性高，它的存在使 CTBN 的整体极性接近环氧树脂，改变丙烯腈的含量可以改变 CTBN 和环氧树脂的亲和性，形成橡胶粒子分散相，与环氧树脂相形成"海-岛"结构，以分散相存在的弹性体粒子在体系受到冲击时终止裂纹，诱导剪切变形，从而提高环氧树脂的断裂韧性，固化树脂的断裂韧性随着 CTBN 含量的增加而增加。CTBN 中的丙烯腈含量对固化树脂断裂时能量吸收值有较大影响，在丙烯腈含量 12%～18%范围内具有最大值。

$$\text{HO}-\underset{\underset{\text{O}}{\|}}{\text{C}}-\text{R}-\left[\left(\text{CH}_2-\text{CH}=\text{CH}-\text{CH}_2\right)_x\left(\text{CH}_2-\underset{\underset{\text{CN}}{|}}{\text{CH}}\right)_y\right]_z-\text{R}-\underset{\underset{\text{O}}{\|}}{\text{C}}-\text{OH}$$

平均 $x=5, y=1, z=10$
典型的液体 CTBN 羧基当量 1850

BF Goodrich 化学公司已将 CTBN 商品化，典型的弹性体特性见表 12-13 所列。以液态丁腈橡胶变性双酚 A 环氧树脂的特性见表 12-14 所列。由表可见，弹性模量、热变形温度大幅降低，破坏时的吸收能有较大提高。

表 12-13 弹性体特性

| 弹性体 | $T_g$/℃ | 丙烯腈含量/% | 溶解度参数(SP) | 黏度(27℃)/mPa·s |
|---|---|---|---|---|
| CTB 2000×162 | −74 | 0 | 8.04 | — |
| CTBN 1300×8 | −45 | 18 | 8.77 | 12×10⁴ |
| CTBN 1300×13 | −30 | 26 | 9.14 | — |

注：DGEBA 的 SP 值为 9.4。

表 12-14 液态丁腈橡胶的性能

| 性能 | DGEBA/CTBN | | | | |
|---|---|---|---|---|---|
| | 100/0 | 100/5 | 100/10 | 100/15 | 100/20 |
| 哌啶固化/质量份 | 5 | 5 | 5 | 5 | 5 |
| 拉伸强度/MPa | 67.1 | 64.0 | 59.6 | 52.4 | 48.1 |
| 伸长率/% | 4.8 | 4.6 | 6.2 | 8.9 | 12.0 |
| 拉伸弹性模量/MPa | 2856.0 | 2550.0 | 2346.0 | 2142.0 | 2244.0 |
| 破坏能/(kg·cm/cm²) | 0.18 | 2.68 | 3.39 | 4.82 | 3.39 |
| Gardener 冲击试验/kgf·m | 0.58 | 0.81 | 0.78 | 0.78 | 2.51 |
| 热变形温度/℃ | 80 | 76 | 74 | 71 | 69 |

注：固化条件为 120℃/16h。

除了单独使用 CTBN 变性环氧树脂外，为了将固化树脂的性能控制在一定范围，可以将 CTBN 和环氧树脂预先进行反应制得 CTBN 变性的环氧树脂，再以这种变性的树脂用于环氧树脂，可提高结构胶黏剂的剥离强度。

低分子质量液态 CTBN（例如 CTBN 1300×8，分子质量 3400，官能基数 1.9）变性环氧树脂为环氧基和羧基的酯化反应，其当量比大于 3 时不用触媒，加热即可进行。使用的触媒为三苯基膦，或季铵盐等。表 12-15 和表 12-16 分别表示液态加成物和固态加成物的制法。

表 12-15　液态环氧树脂和 CTBN 的加成物

| 成分 | 份数 | 温度/℃ | 时间(至酸为零)/h |
|---|---|---|---|
| DGEBA 液态环氧(EEW185) | 62.50 份 | | |
| CTBN1300×8 | 37.50 份 | 60 | 6 |
| 三苯基膦 | 0.25 份 | 80 | 1.3 |
| | | 120 | <0.5 |

表 12-16　CTBN 两步法制备固态环氧树脂

| 步骤 | 组分 | 用量 | 备注 |
|---|---|---|---|
| 1 | CTBN 1300×13/DGEBA(EEW 185) | | 40/60 制 |
| | 加成物 1 | | |
| 2 | 加成物 1 | | |
| | 双酚 A | 100 份 | |
| | 乙基三苯基碘化鏻 | 0.08 份 | |
| | T/t | 110℃/6h | |
| | EEW(实际值) | 743(758) | |
| | 橡胶含量 | 35% | |
| | 外观 | 半固态 | |

美国 CVC 特种化学品公司开发了一系列 CTBN 变性环氧树脂，其特性如表 12-17 所示[4]。

表 12-17　CTBN 变性环氧树脂的特性

| ERISYS | 成分 | 弹性体含量/% | 环氧当量 | 黏度(25℃)/mPa·s |
|---|---|---|---|---|
| EMRA-95 | 双酚 A 型液态环氧树脂/CTBN | 6 | 200 | 17000(52℃) |
| RK-8-4 | 双酚 A 型固态环氧树脂/CTBN | 32 | 1650 | 95℃(软化点) |
| EMRA-840 | 双酚 A 型液态环氧树脂/CTBN 1300×8 | 40 | 340 | 180000 |
| EMRA-1340 | 双酚 A 型液态环氧树脂/CTBN 1300×13 | 40 | 350 | 400000 |
| EMRF-1320 | 双酚 F 型环氧酚醛/CTBN 1300×13 | 20 | 210 | 35000 |
| EMDA3-23 | 二聚酸变性环氧树脂 | 40 | 720 | 450000 |

CTBN 等橡胶变性环氧树脂残留有双键，添加 0.33phr 过氧化二枯基（Dicup），可在 160℃/2.5h 条件下硫化。

除上述端羧基丁腈橡胶外，CTBN 和 N-氨基乙基哌嗪反应可制成端胺基丁腈橡胶（ATBN），其结构式为

$$HN \bigcirc N(CH_2)_2 NHC\underset{\parallel}{O}[(CH_2-CH=CH-CH_2)_x(CH_2-\underset{CN}{CH})_y]_M C\underset{\parallel}{O} NH(CH_2)_2 N \bigcirc NH \text{（典型品胺当量900）}$$

以 ATBN 变性环氧树脂涂料的冲击强度为例，列于表 12-18。

表 12-18  ATBN 变性环氧涂料的冲击强度（室温 7 天固化）

| DGEBA(EEW525) | 1 | 2 | 3 | 4 |
|---|---|---|---|---|
|  | 100 | 100 | 100 | 100 |
| 甲乙酮 | 32 | 33 | 34 | 34 |
| 流平剂 | 1.7 | 1.7 | 1.7 | 1.7 |
| 聚酰胺（胺值 238） | 50 | 48.5 | 47.1 | 45.6 |
| 溶纤剂 | 16 | 17 | 18 | 18 |
| 二甲苯 | 33 | 34 | 35 | 36 |
| ATBN(1300×16) | — | 5 | 10 | 15 |
| 反向冲击(Reverseimpact)(5/8″飞镖)/(吋·磅) |  |  |  |  |
| 室温 | 230 | 240 | 290 | 320 |
| −16℃ | 175 | 205 | 205 | 290 |

## 12.4.2  丙烯酸橡胶[1]

用橡胶弹性体增韧环氧树脂，橡胶和环氧树脂的相容性是强韧化的重要因素，希望橡胶能完全溶解于环氧树脂。作为丙烯酸橡胶的典型代表物聚丙烯酸正丁酯（PnBA）与双酚 A 环氧树脂的相容性不好，为改变其相容性，将丙烯酸正丁酯（n-BA）和丙烯腈（AN）及丙烯酸（AA）等共聚。聚合引发剂使用 4,4′-偶氮双 4,4′-氰基戊酸，制成的共聚物末端残留羧基。

HOOC(CH₂)₃CH(CN)N
‖
NCH(CN)(CH₂)₃COOH

在这三元共聚物中 AN 含量多的 SP 值增大，与环氧树脂的相容性亦增大，因此力学性能提高（如图 12-6）。不同组成的丙烯酸橡胶（用量 10pph）变性环氧树脂（Epikote828）时，固化树脂的玻璃化温度（$T_g$）见表 12-19 所列。

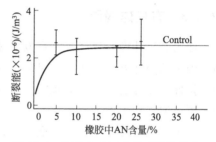

图 12-6  橡胶中 AN 含量对性能影响

注：环氧树脂：Epikote828；固化剂：DDM；
弹性体：10%；固化条件：
120℃/1h+150℃/2h

表 12-19  不同组成丙烯酸橡胶变性的固化物 $T_g$ 值

| 橡胶中各组分比例/%<br>PnBA-AN-AA | $T_g$/℃ | 橡胶中各组分比例/%<br>PnBA-AN-AA | $T_g$/℃ |
|---|---|---|---|
| 100-0-0 | 160 | 91-0-9 | 155 |
| 74-26-0 | 158 | 88-0-12 | 152 |
| 58-42-0 | 155 |  |  |

一种新型的丙烯酸橡胶为乙烯基卞基缩水甘油醚（VBGE）和丙烯酸正丁酯（BA）的共聚物[5]。

单体  VBGE  b.p.100~108℃/0.1mm

共聚物

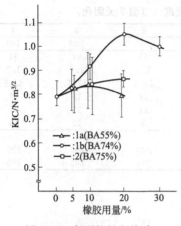

图 12-7 断裂韧性与橡胶结构和用量之关系

将 VBGE 和 BA 的各种共聚物与环氧树脂 Epikote 828（EEW190）配合，加入当量的 DDS，于 120℃/1h+180℃/5h 条件下固化。固化树脂的弯曲强度和模量，拉伸强度和模量均随橡胶配合量的增加而下降，但断裂韧性（$K_{IC}$）却随其用量的增加而增加，达到最高点之后才下降（见图 12-7）。VBGE 和 BA 之比 25:74 的共聚物，当添加量 20% 时 $K_{IC}$ 值最大，此时固化物的 SEM 显示，橡胶粒子平均粒径 3.8μm。

取得最大 $K_{IC}$ 值的共聚物环氧当量 559，$M_n$ 12100。

### 12.4.3 有机硅橡胶

使用有机硅橡胶代替二烯系液体橡胶可以得到耐热性好的强韧的环氧树脂固化物。液态的聚硅氧烷例如聚二甲基硅氧烷，玻璃化温度 $T_g$ 值低（-120℃），高度的可挠性，良好的耐候性、耐热、耐氧化性优等。再有其表面张力小，非极性结构，可以取得憎水性的界面。

按下式反应可以制备两末端具有官能基的硅氧烷低聚物，反应终了后，减压蒸馏回收到产物环状化合物[1]。

$$\left[\begin{array}{c}Y\\|\\Si-O\\|\\Y\end{array}\right]_n + X-R-\underset{\underset{CH_3}{|}}{\overset{\overset{CH_3}{|}}{Si}}-O-\underset{\underset{CH_3}{|}}{\overset{\overset{CH_3}{|}}{Si}}-R-X \xrightarrow[\text{KOH粉末}]{\text{加热} \atop 0.01\ \ 0.1\%} X-R-\underset{\underset{CH_3}{|}}{\overset{\overset{CH_3}{|}}{Si}}-O-\left[\underset{\underset{CH_3}{|}}{\overset{\overset{CH_3}{|}}{Si}}-O\right]_n-\underset{\underset{CH_3}{|}}{\overset{\overset{CH_3}{|}}{Si}}-R-X + \text{环状化合物}$$

$n$=3 或 4（$D_3$ 或 $D_4$）

X: 官能基，$-NH_2$，$-N\underset{}{\underset{}{\diagdown}}NH$，$-COOH$，$-CH-CH_2$（环氧基），$-OH$，$-NCO$，$-N(CH_3)_2$，$-CH=CH_2$，

$-\underset{}{\diagdown\diagdown}-OH$，$-\underset{}{\diagdown\diagdown}-NH_2$ 等

R: $-(CH_2)_{3\sim5}$    $n$: 聚合度 0~150

Y: 骨骼结构 $\left[\begin{array}{c}CH_3\\|\\Si-O\\|\\CH_3\end{array}\right]$，$\left[\begin{array}{c}\phi\\|\\Si-O\\|\\\phi\end{array}\right]$，$\left[\begin{array}{c}CH_3\\|\\Si-O\\|\\CH_2\\|\\CH_2\\|\\CF_3\end{array}\right]$，

$\left[\begin{array}{c}CH_3\\|\\Si-O\\|\\H\end{array}\right]$，$\left[\begin{array}{c}CH_3\\|\\Si-O\\|\\CH\\||\\CH_2\end{array}\right]$ 等

① 变性有机硅弹性体应用举例[6]　变性有机硅弹性体为二甲氧基甲硅烷基封端的聚丙烯氧化物［DMeSi-PPO，SAT-10，分子量为2000，日本鐘淵化学工業（株）製］。

对 DGEBA（Epikote828）用量为20%。环氧树脂固化剂为1,6-己二胺，以对环氧的当量使用。DMeSi-PPO 的硬化触媒为月桂酸二丁基锡（DBTDL），用量为1%。为了使 DMeSi-PPO 分散到环氧树脂中，可添加一定量的氨基硅氧烷（AMS，A-1120），其对 DGEBA 和 DMeSi-PPO 都有相溶性。

② 分散方法　将给定量的 DGEBA 和 DMeSi-PPO 预先在50℃下搅拌，然后添加 DBTDL 和 AMS，继续搅拌4h之后进行减压脱泡。在50℃下 DGEBA 和 DMeSi-PPO 相溶成均一透明的液体。加入 DBTDL，AMS 之后约5min 体系变白色浑浊，这说明体系中两树脂的相溶性起了变化。该变性硅氧烷在锡触媒存在下，末端的甲氧基甲硅烷基之间进行缩合反应，形成硅氧键，以此形成交联结构。如图12-8所示，此时体系中环氧基几乎不参与反应，而甲氧基甲硅烷基大幅地减少。

③ 固化方法　将1,6-己二胺预先在80℃熔融、当量配合，当用于浇铸或粘接剂时于80℃/2h+140℃/6h 固化。

当用 DMeSi-PPO 变性环氧树脂时，添加 AMS，可将 DMeSi-PPO 作为分散相能够稳定地分散于环氧树脂中，AMS 在树脂界面起界面稳定剂的作用。

有机硅弹性体变性的环氧树脂与未变性体系相比，搭接剪切强度提高1.2倍，T 型剥离强度增大约3.3倍（图12-9）。且粘接层的破坏形态随 AMS 用量的增加由界面剥离向凝聚破坏转变。

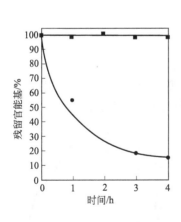

图12-8　环氧/DMeSi-PPO 体系50℃下残留基变化
■—环氧基；●—甲氧基甲硅烷基

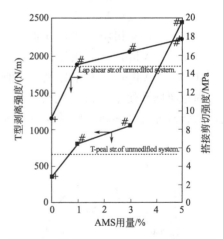

图12-9　AMS 用量对 T 剥离强度的影响
+—接触破坏；#—凝聚破坏

## 12.5　聚氨酯弹性体[2]

用聚氨酯弹性体增韧环氧树脂是由于聚氨酯的柔性链段连续贯穿于树脂相，形成"互穿"、"半互穿"的特殊网络结构,与环氧网络产生正协同效应,从而使环氧树脂固化材料力学性能得以提高。

### 12.5.1 氨基甲酸酯预聚物

线型聚醚和过量的二异氰酸酯反应制得末端为异氰酸酯基的氨基甲酸酯预聚物(结构如下式),很早就用作环氧树脂增韧剂。

$$OCN-Ar-NHCOO(RO)_nOCHN-Ar-NCO$$

式中,Ar 为二异氰酸酯残基,例如 —⟨benzene⟩—CH$_3$ 等;R 为亚烷基,例如—(CH$_2$)$_4$—

美国 DuPont 公司开发的氨基甲酸酯预聚物商品 Adiprene L-100 就是由聚四亚甲基二醇和甲苯二异氰酸酯反应制得。

当预聚体与低分子量环氧树脂配合时,选二元胺作固化剂,混合时异氰酸酯基和氨基急速起反应。芳香族二胺用于预聚体 Adiprene-L 与环氧树脂的配合物中,室温下固化反应很慢,需要在 145℃加热 1~8h。固化时间依 Adiprene-L 种类、环氧树脂的配比和固化剂的种类不同而异。温度低于 100℃时固化不能得到性能良好的固化物。

芳香族二胺对预聚体 Adiprene-L 与环氧树脂的适宜用量按下式计算求出。

$$X=\frac{M}{4}\left[\frac{a}{E}+\frac{b(\%NCO)}{2100}\right]$$

式中  M——固化剂的分子量;
    a——环氧树脂用量;
    E——环氧树脂的环氧当量;
    b——Adiprene-L 用量;
  %NCO——Adiprene-L 中异氰酸酯的百分含量。

固化树脂和使用 CTBN 场合类似,生成氨酯的分散粒子相。使用芳香二胺固化的树脂拉伸强度和弹性模量分别如图 12-10 和图 12-11 所示。

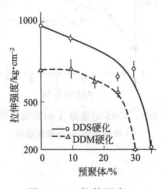

图 12-10 拉伸强度

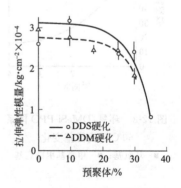

图 12-11 拉伸弹性模量

以 4,4′-二苯基甲烷二异氰酸酯(MDI)和聚(四亚甲基醚)二醇以 1.01∶1 的摩尔比混合制得氨基甲酸酯预聚物,然后将其分散到环氧树脂和 DDM 混合物中,于 120℃/12h+150℃/5h 条件下固化。预聚物以 1μm 粒子均匀分散到环氧树脂相。固化树脂具有耐冲击性,可用于内燃机曲轴[7]。

## 12.5.2 末端具有官能基的氨基甲酸酯预聚物[8~10]

末端有异氰酸酯基的聚醚氨基甲酸酯低聚物与双酚 A、4,4′-二氨基二苯基砜、苯酮四甲酸二酐反应,可分别制得端羟基、端氨基、端酸酐基的氨基甲酸酯预聚物,结构式如下。

端羟基氨基甲酸酯预聚物

端氨基氨基甲酸酯预聚物

端酸酐氨基甲酸酯预聚物

将这些端官能的氨基甲酸酯预聚物与环氧树脂配合,以 4,4′-二氨基二苯基砜固化。如图 12-12 所示,当预聚物用量为 15 份时,与未变性环氧树脂 [E(O)] 相比,破坏能约为 2~6 倍。

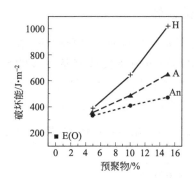

图 12-12 变性环氧树脂的破坏能
E(O)—双酚 A 环氧树脂;H—端羟基的变性环氧树脂;
A—端氨基的变性环氧树脂;An—端酸酐的变性环氧树脂

此外,聚醚氨基甲酸酯低聚物的异氰酸酯基和羟乙基丙烯酸酯反应,可制备具有丙烯酸端基的氨基甲酸酯预聚物。

该预聚物与环氧树脂配合，以双-4-氨基环己基甲烷固化。该体系通过胺和环氧基反应、丙烯酸基双键的反应形成交联体。

聚醚氨基甲酸酯低聚物的异氰酸酯基与缩水甘油反应，可制备端环氧基聚氨酯，使用多胺作固化剂。表 12-20 列示端环氧基聚氨酯的拉伸剪切强度。随着聚醚二醇链长度的增加，室温下拉伸剪切强度减少，低温下反而增加。以这种端环氧基聚氨酯变性双酚 A 环氧树脂时，低温及室温下拉伸剪切强度均得以提高（表 12-21）。

$$CH_2-CH-CH_2-O-\underset{\underset{OH}{|}}{C}-N-(PU\ oligomer)-N-\underset{\underset{H\ O}{|}}{C}-O-CH_2-CH-CH_2$$

端环氧基聚氨酯

表 12-20　端环氧基聚氨酯的拉伸剪切强度

| 聚醚二醇分子质量 | 拉伸剪切强度/MPa | | 聚醚二醇分子质量 | 拉伸剪切强度/MPa | |
| --- | --- | --- | --- | --- | --- |
| | −160℃ | 25℃ | | −160℃ | 25℃ |
| 700 | 37.5±1.6 | 12.9±0.6 | 2000 | 44.9±1.3 | 6.5±0.2 |
| 1000 | 40.9±1.2 | 8.5±0.4 | 环氧树脂(DER331) | 6.6±0.2 | 14.9±1.0 |

表 12-21　端环氧基聚氨酯变性环氧树脂的拉伸剪切强度

| 环氧树脂/端环氧基聚氨酯[①]（质量份） | 拉伸剪切强度/MPa | | 环氧树脂/端环氧基聚氨酯[①]（质量份） | 拉伸剪切强度/MPa | |
| --- | --- | --- | --- | --- | --- |
| | −160℃ | 25℃ | | −160℃ | 25℃ |
| 100/0 | 6.6±0.2 | 14.9±1.0 | 25/75 | 26.0±1.4 | 10.0±0.2 |
| 75/25 | 16.6±0.9 | 16.1±0.9 | 0/100 | 44.9±1.3 | 6.5±0.2 |
| 50/50 | 21.5±0.6 | 15.2±0.3 | | | |

① 聚醚二醇分子量 2000。

### 12.5.3　接枝的 IPN 聚合体

预先将环氧树脂的仲羟基和过量的异氰酸酯基反应，接着将残存的异氰酸酯基和聚醚二醇反应，以此制得环氧树脂接枝氨基甲酸酯预聚物的接枝 IPN 聚合体。与环氧树脂和氨基甲酸酯预聚物反应体系（IPN 聚合体）相比，接枝 IPN 聚合体相溶性好，力学性能优于 IPN 聚合体（见表 12-22）。

表 12-22　环氧树脂/聚氨酯 IPN 聚合体的力学性能

| IPN 聚合体 | 拉伸强度/MPa | | | | 伸长率/% | | | | |
| --- | --- | --- | --- | --- | --- | --- | --- | --- | --- |
| | 环氧树脂/聚氨酯(%) | | | | 环氧树脂/聚氨酯(%) | | | | |
| | 0/100 | 14/86 | 22/78 | 37/63 | 0/100 | 9/91 | 14/86 | 22/78 | 37/63 |
| IPN | 5.3 | 2.7 | 2.7 | 1.3 | 160 | 170 | — | 150 | 170 |
| 接枝 IPN | 5.3 | 4.5 | 3.7 | 1.5 | 160 | 145 | 130 | — | 145 |

### 12.5.4　封闭化氨基甲酸酯预聚物[2]

封闭化氨基甲酸酯预聚物是一种引人注目的增韧剂，结构尚不明了。固化反应机制可以推测为封闭的异氰酸酯基和胺系固化剂的氨基进行交换反应，生成脲基。

Bayer AG 公司商品名 Desmocap Ⅱ，其物理性能见表 12-23 所列。固化树脂的性能列于表 12-24。

表 12-23  封闭异氰酸酯预聚物的物理性能

| | |
|---|---|
| 黏度(25℃)/mPa·s | 80000±20 |
| 密度(20℃)/g·cm$^{-3}$ | 1.05 |
| 封闭异氰酸酯基/% | 2.4 |

表 12-24  封闭异氰酸酯预聚物的性能

| 性　　能 | DGEBA/预聚物 | | | | |
|---|---|---|---|---|---|
| | 100/0 | 70/30 | 50/50 | 30/70 | 0/100 |
| ラロミソC-260[①]/份 | 36.3 | 27.2 | 21.2 | 15.1 | 6.0 |
| 拉伸强度/MPa | — | 25.8 | 23.7 | 11.9 | 3.9 |
| 伸长率/% | — | 4 | 46 | 65 | 227 |
| 弯曲强度/MPa | — | — | 20.0 | — | — |
| 硬度(肖氏 D) | — | 70 | 66 | 40 | 21 |
| 回跳弹性/% | | | | 31 | 60 |
| 磨耗试验(1000 次) | | | | | |
| table,台式,CS-10/mg | — | 36 | 25 | 10 | — |
| 拉伸剪切强度/MPa | 21.3 | 29.7 | 23.3 | 18.3 | 12.9 |
| 体积电阻率/Ω·cm | 7×10$^{12}$ | — | 6×10$^{10}$ | — | — |
| 介电损耗角正切 δ(1KHz) | 0.0254 | | 0.034 | | |

① 双(4-氨基-3-甲基环己基)甲烷。

## 12.6　热塑性树脂

橡胶弹性体变性环氧树脂、固化树脂得以增韧，与此同时变性树脂的物性特别是弯曲模量多数情况下降低。又以 CTBN 和 ATBN 变性，橡胶成分里会有双键，对热性能和化学性能产生不利影响。因此，自 20 世纪 80 年代起科学工作者提出用热塑性树脂对环氧树脂进行增韧改性。常用的热塑性树脂有聚砜（PSF）、聚醚砜（PES）、聚醚酰亚胺（PEI）、聚甲基丙烯酸甲酯（PMMA）、高支化热塑性聚酯（HBP）等。选择的热塑性树脂的溶解度参数要与环氧树脂的溶解度参数相匹配。

热塑性树脂在环氧树脂中形成颗粒分散相，可以起到增韧剂的作用，与橡胶弹性体增韧环氧树脂相比，拉伸弹性模量较高，高韧性及耐热性较好等。现以聚砜（PSF）为例，说明对环氧树脂的改性[1]。聚砜结构里具有酚羟基，可使相分离结构界面的粘接性提高，韧性增加，又使固化树脂的弹性模量的降低受到抑制。聚砜以 10%～15% 的添加量与环氧树脂 Epikote 828/二氨基二苯砜（DDS）体系配合，其热性能如表 12-25 所示。添加 PSF 前后的玻璃化温度 $T_g$ 几乎无变化。所以选择 DDS 而不用 DDM 作固化剂，是因为 DDS 固化剂碱性小于 DDM，固化速度变小。这样以便环氧树脂基质和 PSF 改性剂之间的相分离可良好地进行。

$$(n+1)\ HO-\underset{CH_3}{\underset{|}{\overset{CH_3}{\overset{|}{C}}}}-\underset{}{\bigcirc}-OH + n\ Cl-\bigcirc-SO_2-\bigcirc-Cl$$

$$\longrightarrow H\left[O-\bigcirc-\underset{CH_3}{\underset{|}{\overset{CH_3}{\overset{|}{C}}}}-\bigcirc-O-\bigcirc-SO_2-\bigcirc\right]_n O-\bigcirc-\underset{CH_3}{\underset{|}{\overset{CH_3}{\overset{|}{C}}}}-\bigcirc-OH$$

分子质量（$M_n$）5300~8200　　（PSF）

**表 12-25　聚砜低聚物及其树脂固化物的热性能**

| No | PSF $M_n/g \cdot mol^{-1}$ | $T_g/℃$ | PSF(质量)/% | 固化物 $T_g/℃$ |
|---|---|---|---|---|
| 1 | Epikote 828/DDS | 固化物 | | 195 |
| 2 | 5300 | 180 | 10 | 196 |
| 3 | 5300 | 180 | 15 | 196 |
| 4 | 8200 | 183 | 10 | 198 |
| 5 | 8200 | 183 | 15 | 200 |

以 PSF 变性环氧树脂固化物的弯曲弹性模量及 $K_{IC}$ 值如表 12-26 所示。其特征与 CTBN 等变性相比，弯曲弹性模量降低少。而 $K_{IC}$ 值，在 PSF 的 $M_n=5300$ 条件下比相应的未添加 PSF 的固化物提高 50%，$M_n=8200$ 的增加 100%。SEM 显示 PSF 大体以均一的微粒子分散在环氧基质里。PSF 分子质量大，分散粒子径亦增大。PSF 的分子质量增大则黏性增加，加工性降低。

**表 12-26　PSF 变性环氧树脂固化物的力学性能**

| No | PSF $M_n/g \cdot mol^{-1}$ | 质量分数/% | 弯曲弹性模量 $N/m^2$ | 断裂韧性 $K_{IC}$ /$N \cdot m^{-1.5}$ |
|---|---|---|---|---|
| 1 | Epikote 828/DDS | 固化物 | $2.5 \times 10^9$ | $0.6 \times 10^6$ |
| 2 | 5300 | 10 | $2.0 \times 10^9$ | $0.9 \times 10^6$ |
| 3 | 5300 | 15 | $2.0 \times 10^9$ | $0.9 \times 10^6$ |
| 4 | 8200 | 10 | | $1.0 \times 10^6$ |
| 5 | 8200 | 15 | $2.2 \times 10^9$ | $1.3 \times 10^6$ |
| 6 | UDELP-1700 聚砜 | | | $2.4 \times 10^6$ |

# 12.7　热致性液晶聚合物（TLCP）

20 世纪 90 年代中期，随着液晶聚合物的发展，越来越多的科技工作者采用 TLCP 强韧化环氧树脂，以提高其力学性能。TLCP 添加到环氧树脂里，在成型过程中均匀分散于树脂基体中，然后产生类似于纤维或颗粒的增强作用。

## 12.7.1　热致性液晶化合物

韦春等[11]以自己合成的热致性液晶化合物（命名 LCEU，白色固体，液晶相温度区为 160~210℃，增韧环氧树脂（CYD-128）/4,4'-二氨基二苯砜（DDS）体系。

添加热致性液晶聚合物 LCEU 之后，固化树脂的各项力学性能均得以改善，特别是冲击强度,当 LCEU 加入量为 5% 时,冲击强度达 29.0kJ·m$^{-2}$,为未添加 LCEU 体系 (12.04kJ·m$^{-2}$) 的 2.4 倍。

如表 12-27 所示,添加 LCEU 使固化物的热稳定性得以提高,这是由于 LCEU 的加入使环氧树脂固化网络的交联密度得到提高。

表 12-27 加入 LCEU 固化物的热稳定性

| LCEU/% | 0 | 5 | 10 | 15 |
|---|---|---|---|---|
| 热失重温度/℃ | 301.7 | 327.7 | 337.6 | 340.2 |

添加 LCEU 使材料的冲击断面呈现韧性断裂特征。如图 12-13 所示,体系的断裂由未加 LCEU 的典型脆性断裂,随 LCEU 含量的增加,断裂面渐趋圆滑,断裂面积增大,渐呈韧性断裂特征。这是由于 LCEU 加入到环氧树脂固化体系中,分散在紧密网络中的液晶分子可以起到分散应力、增加断裂面、诱导剪切变形,使体系断裂能提高的作用,从而使环氧树脂的韧性得到提高。

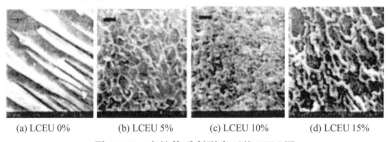

(a) LCEU 0%　　(b) LCEU 5%　　(c) LCEU 10%　　(d) LCEU 15%

图 12-13 变性体系断裂表面的 SEM 图

## 12.7.2 热致性液晶环氧(PHBHQ)

$$CH_2-CH-CH_2-\left[O-\underset{}{\bigcirc}-\overset{O}{\underset{\parallel}{C}}-O-\underset{}{\bigcirc}\right]_n-O-CH_2-CH-CH_2$$

白色固体,液晶相变温度 180~200℃

吕程等[12]自制该品,并将其用于双酚 A 型环氧树脂 CYD-128/DDM 体系。

从图 12-14 可见,随着 PHBHQ 用量的增加,材料的冲击强度明显增加。这是由于刚性棒状 PHBHO 的分子水平均匀分散于树脂基体中,并在固化过程中以微纤的形式被定型下来。材料的拉伸强度并没有明显的变化,是因为复合材料的交联度并没有显著的改善。由表 12-28 可见,添加 PHBHQ 可使环氧体系的耐热性提高,热分解温度随 PHBHQ 用量的增加而明显升高。原因在于 PHBHQ 分子中含有耐热性极好的苯环,且高于环氧树脂本身所含苯环的量。

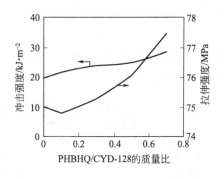

图 12-14 PHBHQ 对材料力学性能的影响

表 12-28　环氧复合体系的耐热性（热分解温度℃）

| CYD-128/PHBHQ | 100/0 | 100/10 | 100/30 | 100/50 | 100/70 |
|---|---|---|---|---|---|
| 失重 5%时 | 371.1 | 391.1 | 400.7 | 411.5 | 420.4 |
| 25% | 406.1 | 426.1 | 433.8 | 447.2 | 454.3 |
| 75% | 443.6 | 459.2 | 473.3 | 492.6 | 506.9 |
| 最大热失重速率时 | 388.5 | 417.5 | 430.6 | 443.7 | 457.1 |

## 12.8　倍半硅氧烷和纳米 $SiO_2$

倍半硅氧烷（SSQ）是指分子结构为 $(RSiO_{1.5})_n (n \geqslant 4)$ 的特种有机硅化合物，它是由 Si—O—Si 键构成的无机硅酸盐核心及连接于硅原子上的有机基团 R 所构成，其结构式如图 12-15 所示。

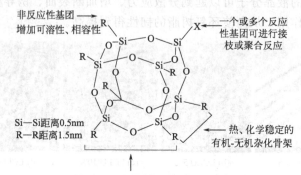

图 12-15　SSQ 的结构式

杨莉蓉等[13]以甲基三乙氧基硅烷、乙基三乙氧基硅烷为原料制备了甲基倍半硅氧烷（MSSQ）和乙基倍半硅氧烷（ESSQ）。反应式如下。

$$nRSi(OR')_3 + 1.5nH_2O \xrightarrow[溶剂]{H^+ 或 OH^-} (RSiO_{1.5})_n + 3nR'OH$$

将 MSSQ 或 ESSQ 以质量分数 5%的比例加入到环氧树脂 E-51/DDS 体系中，于 120℃/2h+150℃/2h+180℃/2h 条件下固化。纳米 $SiO_2$（粒径 30～40nm，表观密度 $0.110 \sim 0.115 g \cdot cm^{-3}$，浙江宇达化工有限公司）以同样的比例加入环氧树脂中，在相同的条件下固化。

由表 12-29 和表 12-30 可见，与有的增韧剂不同，纯环氧树脂固化体系里添加倍半硅氧烷和纳米 $SiO_2$ 之后，材料的力学性能不但明显提高、而且热性能也都有不同程度的提高。

表 12-29　纳米 $SiO_2$ 和倍半硅氧烷对力学性能的影响

| 材料 | 冲击强度 /kJ·m$^{-2}$ | 弯曲强度 /MPa | 断裂伸长率/% | 材料 | 冲击强度 /kJ·m$^{-2}$ | 弯曲强度 /MPa | 断裂伸长率/% |
|---|---|---|---|---|---|---|---|
| 纯 EP 体系 | 9.37 | 78.76 | 20.94 | EP/ESSQ | 15.58 | 91.23 | 27.64 |
| EP/MSSQ | 16.13 | 92.45 | 29.89 | EP/纳米 $SiO_2$ | 14.89 | 89.56 | 22.78 |

表 12-30　倍半硅氧烷和纳米 $SiO_2$ 对热性能的影响

| 材料 | $T_g$/℃ | HDT/℃ | 热分解温度/℃ | 材料 | $T_g$/℃ | HDT/℃ | 热分解温度/℃ |
| --- | --- | --- | --- | --- | --- | --- | --- |
| 纯 EP 体系 | 209.6 | 170 | 286.4 | EP/ESSQ | 212.7 | 176 | 294.2 |
| EP/MSSQ | 213.8 | 178 | 298.4 | EP/纳米 $SiO_2$ | 211.8 | 172 | 293.6 |

## 12.9　超支化聚合物

超支化聚合物是指通过 $AB_n(n \geqslant 2)$ 型单体一步反应得到的聚合物,其含有高度支化的结构,呈三维立体状,支化结构从中心核向四周延伸,分子外围存在大量的端基官能团。超支化聚合物结构的紧密性赋予其特殊的物理和化学性质。

### 12.9.1　羟端基脂肪族超支化聚酯（HBP）

夏敏等[14]以二羟甲基丙酸（DMPA）为单体、三羟甲基丙烷（TMP）为中心核,通过自缩聚反应分别合成 1～5 代羟端基脂肪族超支化聚酯（HBP）,结构式如下。将 HBP 与环氧树脂/MeTHPA 体系配合。研究表明,单纯的环氧树脂中混入 HBP 时,即使在高温下 HBP 的端羟基也不与环氧基团反应。但是 HBP 的端羟基能跟酸酐反应,打开酸酐基团,产生游离羧酸,对整个体系的固化反应起到了促进的作用。

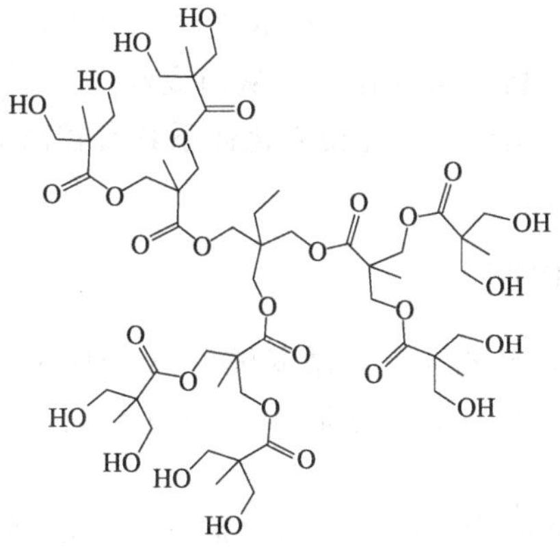

HBP 化学结构

在环氧树脂/酸酐体系中添加 HBP 之后,可较好地改善固化产物的拉伸强度和冲击强度,但对模量影响不大（见表 12-31）。

表 12-31　HBP 对环氧体系力学性能的影响

| 体系 | 冲击强度/$kJ \cdot m^{-2}$ | 拉伸强度/MPa | 断裂伸长率/% | 拉伸弹性模量/GPa |
| --- | --- | --- | --- | --- |
| 纯 E-51 体系 | 18.78 | 64.94 | 9.41 | 0.976 |
| 添加 3% HBP 体系 | 32.14 | 78.28 | 13.27 | 0.957 |

注：HBP 为第三代。

胡慧慧等[15]以荷兰 DSM Hybrane B.V. 公司的超支化聚酰胺酯 Hybrane PS

2550（HBP）增韧双酚 A 环氧树脂/MeTHPA 体系，结果改善了体系的冲击强度和拉伸强度（见图 2-16）。当 HBP 用量 10% 时，冲击强度达到最大值（29.78 kJ·$m^{-2}$），比未改性体系提高了 142.71%；拉伸强度达到最大值，从原来的 55.37MPa 提高到 74.44MPa（增加了 34.44%）。

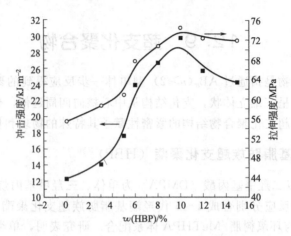

图 12-16 HBP 含量对 EP 力学性能的影响

HBP 分子式 $C_{12}H_{24}O_{2x}(C_8H_{10}O_3 \cdot C_6H_{15}NO_2)_x$ 黏均分子质量 2550

由于超支化聚合物分子内部含有大量的"空穴"，当固化体系受到外力作用时，超支化聚合物可以通过自身的"空穴"吸收能量；另外，由于超支化聚合物自身的形变对裂纹的产生和扩展具有缓冲作用，从而提高了体系的韧性，HBP 分子中含有苯环结构，具有一定的刚性，并能使固化体系具有较高的交联密度，因而在改善韧性的同时强度也得以改善。

### 12.9.2 超支化环氧树脂

蒋世宝等[16]以三-(2-羟乙基)-异氰尿酸酯（THEIC），二羟甲基丙酸（DMPA），环氧氯丙烷（ECH）为原料制备了超支化环氧树脂 HTPE-3（环氧值 0.369mol/100g）。

HTPE-3 添加到环氧树脂（E-51）/固化剂（二亚乙基三胺-丙烯腈加成物）体系中，固体树脂的韧性明显提高（见表 12-32）。当用量 12% 时，固化树脂的冲击强度和断裂韧性比纯 E-51 树脂体系分别提高 169.8% 和 35.2%，同时拉伸强度和弯曲强度也有不同程度的提高；而固化树脂的耐热性（维卡耐热温度、玻璃化温度和热分解温度）有所下降。

表 12-32 HTPE-3 用量对体系力学性能的影响

| HTPE-3/% | 0 | 6 | 9 | 12 | 15 | 20 |
| --- | --- | --- | --- | --- | --- | --- |
| 拉伸强度/MPa | 78.47 | 83.37 | 85.01 | 83.60 | 83.20 | 81.84 |
| 弯曲强度/MPa | 126.57 | 140.27 | 143.82 | 139.28 | 138.16 | 131.02 |
| 冲击强度/kJ·$m^{-2}$ | 17.37 | 27.37 | 33.09 | 46.86 | 29.19 | 19.20 |
| 断裂韧性/kPa·$m^{1/2}$ | 2.30 | 2.93 | 3.01 | 3.11 | 2.85 | 2.56 |

张道洪等[17]以偏苯三甲酸酐（TMA），一缩二乙二醇（DEG），环氧氯丙烷（ECH）为原料，先合成端羧基的超支化聚酯，然后再接上环氧氯丙烷得到超支化环氧树脂（HTDE）。其黏度（mPa·s）350～700，环氧当量（g/mol）312.5～526.3。

将其与双酚 A 环氧树脂 E-51 混合，固化树脂的冲击强度随超支化环氧树脂含量或/和分子质量的增加先增大后减少，在用量 12% 时冲击强度比纯 E-51 体系提高 2 倍以上（由 $17.4kJ/m^2$ 升至 $58.2kJ/m^2$）。

增韧效应由超支化环氧树脂的纳米块状结构、分子内的空穴密度、刚性苯环密度和交联密度共同作用决定的。

此外，固化树脂的 SEM 表明，断裂面出现了大量丝状物。

## 参 考 文 献

[1] 垣内 弘. 熱硬化性樹脂，1987，8（3）：30.
[2] 垣内 弘. 新エポキシ樹脂. 昭晃堂. 1985.
[3] 藏本搏羲. 日本接着協会誌. 1994，30（12）：597—602.
[4] JET1，2003，51（9）：99.
[5] J. E. McGrath et al. Acs Polym. prepr. 1986，27（2）：203.
[6] 冈松 隆裕. 日本接着協会誌. 1997，33（1）：33—38.
[7] Mitsubishi Heary Ind. Ltd. JP Kokai 05，125. 144.
[8] H. H. Wang, J. C. Chen, Polym, Plast. Technol. Eng.，1994，33：637.
[9] H. H. Wang, J. C. Chen, J. Appl. Polym. Sci.，1995，57：671.
[10] 大塚 惠子. 日本接着協会誌. 1996，32（10）：15—21.
[11] 韦春，谭松庭等. 高分子材料科学与工程. 2003，19（4）：129—132.
[12] 吕程，牟其伍. 塑料工业，2008，36（6）：12—13.
[13] 杨莉蓉，梁国正. 工程塑料应用. 2007，35（5）：16—19.
[14] 夏敏，罗运军等. 高分子材料科学与工程，2008，24（2）：99—102.
[15] 胡慧慧，张瑜等. 中国胶粘剂，2009，18（3）：5—8.
[16] 蒋世宝等. 粘接. 2007，28（3）：4—6.
[17] 张道洪，贾德民，粘接. 2008，29（7）：1—3.

# 第 13 章

# 填 充 剂

根据产品性能要求,有时需要在环氧树脂组成物中添加相应的填充剂,从而使树脂固化物的一些性能得到改善。填充剂有时我们也称作填料。作为填料的材料很多,大致可分为有机物、无机物,金属与非金属等。在使用填料时,应把"填料"这一概念与"增强材料"加以区别。增强材料主要用于树脂固化物力学性能的改善。

## 13.1 填充剂的使用目的和选择

(1) 降低成本。大量地使用填料,可以相应地减少树脂的用量,有利于成本的降低。用于这个目的的有碳酸钙、黏土、滑石及二氧化硅等,将这些填料研磨成细粉末,体积增大,降低成本的效果更为显著。

(2) 抑制反应热,延长树脂组成物的适用期。如果使用的固化剂反应热较高,添加传热性较好的填料,利于反应热的散出,能够起到抑制反应热的作用。

(3) 添加填料降低树脂固化物的收缩性。

(4) 改善树脂固化物的耐热性。诸如长期热老化性,软化点,其他诸特性的提高。

(5) 添加填料(如铝粉)提高热传导性,降低树脂固化物的热膨胀系数。

(6) 添加填料提高树脂固化物的耐燃性,使其具有阻燃性、自熄性从而提高燃点。

(7) 添加填料(水合氧化铝除外)降低树脂固化物的吸水性,改善固化物的耐老化性及耐化学药品性。

(8) 提高树脂固化物的压缩强度、硬度、尺寸稳定性和耐磨耗性,但拉伸强度和抗冲击强度会降低。

(9) 提高树脂固化物的电性能。诸如耐电弧性,高温下绝缘性及高温介电特性等。

(10) 改善作业性。调节树脂组成物的黏度,触变性,固化放热等性能。

在使用填料时必须根据使用的要求对填料加以适当选择。从化学角度看,填料必须是中性或弱碱性的，不含结合水，对环氧树脂及固化剂为惰性的，对液体和气体无吸附性或很少的吸附性。从操作角度看，填料的颗粒在 0.1μm 以上，与树脂的亲和性好，在树脂中的沉降性要小，希望填料的用量对树脂黏度的增长无显著的影响。

填料要保持干燥，要事先除去吸附的水分。用于电绝缘的填料除干燥外，尚应不含有磁性材料，使用前必须经过磁选，除去磁性杂质，以提高绝缘程度。

需要注意的是，即使具有同一化学成分的填料，因其粒子的大小、形状不同对树脂的影响也有很大的不同。一般情况下，为了提高树脂固化物的机械强度选择纤维状或针状的填料，例如玻璃、石棉、硅酸钙较好；热传导好的填料可选择各种铝化合物、各种金属粉、结晶二氧化硅，作为特殊的填料多使用氮化硼（BN）等。

不同的填料其作用是不同的，选择任一填料几乎都不是全能的。为了提高树脂固化物的某种性能而使用它，就有可能降低其他的特性。因此，常常是根据其用途将多种填料组合一起进行使用。

填料的添加量由三个因素来决定：
① 控制树脂到一定的黏度，用量太多会使黏度增加，不利于操作的进行；
② 保证填料的每个颗粒都能被树脂润湿，因此填料用量不宜过多；
③ 保证树脂固化物（制件）能符合多种性能的要求。

一般地讲，像石棉粉那样的轻质填料因体积大，用量一般在 25% 以下。随着填料相对密度的增加，用量亦可相应地增加，如云母粉、铝粉用量可达 200% 以上，铁粉用量可超过 300%。由此可见，填料的用量范围相当宽，究竟多少为宜，应当根据具体情况来决定。

## 13.2 填料的种类和特性

表 13-1 列出了各种无机填料的种类和特性[1]。作为它的特殊品，为了使填料对树脂有良好的相溶性，提高填料自身的耐水性，可用各种硅氧烷对其表面进行处理改性，对其特性有不好影响的杂质预先除去。

在环氧树脂中大量地混入低廉的填料，在其特性改善的同时，也可以降低环氧树脂组成物的成本。

表 13-1 无机填料的种类和特性

| 填料 | 组成 | 相对密度 | 粒径/μm | 粒子形态 | 色调 | 特征① |
|---|---|---|---|---|---|---|
| 石棉 | Ca·Mg·硅酸盐 | 2.4~2.6 | — | 纤维状 | 灰色 | a, e, g, h, j |
| 矾土 | $Al_2O_3$ | 3.7~3.9 | 30~150 | 片状 | 白色 | e, f, g |
| アタパルジャイト | $5MgO·8SiO_2·9H_2O$ | 2.4 | 0.1~20 | 针状 | 淡黄色 | |
| 高岭土 | $Al_2O_3·2SiO_2·2H_2O$ | 2.58 | 0.5~50 | 六角片状 | 白色 | a, b, e, h, i, j |
| 火山灰 | | 2.26 | 50~70 | | 灰色 | |
| 炭黑 | 碳素 C | 1.8 | 0.01~40 | 球形 | 黑色 | b, c, d, i |
| 石墨 | 碳素 C | 2.26 | 5~45 | 薄片状 | 黑色 | d, e, g, i |
| 微粉硅酸 | $SiO_2$ | 2.3 | 0.015~0.020 | 球状 | 白色 | k |

续表

| 填料 | 组成 | 相对密度 | 粒径/$\mu m$ | 粒子形态 | 色调 | 特征[①] |
|---|---|---|---|---|---|---|
| 硅酸钙 | $CaO \cdot SiO_2$ | 2.8~2.9 | 5~20 | 针状 | 白色 | a、e、g、i |
| 硅藻土 | $SiO_2$ | 1.98~2.02 | 40~80 | 无定形 | 淡黄色 | |
| 氧化镁 | MgO | 3.40 | 40~80 | | 白色 | |
| 氧化钛 | $TiO_2$ | 4.26 | 0.2~50 | 球状 | 白色 | b、f、i |
| 氧化铁 | $Fe_2O_3$ | 5.2 | 0.5~50 | 片状、针状 | 褐色~黑色 | |
| 氢氧化镁 | $Mg(OH)_2$ | 2.38 | 40~80 | | 白色 | |
| 氢氧化铝 | $Al_2O_3 \cdot 3H_2O$ | 2.4 | 0.5~60 | 片状 | 白色 | e、d、h、j |
| 石板粉 | | 2.89 | 40~80 | | 暗灰色 | |
| 绢云母 | $K \cdot Mg \cdot Al$ 硅酸盐 | 2.75 | 40~80 | 薄片状 | 灰色 | |
| 石英粉(燧石) | $SiO_2$ | 2.6 | 50~800 | 无定形 | 白色 | d、e、g、i |
| 熔融硅石粉 | $SiO_2$ | 2.2 | 1~140 | 无定形 | 白色 | d、e、f、g、h、i |
| 氮化硼 | BN | 2.26 | 1~5 | 片状 | 白色 | h、j、l |
| 碳酸钙 | $CaCO_3$ | 2.7 | 1~50 | 无定形 | 白色 | b、e、i |
| 碳酸镁 | $MgCO_3$ | 2.8 | 40~150 | | 白色 | |
| 滑石粉 | $3MgO \cdot 4SiO_2 \cdot H_2O$ | 2.6~2.8 | 0.1~50 | 片状 | 灰色 | a、e、b、h、i、l |
| 长石粉 | $K_2O \cdot Al_2O_3 \cdot 6SiO_3$ | 2.5~2.6 | 40~80 | 无定形 | 白色 | |
| 二硫化钼 | $MoS_2$ | 4.8 | 0.5~40 | 片状 | 黑色 | l |
| 重晶石 | $BaSO_4$ | 4.4 | | 片状 | 白色 | h |
| 蛭石 | $Mg \cdot Fe \cdot Al$ 硅酸盐 | 2.23 | 150~1000 | 片状 | 浅褐色 | |
| 重质碳酸钙 | $CaCO_3$ | 2.71 | 40~80 | 无定形 | 白色 | b、e、i |
| 云母 | $KO \cdot 3Al_2O_3 \cdot 6SiO_2 \cdot 2H_2O$ | 2.8~3.1 | 10~80 | 薄片状 | 近于白色 | f、g、h |
| 寿山石黏土 | $Al_2O_3 \cdot 4SiO_2 \cdot H_2O$ | 2.7 | 40~80 | 片状 | 白色 | b、e、i、l |
| 石膏(无水) | $CaSO_4$ | 2.96 | 10~50 | 无定形 | 白色 | e、i |

① a 为刚性；b 为色素形成作用；c 为热传导；d 为导电；e 为尺寸稳定性；f 为介电性质；g 为电阻；h 为耐药品、耐水性；i 为填充用；j 为耐热用；k 为触变性；l 为清剂作用。

## 13.3 填料对树脂固化物性能的影响

### 13.3.1 填料对力学性能的影响

为了改善环氧树脂固化物的机械强度所使用的填料占据了所用填料的大部分。

由于填料的种类、形状、粒度及添加量的不同，还有多种填料的组合等，使得环氧树脂固化物的机械强度变化很大。

图 13-1 表示添加 $SiO_2$ 对线型酚醛环氧树脂/酸酐体系（添加硅烷偶联剂）弯曲特性和压缩特性的影响。体系添加硅烷偶联剂是为了改善这种场合下树脂和粒子的黏着性。

郭明星等[2]研究超细水晶粉（$SiO_2$，400 目）对环氧树脂 E-51/DDS 体系粘接 45# 钢抗剪强度影响（见图 13-2）指出，剪切强度随填料用量的增加而略呈线性增加，当用量为 20% 时达到最大值 67.2MPa，提高了 27%，分析认为，当填料

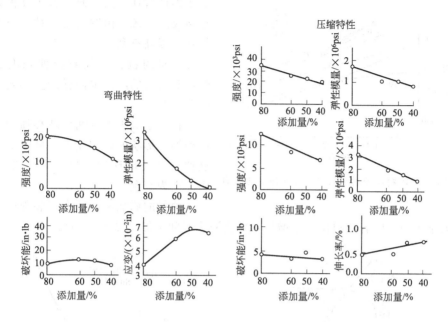

图 13-1　$SiO_2$ 用量对树脂固化物机械性能的影响

加入量较少时，填料颗粒均匀地分散在环氧树脂基体中，有利于降低胶黏剂体系的收缩，从而降低并且均匀胶黏剂固化过程中的残余应力，所以当填料增加时，抗剪切力学性能会提高。但是当填料的加入量超过一定比例时，填料产生的应力场会相互交叠使胶黏剂粘接性能和抗剪切性能下降。

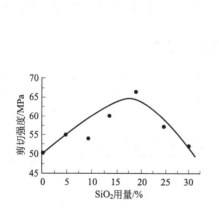

图 13-2　超细水晶粉用量对剪切强度的影响

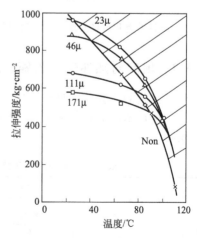

图 13-3　添加 $SiO_2$（32％，体积分数）的环氧树脂固化物拉伸强度与温度的关系

图 13-3 显示填充粒径不同 $SiO_2$ 的环氧树脂固化物拉伸强度与温度的关系。图中斜线部分表示填充剂有效的增强效果。其他部分表示，粒径大在更低的温度范围

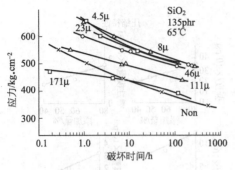

显示脆性破坏行为,此时粒子反被认为是裂纹产生源。由图可见,粒径小对拉伸强度提高有利。

填料的粒径不仅对拉伸强度有影响,对材料的应力也同样产生影响(见图 13-4)。

图 13-4 填料粒径对环氧蠕变破坏强度的影响

在一定应力下抗蠕变断裂强度受填料种类、形状的影响较大(见图 13-5)。这种场合玻璃珠比 $SiO_2$、氧化铝等实用上更为有利。

填料的添加量和蠕变断裂强度之间的关系表明,随着填料添加量增加,蠕变断裂时间增加(见图 13-6)。

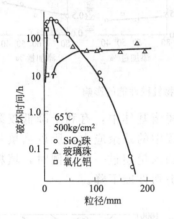
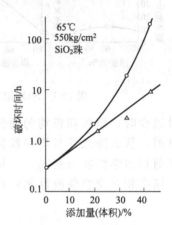

图 13-5 填料种类和粒径对蠕变断裂时间的影响　　图 13-6 填料用量对蠕变破坏强度的影响

## 13.3.2 填料对热冲击、收缩、膨胀系数的影响

环氧树脂固化物的耐热冲击性,成形收缩,线膨胀系数等,也由于添加的填料种类、添加量不同而异。表 13-2 列示了各种填料对环氧树脂耐热冲击性、膨胀系数的影响。

表 13-2 填料对固化树脂耐热冲击性、膨胀系数的影响[①]

| 填料[③] | 耐热冲击性<br>($-55\sim130℃$)<br>/周数 | 成型收缩<br>/(in/in) | 凝胶时间<br>($121℃$)/min | 线膨胀系数<br>($-30\sim30℃$)<br>/($\times 10^6$) |
|---|---|---|---|---|
| 硅灰石 | 10 | 0.0128 | 55 | 40.7 |
| Li、Al 硅酸盐 | 10 | 0.0136 | 65 | 52.8 |
| 酚醛树脂微球 | 10 | 0.0150 | 45 | 78.2 |
| 二氧化硅(100 目) | 5 | 0.0138 | 65 | 57.7 |
| 滑石 | 3 | 0.0134 | 60 | 50.2 |
| 有机氯化物[②] | 3 | 0.0129 | 75 | 55.0 |

续表

| 填料③ | 耐热冲击性<br>(-55~130℃)<br>/周数 | 成形收缩<br>/(in/in) | 凝胶时间<br>(121℃)/min | 线膨胀系数<br>(-30~30℃)<br>/(×10⁶) |
|---|---|---|---|---|
| 无 | 3 | 0.0215 | 70 | 88.4 |
| 滑石(纤维状) | 2 | 0.0094 | 105 | 54.8 |
| 黏土(高岭土) | 2 | 0.0138 | 80 | 50.9 |
| 氧化铝 | 2 | 0.0145 | 55 | 56.3 |
| 氢氧化铝(软质) | 1 | 0.0145 | 55 | 57.6 |
| 碳酸钙(沉淀) | 1 | 0.0156 | 55 | 57.1 |
| 二氧化硅(325目) | 0 | 0.0139 | 70 | 57.4 |
| 长石 | 0 | 0.0145 | 55 | 50.5 |
| 霞石、闪长石 | 0 | 0.0145 | 50 | 53.5 |
| 碳酸钙(重质) | 0 | 0.0149 | 60 | 56.9 |
| 重晶石 | 0 | 0.0149 | 60 | 59.3 |

① 树脂配合(质量份)
Epi-Rez 510　　100份
DDSA　　81份
Empol 1014　　54份
二乙基氨基乙醇　　0.5份

② 有机氯化物　　100份
滑石(纤维状)　　88份
三氧化二锑　　10份

③ 填料容量比28.9%。

由表13-2可见，与未添加填料的相比，黏土、氢氧化铝、氧化铝、碳酸钙、$SiO_2$等的耐热冲击性反倒降低。因此添加填料不一定就增加耐热冲击性。

## 13.3.3 填料对热传导性的影响

通过增加向环氧树脂添加的无机填料，会提高热传导性(热导率)，无机填料的添加量因粒子的大小、形状的不同而有所不同，因此以各种填料的同一添加量比较其热导率是困难的。

通常将氧化铝、二氧化硅，其他多种金属粉等用于提高热导率。各种填料对热导率的影响如表13-3所示。各种材料的热导率如图13-7所示。

乔梁等[3]以铝粉(规格2μm、5μm)、纳米钻石粉(100nm、200nm)添加到环氧树脂

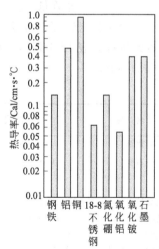

图13-7　氮化硼(BN)热导率

(6101)/邻苯二甲酸酐体系中，研究填料的形状、尺寸和用量对材料热导率的影响，如图13-8和图13-9所示。由图可见，对同一种填充颗粒，当颗粒尺寸在相同大小时，复合材料热导率的变化规律相似。钻石的热导率远高于铝，但是，当填料粒子的体积分数为50%时，纳米钻石填充的复合材料热导率低于铝填充的复合材料。

表 13-3　各种填料对热导率的影响

| 填　料 | 热导率/BTU/h/ft²/ft/°F | 填　料 | 热导率/BTU/h/ft²/ft/°F |
|---|---|---|---|
| 无 | 0.13 | 铁 | 26.0 |
| 氧化铝(325份) | 0.82 | 铝 | 116.0 |
| SiO₂(150份) | 0.44 | | |

树脂配合：Epikote 828/Z (20phr)

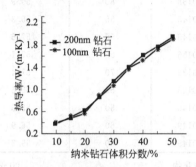

图 13-8　不同纳米钻石填充下复合材料的热导率

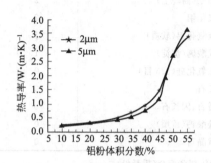

图 13-9　不同铝粉填充下复合材料的热导率

### 13.3.4　填料对耐燃性的影响

无机填料添加到环氧树脂组成物中，使可燃成分（树脂组分）所占比例降低，通常可使其燃烧能降低，提高燃点，赋予树脂固化物耐燃性。然而由于各领域对环氧树脂固化物阻燃要求所设计的规格（或标准）不同，就必须对无机填料进行有针对性地选择。表 13-4 列示各种填料的热性质。图 13-10 为各种填料对环氧树脂耐燃性的影响。

表 13-4　各种填料的热性质

| 名　称 | 化学式 | 密度 | 每摩尔结合水量/% | 分解温度/℃ | 总吸收热量/(cal/g) |
|---|---|---|---|---|---|
| 氢氧化铝 | Al(OH)$_3$ | 2.42 | 34.5 | 200 | 470 |
| 水合石膏 | CaSO$_4$·2H$_2$O | 2.32 | 20.9 | 128($-\frac{3}{2}$mol)<br>163($-\frac{1}{2}$mol) | 164.5 |
| 硼酸锌 | Na$_2$O·2B$_2$O$_3$·3.5H$_2$O | 2.65 | 14.5 | 330 | 147.8 |
| 硼酸钡 | BaO·B$_2$O$_3$·H$_2$O | — | 7.5 | — | |
| 硼砂 | Na$_2$O·2B$_2$O$_3$·10H$_2$O | 1.72 | 47.2 | 0.318($-$5mol) | 89.2 |
| 高岭土·黏土 | Al$_2$O$_3$·2SiO$_2$·2H$_2$O | 2.50~2.60 | 13.9 | 500 | 136 |
| 碳酸钙 | CaCO$_3$ | 2.60~2.71 | 59.9(失 1g) | 880~900 | 429 |
| 明矾石 | K$_2$O·3Al$_2$O$_3$·4SO$_3$·6H$_2$O | 1.76 | 13.2 | 650 | |
| 碱式碳酸镁 | 3MgCO$_3$·Mg(OH)$_2$·3H$_2$O | 2.16 | 19.7 | — | |
| 氢氧化钙 | Ca(OH)$_2$ | 2.24 | 24.3 | 450 | 221.8 |

注：1cal=4.2J。

一般情况下，在化学结构中含有水的填料阻燃效果要好。如果使用三氧化二锑时，与有机卤化物并用，可获取更好的阻燃效果。

## 13.3.5 填料对电气性能的影响

环氧树脂由于电性能好,作为电绝缘材料广为使用。并且为其多种目的实施而添加无机填料。因此环氧树脂固化物的电绝缘性、耐电压性、介电特性等容易受添加的填料的影响。

实际上这些性能,其初始值受环境影响、经时变化,出现问题的情况也不少。因此必须注意在使用环境温度、湿度下绝缘性、介电特性等会出现怎样的变化。见图 13-11～图 13-18。

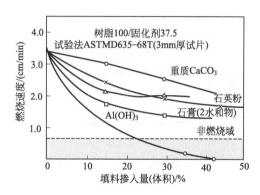

图 13-10 添加填料的环氧体系燃烧速度

当然填料的种类对电气特性会产生很大影响,为了某一目的而选择的填料必须对其赋予电气怎样的影响进行研究。

填料中吸湿性大、且在水的作用下易离子化的,当混入环氧树脂中时,必须要考虑到这种填料对电绝缘性的降低影响。

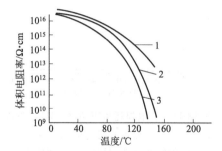

图 13-11 体积电阻率-温度关系
1—熔融 $SiO_2$;2—熔融 $SiO_2$-环氧体系;
3—结晶性 $SiO_2$-环氧体系

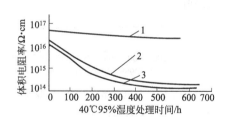

图 13-12 体积电阻率-湿度处理时间关系
1—熔融 $SiO_2$;2—熔融 $SiO_2$-环氧体系;
3—结晶性 $SiO_2$-环氧体系

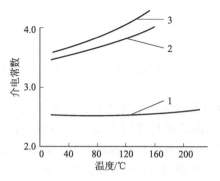

图 13-13 介电常数-温度关系
1—熔融 $SiO_2$;2—熔融 $SiO_2$-环氧体系;
3—结晶性 $SiO_2$-环氧体系

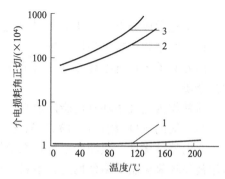

图 13-14 介电损耗角正切(1MHz)-温度关系
1—熔融 $SiO_2$;2—熔融 $SiO_2$-环氧体系;
3—结晶性 $SiO_2$-环氧体系

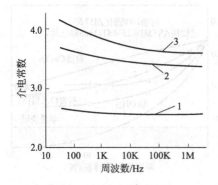

图 13-15 介电常数-频率关系

1—熔融 $SiO_2$；2—熔融 $SiO_2$-环氧体系；
3—结晶性 $SiO_2$-环氧体系

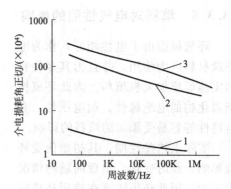

图 13-16 介电损耗角正切-频率关系

1—熔融 $SiO_2$；2—熔融 $SiO_2$-环氧体系；
3—结晶性 $SiO_2$-环氧体系

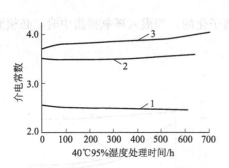

图 13-17 介电常数（1MHz）-湿度
处理时间关系

1—熔融 $SiO_2$；2—熔融 $SiO_2$-环氧体系；
3—结晶性 $SiO_2$-环氧体系

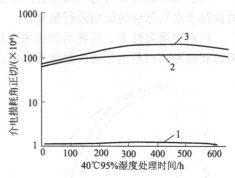

图 13-18 介电损耗角正切（1MHz）-湿度
处理时间关系

1—熔融 $SiO_2$；2—熔融 $SiO_2$-环氧体系；
3—结晶性 $SiO_2$-环氧体系

例如含碱金属的填料，吸湿性大的石棉等作为高绝缘用环氧树脂的填料就不太适宜。

除了化学成分上含亲水基的填料之外，易含水分的物理形状也必须考虑。例如，许多纤维状填料吸湿性都较大。

因此除了选择电绝缘性良好的填料之外，还要进行特殊的表面处理，预先烧结除去杂质。

通常作为电气用环氧树脂的填料，广为使用 $SiO_2$，氧化铝，云母等。

与一般的 $SiO_2$ 相比，熔融二氧化硅的高温绝缘性受湿度影响的经时变化少，并且介电特性优良，热膨胀小等，在半导体方面的环氧树脂成型材料，超高压变压器用浇注环氧树脂等多使用这种填料。作为特殊的用途，可以使用热传导性及高温绝缘性优良的氮化硼（BN）等作为高温绝缘用环氧树脂的填料。

各种填料对环氧树脂耐电弧性的影响如表 13-5 所示。氢氧化铝等显示有较好的作用。

表 13-5 填料对耐电弧性的影响[1]

| 填料 | Al(OH)$_3$/5u | | | | | SiO$_2$ | | 重质<br>CaCO$_3$ | | Al(OH)$_3$<br>氯蜡 70 | SiO$_2$<br>氯蜡 70 | 无 |
|---|---|---|---|---|---|---|---|---|---|---|---|---|
| 用量/% | 20 | 30 | 40 | 50 | 60 | 52 | 62 | 53 | 63 | 50/(10phr[2]) | 52/(10phr) | 0 |
| 耐电弧性/s<br>JISK6911 | 152 | 185 | 188 | 197 | 212 | 188 | 198 | 186 | 185 | 187 | 150 | 126 |

① 基本配合 CT200/HY903＝100/30；
② 添加氯蜡 70 10phr 之物。

### 13.3.6 填料对耐药品性的影响

一般情况下添加无机填料可使环氧树脂的耐药品性，特别是耐溶剂性得以改善（如图 13-19、图 13-20）。

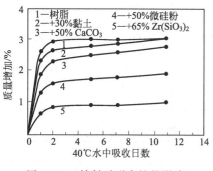

图 13-19 填料对耐水性的影响

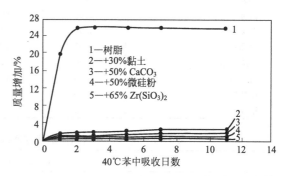

图 13-20 填料对耐苯性的影响

### 13.3.7 填料对作业性的影响

在将无机填料添加到环氧树脂里时，给作业上带来最大问题是环氧树脂组成物黏度的增高。黏度增高，基于使用环境的不同，是缺陷也是长处。

当将环氧树脂用于浇铸时，黏度问题就成了值得关注的问题。黏度受填料的种类、形状及粒度的制约，为要取得适宜的作业性，需要将不同种类或不同粒度的填料组合一起使用。韦春等[4]为了保证在实际浇铸中环氧树脂体系的黏度不大于 2500mPa·s，而采用硅灰石（300目）和硅微粉（200目）组成的复合填料。硅灰石（短纤维状，长径比 5:1）填充量大可提高材料的韧性，但易发生相互缠结、使体系黏度增加，加入适当长径比的 SiO$_2$（或 Al$_2$O$_3$），可有效解除缠结，降低体系黏度，提高硅灰石的添加量。最后以如下配比获得满意结果。

| DER331 | 硅灰石 | 硅微粉 | 总填料/% | 黏度/mPa·s |
|---|---|---|---|---|
| 100 | 138 | 25 | 62 | 2200 |

添加同样量填料情况下，粒度小则黏度会增加，且触变性等也随之变化，在一定树脂量中添加量变少。

相反，填料粒度大黏度上升少，放置时会出现沉降问题。因此将细的填料和粗的填料组合在一起使用，添加合适的量，控制黏度不上升，同时也解决沉降等问题。为了取得触变性可以使用微硅粉、石棉等。

如果环氧树脂固化放热，固化时收缩亦大，添加无机填料可将固化放热降低许多，固化收缩亦减少。仅就此目的使用填料的场合也不少。

各种填料及其用量对环氧树脂黏度的影响如表 13-6 所示，对固化放热及收缩、膨胀系数的影响如表 13-7 所示。

表 13-6　填料及用量对环氧树脂黏度影响

| 填料 | 黏度(25℃)/mPa·s | | | |
| --- | --- | --- | --- | --- |
|  | 20% | 35% | 50% | 65% |
| 无 |  | 1100 |  |  |
| 石棉 | 3850 | 23650 | 100000 |  |
| $SiO_2$ | 2750 | 6800 | 51500 |  |
| 云母 | 2100 | 4800 | 54500 |  |
| 石英粉 | 2100 | 3750 | 13150 | 100000 |
| 冰晶石 | 1900 | 2750 | 6150 | 20900 |
| 硅酸盐水泥 | 1950 | 2400 | 4100 | 19300 |
| 石灰石 | 1700 | 3250 | 10000 | 31700 |
| 铝微粉 | 2100 | 3100 | 4600 | 34500 |
| 重晶石 | 1700 | 2450 | 4200 | 17200 |

表 13-7　填料对环氧树脂固化放热及收缩、膨胀系数的影响

|  | A(无填料) | B(加填料) |
| --- | --- | --- |
| 最高放热温度/℃ | 160 | 110 |
| 固化收缩率/(in/in) | 0.012 | 0.002 |
| 热膨胀系数/($K^{-1}$) | 0.00007 | 0.000035 |
| 传热系数/Btu·$h^{-1}$ | 1.4 | 2.0 |

注：1. A 环氧树脂/TTA=100/12.5；2. B 环氧树脂/TTA/$SiO_2$=100/12.5/100。3. BTU：英制热量单位，1BTU=1055.06J。

# 13.4　填料的表面处理

无机填料的表面经处理剂处理后，表面发生物理的或化学的变化，从而改善无机填料与环氧树脂的相容性，提高材料的力学性能和电性能等。

## 13.4.1　纳米碳酸钙的表面处理

袁清峰等[5]将纳米 $CaCO_3$ 以 DL-α-丙氨酸乙醇水溶液处理后用于环氧树脂 E-51/DETA(二亚乙基三胺)体系。如图 13-21 所示，处理过的填料明显地提高了环氧胶黏剂的剪切强度。同时提高了胶的耐热性，其热分解温度比未加纳米 $CaCO_3$ 的提高 10℃。耐蚀性能也得到显著提高。

这表明丙氨酸改性剂明显改善了纳米填料在胶黏剂中的分散性，并使纳米

CaCO₃ 表面接枝了—NH₂ 基团，该—NH₂ 基团可以与环氧形成交联网状结构，从而使纳米 CaCO₃ 填料也参与了交联反应。

### 13.4.2 玻璃微珠的表面处理

袁慧五等[6]以硅烷偶联剂 KH550 和 KH560 处理玻璃微珠 QH550（20～85μm），与环氧树脂 E-51/固化剂 593 体系配合，当添加 20% 量时，环氧体系的力学性能均得到较好改善（见表 13-8），但改性效果 KH550 好于 KH560。这是因为改性后它们与玻璃微

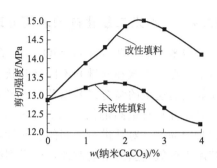

图 13-21 纳米 CaCO₃ 用量对 EP 胶黏剂剪切强度的影响

珠形成了 Si-O-Si 键，而由 KH550 所形成键的键长比 KH560 的短，故 KH550 与玻璃微珠表面硅的结合力强于 KH560，因而力学性能也强于 KH560。再有，KH550 中的氨基能与环氧基发生化学反应，进行表面改性后，能够使微珠的表面由亲水变为亲油，以增强环氧树脂与填料之间的界面结合力或相容性，使填充体系的强度、模量均有明显的提高。作者同时指出，当以 1% 的 KH550 处理氧化锌后，添加环氧体系总量 60% 的氧化锌，可使力学性能取得较好的综合效果。

表 13-8  不同改性剂对力学性能的影响

| 改 性 剂 | 拉伸强度/MPa | 弯曲强度/MPa | 弯曲模量/GPa |
| --- | --- | --- | --- |
| 无 | 38.4 | 55.8 | 3.24 |
| KH550 | 43.4 | 75.1 | 3.51 |
| KH560 | 41.8 | 64.1 | 3.48 |

白战争等[7]以 KH-550（γ-氨丙基三乙氧基硅烷）处理不同粒径的空心玻璃微珠（HGB），添加到环氧树脂 E44/固化剂 593 体系中，发现添加纯净玻璃微珠的环氧体系的黏度随着玻璃微珠填充量的增大而增大，而经 KH-550 处理过的玻璃微珠填充的环氧体系的黏度增加相对变缓，这说明硅烷偶联剂改善了空心玻璃微珠与环氧树脂的相容性。

空心玻璃微珠的粒径对固化树脂的力学性能有影响（见表 13-9）。空心微珠粒径越小，在树脂中的分散性越好，固化物的力学性能越好。同时空心玻璃微珠的引入提高了环氧树脂的热性能，降低了线性固化收缩率和密度。

表 13-9  空心玻璃微珠粒径对固化树脂力学性能影响

| 粒径/μm | 拉伸强度/MPa | 断裂伸长率/% | 弯曲强度/MPa |
| --- | --- | --- | --- |
| 80-250 | 15.59 | 1.91 | 25.48 |
| 20-80 | 19.45 | 1.94 | 33.19 |
| 20-50 | 21.47 | 2.32 | 34.10 |
| 10-30 | 26.95 | 2.97 | 45.80 |

注：HGB 用量 5%。

### 13.4.3 纳米二氧化硅的表面处理

纳米二氧化硅（Nano-SiO$_2$）分子呈三维网状结构，与其他纳米材料一样，表面都存在着不饱和残键和不同键合状态的羟基（包括未受干扰的孤立羟基、彼此形成氢键的连生的缔合羟基以及两个羟基连在一个硅原子上的双生羟基），因此纳米二氧化硅具有很高的活性（其结构如图 13-22 所示）。Nano-SiO$_2$ 是一有效的环氧树脂增韧剂，对其进行适当的表面处理，或在高效分散、添加分散剂的条件下，将其用于环氧树脂的增韧改性，可得到综合性能较佳的复合材料[8]。

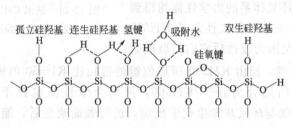

图 13-22 Nano-SiO$_2$ 的表面结构

宋丽贤等[9]以乙烯基乙基硅烷偶联剂 [H$_2$NC$_3$H$_6$Si(OEt)$_3$] 处理纳米 SiO$_2$，用于环氧树脂 E-44/JA-1 型固化剂体系（该环氧体系用作灌封材料）。如图 13-23 所示，当纳米 SiO$_2$ 用量 4% 时，冲击强度达到最大值（27.03kJ/m$^2$），比未经硅烷偶联剂处理的体系提高 20%。与此同时弯曲强度（122.49MPa）也提高了 4%。

刘学清等[10]以低温（600℃/4h）煅烧法利用稻壳自制纯度 99.3% 的稻壳 SiO$_2$，利用稻壳 SiO$_2$ 中粒子之间的纳米空隙吸附硅烷偶联剂（KH550），使团聚的纳米 SiO$_2$ 在有机溶剂中呈胶态分散并使其表面得到疏水改性，将改性后的稻壳纳米 SiO$_2$ 与环氧树脂 CYD-127/DDM 体系配合。稻壳 SiO$_2$ 经改性剂 KH550 处理后能以纳米粒子状态分散，尺寸在 30～50nm 区间。

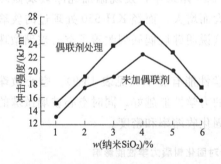

图 13-23 纳米 SiO$_2$ 含量对冲击强度的影响

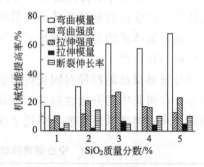

图 13-24 不同组成的稻壳 SiO$_2$/EP 纳米复合材料各项力学性能的提高率

如图 13-24 所示，稻壳 SiO$_2$/环氧树脂纳米复合材料的拉伸强度、拉伸模量、弯曲强度、弯曲模量、断裂伸长率与纯环氧相比都有所提升，其提高幅度依赖于 SiO$_2$ 的用量。当 SiO$_2$ 用量为 3% 时，复合材料的综合性能最佳。

### 13.4.4 二氧化硅表面处理

填料经处理剂处理之后与树脂的相容性提高，吸湿性减少，绝缘性得以提高（见表 13-10）。

表 13-10 $SiO_2$ 表面处理与环氧树脂特性

| 条件 \ 性能 | 处理 | 体积电阻率/$\Omega \cdot cm$ | 击穿电压/$kV \cdot mm^{-1}$ | 介电常数 100KHz | 介电常数 1MHz | 介电损耗角正切 100KHz | 介电损耗角正切 1MHz |
|---|---|---|---|---|---|---|---|
| 填料未处理 | 常态 | $1.6 \times 10^{15}$ | 21.7 | 5.31 | 5.28 | 0.0279 | 0.0208 |
|  | 煮沸 | $1.7 \times 10^{11}$ | 6.8 | 10.20 | 8.38 | 0.1127 | 0.0395 |
| 填料处理 A(0.5% 处理) | 常态 | $1.1 \times 10^{15}$ | 19.1 | 5.75 | 5.75 | 0.0220 | 0.0193 |
|  | 煮沸 | $2.1 \times 10^{11}$ | 17.0 | 7.35 | 6.83 | 0.0425 | 0.0387 |
| 填料处理 B(0.5% 处理) | 常态 | $1.3 \times 10^{14}$ | 19.7 | 5.50 | 5.45 | 0.0224 | 0.0197 |
|  | 煮沸 | $8.7 \times 10^{11}$ | 22.0 | 7.2 | 6.63 | 0.0482 | 0.0456 |

注：1. 环氧树脂配合：Epikote828/HY956/$SiO_2$=100/18/100；
2. 处理：A γ-缩水甘油氧丙基三甲氧基硅烷；
B N-β（氨基乙基）γ-氨基丙基三甲氧基硅烷。
3. 煮沸：沸水中 72h。

### 13.4.5 炭黑的表面处理[11]

炭黑经处理之后可提高其在环氧树脂中的分散性，与未经处理的炭黑相比，制成的涂料有较好的抗腐蚀性和耐老化性。具体处理方法实例如下：

500 份炭黑以 1:9 甲醇-水溶液湿润，再用 9000 份水稀浆，加热至 90℃以 NaOH 水溶液处理至 pH 为 10.0，同时在 6h 之内用 2000 份 2.50% 硫酸溶液和 333 份硅酸钠在 2000 份水中的溶液处理，在 pH 6.5～7.0 下搅拌 2h，过滤，用水洗涤，制得含有约 20% 二氧化硅的炭黑 600 份。

# 参 考 文 献

[1] 垣内 弘. 新エポキシ樹脂. 昭晃堂. 1985, 292.
[2] 郭明星, 王海风等. 化工新型材料, 2007, 35 (8): 73—74.
[3] 乔梁, 冯乾军等. 塑料工业, 2010, 38 (3): 63—66.
[4] 韦春等. 绝缘材料通讯, 1997, (4): 31—34.
[5] 袁清峰, 高延敏等. 中国胶粘剂, 2008. 17 (11): 5—7.
[6] 袁慧五, 饶秋华. 热固性树脂, 2007, 22 (6): 33—35.
[7] 白战争, 赵秀丽等. 热固性树脂, 2009, 24 (2): 32—35.
[8] 翟晓瑜, 张秋禹等. 中国胶粘剂, 2009, 18 (6): 62—65.
[9] 宋丽贤, 卢忠远. 中国胶粘剂, 2009, 18 (5): 32—35.
[10] 刘学清, 刘继延等. 塑料工业, 2009, 37 (11): 18—20.
[11] Anzai, Toshiaki; Murakami, Hisamitsu; et al. (Dainichiseika Color and chemicals Mfg. Co., Ltd; Nippon Oils and Fats Co., Ltd.) JP kokai 88-63, 755, 1988.

# 第 14 章

# 阻燃添加剂

环氧树脂以其优良的电性能、各种物理机械性能及黏合性能作为层压材料、包封料及灌注料在电气电子领域取得日益广泛的应用。随着电气电子产品耐热等级的提高和有关安全技术规范对环氧树脂电气用制品提出了阻燃要求。这样一来，环氧树脂的可燃性和耐燃性、如何实现阻燃这一技术及阻燃后对材料耐热性能和电性能的影响，就成为值得关注的问题。

## 14.1 环氧树脂的可燃性[1,2]

通用的双酚 A 型环氧树脂和脂环族环氧树脂，与其他多数高分子材料（如聚乙烯、聚丙烯、聚苯乙烯、有机玻璃等）一样，在空气中容易燃烧。燃烧过程是一个复杂的连续分解燃烧的过程。亦即环氧树脂固化物受热作用分解为低分子质量的可燃性物，这种低分子碳氢化物在高温下被氧化生成游离 OH 基，然后通过 OH 基的游离基链反应继续燃烧。因此说环氧树脂分解成低分子可燃物的难易程度关系到环氧树脂可燃烧性的难易，燃烧的程度由生成的游离 OH 的倍增情况而定，同时游离 OH 基含有的高能量能够进一步促进燃烧。燃烧时释放大量的热：

$$C + O_2 \rightleftharpoons CO_2 + 94.1 \text{kcal}$$
$$2H_2 + O_2 \rightleftharpoons 2H_2O + 136.6 \text{kcal}$$
$$CH_4 + 2O_2 \rightleftharpoons CO_2 + 2H_2O + 212.8 \text{kcal}$$
$$1\text{cal} = 4.2\text{J}$$

双酚 A 型环氧树脂和脂环族环氧树脂分子结构不同。F. J. Martin 等指出，聚合物分子结构中氧原子和碳原子之比（O/C）对氧指数有很大影响，氧碳之比越小氧指数越高（见图 14-

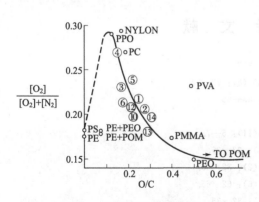

图 14-1 聚合物分子中氧原子和碳原子之比对氧指数的影响
PE—聚乙烯；PMMA—聚甲基丙烯酸甲酯；
PS—聚苯乙烯；PVA—聚乙烯醇；PPO—聚（2,6-二甲苯酚）；PEO—聚（氧化乙烯）；
PC—聚碳酸酯；POM—聚甲醛

1)。这对环氧树脂也是一样。图中①至⑭阿拉伯数字表示不同的环氧树脂配方，氧/碳之比最小者为④，最大者为⑬，它们的氧指数有很大不同。在环氧树脂分子结构中氢原子和碳原子之比（H/C），氧原子和碳原子之比（O/C）小者氧指数（O.I.）高，相对而言树脂比较难燃。而且氧指数大体上随分子结构中苯核含量线性增加。因此双酚 A 型环氧树脂与脂环族环氧树脂相比，可燃性小些；而酚醛环氧树脂又比双酚 A 型环氧树脂更耐燃些。例如，EP-4100（双酚 A 型环氧树脂）与 EH-101（固化剂）配合物的氧指数 28.0，而 EP-4080（氢化双酚 A 环氧树脂与 EH-101 配合物）的氧指数 24.0。燃烧的初期过程和燃烧的稳定状态分别如图 14-2 和图 14-3 所示。

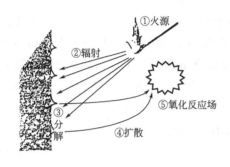

图 14-2 燃烧的初期过程

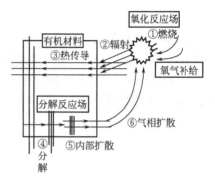

图 14-3 燃烧的稳定状态

## 14.2 阻燃添加剂

环氧树脂固化体系获取耐燃性的途径大体有四种：向环氧树脂里添加阻燃剂和阻燃助剂；向环氧树脂里添加耐燃性环氧树脂；添加阻燃型固化剂；添加阻燃填料等。

### 14.2.1 阻燃剂和阻燃助剂

阻燃剂多为含卤（溴、氯）化合物及磷系化物。表 14-1 和表 14-2 列出了各种阻燃剂的特性。这些阻燃剂的作用是抑制高分子材料热分解和反应生成热，控制分解氧和残余物。但是不同的阻燃剂又有不同的阻燃作用机理。

表 14-1 有机磷酸酯的特性

| 磷 酸 酯 | 分 子 式 | 特 性 |
|---|---|---|
| 三（氯乙基）磷酸酯 | $ClCH_2—CH_2O$<br>$ClCH_2—CH_2O—P=O$<br>$ClCH_2—CH_2O$ | 浅黄色油状液体，黏度(20℃)38～47 mPa·s；闪点 205.6℃，热分解温度 240~280℃ |
| 三（2,3-二氯丙基）磷酸酯 | $ClCH_2—CHCl—CH_2O$<br>$ClCH_2—CHCl—CH_2O—P=O$<br>$ClCH_2—CHCl—CH_2O$ | 浅黄色黏稠液体，黏度(23℃)1850mPa·s；闪点 251.7℃，热分解温度 230℃ |

续表

| 磷酸酯 | 分子式 | 特 性 |
|---|---|---|
| 三(2,3-二溴丙基)磷酸酯 | BrCH₂—CHBr—CH₂O<br>BrCH₂—CHBr—CH₂O—P=O<br>BrCH₂—CHBr—CH₂O | 浅黄色,黏稠液体;溶于卤代烃类、醇、酮和芳香族溶剂 |

含卤（Br、Cl）阻燃剂的阻燃作用机理大致有两种学说。

其一是，终止自由基反应的作用。如前所述，高分子材料在燃烧时生成自由基 OH· 基，它与燃烧过程中产生的一氧化碳重复进行放热氧化反应：

$$CO + OH· \longrightarrow CO_2 + H· \tag{14-1}$$

$$H· + O_2 \longrightarrow OH· + O \tag{14-2}$$

为了将反应抑制住必须降低游离 H· 和游离 OH· 的浓度。此时若有含卤阻燃剂 RX(X=Br，Cl) 存在，RX 受热分解，通过自由基反应生成卤化氢 HX，如式(14-3)。HX 和自由基 OH· 反应生成水，如式(14-4)。至此自由基 OH· 的连锁反应被终止。再度生成的 X· 基与 RH 反应生成 HX，如式(14-5)。

$$RX \xrightarrow{\triangle} R· + X·, X· + R'H \longrightarrow HX + ·R' \tag{14-3}$$

$$OH· + HX \longrightarrow H_2O + X· \tag{14-4}$$

$$X· + RH \longrightarrow HX + R· \tag{14-5}$$

**表 14-2　含溴芳香阻燃剂的物理特性[3]**

| 阻燃剂 | 分子质量 | 溴含量/% | m.p/℃ | 耐热性/℃ |
|---|---|---|---|---|
| 六溴苯 | 551.52 | 85.5 | 325～326 | 265 |
| 十溴二苯醚 | 959.22 | 82.5 | 300～304 | 392 |
| 2,4,6-三溴苯胺 | 329.83 | 72.0 | 119～120 | 200(升华) |
| 3,5,3,5-四溴-4,4-二氨基二苯砜 | 563.90 | 56.2 | 318～320 | 350(升华) |
| N-(2,4,6-三溴苯)马来酰亚胺 | 409.87 | 58.0 | 138～139 | 225 |
| 2,4,6-三溴酚 | 330.82 | 72.0 | 92～94 | 170(升华) |
| 五溴酚 | 488.62 | 80.9 | 225～229 | 230 |
| 五溴酚缩水甘油醚 | 544.68 | 72.0 | 161～163 | 285 |
| 四溴苯二甲酸酐 | 463.72 | 67.5 | 269～280 | 270(升华) |

其二是，惰性气体的稀释作用。含卤阻燃剂热分解生成的 HX，能够降低高分子热分解产生的可燃性气体浓度，从而起到阻燃作用。上述二种作用机理表明，含卤阻燃剂是以气相在高分子材料燃烧阶段发挥其阻燃作用。

比较含溴和含氯的阻燃剂，以含溴的阻燃效果更好。这是因为 C—Br 键的分解能（54kcal/mol）小于 C—Cl 键的分解能（67kcal/mol）。相反，含溴阻燃剂的耐热性和耐候性不如含氯阻燃剂。

磷系阻燃剂的阻燃作用机理不同于含卤阻燃剂，它于固相和液相，特别是在固相发挥阻燃作用。当磷系阻燃剂受火焰作用时，发生如下变化：磷化物→磷酸→偏磷酸→聚偏磷酸，其结果形成一层挥发性的保护层。

该多元酸是一强酸，能将其他分子质子化，同时是一强脱水剂，可促进含氧高分子材料的碳化，即将分解阶段的化学反应转向容易生成碳的方向，使之难以生成

$CO_2$ 和 CO，该碳形成表面层的物理方式隔断氧，防止可燃性气体扩散，从而起到阻燃作用。由此可知，磷系阻燃剂在燃烧的初期，即热分解阶段发挥效力。

无机阻燃剂的阻燃作用机理。在使用硼砂-硼酸混合物及氧化锑等无机阻燃剂时，高分子材料燃烧使它们受热熔融在一起，在表面形成保护膜，隔绝空气，起到阻燃的作用。

由于不同的阻燃剂阻燃作用机理不同，所以在实际使用时常常将它们适当配合在一起，充分发挥其协同作用，阻燃效果会更好。

磷和卤的协同作用。磷系阻燃剂主要以固相或液相在高分子材料的分解阶段起作用，含卤阻燃剂以气相在高分子材料燃烧阶段起作用，一旦将它们并用，从燃烧的气相到固相，就会互相协同抑制燃烧过程，比单独使用其中任一种都有更强的阻燃效果。另外与单独使用一种阻燃剂不同的是，当燃烧时在磷-卤两种阻燃剂之间生成的 $PBr_3$、$PBr_5$、$POBr_3$ 等溴磷化物都比 HBr 重，气化困难，阻燃能力强。

含卤阻燃剂和氧化锑的协同作用。将含卤阻燃剂与氧化锑（$Sb_2O_3$）并用，可大大提高含卤阻燃剂的阻燃效果。这是因为含卤阻燃剂 $RX(X=Cl，Br)$ 与 $Sb_2O_3$ 按 $Sb_2O_3 + RX \longrightarrow SbX_3 + R_2O$ 反应生成的 $SbX_3$ 有很大阻燃作用。

$SbCl_3$ 和 $SbBr_3$ 既有挥发性又有反应性。该卤化锑在固相予以促进卤的转移和碳化物的生成，在气相起自由游离基捕捉剂的作用。

将环氧树脂 Epikote815 100g/三亚乙烯四胺 11g 和各种卤化磷酸酯组成的配合物在 25~30℃/24h+60℃/2h 下固化，其阻燃效果如表 14-3 所示[4]。

表 14-3 卤化磷酸酯对环氧树脂的阻燃效果

| 阻燃剂 | | 固化物中卤含量① | | 耐燃性 | | 巴氏硬度 |
| --- | --- | --- | --- | --- | --- | --- |
| 种 类 | 质量/g | 种 类 | 质量分数/% | 耐火性② | 耐燃性③ | |
| — | 0 | — | — | 非自熄 | 7~6min | 76~84 |
| 三(β-氯乙基)磷酸酯 | 6 | Cl | 1.9 | 自熄 | 150~910s | 71~76 |
| | 11 | | 3.4 | | 30~60s | 69~74 |
| | 16 | | 4.7 | | 8~10s | 65~71 |
| | 22 | | 6.5 | | 0s | 56~62 |
| | 28 | | 7.5 | | 0s | 28~33 |
| | 33 | | 8.5 | | 0s | 12~16 |
| 三(二氯丙基)磷酸酯 | 6 | Cl | 2.5 | 自熄 | 40~70s | 69~74 |
| | 11 | | 4.5 | | 8~13s | 67~73 |
| 三(β-溴乙基)磷酸酯 | 6 | Br | 3.0 | 自熄 | 30~50s | 72~77 |
| | 11 | | 4.7 | | 6~15s | 70~75 |
| 三(二溴丙基)磷酸酯 | 6 | Br | 3.5 | 自熄 | 30~50s | 68~75 |
| | 11 | | 6.2 | | 3~10s | 67~74 |
| EpichlorE—5 | 25 | Cl | 4.3 | 自熄 | 8~16s | 84~86 |
| DPER542 | 25 | Br | 8.2 | 自熄 | 4~8s | 86~92 |

① 计算值。
② 近火状态。
③ 离开火源后的状态（到熄火时间）。

将表14-2各种阻燃剂（6%~9%）与双酚A环氧树脂、多亚乙基多胺、安山岩或石英粉配合，其固化物的氧指数为32%~33%，强度指数实际上不降低。一个有趣的现象是，由分析数据指出，这些芳香族含溴阻燃剂化学结构实际上不影响环氧树脂固化物的耐火性。比如，含2.4.6-三溴苯胺、2.4.6-三溴酚、五溴酚缩水甘油醚环氧固化物的氧指数分别为28.0%，28.7%和28.8%。

表14-4表示添加有机磷酸酯的环氧树脂固化物的可燃性[5]。当双酚A环氧树脂/多亚乙基多胺体系加入4.5%~8.7%磷酸酯，氧指数由22.1%提高至24%~26%，自燃温度由470℃提高至500~510℃。

表 14-4　有机磷酸酯的阻燃性

| 磷 酸 酯 | 自燃温度/℃ | 氧指数/% |
|---|---|---|
| — | 470 | 22.1 |
| 磷酸三苯酯 | 510/510 | 22.9/24.1 |
| 磷酸三甲酚酯 | 510/510 | 22.7/22.6 |
| 磷酸二苯基(2-乙基己基)酯 | 500/500 | 22.6/22.9 |
| 磷酸二苯基(异丙基苯基)酯 | 490/500 | 23.2/24.0 |
| 磷酸二苯基(对叔丁基苯基)酯 | 490/500 | 22.3/23.6 |
| 磷酸二(2-乙基己基)苯基酯 | 480/480 | 22.1/23.6 |
| 三氯丙基磷酸酯 | 500/510 | 23.1/24.0 |
| 三氯乙基磷酸酯 | — | 25.5/26.0 |

注：磷酸酯含量，10份/20份。

三溴酚缩水甘油醚及其聚合物[6]。三溴酚缩水甘油醚 m.p. 389~391K，环氧基含量10.9%。将其在催化剂存在下聚合成为树脂状物，环氧基含量1.5%~2%，m.p. 333K，相对分子质量为1548~2709。与三溴酚缩水甘油醚相比，其低聚物与环氧组成物成分很好的相容。组成物（低聚物45份/异构化MeTHPA34.5份/环氧树脂ED-20 45份）具有耐燃性，离火马上自熄；而没有低聚物的组成物可燃烧200s。阻燃的同时提高了玻璃化转变温度，马丁耐热，冲击韧性及吸水性降低。

如下结构的磷酸酯化合物A和化合物B，以40份添加到100份双酚A环氧树脂（ED-20）/10份多亚乙基多胺体系，经110℃固化3h，树脂固化物离火后马上自熄。添加该阻燃剂对树脂固化物的物理机械性能不但不产生不良的影响，反而提高冲击韧性和抗化学药品性[7]。

$$\text{ClCH}_2-\overset{\overset{O}{\|}}{P}-\text{OCH}\begin{pmatrix}\text{CH}_2\text{Cl}\\\text{CH}_2\text{Cl}\end{pmatrix}_2 \qquad (\text{ClCH}_2)_2\overset{\overset{O}{\|}}{P}-\text{O}-\text{CH}\begin{matrix}\text{CH}_2\text{Cl}\\\text{CH}_2\text{Cl}\end{matrix}$$

化合物 A　　　　　　　　　化合物 B

这种阻燃剂在上述固化条件下可与聚合物相互作用，在阻燃剂和聚合物之间生成化学键，所以这种阻燃剂不易迁移。

$$-\text{NH}-+(\text{ClCH}_2)_2\overset{\overset{O}{\|}}{P}-\text{O}-\text{CH}\begin{matrix}\text{CH}_2\text{Cl}\\\text{CH}_2\text{Cl}\end{matrix} \longrightarrow \left[(\text{ClCH}_2)_2\overset{\overset{O}{\|}}{P}-\text{OCH}\begin{matrix}\text{CH}_2\text{Cl}\\\text{CH}_2\\|\\\text{N}-\end{matrix}\right]\cdot\text{HCl}$$

聚合物基团

含磷聚合物阻燃剂[8]。该阻燃剂由环氧氯丙烷和三苯基膦相互反应制备。相对分子质量>50000,粉末状,环氧基含量1.8%,密度1.38g/cm³。以该阻燃剂配制三个组成物(见表14-5),其性能见表14-6所列。

表14-5 含磷聚合物阻燃剂/环氧组成物

| 组 成 物 | 1 | 2 | 3 |
|---|---|---|---|
| 环氧树脂(ED-20) | 100 | 100 | 100 |
| 多亚乙基多胺 | 10 | 7.5 | 7.5 |
| 含磷聚合物 | — | 0.01 | 1 |

表14-6 含磷聚合物阻燃剂/环氧组成物性能

| 组成物 | 拉伸强度/MPa | 弯曲强度/MPa | 吸水性(24h)/% | 点着火时间/s | 氧指数/% |
|---|---|---|---|---|---|
| 1 | 109 | 60 | 0.83 | 6 | 18 |
| 2 | 113 | 75 | 0.5 | 75 | 19.7 |
| 3 | 180 | 138 | 0.058 | 160 | 23 |

由表中数据可知,随着含磷聚合物用量的增加,力学性能均得以提高,耐燃性也提高,吸水性降低。一个有趣的现象是固化剂用量减少,固化时间不但不变长反而减少,分别为210min,160min和75min。

## 14.2.2 耐燃环氧树脂

已知常用的双酚A环氧树脂不具有耐燃性(通常氧指数19.8左右)。在环氧树脂组成物里添加阻燃剂使树脂固化物具备了耐燃性,但往往使树脂的优良性能受到影响。使用含Br、P、Si等元素的耐燃环氧树脂,可以弥补使用阻燃剂的一些不足。

### 14.2.2.1 含溴环氧树脂

使用四溴双酚A与环氧氯丙烷或环氧树脂反应,可以制备不同规格的耐燃型含溴环氧树脂。在国外已工业化的含溴环氧树脂如表14-7所示。其中DER-542有如下结构。

表14-7 含溴耐燃环氧树脂

| 商品名 | 公司 | 环氧当量 | 熔点/℃ | 黏度25℃/mPa·s | Br含量/% | 结 构 |
|---|---|---|---|---|---|---|
| DER 542 | Dow | 350~400 | 51~61 | | 44~48 | 四溴双酚A型 |
| —534 | Dow | 253~255 | | 4000~6000 | 23.5~26.5 | 四溴双酚A型 |
| —511 | Dow | 445~520 | 68~80 | | 18~20 | 四溴双酚A型 |
| —580 | Dow | 205~225 | | 2000~5500 | 14~16 | 四溴双酚A型 |

续表

| 商品名 | 公司 | 环氧当量 | 熔点/℃ | 黏度 25℃ /mPa·s | Br 含量/% | 结　构 |
|---|---|---|---|---|---|---|
| EpikoteDX—245 | Shell | 220~235 | | 3000~4500 | 16~18 | |
| Araldite—8011 | Ciba | 445~500 | 70~80 | | 19~23 | 四溴双酚 A 型 |
| —9147 | Ciba | 222 | | | | |
| ADKResinEPX—92 | 旭电化 | 440~480 | | 9000~14000 | 22~26 | 可挠性型 |
| BROC | 日本化药 | 350~370 | | 200~300 | 48~50 | 溴代甲酚型 |
| ユピクロン—145 | 大日本油墨 | 345~385 | | | | 四溴双酚 A 型 |
| —123 | 大日本油墨 | 270~300 | | | | ″ |

由四溴双酚 A 制备的含溴环氧树脂的耐燃性与溴含量有关（见表 14-8）。当溴代环氧树脂与通用环氧树脂配合使用时，树脂固化物耐燃性也与溴代环氧树脂的用量有关（见表 14-9）。

表 14-8　四溴双酚 A 环氧树脂耐燃性

| Br 含量/% | 燃烧速率/mm·min$^{-1}$ | 自熄时间/s |
|---|---|---|
| 2-3 | 5.08 | 45 |
| 5 | 0 | 11 |
| 10 | 0 | 8 |

表 14-9　溴代环氧树脂添加量和燃烧性的关系

| 添加量 | 燃烧速率/mm·min$^{-1}$ | 燃烧时间/s | 燃烧状态 |
|---|---|---|---|
| 0 | 15.24~22.86 | 137 | 燃烧 |
| 5 | 5.08 | 45 | 燃烧 |
| 10 | — | 17 | 自熄 |
| 20 | — | 8 | 自熄 |

当 50 份双酚 A 型环氧树脂（DER-331）和 50 份溴代双酚 A 环氧树脂（DER-542）与 3 份 $BF_3$-MEA 组成配合物，其固化物除具耐燃性外，其他性能未因加入溴代环氧树脂（DER-542）而遭损失，如热变形温度 163℃，弯曲强度 87.5MPa，压缩强度 254.1MPa，拉伸强度 38.5MPa，硬度（洛氏 M）114，介电常数（$10^3$cps）3.4，介电损耗角正切（$10^3$cps）0.006，体积电阻率（500V）$10^{15}$Ω·cm。

溴化双酚 A 型环氧树脂分高溴含量和低溴含量两种：将四溴双酚 A(TBBA)作为原料，溴含量 48%~50% 的称之高溴化树脂（HBR），以 TBBA 和 BA（双酚 A）为原料共聚，溴含量 20%~24% 的称之低溴化树脂（LBR）。

其结构式分别如下：

TBBA 二缩水甘油醚（HBR）

TBBA 二缩水甘油醚-BA 二缩水甘油醚共聚合树脂（LBR）

HBR 用于印刷线路板或成型环氧树脂的反应性阻燃剂及通用高分子材料的阻燃剂；LBR 主要用于 FR-4 型的印刷线路板。

另外还有溴化的酚醛环氧树脂，用于塑封材料（如下式）。如图 14-4 所示，溴化环氧树脂的热分解温度低于普通双酚 A 环氧树脂，这是由于醚键的分解所致。溴为吸电子性，致使醚键的键能降低，易分解，产生 HBr（如图 14-5 所示），

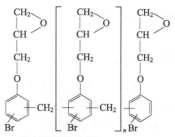

溴化酚醛环氧树脂(BEPN)

在其触媒的作用下进行炭化缩合反应，抑制可燃性低分子气体的产生。与此同时，在其过程中产生大量的水，作为灭火剂的作用，降低燃烧热。

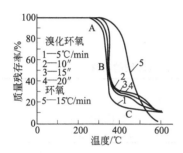

图 14-4　溴化环氧树脂的热分解行为

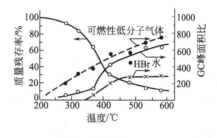

图 14-5　溴化环氧树脂的热分解气体

以六氢苯二甲酸酐（HHPA）固化溴化环氧树脂和双酚 A 环氧树脂，它们的 HDT，力学性能及耐药品性能基本相当。

除了溴化双酚 A 环氧树脂和溴化酚醛环氧树脂之外，还有其他非双酚 A 溴系环氧树脂，作为对它们的补充。

① 二溴季戊二醇二缩水甘油醚[9]　结构式如下。由二溴季戊二醇与环氧氯丙烷在 $SnCl_4$ 及 NaOH 存在下反应制备。其特性见表 14-10 所列，固化物性能见表 14-11 所列。

表 14-10　二溴季戊二醇二缩水甘油醚特性

| 色调(Gardner) | 1 | 环氧基含量/% | 16.35 |
|---|---|---|---|
| 黏度(25℃)/mPa·s | 280 | 溴含量/% | 38.0 |
| 相对密度(25℃) | 1.56 | 氯含量/% | 4.50 |

表 14-11　二溴季戊二醇二缩水甘油醚固化物性能

| 固化剂及用量：二氨基二苯甲烷,19phr 固化条件：55℃/16h+125℃/2h+175℃/2h ||
|---|---|
| 热变形温度/℃ | 53 |
| 弯曲强度/MPa | 100.8 |
| 弯曲模量/MPa | 3500 |

| | |
|---|---|
| 拉伸强度/MPa | 67.2 |
| 伸长率/% | 3.4 |
| 自熄时间/s | 1 |

② N,N-二缩水甘油-2,4,6-三溴苯胺[10] 结构式如下。该品特性如表 14-12 所示，其固化物性能如表 14-13 所示。DG-TBA 用间苯二胺固化后，除具耐燃性外，拉伸强度和弯曲强度稍低于双酚 A 型环氧树脂，弹性模量、压缩强度及耐化学药品性能均优于双酚 A 型树脂，耐水性尤为突出。

$$CH_2-CH-CH_2-N-CH_2-CH-CH_2$$

DG-TBA

表 14-12　N,N-二缩水甘油-2,4,6-三溴苯胺的特性

| | | | |
|---|---|---|---|
| 纯度 | 约 92% | 溴含量/% | 51.5 |
| 外观 | 软半结晶状灰色固体 | 密度/g·mL$^{-1}$ | |
| 熔点/℃ | 50～55 | 55℃下液体 | 1.82 |
| 环氧值 | 0.416 | 25℃下过冷液体 | 1.86 |

表 14-13　N,N-二缩水甘油-2,4,6-三溴苯胺固化物性能

| 树脂 | DG-TBA | Epon-828 |
|---|---|---|
| 间苯二胺/% | 11.2 | 14.5 |
| 固化条件 | 100℃/2h+160℃/4h | |
| 热变形温度/℃ | 144 | 150～160 |
| 拉伸强度/MPa | 68.6 | 91 |
| 伸长率/% | 1.4 | 6.5 |
| 拉伸模量/MPa | 5110 | 3220 |
| 压缩强度/MPa | 210 | 126 |
| 弯曲强度/MPa | 109.2 | 144.9 |
| 弯曲模量/MPa | 5117 | 2989 |
| 水中煮沸 3 天： | | |
| 　弯曲强度/MPa | 100.8 | 126 |
| 　弯曲模量 | 5068 | 2674 |
| 强度保持率/% | | |
| 　弯曲强度 | 92 | 87 |
| 　弯曲模量 | 99 | 90 |
| 增重/% | 0.80 | 2.7 |
| 可燃性： | | |
| 　ASTM D365-68 | 不燃 | 自熄 |
| 　ASTM D2863-70(氧指数) | >40 | 28 |
| 　垂直试样火柴点火 | 瞬间燃烧 | 连续燃烧 30 秒 |

③ 二溴甲苯缩水甘油醚[11,12]　二溴甲苯缩水甘油醚（BROC）为如下 3 种异构体混合物，其特性如表 14-14 所示。双酚 A 环氧树脂与 10%～50%（质量比）该树脂配合，就可制得耐火的树脂固化物。

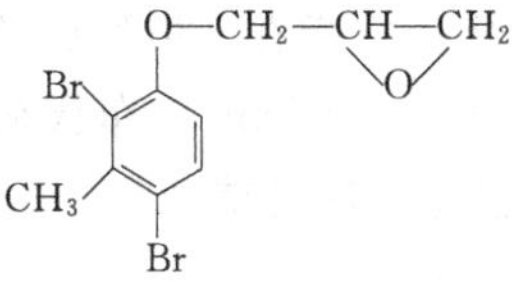

间位异构体 (65~95)% 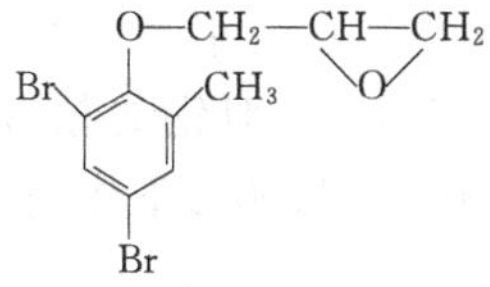 　　邻位异构体 (0~25)% 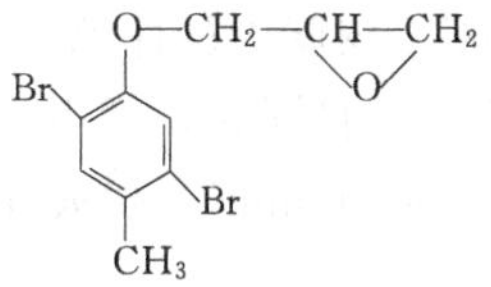 　　对位异构体 (0~25)%

表 14-14　二溴甲苯缩水甘油醚 (BROC) 特性

| 外观 | 褐色透明液体 | 黏度(25℃)/mPa·s | 200~300 |
|---|---|---|---|
| 环氧当量 | 350~370 | 色调(G) | 5~8 |
| 溴含量/% | 49~50 | 相对密度(20℃) | 1.76 |

④ 1,3-二缩水甘油-4,5,6,7-四溴苯并咪唑酮[13,14]

该品由 4,5,6,7-四溴苯并咪唑-2-酮和环氧氯丙烷在 $Me_4NCl$ 存在下加热反应制得，具有如下结构式。

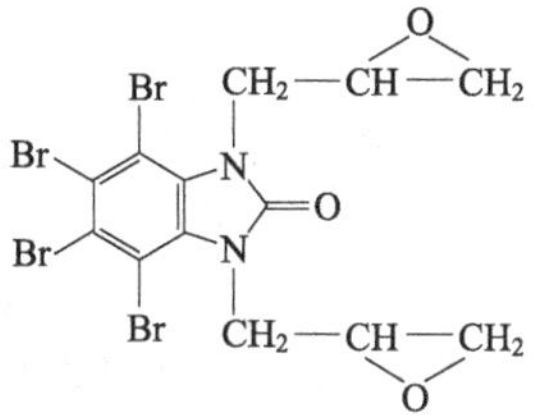

该品用六氢苯二甲酸酐作固化剂，在 120℃/6h+180℃/6h 条件下固化，树脂固化物浅黄色透明，具有自熄性。玻璃化温度为 222℃。

### 14.2.2.2　含磷环氧树脂

和开发非卤阻燃剂一样，在环氧树脂的分子结构里引进磷 (P)，以获得耐燃性的含磷环氧树脂。早在 20 世纪 60 年代中期就已开发出三聚磷腈系耐燃环氧树脂[15]。

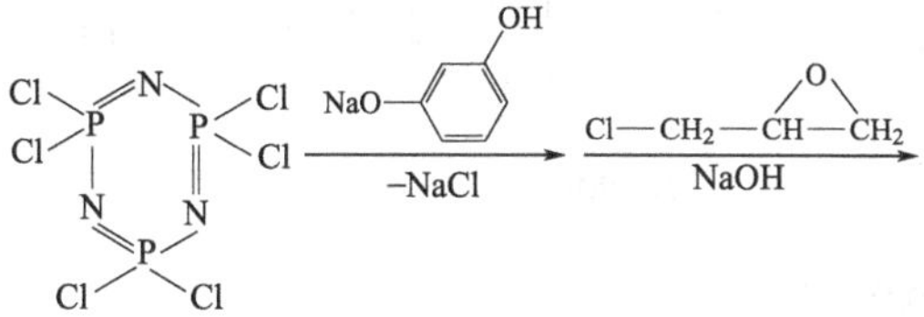

三聚氯化磷腈

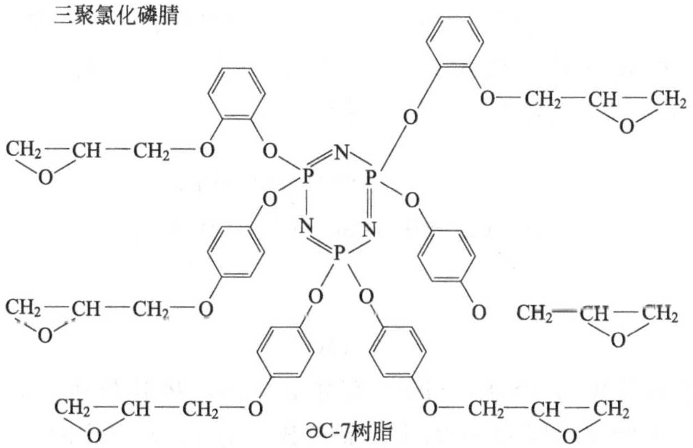

∂C-7 树脂

∂C-7 树脂为深棕色黏性液体，可贮放一年半。不加固化剂，树脂在 180℃ 加热 15～20h 可自固化。维卡耐热 190～230℃，对钢的粘接力 350～400kg/cm$^2$，布氏硬度 25～30kg/mm$^2$。耐火性好，在 1000～1100℃ 下作用 20s 不燃烧，热失重 20%。

以邻-丙烯基酚钠盐 [结构式：邻位带 $CH_2CH=CH_2$ 基团的苯酚钠盐 —ONa] 代替上述的间苯二酚单钠盐反应，反应产物再以过苯甲酸环氧化，可制得与 ∂C-7 类似的产物：一种黄色透明的黏稠树脂，分子量 1021。20 份该树脂与双酚 A 型环氧树脂 Gy-250 配合使用，可将 Gy-250 的耐热性（150℃ 开始失重，250℃ 开始分解，350℃ 出现分解峰）分别提高 10℃。

后来科学工作者开发了许多含磷、氮环氧树脂。这里仅列其一二，示意这是耐燃环氧树脂的一个重要发展方向。

如下结构的含磷环氧树脂，用 DDS，Dicy 固化，可以改变 P 含量，当磷含量 1.45% 时，可不燃不发烟，UL94V-0 级，氧指数 34[16]。而用 TBBA 达到同样效果时需 Br 含量 9.91%。

TGDMO（四缩水甘油基-3,3′-二氨基苯基甲基磷氧），分子结构里含 P 和 N，用 DDM，DDS 等固化剂固化，与双酚 A 环氧树脂（Epon 828）相比，成炭率高，在优良的阻燃性。

### 14.2.2.3　含硅环氧树脂[17]

在环氧树脂的分子结构里引入硅原子同样可以取得良好的阻燃效果。如下结构的环氧树脂用 DDM 固化，在 850℃ 空气中成炭率 31%，氧指数 35；而同样用 DDM 固化的 Epon 828，成炭率为 0，氧指数 24。

另一含硅的环氧树脂（SIDGEBP）有如下结构，将其与通用双酚 A 环氧树脂混用，添加磷系阻燃剂，以 Dicy 固化，氧指数可达 33.5，UL94 V-1 级。

### 14.2.3 阻燃固化剂

F. J. Martin 等用氧指数法评价环氧树脂的可燃性时指出，芳香胺和脂肪胺固化的双酚 A 环氧树脂体系可燃性小于酸酐固化的体系。用 Lewis 酸（如 $BF_3$-MEA）固化的树脂体系与脂肪胺固化的体系在耐燃性方面大体相同。而叔胺（DMP-30）固化的树脂体系的耐燃性与酸酐固化的体系大体相似。尽管有如此差异，这些固化剂的任一种都不能起阻燃剂作用。

阻燃固化剂为分子结构里含有卤（Cl，Br），磷（P）等原子的固化剂，赋予环氧树脂固化物阻燃性（极限氧指数 LOI＞21）。固化剂篇第 4 章 4.4 节提到的含卤素酸酐就是阻燃固化剂的一种，这里不再重复。更多的含卤、磷原子的多胺阻燃固化剂及阻燃酚醛树脂固化剂已开发出来。

#### 14.2.3.1 DCEPD 固化剂

DCEPD 固化剂学名 1-[二(2-氯乙氧)膦氧基甲基]-2,4-和-2,6-二氨基苯。具有如下结构式[18]。

2,4-二胺异构体（90%）　　2,6-二胺异构体（10%）

DCEPD 是两种异构体的混合物，熔点 116～119℃。该芳香二胺与间苯二胺（MPD）、二氨基二苯砜（DDS）相比，对环氧树脂的活性居中，即 MPD＞DCEPD＞DDS。如下所示，其固化反应与胺类固化剂一样

DCEPD 的环氧树脂固化物的热分解温度低于 MPD 和 DDS，但氧指数和成炭率高于后者，所以 DCEPD 有较高的阻燃性。表 14-15 和表 14-16 分别表示各固化剂固化环氧树脂（Epon 828）的极限氧指数和在空气中的热稳定性。

表 14-15  各固化剂固化物的极限氧指数

| 固化剂 | P% | Cl% | N% | LOI |
|---|---|---|---|---|
| DCEPD | 2.87 | 5.64 | 2.59 | 28.1 |
| MPD | 0 | 0 | 3.25 | 27.2 |
| DDS | 0 | 0 | 2.79 | 22.9 |

表 14-16  各固化剂固化物的热稳定性

| 固化剂 | PDT/℃ | PDT$_{max}$/℃ | TCP/℃ | 成炭率(650℃)/% |
|---|---|---|---|---|
| DCEPD | 261.5 | 309.1 | 550.0 | 23.0 |
| MPD | 388.1 | 431.9 | 495.4 | 8.0 |
| DDS | 403.9 | 447.3 | 511.5 | 4.5 |

### 14.2.3.2  磷化多芳核二胺

双（4-氨基苯氧）苯基膦氧（PA-Ⅰ）和双（3-氨基苯基）苯基膦氧（PA-Ⅱ）属于此类[19]。其合成方法分别如下：

PA-Ⅰ的合成

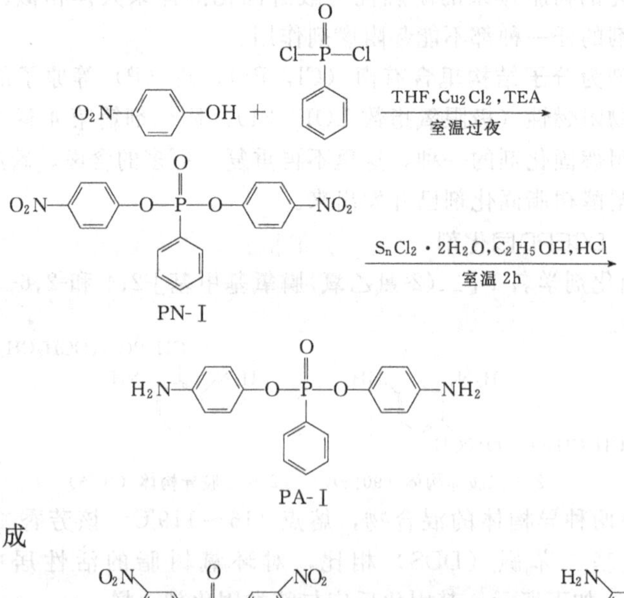

PA-Ⅱ的合成

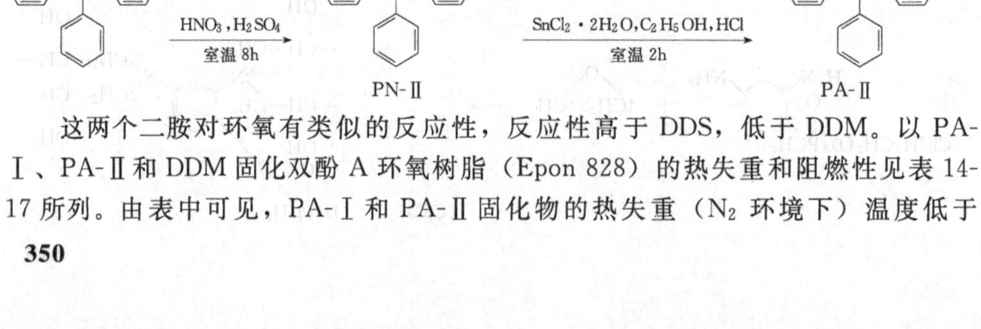

这两个二胺对环氧有类似的反应性，反应性高于 DDS，低于 DDM。以 PA-Ⅰ、PA-Ⅱ和 DDM 固化双酚 A 环氧树脂（Epon 828）的热失重和阻燃性见表 14-17 所列。由表中可见，PA-Ⅰ和 PA-Ⅱ固化物的热失重（N$_2$环境下）温度低于

DDM外，其余性能均优于DDM，具有优良的阻燃性。

**表 14-17　PA-Ⅰ、PA-Ⅱ 和 DDM 固化物的热失重及阻燃性**

| 组 成 物 | 失重1%的温度/℃ | | 成炭率(700℃)/% | | $w(P)/\%$ | 极限氧指数 |
| --- | --- | --- | --- | --- | --- | --- |
| | $N_2$ | 空气 | $N_2$ | 空气 | | |
| Epon 828/DDM | 360 | 280 | 18 | 7 | 0 | 24 |
| Epon 828/PA-Ⅰ | 285 | 280 | 37 | 32 | 4.16 | 34 |
| Epon 828/PA-Ⅱ | 321 | 321 | 37 | 29 | 5.10 | 35 |

注：环氧树脂固化剂摩尔比1∶1。

类似的化合物见表14-18所列。

**表 14-18　磷化多芳核胺[20]**

| 双（3-氨基苯基）甲基膦氧（BAMPO）（Kourtides,1980） | (structure: $H_2N$-C$_6$H$_4$-P(=O)(CH$_3$)-C$_6$H$_4$-$NH_2$) |
| --- | --- |
| 三（3-氨基苯基）膦氧（Shau,1996） | (structure: tris(3-aminophenyl)phosphine oxide) |
| 双（4-氨基苯基）磷酸酯（Hsiue & Liu,1996） | (structure: $H_2N$-C$_6$H$_4$-O-P(=O)(R)-O-C$_6$H$_4$-$NH_2$;  R = o-tolyl or phenyl) |

其中 BAMPO 以如下方式合成[21]。

(反应式：二苯基甲基膦氧 + $HNO_3$ → 二（3-硝基苯基）甲基膦氧 → BAMPO)

### 14.2.3.3　氯化磷酰衍生物（DCP 和 PPDC）制成的阻燃固化剂[22]

台湾学者林江珍等利用氯化磷酰衍生物（DCP及PPDC）与不同分子量的聚醚胺、芳香胺等合成出各种含磷酰胺的固化剂，用于固化环氧树脂。环氧树脂固化后磷含量在2.50%～4.07%之间。由于含磷固化剂分子结构的不同，导致固化物玻璃化温度差异很大，介于7～120℃之间，热裂解温度较低。但是提高了环氧树脂在高温下的焦炭残余量。使用该种固化剂可以提高环氧树脂的柔韧性和阻燃性。

DCP合成含磷固化剂途径如下：

PPDC 合成含磷固化剂途径如下：

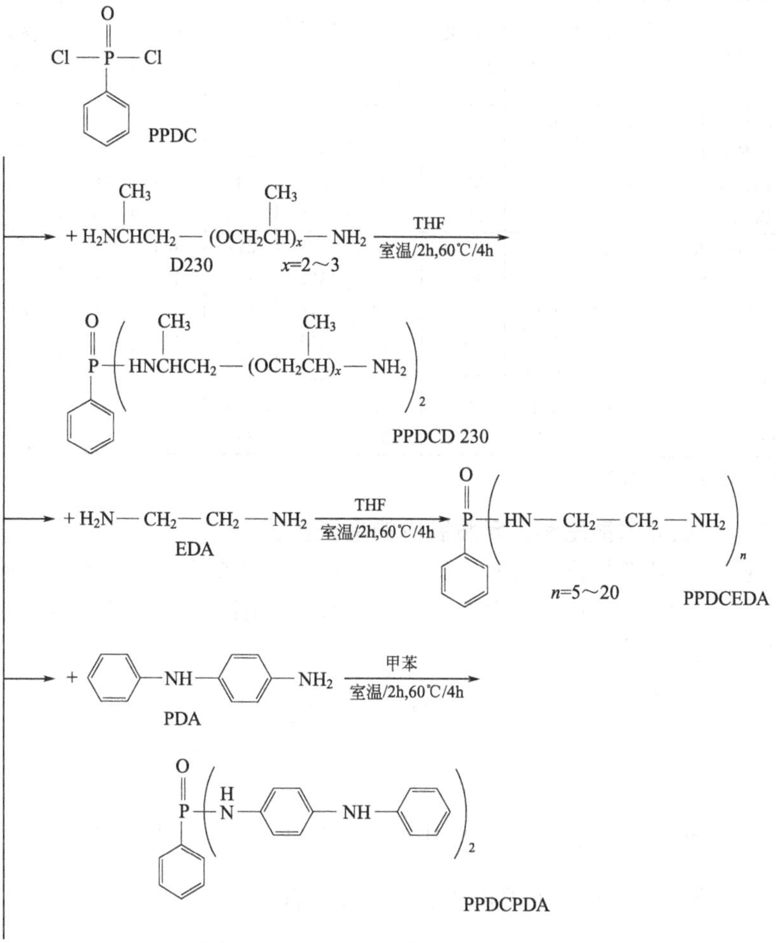

这些含磷固化剂对双酚 A 型环氧树脂 BE188 的反应活化能不同，DCPPDA (199.6kJ/mol)＞DCPD 400(80.8kJ/mol)＞DCPD 230(76.2kJ/mol)＞DCPEDA (63.4kJ/mol)。固化剂的固化反应活化能与其结构有关，其中 DCPPDA 因其有苯环结构而造成立体障碍大，又不具伯胺，使其固化所需活化能较高。

表 14-19 表示各含磷固化剂和不含磷固化剂环氧树脂固化物的热稳定性和阻燃性。热失重分析指出，含磷环氧树脂与不含磷环氧树脂固化物的裂解情形均为一阶段裂解，且含磷的环氧树脂固化物的热裂解温度比不含磷的要低，这是因为不含磷环氧树脂热裂解通常由键能较低的环氧基开始，而引入键能更低的含磷基团的含磷环氧树脂，其起始热裂解是由热稳定性较差的磷酸酯基（—P—O—）链断裂所造成。

含磷高分子在受热后产生固相阻燃机制，其在材料表面生成高含磷量的焦炭，同时阻止热及可燃气体的传播，并减少材料分解时所逸出的易燃气体，从而达到阻燃效果，并使含磷环氧树脂在高温下的残留量率相对较高。

表 14-19　含磷及不含磷环氧树脂固化物的热稳定性和阻燃性

| 组成物 | w(P)/% | w(N)/% | w(苯环)/% | 特定失重下的温度/℃ | | | | | 极限氧指数 | 成炭率(850℃)/% |
|---|---|---|---|---|---|---|---|---|---|---|
| | | | | 10% | 20% | 30% | 40% | 50% | | |
| DCPD 230/BE 188 | 2.58 | 4.20 | 26.6 | 277 | 298 | 309 | 318 | 331 | 23 | 11.9 |
| DCPD 400/BE 188 | 2.06 | 3.34 | 21.2 | 290 | 304 | 310 | 317 | 324 | 22 | 8.9 |
| DCPEDA/BE 188 | 3.46 | 5.63 | 35.7 | 297 | 322 | 337 | 348 | 360 | 27 | 16.5 |
| DCPPDA/BE 188 | 2.77 | 4.51 | 53.0 | 235 | 286 | 308 | 333 | 392 | 28 | 26.8 |
| PPDCD 230/BE 188 | 2.32 | 4.20 | 28.5 | 293 | 308 | 317 | 329 | 338 | 21 | 5.9 |
| PPDCEDA/BE 188 | 4.07 | 4.60 | 40.0 | 307 | 327 | 340 | 354 | 387 | 24 | 22.9 |
| PPDCPDA/BE 188 | 2.50 | 4.51 | 55.1 | 304 | 315 | 327 | 347 | 377 | 27 | 24.2 |
| D 230/BE 188 | 0 | 2.85 | 30.9 | 342 | 357 | 365 | 370 | 375 | 18 | 1.9 |
| D 400/BE 188 | 0 | 2.43 | 26.4 | 335 | 353 | 362 | 369 | 374 | 18 | 1.6 |
| EDA/BE 188 | 0 | 3.45 | 37.4 | 342 | 352 | 359 | 366 | 372 | 19 | 3.0 |
| PDA/BE 188 | 0 | 3.74 | 50.8 | 331 | 347 | 353 | 362 | 373 | 21 | 8.5 |

注：在 $N_2$ 环境下的 TGA 数据。

#### 14.2.3.4　以亚磷酸酯和多元胺制成的含磷多胺

张保龙等[23]以脂肪胺（例如二亚乙基二胺、三亚乙基四胺、四亚乙基五胺等）和芳香胺（如 4,4′-二氨基二苯甲烷）与亚磷酸二乙酯反应，制备含磷的胺类固化剂。反应分两步进行：

$$\underset{\text{酮}}{R'_1\underset{R_2}{\overset{}{C}}=O} + H_2N\text{\textasciitilde}NH_2 \xrightarrow[\text{共沸}]{-H_2O} \underset{\text{胺基酮亚胺}}{\underset{R_2}{\overset{R_1}{C}}=N\text{\textasciitilde}NH_2}$$

$$H_2N\text{\textasciitilde}N=\underset{R_2}{\overset{R_1}{C}} + HP(OC_2H_5)_2 \xrightarrow{\triangle} H_2N\text{\textasciitilde}NH-\underset{R_2}{\overset{R_1}{C}}-\overset{O}{\underset{}{P}}(OC_2H_5)_2$$

表 14-20 表示各含磷胺类固化剂的结构及状态。

表 14-20　含磷胺类固化剂结构及状态

| 中文名称 | 分子结构 | 简称 | 状态 |
|---|---|---|---|
| 二亚乙基三氨基异丙基亚磷酸二乙酯 | $(C_2H_5O)_2\overset{O}{\underset{}{P}}-\underset{CH_3}{\overset{CH_3}{C}}-NH(CH_2CH_2NH)_2H$ | DETAPP | 淡黄色液体 |
| 三亚乙基四氨基异丙基亚磷酸二乙酯 | $(C_2H_5O)_2\overset{O}{\underset{}{P}}-\underset{CH_3}{\overset{CH_3}{C}}-NH(CH_2CH_2NH)_3H$ | TETAPP | 棕红色液体 |
| 四亚乙基五氨基异丙基亚磷酸二乙酯 | $(C_2H_5O)_2\overset{O}{\underset{}{P}}-\underset{CH_3}{\overset{CH_3}{C}}-NH(CH_2CH_2NH)_4H$ | TEPAPP | 浅黄色黏稠液体 |
| 4-(4′-氨基苯甲基)苯氨基异丙基亚磷酸二乙酯 | $(C_2H_5O)_2\overset{O}{\underset{}{P}}-\underset{CH_3}{\overset{CH_3}{C}}-NH-C_6H_4-CH_2-C_6H_4-NH_2$ | DDMPP | 棕褐色黏稠液体 |

| 中文名称 | 分子结构 | 简称 | 状态 |
|---|---|---|---|
| 4-(4'-氨基苯甲基)苯氨基仲丁基亚磷酸二乙酯 | 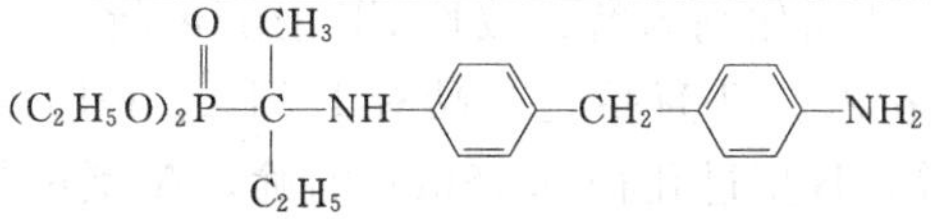 (C₂H₅O)₂P(O)−C(CH₃)(C₂H₅)−NH−C₆H₄−CH₂−C₆H₄−NH₂ | DDMBP | 棕褐色黏稠液体 |

含磷多胺固化的环氧树脂均具有较好的阻燃性,其中含磷芳香胺可提高其在环氧树脂中的相容性及显著地降低固化温度。该固化剂与环氧树脂的固化过程有明显的阶段性。

DSC 等速升温描述指出,含磷脂肪胺对 E-51 树脂的反应活性均略低于其相对应的不含磷胺。此特性显然与含磷胺类固化剂分子结构中活性较高的伯胺基相对数量减少,及其与仲胺基邻的庞大取代基团空间位阻有关。相反含磷芳香胺的反应活性都明显高于其所对应的胺 DDM。这是因为固体芳香胺 DDM 与环氧树脂的相容性较差,但经转化成液体状态的 DDMPP 及 DCMBP 后,它们与环氧树脂有较好的相容性,有利于固化反应进行。

### 14.2.3.5 含磷酚醛树脂[24]

由 DOPO(9,10-二氢-9-噁-10-磷菲-10-氧化物)和 4-HBA(4-羟基苯甲醛)制备的含磷线型酚醛树脂(DOPO-PN),软化点 135~138℃。制备方法如下:

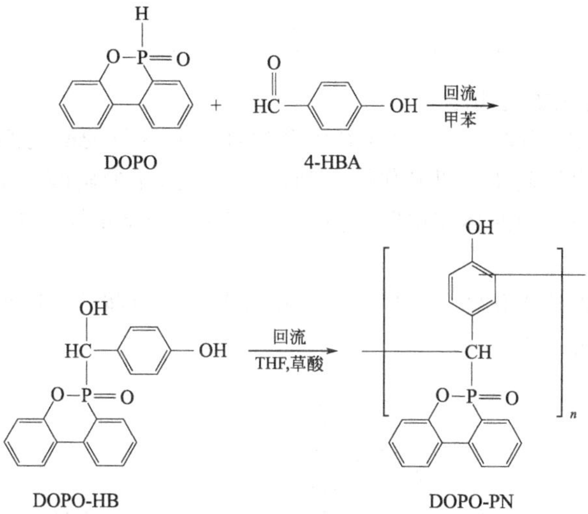

DOPO + 4-HBA —回流/甲苯→ DOPO-HB

DOPO-HB —回流 THF,草酸→ DOPO-PN

DOPO-PN 固化环氧树脂的活化能为 80~85kJ/mol,比胺固化的活化能(大约 65kJ/mol)高,与普通酚醛树脂固化的活化能(76~83kJ/mol)相差不多。

当将 DOPO-PN 配合到双酚 A 型环氧树脂和邻甲酚醛环氧树脂里时,随着组成物中 DOPO-PN 用量的增加(亦即磷含量的增加),极限氧指数(LOI)和成炭率亦增加,但 $T_g$ 随之降低。当磷含量不低于 2% 时,其氧指数为 26,UL-94 试验达 V-0 级。

以 DOPO-PN 固化邻甲酚醛环氧树脂,当磷含量 3.11% 时,LOI 29.5,UL-94

V-0，$T_g$ 157.8℃，1%失重温度 331℃($N_2$)，800℃($N_2$) 下成炭率 37.8%。

### 14.2.3.6 F 系列固化剂

张多太[25]研制的 F 系列固化剂为特种改性 FB 酚醛树脂。

F 系列固化剂为固体粉末。已商品化产品有 F-51A、F-51B、F-52A、F-52B。A 型过孔径 0.014mm 的筛，B 型过孔径 0.18mm 的筛。A 型可与环氧树脂直接混合使用，B 型可配成 50% 左右的酒精溶液使用。

F 固化剂本身具有极高的阻燃性，氧指数高达 48.5，且低烟、低毒。以等质量比固化 E-51 环氧树脂时氧指数 30，高温下基本无烟、无气味。

F 固化剂可使通用环氧树脂耐 300～400℃ 高温。高温下仍保持较高的粘接强度。例如，E-51 环氧树脂，F-51B 的 50% 乙醇溶液和适当填料组成的胶黏剂，粘接 45# 钢，经 180℃/3h 固化后，室温剪切强度 16.5MPa，300℃ 下为 7.40MPa，400℃ 下热老化 1h，再经两次高低温（室温）冲击，剪切强度仍保持 8.20MPa。

F 固化剂可使环氧树脂固化物的耐烧蚀性提高一个数量级（表 14-21）。

表 14-21 不同固化剂固化环氧树脂的烧蚀性能

| 固化材料 | 线烧蚀率/mm·$s^{-1}$ | 质量烧蚀率/g·$s^{-1}$ |
|---|---|---|
| E-51/2E4MI | 0.6～0.8 | 0.15～0.20 |
| E-51/70 酸酐 | 0.8～0.9 | 约 0.20 |
| 酚醛/60%玻璃纤维模塑料 | 约 0.1 | 约 0.07 |
| E-51/F 固化剂 | -0.1 | 0.07 |
| AFG-90/F 固化剂 | -0.374 | 0.0695 |

### 14.2.3.7 含氮酚醛树脂

袁才登等[26]以苯酚、甲醛及含氮化合物合成的含氮酚醛树脂，分子链上带有三嗪基和氨基等含氮基团。以其作固化剂，并加入适量的磷酸三苯酯，可以提高其阻燃性。固化的环氧树脂体积电阻率达 $10^{14}$～$10^{15}$ Ω·cm 数量级，阻燃性能亦好，均能离火自熄。

同样，大日本油墨化学公司以苯酚、甲醛及三聚氰胺等三嗪缩合制得酚醛树脂（ATN）（结构式如下）。

表 14-22 表示 ATN 和酚醛树脂的环氧树脂固化物的性能对比。由表可见，ATN 显示良好的阻燃性[28]。

表 14-22 ATN 固化树脂的性质及阻燃性

| 配合物 | $M_1$ | $M_2$ | $M_3$ | $M_4$ |
|---|---|---|---|---|
| DGEBA（液体） | 100 | 100 | 100 | 100 |
| KA-7052 | 63 | — | | |
| KA-7755 | | 84 | | |

续表

| 配 合 物 | $M_1$ | $M_2$ | $M_3$ | $M_4$ |
|---|---|---|---|---|
| KA-7755-F1 | | | 122 | |
| 线型酚醛树脂 | | | | 55 |
| 固化剂当量 | 1.0 | 0.7 | 1.0 | 1.0 |
| 促进剂(2E4MZ) | 0.1 | 0.1 | 0.1 | 0.1 |
| $w(N)/\%$ | 3 | 11 | 11 | 3 |
| $w(P)/\%$ | — | — | 1 | — |
| $T_g$(TMA)/℃ | 148 | 143 | 122 | 139 |
| 吸水性(煮沸 2h)/% | 0.5 | 0.6 | 0.9 | 0.6 |
| UL 熄火试验 | V-1 | V-0 | V-0 | 燃烧 |
| 第一次(max) | 17(23) | 1(3) | 0(1) | x |
| 第二次(max) | 13(16) | 0(1) | 0(1) | x |

注：固化条件—180℃/2h。

以线型酚醛树脂和靛红酸酐（苯并噁嗪二酮）反应同样可以取得阻燃性良好的含氮酚醛树脂，反应式如下所示。用于环氧树脂玻璃布层压板，耐焊热，吸水性小[27]。

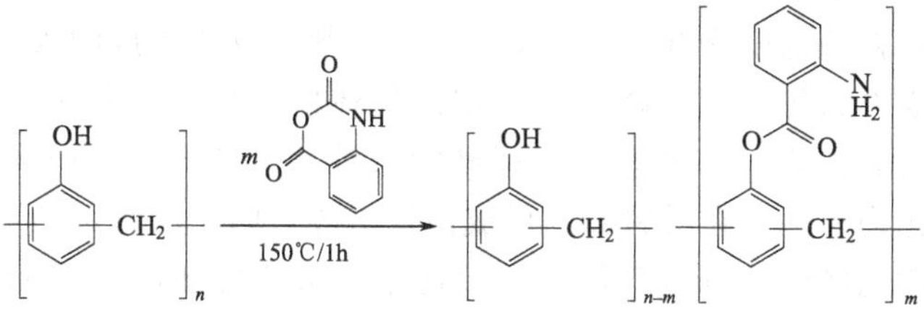

### 14.2.4 阻燃性填充剂

向环氧树脂组成物里添加不同的无机填料可使固化的树脂体系取得不同的耐燃性。

#### 14.2.4.1 无机填料对固化物耐燃性的影响

表 14-23 和图 14-6 表示各种无机填料对环氧树脂/多亚乙基多胺体系氧指数的影响[28]。数据表明氢氧化铝、氢氧化镁、氢氧化钡有较高的氧指数。耐燃化作用氧化铝＜二氧化硅＜水合氧化铝，前两种填料是热惰性的。

表 14-23 各种填料的耐燃性

| 填 料 | 自燃温度/℃ | 氧指数/% |
|---|---|---|
| — | 470 | 19.3 |
| CaO | 480 | 21.2 |
| $CaCO_3$ | 495 | 20.5 |
| $Ca(OH)_2$ | 480 | 20.1 |
| MgO | 490 | 20.6 |
| $Mg(OH)_2$ | 500 | 22.1 |
| $Al_2O_3$ | 490 | 20.1 |
| $Al(OH)_3$ | 515 | 22.3 |

续表

| 填料 | 自燃温度/℃ | 氧指数/% |
|---|---|---|
| $Ba(OH)_2$ | 480 | 22.1 |
| $Ni(OH)_2$ | 490 | 21.1 |
| CuO | 480 | 19.8 |
| $Sb_2O_3$ | 510 | 20.6 |

注：填料用量 43.5%。

#### 14.2.4.2 氢氧化铝和氢氧化镁

氢氧化铝 [$Al(OH)_3$]，又称三水氧化铝、水合氧化铝（$Al_2O_3 \cdot 3H_2O$），略写 ATH。

氢氧化铝广泛用于环氧树脂，是一种非常有效的耐燃性填料，同时也是有效的烟抑制剂。随其用量增加，环氧树脂固化物的氧指数几乎是线性的增加（图 14-6）。使用该填料可以降低树脂配合物的成本，降低膨胀系数和固化收缩率；缺点是该填料不透明，有沉降趋向，在环氧树脂中有脆化效应。

氢氧化铝的阻燃机理是：将其加热至 250℃ 时，它以水蒸气的形式损失 35% 的重量并吸收约 470cal/g（1cal=4.2J）的能量，$2Al(OH)_3 \xrightarrow{加热} Al_2O_3+3H_2O$。由于吸热反应，使材料的温度降低，减少了树脂的分解。反应生成的水在燃烧温度下变成了蒸汽，它既作为稀释剂，降低了可燃性气体的浓度，又作为覆盖层隔绝了空气，即隔绝了氧的作用，从而改变了可燃的条件。另外，反应产物 $Al_2O_3$ 与燃烧形成的其他碳化物一起，在材料周围形成惰性屏障，阻止材料进一步分解，同时也降低了固体到燃烧区的热分解气体的扩散速率。由此可知，$Al(OH)_3$ 的阻燃过程是无毒无烟的[29]。

如图 14-7 所示，将 $Al(OH)_3$ 的颗粒微粒子化可进一步提高其阻燃性。在相同用量情况下，粒径 0.5μm 的 $Al(OH)_3$ 可大幅度地提高氧指数。

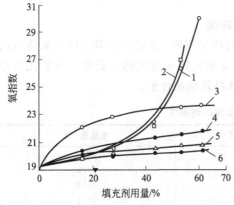

图 14-6 填充剂用量对固化物氧指数影响
1—$Al(OH)_3$；2—$Mg(OH)_2$；3—安山岩；
4—$Ni(OH)_2 \cdot 1/4H_2O$；
5—白粉；6—$Al_2O_3$

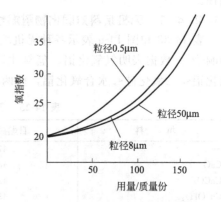

图 14-7 $Al(OH)_3$ 粒径对氧指数的影响

氢氧化镁[Mg(OH)$_2$]是继氢氧化铝之后又一有效的阻燃添加剂。

它在350℃附近热分解生成水,同时从周围吸收热量(1600kJ/mol),导致氧化反应时温度降低,阻止燃烧。近年研究指出(见图14-8),燃烧时Mg(OH)$_2$在材料表面形成反射层,抑制燃烧。

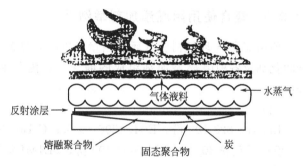

图14-8 Mg(OH)$_2$阻燃模式

### 14.2.4.3 红磷

红磷用于环氧树脂,不但具有阻燃性,而且对机械性能,热稳定性能没有大影响。与溴化环氧树脂相比,长期热老化性优良,而且耐电弧性、耐漏电痕迹性得以改善。机械性能和粘接性能与双酚A型环氧树脂大体相同。

红磷应贮存在密闭的容器里。红磷在空气和潮气中能慢慢发生变化:

$$\left[\begin{matrix}P\\P\diagdown P\\P\end{matrix}\right]_n \xrightarrow{\text{空气,H}_2\text{O}} H_3PO_4 + H_3PO_3 + H_3PO_2 + PH_3(少量)$$
$$\qquad\qquad\qquad\qquad\quad 磷酸\quad 亚磷酸\quad 次磷酸\quad 磷化氢$$

红磷单独用于环氧树脂时,固化物的体积电阻率会随时间推移降低,当和Al(OH)$_3$并用时使其耐湿性得以改善,体积电阻率也比单独用Al(OH)$_3$时要高。所以经常将红磷和Al(OH)$_3$一起用于环氧树脂阻燃。为了提高红磷的耐湿性,可用Al(OH)$_3$和含无机填料的热固性树脂(例如,Resol型酚醛树脂预聚物)进行处理,处理过的红磷添加到环氧树脂里以阻燃[30]。使用改性的红磷(如日本的ノーバレッド、ノーバエクセル)可降低导电率(图14-9)和膦的发生量(图14-10)。

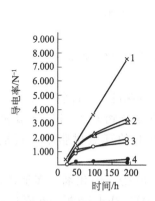

图14-9 各红磷导电率经时变化
1—红磷;2~4—各改性红磷
121℃/1.2气压G

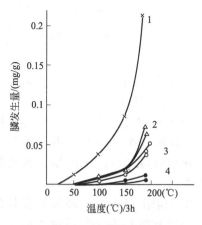

图14-10 膦发生量
1—红磷;2~4—改性红磷

### 14.2.5 复合使用阻燃添加剂举例[31]

使用双酚 A 环氧树脂（环氧当量＜200），脂环族环氧（环氧当量＜150），酸酐固化剂及各种阻燃添加剂组成的灌封料，灌封回扫变压器（Flyback transformor）。

配方：

Epikote 828 100 份，ERL 4206 10 份；$C_6Br_6$ 30 份；$Sb_2O_3$ 15 份，$Al(OH)_3$ 150 份，石英粉 80 份；HN-2000 100 份；2E4MI 2.0 份

性能：

热变形温度 122℃，介电常数 $\genfrac{}{}{0pt}{}{(25℃)\ 3.5}{(100℃)\ 3.5}$，介电损耗角正切 0.8。

当用丁基缩水甘油醚取代 ERL 4206 时，则分别为 97℃，3.9(4.4)，及 0.9。

## 14.3 新阻燃技术

### 14.3.1 一种新型阻燃剂[32]

反式-4,5-二溴环己烷-1,2-二羧酸酐（Ⅰ）和邻苯二胺（Ⅱ）按下式反应，生成（Ⅲ）和（Ⅳ）混合物。

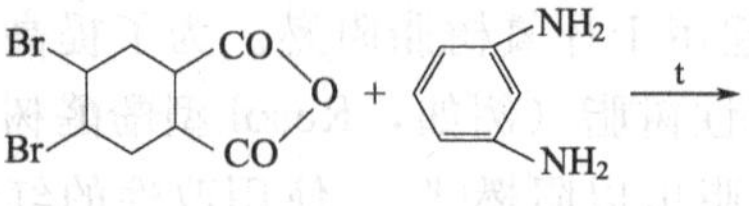

（Ⅲ）称之为反式-4,5-二溴-环己烷-1,2-二羧酸-$N$-(O-氨基苯基)酰亚胺，结晶物，m.p. 252℃。

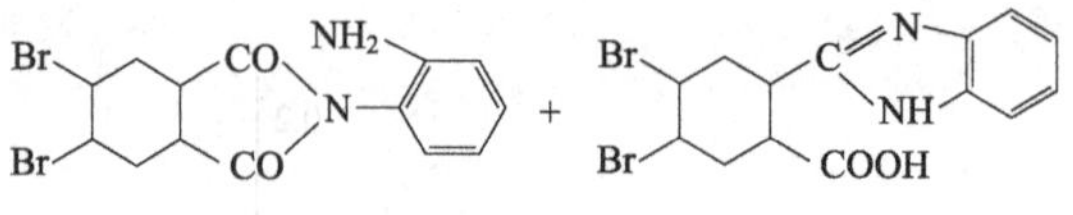

（Ⅳ）称之为反式-4,5-二溴-环己烷-2-羧基-苯并咪唑，结晶物，m.p. 150℃。

化合物（Ⅲ）、（Ⅳ）及（Ⅲ）和（Ⅳ）的混合物均可用作环氧树脂阻燃剂。使用时将它们溶于丙酮，加入到加热至 80℃ 的环氧树脂中，再抽真空除去丙酮。

环氧树脂（ED-20，环氧基百分含量 18%）90 份，固化剂（多亚乙基多胺）10 份及阻燃剂 10 份的组成物经 R.T./3h+60～80℃/3h+120℃/4h 固化，其各种性能如表 4-24 所示。与未加该阻燃剂的固化物相比，添加该阻燃剂的固化物，不但自熄，且粘接强度、力学性能、热性能均得到很大提高。另外组成物耐寒和吸水性低。

表 4-24　添加(Ⅲ)、(Ⅳ) 及 (Ⅲ)+(Ⅳ) 的固化物性能

| 性　　能 | — | (Ⅲ) | (Ⅳ) | (Ⅲ)+(Ⅳ)混合物 |
|---|---|---|---|---|
| 维卡耐热/℃ | 138 | 209 | 210 | 206 |
| 白氏硬度/MPa | 13.7 | 23.8 | 24.0 | 23.6 |
| 拉伸强度/MPa | 37.4 | 112.6 | 112.6 | 112.6 |
| 断裂伸长率/% | — | 33 | 33 | 33 |
| 冲击韧性/MPa | — | 2.25 | 2.35 | 2.35 |
| 粘接强度/MPa | 8.12 | 22.5 | 22.7 | 23.8 |
| 吸水性(100℃,24h) | 0.69 | 0.06 | 0.07 | 0.08 |
| 燃烧时间/s | 燃烧 | 4 | 4 | 3 |
| 体积电阻率/Ω·cm($10^4$) | — | 2.48 | 2.51 | 2.51 |
| 介电常数(1000Hz) | — | 4.6 | 4.8 | 4.8 |
| 介电损耗角正切(1000Hz) | — | 0.017 | 0.018 | 0.018 |
| −100℃～+100℃冲击次数 | 龟裂 | 180 | 180 | 210 |
| 150℃ 24 小时老化后拉伸强度 | — | 88 | 89 | 91.2 |

注：(Ⅲ)+(Ⅳ) 混合物用量 15%。

## 14.3.2　纳米技术的应用

随着纳米技术的发展，纳米粒子在环氧树脂阻燃技术上也取得了成效。A. Antonov 等指出，在环氧树脂/聚磷酸铵（APP）组成物里只要添加微量（0.1%）的纳米尺寸金属粉末，就可以大幅度地提高氧指数（图 14-11）[33]。

表 14-25 表示在环氧树脂体系里加入 6% 纳米 $SiO_2$，就可有效地抑制燃烧释放的热量、提高难燃残渣率，从而有效阻燃。

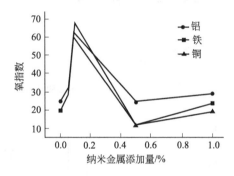

图 14-11　纳米金属对环氧组成物的阻燃效果

表 14-25　环氧纳米复合材料的难燃特性—HRR（释放热量）的抑制效果

| 环氧体系 | 难燃残渣/% | 最大 HRR /kW·m$^{-2}$ | 平均 HRR /kW·m$^{-2}$ | 平均质量减少速率 /(g/s·m$^2$) | 平均扩大面积/(m$^2$/kg) |
|---|---|---|---|---|---|
| DGEBA/MDA | 11 | 1296 | 767 | 36 | 1340 |
| DGEBA/MDA (6%纳米 $SiO_2$) | 19 | 773 (40%) | 540 (29%) | 24 (33%) | 1480 |
| DGEBA/BDMA | 3 | 1336 | 775 | 34 | 1260 |
| DGEBA/BDMA (6%纳米 $SiO_2$) | 10 | 769 (42%) | 509 (35%) | 21 (38%) | 1330 |

注：括号内数据表示减少率。

### 14.3.3 新型的阻燃环氧组成物[34]

上述提到四种阻燃环氧途径。但每一途径都离不开使用阻燃添加剂。近年来，一种不添加阻燃剂自行灭火的环氧树脂组成物已被开发，用于电子部件。图 14-12 展示了三种不同组成物的交联结构。图 14-13 表示三种不同树脂体系的氧指数，新开发的不用阻燃剂的体系有最高氧指数达 70%。这种新开发体系的阻燃机理如图 14-14。

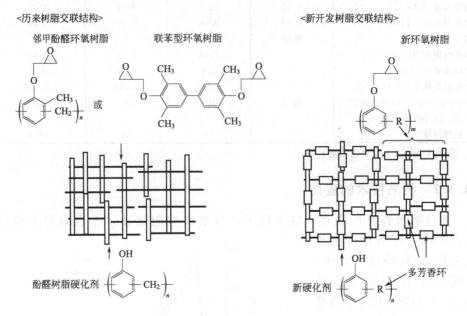

图 14-12　环氧树脂组成物的交联结构

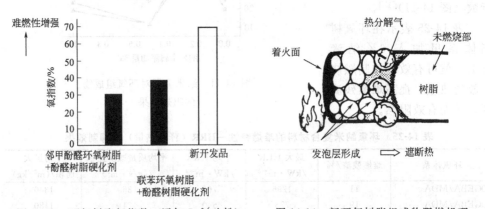

图 14-13　环氧树脂氧指数（添加 70% 硅粉）　　图 14-14　新环氧树脂组成物阻燃机理

## 参 考 文 献

[1]　F. J. Martin, K. R. Price. J. Appl. Polgm. Sci., 1968, 12 (1): 143.
[2]　プラスチックス, 1972, 23 (8): 109.

[3] В. А. Ущков, В. Т. ДорофЕЕв. Пnlact. Массы, 1989, (11): 92—94.
[4] 小西 尭, 平尾正一. 難燃剤. 幸書房. 1972. 94—98.
[5] В. А. Ущков, В. М. ЛалааеН. Плааст. Массы. 1989, (2): 87—90.
[6] Н. В. Лабинская, В. Г. Гаврилюк. Пласт. Массы. 1989, (10): 95—96.
[7] Е. А. Резник. Гцаст. Массы. 1979, (7): 51.
[8] Б. А. МухамебиалцеВ, С. М. Хашцмова. Пласт. Массы, 1989, (7): 90—91.
[9] U. S. P 3686358.
[10] SPI 27th Annual Technical Conference, Section 2-c, 1972.
[11] プラスチックス, 1972, (1): 51.
[12] Plastics Abstracts, 1973, 15 (11): 1600.
[13] Eur. Pat. Appl. EP 43346.
[14] Eur. Pat. Appl. EP 43317.
[15] Гцаст. Массы. 1966, (3): 17.
[16] 西沢仁. ポリマーダイジエスト, 2002, (6): 45—46.
[17] 长谷川喜一. ポリマーダイジエスト, 2002, (6): 23—24.
[18] John A Mikrogannidis, et al, J. Appl. Polym. Sci., 1984, 29 (1): 197—209.
[19] Ying-Ling Liu, Ging-Ho Hsiue, et al., J. Appl. Polym. Sci., 1997, 63: 895—901.
[20] 谢正悦, 孙逸民, 王春山. 化工, 2001, 48 (1): 37—43.
[21] プラスチックス, 1990, 41 (12): 15.
[22] 林江珍. 肖世明. 王俊仁等. 化工, 2001, 48 (1): 45—57.
[23] 张保龙, 李新松, 黄吉甫等. 高分子材料科学与工程, 1992, (2): 15—19.
[24] Ying-Ling Liu. Polymer, 2001, 42: 3445—3454.
[25] 张多芩. 工程塑料应用. 1998, 26 (2): 10—12.
[26] 袁才登, 许涌深, 王艳君等. 热固性树脂. 2000, 15 (2): 12—13.
[27] 加門隆. ポリマーダイジエスト, 2001, (6): 34—36.
[28] В. А. Ущков, В. М. Палааян, Идр., Плааст. Массы. 1989, (1): 66—69.
[29] 于永忠. 吴启鸿. 葛世成. 阻燃材料手册. 北京: 群众出版社, 1997, 88.
[30] Rin Kagaku kogyo Co., Ltd. JP Kokai 87-21704. 1987.
[31] Hitachi chemical Co., Ltd. JP Kakai 79-94559. 1979.
[32] С. щ. Ибрисова. Плааст. Массы, 2002 (2): 21—22.
[33] A. Antonov et al. Molecular Crystal and Liquid Crystals. 2000, 353: 203.
[34] 位地ほ力. 電子材料, 2000, 39 (4).

# 第 15 章

# 其他添加剂

## 15.1 偶联剂[1]

偶联剂是两性结构化合物,按其化学结构可分为硅烷类、钛酸酯类、铝酸酯类及铝钛复合类。在环氧树脂领域使用最多的是硅烷偶联剂,钛酸酯类偶联剂,本节介绍的偶联剂就是这两种。

### 15.1.1 偶联剂的使用目的和方法

偶联剂的使用目的。偶联剂的使用目的有两个。

(1) 提高复合材料界面的粘接力

偶联剂用于存在界面的复合材料中,为的是改善树脂基材和组成物的界面状态。例如,在纤维增强塑料(FRP)中玻璃纤维和树脂的界面状态是非常重要的。界面的粘接承担着纤维和基材之间力的传送,如果界面粘接不强固的话就不能充分发挥复合的功能。为了提高这种粘接力,就要使用偶联剂。因此,FRP 的发展带动了偶联剂的进步。

(2) 提高填充石英粉等无机填料的环氧组成物的作业性和物理力学性能,改善经济性。

偶联剂的使用方法。大体分成两种方法:

(1) 将用于复合材料的纤维或无机填料粒子进行前期处理的方法。

(2) 向作为基质的树脂或者树脂/填料混合体直接添加偶联剂的方法。

### 15.1.2 硅烷偶联剂的结构和产品特性

(1) 硅烷偶联剂的结构

硅烷偶联剂具有如下结构:

$$R'Si(OR)_3$$

式中,$R'$ 为有机官能基(氨基、硫醇基、乙烯基、环氧基等),OR 为无机官能基(烷氧基)

有机官能基与树脂化学结合,无机官能基(烷氧基)和玻璃、二氧化硅等无机质反应,在复合材料界面粘接中起"桥梁"作用,加强粘接力。

烷氧基在玻璃表面上的反应,如图 15-1 所示那样,首先遇水分解生成硅醇,与玻璃表面的 Si—OH 进行缩合反应,形成共有键(—O—),醚键的形成有利于粘接力的提高。

在环氧树脂复合材料中,通常使用具有有机官能基氨基或环氧基的硅烷偶联剂。

(2) 硅烷偶联剂的产品特性

表 15-1 列示了各种硅烷偶联剂的产品特性。硅烷偶联剂的用量很少,只要加入基料量的 1‰~3‰就可使复合材料的物理、化学性能得到明显的改善或提高。

但是,硅烷偶联剂无机官能基的反应性受无机质的种类影响,所以所有的复合体系不可能期待有相同的改善效果,这点需要注意的。无机质的种类不同,硅烷偶联剂的改性效果亦不一样,通常如表 15-2 所示。

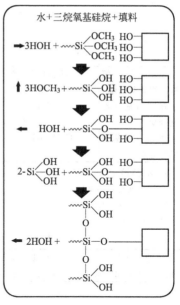

图 15-1 硅烷偶联剂在无机表面的反应机理

表 15-1 硅烷偶联剂的产品特性

| 化学名 | 结构式 | 官能基种类 | | 相对密度 (25℃) | 折射率 (25℃) | 沸点 /℃ | 闪点 /℃ | 备注 |
|---|---|---|---|---|---|---|---|---|
| | | 有机侧 | 无机侧 | | | | | |
| 氯丙基三甲氧基硅烷 | $ClC_3H_5Si(OCH_3)_3$ | 氯 | 甲氧基 | 1.08 | 1.418 | 192 | 88 | A-143, KBM 703 |
| 乙烯基三氯硅烷 | $C_2H_3SiCl_3$ | 乙烯基 | 氯 | 1.26 | 1.432 | 91 | 21 | A-150, KA 1003 |
| 乙烯基三乙氧基硅烷 | $C_2H_3Si(OC_2H_5)_3$ | 乙烯基 | 乙氧基 | 0.89 | 1.397 | 160 | 54 | A-151, KBE 1003 |
| 乙烯基三(2-甲氧基乙氧基)硅烷 | $C_2H_3Si(OC_2H_4OCH_3)_3$ | 乙烯基 | 甲氧基乙氧基 | 1.04 | 1.427 | 285 | 66 | A-172, KBC 1003 |
| γ-(甲基丙烯酰氧)丙基三甲氧基硅烷 | $CH_2CCH_3COO(CH_2)_3Si(OCH_3)$ | 甲基丙烯酰氧基 | 甲氧基 | 1.04 | 1.429 | 255 | 138 | A-174, KBM 503① |
| β-(3,4-环氧环己基)乙基三甲氧基硅烷 | $\text{环氧环己基}(CH_2)_2Si(OCH_3)_3$ | 脂环环氧基 | 甲氧基 | 1.05 | 1.449 | 310 | 146 | A-186 |
| γ-缩水甘油氧丙基三甲氧基硅烷 | $CH_2—CHCH_2O(CH_2)_3Si(OCH_3)_3$ | 缩水甘油氧 | 甲氧基 | 1.06 | 1.427 | 290 | 135 | A-187, KBM 403② |
| γ-巯醇基丙基三甲氧基硅烷 | $HS(CH_2)_3Si(OCH_3)_3$ | 巯醇基 | 甲氧基 | 1.07 | 1.440 | 212 | 102 | A-189, KBM 803 |
| γ-氨丙基三乙氧基硅烷 | $NH_2(CH_2)_3Si(OC_2H_5)_3$ | 氨基 | 乙氧基 | 0.94 | 1.420 | 217 | 104 | A-1100, KBE 903③ |

续表

| 化学名 | 结构式 | 官能基种类 | | 相对密度(25℃) | 折射率(25℃) | 沸点/℃ | 闪点/℃ | 备注 |
|---|---|---|---|---|---|---|---|---|
| | | 有机侧 | 无机侧 | | | | | |
| N-β(氨乙基)γ-氨丙基三甲氧基硅烷 | $NH_2(CH_2)_2NH(CH_2)_3$ $Si(OCH_3)_3$ | 氨基 | 甲氧基 | 1.04 | 1.448 | 259 | 149 | A-1120,KBM 603 |
| γ-脲胺基丙基三乙氧基硅烷 | $NH_2CONH(CH_2)_3$ $Si(OC_2H_5)_3$ | 脲基 | 乙氧基 | 0.91 | 1.386 | — | 10 | A-1160 |
| 苯胺基亚甲基三乙氧基硅烷 | $C_6H_5NHCH_2(OC_2H_5)_3$ | — | — | — | — | — | — | ND-42④ |

① 国内同类产品 KH570；
② 国内同类产品 KH560；
③ 国内产品 KH550；
④ 国内产品。

表 15-2　硅烷偶联剂对不同无机质的效果

| 效果优的无机质 | 二氧化硅、玻璃、铝等 | 效果小的无机质 | 石棉、氧化钛、氧化锌 |
|---|---|---|---|
| 有较好效果的无机质 | 滑石、黏土、铁粉、氢氧化铝等 | 全无效果的无机质 | 碳酸钙、石墨、硼等 |

### 15.1.3　硅烷偶联剂对复合材料体系性能的影响

（1）硅烷偶联剂用于纤维复合材料（层压板）。

表 15-3～表 15-5 和图 15-2、图 15-3 表示经硅烷处理过的玻璃纤维布环氧树脂层压板的电气性能及弯曲强度。从中可见，玻璃纤维布经硅烷处理后，环氧树脂层压板的电性能和力学性能，特别是在吸湿条件下的性能有明显改善。

表 15-3　环氧树脂层压板的电气性能（DDM 固化）

| 处理剂 | 板状态 | 表面电阻率/Ω | 体积电阻率/Ω·cm | 介电常数(1MHz) | 介电损耗角正切(1MHz) | BDV/kV·min$^{-1}$ |
|---|---|---|---|---|---|---|
| 无 | 干 | $1.1×10^{13}$ | $8.0×10^{14}$ | 5.46 | 0.029 | 19.1 |
| | 沸水煮① | $2.5×10^{7}$ | $1.6×10^{9}$ | 9.40 | 1.73 | 8.0 |
| 硼烷 | 干 | $1.0×10^{14}$ | $4.8×10^{14}$ | 5.48 | 0.020 | 20.3 |
| | 沸水煮 | $6.0×10^{10}$ | $2.7×10^{13}$ | 5.86 | 0.025 | 19.0 |
| KBM-403 | 干 | $8.0×10^{13}$ | $2.5×10^{14}$ | 5.76 | 0.018 | 21.2 |
| | 沸水煮 | $7.5×10^{11}$ | $5.9×10^{13}$ | 6.00 | 0.025 | 20.2 |
| KBM-602 | 干 | $1.0×10^{14}$ | $5.1×10^{14}$ | 5.84 | 0.018 | 21.0 |
| | 沸水煮 | $1.2×10^{11}$ | $2.8×10^{12}$ | 6.23 | 0.033 | 19.6 |
| KBM-603 | 干 | $4.1×10^{13}$ | $5.3×10^{14}$ | 5.68 | 0.017 | 20.7 |
| | 沸水煮 | $5.0×10^{10}$ | $2.4×10^{11}$ | 6.12 | 0.033 | 18.1 |

① 煮沸 72h 之后。配方：Epikote 828 100 份，DDM 25 份。

表 15-4　环氧树脂层压板的电气性能（DDS 固化）

| 偶联剂 | 板状态 | 表面电阻率/Ω | 体积电阻率/Ω·cm | 介电常数(1MHz) | 介电损耗角正切(1MHz) |
|---|---|---|---|---|---|
| 无 | 原始态 | $6.9×10^{13}$ | $9.9×10^{15}$ | 5.75 | 0.010 |
| | 煮沸后① | $2.7×10^{8}$ | $<10^{11}$ | 不能测定 | 不能测定 |

续表

| 偶联剂 | 板状态 | 表面电阻率 /Ω | 体积电阻率 /Ω·cm | 介电常数 (1MHz) | 介电损耗角正切 (1MHz) |
|---|---|---|---|---|---|
| KBM 403 | 原始态 | $3.7 \times 10^{12}$ | $1.6 \times 10^{16}$ | 4.43 | 0.011 |
|  | 煮沸后 | $7.4 \times 10^{11}$ | $7.3 \times 10^{12}$ | 4.68 | 0.024 |
| KBM 603 | 原始态 | $1.4 \times 10^{13}$ | $1.6 \times 10^{16}$ | 4.23 | 0.010 |
|  | 煮沸后 | $4.0 \times 10^{10}$ | $1.0 \times 10^{11}$ | 5.25 | 0.068 |
| KBM 703 | 原始态 | $2.4 \times 10^{14}$ | $1.1 \times 10^{16}$ | 4.36 | 0.012 |
|  | 煮沸后 | $1.6 \times 10^{10}$ | $9.8 \times 10^{11}$ | 5.38 | 0.072 |
| KBM 803 | 原始态 | $5.5 \times 10^{14}$ | $1.7 \times 10^{16}$ | 3.33 | 0.010 |
|  | 煮沸后 | $8.2 \times 10^{9}$ | $6.8 \times 10^{11}$ | 5.47 | 0.119 |

① 煮沸 24h。配方：Epikote 828 100 份，DDS 35 份。

表 15-5 环氧树脂层压板的电气性能（HPA 固化）

| 偶联剂 | 板状态 | 表面电阻率 /Ω | 体积电阻率 /Ω·cm | 介电常数 (1MHz) | 介电损耗角正切 (1MHz) |
|---|---|---|---|---|---|
| 无 | 原始态 | $5.6 \times 10^{14}$ | $2.5 \times 10^{16}$ | 4.55 | 0.013 |
|  | 煮沸后① | $1.3 \times 10^{10}$ | $<10^{11}$ | 不能测定 | 不能测定 |
| KBM 403 | 原始态 | $1.7 \times 10^{15}$ | $1.2 \times 10^{16}$ | 4.38 | 0.014 |
|  | 煮沸后 | $2.5 \times 10^{10}$ | $1.1 \times 10^{12}$ | 4.91 | 0.026 |
| KBM 603 | 原始态 | $1.4 \times 10^{15}$ | $2.3 \times 10^{16}$ | 4.46 | 0.010 |
|  | 煮沸后 | $2.0 \times 10^{10}$ | $1.0 \times 10^{12}$ | 4.81 | 0.038 |
| KBM 703 | 原始态 | $1.7 \times 10^{15}$ | $2.2 \times 10^{16}$ | 4.41 | 0.009 |
|  | 煮沸后 | $2.0 \times 10^{12}$ | $2.8 \times 10^{12}$ | 4.73 | 0.024 |
| KBM 803 | 原始态 | $1.8 \times 10^{15}$ | $2.2 \times 10^{16}$ | 4.72 | 0.009 |
|  | 煮沸后 | $1.5 \times 10^{11}$ | $2.8 \times 10^{12}$ | 5.65 | 0.024 |

① 煮沸 24h。配方：Epikote 828 100 份，HPA 80 份，DMP-30 1 份。

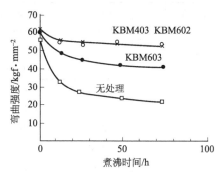

图 15-2 环氧树脂层压板弯曲强度和
煮沸时间的关系 1
配方组成：Epikote 828，固化剂 DDM，玻璃
布 E-460 14 片
固化条件：预固化 115℃×13min
加压固化 150℃/3min（接触压）
150℃/27min（15kg/cm²）
后固化 150℃/1.5h
玻璃布处理：用 1%硅烷水溶液浸渍，风干
后 100℃/20min
测定方法：JIS K 6911

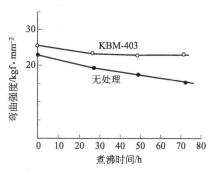

图 15-3 环氧树脂层压板弯曲强度
和煮沸时间的关系 2
配方组成：Epikote 828 100 份。HPA 80 份，
DMP-30 1 份。
玻璃布 E-460 12 片，硅烷 1%。
固化条件：接触压 80℃/3h
后固化：200℃/1h
测定方法：JIS K6911

（2）硅烷偶联剂用于无机填料粒子填充环氧树脂。对其性能的影响见表 15-6

和表 15-7 所列。

**表 15-6　硅烷对填充无机粒子环氧树脂[1]性能影响**

| 填料[2]及硅烷 | 弯曲强度 /psi×10⁻³ | | 介电常数 | | 介电损耗角正切[5] | | 体积电阻率 /Ω·cm | | 介电强度 /V·mil⁻¹ | |
|---|---|---|---|---|---|---|---|---|---|---|
| | 干燥 | 湿润[3] | 干燥 | 湿润[3] | 干燥 | 湿润[3] | 干燥 | 湿润[3] | 干燥 | 湿润[3] |
| 透明树脂 | 18.1 | 16.0 | 3.44 | 3.43 | 0.007 | 0.005 | >8.2×10¹⁶ | >8.1×10¹⁶ | >414 | >413 |
| 50% Wollastonite[4] | | | | | | | | | | |
| 对比 | 15.8 | 9.8 | 3.48 | 22.10 | 0.009 | 0.238 | 4.9×10¹⁶ | 3.3×10¹² | >391 | 77.6 |
| A-186 | 18.1 | 13.3 | 3.42 | 3.57 | 0.014 | 0.023 | 1.9×10¹⁶ | 2.4×10¹⁵ | >400 | 388 |
| A-187 | 18.7 | 15.2 | 3.30 | 3.42 | 0.014 | 0.016 | 1.8×10¹⁶ | 1.2×10¹⁵ | >356 | 372 |
| A-1100 | 16.7 | 12.6 | 3.48 | 3.55 | 0.017 | 0.028 | 1.2×10¹⁶ | 2.0×10¹⁵ | >408 | >410 |
| 50% Minusil 10u[6] | | | | | | | | | | |
| 对比 | 22.4 | 10.3 | 3.39 | 14.60 | 0.017 | 0.305 | >8.4×10¹⁶ | 5.1×10¹¹ | >381 | 103 |
| A-186 | 22.0 | 14.5 | 3.48 | 3.52 | 0.016 | 0.023 | >8.0×10¹⁶ | 1.4×10¹⁵ | >367 | >360 |
| A-187 | 23.2 | 21.4 | 3.40 | 3.44 | 0.016 | 0.024 | >8.0×10¹⁶ | 1.7×10¹⁵ | >357 | >391 |
| A-1100 | 20.0 | 12.0 | 3.46 | 3.47 | 0.013 | 0.023 | >8.1×10¹⁶ | 1.8×10¹⁵ | >355 | >355 |
| 50% ASP-400[7] | | | | | | | | | | |
| 对比 | 14.1 | 10.0 | 4.35 | 8.07 | 0.018 | 0.163 | 3.5×10¹⁶ | 4.2×10¹³ | >344 | 280 |
| A-186 | 12.4 | 10.7 | 4.43 | 6.54 | 0.012 | 0.059 | 2.4×10¹⁶ | 2.5×10¹⁵ | >375 | >407 |
| A-187 | 14.6 | 11.1 | 3.17 | 3.26 | 0.012 | 0.093 | 1.8×10¹⁶ | 1.4×10¹⁴ | >382 | >356 |

[1]在环氧树脂 ERL-2774 100 份, MNA 80 份, BDMA 0.5 份混合物中添加 50% 填料; 固化 120℃/16h+180℃/1h。[2]硅烷添加量是以形成单分子层。[3]煮沸 72h 之后。[4]硅酸钙。[5]ASTMD-150 1000Hz 测定。[6]结晶 $SiO_2$。[7]高岭土。

**表 15-7　硅烷对填充无机粒子环氧树脂[1]性能的影响**

| 硅烷 | 状态 | 弯曲强度 /kg·mm⁻² | 体积电阻率 /Ω·cm | 介电强度 /kV·mm⁻¹ | 介电常数 (1kHz) | 介电损耗角正切(1kHz) |
|---|---|---|---|---|---|---|
| 无 | 干 | 7.8 | 1.6×10¹⁵ | 20.8 | 3.07 | 0.0098 |
| | 煮沸[2] | 4.5 | 1.8×10¹² | 14.9 | 4.13 | 0.1040 |
| KBM 403 | 干 | 9.3 | 4.1×10¹⁵ | 21.6 | 2.83 | 0.0077 |
| | 煮沸 | 6.3 | 7.6×10¹² | 21.6 | 3.43 | 0.0149 |
| KBM 603 | 干 | 11.1 | 3.4×10¹⁵ | 22.7 | 3.23 | 0.0094 |
| | 煮沸 | 9.3 | 1.9×10¹³ | 22.2 | 3.87 | 0.0205 |
| KBM 602 | 干 | 11.6 | 1.2×10¹⁶ | 21.7 | 2.65 | 0.0074 |
| | 煮沸 | 8.7 | 2.3×10¹³ | 20.8 | 2.85 | 0.0109 |

[1] Epikote 828 100 份。填料 100 份, K61B 10.5 份, 硅烷 1.0 份。
[2] 煮沸 72h、固化 90℃/1.5h。

### 15.1.4　钛酸酯系偶联剂

美国 Kenrich 公司开发。各种钛酸酯的结构式及商品名如表 15-8 所示。钛系偶联剂结构通式为 $R—O—Ti—(O—X^1—R^2—Y)_n$,与硅系无机官能基是三烷氧基相对应,只有单烷氧基 R—O—,这是钛系偶联剂的最大特征。如图 15-4 所示,钛

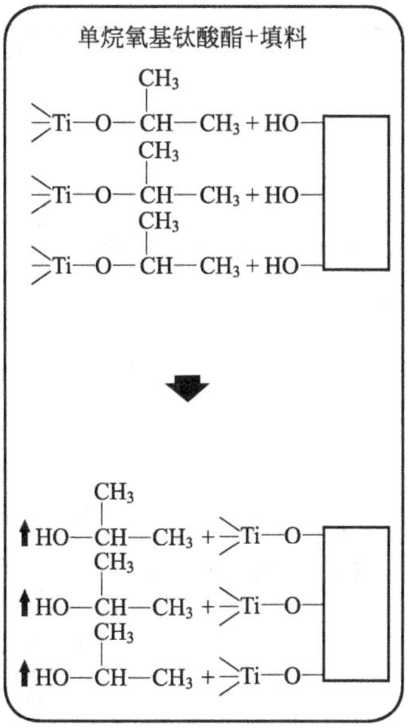

图 15-4 钛酸酯对无机表面的反应机制

系中烷氧基对无机质的反应历程和硅系不同，不经水解反应，以一步反应进行。

表 15-8 钛酸酯系偶联剂

| 化学名（商品名） | 结 构 式 |
|---|---|
| 异丙基三异硬脂酰钛酸酯（TTS） | 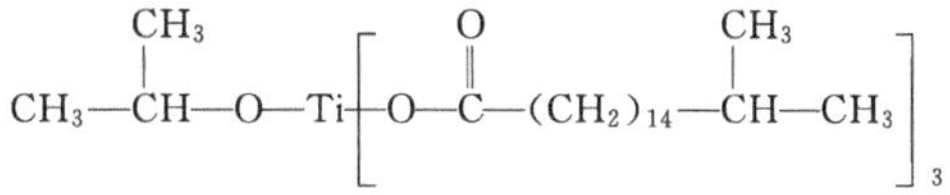 $CH_3-CH(CH_3)-O-Ti[O-C(=O)-(CH_2)_{14}-CH(CH_3)-CH_3]_3$ |
| 异丙基三月桂基钛酸酯（TTA-2） | 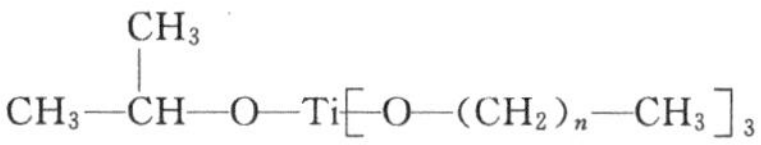 $CH_3-CH(CH_3)-O-Ti[O-(CH_2)_n-CH_3]_3$ |
| 异丙基异硬脂酰二甲基丙烯酰钛酸酯（TSM2-7） | 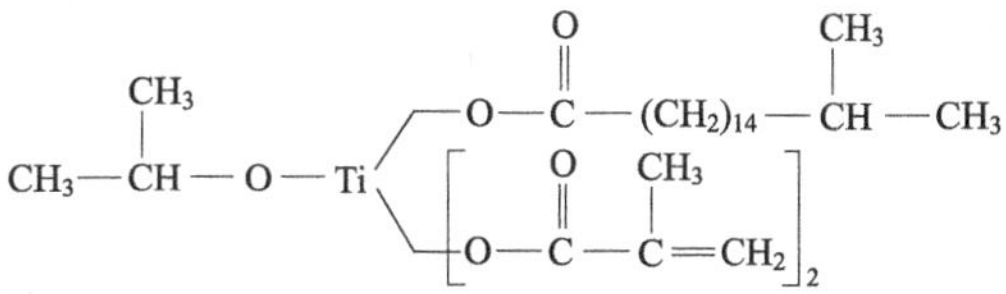 $CH_3-CH(CH_3)-O-Ti\{O-C(=O)-(CH_2)_{14}-CH(CH_3)-CH_3, [O-C(=O)-C(CH_3)=CH_2]_2\}$ |
| 异丙基三（十二烷基苯磺酰）钛酸酯（TTBS-9） | 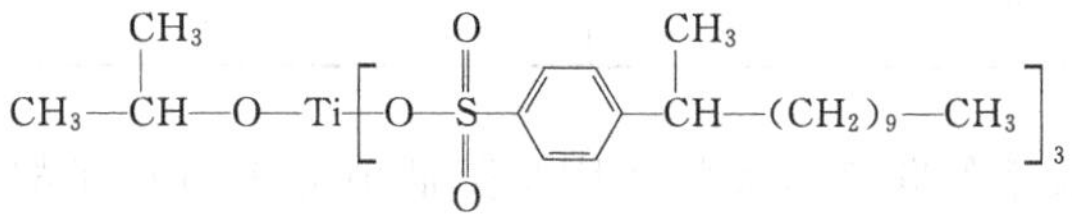 $CH_3-CH(CH_3)-O-Ti[O-S(=O)_2-C_6H_4-CH(CH_3)-(CH_2)_9-CH_3]_3$ |
| 异丙基异硬脂酰二丙烯酰钛酸酯（TSA2-11） | 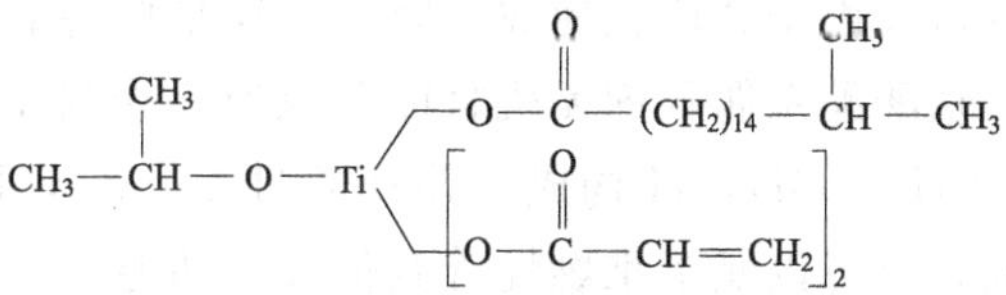 $CH_3-CH(CH_3)-O-Ti\{O-C(=O)-(CH_2)_{14}-CH(CH_3)-CH_3, [O-C(=O)-CH=CH_2]_2\}$ |

| 化学名(商品名) | 结构式 |
|---|---|
| 异丙基三(二异辛基磷酸酯)钛酸酯(TTOP-12) | $CH_3-CH(CH_3)-O-Ti\left[-O-P(=O)\left(\begin{array}{l}O-CH_2-CH(CH_2CH_3)-(CH_2)_3-CH_3\\O-CH_2-CH(CH_2CH_3)-(CH_2)_3-CH_3\end{array}\right)\right]_3$ |
| 异丙基二(十二烷基苯磺酰)4-氨基苯磺酰钛酸酯(TB2NS-26) | $CH_3-CH(CH_3)-O-Ti\left[\begin{array}{l}[-O-SO_2-C_6H_4-CH(CH_3)-(CH_2)_9-CH_3]_2\\-O-SO_2-C_6H_4-NH_2\end{array}\right]$ |
| 异丙基三甲基丙烯酰钛酸酯(TTM-33) | $CH_3-CH(CH_3)-O-Ti[-O-C(=O)-C(CH_3)=CH_2]_3$ |
| 异丙基异硬脂酰二(4-氨基苯甲酰)钛酸酯(TSN2C-37) | $CH_3-CH(CH_3)-O-Ti\left[\begin{array}{l}-O-C(=O)-(CH_2)_{14}-CH(CH_3)-CH_3\\[-O-C(=O)-C_6H_4-NH_2]_2\end{array}\right]$ |
| 异丙基三(二辛基焦磷酰氧基)钛酸酯(TTOPP-38) | $CH_3-CH(CH_3)-O-Ti\left[-O-P(=O)(OH)-O-P(=O)\left(\begin{array}{l}O-CH_2-CH(CH_2CH_3)-(CH_2)_3-CH_3\\O-CH_2-CH(CH_2CH_3)-(CH_2)_3-CH_3\end{array}\right)\right]_3$ |
| 异丙基三丙烯酰钛酸酯(TTAC-39) | $CH_3-CH(CH_3)-O-Ti[-O-C(=O)-CH=CH_2]_3$ |

钛系偶联剂最大的作用是降低填充无机粒子树脂组成物的黏度,改善作业性,再有就是由于高填充使成本降低。这是单烷氧基所致的效果(图15-5和图15-6)。

钛酸酯系偶联剂无机官能基只有一个烷氧基,另一端的有机官能基Y由C=C, $NH_2$, OH, H构成。并且通过O—$X^1$, $R^2$ 及 $(\quad)_n$ 的改性,不仅可以改性界面,也可以赋予难燃性等其他改性功能。

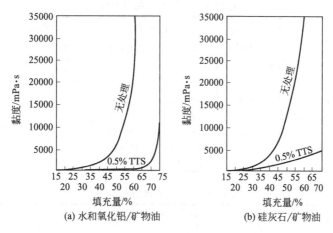

图 15-5　TTS对填充粒子组成物黏度的影响

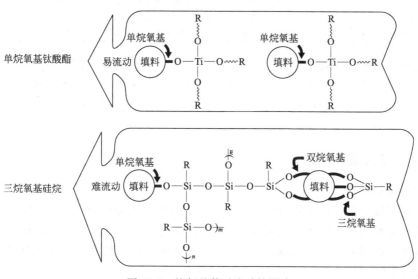

图 15-6　烷氧基数对流动性影响

## 15.2　增强基材（纤维）

与环氧树脂复合的增强基材主要是玻璃纤维、碳纤维、芳香聚酰胺纤维、硼纤维等。纤维增强塑料（FRP）制品具有成形容易、质量轻、强度高、耐药品性及电气性能优良等特点。因此在民用工业、军事工业及高端技术领域广泛使用。

### 15.2.1　增强基材的特性[2,3]

表15-9和表15-10列示了各种增强基材的特性及其复合材料特性。和金属、木材等其他材料相比，增强基材共有的特点是高强度、高刚性。

表 15-9　各种增强基材的特性

| 项　目 | 玻璃纤维（E 玻璃） | 碳纤维 | | 聚酰胺纤维 | | 硼纤维 |
|---|---|---|---|---|---|---|
| | | 高强度系 | 高弹性系 | Kevlar$_{49}$ | Kevlar$_{29}$ | |
| 密度/g·cm$^{-3}$ | 2.54～2.57 | 1.77 | 1.95 | 1.45 | 1.44 | 2.63 |
| 直径/μm | 9～13 | 8.5 | 8 | 200～1700 | 200～1700 | 102 |
| 拉伸强度/kg·mm$^{-2}$ | 200～350 | 250～300 | 200～250 | 360 | 280 | 280 |
| 拉伸弹性模量/(ton/mm$^2$) | 7.4 | 26～28 | 35～38 | 13 | 6 | 39 |
| 比强度/×10$^6$cm | 8～14 | 14～17 | 10～13 | 25 | 19 | 11 |
| 比弹性模量/×10$^8$cm | 2.9 | 15～16 | 18～20 | 9 | 4.5 | 15 |
| 伸长率/% | 3～4 | 0.9～1.1 | 0.5～0.7 | 28 | 4.0 | |

表 15-10　几种复合材料的特性

| 材　料 | 比强度/MPa | 比弹性模量/MPa | 材　料 | 比强度/MPa | 比弹性模量/MPa |
|---|---|---|---|---|---|
| 木材 | 215.6 | 18620 | BF(硼纤维)/环氧 | 607.6 | 98000 |
| 碳钢 | 176.4 | 24500 | AF(芳纶纤维)/环氧 | 842.8 | 49000 |
| 高强度铝 | 205.8 | 24580 | CF(碳纤维 HT)/环氧 | 1274.0 | 88200 |
| GF(玻璃纤维)/环氧 | 607.6 | 23520 | CF(碳纤维 HM)/环氧 | 784.0 | 156800 |

纤维基材的形态有长纤维、短纤维、纤维布、无纺布等。纤维增强塑料的成型方法有多种：手糊法，喷射法，注射法，长丝缠绕法，离心成型法，真空袋法，压力袋法，热压罐法，对模热压法，BMC 及 SMC 法等。在实际应用时可根据产品要求特性和成型方法去选择纤维基材的形态。

### 15.2.2　增强基材各述

(1) 玻璃纤维[4,5]

玻璃纤维是最早用于复合材料的。按玻璃纤维的成分可分为有碱、中碱、低碱和微碱玻璃纤维（有时亦称无碱玻璃纤维）；按使用特性分为普通玻璃纤维，耐酸玻璃纤维（代号 C）、耐碱玻璃纤维，高强度玻璃纤维（代号 S）和高模量玻璃纤维（代号 M）。

玻璃按耐热性分为 E 玻璃（软化点 846℃），C 玻璃（软化点 688℃）及 S 玻璃（软化点 970℃）。E 玻璃的典型组成（%）：$SiO_2$ 54.5，$Al_2O_3$ 14.5，$B_2O_3$ 8.5，CaO 17.5，MgO 4.5，$Na_2O$ 0.5。无碱（E）玻璃（碱含量<0.8%）纤维有优异的力学性能，拉伸强度等。一般玻璃制品的拉伸强度为 (10～20)kg/mm$^2$，而制成纤维之后直径 5μm 纤维的拉伸强度最高可达 300kg/mm$^2$，比前者提高 15～30 倍。另外有优异的电性能（常态，体积电阻率>10$^{14}$Ω·cm），化学稳定性好（耐水、耐碱，耐酸稍差），耐热、不燃烧。其缺点是材料性脆、柔性差，耐磨耐折性差，因此必须对玻璃纤维进行化学处理，提高其柔软性和耐磨耐折性。

用于电气绝缘层压板的玻璃布是无碱平纹玻璃布，其规格见表 15-11 和表 15-12。玻璃布的性能对层压板的尺寸稳定性和机械加工性有很大影响。

表 15-11　国产无碱平纹玻璃布规格及性能指标

| 牌号 | 原纱支数/股数（公制号数） | | 单丝直径 /μm | | 厚度 /mm | 宽度 /cm | 面密度 /g·m⁻² | 密度 /根·cm⁻¹ | | 断裂强度（25mm×100mm 布条）/kN·m⁻¹ | |
|---|---|---|---|---|---|---|---|---|---|---|---|
| | 经纱 | 纬纱 | 经纱 | 纬纱 | | | | 经纱 | 纬纱 | 经向 | 纬向 |
| 无碱布—60 | 80/2(25.0) | 160/2(12.5) | 6 | 6 | 0.060±0.005 | | 53±5 | 20±1 | 22±2 | 11.0 | 11.0 |
| 无碱布—90 | 80/2(25.0) | 40/1(25.0) | 6 | 8 | 0.090±0.010 | 85±1.0 | 85±8 | 18±1 | 16±1 | 17.6 | 11.8 |
| 无碱布—100A | 80/2(25.0) | 80/2(25.0) | 6 | 6 | 0.100±0.010 | 85±1.0 | 105±10 | 20±1 | 20±2 | 19.6 | 19.6 |
| 无碱布—100B | 80/2(25.0) | 40/1(25.0) | 6 | 8 | 0.100±0.010 | 90±1.5 | 105±10 | 20±1 | 20±2 | 19.6 | 15.7 |
| 无碱布—110 | 80/2(25.0) | 80/3(37.5) | 6 | 6 | 0.110±0.010 | 100±1.5 | 105±10 | 20±1 | 13.5±1 | 19.6 | 19.6 |
| 无碱布—140 | 40/2(50.0) | 40/2(50.0) | 8 | 8 | 0.140±0.015 | 100±1.5 | 140±15 | 16±1 | 12±1 | 29.4 | 19.6 |
| 无碱布—150 | 80/2(50.0) | 80/2(50.0) | 6 | 6 | 0.150±0.015 | | 140±15 | 16±1 | 12±1 | 33.3 | 25.5 |
| 无碱布—200 | 40/3(75.0) | 40/3(75.0) | 8 | 8 | 0.200±0.020 | | 210±20 | 16±1 | 12±1 | 39.2 | 29.4 |

表 15-12　日本无碱平纹玻璃布规格及性能

| 型号 | 质量/g·m⁻² | 厚度/mm | 密度/25mm 经×纬 | 拉伸强度/(kg/25mm) 经×纬 | 单系 经×纬 |
|---|---|---|---|---|---|
| 104 | 20 | 0.025 | 60×52 | 18×6 | 900 1/0×1800 1/0 |
| 108 | 49 | 0.05 | 60×47 | 32×18 | 900 1/2×900 1/2 |
| 1080 | 49 | 0.05 | 60×47 | 32×18 | 450 1/0×450 1/0 |
| 113 | 84 | 0.07 | 60×64 | 56×27 | 450 1/2×900 1/2 |
| 116 | 107 | 0.10 | 60×58 | 57×54 | 450 1/2×450 1/2 |
| 216 | 107 | 0.10 | 60×58 | 57×54 | 225 1/0×225 1/0 |
| 1675 | 102 | 0.11 | 40×32 | 68×50 | DE 150 1/0×DE 150 1/0 |
| 7628 | 197 | 0.18 | 42×32 | 113×91 | 75 1/0×75 1/0 |
| 7637 | 233 | 0.215 | 44×22 | 115×115 | 75 1/0×37 1/0 |

为了提高玻璃纤维和环氧树脂的黏着性，玻璃布需用硅烷偶联剂（表 15-13）处理。处理时将玻璃布浸泡在处理液里，通过干燥塔进行干燥，偶联剂附着量大约为 0.1%～0.5%。处理剂是否合适，对层压板吸湿后的绝缘电阻和机械强度会产生影响。出现差别的原因是处理液和树脂体系亲和性不同。不同硅烷处理剂对层压板力学性能的影响见表 15-14 所列。图 15-7 表示偶联剂对层压板加压蒸汽处理后绝缘电阻的影响。结果显示，经加压蒸汽处理后没有发现绝缘电阻降低。但处理剂的种类和处理量对其有些影响。

表 15-13　主要硅烷偶联剂

| 名　　称 | 结　构　式 | 商品名 |
|---|---|---|
| 乙烯基苄基阳离子硅烷 | | |
| γ-氨基丙基三乙氧基硅烷 | $NH_2(CH_2)_3(OC_2H_5)_3$ | A-1100 |
| n(三甲氧基甲硅烷基丙基)乙二胺 | $NH_2(CH_2)_2NH(CH_2)_3Si(OCH_3)_3$ | Z 6020 |
| γ-缩水甘油氧丙基三甲氧基硅烷 | $CH_2\text{—}CH\text{—}CH_2\text{—}O\text{—}(CH_2)_3\text{—}Si(OCH_3)_3$ (环氧基) | Z 6040 |
| β-(3,4-环氧环己基)乙基三甲氧基硅烷 | $CH_2CH_2Si(OCH_3)_3$ | A-186 |

续表

| 名称 | 结构式 | 商品名 |
|---|---|---|
| γ-巯基丙基三甲氧基硅烷 | $HS(CH_2)_3Si(OCH_3)_3$ | — |
| 双-羟乙基 γ-氨基丙基三乙氧基硅烷 | $(HOC_2H_4)_2N(CH_2)_3Si(OC_2H_5)_3$ | A-1111 |
| γ-氯丙基三甲氧基硅烷 | $Cl(CH_2)_3Si(OCH_3)_3$ | XZ 80999 |
| γ-氯异丁基三乙氧基硅烷 | $ClCH_2\overset{CH_3}{\underset{}{C}}HCH_2Si(OC_2H_5)_3$ | — |

表 15-14　处理剂对力学性能影响

| | | 无处理 | 硼烷 | 环氧硅烷 | 氨基硅烷 | 氯硅烷 | CS307 |
|---|---|---|---|---|---|---|---|
| 弯曲强度 /×1000psi | 常态 | 65 | 72.6 | 73.5 | 78.5 | 85.2 | 90 |
| | 煮沸 2h 后 | — | 60.9 | 66.1 | 70.3 | 72.7 | 85.3 |
| | 保持率/% | — | 83.9 | 89.9 | 89.6 | 85.3 | 95.0 |
| 拉伸强度 /×1000psi | 常态 | 45.9 | 57.0 | 59.6 | 54.2 | 65.4 | 67.0 |
| | 煮沸 2h 后 | — | 47.3 | 49.2 | 50.4 | 51.9 | 58.5 |
| | 保持率/% | — | 83.0 | 82.6 | 93.0 | 79.4 | 87.5 |

注：1psi=6894.76Pa。

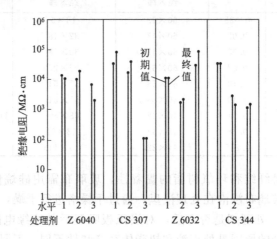

图 15-7　15psi 蒸汽老化后的绝缘电阻

水平 1　2 倍浓度
水平 2　标准浓度
水平 3　0.5 倍浓度
蒸汽老化时间 4h

(2) 碳纤维

① 碳纤维的制造、特点及市场产品规格

碳纤维一般采用人造纤维，例如胶黏纤维，醋酸纤维及聚丙烯纤维（PAN）等制造。目前各国多采用聚丙烯腈纤维为原料制造碳纤维。2004 年全球 PAN 基碳纤维产能 $3.5×10^4$/a，日本三大碳纤维生产商东丽集团、东邦集团和三菱集团占全球产能的 70% 以上，其他有美国 Hexcel，B. Ramoco 及台塑集团。

见表 15-9 所列，碳纤维是一种高强度、高模量的高性能纤维，其特点是耐摩擦，其摩擦力和磨耗小；有导电性；耐热、热膨胀系数小，尺寸稳定性好等。

碳纤维按其力学性能分类有普通型、中强中模型及高强高模型等。表 15-15 列示了市场上常用的碳纤维材料性能[6]。表 15-16 列示的是航天用高强中模碳纤维性能[7]。

② 碳纤维的表面处理及应用[8]

碳纤维的缺点是与树脂润湿性、黏附性较差，在制备复合材料前，须对纤维进行表面活化处理，以增强纤维与树脂基体的层间剪切强度。

碳纤维是纤维状的炭材料，其化学组成中碳元素占总质量的 90% 以上。碳原子间的结合方式为石墨状，形成石墨晶格结构，不同品种规格的碳纤维具有不同的石墨化程度。碳纤维表面十分粗糙。经表面处理后，表面粗糙度明显提高，有利于与聚合物基体的机械"锚固"。

碳纤维表面可能含有一种或多种官能团，如低浓度的羧基和羟基及其他官能团（如羰基、内酯基基团）。将碳纤维进行表面处理，可提高表面官能团的浓度。如碳纤维表面氧化处理后，碳纤维表面含氧官能团浓度增加。

$$\equiv\!\!\text{CH} \xrightarrow{[O]} \equiv\!\!\text{C—OH} \xrightarrow{[O]} \equiv\!\!\text{C}\!=\!\text{O} \xrightarrow{[O]} \equiv\!\!\text{C}\!\begin{smallmatrix}\text{O}\\\text{H}\end{smallmatrix} \xrightarrow[-CO_2]{[O]} \text{形成缺陷}$$

碳纤维的氧化过程

当碳纤维表面上的官能基与基体表面上的官能团起化学反应时，基体与碳纤维之间可产生较强的化学键结合，形成两相粘接的主价力。

对碳纤维的表面处理主要是氧化处理。例如硝酸、高锰酸、空气、臭氧等，使其表面接有 $O=$、$HO$、$—COOH$ 等活性基团，以改善与聚合物基体的粘接性能。

表 15-15　碳纤维材料等级和特性

| 纤　　维 | 高抗拉碳纤维 | | 高弹模碳纤维 | | |
| --- | --- | --- | --- | --- | --- |
| 等　　级 | FIS-$C_1$-20 | TIS-$C_1$-30 | FIS-$C_5$-30 | FIS-$C_6$-230 | FIS-$C_7$-30 |
| 纤维质量/$g \cdot cm^{-2}$ | 200 | 300 | 300 | 300 | 300 |
| 纤维密度/$g \cdot cm^{-3}$ | 1.8 | 1.8 | 1.82 | 2.1 | 2.17 |
| 设计厚度/mm | 0.111 | 0.167 | 0.165 | 0.143 | 0.143 |
| 设计抗拉弹性模量/MPa | $2.35 \times 10^5$ | $2.35 \times 10^5$ | $3.8 \times 10^5$ | $5.0 \times 10^5$ | $5.5 \times 10^5$ |

表 15-16　几种高强中模碳纤维性能

| 地区 | 纤维名称 | 密度/$kg \cdot m^{-3}$ | 拉伸强度/GPa | 拉伸模量/GPa | 断裂伸长率/% |
| --- | --- | --- | --- | --- | --- |
| 台湾 | TC06K33 | 1.8 | 3.45 | 230 | — |
|  | T40 | 1.81 | 5.65 | 290 | 1.8 |
| 美国 | IM7 | 1.77 | 5.3 | 303 | 1.8 |
|  | T300 | 1.75 | 3.53 | 235 | 1.5 |
| 日本 | T700 | 1.8 | 4.9 | 230 | 2.1 |
|  | T1000 | 1.8 | 6.37 | 294 | 2.2 |

见表 15-17 所列，采用稀土改性剂（RE，主要成分为 $LaCl_3$，$LaO_3$，和 $LaF_3$）接枝改性方法对碳纤维表面进行处理。结果表明，经稀土处理后 O/C 质量比发生了明显变化（从处理前的 8.96% 提高到处理后的 38.40%），稀土处理后树脂和碳

纤维粘接效果更好。

采用硅烷偶联剂（SCA）处理碳纤维后，碳纤维与环氧树脂间的界面粘接性能得到很大提高：当 SCA 用量 1% 时，界面强度从 $3mJ/m^2$ 提高到 $6mJ/m^2$（提高 100%）[9]。

表 15-17　碳纤维表面处理前后的化学组成

| 化学组成 | $w(C)/\%$ | $w(C-O)/\%$ | $w(O-C=O)/\%$ | $w(O/C)/\%$ |
| --- | --- | --- | --- | --- |
| 处理前 | 70.09 | 20.21 | 9.7 | 8.96 |
| 处理后 | 63.28 | 17.58 | 19.13 | 38.40 |

张杰等用环氧树脂（WBJ-3）和碳纤维单向布（T-700S）制作的复合材料具有优良的力学性能和耐高温性能：

| 弯曲强度/MPa | 拉伸强度/MPa | 剪切强度/MPa | $T_g$/℃ |
| --- | --- | --- | --- |
| 1434 | 1972 | 76.1 | >210 |

碳纤维复合材料由于密度小、质量轻、高的比强度、比模量和断裂应变，加之耐热、耐低温及尺寸稳定，使其成为理想的航天航空材料，在人造卫星的主结构，天线（如 C 波段天线反射面[10]）太阳能电池帆板、航天飞机，各种战机（可使飞机结构材料减轻 20%～30%）、导弹、火箭、吸波涂料[11]等方面得到应用。

碳纤维增强聚合物复合材料还被应用于高速车辆（如铁道机车）、赛车（汽车、摩托车、自行车）、赛艇、纤维机械（织梭、棕框、横向导纱器）、体育用品（高尔夫球杆、棒头、网球拍、羽毛球拍、弓箭、滑雪板）、钓鱼竿、登山用具、武器等。建筑上用于桥梁加固[12]。

(3) 硼纤维

① 硼纤维制法[13]

硼纤维是一种将硼元素通过高温化学气相法沉积在钨丝的表面的高性能增强纤维，具有很高的比强度和比模量。

目前商品化的硼纤维制造技术是以 CVD 法生产，其制备方法是在连续移动的钨丝或碳丝基体上，三氯化硼与氢气的混合物加热至 1300℃，发生下列反应，反应生成的硼沉积在钨丝上，制得直径为 100～200μm 的连续单丝硼纤维。

$$2BCl_3 + 3H_2 \longrightarrow 2B + 6HCl$$

② 硼纤维的性能[14]

除表 15-9 列出的硼纤维特性之外，表 15-18 列示了另外一些性能。

美国 Textron systems 公司除生产硼纤维（主要有两种，其直径分别为 $100\mu m$ 和 $140\mu m$）外，同时生产硼纤维预浸带，主要产品有中温固化的 5521 硼/环氧预浸带（121℃/60min，固化压力 0.34～0.59MPa）和高温固化的 5505 硼/环氧预浸带（177℃/90min，固化压力 0.34～0.59MPa，后固化 191℃/120～240min）。北京航空材料研究院硼纤维/3218-1K 环氧复合材料的性能与它们的性能对比如表 15-19 所示。

表 15-18　硼纤维性能

| | 抗拉强度/MPa | 抗拉模量/GPa | 抗压强度/MPa | 热膨胀系数/$10^6 \cdot ℃^{-1}$ | 硬度（努氏） | 密度/g·cm$^{-3}$ |
|---|---|---|---|---|---|---|
| 美国 Textron systems 公司 | 3600 | 400 | 6900 | 4.5 | 3200 | 2.57 |
| 北京航空材料研究院 | 3704 | 394 | 6900 | 4.5 | 3200 | 2.57 |

表 15-19　硼/环氧预浸料的性能

| 预浸料 | 抗拉强度/MPa | 抗拉模量/GPa | 抗压强度/MPa | 抗压模量/GPa | 抗弯强度/MPa | 抗弯模量/GPa | 层间剪切强度/MPa |
|---|---|---|---|---|---|---|---|
| 5505 | 1590 | 195 | 2930 | 210 | 2050 | 190 | 110 |
| 5521 | 1520 | 195 | 2930 | 210 | 1790 | 190 | 97 |
| 3218-1K | 1249 | 227 | 2933 | 224 | 2076 | 204 | 78.4 |

硼纤维与环氧的预浸料多用于飞机金属机体的修补。

(4) 芳纶纤维[15]

国内亦称聚芳酰胺纤维，有机纤维。学名聚对苯二甲酰对苯二胺（PPTA）。是以对苯二甲酰氯或对苯二甲酸和对苯二胺为原料，在强极性溶剂（N-甲基吡咯烷酮）中，通过低温溶液缩聚或直接缩聚反应而得。

$$n\ Cl-\overset{O}{\underset{}{C}}-\underset{}{C_6H_4}-\overset{O}{\underset{}{C}}-Cl + n\ H_2N-C_6H_4-NH_2 \xrightarrow{催化剂} [-\overset{O}{\underset{}{C}}-C_6H_4-\overset{O}{\underset{}{C}}-NH-C_6H_4-NH-]_n$$

国外商品有美国杜邦公司 Kevlar 系列，荷兰 AKZO 公司 Twaron 系列，俄罗斯 Terlon 纤维。

① 芳纶纤维的性能

力学性能好。拉伸强度高，单丝强度可达 3773MPa；冲击性能好，大约为石墨纤维的 6 倍；弹性模量高，可达 $(1.27\sim1.577)\times10^5$ MPa；断裂伸长率可达 3%。

热稳定性好。耐火而不熔（可达 487℃），在高温作用下，直至分解不发生变形，能在 180℃下长期使用。芳纶纤维的热膨胀系数和碳纤维一样具有各向异性的特点。

化学稳定性。具有良好的耐介质性能，对中性化学药品的抵抗力较强，但易受各种酸碱的浸蚀，尤其是强酸的浸蚀。由于结构中存在极性的酰胺键故使其耐水性不好。

② 芳纶纤维的应用

芳纶纤维由于性能优异，作为复合材料在航空航天军事工业及民用工业取得广泛应用。

在航空方面，主要用作各种整流罩、机翼前缘、襟翼、方向舵、安定面翼尖、尾锥、应急出口系统构件、窗框、天花板、舱壁、地板、舱门、行李架及坐椅等。采用芳纶复合材料，可比玻璃纤维复合材料质量减轻 30%。

航天方面，主要用作火箭发动机壳体和压力容器，宇宙飞船的驾驶舱，氧气、氮气和氦气的容器，通风管道等。

军事方面，可用作防护材料如坦克、装甲车、飞机、艇的防弹板以及头盔和防弹衣等。

芳纶纤维增强复合材料可大幅度减轻制品的质量,所以在民用工业方面应用也十分广泛。例如,造船工业采用芳纶复合材料后,船的轻量化效果比玻璃钢和铝好,船体可减轻质量28%～40%,燃料节省35%,航程可延长35%。

在体育用品方面已成功地用于许多运动器材。例如高尔夫球棒、网球拍、标枪、钓鱼竿、滑雪橇等。

## 15.3 发泡剂

像聚氨酯、聚苯乙烯树脂泡沫塑料一样,环氧树脂亦可经发泡制成环氧泡沫塑料。环氧泡沫塑料除具泡沫塑料质轻、隔音、隔热等共有特点之外,还兼有环氧树脂的特点,如粘接性、电绝缘性、耐热性及耐介质性等。

### 15.3.1 发泡剂种类及产品特性

环氧树脂发泡过程有物理发泡和化学发泡。

物理方法是添加物理发泡剂。物理发泡剂多为低沸点液体如三氯氟甲烷($F_{11}$)、三氯三氟乙烷($F_{112}$)及二氯二氟乙烷($F_{12}$)等。利用环氧树脂固化热使低沸点液体物挥发,利用释放出来的气体发泡,这样制得产品密度小、热导率低。常用于喷涂发泡工艺。

化学方法是添加化学发泡剂。表15-20列示环氧树脂常用的发泡剂性能[16]。这些化学发泡剂在它们分解温度以上的温度发生分解反应,释放出$N_2$、$H_2$、CO或$CO_2$等气体,从而发泡。

表15-20 化学发泡剂的特性

| 名 称 | 结 构 式 | 特 性 |
|---|---|---|
| 偶氮二甲酰胺(AC发泡剂) | $H_2N-\overset{O}{\underset{\|}{C}}-NH-N=N-NH-\overset{O}{\underset{\|}{C}}-NH_2$ | 淡黄色粉末。无毒无臭,不易燃。溶于碱,不溶于酸、醇、汽油、苯、吡啶和水。分解温度180～200℃,发气量230～250ml/g。在120℃以上易分解,放出大量氮气,本品分解时65%是$N_2$,32% CO和3% $CO_2$。 |
| 偶氮二异丁腈(AZDN) | $CH_3\!-\!\underset{CN}{\underset{\|}{\overset{CH_3}{\overset{\|}{C}}}}\!-\!N=N\!-\!\underset{CN}{\underset{\|}{\overset{CH_3}{\overset{\|}{C}}}}\!-\!CH_3$ | 无色结晶,m.p. 103～104℃,分解温度120℃,发气量137cm³/g,溶于乙醇、乙醚、丙酮,不溶于水。 |
| 偶氮胺基苯 | $\text{Ph}-NH-N=N-\text{Ph}$ | 特殊气味的黄棕色结晶,m.p. 96～98℃。分解温度150℃,发气量113cm³/g。贮存稳定,无毒。在酸性介质中会在较低温度下分解。 |
| 苯磺酰肼(BSH) | $\text{Ph}-SO_2-NH-NH_2$ | 白色结晶,分解温度90～95℃,发气量130ml/g。溶于无机酸和碱的水溶液,不溶于水。加热分解后生成$N_2$,$H_2$及$H_2O$。 |
| 对-(对-磺酰肼)二苯醚(OBSH) | $H_2N\!-\!HN\!-\!SO_2\!-\!\text{C}_6\text{H}_4\!-\!O\!-\!\text{C}_6\text{H}_4\!-\!SO_2\!-\!NH\!-\!NH_2$ | 白色结晶,m.p. 138℃,分解温度161℃,发气量313ml/g。溶于丙酮、环己酮,不溶于水和汽油。 |

## 15.3.2 环氧发泡体的组成[17]

环氧树脂发泡体通常由环氧树脂、固化剂、发泡剂、表面活性剂、添加剂及其他组分构成。表面活性剂起泡沫稳定的作用,降低液体的表面张力,有利于泡沫稳定和汽孔均匀。环氧树脂发泡常用的表面活性剂有:聚氧乙烯山梨糖醇酐月桂酸酯(吐温 20),聚二甲基硅氧烷聚氧化烯烃共聚物,环氧乙烷-环氧丙烷嵌段共聚物(L-64)等。填料用于降低成本,减少固化放热峰强度和收缩率,改善表现质量,提高耐化学性。常用的有滑石粉、石英粉、空心微球等,其中无机微球用作环氧泡沫塑料的填料更有效。它能提高泡沫塑料的强度、耐热性、尺寸稳定性和表面光滑性。在发泡固化过程中会发生微球上浮现象,所以要添加适量触变剂,如膨润土、硅藻土、石棉、云母等,以使泡沫及微球位置稳定,防止上浮、分层。

下面举例说明环氧发泡体不同用途的组成:

(1) 汽车用绝热发泡层压板[18]

| | | | |
|---|---|---|---|
| 双酚 A 环氧树脂 | 140 份 | 丙烯酸乙酯-MMA 共聚物 | 100 份 |
| 双氰胺 | 10 份 | 促进剂 | 3 份 |
| AC 发泡剂 | 5 份 | 苯二甲酸二丁酯 Ba-Zn 稳定剂 | 3 份 |
| 阴离子表面活性剂 | 0.5 份 | 重质 $CaCO_3$、$SiO_2$ | 5 份 |

经 120℃预热 100 秒制成发泡体作为中间层,与表层(PE 为主)和汽车钢板复合制成层压板。

(2) 建筑用耐火绝热发泡体[19]

| | | | |
|---|---|---|---|
| Epikote 807(双酚 F 环氧树脂) | 40 份 | GREP-EH31(中性可热膨胀石墨) | 50 份 |
| Epicure FL 052(二胺变性固化剂) | 60 份 | Vinyf or FZ80(偶氮二甲酰胺) | 5 份 |
| AP 422(聚磷酸铵) | 100 份 | H31[$Al(OH)_3$] | 100 份 |

在 160℃热压发泡,泡沫塑料极限氧指数 48,外观良好。

(3) 用于飞机蜂窝结构件连接的发泡胶黏剂糊[20]

| | | | |
|---|---|---|---|
| 双酚 A 环氧树脂(环氧值 0.48~0.53) | 100 份 | 炭黑 | 2.5~3.5 份 |
| | | CMC(羧甲基纤维素) | 0.5~1.5 份 |
| 重氮胺基苯 | 1.8~2.2 份 | 湿润剂 | 0.25 份 |
| 胶体 $SiO_2$ | 4.5~5.5 份 | 固化剂($BF_3$/乙二醇) | 5 份 |

该发泡胶适用期 1~10h,(120±5)℃/30min 固化,搭接剪切强度 4.7MPa。

(4) 高刚性、精度、耐火环氧发泡体[21]

| | | | |
|---|---|---|---|
| 双酚 A 环氧树脂 | 100 份 | 聚乙二醇脱水山梨糖醇单硬脂酸酯 | 2 份 |
| 三羟甲基酚 | 50 份 | 磷酸 1,1-二氯-1-氟乙烷 | |

混合物发泡 4.5min。

## 15.3.3 环氧泡沫塑料的应用

环氧泡沫塑料可用作隔热材料、阻燃耐火材料、轻质高强夹芯材料、防振包装材料、漂浮材料、飞机吸音材料等。

以环氧泡沫塑料为芯材的玻璃钢夹层板具有轻质、高强、耐冲击、抗裂纹扩展性好、吸水率低等优点，可用于制造船体外壳、飞机制件、水陆两用坦克车浮筒、弹药箱、包装箱等。

加填料的环氧泡沫塑料质轻、介电性能和尺寸稳定性好。可用作电子工业的灌封料、绝缘材料及水下装置部件和漂浮件。

它能像木材那样加工，加工面可刷涂料，故宜用作模型材料。还可用作检验装置的轻型基础。由于耐油、耐溶剂、尺寸稳定，故能长期使用。

## 15.4 流变剂[22,23]

### 15.4.1 定义及作用

能够改善涂料流变性能的助剂称为流变改性剂、亦称流变剂。

一般地说，流变剂的作用是改善涂料的稳定性和涂装性，提高涂膜质量。例如防止涂料贮存过程中颜料、填料的沉淀，避免涂装过程中涂料的溅落、流挂，改善涂膜的流平性能好。

### 15.4.2 流变剂分类

涂料用流变剂可分无机、有机及金属化合物三大类。常用于环氧树脂中的流变剂如表 15-21 所列。

表 15-21　环氧树脂涂料常用流变剂

| 类别 | 品名 | 商品名(公司) | 类别 | 品名 | 商品名(公司) |
|---|---|---|---|---|---|
| 无机 | 气相二氧化硅 | Aerosil(德国 Degussa) | 有机 | 氢化蓖麻油 | Thixatrol ST & GST(比利时 Rheox) |
|  |  | Carbosil(Coloumbia Co.) |  |  | Thixein R & GR(比利时 Rheox) |
|  |  | Santocel(美国首诺公司) |  |  |  |
|  | 滑石棉 | Abibest(Food Machinary) |  |  | Thixomen(英国 ICI 公司) |
|  | 有机膨润土 | Bentone(比利时 Rheox 公司) |  |  | ヤロキシソS(BYK) |
|  |  | TF4064,TF4065(天津有机陶土厂) |  | 聚乙烯蜡 | デイスバロン 2511,2500 |
|  |  | (浙江临安助剂厂) |  |  |  |

从流变学的观点看，流变剂还分成触变性流变剂和假塑性流变剂，二者之间的差别在于外加剪切力撤除后体系结构恢复的速度。这一特性是涂料流动和流平的主要影响因素。假塑性流变剂由于具有极快的结构恢复速度，在外加剪切力去除后几乎立即恢复结构黏度，因而有利于涂料的防沉淀和防流挂，但用量高时会对流动和流平产生不利影响，并进而影响涂膜质量，如刷痕过重、喷涂时雾化不良等。典型的假塑性流变剂是气相二氧化硅，可溶性蓖麻油和聚烯烃浆等。

触变性流变剂在外加剪切力去除后能够显示实时相关的结构恢复速度，用之于涂料中既能得到满意的抗流变性，又不会损失流动和流平性，在涂料中的应用效果优于假塑性流平剂。这类流变剂主要有有机黏土和氢化蓖麻油基有机蜡等。

### 15.4.3 流变剂特性各述

(1) 气相二氧化硅

气相二氧化硅是利用 $SiCl_4$ 在 $H_2/O_2$ 火焰中高温水解制得的一种高纯、精细、高分散性无定形 $SiO_2$ 产品。特点是粒径小（7~40nm），比表面积大，具有良好的增强、触变、增稠、消光，吸附等作用。

它是固体粉末，球形微粒的集合体，其分子上含有羟基基团，能够吸附水分子和极性液体。球形颗粒（平均粒径仅为10nm）表面有硅醇基，当气相二氧化硅分散于基料溶液中时，相邻球形颗粒之间的硅醇基团因氢键结合而产生疏松的晶格，形成三维网络结构，产生凝胶作用和很高的结构黏度。在受到剪切力作用时，因氢键结合力很弱，网络结构破坏，凝胶作用消失，黏度下降。剪切力去除后又能恢复原来静止时的形状。

气相二氧化硅适合于环氧涂料及胶黏剂中使用。用量视最终黏度要求而定，一般为涂料总量的0.5%~3.0%（质量分数）。

(2) 有机膨润土

有机膨润土流变剂外观为粉状物质，微观上是附聚的黏土薄片堆。黏土薄片两面都附聚有大量有机长链化合物，经分散并活化后，相邻薄片边缘上的羟基靠水分子连结，从而形成触变性的网络结构，外观则呈凝胶状态。如果没有水分子，则不能形成凝胶结构。

有机膨润土在使用时最好先制成凝胶，在涂料的生产过程中在颜料投料阶段将凝胶投入。

有机膨润土预凝胶工艺中加活化剂的作用是解离并分散膨润土薄片，以及把水带入憎水性有机溶剂中，以确保膨润土网络的氢键结合强度。

最常用的活化剂是相对分子质量低的醇类，例如甲醇或乙醇。应当和水配合使用，即把5份水加入到95份的甲醇或乙醇中。

(3) 氢化蓖麻油

氢化蓖麻油是一种白色粉末，在非极性溶剂中能够溶胀凝胶化，溶胀粒子间因氢化蓖麻油分子中的极性基团而产生微弱的氢键结合，形成有触变性的网络结构。

氢化蓖麻油在使用时也需要活化处理。

在活化过程中，温度控制是主要的。如果超过最高活化温度，在冷却时搅拌不够，则氢化蓖麻油就不能形成触变性的凝胶网络而会析出"晶粒"。同样，活化温度太低且活化持续时间不够，也会出现这种情况。遇到活化不好起"晶粒"时，可以按正确的活化方法进行重新活化。

(4) 聚乙烯蜡

用作涂料助剂的聚乙烯蜡有稀浆和粉末两种形态，可以用作消光剂和增滑剂。其相对分子质量在1500~3000的聚乙烯蜡在非极性溶剂中分散后可溶胀并形成凝胶，因而主要用作流变剂。

# 参 考 文 献

[1] 垣内　弘. 新エポキシ樹脂. 昭晃堂. 1985：284-292.
[2] 垣内　弘. 新エポキシ樹脂. 昭晃堂. 1985：501.
[3] 杜希岩,李炜. 纤维复合材料. 2007,（1）：14-17.
[4] 陆士元. 纤维复合材料. 2009.（2）：45-48.
[5] 垣内　弘. 新エポキシ樹脂. 昭晃堂. 1985：483-485.
[6] 徐晓佩,张保敏,李重情. 纤维复合材料. 2008,（1）：25-27.
[7] 郭峰,张炜等. 纤维复合材料. 2008,（3）：35-38.
[8] 戚亚光,薛叙明主编. 高分子材料改性（第二版）. 北京：化学工业出版社, 2009. 121, 128.
[9] 王飞,黄英. 中国胶黏剂. 2010, 19（3）：49-53.
[10] 沃西源,房海军. 高科技纤维与应用. 2008, 33（2）：1-5.
[11] 王祖鹏,于名讯,潘士兵等. 工程塑料应用. 2010, 38（4）：14-17.
[12] 张杰,宁荣昌等. 中国胶黏剂. 2009, 18（3）：21-25.
[13] 陈宇飞,郭艳宏,戴亚杰编. 聚合物基复合材料. 北京：化学工业出版社, 2010, 7：27.
[14] 张杨,李占一. 高科技纤维与应用. 2007, 32（3）：17-19.
[15] 陈宇飞,郭艳宏,戴亚杰编. 聚合物基复合材料. 北京：化学工业出版社, 2010, 7：19.
[16] 编写组. 合成材料助剂手册（第二版）. 北京：化学工业出版社, 1985.
[17] 孙曼灵主编. 环氧树脂应用原理与技术. 北京：机械工业出版社, 2002. 9：570.
[18] Nippon Zeon Co., Ltd.; Zeon Kasei Co., Ltd. JP Kokai. 92-336, 241, 1992.
[19] OKada Kazuhiro; Tono, Masaki(Sekisui chemical Co., Ltd., JApan). JP Kokai. 03-64209. 2003.
[20] Czech. CS 244394 [参见 CA110(18)155801a].
[21] Asahi Fiber Glass Co., Ltd., Japan. JP Kokai 97-235, 404. 1997.
[22] 徐峰. 现代涂料与涂装. 2000,（5）：30-33.
[23] 郭淑静,张秀梅. 国内外涂料助剂品种手册（第二版）. 北京：化学工业出版社, 2007, 9：923.

# 附录一

# 典型的环氧树脂固化剂

| 固化剂 | 物态 | 添加量/% | 适用期 | 固化条件 | HDT/℃ | 适用范围 A L C P |
|---|---|---|---|---|---|---|
| 二亚乙基三胺 | 液 | 8(5~10) | 20min | 常温 1~4d | 66~100 | A L C P |
| 三亚乙基四胺 | 液 | 9(6~12) | 20~30min | 常温 1~4d | 66~100 | A L C P |
| 四亚乙基五胺 | 液 | 12(7~14) | 30~40min | 常温 1~4d | 70~110 | A L C P |
| EpikureT-1 | 液 | 20 | 25g,30min;500g,15min | 常温 24h | 95 | L P |
| 间二甲苯二胺 | 液 | 18 | 75min | 常温 1~2d | 113 | A L C P |
| Epomate B-002 | 液 | 50(30~55) | 500g,50min | 常温 1~5d | 76 | A L C P |
| Ancamine LT | 液 | 50 | 25g,75min | 常温 70~100min<br>−5℃ 2d | 43 | A C |
| 聚酰胺(胺值) | | | | | | |
| (220±15) | 液 | 50~60 | 2~4h | 常温 1~7d | 50~70 | A L C P |
| (350±50) | 液 | 25~40 | | | | A L C P |
| (450±50) | 液 | 20~30 | | | | A L C P |
| 二乙氨基丙胺 | 液 | 4~8 | 3h | 70℃/4h+110℃/1h | 90~100 | A L P |
| n-氨乙基哌嗪 | 液 | 20~22 | 20~30min | 常温/24h+200℃/1h | 110 | L P |
| DMP-30 | 液 | 4~10 | 25g,40min | 80℃/1h | 90 | L P |
| K-61B | 液 | 10~14 | 20℃,8h;50℃,3~4h | 60℃/4~6h<br>80℃/2~3h | 75 | L P |
| 苄基二甲胺 | 液 | 4~10 | 25g,40min | 80℃/1h | 65 | L P |
| 哌啶 | 液 | 5~7 | 25g,40℃,9h | 100℃/5h | 80 | A L P |
| 2-乙基-4-甲基咪唑 | 液 | 2~7 | 500g,8~10h | 60℃/4h+150℃/2h | 85~150 | L P |
| Laromine C-260 | 液 | 33 | 500g,3h | 80℃/1h+150℃/2h | 147 | L P |
| 异佛尔酮二胺 | 液 | 24 | 500g,1h;40℃,25min | 80℃/1h+150℃/4h | 145 | A L P |
| 蓋烷二胺 | 液 | 22 | 8h | 130℃/2h+200℃/3h | 151 | P |
| 间苯二胺 | 固 | 14~15 | 1~3h | 130℃/3h;150℃/2h | 155 | A L P |
| 二氨基二苯甲烷 | 固 | 27~30 | 500g,7~8h;60℃,1~1.5h | 60℃/2h+150℃/4h;<br>100℃/1h+200℃/1h | 155 | A L P |
| Epikure Z | 液 | 20 | 500g,5~6h;60℃,1.5~2h | 100℃/1h+150℃/4h | 142 | A L C P |
| 二氨基二苯砜 | 固 | 30~35 | 130℃,90min;20℃/a | 130℃/2h+200℃/2h | 175 | A L P |
| 双氰胺 | 固 | 4~8 | 1~6mon | 160℃/3h | 125 | L |
| 三氟化硼-单乙胺 | 固 | 2~5 | 1mon;80℃,4h | 110℃/3h;200℃/1h | 170 | A L P |
| Anchor 1170 | 液 | 5 | 2~5h | 50℃/15min | 85 | A L P |

续表

| 固化剂 | 物态 | 添加量/% | 适用期 | 固化条件 | HDT/℃ | 适用范围 A L C P |
|---|---|---|---|---|---|---|
| Anchor 1171 | 液 | 5 | 3~30h | 50℃/2h(+100℃/2h) | 105(128) | A L   P |
| Anchor 1053 | 液 | 5 | 7~16h | 80℃/2h(+140℃/2h) | 110(140) | L C P |
| Anchor 1040 | 液 | 10 | 4mon | 130℃/4h;150℃/30min | 130 | L C |
| Anchor 1115 | 液 | 7.5 | 4mon | 140℃/4h | 130 | L C P |
| Anchor 1222 | 液 | 15 | 50℃,20d | 150℃/2h+175℃/2h | 102 | L C |
| 邻苯二甲酸酐 | 固 | 30 | 120℃,90min | 140℃/8h | 112 | L P |
| 四氢苯二甲酸酐 | 固 | 75~80 |  | 80℃/2h+200℃/1h | 122 | L P |
| 六氢苯二甲酸酐 | 固 | 75~85 | 500g,4~5d;60℃,1.5~2.5h | 80℃/2h+150℃/4h | 128 | L P |
| 十二烯基丁二酸酐 | 液 | 120~150 | 3~4d | 100℃/6h+190℃/1h | 78 | P |
| 甲基纳迪克酸酐 | 液 | 50~90 | 4~7d,90℃,2.5h | 80℃/2h+125℃/20h 80℃/2h+200℃/24h | 160~220 | L P |
| 氯桥酸酐 | 固 | 100~120 | 120℃,30min;90℃,3h | 180℃/24h | 180 | L P |
| 偏苯三甲酸酐 | 固 | 33 | 125℃,10~15min | 250℃/6h | 189 | L P |
| 均苯四甲酸酐 | 固 | 13~21 | 10min~8h | 160℃/24h | 285 | L P |
| GTMA | 固 | 60~70 | 20d | (150℃/1h)+(200℃/1h) | 185 | L P |
| 苯酮四甲酸二酐 | 固 | 34~55 | <5min | 200℃/2h | 266 | A L P |

注:min—分,h—小时,d—天,mon—月,a—年;表中 Anchor 固化剂为变性三氟化硼-胺络合物;
A—胶黏剂;L—层压材料;C—涂料;P—灌封浇铸。

# 附录二

# 环氧树脂固化剂缩写名称对照

| 缩　　写 | 中　文　名 | 英　文　全　称 |
|---|---|---|
| EDA | 乙二胺 | Ethylene diamine |
| DTA | 二亚乙基三胺 | Diethylene triamine |
| TTA | 三亚乙基四胺 | Triethylene tetramine |
| TPA | 四亚乙基五胺 | Tetraetbylene pentamine |
| DMAPA | 二甲胺基丙胺 | Dimethylaminopropylamine |
| DEAPA | 二乙胺基丙胺 | Diethylaminopropylamine |
| AEEA | 氨乙基乙醇胺 | Aminoethylethanolamine |
| MDA | 蓋烷二胺 | Menthane diamine |
| N-AEP | N-氨乙基哌嗪 | N-Aminoethylpiperazine |
| MPD(A) | 间苯二胺 | $m$-phenylene diamine |
| DDM | 二氨基二苯甲烷 | Diaminodiphenylmethane |
| DDS | 二氨基二苯砜 | Diaminodiphenylsulphone |
| MXDA | 间二甲苯二胺 | $m$-Xylenediamine |
| Dicy | 双氰胺 | Dicyandiamide |
| 2MI | 2-甲基咪唑 | 2-Methylimidazde |
| 2E4MI(2,4EMI) | 2-乙基-4-甲基咪唑 | 2-Ethyl-4-methylimidagde |
| 2E4MZ | | |
| PA | 邻苯二甲酸酐 | phthalic anhydride |
| TMA | 偏苯三甲酸酐 | Trimellitic anhydride |
| PMDA | 均苯四酸二酐 | pyromellitic dianhydride |
| BTDA | 苯酮四羧基二酐 | $3,3',4,4'$-Benzophenonetetra(a)boxylic dianhydride |
| MA | 顺丁烯二酸酐 | Maieic anhydride |
| DDSA | 十二烯基代丁二酸酐 | Dodecenyl succinic anhydride |
| HHPA | 六氢苯二甲酸酐 | Hexahydro phthalic anhydride |
| MHHPA | 甲基六氢苯二甲酸酐 | Methyl Hexahydro phthalic anhydride |
| THPA | 四氢苯二甲酸酐 | Tetrahydrophthalic anhydride |
| MTHPA | 甲基四氢苯二甲酸酐 | Methyl tetrahydrophthalic anhydride |
| NA | 纳迪克酸酐 | Nadic anhydride |
| MNA | 甲基纳迪克酸酐 | Methyl Nadic anhydride |
| GA | 戊二酸酐 | Glutaric anhydride |

# 附录三

# 欧美各公司生产的环氧树脂规格

| 类　　型 | 黏度(25℃)/mPa·s | 环氧当量 | 商品牌号(公司) | 注　解 |
|---|---|---|---|---|
| 双酚 A 型<br>低黏度 | 4000～6500 | 172～180 | D. E. R. 332(Dow)<br>Epon 825(Shell)<br>Araldite GY6004(Ciba Geigy)<br>Epo-Tuf 37-15(Reich-hold) | 双酚 A 二缩水甘油醚含量高 |
| 中等黏度 | 7000～10000 | 176～190 | D. E. R. 330<br>D. E. R. 383<br>Araldite GY 6008<br>Epon 826<br>Epi-Rez 509(Interez) | 未改性,黏度低于标准树脂 |
| 标准态液体 | 11000～14000 | 182～195 | D. E. R. 331<br>Araldite GY6010<br>Epon 828<br>Epi-Rez 510<br>Epo-Tuf 37-140 | 标准的未变性环氧树脂 |
| 高黏度 | 16000～25000 | 200～250 | D. E. R. 317<br>D. E. R. 337<br>Araldite GY 6020<br>Epon 834<br>Epo-Tuf 37-141 | |
| 固态 | 75～85℃<br>(Durrans 软化点) | 500～575 | D. E. R. 661<br>Epon 1001<br>Epi-Rez 520<br>Epo-Tuf 37-001<br>Araldite GT 7071 | 低熔融固态树脂 |
| 酚醛环氧树脂 | 1100～1700@52℃<br>20000～50000@52℃ | 172～179<br>176～181 | D. E. N. 431<br>D. E. N. 438<br>Araldite EPN 1138<br>D. E. N. 444 | |
| 邻甲酚醛环氧树脂 | 175～350@150℃<br>350～700@150℃<br>700～1300@150℃<br>73℃<br>80℃<br>99℃ | 180～220<br>180～230<br>190～230<br>215～230<br>235<br>220～245 | Quatrex 3310(Dow)<br>Quatrex 3410<br>Quatrex 3710<br>Araldite 1273<br>Araldite 1280<br>Araldite 1299 | <br><br><br>软化点<br>软化点<br>软化点 |